Erhard Planck · Dieter Schmidt
Kälteanlagentechnik in Fragen und Antworten
Band 2

W0209629

Erhard Planck · Dieter Schmidt

Kälteanlagentechnik in Fragen und Antworten

Arbeits- und Übungsbuch
mit Aufgaben und Lösungen

Band 2: Fachwissen

7., aktualisierte und überarbeitete Auflage

VDE VERLAG GMBH

ICS 27.200; 91.140.30; 27.080

Bibliografische Information der Deutschen Nationalbibliothek
Die Deutsche Nationalbibliothek verzeichnet diese Publikation in der Deutschen Nationalbibliografie; detaillierte bibliografische Daten sind im Internet über *http://dnb.dnb.de* abrufbar.

ISBN 978-3-8007-5177-8 (Buch)
ISBN 978-3-8007-5178-5 (E-Book)

Titelmotiv: Prinzip des Absorptionskälteapparates nach v. Platen/Munters

Satz: primustype Robert Hurler GmbH, Notzingen
Druck: : Plump Druck & Medien GmbH, Rheinbreitbach
Printed in Germany 2021-01

Vorwort

„Kälteanlagentechnik in Fragen und Antworten" ergänzt in sinnvoller Weise bestehende Lehrwerke zur Kältetechnik. In seiner nunmehr sechsten Auflage wurde auch Band 2 in ein handlicheres Format gebracht und neu strukturiert, sodass die Lösungen gleich an jeden Fragenteil anschließen. Das Buch stellt, dem Rahmenlehrplan des „Mechatronikers für Kältetechnik" folgend, das Gebiet der Kälteanlagentechnik (Kälte- und Elektrotechnik) etwa vom Teil 1 bis zum Teil 2 der gestreckten Gesellenprüfung in Frage und ausführlicher Antwort dar. Es enthält einfache, grundlegende und schwierige Fragen und Aufgaben. So wird dem Lernenden sowohl zur fachtheoretischen Vorbereitung auf die Gesellen- und Meisterprüfung als auch zur allgemeinen Überprüfung seines Kenntnisstands und zur Vertiefung einzelner Themengebiete das erforderliche Fachwissen vermittelt. Auch für den gestandenen Kälteanlagenbauer ist eine Überprüfung seines Fachwissens mithilfe dieses Werks eine durchaus nutzbringende Angelegenheit.

Der Bereich **Kältetechnik** ist – wie der Rahmenlehrplan – nach Lernfeldern geordnet und setzt die Kapiteleinteilung aus Band 1 mit dem Lernfeld 11 – *Auswählen und Montieren von Wärmeaustauschern, Drosselorganen und Bauteilen* fort. In den einzelnen Kapiteln erfolgt gegebenenfalls eine Trennung in Technologie und Technische Mathematik. In Technologie sind nicht nur Fragen zu beantworten, sondern auch graphische Darstellungen anzufertigen, zu ergänzen oder Tabellen zu vervollständigen. Die Musterantworten gehen häufig über die einfache Beantwortung der Frage hinaus, um so auch Zusammenhänge aufzuzeigen und zu tieferen Erkenntnissen zu führen. In Technischer Mathematik folgt eine Reihe exemplarischer Aufgaben zum Themengebiet, zu denen ebenfalls Musterlösungen mit dem gesamten Lösungsweg vom Umstellen der Formel, Einsetzen der Werte mit Einheiten, bis zum errechneten Ergebnis im Lösungsteil abgedruckt sind.

In der Gesellenprüfung Teil 2 sind gemäß Prüfungsordnung fallorientierte Aufgaben schriftlich zu bearbeiten. Zur optimalen Vorbereitung auf diesen Prüfungsteil wurden daher Aufgaben entsprechender Komplexität erstellt, bei denen – wie in der Gesellenprüfung – ausgehend von einer kältetechnischen Problemstellung eine ganze Bandbreite an technologischen Fragen erarbeitet wird.

Im Bereich **Elektrotechnik** wird der Lernstoff anhand von Projekten dargestellt, die jeweils in Schaltungstechnik und Funktionsanalyse, Technologie und Technische Mathematik unterteilt sind. Aufbauend auf Band 1 beginnt dieser Band mit der Kältesteuerung 7 – *Elektronische Drehzahlregelung*. Mit dem Teilgebiet Schaltungstechnik und Funktionsanalyse wird in besonderem Maße die Verknüpfung elektrotechnischer und kältetechnischer Kenntnisse gefördert, indem von Anfang an ein Zusammenhang zu konkreten Anlagen bzw. Schaltplänen hergestellt wird: Hier sind Sinnbilder und Schaltpläne gemäß der Aufgabenstellung zu ergänzen, zu vervollständigen oder zu entwickeln, wobei auch RI-Fließbild-Darstellungen herangezogen werden. Die vollständigen Lösungen aller Aufgaben sowohl aus Schaltungstechnik und Funktionsanalyse wie auch aus Technologie und Technischer Mathematik sind jeweils am Ende eines jeden Kapitels aufgeführt. Darüber hinaus werden die Arbeitsblätter dieses Bereichs unter dem Link https://www.vde-verlag.de/buecher/download/495178.zip zum vergrößerten Ausdrucken zur Verfügung gestellt.

Die hier vorliegende siebte Auflage wurde unter Berücksichtigung neuester Normen und Entwicklungen überarbeitet und aktualisiert. Das gilt insbesondere für neuere Entwicklungen der Kältemittel auf HFO-Basis, die aufgrund der Einschränkungen bei den fluorierten Treibhausgasen rasant voranschreitet.

Die Autoren freuen sich, wenn das Buch auch in Zukunft seiner Aufgabe gerecht und von vielen als Lernhilfe in der Aus- und Weiterbildung genutzt wird. Unser Dank gilt all jenen, die auf Fehler aufmerksam machten und mit konstruktiver Kritik zur Verbesserung des Werks beigetragen haben. Ganz besonders danken wir unseren Mitautoren der ersten Stunde, den Herren Dipl.-Ing.-Päd. Walter Bodenschatz, Klaus Busold und Dr. Wolfgang Krönert, die ihre Beiträge für alle Auflagen zur Verfügung gestellt haben.

Springe / Oldenburg　　　　Dieter Schmidt / Erhard Planck

Inhaltsverzeichnis

Teil 1: Kältetechnik

Teil 2: Elektro- und Steuerungstechnik

Teil 1:
Kältetechnik

1 Lernfeld 11: Auswählen und Montieren von Wärmeaustauschern, Drosselorganen und Bauteilen

1.1 Drosselorgane und Flüssigkeitsverteiler

1.1.1 Drosselorgane

1. Nennen Sie die Bedeutung folgender Kurzbezeichnungen: p_0, t_0, t_{01}, t_{02}, t_{o2h}, t_{oh}, p_c, t_c, t_{ch}, t_{c1h}, t_{V1}, t_{V2}, t_2, t_{c2u}, t_{cu}, t_{E1}, t_{Eu}, t_{E2}, Δt_{oh}, Δt_{ch}, Δt_{cu}, Δt_{Eu}, Δt_{ohS}, $\Delta t_{ohÖ}$, Δt_{ohA}.
2. Welche Aufgabe hat das Drosselorgan innerhalb des Kältemittelkreislaufs?
3. Was verstehen Sie unter *Drosseldampf*?
4. Beim Drosselvorgang sinkt die Temperatur des Kältemittels, obwohl die spezif. Enthalpie konstant bleibt. Wie ist das zu erklären?
5. Im lg p,h-Diagramm in Abbildung 1.1 sind zwei Kältemittelkreisprozesse eingetragen. Werten Sie den Einfluss der deutlich veränderten Betriebskenngrößen auf den Betrag des Drosseldampfgehalts x.
6. Welchen Einfluss hat eine verstärkte Drosselwirkung (z. B. Verkleinerung des Düsenringspaltes) auf die Höhe des Verdampfungsdrucks p_0, die Zusammensetzung des Nassdampfs am Ventilausgang und auf die Überhitzung Δt_{0h} am Verdampferausgang?
7. Abbildung 1.2 zeigt ein *Automatisches Expansionsventil* (AEV). Welche Betriebskenngröße wird durch ein AEV geregelt? Wie verhält es sich bei Betrieb (Anlage läuft), wie im Stillstand?
8. Beschreiben Sie die Reaktion eines Automatischen Expansionsventils (AEV) bei steigender Kühllast. Wie wirkt sich das auf die Verdampferbeaufschlagung aus? Wie werten Sie dieses Regelverhalten?
9. Mit welchem Schaltgerät darf eine Kälteanlage, deren Verdampfer mit AEV gespeist wird, nur gesteuert werden?
10. Abbildung 1.3 zeigt ein *Thermostatisches Expansionsventil* (TEV). Welche Be-

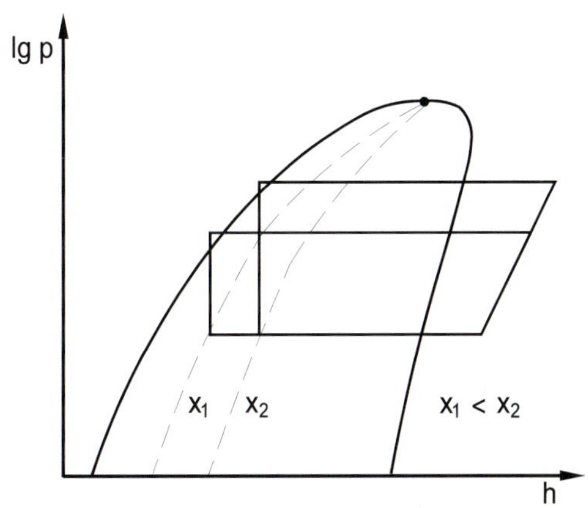

Abb. 1.1 Beeinflussung des Drosseldampfgehaltes x am Drosselorganaustritt

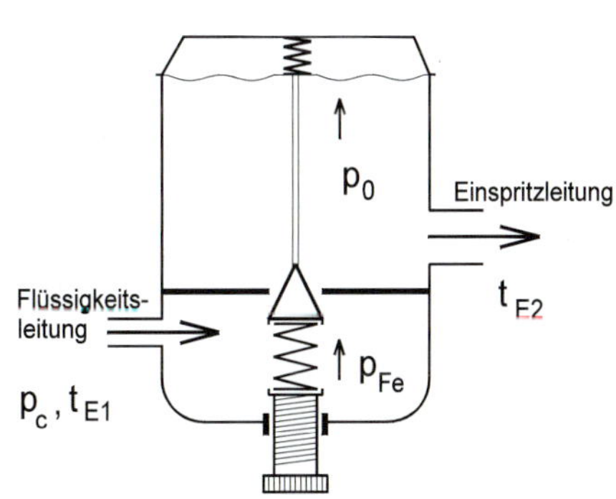

Abb. 1.2 Automatisches Expansionsventil (AEV)

triebskenngrößen sind beim TEV bei der Erklärung des Regelungsverhaltens im Betriebszustand und im Anlagenstillstand auszuwerten? Welche Einflussgrößen bewirken Schließen und welche bewirken Öffnen des Ventils?

11. Welche Aufgabe haben *statische Überhitzung* und *Öffnungsüberhitzung* beim TEV?
12. An einem Verdampfer messen Sie bei Volllast 7 K Überhitzung, bei Teillast 5 K. Die Werkseinstellung der statischen Überhitzung beträgt 4 K. Wie viel Prozent der Nennleistung werden bei Teillast genutzt?
13. Wie hoch stellt sich die Öffnungsüberhitzung ein?
14. Wann verfügt ein TEV über eine hohe Ansprechempfindlichkeit?
15. Warum ist die *Arbeitsüberhitzung* am Verdampferausgang zur Funktion des TEVs notwendig?

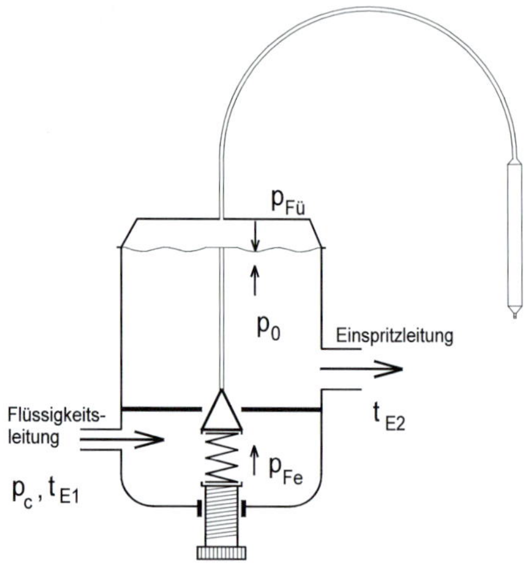

Abb. 1.3 Thermostatisches Expansionsventil (TEV)Abb

16. Zeichnen Sie ein TEV mit äußerem Druckausgleich und benennen Sie alle Drücke, Temperaturen, Dampfzustände, Anschlussleitungen und die regelungstechnische Zielstellung des Ventils.
17. Erklären Sie den wesentlichen Unterschied zwischen einem TEV mit innerem und einem TEV mit äußerem Druckausgleich.
18. Wie verändert sich die effektiv in Erscheinung tretende Werkseinstellung der statischen Überhitzung bei einem TEV mit innerem Druckausgleich, wenn der zu speisende Verdampfer einen großen Druckabfall hat?
19. Unter welcher Voraussetzung ist der Einsatz eines TEVs mit äußerem Druckausgleich angezeigt?
20. Begründen Sie, ob durch Verstellung eines TEVs eine bestimmte Verdampfungstemperatur eingestellt werden kann.
21. Bestimmen Sie anhand des in Abbildung 1.4 dargestellten Temperaturverlaufs eines Verdampfers den Druckabfall des Verdampfers in K, die Verdampfungstemperatur am Verdampferende t_{02} und die Überhitzungstemperatur am Fühler des TEVs t_{02h}. Begründen Sie, ob ein TEV mit innerem oder äußerem Druckausgleich

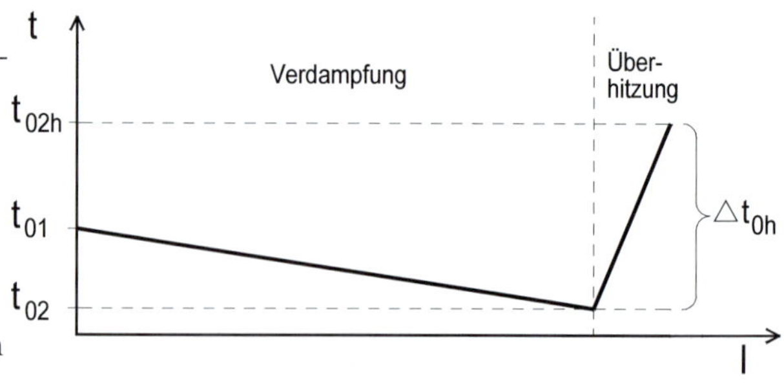

Abb. 1.4 Temperaturverlauf im Verdampfer mit 0,248 bar Druckabfall

verwendet wurde. Weitere Angaben: Kältemittel R-134a; $t_{01} = -7$ °C; $p_{01} = 2{,}256$ bar; $\Delta p_{Vda} = 0{,}248$ bar;

(−10 °C ⇔ 2,008 bar); $\Delta t_{0hA} = 7$ K, (hohe Kühllast).

22. Welcher Verdampfungstemperatur-Wert bildet den Ausgangspunkt für die Berechnung der Arbeitsüberhitzung am Verdampferausgang?

    a) t_{E2} b) t_{01} c) t_{02}

23. Nennen Sie die Formel, nach der Sie die *Arbeitsüberhitzung* Δt_{0hA} am Verdampferausgang messtechnisch bestimmen. Mit welchem Messgerät und an welchem Messort bestimmen Sie die dafür notwendigen Ausgangsinformationen?

24. Welchen Überhitzungswert misst der Kälteanlagenbauer in der beruflichen Praxis und welcher Überhitzungswert wird in den Katalogblättern der Regelventilhersteller angegeben?

25. Bearbeiten Sie folgende Aufgaben zum dargestellten Regelkreis Drosselorgan-Verdampfer (Abb. 1.5):

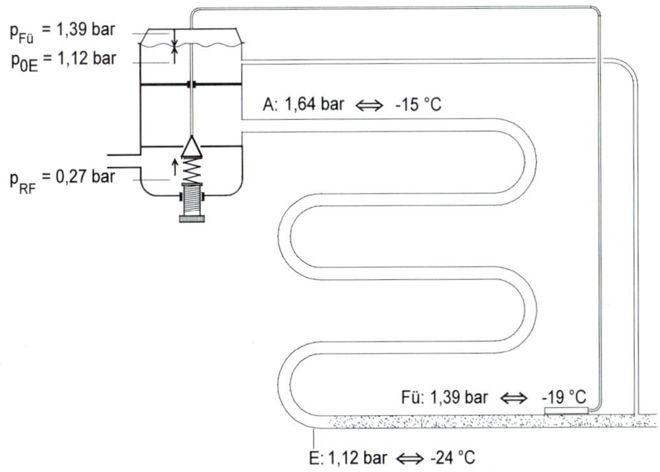

Abb. 1.5 TEV mit äußerem Druckausgleich an einem Verdampfer mit hohem Druckabfall

    a) Ermitteln Sie das verwendete Kältemittel.
    b) Warum wurde ein TEV m. ä. D. verwendet?
    c) Welche Aufgabe hat die mittlere Trennwand im Ventil?
    d) Überprüfen Sie das an der Membran wirkende Kräftegleichgewicht.
    e) Welche Arbeitsüberhitzung hat sich eingestellt?
    f) Welchen Rückschluss ziehen Sie auf die Höhe der Kühllast, wenn die statische Überhitzung Δt_{0hS} auf 4 K eingestellt ist?

26. Skizzieren Sie die Kennlinie eines TEVs. Kennzeichnen Sie dabei Δt_{0hS}, $\Delta t_{0hÖ}$, Δt_{0hA}, Nennleistung und Leistungsreserve.

27. Erklären Sie die in Abbildung 1.6 dargestellten Einstellungen der statischen Überhitzung an einem TEV und deren Auswirkungen auf das Regelverhalten.

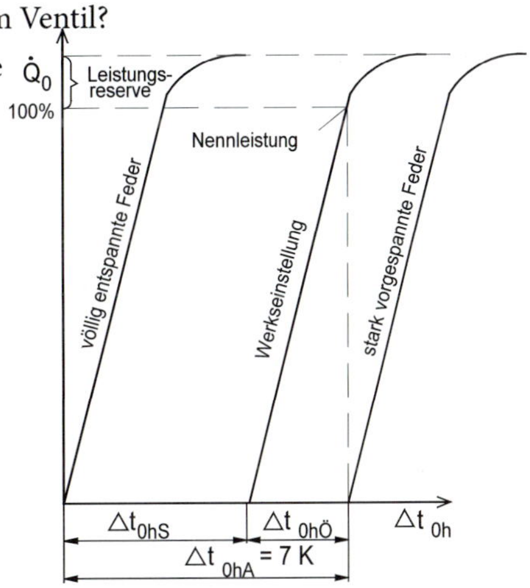

Abb. 1.6 Extreme Veränderung der Werkseinstellung der stat. Überhitzung

28. Begründen Sie das Verhalten eines TEVs bei fallender Kühllast. Wie verändern sich Verdampfungsdruck p_0, Arbeitsüberhitzung Δt_{0hA}, Öffnungsüberhitzung $\Delta t_{0hÖ}$ sowie die Ventilkälteleistung?
29. Begründen Sie die Reaktion eines TEVs bei steigender Kühllast und die sich bei fortbestehender hoher Kühllast einstellenden Werte der Arbeitsüberhitzung Δt_{0hA} und des Verdampfungsdrucks p_0.
30. Wie reagieren AEV und TEV nach dem Ausschalten des Verdichters durch einen Temperaturwächter?
31. Wie reagiert ein für R-134a vorgesehene TEV in einer R-449A-Anlage?
32. Nennen Sie Gesichtspunkte für die Fühlermontage bei Thermostatischen Expansionsventilen.
33. Erklären Sie die unter „Falsch“ vorhandenen Fehler 1 – 3 (Abb. 1.7 und 1.8).

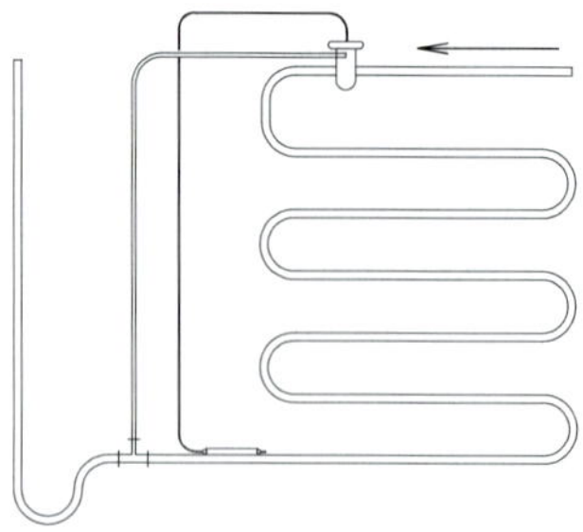

Abb. 1.7 Richtig

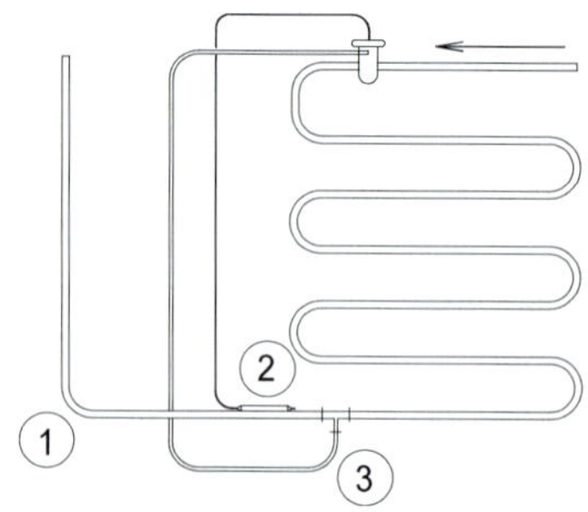

Abb. 1.8 Falsch

34. Welche drei Grundfüllungen in Fühlern Thermostatischer Expansionsventile sind Ihnen bekannt?
35. Warum muss bei einem TEV mit Gasfüllung der Fühler stets die kälteste Stelle des Thermosystems sein?
36. Warum sind TEV mit Adsorptionsfüllung gegenüber starker Unterkühlung des flüssigen Kältemittels unempfindlich?
37. Welche Wirkung zeigt ein thermostatisches System mit Gas-Ballast-Füllung ?
38. Warum reagieren Flüssigfüllungen träge?
39. Welchen Vorteil haben Kreuzfüllungen gegenüber Parallelfüllungen?
40. Was versteht man unter einem *MOP-Ventil*?
41. Welchem Zweck dient ein TEV mit MOP und wie hoch sollte der maximale Öffnungsdruck (MOP) festgelegt werden?
42. Werten Sie den Einfluss der Fühlertemperatur auf die Größe des Fühlerdrucks als Öffnungskraft beim TEV mit MOP.
43. Erläutern Sie die Besonderheiten im Betriebsverhalten eines TEV mit MOP beim Anfahren.
44. Welche Auswirkungen ergeben sich durch einen zu tief gewählten MOP?
45. Wie verändert sich die Lage des MOP, wenn die Werkseinstellung der statischen Überhitzung verkleinert wird?

46. Was verstehen Sie unter einem Biflow-Thermoventil? (Danfoss)
47. Welche Aussagen liefert das Grenzwertliniendiagramm (MSS-Kennlinie) eines Verdampfers?
48. Bewerten Sie die im dargestellten Grenzwertliniendiagramm eines Verdampfers vorgenommenen Ventilzuordnungen a) bis d) (Abb. 1.9).
49. Was versteht man unter *Hunting*? Wie ist es zu erklären? Wie kann es abgestellt werden?
50. Begründen Sie, warum die Verdampferspeisung mit einem TEV trotz richtiger Anpassung der Kälteleistung des TEVs an die Kälteleistung des Verdampfers im Teillastbereich bei verringerter Kühllast nicht optimal im Sinne bestmöglicher Verdampferauslastung erfolgen kann.
51. Welchen Vorteil bringt ein elektronisches Expansionsventil als Drosselorgan gegenüber einem TEV bezüglich der Verdampferausnutzung, der Kälteleistungszahl, der Luftentfeuchtung und der Abtauhäufigkeit?
52. Warum eignen sich elektronische Drosselorgane (EEV) besonders bei Waren, die vor Austrocknung geschützt werden sollen?

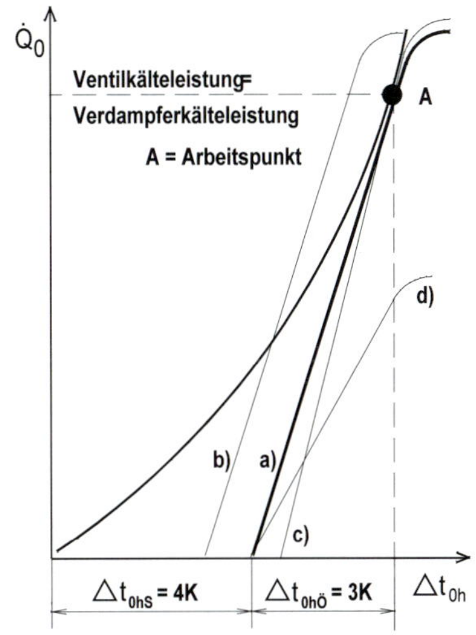

Abb. 1.9 Verdampfer mit verschiedenen Ventilzuordnungen

53. Warum ermöglicht ein elektronisches Drosselorgan auch bei niedrigerem Verflüssigungsdruck p_c eine ausreichende Verdampferbefüllung?
54. Werten Sie in dem vom AKC-Regler (Baureihe Danfoss ADAP-KOOL®) aufgezeichneten Trend-Log (Abb. 1.10) den regelungstechnischen Zustand der geregelten Medientempera-

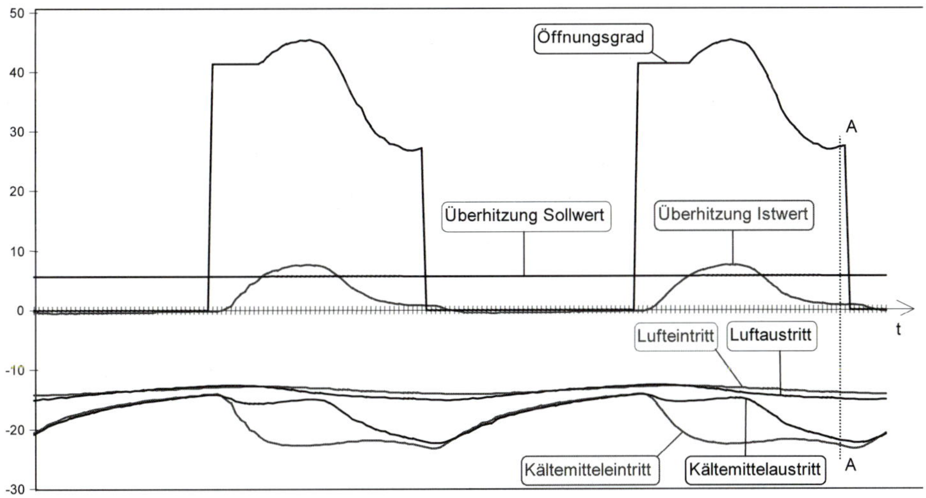

Abb. 1.10 Trend-Log eines elektronischen Reglers AKC (Baureihe Danfoss ADAP-KOOL®)

tur und der Betriebskenngrößen der Einspritzsteuerung an dem bei der Strichlinie A – A erreichten Zeitpunkt der Laufperiode aus.

55. Wodurch kann bei mikroprozessorgesteuerten Kälteanlagen neben der Optimierung der Verdampferüberhitzung eine weitere wesentliche Energieoptimierung erzielt werden?

56. Wie wirken sich hohe Druckdifferenz am Ventil, starke Unterkühlung und hohe Verdampfungstemperatur auf die Größe der Kälteleistung des Drosselorgans aus?

57. Welchen Einfluss hat die Kreuzgegenstromdurchflutung eines Lamellenverdampfers auf die zur Erreichung der Verdampferüberhitzung notwendige Länge der Überhitzungszone?

58. Welcher Fehler liegt vor, wenn bei durchbereiftem Verdampfer im Beharrungszustand die gewünschte Verdampfungstemperatur t_0 nicht erreicht wird?

59. Wodurch wird bei einer Kapillare die Drosselwirkung erreicht?

60. Beschreiben Sie die Auswirkungen von

   a) zu großer Kapillarlänge,

   b) zu großer lichter Weite der Kapillare und

   c) zu großer Kältemittelfüllung auf die Betriebskenngrößen der Kälteanlage.

61. Wie beeinflusst eine Kapillare als Drosselorgan das notwendige Anlaufmoment des Verdichterantriebsmotors?

62. Welche Funktion hat ein „Saugdom“ bei Kapillaranlagen zu erfüllen?

63. Wählen Sie für folgende Kälteanlage (Abb. 1.11) ein Thermostatisches Expansionsventil mit Lötanschluss, Adsorberfüllung und tauschbaren Ventileinsätzen aus der Typenreihe TMVL (FLICA) aus:

   R-404 A; $\dot{Q}_0 = 7200$ W; $t_0 = -28$ °C ⇒ $p_0 = 2{,}27$ bar; $t_C = +36$ °C ⇒ $p_C = 16{,}6$ bar; $\Delta t_{Eu} = 4$ K

   Flüssigkeitsleitungslänge: 13 m, davon 4 m steigend; Flüssigkeitsleitung ∅ 12 x 1

   In der Flüssigkeitsleitung und in der Einspritzleitung ergeben sich folgende Druckverluste Δp (Tab. 1.1):

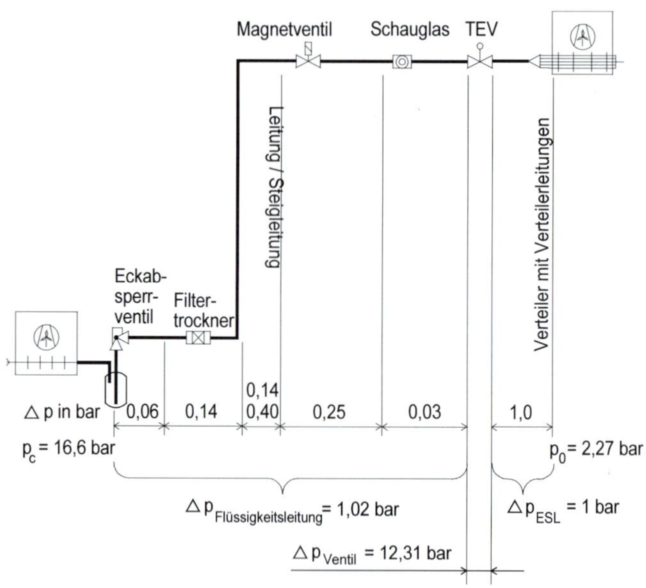

Abb. 1.11 Druckverluste in einer Flüssigkeitsleitung

Tab. 1.1

1) Δp des Flüssigkeitsabsperrventils	= 0,06 bar
2) Δp des Filtertrockners	= 0,14 bar
3) Δp durch Rohrreibung	= 0,14 bar
4) Δp durch Steighöhe	= 0,40 bar
5) Δp des Magnetventils	= 0,25 bar
6) Δp des Schauglases	= 0,03 bar
7) Δp des Flüssigkeitsverteilers inkl. Verteilerleitungen	= 1,00 bar
Σ Δp	= 2,02 bar

64. Beschreiben Sie die Wirkungsweise eines Hochdruckschwimmerventils (Abb. 1.12).
65. Welche Komponente fungiert bei der Füllstandsüberwachung eines überflutet arbeitenden Verdampfers mit Schwimmerschalter und Magnetventil als eigentliches Drosselorgan?

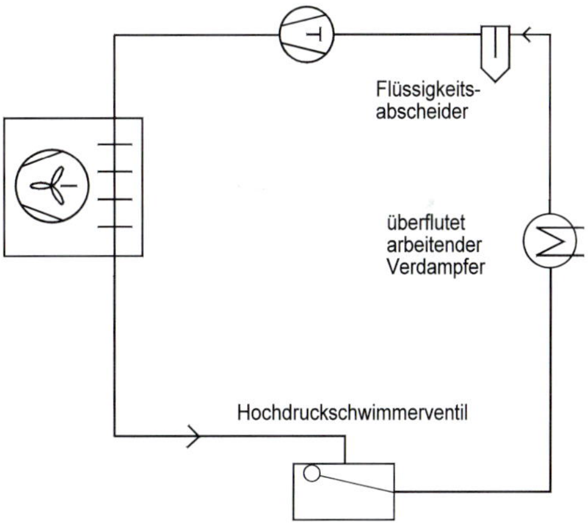

Abb. 1.12 Kältemittelkreisprozess mit Hochdruckschwimmerventil

1.1.2 Mehrfacheinspritzung/Flüssigkeitsverteiler

1. Was versteht man unter Mehrfacheinspritzung? Wann ist sie erforderlich? Welches Drosselorgan ist bei Verdampfern mit Mehrfacheinspritzung zu verwenden?
2. Beschreiben Sie die Aufgabe des Flüssigkeitsverteilers. Welchen Vorteil hat der Venturiverteiler gegenüber dem Staudüsenverteiler?
3. Beschreiben Sie die Wirkungsweise des Küba-*CAL-Verteilers.*
4. Nennen Sie Regeln für die Mehrfacheinspritzung.
5. Was passiert, wenn eine Verteilerleitung einen geringeren Druckabfall hat?

1.2 Verdampfer

Technologie

1. Welche Aufgabe hat der Verdampfer im Kältemittelkreislauf?
2. Was bewirkt der dem Verdampfer zugeführte Gesamtwärmestrom in Bezug auf das im Verdampfer befindliche Kältemittel?
3. Welche Voraussetzung (Druck und Temperatur) ist notwendig, damit es zur Verdampfung des Kältemittels im Verdampfer kommt?
4. Wodurch ist die Arbeitsüberhitzung am Verdampferausgang gekennzeichnet?
5. Welche Messgeräte benötigen Sie zur Bestimmung der Arbeitsüberhitzung?
6. Mit welchen Verdampfungsarten können Verdampfer betrieben werden?
7. Was ist kennzeichnend für die Trockenexpansion?
8. Was ist kennzeichnend für das Behältersieden?
9. Nennen Sie die grundlegenden Verdampferbauarten nach ihrem Verwendungszweck.
10. Nennen Sie drei Verdampferbauarten, die als Luftkühler betrieben werden können.
11. Nennen Sie drei Verdampferbauarten, die als Flüssigkeitskühler betrieben werden können.
12. Welche Vor-/Nachteile haben Verdampfer zur Luftabkühlung mit Trockenexpansion?
13. Welche Vor-/Nachteile haben Verdampfer zur Flüssigkeitskühlung mit Behältersieden?
14. Warum kann bei Verdampfern zur Luftabkühlung mit Verdampfungstemperaturen über 0 °C ein kleiner Lamellenabstand gewählt werden?
15. Was ist bei Verdampfern zur Luftabkühlung mit Verdampfungstemperaturen unter 0 °C bezogen auf den Lamellenabstand zu beachten?
16. Welche Empfehlungen werden von den Verdampferherstellern für Ventilator-Luftkühler für die *Einsatzbereiche* der Lamellenabstände LA = 4,5 mm, LA = 7,0 mm und LA = 12,0 mm gegeben?
17. Skizzieren Sie qualitativ in einem Temperatur-Flächendiagramm den Verlauf der Verdampfungstemperatur und den des zu kühlenden Stoffs beim Verdampfen für ein Einstoffkältemittel bzw. Azeotrop.
18. Wie ist der Verlauf der Verdampfungstemperatur im Diagramm der vorigen Aufgabe zu erklären?
19. Wie lässt sich die Temperaturdifferenz zwischen Kältemittel und zu kühlendem Stoff beim Verdampfen rechnerisch ermitteln?
20. Geben Sie die Gleichung zur Berechnung der Verdampferleistung an, und erläutern Sie die einzelnen Größen.
21. Wie verändert sich die Verdampferleistung mit
    a) größer werdender Fläche,
    b) größer werdender Temperaturdifferenz
    c) größer werdendem Wärmedurchgangskoeffizienten?
22. Von welchen Faktoren ist die Leistung eines Verdampfers zur Luftabkühlung abhängig?

23. Was gibt der Wärmedurchgangskoeffizient k an?
24. Viele Kühlgüter benötigen außer der geforderten Lagertemperatur die Einhaltung einer ganz bestimmten relativen Luftfeuchtigkeit im Kühlraum. Wovon ist die Einhaltung der relativen Luftfeuchtigkeit im Kühlraum abhängig?
25. Was bedeutet eine kleine Temperaturdifferenz zwischen Verdampfungstemperatur und Kühlraumtemperatur für die Luftfeuchtigkeit der Kühlraumluft?
26. Was bedeutet eine große Temperaturdifferenz zwischen Verdampfungstemperatur und Kühlraumtemperatur für die Luftfeuchtigkeit der Kühlraumluft?
27. Welche Größen sind bei der Festlegung eines Verdampfers als Ventilator-Luftkühler für eine Kühlaufgabe zu berücksichtigen?
28. Welche Größen sind bei der Bestimmung eines Verdampfers für die Flüssigkeitskühlung zu berücksichtigen?
29. Worauf ist bei Verdampfern zur Flüssigkeitskühlung zu achten, die zur Abkühlung von Wasser eingesetzt werden?
30. Geben Sie die Gleichung zur Bestimmung der Kältelast für einen Verdampfer zur Wasserkühlung an.
31. Geben Sie die Gleichung zur Bestimmung der Kälteleistung eines Verdampfers zur Luftkühlung an.
32. Was bewirkt ein starker Reif- bzw. Eisansatz bei einem Verdampfer zur Luftkühlung?
33. Was bewirkt eine starke Schmutz- bzw. Kalkablagerung auf der wasserführenden Seite eines Verdampfers zur Flüssigkeitskühlung?
34. Nennen Sie drei in der Praxis gebräuchliche Verfahren zur Verdampferabtauung.
35. Beschreiben Sie das Verfahren des Abtauens mit Ventilatornachlauf (*Abtauen mit Umluft*).
36. Beschreiben Sie das Verfahren des Abtauens mit elektrischer Widerstandsheizung (*elektrische Abtauung*).
37. Beschreiben Sie das Verfahren des Abtauens mit heißem Kältemitteldampf (*Heißgasabtauung*).
38. Die Fließbildskizze in Abbildung 1.13 zeigt eine Möglichkeit der Heißgasabtauung bei zwei Verdampfern. Erläutern Sie die Funktionsweise, indem Sie angeben, wie die Magnetventile bei Kühlbetrieb (beide Verdampfer) bzw. Abtaubetrieb (je ein Verdampfer) geschaltet werden.
39. Wie unterscheiden sich *Pump-Down-* und *Pump-Out-Schaltung*? Welchen Sinn haben solche Abpumpschaltungen?
40. Welche negativen Folgen kann eine Pump-Down-Schaltung im Verhältnis zu einer Pump-Out-Schaltung haben?

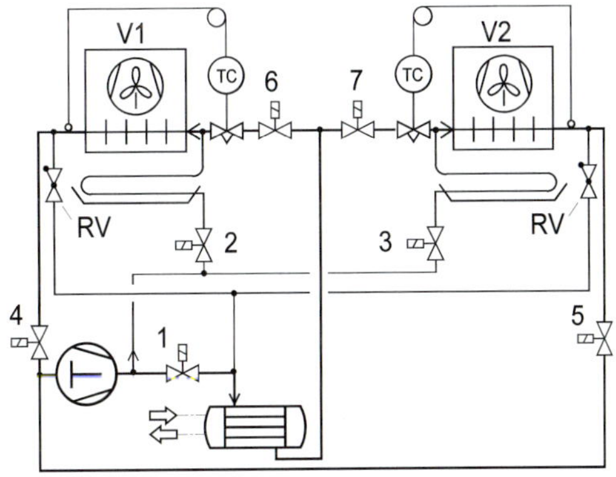

Abb. 1.13

41. Nennen Sie Möglichkeiten, die *Abtauung* eines Verdampfers einzuleiten.
42. Warum ist *Bedarfsabtauung* sinnvoll?
43. Der Abtaubedarf kann unter anderem durch Vergleich der Lufteintrittstemperatur mit der Temperatur des Verdampferkörpers ermittelt werden (Abb. 1.14). Erklären Sie das Prinzip.
44. Ein Mikroprozessor zur Kühlstellenregelung misst beim Abtauen eines Verdampfers im Verdampferblock den in Abbildung 1.15 skizzierten zeitlichen Temperaturverlauf.

    Welcher Kurvenverlauf deutet auf großen Reifansatz hin? Erläutern Sie.

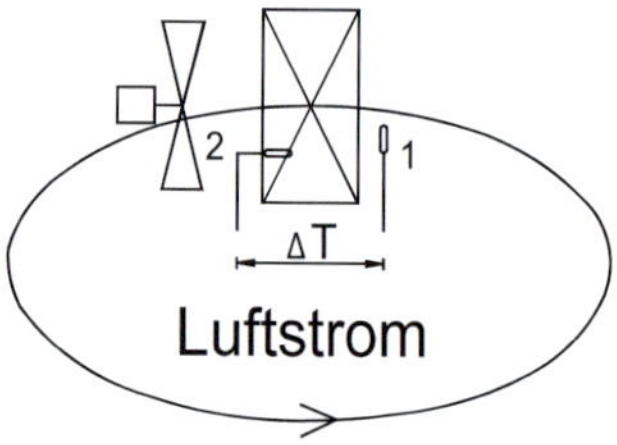

Abb. 1.14 1 – Temperaturfühler im Lufteintritt; 2 – Temperaturfühler im Verdampfer

45. Ein Kühlstellenregler misst meistens zwei Temperaturen und kann vier Aggregate schalten. Welche Temperaturen und Aggregate sind das?
46. Kühlstellenregler haben meist zwei Programmierebenen. Warum? Geben Sie einen Parameter an, der typischerweise nur in der zweiten Ebene programmiert werden kann.

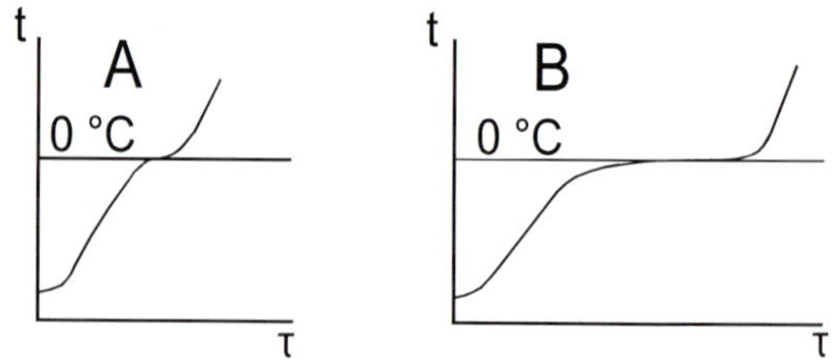

Abb. 1.15 Temperaturverlauf beim Abtauen

47. Welche Aufgabe hat ein *Hygrostat*?
48. Was versteht man unter einer *Hygrotherm-Steuerung*? Nennen Sie ein Einsatzgebiet.
49. Was versteht man unter einem *Klimaverdampfer*?
50. Was versteht man unter einem *Niveauregler*? Geben Sie Beispiele mit Einsatzgebiet an.
51. Was versteht man unter einem *Thermostaten*? Geben Sie Beispiele für Thermostate in Kälteanlagen an. Welche Aufgabe haben sie?
52. Was ist bei der Platzierung der Fühler für die in Aufgabe 51 genannten Thermostate zu beachten?
53. Welche Werte stellen Sie an den Skalen eines Temperaturwächters (z. B. Thermostat KP 61) ein, wenn der Verdichter bei –16 °C ein- und bei –20 °C ausgeschaltet werden soll? An welche Kontakte ist die Steuerung des Verdichters anzuschließen (s. Abb. 1.16)?
54. Was versteht man unter einem *Pressostaten*?
55. Was ist beim Einbau von Sicherheitsdruckwächtern zu beachten?
56. Wie reagieren Druckschalter, deren Wellrohr doppelt ausgeführt ist, beim Bruch eines der Wellrohre? Wodurch ist diese Ausführung bedingt?

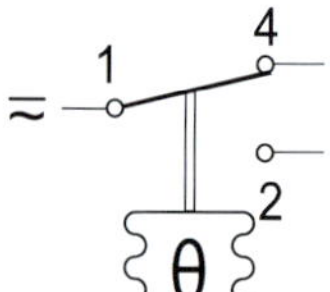

Abb. 1.16

Regelung des Verdampfungsdrucks

Grundlagen der Regelungstechnik

1. Wie unterscheidet man *Regeln* und *Steuern*?
2. Erläutern Sie die Begriffe *Regelgröße x*, *Stellgröße y*, *Störgröße z*, *Führungsgröße w*, *Regelstrecke S* und *Stellglied* am Beispiel der abgebildeten Kühlraumtemperaturregelung mit Thermostat (Abb. 1.17). Welche Aufgabe hat der Thermostat (T) innerhalb der Regelung?
3. Die Kühlraumtemperatur ist konstant zu halten. Nennen Sie mögliche Störgrößen.

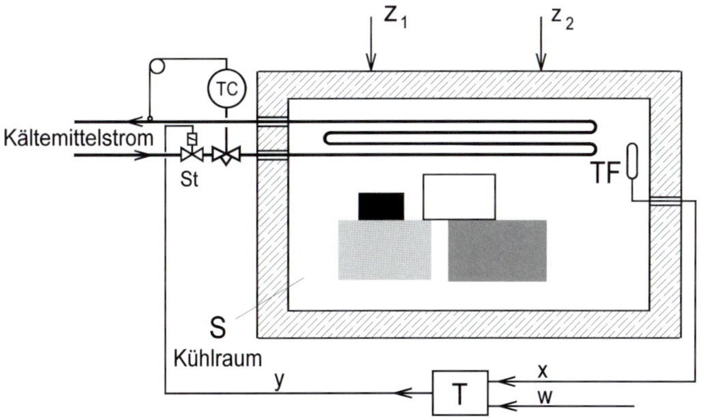

Abb. 1.17 Prinzip der Kühlraumtemperatur-Regelung mit Thermostat

4. Zeichnen Sie ein Blockbild zu Aufgabe 2, und erläutern Sie, inwiefern eine Regelung vorliegt.
5. Was unterscheidet *stetige* und *unstetige Regelung*?
6. Um welche Art von Regelung handelt es sich bei Aufgabe 2 (stetig/unstetig)? Begründung.
7. Skizzieren Sie den zeitlichen Verlauf von Kältemittelmassenstrom und Kühlraumtemperatur der obigen Regelung in folgenden Diagrammen (Abb. 1.18; t_{KR} = mittlere Kühlraumtemperatur) und erläutern Sie.
8. Welcher Nachteil ist mit unstetigen Regeleinrichtungen verbunden (z. B. bei der Kühlraumtemperaturkonstanthaltung). Welchen Vorteil haben solch einfache Regler aber auch?
9. Welche Vor-/Nachteile haben stetige Regler?
10. Unstetige Regler werden auch als *Zweipunktregler* bezeichnet. Erklären Sie diesen Ausdruck.
11. Nennen Sie Beispiele für *Zweipunktregler* in der Kältetechnik.
12. Nennen Sie Beispiele für stetige Regler in der Kältetechnik.

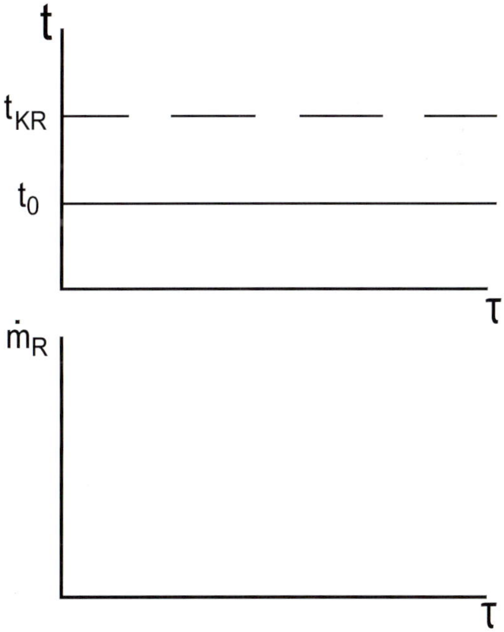

Abb. 1.18

13. Erläutern Sie am Beispiel der skizzierten Füllstandshöhenregelung in Abbildung 1.19 den Begriff der *bleibenden Regelabweichung* bei Proportionalreglern.
14. In der Kühlraumtemperatur-Regelung aus Aufgabe 2 ist neben dem angesprochenen Regelkreis noch ein zweiter vorhanden. Welcher?

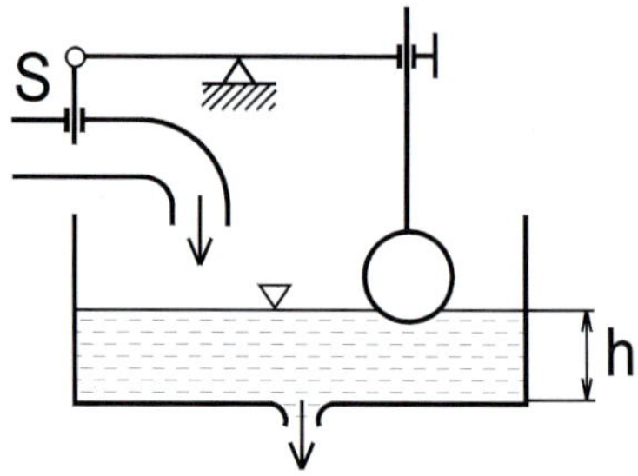

Abb. 1.19 Füllstandshöhenregelung als Proportional-Regler

Verdampfungsdruckregelung

1. Vergleichen Sie die skizzierten Regelungen (Abb. 1.20 und 1.21). Welche Aufgabe hat Regelung A, welche B? Erläutern Sie jeweils.

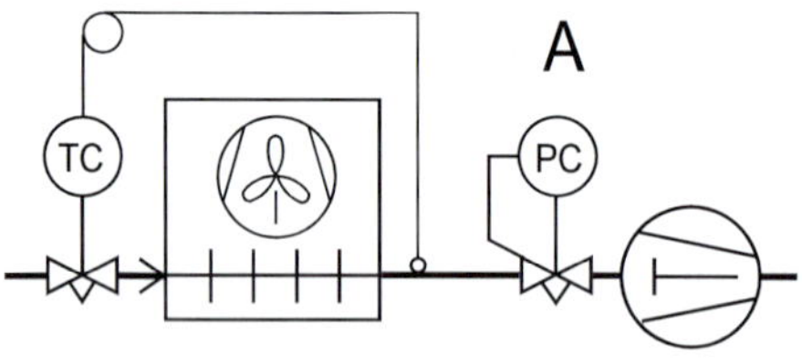

Abb. 1.20

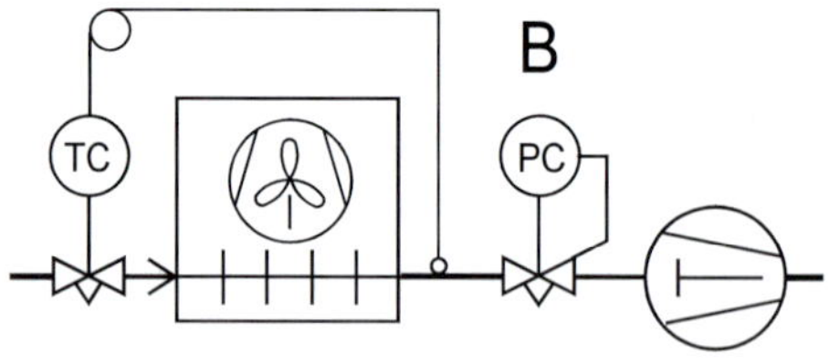

Abb. 1.21

2. In Abbildung 1.22 sehen Sie einen Verdichter für zwei Kühlstellen unterschiedlicher Temperaturen:
   a) Welche Aufgabe hat das Bauteil 1? Wie ist es zu bezeichnen?
   b) Welche Aufgabe hat Bauteil 2? Um was handelt es sich?
   c) Wie wirkt sich dieses Verfahren, zwei Kühlstellen unterschiedlicher Temperaturen mit einem Verdichter zu bedienen auf die Wirtschaftlichkeit der Kälteanlage aus?
3. Was versteht man unter einem pilotgesteuerten Ventil? Wann werden solche Ventile eingesetzt?

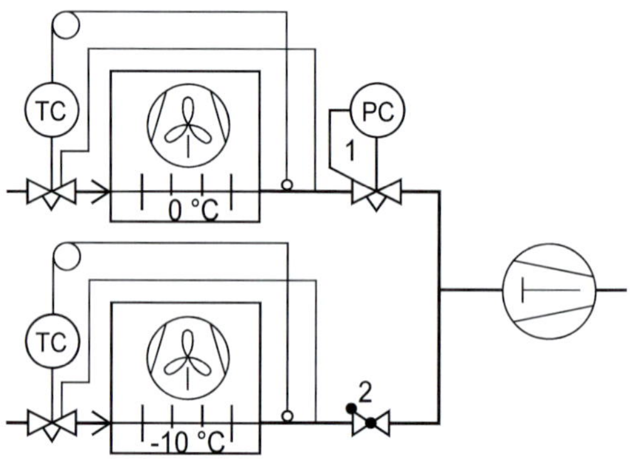

Abb. 1.22 Ein Verdichter – zwei Kühlstellen unterschiedlicher Temperatur

Technische Mathematik

1. Für einen Kühlraum zur Gemischtlagerung von Kühlgütern ergab sich aus der Kältelastberechnung eine Verdampferkälteleistung von $\dot{Q}_0 = 7$ kW. Die Kühlraumtemperatur soll $t_R = +4$ °C betragen, die Verdampfungstemperatur $t_0 = t_R - 10$ K und die Luftaustrittstemperatur $t_{L2} = t_R - 5$ K. Es soll ein Ventilator-Luftkühler eingesetzt werden, dessen Wärmedurchgangskoeffizient $k = 35$ W/m²K beträgt. Berechnen Sie
   a) die mittlere logarithmische Temperaturdifferenz,
   b) die erforderliche Kühloberfläche des Verdampfers.

2. Eine Fleischerei erhält einen neuen Tiefkühlraum, für den eine Kälteleistung von $\dot{Q}_0 = 8$ kW ermittelt wurde, die mit dem Kältemittel R-449A umgesetzt werden soll. Für den Tiefkühlraum wird eine Raumtemperatur von $t_R = -18$ °C bei einer relativen Luftfeuchtigkeit von 90 % gefordert.

   a) Bestimmen Sie einen geeigneten Lamellenabstand (s. Technologie, Aufg. 16)

   b) Ermitteln Sie für die geforderte relative Luftfeuchtigkeit die Temperaturdifferenz DT1 aus dem abgebildeten Diagramm (Abb. 1.23) DT1 = f (t_0, φ). Da dabei die Verdampfungstemperatur zunächst geschätzt werden muss (Iterationsverfahren), können Sie in erster Näherung mit folgender Annahme arbeiten: $\Delta T = t_R - t_0$ mit $\Delta T = 10$ K.

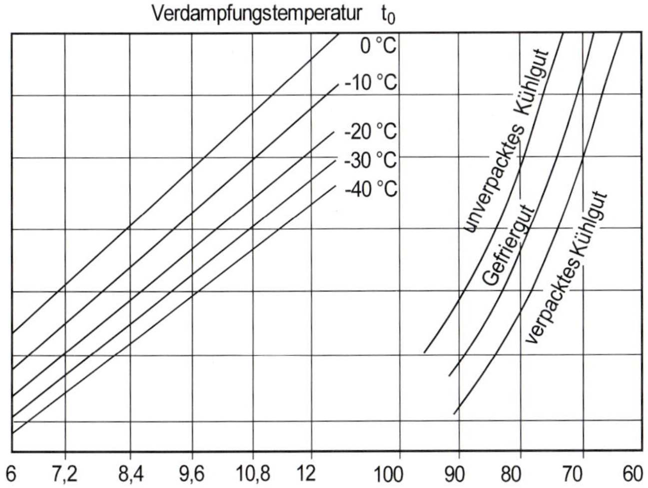

Abb. 1.23 DT1 = TL1 − t_0; rel. Luftfeuchte in %; DT1 in Abhängigkeit von t_0 und φ.

   c) Berechnen Sie ΔT unter Beachtung von DT1 = 1,2· ΔT

   d) Berechnen Sie die Verdampfungstemperatur t_0 mit $\Delta T = t_R - t_0$

   e) Berechnen Sie die Lufteintrittstemperatur in den Verdampfer aus $DT1 = t_{L1} - t_0$

   f) Ermitteln Sie nach Eurovent-ENV 328 aus dem Leistungsdiagramm in Abbildung 1.24 einen geeigneten Verdampfertyp.

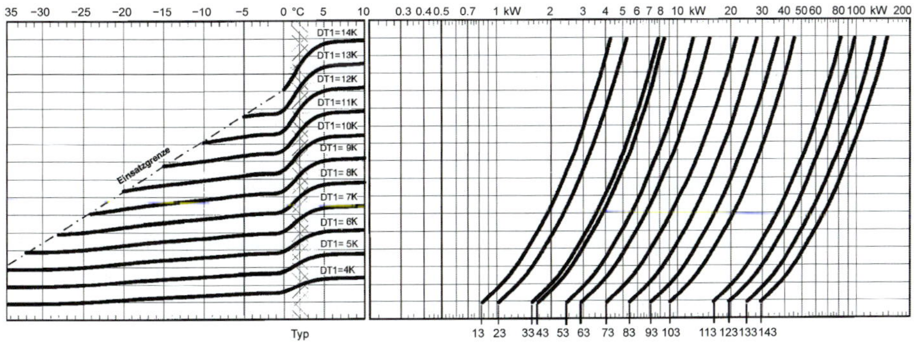

Abb. 1.24 Qv-Diagramm (R-134a, R-449A); t_{L1} = Lufteintrittstemperatur in °C;
$\dot{Q}_0$ = Kälteleistung in kW

Durch eine indirekte Kühlung soll ein Verbraucher mit Kaltwasser versorgt werden. Dazu steht ein zylindrischer isolierter Wasserbehälter mit einem Innendurchmesser d_i = 1000 mm und einer Höhe von 1700 mm zur Verfügung. Aus Gründen der Platzersparnis wird der Behälter stehend angeordnet. Der Wasserspiegel im Behälter soll konstant 1500 mm hoch sein. Das Wasser wird im Behälter durch ein Rührwerk bewegt.

Zur Abkühlung des Wassers im Behälter ist ein Glattrohrschlangenverdampfer aus Cu-Rohr 15 x 1 mm vorgesehen. Das Wasser soll in 30 min von der Wassereintrittstemperatur t_{W1} = 8 °C auf die Wasseraustrittstemperatur t_{W2} = 4 °C abgekühlt werden. Der Wärmedurchgangskoeffizient wird mit k = 290 W/m²K angenommen. Berechnen Sie

a) die Wassermasse im Behälter,

b) die Kältelast in kJ,

c) die Kälteleistung des Glattrohrverdampfers in kW,

d) die mittlere logarithmische Temperaturdifferenz bei t_0 = –2 °C,

e) die erforderliche Rohrlänge des Glattrohrverdampfers,

f) die Anzahl der Rohrwindungen für einen mittleren Windungsdurchmesser von 800 mm.

3. Zur Bereitstellung von Kaltwasser soll ein Koaxialverdampfer der Firma Wieland (s. Tab. 1.2) benutzt werden. Als Kältemittel wird R-134a eingesetzt. Die Kälteleistung

Tab. 1.2

<table>
<tr><td colspan="3">Es bedeuten:</td><td colspan="2" rowspan="14">Die angegebenen Verdampferleistungen (Toleranzen in Anlehnung an DIN 8973) stützen sich auf eigene Messungen bei folgenden Nennbedingungen:

Kältemittel: R-22
t_0 = 0 °C
x = 0,2
Δt_{0h} = 5 – 6 K
Heizmedium: Wasser
w = 0,5 bis 2 m/s

Weichen die Betriebsbedingungen von den Nennbedingungen ab, ist näherungsweise nach
$\dot{Q}_{0N} = \frac{\dot{Q}_0}{f_1 \cdot f_2 \cdot f_3 \cdot f_4 \cdot f_5}$ umzurechnen.</td></tr>
<tr><td>$\dot{Q}_{0N}$</td><td>(kW)</td><td>Verdampferleistung bei Nennbedingungen</td></tr>
<tr><td>$\dot{Q}_0$</td><td>(kW)</td><td>Verdampferleistung bei Betriebsbedingungen</td></tr>
<tr><td>Δt</td><td>(K)</td><td>$t_1 - t_0$</td></tr>
<tr><td>t_1</td><td>(°C)</td><td>Wassertemperatur am Eintritt</td></tr>
<tr><td>t_2</td><td>(°C)</td><td>Wassertemperatur am Austritt</td></tr>
<tr><td>t_0</td><td>(°C)</td><td>Verdampfungstemperatur am Austritt</td></tr>
<tr><td>Δt_{0h}</td><td>(K)</td><td>Überhitzung des Saugdampfs</td></tr>
<tr><td>x</td><td>(–)</td><td>Dampfgehalt am Eintritt</td></tr>
<tr><td>$\dot{V}$</td><td>(m³/h)</td><td>Wasser-Volumenstrom</td></tr>
<tr><td>w</td><td>(m/s)</td><td>Wassergeschwindigkeit</td></tr>
<tr><td>Δp</td><td>(bar)</td><td>wasserseitiger Druckabfall</td></tr>
<tr><td>f_1...f</td><td>(–)</td><td>Umrechnungsfaktoren</td></tr>
<tr><td></td><td></td><td></td></tr>
<tr><td>f_1 (-)

f_2 (-)</td><td colspan="2">Umrechnungsfaktor für Dampfgehalt x > 0,2. Dampfgehalte x < 0,2 bringen keine Leistungsverbesserung.

Umrechnungsfaktor für Überhitzung des Saugdampfs Δt_{0h} > 6 K.</td><td>f_3 (-)

f_4 (-)

f_5 (-)</td><td>Umrechnungsfaktor für Verdampfungstemperatur t_0 < 0 °C. Verdampfungstemperaturen t_0 > 0 °C wirken sich leistungssteigernd aus.
Umrechnungsfaktor für Wasser mit Frostschutz
Umrechnungsfaktor für Kältemittel R-134 a</td></tr>
</table>

soll $\dot{Q}_0$ = 32 kW betragen. Die Wassereintrittstemperatur als Rücklaufwasser ist t_{W1} = 20 °C, der Dampfgehalt am Verdampfereintritt beträgt x = 0,20, die Überhitzung am Verdampferaustritt soll 6 K sein, die Verdampfungstemperatur ist t_0 = 8 °C. Dazu wird zunächst aus den Leistungsdiagrammen ein Verdampfer ausgewählt, in diesem Fall (32 kW mit $\Delta t = t_1 - t_0$ = 12 K) der WKE 44, dessen Leistungsdiagramm in Abbildung 1.25 abgebildet ist.

a) Bestimmen Sie aus den Umrechnungsdiagrammen (Abb. 1.26 bis 1.30) die notwendigen Faktoren.

b) Berechnen Sie die Wasseraustrittstemperatur unter Betriebsbedingungen.

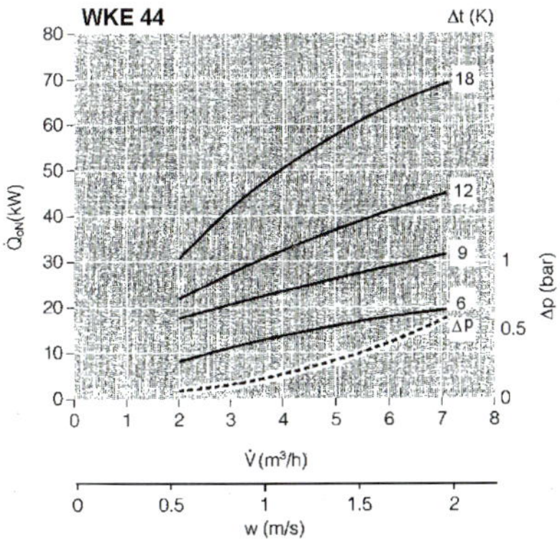

Abb. 1.25 Leistungsdiagramm

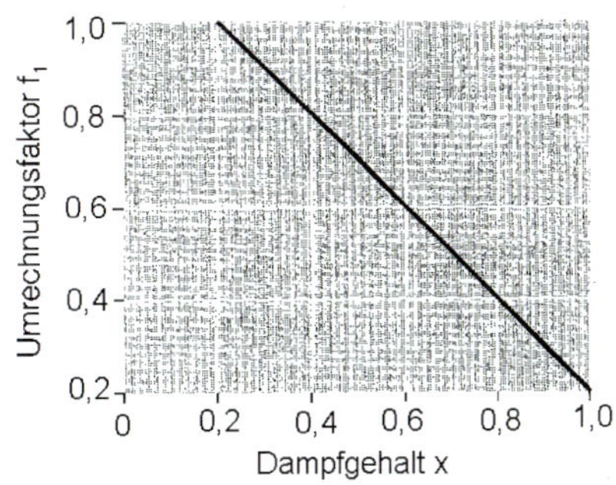

Abb. 1.26

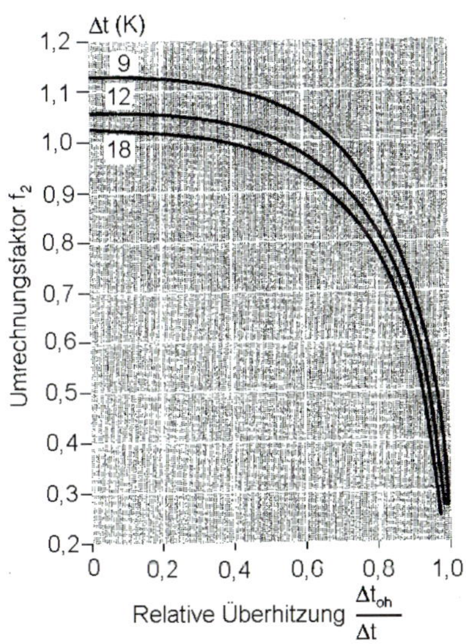

Abb. 1.27

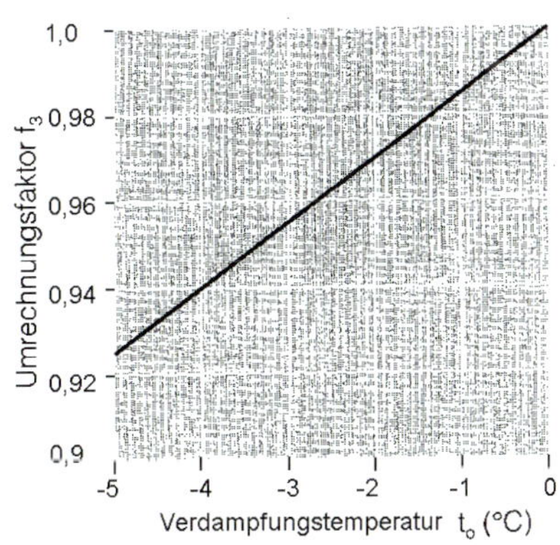

Abb. 1.28

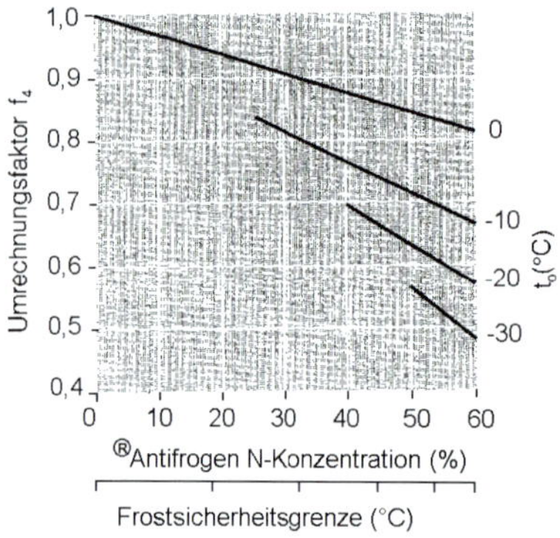

Abb. 1.29

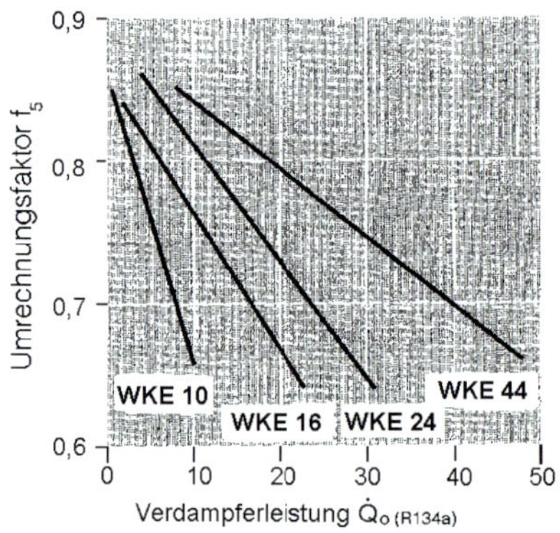

Abb. 1.30

4. Die Eislauffläche einer überdachten Kunsteisbahn hat die Abmessungen 20 x 30 m (Abb. 1.31). Der einfache Kältebedarf (ohne Erneuerung des Eises) wird mit $q = 1500\ kJ/m^2h$ veranschlagt.

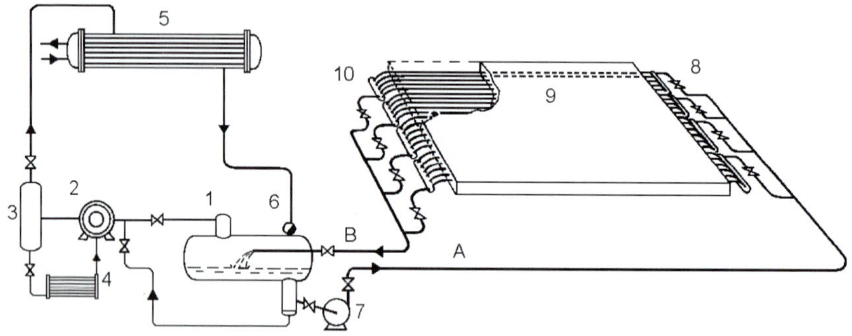

Abb. 1.31 Schema einer Kunsteisbahn mit Direktverdampfung (nach Cube, 1981)
1 – Abscheidesammler mit Dampfdom
2 – Verdichter
3 – Ölabscheider
4 – Ölkühler
5 – Verflüssiger (wassergekühlt)
6 – Hochdruck-Schwimmerregulierung
7 – NH3-Pumpe
8 – Verteilstücke
9 – Eisfläche mit Berohrung
10 – Sammelstücke

a) Welche Faktoren beeinflussen den Kältebedarf?

b) Welche Art der Verdampfung liegt vor?

c) Was fließt in Leitung A, was in Leitung B, wenn die Anlage läuft?

d) Welche Funktion hat der Abscheidesammler mit Dampfdom (Pos. 1)?

e) Berechnen Sie die Kälteleistung zur Aufrechterhaltung der Eistemperatur von $t_{Eis} = -3{,}5\ °C$. Annahmen: Stündlich ist 1 m³ Eis zu erneuern, Frischwassertemperatur 16 °C.

f) Wie groß ist die die erforderliche Rohrlänge bei einer Verdampfungstemperatur von $t_0 = -9{,}5\ °C$ für Pumpenumlauf? Wärmedurchgangskoeffizient zwischen Eis und verdampfendem Kältemittel $k = 85\ W/m^2K$, Rohrdurchmesser 40 mm.

g) Wie viele Rohre müssen auf der 30-m-Längsseite parallel verlegt werden?

h) Wie groß sind Rohrabstand und Rohrzwischenraum auf der 20-m-Seite der Bahn? (Außenabstand = halber Rohrzwischenraum)

Technische Kommunikation

1. Zeichnen Sie das RI-Fließbild für eine Kälteanlage (R-449A, Hubvolumenstrom > 50 m³/h) mit folgenden Komponenten:
   - sauggasgekühlter Hubkolbenverdichter mit zwei Dreiwege-Kappen-Absperrventilen.
   - wassergekühlter Bündelrohrverflüssiger mit druckgesteuertem Kühlwasserregler.
   - zwei verschiedene Kühlstellen, deren Temperatur nicht unter den angegebenen Wert fallen soll.
   - beide Kühlstellen werden durch je einen Raumthermostaten und ein Magnetventil geregelt
   - Kühlstelle 1: $t_{Raum} = -5\ °C$; $t_0 = -13\ °C$, TEV mit innerem Druckausgleich, Lamellenverdampfer für stille Kühlung
   - Kühlstelle 2: $t_{Raum} = -22\ °C$; $t_0 = -28\ °C$, Lamellenverdampfer mit Mehrfacheinspritzung und entsprechendem TEV
   - auf der Hochdruckseite sind ein Manometer und ein Sicherheitsdruckbegrenzer einzuplanen, auf der Saugseite ein Niederdruckwächter
   - Ölabscheider
   - beide Verdampfer (inkl. Tropfschale) werden wechselseitig mit Heißgas abgetaut. Das Kältemittel soll über den als Sammler dienenden Bündelrohrwärmeübertrager geleitet werden, bevor es wieder zur Verdampfung zur Verfügung steht
   - Pump-out-Schaltung
   - Leistungsregulierung über Heißgas-Bypass
   - übliche Komponenten und erforderliche Regelgeräte

1.3 Verflüssiger

Technologie

1. Welche Aufgabe hat der Verflüssiger innerhalb des Kältemittelkreislaufs, energiemäßig betrachtet?
2. Unter welchen Bedingungen (Druck und Temperatur) kommt es zur Verflüssigung des Kältemittels im Verflüssiger?
3. Warum ist der Verflüssigerwärmestrom $\dot{Q}_c$ stets größer als der Verdampferwärmestrom $\dot{Q}_0$?
4. Geben Sie an, an welcher Stelle des Kältemittelkreislaufs sich der Verflüssiger befindet.
5. Wie werden die Leitungen zum bzw. vom Verflüssiger bezeichnet?
6. Wie heißen die drei Zonen des Verflüssigers?
7. Erläutern Sie, was sich in den drei Zonen des Verflüssigers jeweils abspielt.
8. Geben Sie an, wie sich Druck und Temperatur in den Verflüssigerzonen jeweils ändern (Tab. 1.3).

Tab. 1.3

	Druck	Temperatur	
		Einstoff-KM/azeotrope	zeotrope KM
Enthitzungszone			
Verflüssigungszone			
Unterkühlungszone			

9. Skizzieren Sie ein lg p,h-Diagramm (nur Verflüssigerseite) und tragen Sie die drei Zonen ein.
10. Warum werden Verflüssiger bevorzugt nach dem (Kreuz-)Gegenstromprinzip betrieben? Was versteht man darunter?
11. Unterscheiden Sie nach dem Kühlmittel drei verschiedene Verflüssigerarten.
12. Welche Vor-/Nachteile haben luftgekühlte Verflüssiger?
13. Welche Vor-/Nachteile haben wassergekühlte Verflüssiger?
14. Warum werden wassergekühlte Verflüssiger häufig mit Wasserrückkühlung betrieben? Was versteht man darunter?
15. Skizzieren Sie einen Röhrenkesselverflüssiger (Bündelrohrverflüssiger), und zeichnen Sie ein: Kältemittelein-/austritt, Wasserein-/austritt, Unterkühlungszone.
16. Warum gibt es bei Anlagen mit Röhrenkesselverflüssiger (Bündelrohrverflüssiger) häufig keinen Kältemittelsammler?

17. Warum hat der mit Netzwasser betriebene Röhrenkesselverflüssiger mehr Umlenkungen (längere Wasserwege) als der mit Wasserrückkühlbetrieb (Kühlturm)?
18. Erläutern Sie die Funktionsweise eines Verdunstungsverflüssigers.
19. Welchen Vorteil hat ein Verdunstungsverflüssiger gegenüber einem
    a) wassergekühltem Verflüssiger
    b) wassergekühltem Verflüssiger mit Wasserrückkühlbetrieb?
20. Abbildung 1.32 zeigt das Prinzip des Verdunstungsverflüssigers. Benennen Sie die Positionen 1–11 möglichst genau.
21. Welche Nachteile hat ein Verdunstungsverflüssiger gegenüber einem Durchlaufverflüssiger mit Wasserrückkühlbetrieb?
22. Betrachten Sie die Abbildung 1.33.
    a) Worin liegt der prinzipielle Unterschied zum Verdunstungsverflüssiger (Aufgabe 20)? Wie ist der abgebildete Wärmeübertrager zu bezeichnen?
    b) Benennen Sie die einzelnen Positionen möglichst genau.
23. Was wissen Sie über
    a) Leistungsregelung
    b) Winterbetrieb

    von Kühltürmen (Wasserrückkühlwerken) bzw. Verdunstungsverflüssigern?
24. Was versteht man bei einem Kühlturm/Verdunstungsverflüssiger unter
    a) Windverlusten
    b) Abschlämmung?
25. Plattenwärmeübertrager können als Verflüssiger eingesetzt werden.
    a) Was versteht man unter einem Plattenwärmeübertrager (PWÜ)?
    b) Bei welchem Kühlmittel werden PWÜ eingesetzt? Nennen Sie ein typisches Anwendungsbeispiel.
26. Was versteht man unter einem *Hybridverflüssiger*?
27. Unter welchen Bedingungen kann ein Verflüssiger zum *Gaskühler* werden?
28. Das Wärmeübertragungsdiagramm (Abb. 1.34) zeigt den typischen Temperaturverlauf von Luft und Kältemittel bei einem Verflüssiger (HFKW) und einem Gaskühler (CO_2).

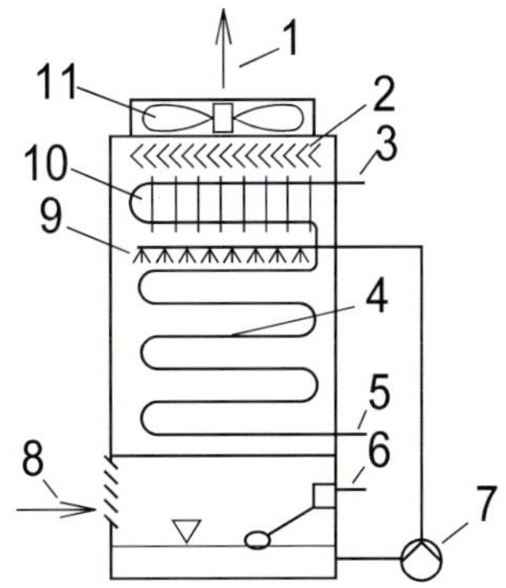

Abb. 1.32 Verdunstungsverflüssiger

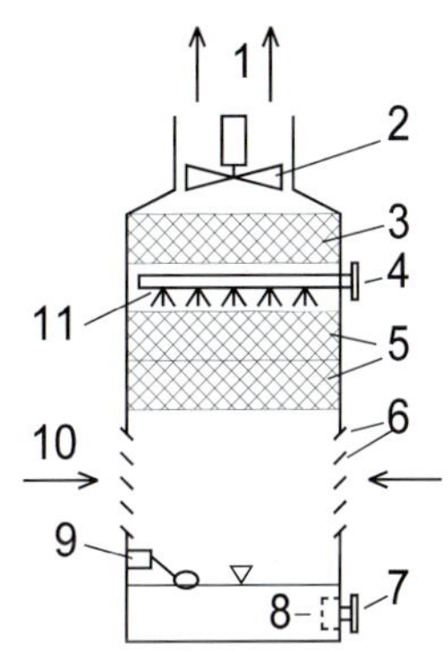

Abb. 1.33 Wärmeübertrager

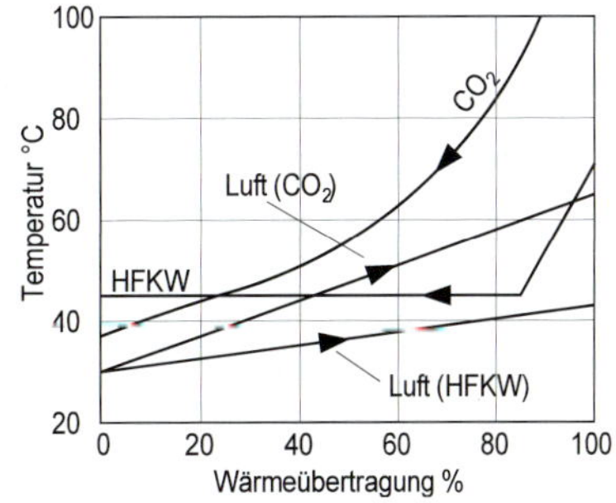

Abb. 1.34 Wärmeübertragungsdiagramm

a) Vergleichen Sie die Differenzen von Lufteintritts- und Luftaustrittstemperatur in den beiden Fällen.

b) Warum nähert sich die Temperatur des CO_2 am Gaskühlerausgang stärker der Lufttemperatur an als die der unterkühlten Flüssigkeit im Verflüssiger?

c) Welche Folgen ergeben sich aus den o. g. Erkenntnissen für den erforderlichen Luftdurchsatz bei Gaskühlern. Wie wirkt sich das auf den Energiebedarf des Lüfters aus?

29. Warum wird bei CO_2-Gaskühlern häufig eine Wassersprüheinrichtung vorgesehen?
30. Was ist bei Hybridverflüssigern bzw. Hybridgaskühlern bezüglich der Wasserqualität und -härte zu beachten. Warum?
31. Was ist bei der Aufstellung luftgekühlter Verflüssiger zu beachten?
32. Was versteht man unter einem statisch belüfteten Verflüssiger? Für welche Leistungen wird er verwendet?
33. An einem luftgekühlten Verflüssiger messen Sie: Verflüssigungstemperatur t_c = 45 °C bei t_a = 20 °C Umgebungstemperatur. Wie beurteilen Sie das? Mögliche Ursachen?
34. An einem wassergekühlten Verflüssiger messen Sie: Verflüssigungstemperatur tc = 42 °C, Wassereintrittstemperatur t_{W1} = 10 °C, Wasseraustrittstemperatur t_{W2} = 20 °C.

    a) Beurteilen Sie den Betrieb.

    b) Welche Ursache könnte für diesen Betriebszustand infrage kommen?
35. Geben Sie die üblichen Temperaturdifferenzen zwischen Kältemittel und Kühlmittel an für

    a) luftgekühlte

    b) wassergekühlte Verflüssiger.
36. Skizzieren Sie in einem Diagramm den Verlauf der Verflüssigungstemperatur (eines Einstoffkältemittels bzw. Azeotrops) und der Kühlmitteltemperatur beim Verflüssigen (Gegenstromprinzip).
37. Wie ist der Verlauf der Temperaturkurve des Kühlmittels zu erklären?
38. Wie ist die Temperaturdifferenz zwischen Kälte- und Kühlmittel beim Verflüssigen rechnerisch zu erfassen?
39. Erläutern Sie, welche negativen Folgen Verflüssigerverschmutzung für die gesamte Kälteanlage hat. Fertigen Sie eine Skizze des lg p,h-Diagramms an, in der Sie diese Auswirkungen darstellen.
40. Ein Verdichter verdichtet R-134a-Dampf auf p_c = 6 bar. Durch den luftgekühlten Verflüssiger strömt Luft von 25 °C. Kann die Anlage funktionieren? Begründung (Dampftabelle benutzen).
41. Was versteht man unter einem *Verflüssigungssatz*?
42. Welche Vor-/Nachteile hat ein Verflüssigungssatz?
43. Was versteht man unter einem *Mehrkreisverflüssiger*?
44. Bei Kaskaden spricht man auch von einem Verdampfer-Verflüssiger. Was ist darunter zu verstehen?
45. Erklären Sie den Aufbau eines *Koaxial-Verflüssigers*. Welche Vorteile bietet diese Bauart?

46. Einige Hersteller bieten luftgekühlte Verflüssiger in *Microchannel-Technologie* an.
    a) Beschreiben Sie den Aufbau mit einer Skizze
    b) Welche Vorteile bietet diese Technologie im Vergleich zu den üblichen luftgekühlten Verflüssigern (Kupferrohre mit Aluminiumlamellen)?
47. Nennen Sie mindestens drei Möglichkeiten, den (Verflüssigungsdruck zu regeln, und geben Sie an, ob stetige oder unstetige Regelung vorliegt.
48. Warum darf der Verflüssigungsdruck nicht zu hoch und nicht zu niedrig werden?
49. Erläutern Sie, wieso es durch zu niedrigen Verflüssigungsdruck zur Abschaltung der Kälteanlage wegen Kältemittelmangel kommen kann.
50. Der Verflüssigungsdruck wird unter anderem durch Anstauen von Kältemittel im Verflüssiger geregelt. Geben Sie zwei Anwendungsfälle an. Wie funktioniert diese Regelung?
51. In Abbildung 1.35 sehen Sie eine Einsatzmöglichkeit des HP-Reglers der Firma Alco Controls Division:
    a) Was soll der HP-Regler verhindern?
    b) Wann wird Durchgang C – R gedrosselt? Wirkung?
    c) Wozu dient die Bypass-Leitung (Anschluss B)?
    d) Wie müssen Kältemittelfüllmenge und Sammler einer derartig geregelten Anlage bemessen sein? Warum?
    e) Welche weitere Möglichkeit gibt es, die gleiche Regelwirkung zu erzielen? Fertigen Sie eine Fließbild-Skizze davon an.

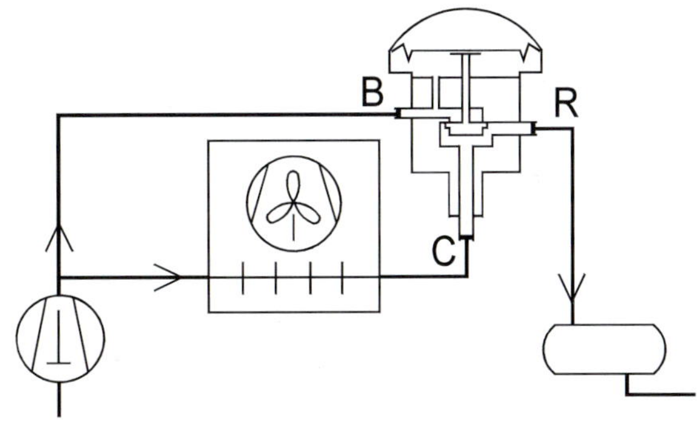

Abb. 1.35

Technische Mathematik

1. Ein luftgekühlter Verflüssiger hat eine wirksame Oberfläche von 3,55 m². Sein k-Wert wird mit 30 W/m²K angenommen. Die Lufteintrittstemperatur beträgt t_{L1} = 20 °C bei φ = 0,6; Luftaustrittstemperatur t_{L2} = 26 °C; Verflüssigungstemperatur t_c = 35 °C.
    a) Berechnen Sie die mittlere logarithmische Temperaturdifferenz in K.
    b) Welche Leistung hat der Verflüssiger (W)?
    c) Bestimmen Sie mittels h,x-Diagramm die erforderlichen Werte für h, ρ .
    d) Welcher Luftmassenstrom ist für die errechnete Leistung erforderlich (kg/s, kg/h)?
    e) Welchen Volumenstrom muss der saugende Lüfter erzeugen?
    f) Berechnen Sie den erforderlichen Massenstrom/Volumenstrom vereinfacht aus $\dot{Q}_C = \dot{m}_L \cdot c_{pL} \cdot \Delta T$ (c_{pL} = 1 kJ/kgK, ρ_L = 1,2 kg/m³).
    g) Wie groß ist die prozentuale Abweichung zwischen genauer und vereinfachter Rechnung?

2. An einem wassergekühlten Verflüssiger messen Sie Wassereintrittstemperatur $t_{W1} = 15\ °C$, Wasseraustrittstemperatur $t_{W2} = 27\ °C$ sowie einen Durchfluss von 6 Litern in der Minute. Berechnen Sie die Verflüssigerleistung in W.
3. Berechnen Sie den Wasserbedarf eines wassergekühlten Verflüssigers für eine Verflüssigerleistung von 100 kW bei $t_{W1} = 12\ °C$, $t_{W2} = 22\ °C$ in kg/s und m^3/h.
4. Ein wassergekühlter Verflüssiger mit Wasserrückkühlwerk hat folgende Daten: $t_{W1} = 25\ °C$, $t_{W2} = 30\ °C$, $\dot{Q}_c = 100$ kW.
   a) Berechnen Sie die erforderliche umlaufende Wassermenge in kg/s und m^3/h.
   b) Berechnen Sie den Verdunstungswasserstrom $\dot{m}_{WV}$ unter der Annahme, dass die gesamte Abkühlung durch Verdunstung bei t = 20 °C stattfindet.
   c) Berechnen Sie den Gesamtwasserbedarf bei folgenden Annahmen: Windverluste 0,2 % der umlaufenden Wassermenge; Abschlämmverluste so groß wie Verdunstungswasserstrom.
   d) Berechnen Sie die Wasserersparnis in % gegenüber dem Verflüssiger aus Aufgabe 3.
5. Ein Doppelrohr-Gegenstrom-Verflüssiger hat ein Kältemittel führendes Innenrohr von Cu 15x1 und soll bei $t_{W1} = 20\ °C$ und $t_{W2} = 31\ °C$ sowie $t_c = 35\ °C$ eine Verflüssigungsleistung von $\dot{Q}_c = 1200$ W haben, wobei als k-Wert 400 W/m^2K angenommen wird.
   a) Welche Länge muss das Rohr bekommen? (Rechnen Sie mit der Außenoberfläche des Innenrohres)
   b) Welche Strömungsgeschwindigkeit ergibt sich für das Wasser bei einem Mantelrohr Cu 22 x 1?
6. Eine R-134a-Anlage verflüssigt bei $t_c = 36\ °C$ und ergibt im Verflüssiger eine Unterkühlung um 1 K auf $t_{cu} = 35\ °C$. Die Flüssigkeitsleitung (10 x 1; $w_{FL} = 0{,}5$ m/s) gibt weiter Wärme an die Umgebung mit $t_a = 20\ °C$ ab, wobei als k-Wert 7 W/m^2K (stille Kühlung) veranschlagt wird. Die Temperaturdifferenz $\Delta T = t_{cu} - t_a = 15$ K wird als konstant angenommen, ihre Verringerung aufgrund der weiteren Abkühlung des Kältemittels also vernachlässigt.
   a) Wie viel K weitere Unterkühlung ergibt 1 Meter der Flüssigkeitsleitung?
   b) Wie lang muss die Flüssigkeitsleitung sein, damit sich eine weitere Unterkühlung um 1 K ergibt?

1.4 Sonstige Bauteile im Kältemittelkreislauf

Filtertrockner

1. Nennen Sie die drei Hauptaufgaben eines Filtertrockners.
2. Welche Gefahren drohen der Anlage bei zu hohem Restfeuchtigkeitsgehalt des Kältemittels?
3. Nennen Sie adsorptiv wirkende Trockenmittel und ihre speziellen Eigenschaften.
4. Beschreiben Sie die Wirkung eines Molekularsiebes.
5. Welchen Druckabfall verursacht ein funktionsfähiger Filtertrockner in richtiger Dimensionierung, dessen Poren noch nicht mit Feststoffen zugesetzt sind?

6. Nennen Sie Anforderungen, die an Trockner/Filter gestellt werden.
7. Warum werden Filtertrockner in die Flüssigkeitsleitung eingebaut?
8. Warum muss bei Trocknern auf die Durchflussrichtung geachtet werden?
9. Wann soll ein Filtertrockner gewechselt werden?
10. Was verstehen Sie unter einem „Burn-out“-Filtertrockner?
11. Wann ist der Einsatz eines Saugleitungsfilters sinnvoll?
12. Mit welcher Technologie hat der Ausbau eines mit Wasser abgesättigten Einweg-Löttrockners zu erfolgen?

Schauglas

1. In einem Schauglas sind Dampfblasen zu sehen. Welche Ursachen kann das haben?
2. Der Feuchte-Indikator eines Schauglases ist verfärbt. Was ist zu tun?
3. Aus welcher Überlegung heraus bietet sich die Anordnung des Schauglases in einer Bypassleitung über einem waagerechten Stück der Flüssigkeitsleitung an?

Ventile

1. Was verstehen Sie unter dem k_v-Wert einer Armatur?
2. Nennen Sie den strömungstechnischen Vorteil eines Kugelabsperrhahns gegenüber einem herkömmlichen Absperrventil mit Ventilsitz und Ventilteller bzw. Ventilkegel.
3. Welcher Vorgang muss vor der Verstellung eines Absperrventils mit Stopfbuchse erfolgen, damit die Dichtfähigkeit der Stopfbuchspackung nicht beeinträchtigt wird?
4. Bei Anlaufentlastung ist in die Druckleitung zwischen Verdichter und Verflüssiger ein Rückschlagventil nach dem Abgang zum Magnetventil für die Anlaufentlastung eingebaut. Was soll dieses Rückschlagventil verhindern?
5. Welche Gefahr droht, wenn ein Rückschlagventil z. B. in der Druckleitung zu groß ausgelegt wird?
6. Erklären Sie den anwendungstechnischen Sinn eines mit zwei Sicherheitsventilen bestückten Wechselventils.

Magnetventil

1. In Kälteanlagen werden hauptsächlich Magnetventile in sog. Arbeitsstromausführung verwendet. Was verstehen Sie darunter?
2. Beschreiben Sie den Unterschied in der Wirkungsweise zwischen direkt gesteuertem und servogesteuertem Magnetventil.
3. Warum werden direkt gesteuerte Magnetventile nur für kleine Nennleistungen angeboten?
4. Beschreiben Sie das Öffnen und Schließen eines servogesteuerten Magnetventils mit Membran.
5. Welche Bedeutung hat der Mindestdruckabfall für die Funktion des servogesteuerten Magnetventils?
6. Wählen Sie für folgende Bedingungen ein servogesteuertes ALCO-Magnetventil aus und überprüfen Sie die Einhaltung des Mindestdruckabfalls von 0,05 bar am ausgewählten Ventil.

R-134a; Flüssigkeitsanwendung; $\dot{Q}_0 = 23$ kW; $t_0 = -10$ °C; $t_{cu} = 40$ °C; gewählter Druckabfall gleich 0,15 bar (entspricht dem Standarddruckabfall der Ventilleistungstabelle).

7. Wozu kann ein Vierwegeumschaltventil in Kälteanlagen verwendet werden?

Flexibler Metallschlauch

1. Welche Richtung müssen die Bewegungen (Schwingungen) zur Achse eines flexiblen Metallschlauchs haben, damit sie von diesem kompensiert werden können und nicht zur Zerstörung des Metallschlauchs führen?

Ölabscheider

1. Aus welchen Gründen kann der Einbau eines Ölabscheiders notwendig werden?
2. Beschreiben Sie die Ölrückführung durch einen Ölabscheider.
3. Zu welchem Zweck können Ölabscheider isoliert und zusätzlich eventuell noch beheizt sein?
4. Erklären Sie die Notwendigkeit des Vorfüllens eines Ölabscheiders.
5. Worauf deutet eine ständig heiße Ölrückführungsleitung hin?
6. Kann durch den Einbau eines Ölabscheiders auf die Einhaltung der Gestaltungsregeln zur Ölrückführung bei Saug- und Druckleitungen verzichtet werden?
7. Welchen Nachteil bewirkt der Einbau eines Ölabscheiders?

Flüssigkeitsabscheider

1. Wann ist ein Flüssigkeitsabscheider anzuwenden? Welchen Schutz bietet er dem Verdichter?
2. Erklären Sie die Abscheidewirkung des Flüssigkeitsabscheiders.
3. Wann sind Flüssigkeitsabscheider mit innerer Heißgasheizschlange anzuwenden?
4. Nennen Sie die Aufgabe eines Schalldämpfers (Muffler). An welcher Stelle wird er bei einem halbhermetischen Verdichter eingebaut?
5. Was muss wegen des unbeabsichtigten Ölabscheideeffekts eines Schalldämpfers bei dessen Einbau beachtet werden?

Kühlwasserregulierventil

1. Nennen Sie das regelungstechnische Ziel eines druckgesteuerten Kühlwasserregulierventils. Wie reagiert das Ventil nach Ausschalten des Verdichters?

Flüssigkeits-Saugdampf-Wärmeübertrager

Siehe Kälteanlagentechnik in Fragen und Antworten, Band 1, Kapitel 4.2.2, Technische Mathematik, Aufgabe 2

Sammler

1. Nennen Sie Aufgaben des Kältemittelsammlers.
2. Welchen Vorteil bietet ein stehender Sammler gegenüber einem liegenden?

LÖSUNGEN

1.5 Lösungen zu: Drosselorgane und Flüssigkeitsverteiler

1.5.1 zu: Drosselorgane

1. **Tab. 1.4**

p_0	= Verdampfungsdruck	
t_0	= Verdampfungstemperatur	
t_{01}	= Verdampfungstemperatur am Verdampfereingang	
t_{02}	= Verdampfungstemperatur am Verdampferende	
t_{02h}	= Überhitzungstemperatur am Verdampferausgang am Sitz des TEV-Fühlers	
t_{0h}	= Überhitzungstemperatur in der Saugseite	
p_c	= Verflüssigungsdruck	
t_c	= Verflüssigungstemperatur	
t_{ch}	= Überhitzungstemperatur in der Druckseite	
t_{c1h}	= Überhitzungstemperatur am Verflüssigereingang	
t_{V1}	= Überhitzungstemperatur am Verdichtereingang	
t_{V2}	= Überhitzungstemperatur am Verdichterausgang	
t_2	= Verdichtungsendtemperatur am Druckarbeitsventil (höchste Überhitzungstemperatur)	
t_{c2u}	= Unterkühlungstemperatur am Verflüssigerausgang	
t_{cu}	= Unterkühlungstemperatur in der Flüssigkeitsleitung	
$t_{E1} = t_{Eu}$	= Unterkühlungstemperatur am Eingang in das Expansionsventil	
t_{E2}	= Verdampfungstemperatur am Ausgang des Expansionsventils ($t_{E2} = t_{01}$, wenn Einfacheinspritzung ohne Flüssigkeitsverteiler gegeben ist.)	
Δt_{0h}	= Überhitzung des Saugdampfs	$\Delta t_{0h} = t_{0h} - t_0$
Δt_{ch}	= Überhitzung des Druckgases	$\Delta t_{ch} = t_{ch} - t_c$
Δt_{cu}	= Unterkühlung des flüssigen Kältemittels	$\Delta t_{cu} = t_c - t_{cu}$
Δt_{Eu}	= Unterkühlung des flüssigen Kältemittels vor dem Expansionsventil	$\Delta t_{Eu} = t_c - t_{Eu}$
Δt_{ohS}	= statische Überhitzung des TEV	
$\Delta t_{ohÖ}$	= Öffnungsüberhitzung des TEV	
Δt_{ohA}	= Arbeitsüberhitzung des TEV	$\Delta t_{ohA} = \Delta t_{ohS} + \Delta t_{ohÖ}$

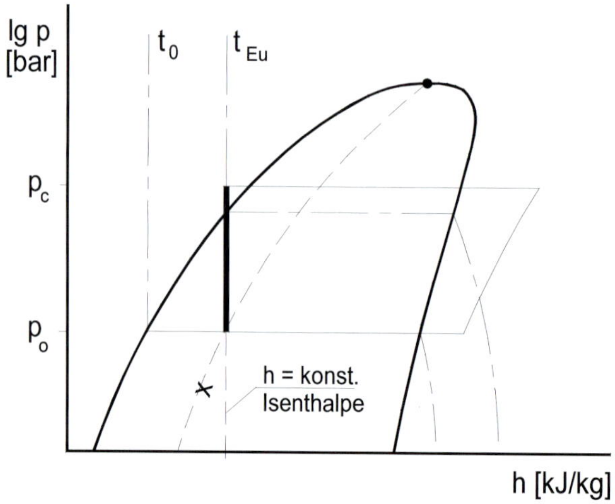

Abb. 1.36 Drosselvorgang im lg p,h-Diagramm

2. Das Drosselorgan hat die Aufgabe, den Druck des Kältemittels von Verflüssigungsdruck p_c auf Verdampfungsdruck p_0 zu senken (Drosselung, Entspannung), sodass die Verdampfungstemperatur t_0 unter der Kühlstellentemperatur liegt.
3. *Drosseldampf* entsteht als Folge der Druckabsenkung beim Durchgang des flüssigen Kältemittels durch die Drosselstelle des Drosselorgans (z. B. Düsenringspalt). Der bei dieser Teilverdampfung entstehende Dampfanteil wird Drosseldampf genannt (*vgl. Kälteanlagentechnik in Fragen und Antworten, Band 1, Kap. 4.2.2, Technologie, Aufg. 8*).
4. Die Temperaturabsenkung ist durch die Verdampfung eines Teils des Kältemittels zu erklären. Beim Drosselvorgang findet eine innere Wärmeübertragung statt (*vgl. Kälteanlagentechnik in Fragen und Antworten, Band 1, Kap. 4.2.2, Technologie, Aufg. 8*).
5. Durch größeres Druckverhältnis und kleinere Unterkühlung des flüssigen Kältemittels vergrößert sich der Dampfgehalt x des aus dem Drosselorgan austretenden Nassdampfs, man spricht von größerem Drosseldampfanteil bzw. größeren Drosselverlusten (*vgl. Kälteanlagentechnik in Fragen und Antworten, Band 1, Kap. 4.2.2, Technologie, Aufg. 9*).
6. Durch eine weitere Verengung des Düsenringspaltes fällt der Verdampfungsdruck p_0, steigt der Drosseldampfanteil x und vergrößert sich die Überhitzung Δt_{0h} der aus dem Verdampfer austretenden Kältemitteldämpfe.
7. Das AEV hält im Betrieb den Verdampfungsdruck p_0 konstant. Im Stillstand schließt es, weil ein Teil des restlichen Kältemittels verdampft und p_0 als Schließdruck unter der Ventilmembran ansteigt.
8. Das AEV schließt bei steigender Kühllast, um den ansteigenden Verdampfungsdruck konstant zu halten. Weil nun trotz gestiegenen Wärmeeinfalls weniger Kältemittel zur Verdampfung ansteht, steigt die Überhitzung an und der Verdampfer wird schlechter beaufschlagt. Die Abkühlzeit verlängert sich.

   Das AEV erfüllt zwar sein regelungstechnisches Ziel, p_0 konstant zu halten. Im Hinblick auf die Abführung hoher Kühllast reagiert es aber gerade falsch, da es in dieser Situation weiter schließt.

9. Kälteanlagen mit AEV dürfen nur mit einem Verdampfertemperaturwächter gesteuert werden, weil nur dieser wegen seiner Fühleranordnung im Ausgangsbereich des Verdampfers das Fortschreiten der Nassdampfzone bei fallender Kühllast bemerkt. Dadurch werden Flüssigkeitsschläge verhindert, die im Zusammenhang mit der weiteren Öffnung des AEVs bei fallender Kühllast drohen.

10. Das Thermostatische Expansionsventil regelt die Überhitzung. Im Betriebszustand übt die Überhitzung und damit der Fühlerdruck den Haupteinfluss auf das Regelungsverhalten eines TEVs aus. Im Anlagenstillstand hat der Verdampfungsdruck im Zusammenwirken mit dem Druck der Regulierfeder den Haupteinfluss auf das Regelungsverhalten (Pump-down-Schaltung ausgenommen).

    Der Fühlerdruck wirkt in Öffnungsrichtung, während der Verdampfungsdruck und der Druck der Regulierfeder in Schließrichtung wirken: $p_{Fühler} = p_0 + p_{Feder}$.

11. Die *statische Überhitzung* Δt_{0hs} ist notwendig, damit der in Schließrichtung wirkende Druck der Einstellfeder gerade überwunden wird, wodurch die Öffnung des TEVs unmittelbar bevorsteht.

    Die *Öffnungsüberhitzung* $\Delta t_{0hÖ}$ dient zur Öffnung des TEVs entsprechend der Höhe der momentanen Kühllast vom Öffnungsbeginn bis zur Nennleistung.

    Beide zusammen ergeben die *Arbeitsüberhitzung* Δt_{0hA}, das ist die am Verdampferausgang messbare Überhitzung, deren Größe sich in direkter Abhängigkeit von der Größe der Kühllast einstellt.

12. Da die Öffnungsüberhitzung von 3 K auf 1 K gesunken ist, beträgt die Teillast ein Drittel der Nennleistung, also 33 % (vgl. Tab. 1.5).

Tab. 1.5

	Δt_{0hA}	=	Δt_{0hS}	+	$\Delta t_{0hÖ}$
Volllast	7 K	=	4 K	+	3 K
Teillast	5 K	=	4 K	+	1 K

13. Die $\Delta t_{0hÖ}$ stellt sich direkt proportional zur Höhe der Kühllast ein.

14. Zur Aussteuerung des TEVs vom Öffnungsbeginn (Δt_{0hS} ist erreicht) bis zur Nennleistung ist eine weitere Fühlererwärmung (Öffnungsüberhitzung $\Delta t_{0hÖ}$) erforderlich, damit der ansteigende Federdruck überwunden wird. Kleine Öffnungsüberhitzung bis zum Erreichen der Nennleistung des Ventils bedeutet hohe Ansprechempfindlichkeit.

15. Das TEV braucht die Arbeitsüberhitzung am Fühler (Verdampferausgang) als sensible Temperaturänderung (Regelgröße x), damit es auf veränderte Kühllast mit einer entsprechend der Höhe der Kühllast modifizierten Kältemitteleinspritzmenge (Stellgröße y) reagieren kann.

16. S. Abb. 1.37

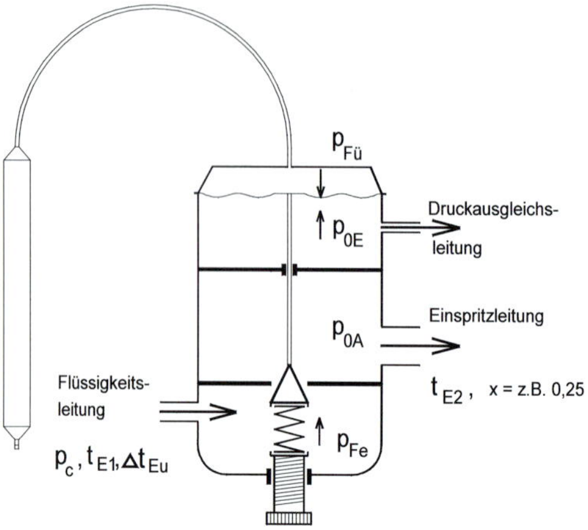

Abb. 1.37 Thermostatisches Expansionsventil mit äußerem Druckausgleich

Legende zu Abb. 1.37

$p_{Fü}$	Fühlerdruck
p_{0A}	Verdampfungsdruck am Verdampferanfang
p_{0E}	Verdampfungsdruck am Verdampferende
p_{Fe}	Druck der Regulierfeder
t_{E1}	Unterkühlungstemperatur am Expansionsventileintritt
t_{E2}	Verdampfungstemperatur am Expansionsventilaustritt
Δt_{Eu}	Unterkühlung vor dem Expansionsventil
x	Dampfgehalt

17. Beim TEV mit äußerem Druckausgleich kann der hohe Verdampfungsdruck vom Verdampferanfang p_{0A} durch die eingebaute Trennwand mit Stopfbuchse nicht mehr als starke Schließkraft unter der Membran wirksam werden wie beim TEV mit innerem Druckausgleich. Über die Druckausgleichsleitung wird der um den Druckabfall im Verdampfer (und im Verteiler) verminderte Verdampfungsdruck vom Ende des Verdampfers p_{0E} als schwächere Schließkraft unter die Membran geleitet. Diese schwächere Schließkraft ermöglicht eine kleinere Öffnungskraft und damit geringeren Fühlerdruck bzw. geringere Überhitzung am Verdampferausgang. Dadurch wird mehr Kältemittel eingespritzt und die Arbeitsüberhitzung am Verdampferende wird auf einem Normalwert gehalten, der gute Verdampferausnutzung garantiert.

18. Bei einem TEV mit innerem Druckausgleich ist die Werkseinstellung der statischen Überhitzung um den Betrag des im Verdampfer vorhandenen Druckgefälles (in K) sinngemäß vergrößert. Zur Öffnung des TEVs wäre dann eine größere Arbeitsüberhitzung erforderlich. Dadurch verschlechtert sich die Verdampferausnutzung.

19. Der Druckabfall im Verdampfer überschreitet einen Wert von ca. 0,2 bar (genaue Werte in Abhängigkeit des Kältemittels und der Verdampfungstemperatur sind den Festlegungen der TEV-Hersteller zu entnehmen), z. B. Verdampferrohrlänge ist größer ca. 30 m, Mehrfacheinspritzung durch Flüssigkeitsverteiler. (Ein Flüssigkeitsverteiler zuzüglich Verteilerleitungen weist einen größeren Druckabfall als 0,2 bar auf).

20. Eine gewünschte Verdampfungstemperatur t_0 kann nur durch die richtige Größenzuordnung eines Verdampfers zu einem Verdichter erreicht werden. Da das TEV ein Regler für die Verdampferüberhitzung ist, kann auch keine Verdampfungstemperatur t_0 durch das TEV eingestellt oder geregelt werden. Dies wird auch dadurch offensichtlich, dass bei TEV-gespeisten Anlagen der sich einstellende Verdampfungsdruck eine direkte Abhängigkeit zur Höhe der Kühllast aufweist.

Wollte man die Auswirkung eines zu kleinen Verdichters oder eines zu großen Verdampfers durch sehr hoch eingestellte statische Überhitzung oder kleinere Düse korrigieren, ergäbe sich zwar tendenziell ein tieferer Verdampfungsdruck, dies hätte aber sehr hohe Arbeitsüberhitzung am Verdampfer, noch größere Ansaugüberhitzung, schlechtere Saugdampfkühlung und stark vergrößerte Verdichtungsendtemperatur zur Folge.

21. $\Delta t_{Vda} = 3$ K; $t_{02} = -10$ °C; $t_{02h} = -3$ °C; Es wurde ein TEV mit äußerem Druckausgleich verwendet, da bei dem großen Druckabfall im Verdampfer die Höhe der Arbeitsüberhitzung Δt_{0hA} auch bei hoher Kühllast den Normalwert von 7 K nicht überschreitet. Bei einem TEV mit innerem Druckausgleich wäre die Arbeitsüberhitzung Δt_{0hA} um den Betrag der Temperaturdifferenz (Druckdifferenz) des Verdampfers (im Beispiel 3 K) auf 10 K erhöht.
22. Lösung c) -t_{02}
23. $\Delta t_{0hA} = t_{02h} - t_{02}$; Die Überhitzungstemperatur am Verdampferausgang t_{02h} wird mit elektronischem Thermometer am isolierten Fühler gemessen. Die Verdampfungstemperatur am Verdampferende t_{02} wird über den Druck (Feinmessmanometer am Verdampferausgang) bestimmt.
24. Der Kälteanlagenbauer misst die Arbeitsüberhitzung Δt_{0hA}. In den Katalogblättern der Ventilhersteller wird die Werkseinstellung der statischen Überhitzung Δt_{0hS} angegeben.
25. a) In Auswertung gebräuchlicher Dampftafeln wird das Kältemittel R-134a ermittelt. (1,64 bar entsprechend –15 °C)

    b) Der Druckabfall im Verdampfer beträgt 0,52 bar. Wegen des großen Druckabfalls wurde ein TEV mit äußerem Druckausgleich gewählt.

    c) Die mittlere Trennwand im Ventil verhindert, dass der hohe Druck vom Verdampferanfang p_{0A} als starke Schließkraft unter der Membran wirken kann. Damit wirkt der um den Druckabfall im Verdampfer verminderte Verdampfungsdruck p_{0E} als schwächere Schließkraft unter der Membran.

    d) **Tab. 1.6**

1,39 bar ($p_{Fü}$)	Öffnungsdruck
1,12 bar (p_{0E}) + 0,27 bar (p_{RF}) = 1,39 bar	Schließdrücke

    e) Die Arbeitsüberhitzung beträgt 5 K ($\Delta t_{0hA} = t_{02h} - t_0 = -19$ °C – (–24 °C) = 5 K)

    f) Bei 5 K Arbeitsüberhitzung bzw. 1 K Öffnungsüberhitzung liegt eine geringe Kühllast vor, die nur etwa ein Drittel der Nennleistung des Ventils mobilisiert.

26. S. Abb. 1.38

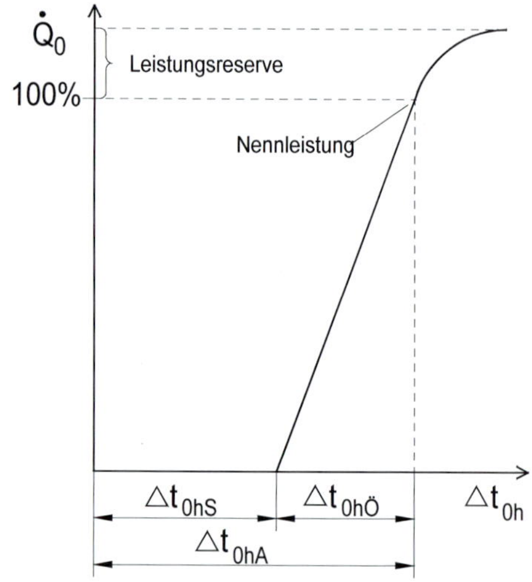

Abb. 1.38 Kennlinie eines Thermostatischen Expansionsventils

27. Auf der Basis der Werkseinstellung der statischen Überhitzung wird bei einer Arbeitsüberhitzung von 7 K die Nennkälteleistung des Ventils erreicht. Darüber hinaus besteht noch eine Leistungsreserve, die durch weitere Öffnungsüberhitzung mobilisiert wird.

    Bei völlig entspannter Feder muss mit dem Austritt von flüssigem Kältemittel aus dem Verdampfer und demzufolge mit Flüssigkeitsschlägen gerechnet werden, da die statische Überhitzung als Grundüberhitzung nicht mehr eingestellt ist. Außerdem schließt das Ventil im Stillstand nicht mehr, da die Federkraft als Schließkraft fehlt.

    Bei zu stark vorgespannter Feder ist eine hohe statische Überhitzung eingestellt. Dadurch wird eine große Arbeitsüberhitzung am Fühler des TEVs verlangt, um Öffnung zu bewirken. Schlechte Verdampferausnutzung ist die Folge. Wegen der verminderten Kältemitteleinspritzmenge fällt der Verdampfungsdruck, dadurch steigt das Druckverhältnis und außerdem verschlechtert sich die Saugdampfkühlung. Durch die höhere Ansaugüberhitzung steigt die Verdichtungsendtemperatur, wodurch ebenfalls Verdichterschäden zu erwarten sind.

28. Bei fallender Kühllast wird die Arbeitsüberhitzung wegen des geringen Wärmeeinfalls kleiner, wodurch der Fühlerdruck sinkt und das Ventil etwas weiter schließt. Im Endeffekt wird der Verdampfungsdruck p_0 kleiner, weil weniger Kältemittel eingespritzt wird. Die Arbeitsüberhitzung Δt_{0hA} wird sich entsprechend der kleineren Kühllast auf einen kleineren Wert einstellen, da nur noch eine minimale Öffnungsüberhitzung $\Delta t_{0hÖ}$ notwendig ist, um eine der kleinen Kühllast entsprechende Menge Kältemittel einzuspritzen. Im Ergebnis sinkt die Kälteleistung (selbst adaptierendes System).

29. Bei steigender Kühllast steigt die Überhitzung und damit der Fühlerdruck momentan stärker an. Dadurch öffnet das TEV etwas weiter und die Überhitzung fällt wieder etwas ab, stellt sich aber schließlich auf einen höheren Arbeitsüberhitzungswert ein, der der höheren Kühllast entspricht. Durch die vergrößerte Kältemitteleinspritzmenge ergibt sich im Zusammenwirken mit der hohen Wärmebelastung des Verdampfers ein vergrößertes Dampfvolumen und damit ein höherer Verdampfungsdruck. Im Ergebnis steigt die Ventilkälteleistung.

30. Nach dem Ausschalten des Verdichters verdampft ein Teil des im Verdampfer vorhandenen restlichen flüssigen Kältemittels. Dadurch steigt der Verdampfungsdruck p_0 als Schließdruck unter der Ventilmembran an, wodurch die Ventile im Verdichterstillstand schließen.

31. Das R-134a-Ventil wird unter seiner Membran vom höheren Druck des R-449A in Schließrichtung belastet. Dadurch ist das Ventil in der Tendenz sehr weit geschlossen

(oder: die für R-134a vorgesehene Fühlerfüllung entwickelt im R-449A-Kreislauf zu wenig Öffnungsdruck).

32. - Montage des TEV-Fühlers am Verdampferausgang durch Fühlerklemme mit gutem metallischem Kontakt und Linienberührung an der Saugleitung innerhalb des Kühlraums.
    - Fühler möglichst am waagerechten Rohr anbringen
    - Fühler isolieren, damit er nur von der Überhitzungstemperatur in der Saugleitung beeinflusst wird.
    - Bei Saugrohren ≥ 22 mm ∅ empfiehlt sich die seitliche Anbringung des Fühlers im Winkel von ca. 45° unterhalb der Waagerechten zur Rohrmitte.
    - Bei Saugrohren < 22 mm ∅ ist der Fühler oben auf der Saugleitung anzuordnen.
    - Fühler nicht in die Nähe großer Massen setzen.
    - Fühler in Strömungsrichtung vor Anschluss des äußeren Druckausgleichs montieren.
    - Fühler immer am Ausgang des zugehörigen Verdampfers und nie an einer gemeinsamen Saugsammelleitung mehrerer Verdampfer montieren.

33. Zu ① Vor der senkrecht aufsteigenden Saugleitung fehlt der Ölsiphon. Dadurch werden Ansammlungen von Öl-Kältemittelgemisch an der Fühleranbringungsstelle begünstigt und die Reaktion des Fühlers wird träger. Außerdem führt die bei u. U. absinkendem Saugdruck einsetzende Verdampfung des im Öl gelösten Kältemittelanteils durch fallende Fühlertemperatur zu verfälschten Messwerten der Überhitzung.

    Zu ② Der Fühler darf in Flussrichtung gesehen nicht nach dem Anschluss des äußeren Druckausgleichs montiert werden. Dadurch würde er bei undichter innerer Stopfbuchse des TEVs mit äußerem Druckausgleich unbeabsichtigt durch überströmendes Kältemittel abgekühlt werden. Dies würde zu verminderter Kältemitteleinspritzmenge führen.

    Zu ③ Der Abgang für den Anschluss der Impulsleitung für den äußeren Druckausgleich darf nicht nach unten gerichtet sein, da in diesem Falle einfließendes Öl die Druckausgleichsleitung verschließen würde. Die Folge wäre eine mangelhafte Weiterleitung der um den Verdampferdruckabfall verringerten Druckinformation p_{0E} unter die Membran des TEVs. In der Tendenz würde sich ein höherer Druck unter der Ventilmembran einstellen, der größeren Öffnungsdruck ($p_{FÜ}$) und damit größere Arbeitsüberhitzung erfordern würde. Dies hätte eine schlechtere Verdampferausnutzung zur Folge.

34. Gasfüllung, Flüssigfüllung, Adsorptionsfüllung.

35. Damit sich das Kondensat im Fühler und nicht im Steuerkopf des Ventils bzw. in der Kapillare bildet, muss der Fühler immer die kälteste Stelle des Thermosystems sein. Ist diese Bedingung z. B. bei starker Unterkühlung nicht eingehalten, weil das einfließende stark unterkühlte Kältemittel zu wenig Wärme in den Ventilkörper einbringt, kommt es zur Füllungsverlagerung in den Steuerkopf des Ventils. Dadurch fehlt die Füllung im Fühler und das Ventil entwickelt trotz steigender Fühlertemperatur keinen Öffnungsdruck, wodurch es geschlossen bleibt. Durch Eisbildung am Ventil, Isolierung des Ventils oder Fühlertemperaturanstieg durch Heißgasabtauung kann ebenfalls Füllungsverlagerung in den Steuerkopf auftreten.

36. Bei starker Unterkühlung kann die Temperatur des Steuerkopfs des TEVs kälter als die Fühlertemperatur werden. Beim TEV mit Adsorptionsfüllung ist auch unter dieser Bedingung nicht zu befürchten, dass das inerte Gas der Fühlerfüllung (Adsorptiv) an der kalten Membran des Steuerkopfs auskondensieren kann, weil es sich temperaturabhängig nur an das Adsorbens des Fühlers (Feststoff) verlagern kann.
37. Um das flinke Regelverhalten einer Gasfüllung zu dämpfen, bewirkt ein im Fühler untergebrachter chemisch neutraler Füllkörper (Thermoballast) ein schnelleres Schließen bei Temperaturabsenkung und langsameres Öffnen bei Temperaturerhöhung am Fühler. Damit kann die Qualität der Regelung der Verdampferüberhitzung verbessert werden.
38. Flüssigfüllungen reagieren träge, weil erst die großvolumige Füllung abgekühlt bzw. erwärmt werden muss, bevor Kondensation bzw. Verdampfung im Fühler einsetzt und sich im Endeffekt der zur neuen Fühlertemperatur zugehörige Sättigungsdruck des Steuerkältemittels zeitverzögert einstellt.
39. Bei Kreuzfüllungen kreuzen sich die Dampfdruckkurven von Anlagenkältemittel und Fühlerfüllung. Dadurch wird über einen weiten t_0-Bereich eine konstante statische Überhitzung garantiert.
40. Ein Thermostatisches Expansionsventil mit MOP lässt den Verdampfungsdruck nur bis zu einem bestimmten gewählten Maximalwert ansteigen. Konstruktiv handelt es sich um ein TEV mit Gasfüllung, in dessen thermostatischem System eine entsprechend der Höhe des maximal zulässigen Verdampfungsdrucks begrenzte Füllmenge eingefüllt ist.

    Oberhalb des maximal zulässigen Verdampfungsdrucks ist die begrenzte Fühlerfüllung bei einer bestimmten Fühlertemperatur verdampft. Bei weiterem Temperaturanstieg am Fühler ist dann kein bedeutsamer Anstieg des Fühlerdrucks mehr möglich, wodurch keine weitere Öffnung des TEVs erfolgen kann und der Verdampfungsdruck im Anlagenbetrieb den gewünschten Maximalwert nicht überschreitet.

    Hinweis: Bei der Adsorptionsfüllung gibt es ein MOP-ähnliches Verhalten.

    MOP = **m**aximum **o**perating **p**ressure (maximaler Arbeitsdruck)
41. Druckbegrenzte Ventile verhindern, dass im Anlagenbetrieb der Verdampfungsdruck im Verdampfer über einen gewählten Maximalwert (MOP) ansteigt, s. Abb. 1.39. Ein TEV mit MOP schützt einen leistungsbegrenzten Motor vor zu hohem Verdampfungsdruck p_0 und vor dem dadurch bedingten größeren Kältemittelmassenstrom. Dadurch wird der Verflüssigungsdruck nicht unzulässig hoch und der Motor ist vor Überlastung durch zu hohe Stromaufnahme geschützt. Die Druckbegrenzung sollte 0,5 bis 1 bar oberhalb der festgelegten Verdampfungstemperatur liegen. Damit ist noch genügend Leistungsreserve beim Anfahren und nach Abtauphasen vorhanden, um die entstandene hohe Kühllast in angemessen kurzer Zeit abführen zu können.

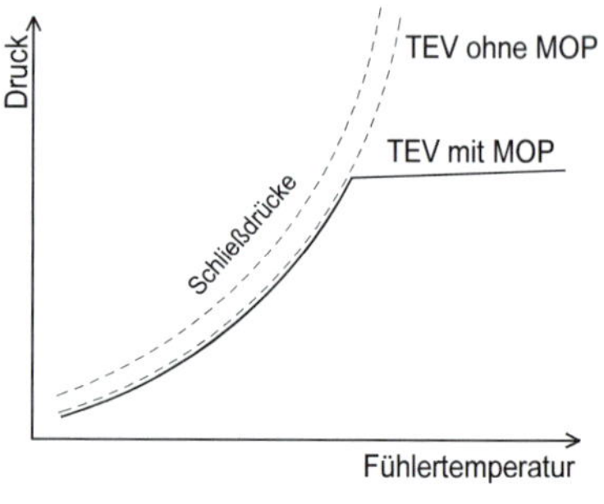

Abb. 1.39

42. Am gewählten MOP ist die begrenzte Fühlerfüllung gerade verdampft. Dadurch ergibt sich bei weiterer Fühlererwärmung kein weiterer Anstieg des Fühlerdrucks. Deswegen ist das Ventil bei Verdampfungsdrücken oberhalb des MOP geschlossen.

43. Beim Anfahren der Anlage muss der im Anlagenstillstand entstandene hohe Verdampfungsdruck erst bis auf den entsprechend dem MOP-Punkt maximal zulässigen Verdampfungsdruck abgesaugt werden, s. Abb. 1.40. Bei Unterschreitung dieses Maximalwertes öffnet das Ventil dann erstmalig und spritzt gerade so viel Kältemittel in den Verdampfer ein, dass der maximal zulässige Verdampfungsdruck nicht überschritten wird. Die Verdampferbefüllung ist demzufolge bei hoher Kühllast unvollständig und bewirkt eine sehr große Arbeitsüberhitzung. Dadurch läuft die Anlage mit verminderter Verdampferkälteleistung, wodurch sich die Abkühlung der Kühlstelle verzögert. Mit absinkender Kühllast fällt dann der Verdampfungsdruck unter den MOP-Punkt, wodurch die normale Überhitzungsregelung des Ventils beginnt.

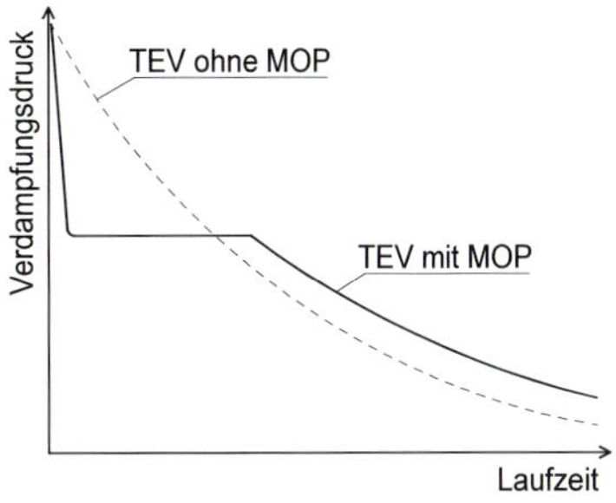

Abb. 1.40 Betriebsverhalten des Verdampfungsdrucks bei TEV mit MOP

44. Wird die Druckbegrenzung MOP zu tief gewählt, so wird während der Phase hoher Kühllast entschieden zu wenig Kältemittel eingespritzt, wodurch sich die Abkühlung der Kühlstelle sehr verzögert. Außerdem tritt eine starke Überhitzung des Saugdampfs ein. Es dauert dann sehr lang, bis der normale Betriebspunkt erreicht ist, weil das Ventil bis zur Unterschreitung des MOP vorerst wie ein AEV arbeitet.

45. Bei Einstellung einer kleineren Überhitzung stellt sich ein etwas höherer MOP ein, weil in der Tendenz mehr Kältemittel eingespritzt wird.

46. Ein Biflow-Ventil ist ein TEV mit äußerem Druckausgleich und Gasfüllung, das den Drosselvorgang und die Regelungsfunktion der Überhitzung in beiden Durchflussrichtungen ermöglicht. Es wird zum Beispiel in Wärmepumpenanlagen für Sommer- und Winterbetrieb mit Umschaltung durch 4-Wege-Umkehrventil eingesetzt. Dort wird es zur Speisung sowohl des inneren als auch des äußeren Wärmeübertragers eingesetzt, wodurch die Rohrleitungsführung einfacher wird.

47. Auf der Grenzwertlinie (Abb. 1.41) ist zu jeder Kälteleistung eines Verdampfers die zugehörige Grenzwertüberhitzung aufgetragen, bei der die zur jeweiligen Kühllast maximal mögliche Kältemittelmenge eingespritzt wird, die gerade noch keine periodischen Änderungen (Regelschwingungen) der Überhitzung hervorruft. Die Grenzwertüberhitzung ist die minimale stabile Überhitzung. Wird im Zustand der minimalen stabilen Überhitzung die eingespritzte Kältemittelmenge

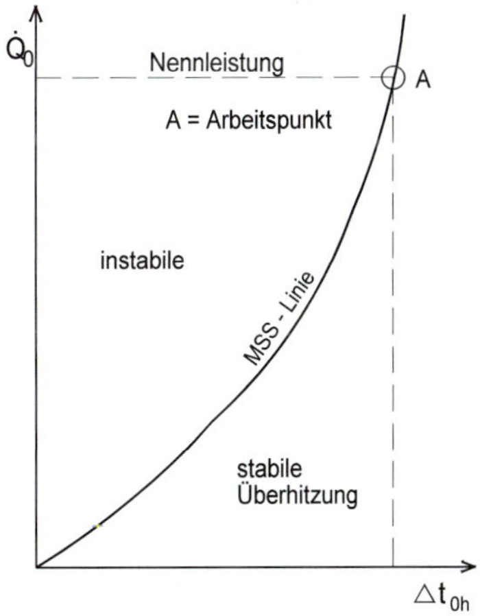

Abb. 1.41 Grenzwertliniendiagramm eines Verdampfers mit MSS-Linie als Grenzwertlinie

geringfügig erhöht, so wird die Überhitzung instabil und aus dem Verdampfer tritt periodisch unverdampftes Kältemittel aus, aus dem kein kältetechnischer Nutzen mehr gezogen werden kann. Das Ansaugen von flüssigem Kältemittel führt in der Folge oft zu Verdichterschäden.

Links von der Linie der **m**inimalen **s**tabilen Überhitzungs-**S**ignale (**MSS**-Linie) fährt der Verdampfer infolge zu großer Kältemitteleinspritzmenge mit instabiler Überhitzung. Auf der MSS-Linie wird die optimale Kältemittelmenge eingespritzt. Unter dieser Bedingung wird im Arbeitspunkt die Nennleistung als höchste Verdampferkälteleistung erreicht. Rechts der MSS-Linie wird zu wenig Kältemittel eingespritzt, wodurch die Überhitzung auf stabile größere Werte oberhalb des MSS-Signals ansteigt. Dadurch wird der Verdampfer zunehmend unvollständig ausgelastet. Hinweis: Neben höherer Kühllast bewirkt auch stärkere Bereifung einen Anstieg des MSS-Signals.

48. a) Die Ventilkennlinie verläuft durch den Arbeitspunkt des Verdampfers ohne die MSS-Linie in Richtung des instabilen Bereiches zu durchbrechen. Das Ventil regelt mit der richtigen Düsengröße und der Werkseinstellung von 4 K statischer Überhitzung die vom Verdampfer bei Volllast geforderte Mindestüberhitzung von 7 K. Damit ist die Ventilzuordnung optimal.

    b) Die werkseitig eingestellte Überhitzung des Ventils unter a) ist verringert worden, wodurch im oberen Leistungsbereich starke Regelschwingungen auftreten (Flüssigkeitsschläge).

    c) Ein geringfügig zu großes Ventil wurde durch Vergrößerung der statischen Überhitzung an den Arbeitspunkt des Verdampfers angepasst.

    d) Die Ventilkennlinie verläuft im stabilen Bereich des Grenzwertliniendiagramms. Da die Düse zu klein gewählt wurde, stellen sich im Teillastbereich zwar konstante, aber zu große Überhitzungswerte ein. Bei Volllast fährt der Verdampfer extrem große Überhitzungen, die im Diagramm nicht darstellbar sind. Tendenziell ist der Verdampfungsdruck zu tief, weil zu wenig Kältemittel eingespritzt wird.

49. Unter *Hunting* versteht man ein fortwährendes Öffnen und Schließen des TEV aufgrund von Regelschwingungen. Bei einer zu großen Düse z. B. kommt Flüssigkeit in den Fühlerbereich, weswegen das Ventil schließt. Nach einer Weile öffnet es wieder und der Vorgang beginnt von neuem. Abhilfe bringt in diesem Fall der Einbau einer kleineren Düse.

50. Das TEV regelt nur im Arbeitspunkt eine Überhitzung entsprechend des MSS-Signals des Verdampfers. Bei Kühllast unterhalb der Verdampfernennleistung regelt das TEV eine größere Überhitzung als die MSS-Linie des Verdampfers als Minimalwert angibt. Dabei wird tendenziell etwas zu wenig Kältemittel eingespritzt. Deswegen ergibt sich unterhalb des Arbeitspunktes in der Tendenz schlechtere Verdampferausnutzung und damit verminderte Kälteleistung. Der Verdampfungsdruck liegt demzufolge etwas zu tief und begünstigt stärkere Entfeuchtung der Kühlraumluft mit verstärkter Bereifung des Verdampfers. Die Ursache dafür liegt in der von der Ventilfederkraft vorgegebenen statischen Überhitzung, die für eine stabile Regelfunktion bei Teillast notwendig ist.

51. Ein elektronisches Drosselorgan regelt die eingespritzte Kältemittelmenge derartig, dass die zu jeder möglichen Kühllast und zu jedem Bereifungsgrad momentan mögliche minimale stabile Überhitzung auf der Grenzwertkurve des Verdampfers erkannt und einzure-

geln versucht wird (selbstadaptierendes Regelverhalten), s. Abb 1.42.

Dadurch wird stets die größtmögliche Kältemittelmenge eingespritzt, die kleinstmögliche Überhitzung erzielt und der höchstmögliche Verdampfungsdruck gefahren. Das ergibt größtmögliche Kälteleistung des Verdampfers, größtmögliche Kälteleistungszahl und geringstmögliche Entfeuchtung der zu kühlenden Luft. Infolge des minimierten Reifansatzes ergibt sich eine verlängerte Standzeit bis zur Einleitung einer notwendigen Abtauung.

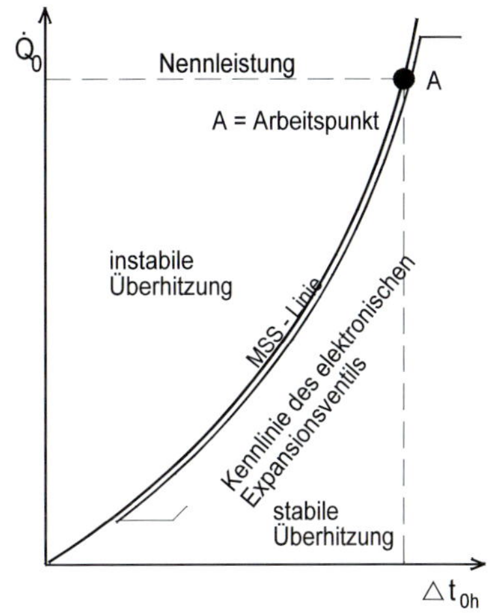

Abb. 1.42 Verdampferspeisung mit elektronischem Drosselorgan

52. Ein EEV ermöglicht hohe relative Luftfeuchtigkeit φ, weil mit der höchstmöglichen Verdampfungstemperatur t_0 gefahren wird, die Taupunktunterschreitung also klein bleibt.

53. Durch den großen Verstellbereich seines Ventilsitzes ist ein elektronisches Drosselorgan mit Schrittmotor (Egelhof) oder ein elektronisches Drosselorgan mit magnetisch kontrollierter Schwebestellung der Ventilnadel (Stäfa) in der Lage, auch bei abgesenktem Verflüssigungsdruck durch weite Öffnung des Ventils eine ausreichende Befüllung des Verdampfers zu gewährleisten.

    Pulsbreitenmodulierte elektronische Drosselventile (Danfoss) kompensieren kleinere am Ventil anliegende Druckdifferenzen durch Verlängerung der Öffnungszeit innerhalb der vorgegeben Periodenzeit.

54. Die Kühlraumtemperatur (Lufteintritt) ist im Verlauf der Kühlperiode kontinuierlich gesunken und repräsentiert nun einen Zustand niedriger Kühllast.

    Die Kältemitteleinspritzmenge (Öffnungsgrad) hat sich durch die fallende Kühllast systematisch verkleinert.

    Die Kältemitteleintrittstemperatur t_{01} und die Kältemittelaustrittstemperatur t_{02h} haben sich infolge der niedrigen Kühllast und der verminderten Kältemitteleinspritzmenge verringert.

    Es hat sich eine kleine Arbeitsüberhitzung eingestellt, die dem mit fallender Kühllast absinkenden MSS-Wert des Verdampfers Rechnung trägt.

    Durch Finden und Stabilisieren des jeweiligen MSS-Wertes auf der Grenzwertlinie wird mit der kleinstmöglichen Überhitzung und dadurch größtmöglichen Verdampfungstemperatur gefahren. Dadurch verringert sich die Eintrittstemperaturdifferenz, die mittlere Lamellen-Oberflächentemperatur stellt sich tendenziell höher ein, wodurch die Luftabkühlung als Differenz zwischen Luftein- und Luftaustrittstemperatur, die Taupunktunterschreitung und die Entfeuchtung der Luft verringert wird.

    Das Ende der Laufperiode steht unmittelbar bevor.

55. Bei mikroprozessorgesteuerten Kälteanlagen kann z. B. bei fallender Kühllast durch drehzahlgeregelte Verflüssigerventilatoren ein proportional abgesenkter Verflüssigungsdruck

bzw. durch einen drehzahlgeregelten Verdichterantriebsmotor eine angepasste Verdichtersaugleistung zu einer höheren Kälteleistungszahl und damit zu einer energetischen Gesamtoptimierung der Kälteanlage beitragen.

56. – große Druckdifferenz am Ventil bewirkt größere Ventilleistung (hoher Kältemitteldurchsatz).
    - große Unterkühlung bringt größere Kälteleistung des Ventils, weil weniger Drosseldampf entsteht.
    - hohe Verdampfungstemperatur ermöglicht größere Kälteleistung (weniger Drosseldampf).

57. Bei der Kreuzgegenstromdurchflutung trifft warme Kühlraumluft mit der Lufteintrittstemperatur t_{L1} auf den Verdampferausgang. Dadurch ist der Kältemitteldampf auf kurzer Strecke überhitzt und es steht eine längere Verdampfungszone zur Verfügung.

58. Liegt die Verdampfungstemperatur bei durchbereiftem Verdampfer im Beharrungszustand nicht im gewünschten Bereich, so passt die Verdichtergröße nicht zur Verdampfergröße.

59. Bei einer Kapillare mit einem bestimmten Innendurchmesser wird durch eine bestimmte Länge ein Strömungswiderstand hervorgerufen, der einem gewünschten Druckabfall vom Verflüssigungsdruck auf den Verdampfungsdruck entspricht.

60. a) Durch zu große Kapillarlänge erhöht sich der Strömungswiderstand und damit die Drosselwirkung, wodurch weniger flüssiges Kältemittel in den Verdampfer gelangt. Dadurch stellt sich ein niedriger Verdampfungsdruck p_0 ein und am Verdampferausgang steigt die Überhitzung an. Die Saugdampfkühlung des Verdichterantriebsmotors verschlechtert sich. Bei extremer Unterfüllung des Verdampfers bildet sich am Verdampferanfang hartes, festes Eis.

    b) Große lichte Weite des Kapillarrohres bewirkt nur eine geringe Drosselwirkung, wodurch mehr Kältemittel eingespritzt wird. Dadurch stellt sich ein höherer Verdampfungsdruck p_0 ein und die Überhitzung Δt_{0h} am Verdampferausgang wird geringer oder nicht mehr erreicht. (Die gleiche Wirkung hat eine zu kurze Kapillare.)

    c) Überhöhte Kältemittelfüllung bewirkt durch Rückstau von flüssigem Kältemittel in den Verflüssiger einen Anstieg des Verflüssigungsdrucks p_c. Dadurch erhöht sich die am Drosselorgan anstehende Druckdifferenz, und es wird mehr Kältemittel eingespritzt, wodurch der Verdampfungsdruck p_0 und damit auch die Kühlraumtemperatur steigen. Die Überhitzung Δt_{0h} am Verdampferausgang wird geringer oder nicht mehr erreicht. Mit steigendem Verflüssigungsdruck p_c erhöht sich die Stromaufnahme, wodurch das Motorschutzrelais (Klixon) ansprechen kann.

61. Bei einer Kälteanlage mit Kapillare findet im Verdichterstillstand ein Druckausgleich zwischen der Verflüssigerdruckseite und der Verdampferdruckseite statt. Dieser Druckausgleich ermöglicht den Einsatz eines Verdichterantriebsmotors mit niedrigem Anlaufmoment.

62. Durch den bei Kapillaranlagen nach Ausschalten des Verdichters eintretenden Druckausgleich wird alles flüssige Kältemittel in den Verdampfer gedrückt. Ein Saugdom als Flüssigkeitsabscheider verhindert das Ansaugen von flüssigem Kältemittel während des Anfahrens.

63. Die Bestimmung des Korrekturfaktors f_T erfolgt auf der Basis der Verdampfungstemperatur $t_0 = -28$ °C und der Unterkühlungstemperatur $t_{Eu} = 32$ °C (Temperatureinflüsse). Mithilfe der Korrekturfaktortabelle FLICA ergibt sich durch Interpolation $f_T = 2{,}09$.

    Die Bestimmung des Korrekturfaktors $f_{\Delta p}$ erfolgt auf der Basis des am Ventil vorhandenen Druckgefälles Δp_{Ventil}:

    $\Delta p_{Ventil} = p_c - p_0 - \Sigma_{\Delta p}$

    $\Delta p_{Ventil} = 16{,}6 \text{ bar} - 2{,}27 \text{ bar} - 2{,}02 \text{ bar} = \underline{12{,}31 \text{ bar}}$

    Mithilfe der Korrekturfaktortabelle FLICA ergibt sich durch Interpolation $f_{\Delta p} = 0{,}81$.

    Die erforderliche Nennleistung des TEVs berechnet sich nach der Formel
    $\dot{Q}_{0N} = \dot{Q}_0 \cdot f_T \cdot f_{\Delta p}$ $\dot{Q}_0 = 7{,}2 \text{ kW} \cdot 2{,}09 \cdot 0{,}81 = \underline{12{,}19 \text{ kW.}}$

    Aus der Nennleistungstabelle ergibt sich für das Kältemittel R-449A die Düsengröße 4,5 mit einer Nennleistung von 12,3 kW. Wegen Mehrfacheinspritzung wird ein TEV mit äußerem Druckausgleich (X) verwendet. Zum Schutz des Verdichterantriebsmotors wird der Standard-MOP A – 18 °C gewählt.

    Die Bezeichnung des TEVs lautet:

    TMVL – (X) – R-449A – A – 18°C – VD – 4,5 – VLS – 10 X 12 – W

64. Das aus dem Verflüssiger in das Hochdruckschwimmergehäuse einfließende flüssige Kältemittel erhöht dort den Flüssigkeitsstand und hebt den Schwimmer des Hochdruckschwimmerventils an. Dadurch wird der Ventilsitz geöffnet, das Kältemittel entspannt und in den überflutet arbeitenden Verdampfer geleitet (Auslaufregler). Eine Überfüllung des Verdampfers kann dadurch nicht eintreten, da die Kältemittelfüllmenge genau definiert ist. Bei Kältemittelmangel stellt sich eine tiefere Verdampfungstemperatur ein.

65. Bei der Füllstandsüberwachung durch Schwimmerschalter und Magnetventil bewirkt ein dem Magnetventil nachgeordnetes Handdrosselventil den Drosselvorgang. Mit diesem Handdrosselventil wird der Kältemittelstrom der Kälteleistung angepasst.

1.5.2 zu: Mehrfacheinspritzung/Flüssigkeitsverteiler

1. Bei der Mehrfacheinspritzung wird die große Verdampferrohrlänge eines Verdampfers höherer Kälteleistung in mehrere kürzere gleich lange parallel geschaltete Fluten (Pässe) aufgeteilt. Deswegen ergibt sich für die parallel geschalteten Fluten ein geringerer Druckabfall. Da die parallel geschalteten Verdampferfluten durch ein mehr oder weniger stark mit Druckabfall behaftetes Flüssigkeitsverteilsystem mit Verteilerleitungen gespeist werden müssen, das im günstigsten Fall (Küba-CAL-Verteiler) immer noch 0,5 bar Druckabfall aufweist, ist bei Mehrfacheinspritzung stets ein TEV mit äußerem Druckausgleich zu verwenden.

2. Ein Flüssigkeitsverteiler muss den im Drosselorgan gebildeten Nassdampf (Flüssigkeit und Dampf) gleichmäßig auf die zu speisenden Einzelverdampferschlangen verteilen.

    Beim *Staudüsenverteiler* wird ein großer Teil der Druckenergie durch Wirbelbildungen nach der Verteilerdüse aufgezehrt. Durch diese Verwirbelung wird eine gleichmäßige Verteilung von Flüssigkeits- und Dampfanteilen auf die abgehenden Verteilerrohre erreicht. Der hohe Druckabfall im Verteiler verringert die am Drosselventil zur Verfügung stehende

Druckdifferenz stark, wodurch sich für die gleiche Kälteleistung ein größeres Ventil (größere Düse) ergeben wird. Der Druckabfall des Staudüsenverteilers beträgt ca. 3 bar, der der Verteilerleitungen ca. 0,5 bar. Damit bewirkt das Staudüsenverteilungssystem ca. 3,5 bar Druckabfall.

Der *Venturiverteiler* besteht aus einem konvergierenden und aus einem divergierenden Strömungsbereich. Der konvergierende Teil bewirkt Zunahme der Strömungsgeschwindigkeit zum Zwecke homogener Gemischverteilung und damit ansteigenden Druckabfall. Im divergierenden Teil vermindert sich die hohe Strömungsgeschwindigkeit unter Rückwandlung von Strömungsenergie in Druckenergie.

Deswegen ist der Gesamtdruckabfall kleiner als beim Staudüsenverteiler. Der Druckabfall von Venturiverteiler und Verteilerleitungen beträgt ca. 1 bar (s. Abb. 1.43).

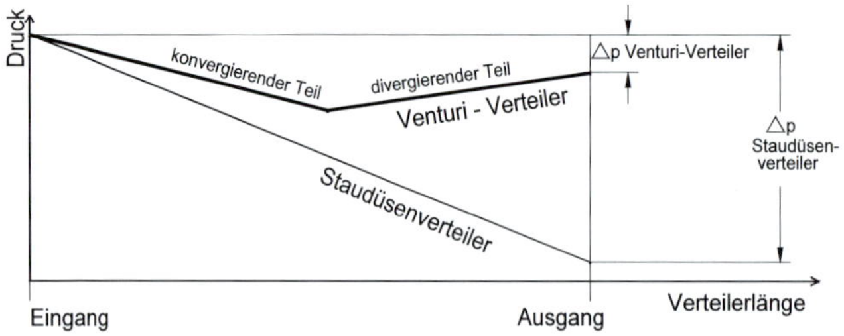

Abb. 1.43 Druckabfall des Venturi-Verteilers und Staudüsenverteilers

3. Im *CAL-Verteiler* wird der aus dem Drosselorgan stammende Nassdampf im Gegensatz zu den herkömmlichen Verteilern vorerst in seine flüssige und in seine gasförmige Phase getrennt. Das flüssige Kältemittel strömt bereits unterhalb des Flüssigkeitsspiegels durch Schlitze in die Verteilerleitungen, während der Kältemitteldampf von oben in die Verteilerrohre eintritt. Zur Gewährleistung einer gleichmäßigen Verteilung von Flüssigkeit und Dampf ist der Verteiler senkrecht anzuordnen (Abb. 1.44). Durch die beim CAL-Verteiler besonders gleichmäßige Flüssigkeitsverteilung auf die einzelnen Pässe lässt sich das Drosselorgan besser einstellen, wodurch sich eine geringere Arbeitsüberhitzung und damit höhere Verdampferleistung einstellt. Wegen des minimalen Druckabfalls des CAL-Verteilers steht am Drosselorgan eine größere Druckdifferenz zur Verfügung. Der Druckabfall von CAL-Verteiler und Verteilerleitungen beträgt ca. 0,5 bar.

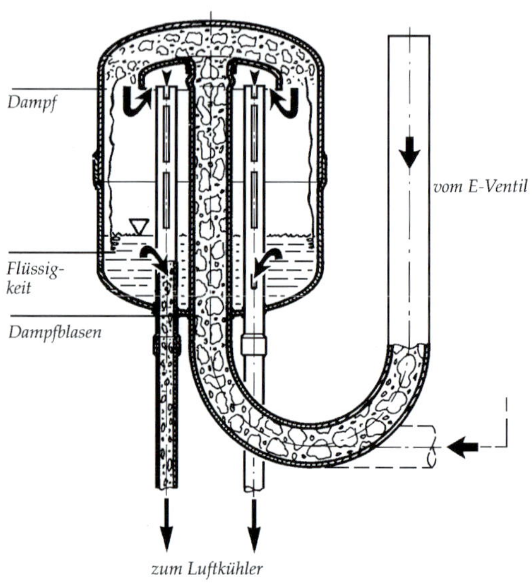

Abb. 1.44 Küba-CAL-Verteiler

4. a) Einzelverdampfer oder Pässe gleicher Länge verwenden.
   b) Gleiche Wärmebelastung aller Einzelverdampfer durch gleichmäßige Verteilung der zu kühlenden Luft (keine Querströmung, sondern nur Parallelströmung der Luft zu den Verdampferfluten zulassen).
   c) Verteiler senkrecht anordnen mit Abgängen nach oben (unten).
   d) Die Verteilerleitungen müssen gleichen Druckabfall haben, indem ihre Längen, ihre Durchmesser und ihre Biegeradien gleich sind.
   e) Gleichmäßige Absaugung der Einzelverdampfer über Saugsammelstück
5. In den Pass, dessen Verteilerleitung einen kleineren Druckabfall und damit einen kleineren Strömungswiderstand hat, strömt mehr Kältemittel ein. Diese größere Kältemittelmenge ist bis zum Ende des Passes noch nicht vollständig verdampft. Dadurch sinkt die Überhitzung am TEV-Fühler und das TEV schließt etwas weiter, wodurch dieser Pass nun die optimale Füllung bekommt, aber alle anderen Pässe zu wenig Kältemittel erhalten.

1.6 Lösungen zu: Verdampfer

Technologie

1. Der Verdampfer hat die Aufgabe, den Gesamtwärmestrom, der sich aus der Kältelastberechnung und der Betriebszeit der Kältemaschine pro Tag ergibt, aufzunehmen.
2. Der Gesamtwärmestrom bewirkt, dass das unter Siededruck im Verdampferrohr befindliche flüssige Kältemittel verdampft und vom flüssigen in den dampfförmigen Zustand übergeht.
3. Das Kältemittel kann nur dann verdampfen, wenn sein Sättigungsdruck p_0 und die zugehörige Siedetemperatur t_0 so niedrig sind, dass sie unterhalb der Kühlstellentemperatur (Kühlraumtemperatur, Flüssigkeitstemperatur) liegt. Nur dann kann ein Wärmestrom von der Kühlstelle zum Kältemittel fließen.
4. Die Arbeitsüberhitzung am Verdampferausgang ist durch die Temperaturdifferenz zwischen der Sättigungstemperatur (Verdampfungstemperatur) und der Überhitzungstemperatur am Verdampferausgang gekennzeichnet (vgl. Lf. 11, Kap. 1.1.1, Aufg. 22 – 24).
5. Zur Bestimmung der Arbeitsüberhitzung benötigt man ein Saugdruckmanometer mit Sättigungstemperaturanzeige für das entsprechende Kältemittel zum Messen der Sättigungstemperatur und ein Thermometer zum Messen der Überhitzungstemperatur am Verdampferausgang (vgl. Lf. 11, Kap. 1.1.1, Aufg. 24).
6. Verdampfer können mit den Verdampfungsarten Trockenexpansion und Behältersieden (Blasenverdampfung) betrieben werden.
7. Für die Trockenexpansion ist kennzeichnend, dass im Verdampferrohr eine Strömungsgeschwindigkeit vorliegt (Strömungssieden).
8. Für das Behältersieden ist kennzeichnend, dass im Verdampfer eine stehende Flüssigkeit vorliegt, durch die die Dampfblasen durch Auftrieb nach oben steigen.

9. Nach dem Verwendungszweck unterscheidet man als Verdampferarten Flüssigkeitskühler und Luftkühler.
10. Verdampferarten, die als Luftkühler betrieben werden können, sind Rippenrohrverdampfer, Rollbondverdampfer und Steilrohrverdampfer.
11. Verdampferarten, die als Flüssigkeitskühler betrieben werden können, sind Bündelrohrverdampfer, Koaxialverdampfer und Plattenverdampfer.
12. **Tab. 1.7** Verdampfer zur Luftabkühlung mit Trockenexpansion

Vorteile	Nachteile
• Geringe Kältemittelfüllmenge • Gute Regelbarkeit durch thermostatische Expansionsventile	• Relativ kleiner Wärmedurchgangskoeffizient • Große Verdampferflächen

13. **Tab. 1.8** Verdampfer zur Flüssigkeitsabkühlung mit Behältersieden

Vorteile	Nachteile
• Relativ große Wärmedurchgangskoeffizienten • Kleine Verdampferflächen	• Große Kältemittelfüllmengen • Träges Regelverhalten

14. Bei Verdampfern zur Luftabkühlung mit Verdampfungstemperaturen über 0 °C kann ein kleiner Lamellenabstand gewählt werden, weil die Rohroberflächentemperatur ebenfalls größer 0 °C ist und damit eine Reif- oder Eisbildung am Verdampferrohr und an den Lamellen auszuschließen ist.
15. Bei Verdampfungstemperaturen unter 0 °C ist ein ausreichend großer Lamellenabstand zu wählen, damit bei der aus der Luftfeuchtigkeit auftretenden Reif- und Eisbildung am Verdampferrohr der Luftdurchsatz noch gewährleistet ist.
16. Von den Herstellern werden folgende Einsatzbereiche der einzelnen Lamellenabstände empfohlen:

    Lamellenabstand LA = 4,5 mm

    - Anlagen mit Verdampfungstemperaturen > 0 °C
    - Räume mit kleiner Temperaturdifferenz ΔT (5 bis 6 K)
    - Gefrierlagerräume mit geringem Feuchtigkeitsanfall, Flaschenkühlung.

      Lamellenabstand LA = 7,0 mm
    - Fleischabkühlräume, Tiefkühlräume, Gefrierräume.

      Lamellenabstand LA = 12,0 mm
    - Räume mit hohem Feuchtigkeitsanfall und Verdampfungstemperaturen unter –3 °C
    - Anlagen, die aus versorgungstechnischen Gründen nur nachts abgetaut werden dürfen.

17. S. Abb. 1.45

t_E - Eintrittstemperatur

t_A - Austrittstemperatur des zu kühlenden Mediums

t_0 – Verdampfungstemperatur

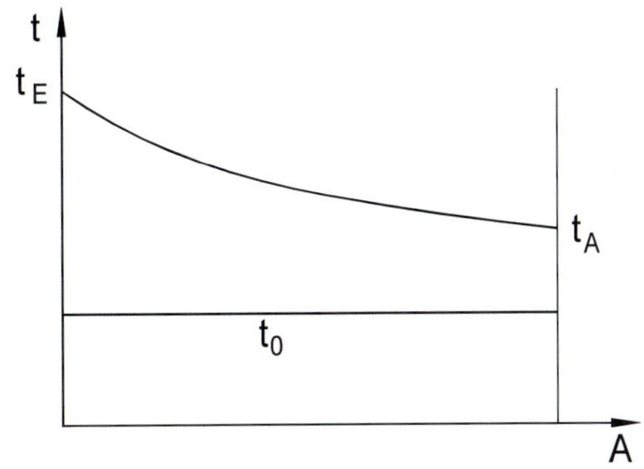

Abb. 1.45 Temperatur im Verdampfer – qualitativ

18. Während des Verdampfungsvorganges im Nassdampfgebiet bleiben Druck und Temperatur konstant, deshalb ergibt sich im t,A-Diagramm die Verdampfungstemperatur als waagerechte Linie.

19. Die Gleichung für die mittlere logarithmische Temperaturdifferenz ergibt sich zu:

$$\Delta Tm = \frac{\Delta Tmax - \Delta Tmin}{\ln\frac{\Delta Tmax}{\Delta Tmin}} \text{ mit } \Delta T_{max} = t_E - t_{0;}\ \Delta T_{min} = t_A - t_0$$

20. Die Gleichung für die Berechnung der Verdampferleistung lautet:

$$\dot{Q}_0 = k \cdot A \cdot \Delta T_m$$

dabei bedeutet	$\dot{Q}_0$	Kältelast in kW,
	k	Wärmedurchgangskoeffizient in W/m^2K
	A	die gesamte äußere Wärmeübertragerfläche des Verdampfers in m^2
	ΔT_m	die mittlere logarithmische Temperaturdifferenz.

21. Die Verdampferleistung steigt
    a) mit größer werdender Fläche,
    b) mit größer werdender Temperaturdifferenz,
    c) mit größer werdendem Wärmedurchgangskoeffizienten.

22. Die Leistung eines Verdampfers zur Luftabkühlung ist von folgenden Faktoren abhängig:
    - der gesamten äußeren Kühloberfläche
    - der Breite und Tiefe des Verdampfers
    - der Strömungsgeschwindigkeit der Luft
    - dem Luftvolumenstrom
    - der Strömungsgeschwindigkeit des Kältemittels
    - dem Rohrabstand und Rohrdurchmesser
    - der Rohranordnung
    - dem Lamellenabstand
    - den verwendeten Werkstoffen des Verdampfers
    - Reifansatz und Richtung des Luftstroms.

23. Der Wärmedurchgangskoeffizient k gibt an, welcher Wärmestrom in Watt pro 1 m^2 Kühloberfläche und pro 1 K treibender Temperaturdifferenz übertragen werden kann.

24. Die Einhaltung der relativen Luftfeuchtigkeit in Kühlräumen ist von der Temperaturdifferenz zwischen Verdampfungs- und Kühlraumtemperatur sowie der Maschinenlaufzeit abhängig.
25. Kleine Temperaturdifferenz zwischen Verdampfungs- und Kühlraumtemperatur ergibt eine hohe Luftfeuchtigkeit der Kühlraumluft (vgl. Lf. 16, Kapitel 4.3, Technologie, Aufg. 21).
26. Große Temperaturdifferenz zwischen Verdampfungs- und Kühlraumtemperatur ergibt eine niedrige Luftfeuchtigkeit der Kühlraumluft (vgl. Lf. 16, Kapitel 4.3, Technologie, Aufg. 21).
27. Bei der Festlegung eines Verdampfers für eine Kühlaufgabe sind zu berücksichtigen:
    - das zu verwendende Kältemittel
    - die Kühlraumtemperatur
    - die Verdampfungstemperatur
    - der Lamellenabstand
    - die Verdampferleistung
    - die Luftfeuchtigkeit im Kühlraum
    - die Blasweite des Ventilators
    - der Luftvolumenstrom
28. Bei der Bestimmung eines Verdampfers für die Flüssigkeitskühlung sind zu berücksichtigen:
    - das Kältemittel
    - der Wassermassenstrom
    - die Wasseraustrittstemperatur
    - die Dichte des Wassers
    - die Verdampferleistung
    - die Wassereintrittstemperatur
    - die Verdampfungstemperatur
    - die spezifische Wärmekapazität der Flüssigkeit
29. Bei Verdampfern, die zur Abkühlung von Wasser eingesetzt werden, ist darauf zu achten, dass das Wasser nicht einfrieren kann, d. h. Verdampfungstemperatur größer 0 °C wählen, Verdampfungsdruckregler am Verdampferaustritt und einen Strömungswächter an der Wassereintrittsseite montieren. Zusätzlich einen Einfrierschutz einsetzen.
30. Die Gleichung zur Bestimmung der Kältelast für einen Verdampfer zur Wasserkühlung lautet:

    $$\dot{Q}_0 = \dot{V}_W \cdot \rho_W \cdot c_W \cdot \Delta T_W$$

dabei bedeutet $\dot{Q}_0$ – Kältelast in kW,
$\dot{V}_W$ – Wasservolumenstrom in m^3/s
ρ_W – Dichte des Wassers in kg/m^3
c_W – spezifische Wärmekapazität des Wassers in kJ/kgK.

31. Die Kälteleistung des Verdampfers zur Luftkühlung wird mit folgender Gleichung ermittelt:

    $\dot{Q}_0 = k \cdot A \cdot \Delta T_m$

32. Ein starker Reif- bzw. Eisansatz bei einem Luft kühlenden Verdampfer bewirkt einen kleiner werdenden Wärmedurchgangskoeffizienten k. Dies hat einen Leistungsabfall des Verdampfers zur Folge (vgl. Lf. 16, Kapitel 4.3, Aufg. 10 – 2).
33. Starke Schmutz- und Kalkablagerungen bewirken ein Absinken des Wärmedurchgangskoeffizienten, was einen Leistungsabfall des Verdampfers zur Folge hat.
34. Die in der Praxis angewandten Verfahren zur Verdampferabtauung sind:
    - Abtauen durch Ventilatornachlauf
    - Abtauen mit elektrischer Widerstandsheizung
    - Abtauen mit heißem Kältemitteldampf.
35. Abtauen mit Ventilatornachlauf kann nur angewendet werden, wenn die Kühlraumtemperatur nicht unter ca. 3 °C liegt. Ist die Kühlraumtemperatur erreicht, wird die Kältemaschine abgeschaltet (Raumthermostat, Niederdruckpressostat). Der Verdampferventilator läuft so lange weiter, bis eine vorher höher gewählte Temperatur im Verdampferpaket erreicht ist, bei der der Verdampfer abgetaut ist. Bei Erreichen dieser gewählten Temperatur wird der Ventilator durch einen Nachlaufthermostaten abgeschaltet. Bei steigender Kühlraumtemperatur schaltet die Kältemaschine wieder ein, wobei der Ventilator noch außer Betrieb ist. Damit kann Restfeuchtigkeit an den Verdampferrohren anfrieren, sodass kein Wasser in den Kühlraum gefördert wird. Danach wird der Verdampferventilator in Betrieb genommen (Verdampferlüfter-Verzögerung).
36. Beim Abtauen mittels elektrischer Widerstandsheizung befinden sich die Heizstäbe sowohl im Verdampferblock als auch unterhalb der Tropfwanne sowie eine Schlauchheizung im Abflussrohr zum Ableiten des Tauwassers. Der Abtauvorgang wird in der Stillstandphase der Kältemaschine z. B. durch eine Zeitschaltuhr eingeleitet, und zwar auch dann, wenn kein Abtaubedarf besteht. Die Kälteanlage wird dabei vielfach mit einer Pump-Down-Schaltung betrieben, wobei der Abtauvorgang so eingeleitet wird, dass zunächst bei laufender Kälteanlage das Magnetventil in der Flüssigkeitsleitung geschlossen wird. Anschließend wird das im Verdampfer befindliche Kältemittel abgesaugt, wodurch ein Druckanstieg im Verdampfer ausgeschlossen wird. Die Kälteanlage wird dann über den Niederdruckpressotaten abgeschaltet und die Heizung eingeschaltet. Eine zu hohe Aufheizung des Verdampfers wird durch einen Abtausicherheitsthermostaten verhindert. Moderne mikroprozessorgesteuerte Abtauverfahren sind für die Bedarfsabtauung vorgesehen und leiten den Abtauvorgang über Temperaturmessungen erst dann ein, wenn wirklich Abtaubedarf besteht (vgl. Aufg. 42 – 44).

37. Das einfachste Verfahren des Abtauens mit heißem Kältemitteldampf besteht darin, den von der Druckleitung des Verdichters kommenden heißen Kältemitteldampf durch eine Heißdampfrohrleitung, in der sich ein Magnetventil befindet, zum Verdampfereingang in Strömungsrichtung zwischen Expansionsventil und Verdampfereintritt zu führen. Der Abtauvorgang wird so eingeleitet, dass das Magnetventil in der Flüssigkeitsleitung schließt und gleichzeitig das Magnetventil der Heißdampfleitung öffnet. Der in den Verdampfer eintretende heiße Kältemitteldampf kühlt sich sehr schnell ab, teilweise bis zur Verflüssigung, und wird als Kaltdampf wieder vom Kältemittelverdichter angesaugt. Der Abtauvorgang ist sehr kurz und dauert je nach Verdampfergröße nur wenige Minuten (vgl. Lf. 11, Kap. 1.6, Technische Kommunikation).

38. Bei diesem System (Abb. 1.46) kann abwechselnd jeweils ein Verdampfer mit Heißgas abgetaut werden, während der andere weiter kühlt. Während der Abtauphase wird die kurze Druckleitung zum (hier wassergekühlten) Verflüssiger geschlossen und gewissermaßen durch eine lange mit dem Umweg über den abzutauenden Verdampfer ersetzt. Kühlbetrieb: MV 1, 4, 5, 6, 7 geöffnet, MV 2 und 3 geschlossen; Abtauung V1: MV 1, 3, 4, 6 geschlossen, MV 2, 5, 7 geöffnet; Abtauung V2: MV 1, 2, 5, 7 geschlossen, MV 3, 4, 6 geöffnet. Die jeweiligen Rückschlagventile RV verhindern ein Überströmen des abgekühlten Druckgases in die Saugleitung des jeweils kühlenden Verdampfers.

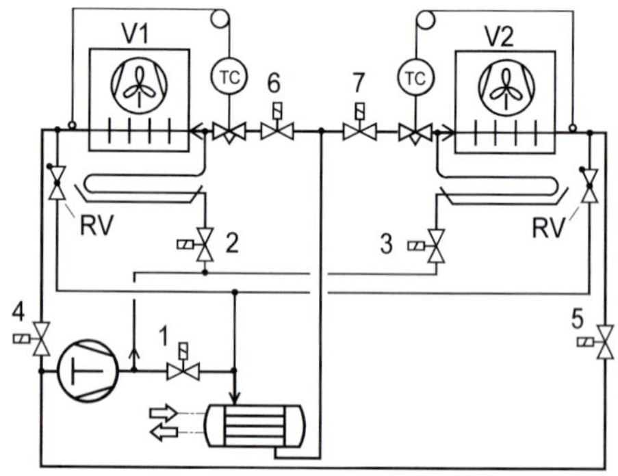

Abb. 1.46

39. Bei beiden Schaltungen wird zunächst das Magnetventil in der Flüssigkeitsleitung geschlossen und der Verdampfer abgesaugt. Bei der Pump-Down-Schaltung kann der Verdichter bei Druckanstieg erneut absaugen, bei Pump-Out nicht. Hier ist Wiedereinschalten nur über Raumthermostat bzw. nach Beendigung des Abtauvorgangs möglich (vgl. Kap. 7: Kältesteuerung 8).

    Sinn der Schaltungen ist in jedem Fall, den Verdampfer vor Stillstandsphasen von Flüssigkeit zu entleeren, damit beim Erwärmen (z. B. elektr. Abtauung) kein (unzulässig) hoher Druck entsteht bzw. beim Wiederanlaufen kein flüssiges Kältemittel zum Verdichter verlagert wird (Gefahr von Flüssigkeitsschlägen).

40. Bei einer Pump-Down-Schaltung kann der Verdichter aufgrund einer Druckerhöhung durch nachverdampfende Flüssigkeitsreste wieder eingeschaltet werden und erneut absaugen. In der Praxis kann das mehrfach zu kurzem Verdichterlauf führen, der mit erhöhtem Verschleiß verbunden ist, weil sich in kurzen Laufphasen der Schmierfilm nicht vollständig aufbaut. Diese Gefahr ist bei der Pump-Out-Schaltung nicht gegeben.

41. Abtauen nach Zeitschaltuhr (nach festem Zeitplan) und Bedarfsabtauung.

42. Abtauungen nach Zeitschaltuhr, d. h. nach festem Plan, finden auch statt, wenn kein Bedarf (kein störender Reif) vorliegt. Sie kosten damit unnötig Energie und erwärmen den Kühlraum und das Kühlgut sinnlos. Bedarfsabtauungen sparen also Energie.

43. Wenn der Verdampfer zunehmend bereift, verschlechtert sich der Wärmeübergang an die Luft, sinkt seine Leistung, nimmt er weniger Wärme auf. Dadurch steigt einerseits die Kühlraumtemperatur (also auch t_{L1}), andererseits sinkt die Verdampfungstemperatur (t_0). Letztere wird durch den Fühler im Wärmeleitrohr des Verdampferpakets erfasst. Die Temperaturdifferenz $\Delta t = t_{L1} - t_0$ wird also größer.

    Darüber hinaus gestattet der Fühler im Verdampferpaket eine Aussage über den Abtauverlauf (s. Folgeaufgabe)

44. Verlauf B kennzeichnet großen Reifansatz, weil die Lufttemperatur längere Zeit bei 0 °C verharrte, also hier längere Zeit latente Wärme zugeführt wurde (Schmelzen des Eises). Bei A hat offensichtlich nur eine dünne Reifschicht vorgelegen.

    Die Länge der Abschmelzzeit wird vom Mikroprozessor registriert. In Abhängigkeit ihrer Länge wird entschieden, ob in festem Zeitabstand vorgegebene Abtauungen ausgelassen werden.

45. Gemessen werden Raumtemperatur und Temperatur im Verdampferpaket (s. Abb. 1.14). Geschaltet werden Verdichter (oder das Magnetventil), Verdampfer, Abtauheizung und ein Alarm.

46. Die Parameter der zweiten Programmierebene sind durch einen Zugangscode vor unbefugtem Verstellen geschützt, z. B. Einschaltverzögerung, minimale Lauf- und Pausenzeit des Verdichters und ähnliche Grundeinstellungen, deren Veränderung durch einen Laien Schaden bewirken könnte.

47. Ein *Hygrostat* dient zur Konstanthaltung der relativen Luftfeuchtigkeit. Er steuert Be- bzw. Entfeuchtungseinrichtungen.

48. Eine *Hygrotherm-Steuerung* besteht aus einem Hygrostaten und einem Thermostaten. Wenn z. B. im Winter wegen des geringeren Wärmeeinfalls und der damit verbundenen kürzeren Laufzeit des Verdichters ein Fleischkühlraum weniger entfeuchtet wird und das Fleisch durch Vermehrung hygrophiler Bakterien schmierig zu werden droht, schaltet der Hygrostat eine Heizung an, wodurch der Thermostat die Kältemaschine einschaltet, sodass beim nötig gewordenen Kühlen wieder entfeuchtet wird (Dehydrationsheizung).

49. *Klimaverdampfer* sind Verdampfer für Kühlräume mit besonderen Anforderungen an die Feuchteregelung, z. B. Wurstreiferäume. Sie verfügen neben einer Dehydrationsheizung auch über Sprühdüsen zur Luftbefeuchtung.

50. Ein *Niveauregler* ist ein Flüssigkeitsstand-Regler (Schwimmerregler). Beispiele: ND-Schwimmerregler als Niveauregler für überflutete Verdampfer/Abscheider, HD-Schwimmerregler als Abflussregler bei Anlagen mit nur einem Verflüssiger und einem Verdampfer, elektronischer Schwimmerschalter zum Betätigen des Magnetventils bei überfluteter Verdampfung mit von Hand eingestelltem Drosselventil.

51. Ein *Thermostat* (Temperaturschalter) ist ein temperaturgesteuertes Schaltgerät, das abhängig von der Temperatur seines Fühlers einen elektrischen Kontakt öffnet oder schließt. Beispiele s. Tab. 1.9

Tab. 1.9

Raumthermostat:	schaltet den Verdichter oder das Magnetventil (Abpumpschaltung) abhängig von der Raumtemperatur.
Verdampferthermostat:	steuert Kältemaschinen mit Kapillarrohr-Einspritzung bzw. automatischem Expansionsventil, um zu verhindern, dass flüssiges Kältemittel zum Verdichter gelangt.
Lüfternachlaufthermostat:	schaltet den Verdampferlüfter beim Abtauen durch Lüfternachlauf.
Verdampferlüfterverzögerungsthermostat	schaltet den Verdampferlüfter nach dem Abtauen beim Kühlen verzögert ein, damit keine Wassertröpfchen in den Raum geblasen werden.
Abtautemperaturwächter: (Abtauthermostat)	beendet die Abtauperiode bei elektrischer oder Heißgasabtauung.

52. Tab. 1.10 zeigt, was bei der Platzierung der Fühler für o. a. Thermostate zu beachten ist.

Tab. 1.10

Raumthermostat:	Platzierung des Fühlers nicht direkt in Türnähe, Lampennähe oder im Luftaustritt des Verdampfers.
Verdampferthermostat:	Fühler mit gutem metallischen Kontakt am Verdampferrohr im letzten Drittel des Verdampfers, damit die Überhitzung genügend groß bleibt (Flüssigkeitsschläge).
Lüfternachlauf-Thermostat:	Fühler im Verdampfer an der Stelle mit dem höchsten Reifansatz.
Verdampferlüfterverzögerungsthermostat	Fühler im letzten Drittel des Verdampfers, damit auch die letzten Wassertröpfchen anfrieren.
Abtautemperaturwächter: (Abtauthermostat)	Fühler im Verdampferpaket an der Stelle, die zuletzt abtaut.

53. S. Abb. 1.47 und Tab. 1.11

Bei steigender Temperatur steigt der Fühlerdruck, das Wellrohr schiebt den Kontakt nach oben, der Verdichter muss also über Kontakt 4 (ein) geschaltet werden.

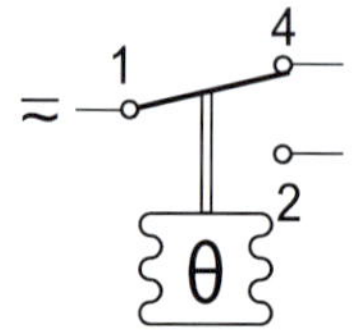

Abb. 1.47

Tab. 1.11

An der Skala des Temperaturwächters sind einzustellen:	
Bereichsskala:	Einschalttemperatur → −16 °C
Differenzskala:	Schaltdifferenz → 4 K

54. Ein Pressostat (Druckschalter) ist ein druckgesteuertes Schaltgerät, das abhängig von dem ihm durch die Impulsleitung zugeführten Druck einen elektrischen Kontakt öffnet oder schließt.
55. Zwischen Kältemittelkreislauf und Sicherheitseinrichtung dürfen nach DIN EN 378-2 keine Absperreinrichtungen eingebaut sein, die Sicherheitseinrichtung muss also stets in direkter Verbindung zum Kältemittelkreislauf stehen (Ausnahmen davon s. Band 1, Lf. 10, Kap. 6.2, Technologie, Aufg. 49). Die Anbindung sollte möglichst von oben ins Rohr erfolgen, damit keine Schmutzteilchen und Öl eindringen können.
56. Ein Bruch des äußeren oder inneren Wellrohrs führt zu vorgezogener Verdichterabschaltung. Dadurch erfüllen diese Druckschalter die Anforderung an Sicherheitsdruckwächter, auch bei Wellrohrbruch noch sicher abzuschalten.

Regelung des Verdampfungsdrucks

zu: Grundlagen der Regelungstechnik

1. Unter *Regeln* versteht man einen Vorgang, bei dem eine zu regelnde Größe erfasst, fortlaufend mit einer Führungsgröße verglichen und in Abhängigkeit dieses Vergleichs der Führungsgröße angeglichen wird.

   Unter *Steuern* versteht man das Einstellen einer bestimmten Größe.

2.

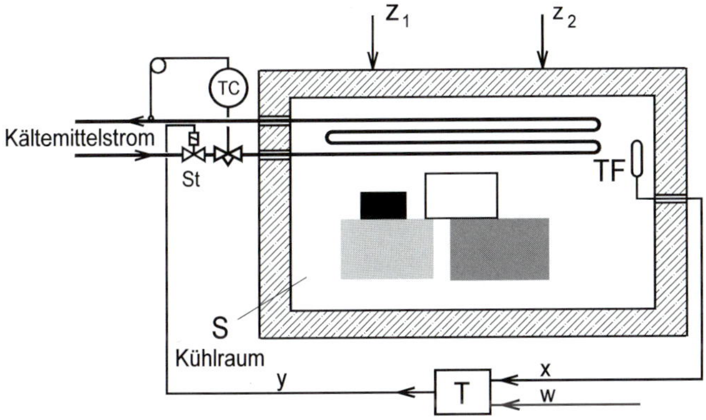

Abb. 1.48

Regelgröße x (Istwert) ist die zu regelnde Größe, hier die Kühlraumtemperatur, die vom Temperaturfühler TF erfasst wird.

Stellgröße y ist die Größe, mit der die Regelgröße beeinflusst werden kann, hier die Stellung des Magnetventils. Man kann auch sagen, die Stellgröße ist die Größe, mit der die Störeinflüsse bekämpft werden.

Störgröße z ist die Größe, die eine Regelung notwendig macht, weil sie die Regelgröße von ihrem Sollwert abweichen lässt. Störgrößen hier sind z. B. Einstrahlung, Warenbeschickung usw.

Führungsgröße w (*Sollwert*) ist ein vorgegebener Wert, dem die Regelgröße x angeglichen werden soll, in diesem Fall also die am Thermostaten T eingestellte gewünschte Kühlraumtemperatur.

Regelstrecke S ist der Teil der zu regelnden Anlage, in dem die Regelgröße konstant zu halten ist, hier der Kühlraum.

Das *Stellglied* ist das Organ innerhalb des Regelkreises, das einen Energie- oder Massenstrom steuert (hier den Kältemittelmassenstrom). Bei dieser Regelung ist das Stellglied ein Magnetventil.

Der Thermostat hat die Aufgabe, die Regelgröße durch gezielte Änderungen der Stellgröße an den gewünschten Sollwert anzugleichen, indem er den Kältemittelmassenstrom durch Schalten des Magnetventils ein- oder ausschaltet. Im Thermostat wird also die Regelgröße x (Kühlraumtemperatur) mit der Führungsgröße w (eingestellter Sollwert) verglichen.

3. Wärmeeinfall durch Wände, Decken, Boden (Transmissionswärme), Abkühlung eingebrachter Ware, Atmungswärme, Wärme durch Luftwechsel, Personen, Hilfsmaschinen, Beleuchtung, Abtauen.
4. Das Signalflussbild (Abb. 1.49) zeigt einen geschlossenen Wirkungskreislauf, in dem die zu regelnde Größe als wirkende Größe auftritt, also liegt eine Regelung vor.
5. Bei einer unstetigen Regelung führt ein stetiges (gleichmäßig sich änderndes) Eingangssignal zu einem unstetigen (sprunghaften) Ausgangssignal. Bei einer stetigen Regelung ergibt ein stetiges Eingangs- ein stetiges Ausgangssignal.

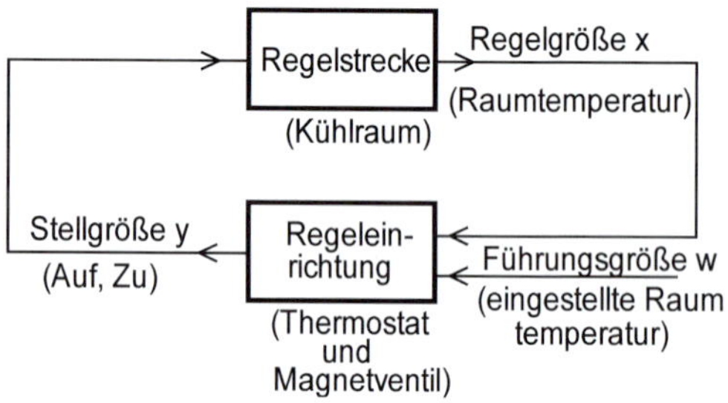

Abb. 1.49

6. Es handelt sich um eine unstetige Regelung, weil die stetig sich ändernde Fühlertemperatur zu einem sprunghaft sich ändernden Ausgangssignal (Kältemittelmassenstrom ein/aus) führt.
7. Wenn die Kühlraumtemperatur den Wert t_1 erreicht hat, schaltet der Thermostat das Magnetventil auf „Auf", die Temperatur sinkt. Bei Erreichen des unteren Werts t_2 schaltet der Thermostat erneut („Zu") und die Kühlraumtemperatur steigt wieder an, s. Abb. 1.50 oben. Solange das Magnetventil geöffnet ist, fließt der maximale Kältemittelmassenstrom (abgesehen von der Überhitzungs-Regelung durch das TEV) (Abb. 1.50 unten). Da dieser größer ist als der erforderliche, würde der Kühlraum zu sehr abkühlen, und der Thermostat muss abschalten.

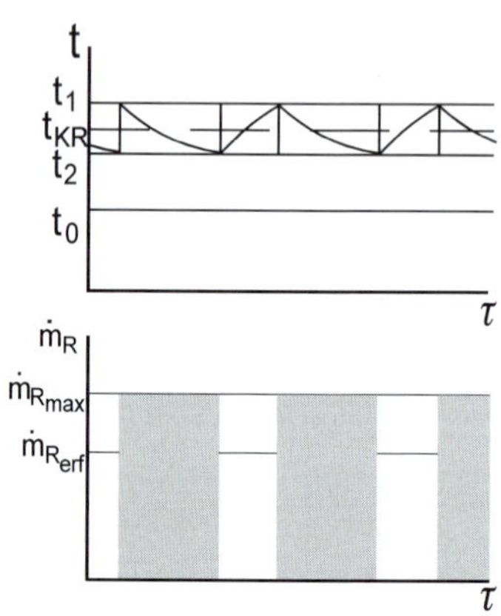

Abb. 1.50

8. Nachteil ist die ungenaue Regelung, z. B. lässt sich die Raumtemperatur so nur in einem Bereich von 2 bis 4 Kelvin konstant halten. Vorteile dagegen: geringer Preis, einfacher Aufbau, robust, fast wartungsfrei.
9. Vorteil: genauere Regelung, Nachteil: aufwendiger, höhere Kosten.
10. Die Bezeichnung Zweipunktregler ergibt sich aus der Tatsache, dass der Regler nur zwei Betriebszustände kennt, nämlich „An" und „Aus" bzw. „Auf" und „Zu", die Stellgröße also

zwischen zwei Punkten springt, wodurch auch die Regelgröße zwischen zwei Grenzwerten schwankt.

11. Thermostate, Pressostate, Hygrostate, Schwimmerschalter.
12. Automatisches Expansionsventil, Thermostatisches Expansionsventil, druckgesteuerte Verflüssigungsdruckregler, Heißgasbypassregler.
13. Bei dieser Regelung (Abb. 1.51) führt eine steigende Abflussmenge zum Absinken des Flüssigkeitsspiegels und damit zum weiteren Öffnen des Schiebers S und umgekehrt. Die Höhendifferenz des Flüssigkeitsspiegels (d. h. die Änderung der Regelgröße) ist der Änderung der Schieberstellung (d. h. der Änderung der Stellgröße) proportional – Proportionalregler (P-Regler). Damit aber eine Änderung der Schieberstellung entstehen kann, muss eine Flüssigkeitsstandänderung vorliegen, d. h., bei steigender Abflussmenge würde sich eine etwas geringere Füllhöhe, bei sinkender eine etwas größere Höhe einstellen (bleibende Regelabweichung). Der P-Regler kann nur mit einer bleibenden Regelabweichung regeln.

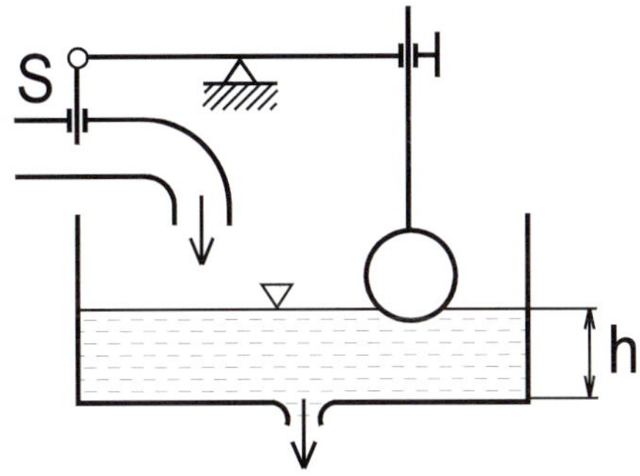

Abb. 1.51 Füllstandshöhenregelung als Proportional-Regler

14. Die Überhitzungsregelung am Verdampfer mittels TEV bildet ebenfalls einen Regelkreis.

zu: Verdampfungsdruckregelung

1. Regelung A (Abb. 1.52) verhindert, dass der Verdampfungsdruck (und damit die Verdampfungstemperatur) unter einen eingestellten Wert sinkt. Der vom Eingangsdruck gesteuerte Regler öffnet bei steigendem bzw. schließt bei fallendem Druck.

   Regelung B (Abb. 1.53) schützt den Verdichter vor zu hohem Saugdruck, z. B. nach längeren Betriebspausen oder Abtauphasen (Startregelung). Der vom Ausgangsdruck gesteuerte Regler öffnet erst, wenn der Saugdruck auf den eingestellten maximalen Wert gefallen ist (heute vielfach durch MOP-Ventil ersetzt).

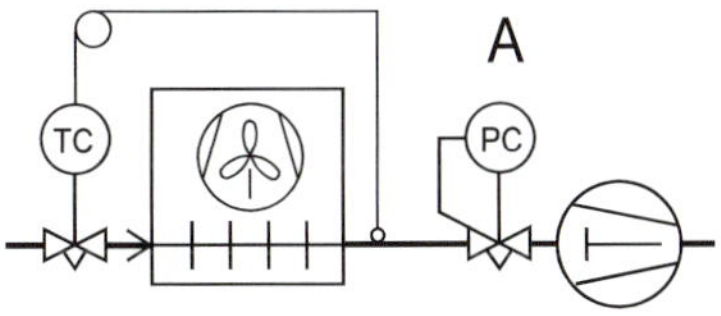

Abb. 1.52 Verdampfungsdruckregler

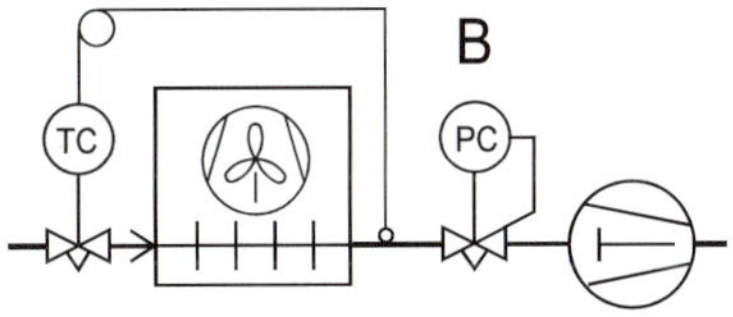

Abb. 1.53 Startregler

2. a) Das Konstantdruckventil dient hier als Verdampfungsdruckregler. Es wirkt gewissermaßen als Drossel und hält so im Verdampfer 1 die höhere Verdampfungstemperatur von 0 °C aufrecht, obwohl der Verdichter einen Saugdruck erzeugt, der –10 °C entspricht.

   b) Das Rückschlagventil in der Saugleitung des Verdampfers mit der tieferen Temperatur hat die Aufgabe, zu verhindern, dass im Stillstand Kältemittel zum kälteren Verdampfer strömt.

c) Bei diesem Verfahren arbeitet der Verdichter stets bei dem niedrigen Saugdruck, der zur Kühlstelle mit der tieferen Temperatur gehört. Dadurch wird auch der Kältemitteldampf aus der Kühlstelle mit höherer Temperatur (und höherem Druck) bei tieferem Druck und größerem spezifischen Volumen abgesaugt. Das hat eine schlechtere Leistungszahl und einen größeren erforderlichen Ansaugvolumenstrom zur Folge. Die Kälteerzeugung für die wärmere Kühlstelle benötigt also mehr Energie (höhere Betriebskosten) und größeren Verdichter (höhere Investitionskosten). Dieses Verfahren kommt also nur für kleinere Leistungen in Frage.

3. Bei größeren Leistungen werden nicht direkt-, sondern pilotgesteuerte Ventile eingesetzt. Bei einem pilotgesteuerten Ventil wird das Hauptventil von einem Pilotventil über eine Pilotleitung angesteuert (Abb. 1.54).

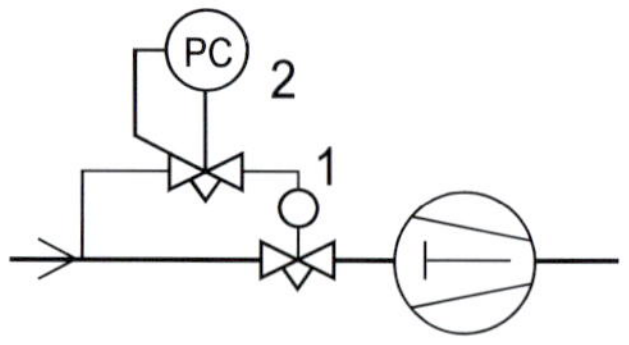

Abb. 1.54 Pilotgesteuerte Verdampfungsdruckregelung (1 Hauptventil, 2 Pilotventil)

Technische Mathematik

1. a) $\Delta Tm = \dfrac{\Delta Tmax - \Delta Tmin}{\ln \dfrac{\Delta Tmax}{\Delta Tmin}} = \dfrac{10\ K - 5\ K}{\ln \dfrac{10}{5}} = \underline{\underline{7{,}2\ K}}$

b) $\dot{Q}_0 = k \cdot A \cdot \Delta T_m \Rightarrow A = \dfrac{\dot{Q}_0}{k \cdot \Delta T_m} = \dfrac{7000\ W}{35\ \dfrac{W}{m^2 K} \cdot 7{,}2\ K} = \underline{\underline{27{,}77\ m^2}}$

2.

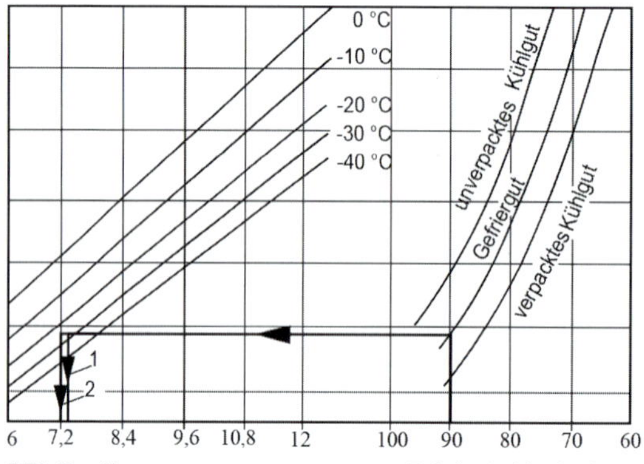

Abb. 1.55 Verdampfungstemperatur t_0

a) Für Tiefkühlräume wird ein Lamellenabstand von LA = 7 mm gewählt.

b) Aus dem Diagramm DT1 = f(t_0,φ) ergibt sich mit einem geschätzten ΔT = 10 K ein $t_0 = t_R - 10\ K = -18\ °C - 10\ K = -28\ °C$ als Zeichenwert 1 für das Diagramm und damit ein DT1 = 7,38 K

c) Mit $DT1 = 1{,}2 \cdot \Delta T \Rightarrow \Delta T = \dfrac{DT1}{1{,}2} = \dfrac{7{,}38\ K}{1{,}2} = 6{,}15\ K$

d) Die Verdampfungstemperatur ergibt sich aus $\Delta T = t_R - t_o$ zu $t_0 = t_R - \Delta T = -18\ °C - 6{,}15\ K = -24{,}15\ °C$. Mit der so bestimmten Verdampfungstemperatur von $t_0 = -24{,}15\ °C$ geht man mit dem neuen Zeichenwert 2 in das Diagramm

DT1 = f (t_0, φ) und ermittelt ein neues DT1 = 7,2 K und ΔT = DT1/1,2 = 7,2/1,2 = 6 K. Damit verändert sich die Verdampfungstemperatur auf den neuen Wert von t_0 = −18 C ° − 6 K = −24 °C. Das ist im 2. Schritt eine gute Näherung, die Iteration wird abgebrochen.

e) $DT1 = t_{L1} - t_0 \Rightarrow t_{L1} = DT1 + t_0 = 7{,}2\text{ K} + (-24\text{ °C}) = -16{,}8\text{ C °} \approx \underline{\underline{-17\text{ °C}}}$

f) Mit den Werten für DT1 = 7,2 K und $\dot{Q}_0$ = 8 kW ergibt sich aus dem Auswahldiagramm in Abb. 1.56 der Verdampfertyp 73. Seine Kühloberfläche beträgt 67,7 m^2 (Katalogangabe).

3.

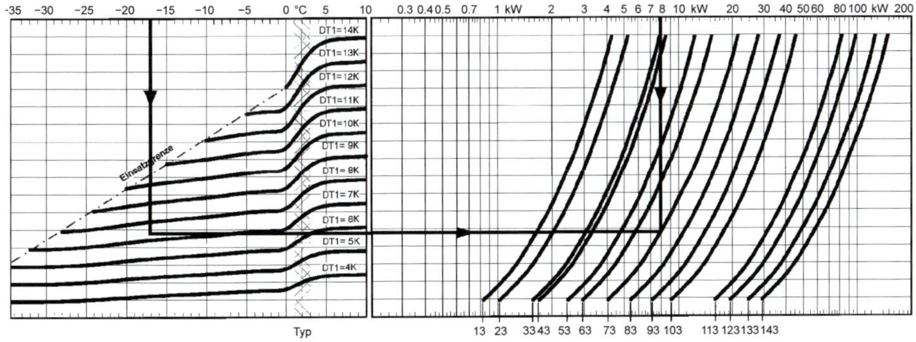

Abb. 1.56 Qv-Diagramm (R-134a, R-449A): t_{L1} (°C) = Lufteintrittstemperatur (links) $\dot{Q}_0$ (kW) = Kälteleistung (rechts)

a) Wassermasse im Behälter:

$$m = \rho \cdot V = \rho \cdot \frac{d_i^2 \cdot \pi \cdot h}{4} = 1000\,\frac{kg}{m^3} \cdot \frac{(1\text{ m})^2 \cdot \pi \cdot 1{,}5\text{ m}}{4} = \underline{\underline{1178{,}1\text{ kg}}}$$

b) $$Q = m_W \cdot c_W \cdot \Delta T_W = 1178{,}1\text{ kg} \cdot 4{,}19\,\frac{kJ}{kgK} \cdot \left(8 - 4\right)\text{K} = \underline{\underline{19\,744{,}9\text{ kJ}}}$$

c) $$\dot{Q}_0 = \frac{Q}{\tau} = \frac{19\,744{,}9\text{ kWs} \cdot h}{0{,}5\text{ h} \cdot 3600\text{ s}} = \underline{\underline{10{,}97\text{ kW}}}$$

d) $$\Delta Tm = \frac{\Delta Tmax - \Delta Tmin}{\ln\frac{\Delta Tmax}{\Delta Tmin}} = \frac{10\text{ K} - 6\text{ K}}{\ln\frac{10}{6}} = \underline{\underline{7{,}83\text{ K}}}$$

e) Die erforderliche Rohrlänge des Glattrohrverdampfers ergibt sich durch Umstellen der Gleichung

$$\dot{Q}_0 = k \cdot A \cdot \Delta T_m = k \cdot d_a \cdot \pi \cdot l \cdot \Delta T_m \text{ zu:}$$

$$l = \frac{\dot{Q}_0}{k \cdot d_a \cdot \pi \cdot \Delta T_m} = \frac{10\,970\text{ W}}{290\,\frac{W}{m^2K} \cdot 0{,}015\text{ m} \cdot \pi \cdot 7{,}83\text{ K}} = \underline{\underline{102{,}52\text{ m}}}$$

f) $$l = n \cdot \pi \cdot d_m \text{ (n = Anzahl der Windungen)} \Rightarrow n = \frac{l}{\pi \cdot d_m} = \frac{102{,}52\text{ m}}{\pi \cdot 0{,}8\text{ m}} = \underline{\underline{40{,}79}}$$

4. a) Da die Betriebsbedingungen von den Nennbedingungen abweichen, müssen die erforderlichen Umrechnungsfaktoren ermittelt werden (s. Abb. 1.57 bis 1.60):

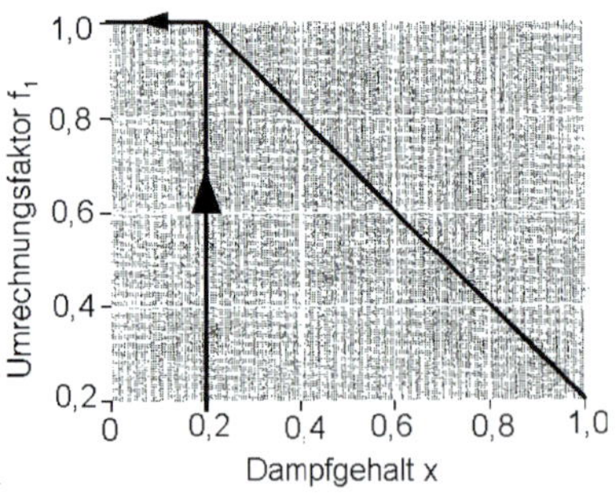

Abb. 1.57

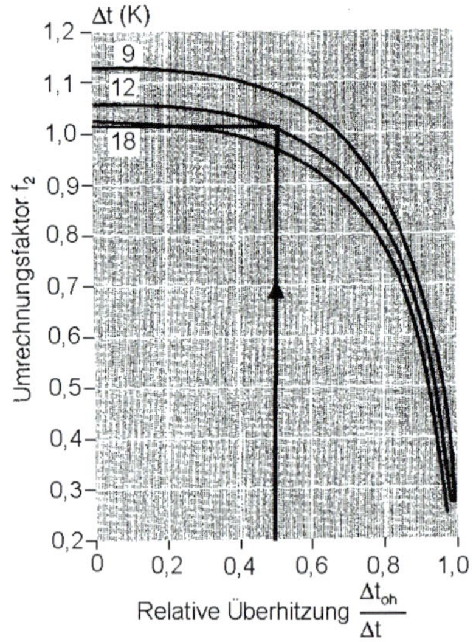

Abb. 1.58

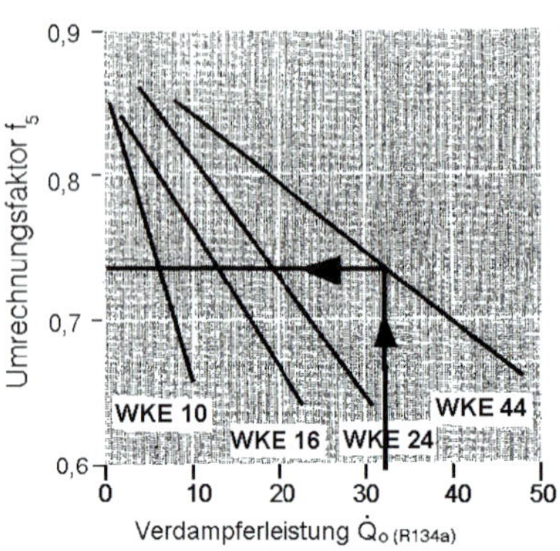

Abb. 1.59

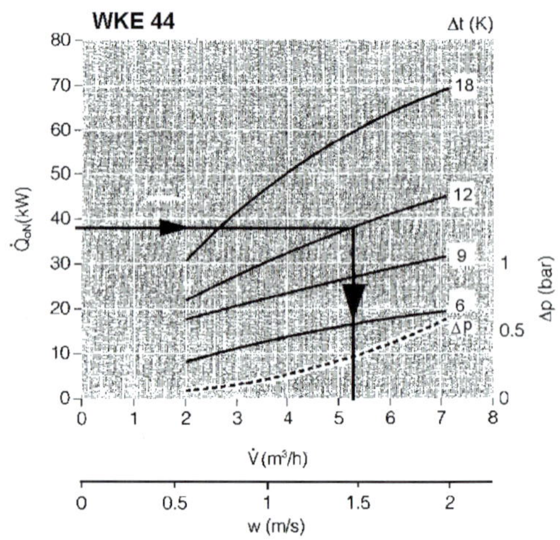

Abb. 1.60

Die Umrechnungsfaktoren betragen also:

f_1 für $x = 0{,}2 \rightarrow f_1 = 1{,}0$

f_2 mit $\Delta t = t_{W1} - t_0 = 20\,°C - 8\,°C = 12\,K$, $\Delta t_{0h} = 6\,K$, $\frac{\Delta t_{0h}}{\Delta t} = \frac{6\,K}{12\,K} = 0{,}5$ ergibt $f_2 = 1{,}01$

f_3 wird mit $t_0 = 8\,°C$ durch Extrapolieren zu 1,12 (der Umrechnungsfaktor f_3 sinkt pro 4 K um 0,06, das zeigt die Ablesung bei $t_0 = -4\,°C$. Eine Erhöhung um 8 K ergibt also einen Faktor $f_3 = 1{,}0 + 0{,}12 = 1{,}12$)

f_4 entfällt, da reines Wasser gekühlt wird. → $f_4 = 1{,}0$

f_5 gilt für die Umrechnung auf R-134a → $f_5 = 0{,}735$

$$\dot{Q}_{0N} = \frac{\dot{Q}_0}{f_1 \cdot f_2 \cdot f_3 \cdot f_4 \cdot f_5} = \frac{32\ \text{kW}}{1{,}0 \cdot 1{,}01 \cdot 1{,}12 \cdot 1{,}0 \cdot 0{,}735} = \underline{\underline{38{,}5\ \text{kW}}}$$

Mit $\Delta t = 12$ K und 38,5 kW ergeben sich aus den Leistungsdiagramm des WKE 44 unter Betriebsbedingungen folgende Werte:

Wasser-Volumenstrom 5,3 m^3/h

wasserseitiger Druckabfall $\Delta p = 0{,}3$ bar

b) Die Temperaturdifferenz des Wassers beträgt:

$$\Delta T = \frac{\dot{Q}_0}{\dot{m} \cdot c} = \frac{32\ \text{kW}}{5300\ \frac{\text{kg}}{3600\text{s}} \cdot 4{,}19\ \frac{\text{kJ}}{\text{kgK}}} = 5{,}2\ \text{K}$$

Dadurch ergibt sich die Wasseraustrittstemperatur t_{W2} zu:

$t_{W2} = t_{W1} - \Delta T = 20\ °C - 5{,}2\ K = \underline{\underline{14{,}8\ °C}}$

5. a) Der Kältebedarf ist von vielen Faktoren abhängig, z. B.:

- Wärmeeinfall aus der Luft (wiederum abhängig von Luftbewegung, Luftfeuchtigkeit, Lufttemperatur)
- Wärmeeinfall durch Sonneneinstrahlung (Strahlungsintensität, Strahlungswinkel je nach Sonnenstand, Abschirmung usw.)
- Wärmestrom aus dem Erdreich
- Kältebedarf zur Erneuerung des Eises.

b) Die Rohre werden mit Kältemittelflüssigkeit beschickt – überflutete Verdampfung.

c) In Ltg. A wird flüssiges NH_3 (p_0, t_0) zu den Pistenrohren gepumpt, und zwar mehr als zur Wärmeaufnahme nötig ist, z. B. die dreifache Menge. In Ltg. B fließt folglich ein Flüssigkeits-Dampf-Gemisch wieder zum Abscheider zurück.

d) Im Abscheidesammler wird das von der Piste kommende Flüssigkeits-Dampf-Gemisch getrennt. Der Dampf wird vom Verdichter abgesaugt. Die Flüssigkeit sammelt sich unten und steht zum erneuten Umlauf zur Verfügung. Der oberhalb angeordnete Dampfdom gewährleistet, dass die Strömungsgeschwindigkeit über der Flüssigkeit bestimmte Werte nicht überschreitet, damit keine Flüssigkeitströpfchen in die Saugleitung mitgerissen werden.

e) Der Kältebedarf setzt sich aus dem einfachen Kältebedarf und dem zur Erneuerung des Eises zusammen:

einfacher Kältebedarf: $\dot{Q} = q \cdot A = 1500 \frac{\text{kJ}}{\text{m}^2 \cdot 3600\ \text{s}} \cdot 20\ \text{m} \cdot 30\ \text{m} = \underline{250\ \text{kW}}$

Kältebedarf zur Erneuerung des Eises:

$$\dot{Q} = \dot{m} \cdot \left(c_W \cdot \Delta t_W + q + c_E \cdot \Delta t_E\right)$$

$$= \frac{900\ \text{kg} \cdot 1\ \text{m}^3}{\text{m}^3 \cdot 3600\ \text{s}} \cdot \left(4{,}19 \frac{\text{kJ}}{\text{kgK}} \cdot 16\ \text{K} + 335 \frac{\text{kJ}}{\text{kg}} + 2{,}15 \frac{\text{kJ}}{\text{kgK}} \cdot 3{,}5\ \text{K}\right)$$

$$= \underline{102{,}39\ \text{kW}}$$

Gesamtkältebedarf: 250 kW + 102,39 kW = $\underline{\underline{352{,}39\ \text{kW}}}$

f) Die Rohrlänge ergibt sich durch Umstellen der Gleichung $\dot{Q} = k \cdot A \cdot \Delta t$ mit

$A = \pi \cdot d_a \cdot l$

$$l = \frac{\dot{Q}_0}{k \cdot d_a \cdot \pi \cdot (t_{Eis} - t_0)} = \frac{352\,390 \text{ W}}{85 \frac{\text{W}}{\text{m}^2\text{K}} \cdot 0{,}040 \text{ m} \cdot \pi \cdot 6 \text{ K}} = \underline{\underline{5498{,}49 \text{ m}}}$$

g) Anzahl der zu verlegenden Rohre für 30 m Länge:

$$n = \frac{l}{30 \text{ m}} = \frac{5498{,}49 \text{ m}}{30 \text{ m}} = \underline{\underline{183{,}28}}$$

Es werden also 184 Rohre verlegt.

h) Ihr Abstand (Mitte - Mitte) auf der 20-m-Seite beträgt dann:

$$a = \frac{20 \text{ m}}{183} = 0{,}1093 \text{ m} = \underline{\underline{10{,}9 \text{ cm}}}$$

Der Zwischenraum von Rohraußenwand zu Rohraußenwand beträgt also:

$\delta = 109 \text{ mm} - 40 \text{ mm} = \underline{\underline{69 \text{ mm}}}$

Technische Kommunikation

1. Lösungsvorschlag s. Abb. 1.61

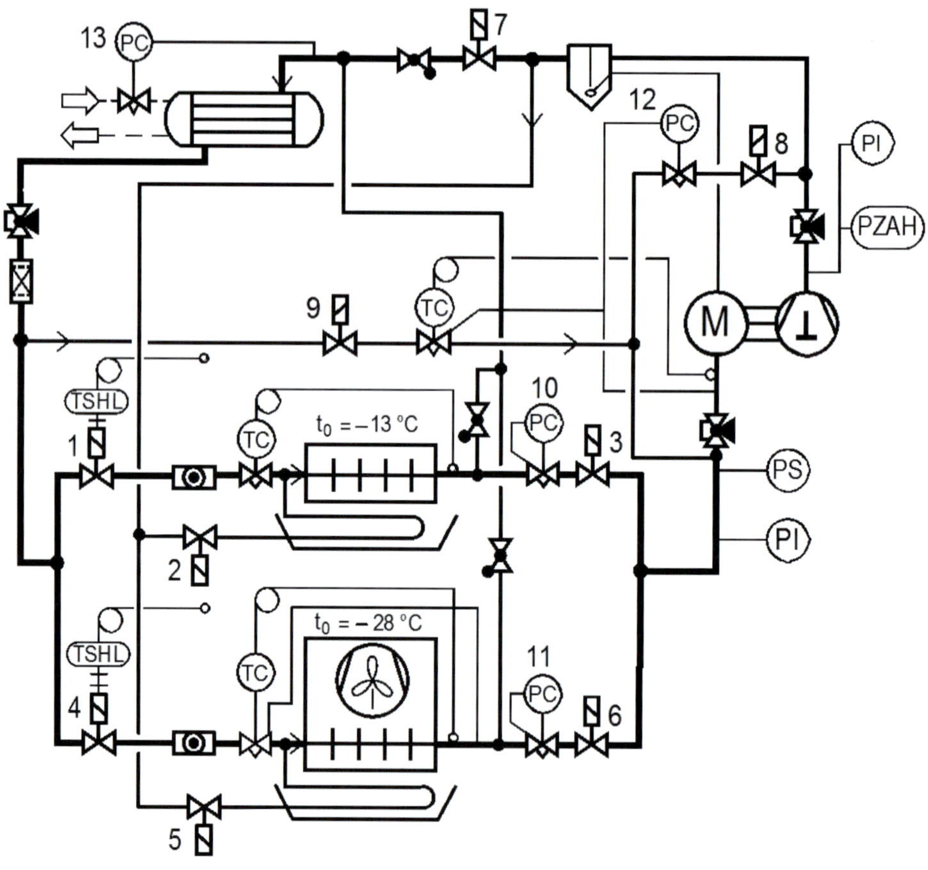

Abb. 1.61

2. Die Magnetventile (2 bzw. 5) sind beim Abtauen an der jeweiligen Kühlstelle geöffnet, die MV (3 bzw. 6) entsprechend geschlossen. Dadurch wird verhindert, dass der Kältemitteldampf direkt wieder vom Verdichter angesaugt wird. Im Verflüssiger (der in diesem Fall auch als Sammler dient) werden Dampf und Flüssigkeit getrennt, sodass vor dem TEV der kühlenden Stelle kältemittelseitig normale Bedingungen herrschen. Eine Rückführung zum Sammler ist natürlich nicht bei allen Anlagen sinnvoll. Bei großen Entfernungen kann auch das Kältemitteldampfgemisch über ein Drosselorgan direkt dem Verdampfer der kühlenden Stelle zugeführt werden.

   Das Magnetventil (8) im Heißgasbypass soll ein Überströmen von Dampf von der Druck- in die Saugseite bei der *Pump-Out*-Schaltung verhindern.

   Die Nacheinspritzung in den Bypass verringert bei Bedarf die Sauggastemperatur.

   Die Sicherheitsanforderungen entsprechen der Lösung von Aufgabe 3. Für neuere Verdichter wäre die Lösung im Ausschnitt (6) denkbar bei einem Volumenstrom > 25 l/s.

1.7 Lösungen zu: Verflüssiger

Technologie

1. Der Verflüssiger hat die Aufgabe, die vom Kältemittel im Verdampfer aufgenommene Wärme sowie das Wärmeäquivalent der dem Kältemittel im Verdichter zugeführten Arbeit an die Umgebung (z. B. Wasser, Luft) abzuführen.
2. Das Kältemittel kann nur verflüssigen, wenn sein Druck (p_c) so hoch ist, dass die zugehörige Sättigungstemperatur (t_c) oberhalb der Umgebungstemperatur (t_a) liegt. Nur dann fließt ein Wärmestrom ($\dot{Q}_c$) vom Kältemittel zum umgebenden Medium.
3. Er ist um das Wärmestromäquivalent der dem Kältemittel im Verdichter zugeführten Leistung größer ($\dot{Q}_c = \dot{Q}_0 + P$).
4. Der Verflüssiger befindet sich auf der Hochdruckseite, zwischen Verdichter und Sammler (falls vorhanden) bzw. Drosselorgan.
5. Druckleitung (Heißgasleitung): vom Verdichter zum Verflüssiger

   Kondensatleitung: vom Verflüssiger zum Sammler oder falls dieser nicht vorhanden ist:

   Flüssigkeitsleitung: vom Verflüssiger zum Drosselorgan.
6. Enthitzungszone, Verflüssigungszone, Unterkühlungszone.
7. Enthitzungszone: Das vom Verdichter kommende Heißgas wird unter Abgabe sensibler Wärme auf Verflüssigungstemperatur tc abgekühlt.

   Verflüssigungszone: Der Kältemitteldampf mit der Verflüssigungstemperatur t_c wird unter Abgabe latenter Wärme zu Kältemittelflüssigkeit der gleichen Temperatur (Aggregatzustandsänderung).

   Unterkühlungszone: Dem bereits verflüssigten Kältemittel wird weiter sensible Wärme entzogen, sodass seine Temperatur unter Verflüssigungstemperatur sinkt auf Unterkühlungstemperatur t_{cu}.

8. **Tab. 1.12**

	Druck	Temperatur	
		Einstoff-KM/azeotrope	zeotrope KM
Enthitzungszone	konstant	sinkt stark	sinkt stark
Verflüssigungszone	konstant	konstant	sinkt leicht
Unterkühlungszone	konstant	sinkt leicht	sinkt leicht
Anmerkung: Strömungswiderstand (Druckabfall) vernachlässigt.			

9. S. Abb. 1.62

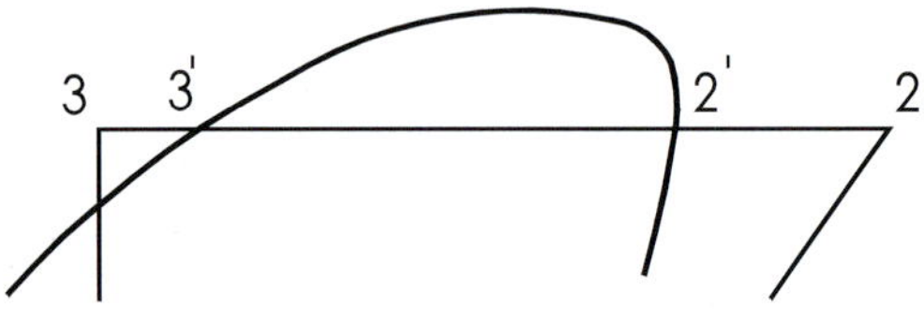

Abb. 1.62 Enthitzen: 2 – 2; Verflüssigen: 2′ – 3′; Unterkühlen: 3′ – 3

10. In einem Gegenstromwärmeübertrager fließen die wärmeübertragenden Medien (z. B. Wasser und Kältemittel) in entgegengesetzter Richtung aneinander vorbei (Abb. 1.63). Dadurch ist stets eine relativ hohe Temperaturdifferenz zwischen beiden gewährleistet, wodurch sich ein guter Nutzungsgrad ergibt (gilt für alle Wärmeübertrager). Im speziellen Fall des Verflüssigers bedeutet es, dass das bereits verflüssigte Kältemittel in der Unterkühlungszone mit dem noch kalten Kühlmittel in Wärmekontakt kommt, wodurch eine gute Unterkühlung erreicht wird. Beim Kreuzgegenstromprinzip kreuzen sich die Fließlinien im Gegenstrom (Abb. 1.64).

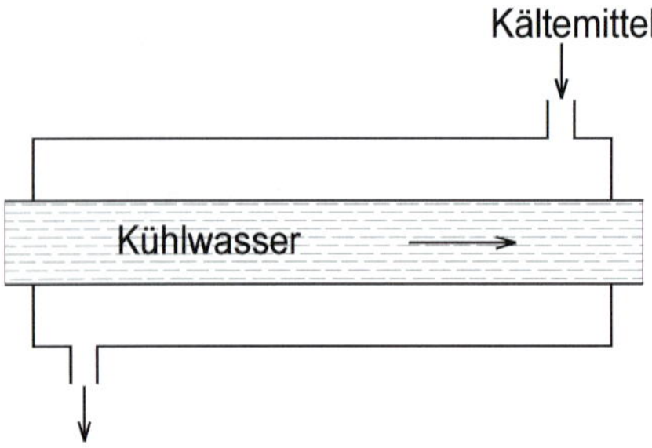

Abb. 1.63 Gegenstromprinzip

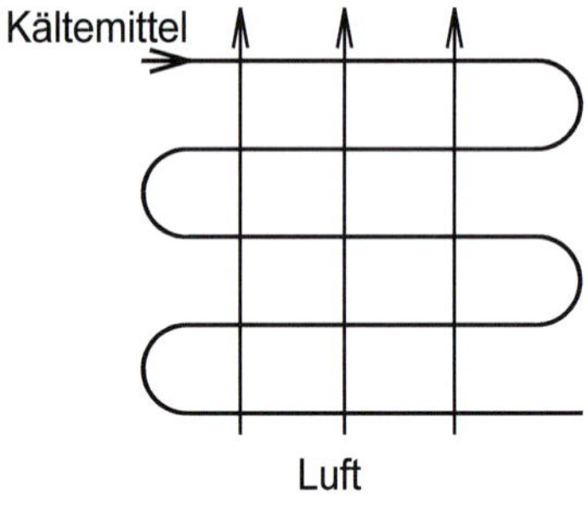

Abb. 1.64 Kreuzgegenstromprinzip

11. Luftgekühlte Verflüssiger, wassergekühlte Verflüssiger, Verdunstungsverflüssiger.
12. Vorteile: Das Kühlmittel Luft steht kostenlos zur Verfügung. Die Verflüssiger sind leicht zu warten und unempfindlich.

    Nachteile: Die Verflüssigungstemperatur ist stark von der Lufttemperatur abhängig (Sommerspitze = hoher Energieverbrauch), was evtl. besonderen Regelaufwand bedeutet (Winter-Sommer-Regelung). Besonders Verflüssiger mit Axialventilatoren können eine erhebliche Schallemission verursachen. Wegen des relativ schlechten Wärmeübergangs zur Luft ist eine große Fläche erforderlich.

13. Vorteile: Wegen des besseren Wärmeübergangs an Wasser sind wassergekühlte Verflüssiger kompakter als luftgekühlte. Ihre Verflüssigungstemperatur ist nicht wetterabhängig und durchweg niedriger als die luftgekühlter Verflüssiger (Energieeinsparung).

    Nachteile: Wasserkosten, aufwendigere Wartung (Reinigung).

14. Wasserrückkühlbetrieb bedeutet, dass das den Verflüssiger durchlaufende Wasser anschließend ein Wasserrückkühlwerk (Kühlturm) durchfließt, wo es wieder auf die Verflüssigereintrittstemperatur gekühlt wird, indem es zum Teil verdunstet. Danach fließt es zum Verflüssiger zurück. Dadurch wird Kühlwasser gespart (Abb. 1.65).

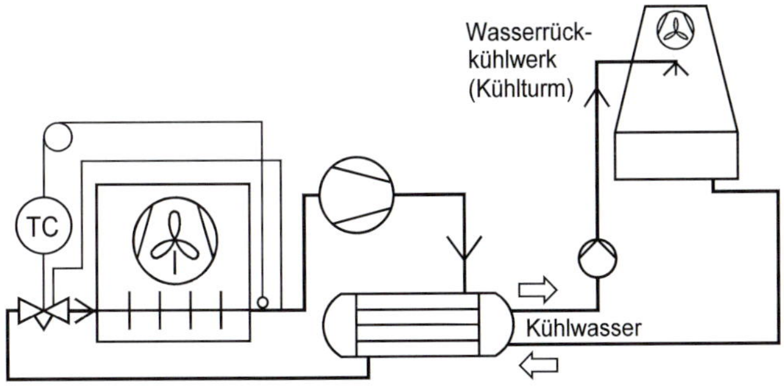

Abb. 1.65 Wassergekühlter Verflüssiger mit Wasserrückkühlung

15. Siehe Abb. 1.66

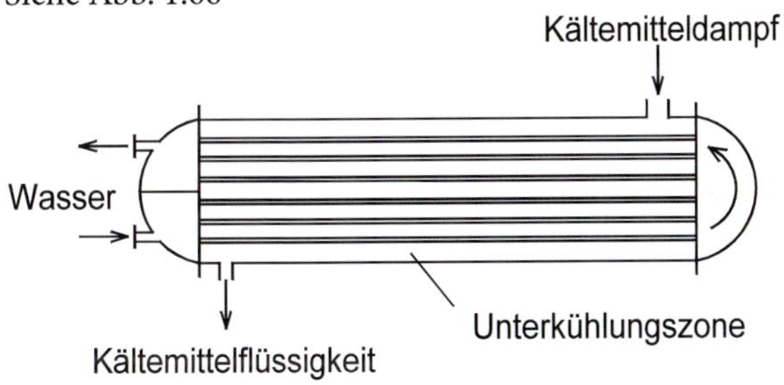

Abb. 1.66 Röhrenkessel(Bündelrohr)verflüssiger (Prinzip)

16. Bei diesem Verflüssiger sammelt sich das verflüssigte Kältemittel im unteren Teil des Kessels, sodass ein separater Sammler meist nicht erforderlich ist. (Allerdings wird dadurch die Verflüssigerleistung reduziert)

17. Mehr Umlenkungen, also längere Wasserwege, bedeuten mehr Druckabfall und eine geringere mittlere Temperaturdifferenz. Bei Netzwasserbetrieb spielt der Druckabfall keine so große Rolle, gleichzeitig wird dem teuren Wasser möglichst viel Wärme übertragen (Wasserersparnis). Bei Kühlturmbetrieb muss eine Pumpe den Druckabfall Δp überwinden (Energiebedarf steigt mit Δp), außerdem wird das Wasser ja nicht abgeleitet, sondern nach Rückkühlung wieder verwendet. Die Wasserabkühlung (Kühlzonenbreite) des Kühlturms beträgt 3 bis 6 K.

18. Beim Verdunstungsverflüssiger werden die Kältemittel führenden Rohre mit Wasser besprüht, das sich unterhalb in einer Wanne sammelt und wieder nach oben gepumpt wird, während gleichzeitig im Gegenstrom Frischluft nach oben geführt wird, wodurch ein küh-

lender Verdunstungseffekt entsteht. Da die Verdunstungsenthalpie des Wassers hoch ist, wird nur wenig des im Kreislauf geführten Wassers verbraucht.

19. a) Wasserersparnis

    b) niedrigere Verflüssigungstemperatur, da nur ein Temperaturschritt zwischen Verflüssigungstemperatur und Verdunstungstemperatur vorliegt (beim Rückkühlwerk sind es zwei).

20. 1 – Luftaustritt; 2 – Tropfenabscheider; 3 – Kältemitteleintritt (Heißgas); 4 – Verflüssiger; 5 – Kältemittelaustritt (Flüssigkeit); 6 – Zusatzwassereintritt mit Schwimmerregler; 7 – Wasserumwälzpumpe; 8 – Lufteintritt; 9 – Wassersprühdüsen; 10 – Enthitzersystem; 11 – Axialventilator

21. Es sind längere Kältemittelleitungen erforderlich (Gefahr der Vorverdampfung in der Flüssigkeitsleitung, größere Füllmenge). Das Rohrleitungssystem eines Verdunstungsverflüssigers ist besonders bei aggressiver Luft Korrosion ausgesetzt und schlechter zu reinigen als die Wasserrohre eines Röhrenkesselverflüssigers.

22. a) Es werden nicht Kältemittel führende Rohre durch Wasserversprühen/Verdunstung gekühlt, sondern das Wasser kühlt sich in einem offenen Prozess durch teilweise Verdunstung selbst. Es handelt sich also um ein Wasserrückkühlwerk.

    b) 1 – Luftaustritt; 2 – Axialventilator; 3 – Tropfenabscheider; 4 – Wasserzulauf; 5 – Austauschkörper; 6 – Lamellen; 7 – Wasserablauf; 8 – Sieb; 9 – Zusatzwassereintritt mit Schwimmerregler; 10 – Lufteintritt; 11 – Wassersprühdüsen.

23. a) Die Leistungsregelung erfolgt über den Luftstrom (z. B. zwei Ventilatordrehzahlen, von der Kühlwassertemperatur über Thermostat gesteuert)

    b) Wird der Kühlturm (Wasserrückkühlwerk) während des Winters außer Betrieb genommen, muss er entleert werden, um ein Einfrieren der Anlage zu vermeiden. Solange im Betrieb Wärmeaustausch stattfindet, besteht keine Vereisungsgefahr, insbesondere wenn ein Heizelement im Ablauf kurze Stillstandsphasen überbrückt oder der Kühlturm sich in einen frostsicher aufgestellten Wasserpuffer (evtl. auch im Sommer zum Abpuffern von unterschiedlichen Leistungsanforderungen sinnvoll) entleert. Beim Verdunstungsverflüssiger kann unterhalb bestimmter Umgebungstemperaturen auf Wasser verzichtet werden, weil die Leistung reiner Luftkühlung ausreicht.

24. a) Durch den im Gegenstrom geführten Luftstrom wird trotz eines Tropfenabscheiders sowie durch seitlich einfallenden Wind ein gewisser Anteil der umlaufenden Wassermenge mitgerissen und muss ergänzt werden (Windverluste).

    b) Durch die fortwährende Verdunstung eines Teils der umlaufenden Wassermenge würde eine allmähliche Anreicherung mit Kalk und Salzen erfolgen. Deswegen wird stets ein Teil des Umlaufwassers durch Frischwasser ersetzt (Abschlämmung).

25. a) Plattenwärmeübertrager bestehen aus profilierten Platten, die abwechselnd um 180° gedreht sind, wodurch viele Kontaktpunkte entstehen. Die Platten sind gegeneinander und nach außen so abgedichtet, dass zwischen den Platten abwechselnd das kühlende und das zu kühlende Medium strömt (Gegenstrom). PWÜ haben eine hohe Wärmestromdichte, d. h., sie sind sehr kompakt im Verhältnis zur Leistung.

b) PWÜ können naturgemäß nur bei flüssigen Kühlmedien als Verflüssiger eingesetzt werden. Typisches Anwendungsbeispiel ist der Einsatz als Verdampfer/Verflüssiger bei Kaskadenkälteanlagen (vgl. Aufg. 44).

26. *Hybridverflüssiger* sind luftgekühlte Verflüssiger, die bei höheren Umgebungstemperaturen teilweise mit Wasser besprüht werden und dann auch als Verdunstungskühler arbeiten. Durch den Latentanteil der Verdunstungskühlung erhöht sich ihre Leistung um das 3- bis 4-Fache. Aufgrund einer intelligenten Regelung wird gegenüber dem reinen Verdunstungskühler jedoch erheblich Wasser gespart.

27. Bei transkritischen Anlagen (CO_2) wird bei höheren Außentemperaturen der Verflüssiger zum *Gaskühler*.

28. a) Im Fall des Gaskühlers ist die Lufttemperaturdifferenz zwei- bis dreimal größer.
    b) CO_2 hat sehr gute Wärmeübertragungseigenschaften im Vergleich zu HFKW.
    c) Der Luftdurchsatz kann geringer ausfallen, da ΔT größer ist. Der Lüfter kann also kleiner sein und benötigt somit weniger Energie.

29. Mit der Wassersprüheinrichtung wird die Gaskühleraustrittstemperatur bei hohen Außenlufttemperaturen begrenzt, um den EER-Wert der Anlage zu optimieren.

30. Das Sprühwasser darf nicht korrosiv sein (Chlorgehalt gering), damit die Lamellen nicht angegriffen werden. Außerdem muss es enthärtet sein, weil sonst Kalkablagerungen die Wärmeübertragungseigenschaften des Apparates mit der Zeit massiv mindern. Abbildung 1.67 zeigt den Einfluss der Wasserhärte auf die Verflüssigerleistung im Laufe der Betriebszeit (Untersuchung der Firma LU-VE).

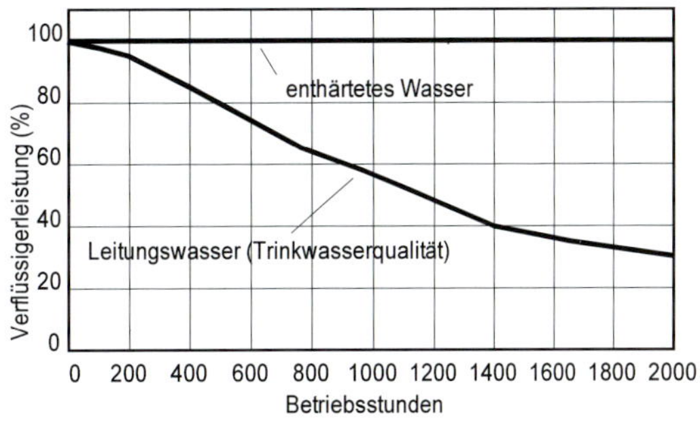

Abb. 1.67

31. - ausreichende und unbehinderte Frischluftzufuhr
    - möglichst kühler Aufstellungsort (Sonne)
    - Ventilatorströmung unbehindert (Wandabstand)
    - geringe Verschmutzungsgefahr (Laub, Staub)
    - Schallemission

    Es ist auf ausreichende und unbehinderte Frischluftzufuhr zu achten sowie darauf, dass die Ventilatorströmung nicht behindert wird (z. B. enge Räume, Wände).

32. Statisch belüftet bedeutet Luftkühlung ohne Ventilator, d. h. Luftbewegung nur durch Konvektion (z. B. Kühlschrank). Dies Prinzip ist nur für kleine Leistungen geeignet (bis ca. 220 W).

33. Die Verflüssigungstemperatur liegt, gemessen an der Umgebungstemperatur, zu hoch. Mögliche Ursache: Verschmutzung, Lüfterschaden.

LÖSUNGEN

34. a) t_c liegt zu hoch im Vergleich zu t_{W2}.
    b) Verschmutzung der Rohre, dadurch schlechterer Wärmeübergang.
35. a) luftgekühlt: $\Delta T = t_c - t_{L1}$: 12 – 15 K (t_{L1} = Lufteintrittstemperatur = Umgebungstemperatur)
    b) wassergekühlt: $\Delta T = t_c - t_{W2}$: 5 – 7 K (t_{W2} = Wasseraustrittstemperatur).
36. S. Abb. 1.68
37. Zunächst besteht eine große Temperaturdifferenz zwischen Kälte- und Kühlmittel, wodurch ein großer Wärmestrom fließt. Dadurch wird die Differenz aber stetig kleiner und somit auch der die Temperaturdifferenz verkleinernde Wärmestrom, sodass die Temperaturänderung immer langsamer erfolgt.

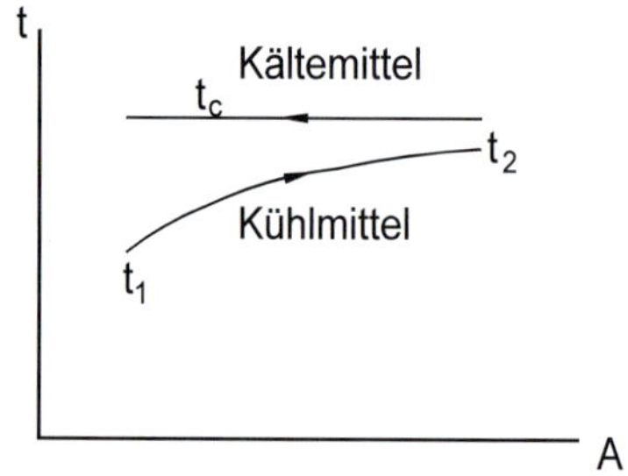

Abb. 1.68

38. Diese mittlere logarithmische Temperaturdifferenz wird durch folgende Gleichung erfasst:

$$\Delta Tm = \frac{\Delta Tmax - \Delta Tmin}{\ln \frac{\Delta Tmax}{\Delta Tmin}} \quad (\Delta T_{max} = t_c - t_{1;}, \Delta T_{min} = t_c - t_2)$$

39. Bei Verflüssigerverschmutzung verschlechtert sich der k-Wert, und deswegen steigt nach der Gleichung $\dot{Q}_c = A \cdot k \cdot \Delta T_m$ die Temperaturdifferenz zwischen dem verflüssigenden Kältemittel und dem Kühlmittel. Da aber die Temperatur des Kühlmittels nicht sinkt, steigt t_c und damit p_c.

    Bei höherem Verflüssigungsdruck p_c steigt der Drosseldampfanteil, der Verdampfer wird schlechter beaufschlagt, leistet weniger und die Laufzeit der Anlage erhöht sich, um die anfallende Wärmemenge abzufahren. Längere Laufzeit bedeutet aber höhere Belastung des Verdichters.

    Der Verdichter wird außerdem mechanisch (p_c steigt) und thermisch (t_{V2} steigt) stärker belastet, wodurch sich seine Lebensdauer verkürzt. Erhöhte Verdichtungsendtemperatur begünstigt gleichzeitig Reaktionen zwischen Öl und Kältemittel.

    Durch den höheren Verflüssigungsdruck steigt auch der Leistungsbedarf des Verdichters und das Verhältnis von Nutzen zu Aufwand (Leistungszahl, EER) sinkt. Die Anlage läuft unwirtschaftlicher.

40. Die Anlage kann nicht funktionieren. Die Lufttemperatur ist 3 K über der zu p_c = 6 bar gehörigen Verflüssigungstemperatur von t_c = 22 °C. Das Kältemittel kann also nicht verflüssigen, bestenfalls bis auf 25 °C abgekühlt werden.

    Anmerkung: In einer realen Anlage würde sich in diesem Fall der Druck auf der Verflüssigerseite erhöhen, weil der Verdichter ständig Kältemitteldampf nachschiebt, der nicht verflüssigt wird. Da-

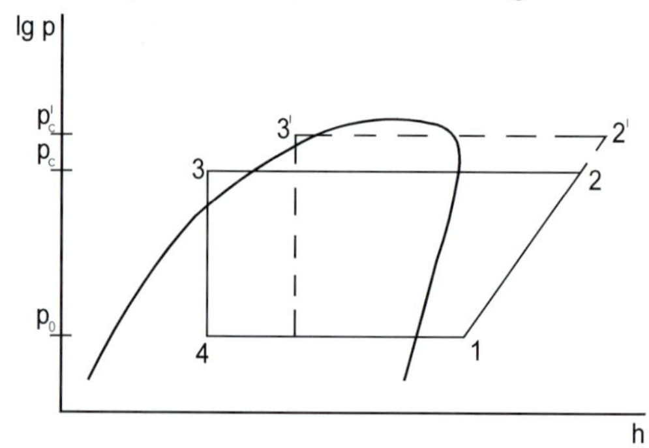

Abb. 1.69 Verflüssigerverschmutzung im lg p,h-Diagramm

durch würde ebenfalls die zugehörige Verflüssigungstemperatur steigen, sodass schließlich ein Gleichgewichtszustand erreicht würde, z. B. bei p_c = 9 bar, entsprechend t_c = 36 °C. Die jetzt vorliegende Temperaturdifferenz von 14 K bewirkt einen ausreichenden Wärmestrom vom Kältemittel zur Umgebung und liegt im Normalbereich (vgl. Aufg. 35).

41. Ein (Verflüssigungssatz ist ein Maschinensatz zur Umwandlung von Kältemittel-Niederdruckdampf in Kältemittel-Flüssigkeit, bestehend aus Kältemittelverdichter, Antriebsmotor, Verflüssiger und Zubehör, fabrikmäßig zusammengebaut (CECOMAF C14-00).

42. Vorteile: kurze Druckleitung, Verflüssigerlüfter kühlt Motor gleich mit, schnelle Montage.

    Nachteile: Evtl. treten im Maschinenraum hohe Temperaturen auf, sodass eine Maschinenraumbelüftung vorzusehen ist.

43. Ein (Mehrkreisverflüssiger ist kältemittelseitig in mehrere getrennte Kreisläufe unterteilt, sodass mehrere Kältemittelkreisläufe auf einen Verflüssiger arbeiten (Kosten sparend, z. B. Supermarkt).

44. Bei einer Kaskadenschaltung arbeiten zwei (oder mehr) Kältemaschinen mit verschiedenen Kältemitteln so hintereinander, dass der Verdampfer der oberen Kaskadenstufe gleichzeitig Verflüssiger der unteren Kaskadenstufe ist. Dieser gemeinsame Wärmeübertrager wird oft auch als (Verdampfer-Verflüssiger bezeichnet.

45. Ein (Koaxial-Verflüssiger besteht aus einem Kältemittel führenden Mantelrohr, in das ein wasserführendes beripptes Kernrohr eingezogen ist. Die schraubenförmige Bauart ergibt eine sehr kompakte Bauweise, das reine Gegenstromprinzip eine gute Unterkühlung, hohe Kältemittelgeschwindigkeiten im Ringraum zwischen Mantel- und Kernrohr ergeben gute Wärmedurchgangskoeffizienten. Vgl. Abb. 1.70 und 1.71

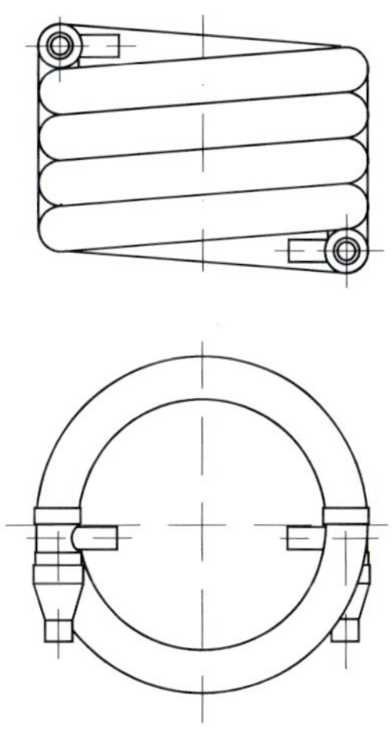

Abb. 1.70 Koaxial-Wärmeübertrager

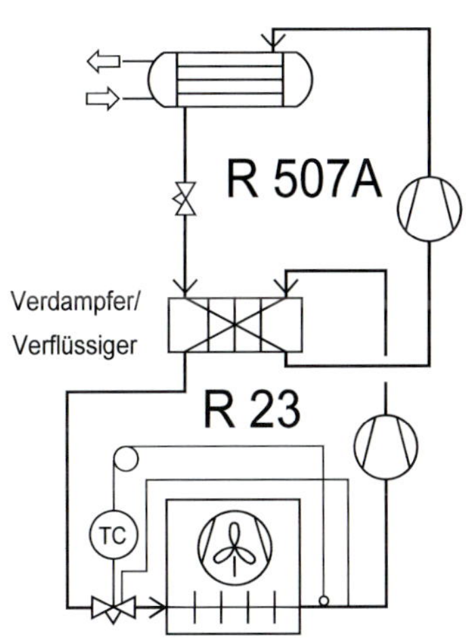

Abb. 1.71 Kaskaden-Kälteanlage

46. Ein Verflüssiger in (Microchannel-Technologie hat statt Kupferrohren flache Bänder aus Aluminium mit feinen Kanälen (Microchannel), die durch Zick-Zack-Lamellen verbunden sind und waagerecht zwischen senkrecht angeordneten Sammelrohren verlaufen

(Abb. 1.72). Als Vorteile gegenüber herkömmlichen lamellierten Kupfer-Aluminium-Wärmeübertragern gelten:

- Geringeres Gewicht
- Reduzierte Füllmenge
- Keine elektrochemische Korrosion zwischen Kupfer (Rohr) und Aluminium (Lamellen) möglich
- Reinigung mit dem Hochdruckreiniger möglich (führt nicht zur Deformation der Zick-Zack-Lamellen)

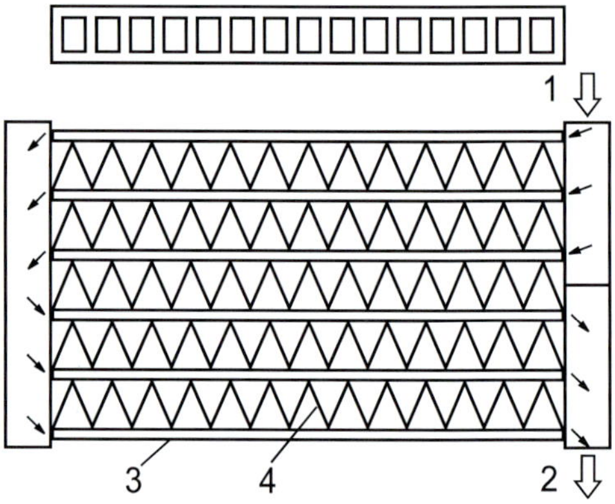

Abb. 1.72 Microchannel-Wärmeübertrager als Verflüssiger mit zwei Pässen (Prinzip). Oben: Das Al-Band im Schnitt (Mikrokanäle). Unten: Der Wärmeübertrager mit zwei Pässen: 1 – Eintritt Druckgas in das rechte Sammelrohr; 2 – Austritt Kondensat; 3 – Aluminium-Band mit Mikrokanälen; 4 – Zick-Zack-Lamelle. Die Umlenkung erfolgt im linken Sammelrohr.

47. Wassergekühlte Verflüssiger: Kühlwasserregler (stetig) (vgl. Lf. 11, Kap. 1.4, „Kühlwasserregulierventil")

    Luftgekühlte Verflüssiger: Luftstromregelung durch Schalten von Ventilatoren (unstetig)

    Luftstromregelung durch Verstellen von Klappen (stetig)

    Luftstromregelung durch Drehzahlverstellung der Ventilatoren (stetig)

    Anstauen von Kältemittel (stetig).

48. Zu hoher Verflüssigungsdruck: erfordert mehr Leistung des Antriebsmotors, senkt die Kälteleistung des Verdichters, belastet den Verdichter thermisch und mechanisch höher, kann das Drosselorgan aus seinem Regelbereich treiben. Zu niedriger Verflüssigungsdruck: vermindert die Durchflussleistung des Drosselorgans und damit die Verdampferleistung.

49. Alle Bauteile der Kälteanlage sind für bestimmte Betriebsbedingungen ausgelegt. Insbesondere die Leistung des thermostatischen Expansionsventils hängt stark von der Druckdifferenz zwischen Eintrittsdruck (p_c) und Austrittsdruck (p_0) ab. Wenn p_c stark absinkt, fließt weniger Kältemittel in den Verdampfer, als der Verdichter dampfförmig absaugt. Der Druck im Verdampfer fällt und es kann zur ND-Abschaltung wegen Kältemittelmangel kommen.

50. Anwendung bei Wärmerückgewinnung, Winter-Sommer-Regelung. Durch Anstauen flüssigen Kältemittels im Verflüssiger verringert sich dessen zur Wärmeübertragung verfügbare Fläche. Nach der Gleichung $\dot{Q}_c = A \cdot k \cdot \Delta T_m$ wird also, da A kleiner wird, ΔT_m ansteigen, und da die Temperatur des Kühlmittels (Luft) davon unberührt bleibt, wird t_c ansteigen, damit also auch p_c.

51. a) Der HP-Regler verhindert ein zu starkes Absinken des Verflüssigungsdrucks.

    b) Wenn der Verflüssigungsdruck unter einen fest eingestellten Wert (entsprechend $t_c = 30\,°C$) sinkt, wird der Durchgang vom Verflüssiger (engl. **C**ondensator) zum Sammler (**R**eceiver) gedrosselt, sodass Kältemittel im Verflüssiger angestaut wird und p_c nicht weiter abfällt.

    c) Im selben Maße wie der Durchgang C – R gedrosselt wird, öffnet B – R und hält den Sammler unter genügend hohem Druck.

d) Kältemittelfüllmenge und Sammler einer so geregelten Anlage müssen so viel größer bemessen sein, dass trotz Anstauens noch genügend Kältemittel im Sammler vorliegt bzw. bei entleertem Verflüssiger im Sammler ausreichend Raum für das Kältemittel vorhanden ist.

e) Eine vergleichbare Verflüssiger-Konstantdruck-Regelung lässt sich mit einem Konstantdruckventil (1) in der Kondensatleitung und einem Rückschlagventil (2) in einem Bypass zum Verflüssiger erzielen (s. Abb. 1.73). (2) kann auch ein weiteres Konstantdruckventil (Sammlerdruckregler) sein

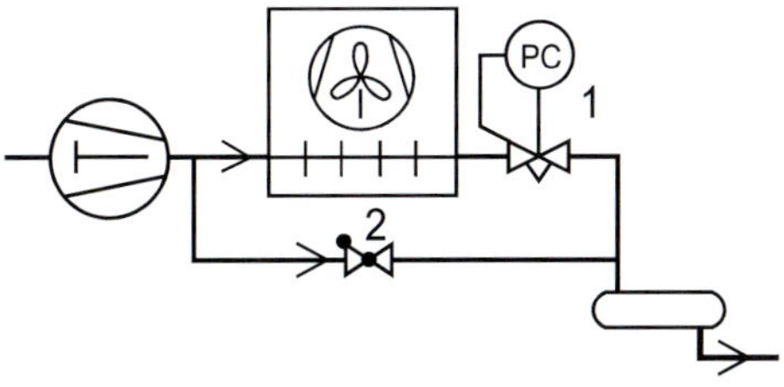

Abb. 1.73 Verflüssigungsdruckregelung mit Bypass zum Sammler zum Aufrechterhalten des Sammlerdrucks

Technische Mathematik

1. a) $\Delta T_m = \dfrac{15K - 9K}{\ln \dfrac{15K}{9K}} = \underline{\underline{11{,}74K}}$

b) $\dot{Q}_c = A \cdot k \cdot \Delta T_m = 3{,}55\,m^2 \cdot 30 \dfrac{W}{m^2 \cdot K} \cdot 11{,}74K = \underline{\underline{1250W}}$

c) $h_1 = 42{,}5$ kJ/kg; $h_2 = 48{,}5$ kJ/kg; $\rho_{L2} = 1{,}174$ kg/m³

d) $\dot{m}_L = \dfrac{\dot{Q}_c}{\Delta h} = \dfrac{1{,}250 \frac{kJ}{s}}{6 \frac{kJ}{kg}} = \underline{\underline{0{,}2083 \dfrac{kg}{s} = 750 \dfrac{kg}{h}}}$

e) $\dot{V}_{L2} = \dfrac{\dot{m}_L}{\rho_{L2}} = \dfrac{0{,}2083 kg/s}{1{,}174 kg/m^3} = 0{,}177\,m^3/s = \underline{\underline{637 \dfrac{m^3}{h}}}$

f) $\dot{m}_L = \dfrac{\dot{Q}_c}{c_{pL} \cdot \Delta T} = \dfrac{1{,}250 \frac{kJ}{s}}{1 \frac{kJ}{kg \cdot K} \cdot 6K} = \underline{\underline{0{,}2083 \dfrac{kg}{s}}},$

$\dot{V}_{L2} = \dfrac{\dot{m}_L}{\rho_{L2}} = \dfrac{0{,}2083 kg/s}{1{,}2 kg/m^3} = 0{,}1736\ m^3/s = \underline{\underline{625 \dfrac{m^3}{h}}}$

g) $\dfrac{625}{637} = 0{,}98 \rightarrow$ Abweichung etwa 2 % (allein wegen des ungenaueren Werts für die Luftdichte)

2. $\dot{Q}_c = \dot{m}_W \cdot c_W \cdot \Delta T = \dfrac{6kg}{60s} \cdot 4{,}19$ kJ/kgK $\cdot$ 12 K $= \underline{\underline{5{,}028\ kW = 5028\ W}}$

3. $\dot{m}_W = \dfrac{100kW}{4{,}19 \frac{kJ}{kgK} \cdot 10K} = 2{,}386\ kg/s \rightarrow \underline{\underline{8{,}59 \dfrac{m^3}{h}}}$

4. a) $\dot{m}_W = \dfrac{100kW}{4{,}19 \frac{kJ}{kgK} \cdot 5K} = 4{,}77 kg/s \rightarrow \underline{\underline{17{,}18 \dfrac{m^3}{h}}}$

b) (Wasserdampftabelle, 20 °C: r = 2453,4 kJ/kg)
$\dot{m}_{WV} = \dfrac{\dot{Q}_C}{\Delta h} = \dfrac{100\ kW}{2441{,}7\ kJ/kg} = 0{,}040955\ kg/s \rightarrow \underline{\underline{0{,}1474 \dfrac{m^3}{h}}}$

c) $2 \cdot \dot{m}_{WV} + 0{,}002 \cdot \dot{m}_W = 2 \cdot 0{,}04076\ \text{kg/s} + 0{,}002 \cdot 4{,}77\ \text{kg/s}$

$= 0{,}09106\ \text{kg/s} = \underline{\underline{0{,}3278\ \frac{m^3}{h}}}$

d) $\frac{0{,}3278}{8{,}59} = 0{,}038 = 3{,}8\,\% \rightarrow \underline{\underline{97{,}2\,\%\ \text{Ersparnis}}}$

5. a) $\Delta T_m = \frac{15\ K - 4\ K}{\ln \frac{15K}{4K}} = 8{,}32\ K$

$\dot{Q}_c = A \cdot k \cdot \Delta T_m = \pi \cdot d \cdot l \cdot k \cdot \Delta T_m \Rightarrow$

$l = \frac{\dot{Q}_c}{\pi \cdot d \cdot k \cdot \Delta T_m} = \frac{1200\ W}{\pi \cdot 0{,}015\ m \cdot 400 \frac{W}{m^2\ K} \cdot 8{,}32\ K} = \underline{\underline{7{,}65\ m}}$

b) $\dot{Q}_c = \dot{m}_W \cdot c_W \cdot \Delta t_W \Rightarrow \dot{m}_W = \frac{\dot{Q}_c}{c_W \cdot \Delta t_W} = \frac{1{,}2\ kW}{4{,}19 \frac{kJ}{kg\ K} \cdot 11\ K} = 0{,}026036 \frac{kg}{s}$

$\dot{V} = A \cdot w \Rightarrow w = \frac{\dot{V}}{A} = \frac{\dot{m}_W \cdot v}{\frac{\pi}{4} \cdot \left(D^2 - d^2\right)} = \frac{0{,}026036 \frac{kg}{s} \cdot 1 \frac{dm^3}{kg}}{\frac{\pi}{4} \cdot \left(0{,}2^2 - 0{,}15^2\right) dm^2} = 1{,}89 \frac{dm}{s}$

$= \underline{\underline{0{,}189\ \frac{m}{s}}}$

6. a) Lösungsansatz: zugeführter Wärmestrom = abgeführter Wärmestrom

$\dot{Q}_{zu} = \dot{m} \cdot c \cdot \Delta T_{Fl}$ mit $\dot{m} = \rho \cdot A \cdot w$, also $\dot{Q}_{zu} = \rho \cdot \frac{d_i^2 \cdot \pi}{4} \cdot w \cdot c \cdot \Delta T_{Fl}$.

Die spezif. Wärmekapazität c wird mittels Dampftabelle ermittelt (Tab. 1.13):

Tab. 1.13

35 °C	h' = 248,81 kJ/kg
36 °C	h' = 250,26 kJ/kg

$\Delta h = 1{,}45\ kJ/kg \Rightarrow c = 1{,}45\ kJ/kgK = 1450\ J/kgK$

$\dot{Q}_{ab} = A \cdot k \cdot \Delta T = \pi \cdot d_a \cdot l \cdot k \cdot \Delta T$

durch Gleichsetzen: $\rho \cdot \frac{d_i^2 \cdot \pi}{4} \cdot w \cdot c \cdot \Delta T_{Fl} = \pi \cdot d_a \cdot l \cdot k \cdot \Delta T$ und Umstellen nach ΔT_{Fl} ergibt sich:

$\Delta T_{Fl} = \frac{4 \cdot d_a \cdot l \cdot k \cdot \Delta T}{\rho \cdot d_i^2 \cdot w \cdot c} = \frac{4 \cdot 0{,}01\ m \cdot 1\ m \cdot 7 \frac{W}{m^2 K} \cdot 15\ K}{1168 \frac{kg}{m^3} \cdot (0{,}008\ m)^2 \cdot 0{,}5 \frac{m}{s} \cdot 1450 \frac{J}{kg\ K}} = \underline{\underline{0{,}0775\ K}}$

b) $l = \frac{1\ K}{0{,}0775\ K/m} = \underline{\underline{12{,}9\ m}}$

1.8 Lösungen zu: Sonstige Bauteile im Kältemittelkreislauf

zu: Filtertrockner

1. a) Adsorbieren von Feuchtigkeit

   b) Filtern von festen Verunreinigungen aus dem Kreislauf wie z. B. Späne, Schlacke, Zunder, Ölschaum und Ölharz

   c) Binden von Säure

2. Hoher Restfeuchtigkeitsgehalt des Kältemittels kann durch Eisbildung zu verschlossener TEV-Düse führen sowie zur Bildung von Säure, die die Motorwicklung zerstört und Korrosion an Anlagenteilen hervorruft (z. B. Kupferplattierung).

3. 1. Kieselgele (Silicagele, SiO_2) haben bestes Wasseraufnahmevermögen bei hohem Feuchtigkeitsgehalt des Kältemittels und sind deshalb besonders in der Inbetriebnahmephase wirksam.

   2. synthetische Zeolithe (Molekularsiebe, Natrium-Aluminium-Silikat) haben allgemein hohes Wasseraufnahmevermögen, das auch nach Inbetriebnahme bei geringem Feuchtigkeitsgehalt des Kältemittels noch für gute Trocknung sorgt.

   3. Aktives Aluminiumoxid (Al_2O_3) hat das höchste Säurebindungsvermögen.

4. Die trocknende Wirkung der Molekularsiebe beruht darauf, dass die Wassermoleküle aufgrund ihres kleinen effektiven Durchmessers von $2{,}8 \cdot 10^{-10}$ m in die Poren des Trockenmittels mit dem zusammensetzungsabhängigen Durchmesser von 3 bis $5 \cdot 10^{-10}$ m eindringen können und dort festgehalten werden. Die Kältemittelmoleküle können wegen ihres größeren Durchmessers die Poren nicht belegen und strömen an den Molekularsiebkügelchen vorbei.

5. $\Delta p_{Filtertrockner} = 0{,}07 - 0{,}14$ bar

6. – großes Adsorptionsvermögen für Wasser und Säurebindungsvermögen
   – große Filteroberfläche zur Aufnahme von festen Verunreinigungen
   – hohe Abriebfestigkeit
   – keine chemische Reaktion mit Kältemittel, Öl und Baustoffen der Anlage

7. Durch die geringe Strömungsgeschwindigkeit in der Flüssigkeitsleitung ergibt sich eine lange Kontaktzeit des Kältemittels mit dem Trockenmittel, also gute Trockenwirkung. Da letztere mit sinkender Temperatur steigt, empfiehlt sich der Einbau nach einem evtl. vorhandenen Unterkühler bzw. im Kühlraum vor dem TEV.

8. Der zylindrische Filtertrocknerblockeinsatz muss zur Nutzbarmachung der großen Eintrittsoberfläche von außen nach innen durchströmt werden. Dadurch wird der Block bei Verstopfung auch nicht gesprengt.

   Seltener anzutreffende Schüttguttrockner müssen zur Minimierung des Abriebs senkrecht von oben nach unten durchflossen werden.

   Bei Filtertrocknern mit zwei Durchflussrichtungen (Anwendung bei Funktionsumschaltung der Wärmeübertrager zur Vereinfachung des Rohrleitungssystems möglich) wird durch integrierte Rückschlagventile bewirkt, dass der Block immer von außen nach innen durchströmt und dadurch bereits abgelagerter Schmutz nicht wieder ausgespült wird. Auf der Austrittsseite befindet sich ein Schmutzfilter bzw. Sieb.

9. Der Filtertrockner soll bei Sättigung durch Schmutz, Feuchtigkeit oder Säure und bei jedem Eingriff in ein hermetisches System gewechselt werden.

   Eine Sättigung mit Schmutz ist durch eine fühlbare Temperaturdifferenz zwischen Trocknerein- und -ausgang, die im Extremfall bis zur äußeren Bereifung führt oder durch Blasen im Schauglas zu diagnostizieren, die von eingetretener Vorverdampfung herrühren.

   Die Sättigung mit Feuchtigkeit ist durch ein Schauglas mit Feuchtigkeitsindikator zu erkennen.

   Eine Sättigung mit Säure ist durch einen Öl-Säuretest festzustellen.

10. Der „Burn-out"-Filtertrockner ist ein Saugleitungsfiltertrockner mit hohen Anteilen Al_2O_3 und damit hohem Säurebindungsvermögen. Er wird nach einem Motorbrand eingesetzt.

11. Bei der Inbetriebnahme einer weit verzweigten Verbundkälteanlage empfiehlt sich der Einbau eines Saugleitungsfilters mit austauschbaren Blockeinsätzen, um Schmutz, Metallspäne, Lotreste und Feuchte zu binden. Nach erfolgreichem Einlauf der Anlage verbleibt nur der leere Behälter in der Saugleitung, wodurch im Anlagenbetrieb kein zusätzlicher Druckabfall auftritt. Bei einem eventuellen Ausfall durch Motorbrand kann hier der Einsatz eines Säure bindenden Blockeinsatzes erfolgen.

12. Eingelötete Einwegtrockner, die mit Feuchtigkeit gesättigt sind, dürfen nicht ausgelötet, sondern müssen aus der Flüssigkeitsleitung herausgeschnitten werden. Dadurch wird vermieden, dass sie die adsorbierte Feuchtigkeit durch Erwärmung wieder an das Kreislaufinnere abgeben.

zu: Schauglas

1. Mögliche Ursachen sind:
   - Kältemittelmangel in der Anlage
   - großer Druckabfall, z. B. durch Bauteile, verstopften Filtertrockner
   - mangelnde Unterkühlung
   - Wärmeeinstrahlung, die die Unterkühlung rückgängig macht.
2. Der Trockner ist mit Wasser gesättigt und muss gewechselt werden.
3. Bei größeren Rohrdurchmessern sollte das Schauglas in einer Bypassleitung über einem waagerechten Stück der Flüssigkeitsleitung angeordnet werden. Die Bypassleitung sollte dabei derartig angeschnitten und eingelötet sein, dass die Dampfblasen zwangsläufig in die Bypassleitung eintreten müssen. Durch die damit verminderte Strömungsgeschwindigkeit im Schauglas werden Dampfblasen sicherer angezeigt und der Erosionsverschleiß am Indikator wird vermindert.

zu: Ventile

1. Der k_v-Wert einer Armatur ist der Volumenstrom Wasser in m^3/h, der bei 1 bar Druckdifferenz, einem bestimmten Öffnungshub und bei einer Wassertemperatur von 5 bis 30 °C durch sie hindurchfließt. Der k_{v100}-Wert ist der k_v-Wert beim Nennhub 100, bei dem die Armatur als voll geöffnet zu betrachten ist.

2. Der Kugelabsperrhahn verursacht praktisch keinen Druckabfall.
3. Vor der Verstellung eines Absperrventils mit Stopfbuchse muss die Stopfbuchspackung gelockert werden.
4. Ohne Rückschlagventil in der Druckleitung würde durch den aus dem Verflüssiger zurückströmenden Kältemitteldampf keine Druckentlastung auftreten.
5. Bei einem zu groß ausgelegten Rückschlagventil wird der Ventilteller durch den Gasstrom nicht kontinuierlich auf Abstand zum Ventilsitz gehalten, sondern schlägt periodisch auf den Ventilsitz auf. Abgesehen von der Geräuschbelästigung kann der Ventilteller dadurch beschädigt werden. Auch die Ventilfeder kann brechen, wodurch das Rückschlagventil unwirksam wird.
6. Zwischen Sicherheitsventil und dem zu sichernden Anlagenteil dürfen keine Absperrmöglichkeiten bestehen. Bei Anlagenteilen, die während der Prüfung des Sicherheitsventils nicht entleert werden können und für die eine Schutzfunktion weiterbestehen muss, eignet sich ein Wechselventil mit zwei Sicherheitsventilen, wodurch immer ein Sicherheitsventil zum Schutz der Anlage in Funktion verbleibt.

zu: Magnetventil

1. Magnetventile in Arbeitsstromausführung öffnen bei erregter Spule, bleiben unter Strom geöffnet und schließen bei Unterbrechung des Stromkreises oder bei Spannungsausfall selbsttätig. Im Gegensatz dazu ist das nach der Ruhestromausführung arbeitende Magnetventil im erregten Zustand geschlossen.
2. Beim direkt gesteuerten Magnetventil wird die magnetische Kraft der Spule auf den Magnetanker übertragen, der das Öffnen und Schließen des Ventilsitzes direkt bewirkt. Im Gegensatz dazu dient die magnetische Kraft der Spule des servogesteuerten Magnetventils nur zum Öffnen oder Schließen eines Pilotsitzes. Die am Hauptsitz zur Betätigung von Stellkolben oder Membran notwendige Energie wird vom durchströmenden Medium aufgebracht und äußert sich in Form eines entsprechenden Druckabfalls.
3. Bei großer Nennleistung des Magnetventils erreicht die Schließkraft durch große Fläche der Hauptdüse und möglicherweise große Öffnungsdruckdifferenz einen hohen Wert. Dies würde beim Öffnen eine größere magnetische Spulenzugkraft erfordern, wozu eine stärkere Spule erforderlich wäre, deren Arbeitsstrom zu hoher Erwärmung des Ventilkörpers führen würde.
4. Zum Öffnen des Magnetventils muss die Spule durch Stromfluss erregt werden. Dadurch wird der Anker in die Spule hinaufgezogen und öffnet die Pilotdüse. Der über der Membran vorhandene Druck verringert sich nun infolge Kältemittelübertritts durch die offene Pilotdüse in Richtung Austrittsseite des Ventils. Da der Durchmesser der Pilotdüse größer als der Durchmesser der Ausgleichsöffnung in der Membran ist, wird der Druck schneller durch die offene Pilotdüse entlastet als er sich durch die Ausgleichsöffnung oberhalb der Membran wieder aufbauen kann. Die zwischen Ein- und Ausgang bestehende Druckdifferenz drückt die Membran vom Ventilsitz weg, wodurch der Querschnitt geöffnet wird.

   Soll das Ventil schließen, darf die Spule nicht mehr erregt sein. Dadurch fällt der Anker und verschließt die Pilotdüse. In der Folge baut sich über die Ausgleichsöffnung der Membran der Eintrittsdruck oberhalb der Membran auf. Dadurch wird die Membran nach unten gedrückt und verschließt den Ventilsitz.

5. Servogesteuerte Magnetventile benötigen einen Mindestdruckabfall von 0,05 bar, um zu öffnen bzw. geöffnet zu bleiben. Wird dieser Mindestdruckabfall infolge Überdimensionierung des Magnetventils oder bei leistungsgeregelten Anlagen unterschritten, kommt es zum Schließen des Ventils, wodurch Funktionsstörungen und Pulsationen in der Kälteanlage entstehen können. Der Mindestdruckabfall ist von der Ventilgröße abhängig.
6. Die Nennleistung des Magnetventils im Betriebspunkt ergibt sich zu: $\dot{Q}_N = \dot{Q}_0 \cdot K_t \cdot K_{\Delta p}$

   Aus der Korrekturfaktortabelle ALCO wird wie folgt ausgewählt:

   Der Korrekturfaktor K_t für Betriebstemperatur ergibt sich mit den Randbedingungen $t_0 = -15$ °C und

   $t_{cu} = 40$ °C zu $K_t = 1{,}10$.

   Der Korrekturfaktor $K_{\Delta p}$ für den gewählten Druckabfall von 0,15 bar ergibt sich zu: $K_{\Delta p} = 1{,}0$.

   $$\dot{Q}_N = 23\ \text{kW} \cdot 1{,}10 \cdot 1{,}0 = \underline{25{,}3\ \text{kW}}$$

   Das ergibt mit der Nennleistungstabelle ALCO das Magnetventil 200 RB 6 mit der Katalog-Nennleistung $\dot{Q}_{NK} = 27{,}3$ kW.

   Da die Katalog-Nennleistung $\dot{Q}_{NK}$ größer als die für den Betriebspunkt berechnete Nennleistung $\dot{Q}_N$ ist, wird die tatsächliche Druckdifferenz etwas kleiner ausfallen.

   In der Nennleistungstabelle ALCO werden die Ventilnennleistungen auf $t_0 = 4$ °C, $t_c = 38$ °C und einen Standarddruckabfall $\Delta p_N = 0{,}15$ bar bezogen.

   Die tatsächliche Druckdifferenz im Betriebspunkt Δp_B berechnet sich zu

   $$\Delta p_B = \Delta p_N \cdot \frac{\dot{Q}_N^2}{\dot{Q}_{NK}^2}$$

   $$\Delta p_B = 0{,}15\ \text{bar} \cdot \frac{(25{,}3\ \text{kW})^2}{(27{,}3\ \text{kW})^2} = \underline{0{,}129\ \text{bar}}$$

   Die tatsächliche Druckdifferenz ist größer als die zur Öffnung des Ventils notwendige Mindestdruckdifferenz von 0,05 bar.
7. Das Vierwegeumschaltventil dient zur Umkehrung des Kältemittelkreislaufs bei Heißgasabtauung durch Funktionsumschaltung der Wärmeübertrager.

zu: Flexibler Metallschlauch

1. Flexible Metallschläuche können nur Bewegungen aufnehmen, die rechtwinklig zu ihrer Achse verlaufen.

zu: Ölabscheider

1. Der Einbau eines Ölabscheiders sollte unter folgenden Bedingungen erfolgen:
2. Kältemittel mit Mischungslücke, Verbundanlagen, Teillastbetrieb des Verdichters, überflutete Verdampfung, Anlagen mit langen Saug- und Drucksteigleitungen und bei Tiefkühlung.

3. Der Ölabscheider wird unmittelbar nach dem Verdichter in die Druckleitung eingebaut. Die Abscheidung des Ölnebels aus dem Druckgas wird durch Verminderung der Strömungsgeschwindigkeit, mehrfache Umlenkung des Gasstromes an Schikanen oder durch Separierung im Ölkonzentrator (Mehrfachsieb, Metallwolle) herbeigeführt. Mit steigendem Ölstand öffnet ein Schwimmerventil auf dem Boden des Ölabscheiders und der im Abscheider vorhandene Verflüssigungsdruck drückt das Öl in das unter Verdampfungsdruck stehende Kurbelgehäuse zurück. Bei Verbundanlagen wird das abgeschiedene Öl vorerst in einem Ölsammelbehälter bevorratet, bevor die Ölspiegelregulatoren das Öl auf die einzelnen Verdichter verteilen (vgl. Lf. 16, Kap. 4.1, Technologie, Aufg. 9f.).
4. Die Isolierung und eventuell zusätzliche Beheizung des Ölabscheiders kann bei einem kalten Aufstellungsort oder im Teillastbetrieb erforderlich sein, um im Anlagenstillstand die Kondensation von Kältemittel im Ölabscheider zu verhindern.
5. Der Ölabscheider ist vor der Montage mit der vom Hersteller angegebenen Ölmenge vorzufüllen. Durch das Vorfüllen wird ein Ölstand erreicht, bei dem die Öffnung des Schwimmerventils etwa bevorsteht. Dieser Ausgleich der zurückgehaltenen Ölmenge verhindert das Absinken des Ölstandes im Verdichter.
6. Eine ständig heiße Ölrückführungsleitung deutet auf einen hängenden Schwimmer oder einen Fremdkörper zwischen Nadel und Düse hin. Die Folge ist ständiger Übertritt von Heißgas in das Kurbelgehäuse, wodurch Kälteleistungsverlust eintritt, die Verdichtungsendtemperatur ansteigt und starke Ölaufheizung zu Triebwerksschäden führen kann. Eine zu große Ölfüllmenge im Verdichter kann zu gleichen Erscheinungen führen.
7. Da ein Ölabscheider keine vollständige Abscheidung des Ölnebels aus dem Druckgas erreichen kann, sind Saug- und Druckleitungen so zu gestalten, dass der Transport des nicht abgeschiedenen Öles gewährleistet ist.
8. Der Ölabscheider bewirkt durch seinen Strömungswiderstand einen Druckabfall, der leistungsmindernd wirkt.

zu: Flüssigkeitsabscheider

1. Der Einbau eines Flüssigkeitsabscheiders in die Saugleitung vor dem Verdichter ist zweckmäßig, wenn flüssiges Kältemittel stoßartig oder in größeren Mengen in die Saugleitung gelangen kann. Diese Gefahr besteht z. B. bei überflutet arbeitenden Verdampfern, aber auch in Anlagen mit trockener Verdampfung, bei denen durch ihre Betriebsweise flüssiges Kältemittel aus dem Verdampfer austreten kann, wie z. B. bei der Heißgasabtauung.

   Ein Flüssigkeitsabscheider schützt den Verdichter vor Flüssigkeitsschlägen, vor Ölverdünnung und Aufschäumen des Öles und damit vor Ölverschleppung.
2. Das Abscheiden der Flüssigkeit erfolgt durch Verringerung der Saugdampfgeschwindigkeit. Dadurch sammelt sich das flüssige Kältemittel am Boden des Abscheiders, verdampft durch Wärmeeinstrahlung und wird als Dampf im oberen Teil des Abscheiders abgesaugt. Das am Boden zurückbleibende Öl-Kältemittel-Gemisch wird durch eine im abgehenden Saugrohr-U-Bogen unten befindliche, mit einem Feinsieb vor Verstopfung geschützte Schnüffelbohrung feindosiert abgesaugt.
3. Der heißgasbeheizte Flüssigkeitsabscheider wird bei tiefen Verdampfungstemperaturen eingesetzt. Er vermeidet bei tiefem Verdampfungsdruck eine starke Abkühlung des zu-

rückgebliebenen Öls. Dadurch wird die Viskosität des Öles niedrig gehalten und die Ölabsaugung durch die Ölschnüffelbohrung ist gewährleistet.

4. Ein Muffler wird im Anschluss an ein parallel zur Kurbelwelle verlegtes flexibles Rohrleitungsstück der Druckleitung mithilfe zweier separater Abstützungen eingefügt. Er dämpft die aus den periodischen Hüben des Verdichters herrührenden Druckgaspulsationen (Heißgasschwingungen) durch wiederholte Kompression-Expansion, wobei ein Teil der Schwingungsenergie in Wärmeenergie umgewandelt wird.
5. Schalldämpfer müssen waagerecht oder in Flussrichtung senkrecht nach unten eingebaut werden, damit das abgeschiedene Öl nicht zum Zylinderkopf zurücklaufen kann. Bei waagerechtem Einbau ist die Markierung auf dem Gehäuse zu beachten, damit der Muffler nicht mit Öl volllaufen kann.

zu: Kühlwasserregulierventil

1. Das Kühlwasserregulierventil soll den Verflüssigungsdruck p_c konstant halten und verändert dementsprechend den Kühlwasserzufluss zum Verflüssiger. Nach dem Ausschalten des Verdichters lässt es zunächst noch Wasser durch den Verflüssiger strömen. Dadurch sinkt der Verflüssigungsdruck, wodurch das Ventil den Wasserdurchfluss absperrt.

zu: Flüssigkeits-Saugdampf-Wärmeübertrager

Siehe Kälteanlagentechnik in Fragen und Antworten, Band 1, Kapitel 4.7.2, Technische Mathematik, Aufgabe 2

zu: Sammler

1. Der Sammler dient als Vorratsbehälter für flüssiges Kältemittel und gleicht den in den einzelnen Betriebsphasen unterschiedlichen Kältemittelbedarf aus. Er muss bei Reparaturen die gesamte Kältemittelfüllung aufnehmen können, ohne dass Flüssigkeitsdruck auftritt. Außerdem dient der Kältemittelsammler als Flüssigkeitsverschluss der abgehenden Flüssigkeitsleitung und zur Freihaltung der Verflüssigerfläche, wenn gewährleistet ist, dass das Kondensat frei in den Sammler abfließen kann.
2. Der stehende Sammler ermöglicht mit einer kleineren minimalen Füllmenge eine ausreichende Versorgung der abgehenden Flüssigkeitsleitung mit flüssigem Kältemittel. Durch die kleinere Flüssigkeitsoberfläche wird die Wärmeübertragung vom Sattdampf zur unterkühlten Flüssigkeit geringer, die Unterkühlung also nicht so stark rückgängig gemacht.

2 Lernfeld 12: Auswählen und Montieren von Verdichtern

Technologie

1. Welche Aufgabe hat der Verdichter innerhalb des Kältemittelkreislaufs?
2. Warum muss das Kältemittel vor dem Verflüssigen verdichtet werden?
3. Bei Kältemittelverdichtern unterscheidet man nach der Bauart grundsätzlich Strömungs- und Verdrängungsverdichter.
   a) Wie wird bei diesen Maschinen jeweils die Druckerhöhung erzielt?
   b) Geben Sie für beide Bauarten je ein Beispiel an.
4. Tragen Sie folgende Verdichtertypen bzw. Oberbegriffe in die Übersicht (Abb. 2.1) ein: Sonstige Verdichter, Spiralverdichter, Strahlverdichter, Schraubenverdichter, Hubkolbenverdichter, Turboverdichter, Rotations(kolben)verdichter.

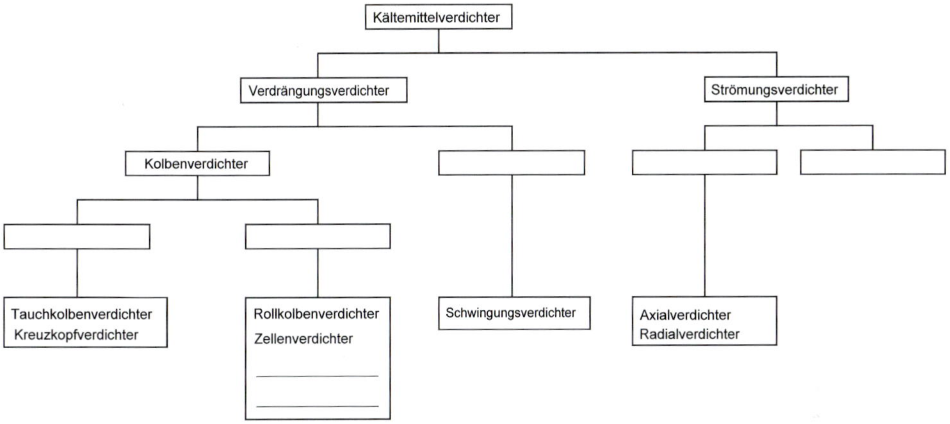

Abb. 2.1

5. Ordnen Sie die Bauarten Hubkolben-, Turbo- und Schraubenverdichter nach Leistungsbereichen (ungefähre Angabe des erreichbaren Hubvolumenstroms in m^3/h).
6. Nach dem Arbeitsprinzip werden bei Hubkolbenverdichtern Gleichstrom- und Wechselstromverdichter unterschieden.
   a) Wie unterscheiden sich diese beiden Prinzipien? Fertigen Sie eine Skizze an.
   b) Welche Vor- und Nachteile sind mit ihnen verbunden?
7. Abbildung 2.2 zeigt den prinzipiellen Verlauf des Drucks im Zylinder eines Hubkolbenverdichters während einer Kurbelwellenumdrehung (p,V-Diagramm):
   a) Benennen Sie die einzelnen Abschnitte, und geben Sie jeweils die Stellung von Saug- und Druckventil an.

b) Wie ist das Volumen zwischen O. T. und U. T. zu bezeichnen? Was bedeuten diese Abkürzungen?

c) Wie ist der Raum zwischen O. T. und der Ventilplatte zu bezeichnen?

d) Geben Sie an, wo der Verflüssigungsdruck p_c und der Verdampfungsdruck p_0 im Diagramm anzutreffen sind. Was bedeuten die kleinen Bögen im Diagramm bei den Punkten 4 und 2?

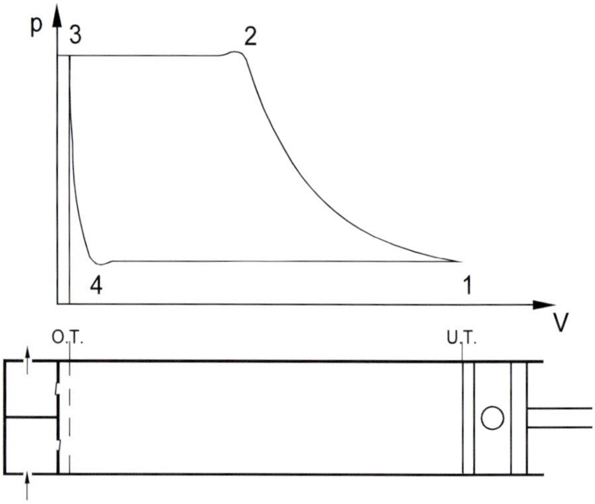

Abb. 2.2

8. Wodurch werden die Ventile eines Verdichters gesteuert?
9. Abbildung 2.3 zeigt den prinzipiellen Aufbau eines Druckventils in Lamellenform.
   a) Benennen Sie die einzelnen Positionen.
   b) Wodurch wird die Lamelle befedert?
   c) Welche Funktion hat Position 2?

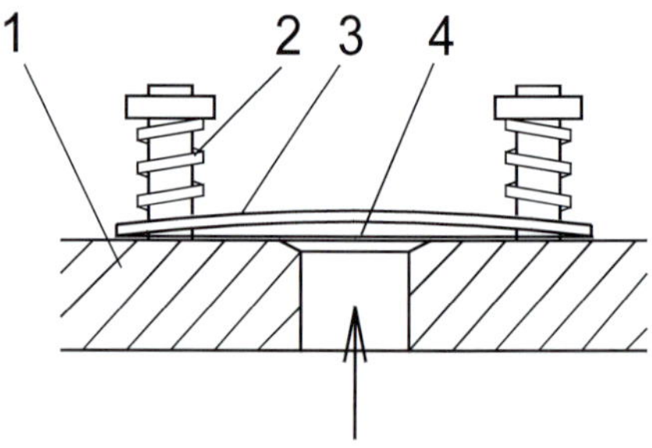

Abb. 2.3 Lamellenventil – prinzipieller Aufbau

10. Geben Sie mindestens drei Anzeichen für schadhafte Ventile an.
11. Was versteht man unter dem *Druckverhältnis*? Wie verändert es sich bei sinkender Verdampfungstemperatur?
12. Was versteht man unter *Rückexpansion*? Wie wird sie vom Druckverhältnis beeinflusst? Welche negativen Folgen gehen von ihr aus?
13. Was versteht man unter dem relativen *schädlichen Raum* σ („Sigma", nach DIN: schädliches Volumen, bezogen auf Hubvolumen)? Welchen Einfluss hat diese Größe auf die Rückexpansion?
14. Kleine und mittlere Hubkolbenverdichter haben meistens Lamellenventile, größere meistens konzentrische Ringplattenventile. Wie groß ist jeweils ungefähr der relative schädliche Raum σ für diese Ventilbauformen (%)? Wie ist der Unterschied zu erklären?
15. Was versteht man unter dem *geometrischen Hubvolumenstrom* $\dot{V}_g$? Wie wird er berechnet? In welchen Einheiten wird er üblicherweise angegeben?
16. Geben Sie mindestens drei Gründe dafür an, dass der *tatsächliche Hubvolumenstrom* $\dot{V}_{V1}$ kleiner ist als der geometrische $\dot{V}_g$.
17. Wie ist der *Liefergrad* λ („Lambda") definiert? Wovon ist er abhängig, wie kann man λ bestimmen?

18. Wie beeinflussen das Druckverhältnis, der relative schädliche Raum σ und die Zylindergröße den Liefergrad λ?
19. Wie beeinflussen schadhafte Ventile den Liefergrad λ eines Verdichters?
20. Was versteht man bei einem Hubkolbenverdichter unter *Ölwurf*? Wie groß ist er, bezogen auf den Kältemittelmassenstrom?
21. Was versteht man unter einer *Druckumlaufschmierung*? Beschreiben Sie den Kreislauf des Öls in einem Verdichter mit Druckumlaufschmierung.
22. Kleinere Verdichter haben auch eine *Schleuderschmierung*. Was ist darunter zu verstehen?
23. Was versteht man unter einer *Zentrifugalschmierung*? Wo wird sie angewendet?
24. Welche Aufgabe hat eine *Ölheizung* (Kurbelgehäuseheizung)? Wann ist sie in Betrieb?
25. Welche Aufgabe hat ein *Öldruckdifferenz-Begrenzer* (Öldruck-Sicherheitsschalter)? Wie wird er angeschlossen?
26. Öldruckdifferenz-Begrenzer sind mit einer Zeitverzögerung ausgestattet. Welcher Zweck wird damit verfolgt?
27. Öldruckdifferenz-Begrenzer können nur von Hand wieder eingeschaltet werden. Warum ist das sinnvoll?
28. Warum kann ein Ausfall der Ölheizung ein Abschalten des Verdichters im Anfahrvorgang durch den *Öldruckdifferenz-Pressostaten* zur Folge haben?
29. Geben Sie weitere mögliche Ursachen für ein Auslösen des Öldruckdifferenz-Pressostaten an.
30. Welcher Druck herrscht im Kurbelgehäuse eines Hubkolbenverdichters, solange er in Betrieb ist?
31. Warum ist der Anschluss eines Verdichters für die Druckleitung durchweg kleiner im Durchmesser als der für die Saugleitung?
32. Verdichter werden nach drei Bauformen unterschieden. Wie heißen diese Bauformen? Wodurch sind sie gekennzeichnet?
33. Welche Vor-/Nachteile haben offene Verdichter?
34. Welche Vor-/Nachteile haben halbhermetische Verdichter?
35. Welche Vor-/Nachteile haben hermetische Verdichter?
36. Warum sind normale hermetische Verdichter nicht für Ammoniak geeignet?
37. Erklären Sie das Prinzip des *Trennhaubenverdichters*. Welche Vorteile bietet diese Bauform?
38. Ein Verdichter ist *sauggasgekühlt*. Was bedeutet das? Folgen?
39. Was versteht man bei Verdichtern unter einer *Zusatzkühlung*? Wie kann sie erfolgen? Nennen Sie ein Anwendungsbeispiel.
40. Bei welcher Verdichter-Bauform ist eine *Gleitringdichtung* erforderlich, welche Aufgabe hat sie?
41. Warum müssen Gleitringdichtungen ständig geölt werden und stets eine geringe Ölleckage aufweisen?
42. Was ist bei der Montage von Gleitringdichtungen zu beachten?

43. Nennen Sie typische Ausfallursachen für Gleitringdichtungen.
44. Wie groß ist ein *Schraubenverdichter* relativ zu einem Hubkolbenverdichter gleicher Leistung?
45. Welche weiteren Vorteile hat ein Schraubenverdichter gegenüber einem Hubkolbenverdichter?
46. Warum wird bei einem Schraubenverdichter Öl in das Rotorgehäuse eingespritzt?
47. Wovon ist das „eingebaute“ Druckverhältnis eines Schraubenverdichters abhängig? Welche Konsequenzen ergeben sich daraus für den Einsatzbereich von Schraubenverdichtern?
48. Warum hat ein Schraubenverdichter (bei gleichem Druckverhältnis) einen besseren Liefergrad als ein Hubkolbenverdichter?
49. Vergleichen Sie Spiralverdichter (Scroll) und Hubkolbenverdichter.
50. Erklären Sie das Funktionsprinzip des Spiralverdichters.
51. Abbildung 2.4 zeigt das Funktionsprinzip des *Rollkolbenverdichters.*
    a) Benennen Sie die einzelnen Positionen.
    b) Erklären Sie das Funktionsprinzip.
    c) Welche Vorteile bietet dieses Prinzip?
    d) Nennen Sie ein Einsatzgebiet für Rollkolbenverdichter.

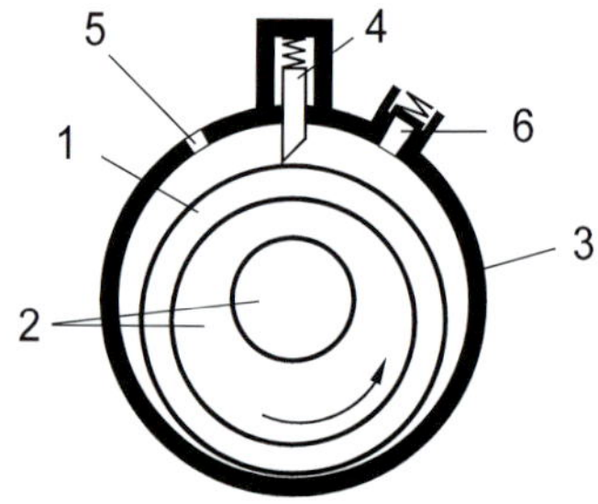

Abb. 2.4 Rollkolbenverdichter (Prinzip)

52. Abbildung 2.5 zeigt das Funktionsprinzip des *Umlauf-* oder *Zellenverdichters.*
    a) Benennen Sie die einzelnen Positionen.
    b) Erklären Sie das Funktionsprinzip.
    c) Welche Vorteile bietet dieses Prinzip?
    d) Nennen Sie ein Einsatzgebiet für Zellenverdichter.

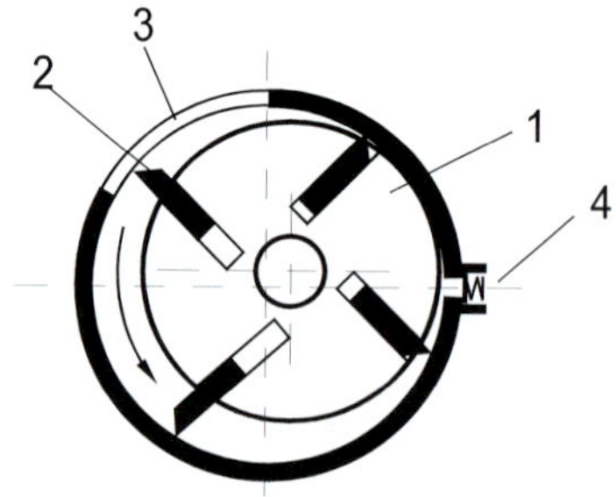

Abb. 2.5 Umlauf- oder Zellenverdichter (Prinzip)

53. Abbildung 2.6 zeigt einen offenen Verdichter, der von einem Elektromotor angetrieben wird. Der Antrieb erfolgt über starre Kupplung oder Keilriemen. Der Elektromotor nimmt aus dem Netz die Klemmenleistung P_{Kl} auf. Der Verdichter nimmt mit dem Sauggas die Kälteleistung $\dot{Q}_0$ auf und gibt über die Druckleitung die Verflüssigungsleistung $\dot{Q}_c$ ab, die sich in erster Näherung aus der Kälteleistung $\dot{Q}_0$ und der indizierten Verdichtungsleistung $P_i = \frac{P_{is}}{\eta_i} = \frac{\dot{m}_R \cdot (h_2 - h_1)}{\eta_i}$ zusammensetzt.

    Erläutern Sie, an welchen Stellen des Energieflusses vom Netz bis zum Kältemittel Verluste auftreten bzw.

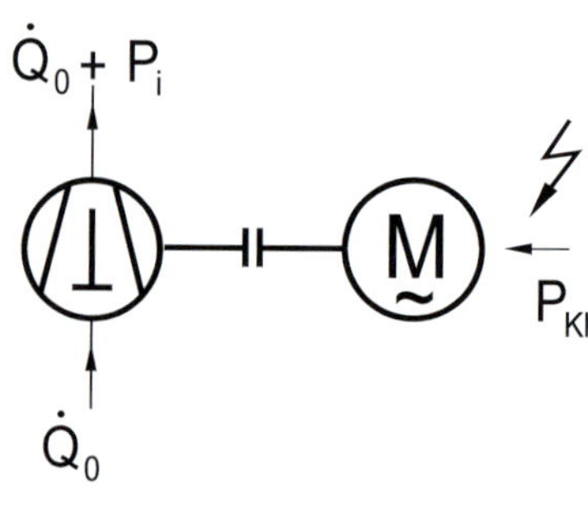

Abb. 2.6 Energiefluss beim offenen Verdichter

auftreten können. Wie heißen die Wirkungsgrade, mit denen diese Verluste jeweils rechnerisch berücksichtigt werden?

54. Wie groß sind ungefähr die angegebenen Wirkungsgrade? Wovon ist ihre Größe abhängig.
55. Welches Formelzeichen hat die effektive Verdichterleistung? Wie wird sie aus der isentropen Verdichtungsleistung berechnet?
56. Nach welcher Gleichung wird die Klemmenleistung P_{Kl} aus der isentropen Verdichtungsleistung P_{is} berechnet?
57. Nennen Sie mindestens fünf prinzipielle Möglichkeiten, Verdichterleistung zu regeln, und geben Sie an, ob stetige oder unstetige Regelung vorliegt.
58. Welche der in Aufgabe 57 genannten Regelungen ist energetisch besonders ungünstig (hohe Verlustleistung)?
59. Vergleichen Sie die Regelungen a – e aus Aufgabe 57 untereinander. (Kosten, Wirkungsgrad etc.)
60. Warum darf man die Verdichterdrehzahl zur Leistungsregulierung nicht beliebig absenken?
61. Nennen Sie eine bei großen Verdichtern häufig eingesetzte Methode, die Drehzahl des Antriebsmotors zu halbieren bzw. zu verdoppeln.
62. Welche Möglichkeiten gibt es, bei größeren Verdichtern Zylinderpaare abzuschalten?
63. Nennen Sie mindestens drei Möglichkeiten, Verdichterleistung durch Bypassen von Heißgas zu regeln.
64. Im Folgenden sind zwei Möglichkeiten der Heißgas-Bypass-Regelung dargestellt (Abb. 2.7 und 2.8):

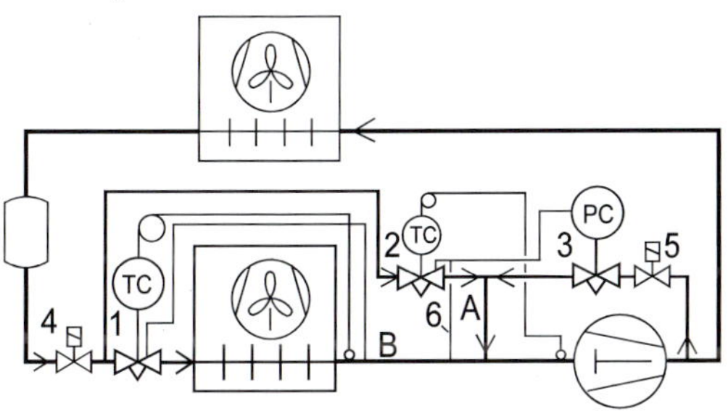

Abb. 2.7 Heißgas-Bypass-Regelung – Variante A

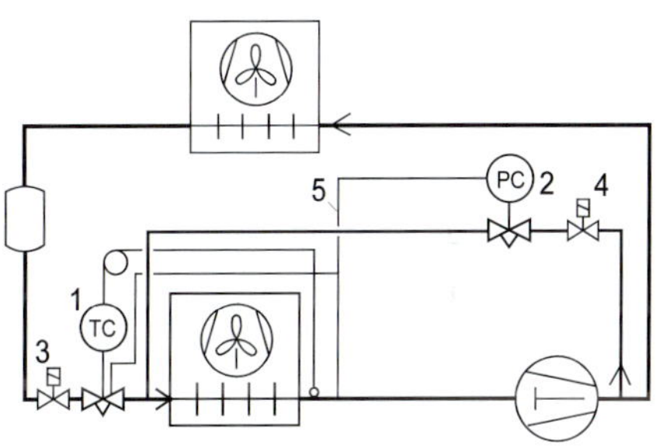

Abb. 2.8 Heißgas-Bypass-Regelung – Variante B

a) Benennen Sie die beiden Varianten möglichst genau.
b) Welche Aufgabe haben die Regelungen? Wie funktionieren sie?
c) Benennen Sie jeweils die nummerierten Bauteile.
d) Wodurch werden die Heißgas-Bypass-Ventile jeweils gesteuert bzw. was regeln sie?
e) zu A: Wozu dient Pos. 2? Was fließt in Leitung A bzw. B, wenn die Regelung arbeitet?
f) Welchen Vorteil hat B gegenüber A (Ölrückführung)?
g) Lassen sich die skizzierten Anlagen überhaupt absaugen?
h) zu A: Wie sollte die Leitungsführung beim Einmünden von Leitung A in Leitung B gestaltet sein? Begründen Sie.

65. Abbildung 2.9 zeigt das Wirkprinzip eines Frequenzumrichters (FU), der einen Verdichter steuert.
    a) Wozu dient der FU?
    b) Was ist hier Regelgröße? Wie arbeitet der FU? (Bei steigendem/fallendem … macht er was?)
    c) Zeichnen Sie die Buchstaben für Regelgröße, Stellgröße und Führungsgröße an die entsprechenden Wirklinien.
    d) Bei FU-geregelten Anlagen kann es zu sogenannten Resonanzen kommen. Was versteht man darunter, was kann dagegen unternommen werden?

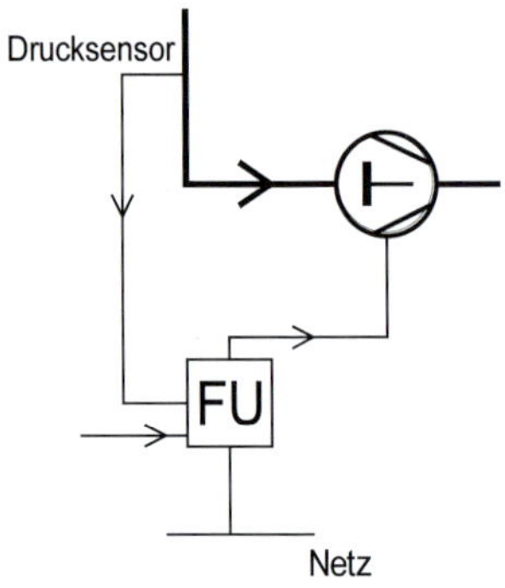

Abb. 2.9

Technische Mathematik

1. Geometrischer Hubvolumenstrom $\dot{V}_g$: Berechnen Sie die in der Tabelle 2.1 fehlenden Werte.

Tab. 2.1

	d in mm	l_H in mm	i	n in 1/min	$\dot{V}_g$ in dm³/s	$\dot{V}_g$ in m³/h
a)	55	48	4	1450		
b)	61	46	6			60

2. Ein Hubkolbenverdichter hat 40 mm Bohrung bei 38 mm Hub. In seiner 8 mm starken Ventilplatte befinden sich zwei Saugventilschächte von 10 mm Durchmesser und zwei Druckventilschächte von 8 mm Durchmesser. Im O.T. hält der Kolben 0,1 mm vor der Ventilplatte. Berechnen Sie den relativen schädlichen Raum in Prozent.
3. Ein Hubkolbenverdichter hat einen geometrischen Hubvolumenstrom von $\dot{V}_g = 77\ m^3/h$. Welche Kälteleistung (kW) ergibt sich bei einem Liefergrad von $\lambda = 0{,}8$ und einer volumetrischen Kälteleistung von $q_{ov} = 2000\ kJ/m^3$?
4. Eine NH_3-Anlage (überflutete Verdampfung, $t_0 = -10\ °C$, $t_c = 32\ °C$, $t_{cu} = 28\ °C$), angetrieben von einem offenen Verdichter mit zwölf Zylindern, d = 120 mm, $l_H = 90$ mm, n = 1450/min, hat $\dot{Q}_0 = 610$ kW Kälteleistung.
    a) Welchen geometrischen Hubvolumenstrom hat der Verdichter (m³/s und m³/h)
    b) Wie groß ist der spezifische Nutzkältegewinn q_{0e} in kJ/kg?
    c) Wie groß ist die volumetrische Kälteleistung (kJ/m³) bei 10 K Überhitzung bis zum Verdichtereingang?
    d) Welche Kälteleistung ergäbe sich bei einem Liefergrad von 1?
    e) Welchen Liefergrad hat der Verdichter?

5. In einem Verdampfer verdampfen 0,05 kg/s R-134a bei $t_0 = -20$ °C, $t_c = 30$ °C und einer Temperatur vor dem Regelventil von $t_{cu} = 27$ °C sowie $\Delta t_{0h} = 10$ K und $t_1 = 0$ °C (t_{V1} sei identisch mit t_1).

   a) Tragen Sie den Kältemittelkreisprozess ins lg p,h-Diagramm ein, und stellen Sie alle geforderten Daten mit Einheiten in Tabelle 2.2 zusammen:

Tab. 2.2

h_1		x		q_{0g}	
h_{1e}		v_1		w_{is}	
$h_{3/4}$		t_2		p_0	
h_2		q_{0e}		p_c	

Berechnen Sie

   b) die effektive Verdampfungsleistung $\dot{Q}_{0e}$ einschließlich 10 K Überhitzung (Endpunkt der Nutzwärmeaufnahme, Punkt 1e)
   c) den tatsächlichen Volumenstrom am Verdichtereingang $\dot{V}_{V1}$ in m³/s und m³/h
   d) die volumetrische Kälteleistung q_{0v} in kJ/m³ (bezogen auf die eff. spezif. Nutzwärmeaufnahme q_{0e})
   e) den geometrischen Hubvolumenstrom $\dot{V}_g$ in m³/h, wenn der Liefergrad mit 0,74 ermittelt wurde
   f) die isentrope Verdichterleistung P_{is}
   g) die erforderliche Antriebsleistung an der Welle P_e bei $\eta_i = 0,8$ und $\eta_m = 0,85$
   h) die Klemmenleistung P_{Kl} bei $\eta_{Ü} = 1$ und $\eta_{el} = 0,85$
   i) den tatsächlich am Verflüssiger abzuführenden Wärmestrom (Summe aus $\dot{Q}_g$ und P_i)
   j) die isentrope Kältezahl ε_{Kis} (bezogen auf q_{0e})
   k) den EER-Wert, also die effektive Kältezahl ε_{Ke} (bezogen auf P_{Kl})
   l) die Kältezahl nach Carnot ε_{KC}

6. Einem Kühlraum fließt ein Wärmestrom von 10 kW zu. Berechnen Sie für eine Kälteanlage gemäß Aufgabe 5

   a) den erforderlichen Kältemittelmassenstrom in kg/s
   b) den erforderlichen geometrischen Hubvolumenstrom in m³/h, wenn der Liefergrad mit $\lambda = 0,74$ angenommen wird.

7. Gegeben ist ein 4-Zyl.-Verdichter mit 60 mm Bohrung und 40 mm Hub, der mit einer Drehzahl von 1450/min. arbeitet. Er hat mit R-134a laut Katalog bei $t_0 = -20$ °C und $t_c = 40$ °C eine Verdichterkälteleistung von 7,62 kW.

   a) Tragen Sie den entsprechenden Prozess (ohne Flüssigkeitsunterkühlung, 25 °C Sauggastemperatur) ins lg p,h-Diagramm ein, ermitteln Sie die erforderlichen Werte und berechnen Sie

1. den geometrischen Hubvolumenstrom $\dot{V}_g$
2. die spezif. Gesamtkälteleistung $q_{0g} = h_1 - h_4$ (d. h. bis 25 °C Wärmeaufnahme)
3. die volumetrische Kälteleistung $q_{0v} = q_{0g}/v_1$
4. die theoretische Gesamtkälteleistung $\dot{Q}_{0gth}$ (setzen Sie $\lambda = 1$)

b) Welcher Liefergrad ergibt sich aus dem Vergleich zwischen tatsächlicher Kälteleistung (Katalogangabe) und der berechneten theoretischen ($\dot{Q}_{0gth}$)?

2.1 Lösungen zu: Auswählen und Montieren von Verdichtern

Technologie

1. Der Verdichter hat die Aufgabe, die Druckdifferenz zwischen Verdampfungsdruck p_0 und Verflüssigungsdruck p_c aufrechtzuerhalten (also den Kältemitteldampf aus dem Verdampfer abzusaugen und zum Verflüssiger zu schieben) sowie die Strömungswiderstände des Rohrleitungssystems der Kälteanlage zu überwinden.
2. Das Kältemittel soll die im Verdampfer aufgenommene Wärme beim Verflüssigen an die Umgebung (Luft oder Wasser) abgeben. Dazu muss der Verflüssigungsdruck p_c so hoch sein, dass die Verflüssigungstemperatur t_c oberhalb der Umgebungstemperatur liegt.

   (Prinzipiell könnte man das gerade bei p_0/t_0 verdampfte Kältemittel auch bei gleichem Druck verflüssigen. Man bräuchte nur ein Kühlmittel, dessen Temperatur unterhalb der Verdampfungstemperatur t_0 liegt. Wenn man das hätte, bräuchte man allerdings keine Kälteanlage, um die Kühlraumtemperatur t_{KR} aufrechtzuerhalten.)
3. a) Bei Strömungsverdichtern wird zunächst die Geschwindigkeit des Kältemitteldampfs erhöht, diese (kinetische) Energie anschließend in Druck umgewandelt. Bei Verdrängungsverdichtern wird der Kältemitteldampf in einen geschlossenen Arbeitsraum gebracht. Dort wird der Druck durch Verkleinerung des Volumens erhöht.

   b) Strömungsverdichter: z. B. Turboverdichter; Verdrängungsverdichter: z. B. Hubkolbenverdichter
4. S. Abb. 2.10

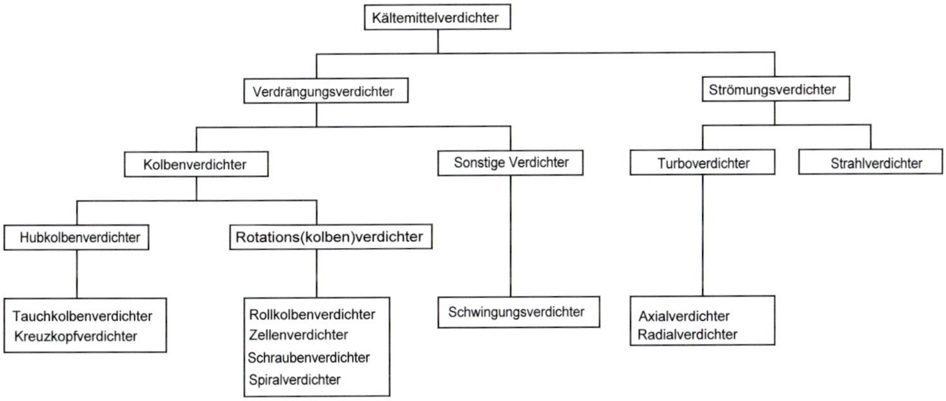

Abb. 2.10

5. **Tab. 2.3**

Bauart	Hubvolumenstrom in m^3/h ca.
Hubkolbenverdichter	bis 1500
Schraubenverdichter	50 bis 10000
Turboverdichter	500 bis über 10000

6. a) Beim Gleichstromverdichter (s. Abb. 2.11) strömt das Sauggas bei der Abwärtsbewegung des Kolbens aus dem Kurbelgehäuse durch das Saugventil im Kolbenboden in den Zylinderraum. Der Ausschub erfolgt über das Druckventil in der Ventilplatte, sodass das Gas im Zylinder seine Strömungsrichtung nicht ändert (Gleichstrom). Der Wechselstromverdichter (s. Abb. 2.12) hat Saug- und Druckventil gemeinsam in einer Ventilplatte, sodass eine Umkehr der Strömungsrichtung erfolgt.

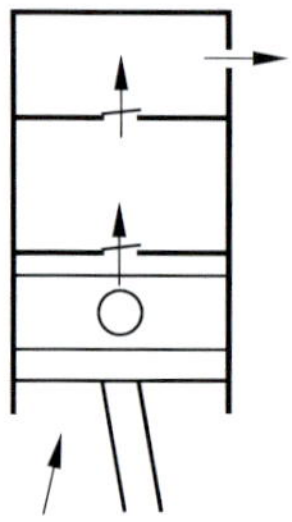

Abb. 2.11 Gleichstromprinzip

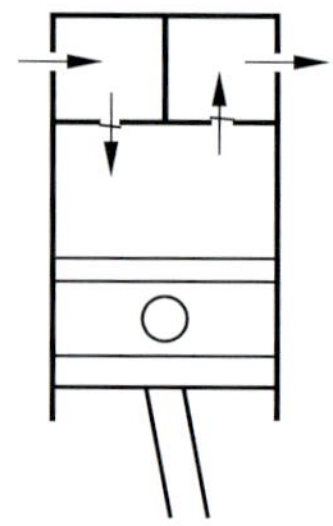

Abb. 2.12 Wechselstromprinzip

b) Gleichstromverdichter sind die ältere Bauart, haben einen höheren Liefergrad, aber auch einen höheren Ölwurf. Wegen der hohen Massenkräfte (schwerer Kolben mit Saugventil) sind sie in der Drehzahl bis auf ca. 600 min^{-1} begrenzt (außerdem noch keine Leichtmetallkolben). Wechselstromverdichter erreichen Drehzahlen bis zu 2900 min^{-1} (am 60-Hz-Netz bis 3500 min^{-1}), wodurch kompaktere Verdichter möglich werden. Die Ventile auf der gemeinsamen Ventilplatte sind im Reparaturfall leichter auszutauschen.

7. a) S. Abb. 2.13 und Tab. 2.4

b) Das Volumen zwischen **O. T.** (**o**berer **T**otpunkt) und **U. T.** (**u**nterer **T**otpunkt) ist das *Hubvolumen* des Kolbens.

c) Der Raum zwischen O. T. und Ventilplatte wird als *schädliches Volumen* V_S bezeichnet. Hier verbleibt verdichtetes Kältemittel, das nicht ausgeschoben wird.

d) Die obere Waagerechte (Ausschub) liegt in erster Näherung in Höhe des Verflüssigungsdrucks p_c, die untere beim Verdampfungsdruck p_0. Bei 2 muss das Druckventil durch Überschreiten des Verflüssi-

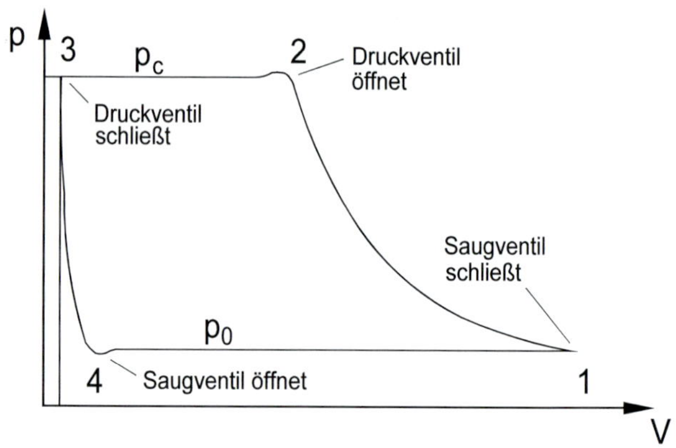

Abb. 2.13

Tab. 2.4

		Saugventil	Druckventil
1 – 2	Verdichten	zu	zu
2 – 3	Ausschub	zu	auf
3 – 4	Rückexpansion	zu	zu
4 – 1	Ansaugen	auf	zu

gungsdrucks zunächst geöffnet werden, entsprechend wird bei 4 der Verdampfungsdruck kurz unterschritten.

8. Sie werden durch die Differenz der Drücke innerhalb und außerhalb des Zylinderraums gesteuert.

9. a) Positionen in Abb. 2.14: 1 – Ventilplatte; 2 – Schraubenfeder; 3 – Hubfänger; 4 – Druckventillamelle
   b) Die Lamelle ist selbstfedernd.
   c) Das gesamte Ventil mit Hubfänger wird von einer starken Feder angepresst, damit es im Falle eines Flüssigkeitsschlages nach oben ausweichen kann, um Schäden an Kurbeltrieb und Ventil zu vermeiden.

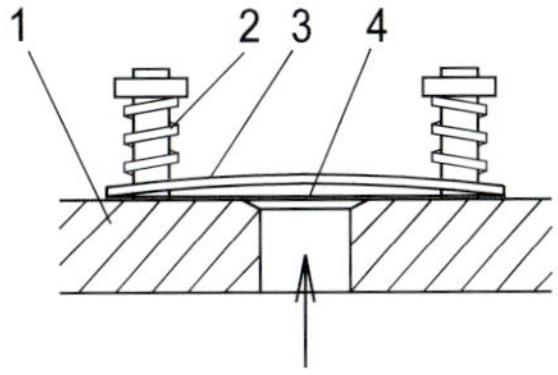

Abb. 2.14

10. Wenn Ventile infolge Verschleiß nicht mehr gut dichten, ist das an mehreren Anzeichen zu erkennen:
    - im Stillstand schneller Druckausgleich
    - Anlage lässt sich nicht absaugen
    - gestiegene Druckrohrtemperatur
    - verminderte Kälteleistung, d. h. verlängerte Laufzeit der Anlage.

11. Unter *Druckverhältnis* versteht man den Quotienten aus Verflüssigungsdruck p_c und Verdampfungsdruck p_0. Als Formelzeichen wird dafür auch π genommen, also $\pi = \frac{p_c}{p_0}$. Bei sinkender Verdampfungstemperatur sinkt auch der Verdampfungsdruck, wodurch das Druckverhältnis steigt (ungünstiger wird).

12. Unter *Rückexpansion* versteht man die Entspannung des beim Ausschub im schädlichen Volumen V_S verbliebenen Kältemitteldampfs beim Kolbenrückhub vom Verflüssigungsdruck p_c auf Verdampfungsdruck p_0. Je größer das Druckverhältnis, desto größer die Rückexpansion. Die Rückexpansion bewirkt eine Verringerung des Hubvolumenstroms, weil sich beim Öffnen des Saugventils schon Kältemittel im Zylinderraum befindet.

13. Der relative *schädliche Raum* σ („Sigma“) ist das Verhältnis vom schädlichen Volumen V_S zum Hubvolumen: $\sigma = \frac{V_S}{V_H}$. Je größer der relative schädliche Raum, desto größer die Rückexpansion.

14. Lamellenventile 1,5 – 3 %, konzentrische Ringplattenventile ca. 5 %. Bei den konzentrischen Ventilen größerer Verdichter befinden sich wesentlich mehr Ventilbohrungen in der Ventilplatte, die zusammen ein größeres schädliches Volumen V_S beinhalten.

15. Der geometrische Hubvolumenstrom ist das theoretische Fördervolumen eines Hubkolbenverdichters pro Zeiteinheit. Er wird bei Hubkolbenverdichtern nach der Formel $\dot{V}_g = \frac{i \cdot \pi \cdot d^2 \cdot l_H \cdot n}{4}$ berechnet. Dabei bedeutet i – Anzahl der Zylinder, d – Kolbendurchmesser (Bohrung), l_H – Hub, n – Drehzahl. Einheit m^3/h (Katalogangaben) oder m^3/s (für Leistungsberechnungen).

16. Der tatsächliche Hubvolumenstrom $\dot{V}_{V1}$ ist geringer als der geometrische durch
    - Rückexpansion (vgl. 12.)
    - Undichtigkeiten der Ventile

- Lässigkeit zwischen Kolben und Zylinder
- Aufheizen des Saugdampfs an wärmeren Flächen (Zylinderwände, Kolbenboden)
- Drosselverluste an den Ventilen.

17. Der *Liefergrad* λ ist das Verhältnis von tatsächlichem zu geometrischem Hubvolumenstrom:
$\lambda = \frac{\dot{V}_{V1}}{\dot{V}_g}$. Er ist vor allem abhängig vom Druckverhältnis p_c/p_0, dem relativen schädlichen Raum σ und der Baugröße des Verdichters (Zylindergröße).
18. Der Liefergrad λ sinkt mit steigendem Druckverhältnis, und ist desto schlechter (kleiner), je größer der relative schädliche Raum σ ist. Größere Zylinder (und damit meistens größere Verdichter) haben einen besseren Liefergrad als kleinere.
19. Durch schadhafte Ventile sinkt der Liefergrad eines Verdichters.
20. Unter *Ölwurf* versteht man das Einbringen von Öl in den Kältemittelkreislauf durch den Verdichter. Der Ölwurf beträgt etwa 1 % (bis zu 3 %) des Kältemittelmassenstroms.
21. Die Schmierstellen des Verdichters (Kurbelwellenlager, Pleuellager usw.) werden von einer Ölpumpe über Ölkanäle mit Schmieröl versorgt. An den Schmierstellen tritt das Öl aus und fließt ins Kurbelgehäuse (Ölsumpf) zurück, wo es über einen Filter (Sieb und Magnetabscheider) von der Ölpumpe wieder angesaugt wird.
22. Bei der *Schleuderschmierung* wird das Öl aus dem Ölsumpf durch eintauchende rotierende Teile (Pleuel, Schwungausgleichsmassen, evtl. besondere Schleuderbleche) bis zu den Schmierstellen geschleudert bzw. fällt dabei in Öltaschen, von denen aus es aufgrund der Schwerkraft zu den Schmierstellen fließt.
23. Bei hermetischen Verdichtern wird das Öl in einer schräg in der stehenden Welle verlaufenden Axialbohrung (oder in Ölförderkegeln) durch Zentrifugalkräfte nach oben an die Schmierstellen befördert.
24. Die *Ölheizung* verhindert das Eindiffundieren von Kältemittel ins Öl während Stillstandsphasen des Verdichters. Wenn der Verdichter nicht arbeitet, kommt es zum Druckanstieg im Kurbelgehäuse, der ein Absorbieren von Kältemittel in Öl begünstigt. Da das Absorptionsvermögen mit steigender Temperatur sinkt, kann ein Beheizen des Öls diesen Vorgang verhindern. Die Ölheizung ist meist nur während Stillstandsphasen des Verdichters eingeschaltet.
25. Der *Öldruckdifferenz-Begrenzer* (Öldruck-Sicherheitsschalter) überwacht den zur Aufrechterhaltung der Schmierung nötigen Öldruck, der stets höher als der Saugdruck (im Kurbelgehäuse) sein muss. Sinkt die Differenz zwischen Öldruck und Saugdruck unter einen bestimmten Wert, schaltet der Öldruckdifferenz-Begrenzer nach einer Zeitverzögerung den Verdichter ab. Der Anschluss erfolgt am Kurbelgehäuse (LP – Low Pressure) und an der Ölpumpe (HP – High Pressure).
26. 1. Kurzes Absinken der Druckdifferenz, was noch keinen Ausfall der Schmierung verursacht, führt nicht zum Abschalten des Verdichters. 2. Während des Anfahrvorgangs ist zunächst noch keine Druckdifferenz aufgebaut. Der Öldruckschalter würde hierbei sonst abschalten.
27. Ausfallen der Schmierung ist eine ernste Störung, deren Ursache es erst zu ermitteln gilt.

28. Das im Stillstand ins Öl diffundierte Kältemittel bewirkt bei der plötzlichen Druckerniedrigung im Kurbelgehäuse während des Anfahrvorgangs ein Aufschäumen des Öls. Mit dem Ölschaum kann die Ölpumpe keinen Druck aufbauen, was der *Öldruckdifferenz-Begrenzer* registriert. Er schaltet den Verdichter ab, damit Lagerschäden durch Schmiermittelmangel verhindert werden.
29. Ölmangel durch Leck im Kältemittelkreislauf, durch Ölverlagerung, verstopften Filter. Ölpumpe kann keinen Druck aufbauen, weil sie defekt ist oder ein Lagerschaden (z. B. zu großes Spiel) vorliegt.
30. Im Kurbelgehäuse eines einstufigen Hubkolbenverdichters herrscht Saugdruck (in erster Näherung Verdampfungsdruck p_0). Bei zweistufigen Verdichtern kann das Kurbelgehäuse unter Zwischendruck stehen.
31. Das heiße Druckgas hat trotz höherer Temperatur wegen des hohen Verflüssigungsdrucks p_c ein geringeres spezifisches Volumen als der Saugdampf.
32. Nach der Bauform werden offene, halbhermetische und hermetische Verdichter unterschieden:
    a) offene Verdichter: Verdichter und Antriebsmotor bilden zwei getrennte Einheiten. Kennzeichnend für diesen Verdichtertyp ist das offene Verdichtergehäuse, weil die Antriebswelle seitlich aus dem Gehäuse herausgeführt wird.
    b) halbhermetische Verdichter: Antriebsmotor und Verdichter haben eine gemeinsame Welle und sind in einem Gehäuse untergebracht, das aber geöffnet werden kann.
    c) hermetische Verdichter: Motor und Verdichter sind gemeinsam in einem verschweißten Stahlblechgehäuse (Kapsel) untergebracht.
33. *Offene Verdichter*: Vorteile: robust, universell einsetzbar (z. B. Dieselmotor als Antrieb), für alle Kältemittel geeignet (z. B. NH_3), Drehzahl und damit Leistung über Riemenscheibe variabel, Kältemittelkreislauf kann nicht durch Schäden des Elektromotors beeinträchtigt werden, Motorwärme trägt nicht zur Überhitzung des Kältemittels bei. Nachteile: Wellenabdichtung neigt zu Undichtigkeiten (Wartungskosten), aufwendigere Montage (Ausrichten von Verdichter und Motor erforderlich), höheres Geräuschniveau.
34. *Halbhermetische Verdichter*: Vorteile: weniger Leckagemöglichkeiten, kompakter und leichter als offene Verdichter, problemlose Montage, verminderte Geräuschentwicklung. Nachteile: Schäden im Elektromotor (Wicklungsbrand) verschmutzen bei Sauggaskühlung den gesamten Kältemittelkreislauf mit der Folge aufwendiger Reinigungsmaßnahmen, geringere Variabilität.
35. *Hermetische Verdichter*: Vorteile: geringste Leckagemöglichkeit, besonders leicht, leise und kompakt, einfache Montage, wartungsfrei. Nachteile: E-Motorschaden schädigt Kältemittelkreislauf, keine Teilreparaturen möglich.
36. Ammoniak greift (in Gegenwart von Wasser, und das ist nie ganz auszuschließen) Kupfer an (Wicklungen bestehen normalerweise stets aus Cu). Auch ist wasserhaltiges NH_3 elektrisch leitend (Kurzschlussgefahr).
37. Der *Trennhaubenverdichter* ist eine Sonderform von Verdichter mit senkrechter Kurbelwelle, dessen Zylinder durch Segmentpleuel in einer einzigen, senkrecht zur Welle liegenden Ebene angeordnet sind (vibrationsarm). Die Antriebswelle wird nach oben durch das Verdichtergehäuse geführt und trägt den Rotor des angeflanschten Elektromotors. Dieser ist

jedoch durch eine 0,2 mm starke Haube aus Chrom-Nickel-Stahl vom Stator getrennt, wodurch der kältetechnische Teil des Verdichters gasdicht vom elektrischen abgeschlossen ist. Dadurch kann der Kältemittelkreislauf nicht durch Schäden des Elektromotors beeinträchtigt werden.

38. Der kalte Saugdampf strömt zunächst über die Motorwicklung und nimmt dabei Wärme auf. Die effektive Überhitzungstemperatur am Saugventil erhöht sich beträchtlich (bis zu 40 K). Deswegen steigt auch die Verdichtungsendtemperatur, wodurch der Einsatzbereich eines solchen Verdichters begrenzt wird.

39. *Zusatzkühlung* bedeutet, dass dem Verdichter durch besondere Maßnahmen Wärme entzogen wird, z. B. durch besondere Ventilatoren (Kopflüfter), wasserdurchflossene Leitungen, die um das Verdichtergehäuse gewickelt sind (Kühlschlange), wassergekühlte Zylinderköpfe oder Einspritzung von Kältemittel in die Saugkammer. Typisches Anwendungsbeispiel sind Ammoniakverdichter und die einstufige Tiefkühlung mit R-22, um die Verdichtungsendtemperatur niedrig zu halten.

40. Bei offenen Verdichtern ist eine *Gleitringdichtung* erforderlich, um die Welle gegen das Gehäuse abzudichten.

41. Das Öl dient der Schmierung und Abdichtung und wird durch den im Kurbelgehäuse herrschenden Systemüberdruck zwischen Gleitring und Gegengleitring nach außen gedrückt. Der Verdichterhersteller Bock gibt als obere Leckagerate 0,05 cm^3 Öl pro Betriebsstunde an.

42. Äußerste Sauberkeit, Gleitringdichtung mit sauberem Kältemaschinenöl einölen, Gleitflächen nicht mit den Fingern berühren, vorsichtig handhaben (Montagevorschriften beachten).

43.
    - Mangelnde Schmierung durch zu wenig Öl oder zu viel Kältemittel im Öl
    - starker Triebwerksverschleiß (dadurch hoher Schmutzanteil im Öl)
    - zu großes Axialspiel der Kurbelwelle
    - Überhitzen der Dichtung
    - starke Schwingungen, z. B. durch Versatz von Kupplung oder Riementrieb
    - zu starke Riemenvorspannung
    - häufiges Takten
    - lange Stillstandszeiten

44. Im Verhältnis zu einem gleichstarken Hubkolbenverdichter ist ein *Schraubenverdichter* kompakter.

45. Bei größeren Schraubenverdichtern stufenlose Leistungsregelung durch Steuerschieber (bis auf 10% herab), hoher Liefergrad, der weniger stark vom Druckverhältnis abhängig ist, einstufig höheres Druckverhältnis realisierbar, geringer Verschleiß (keine Arbeitsventile), Verbundanlagen ölseitig ohne Probleme.

46. Das Öl dient der Schmierung und Abdichtung der berührungsfrei gegeneinander und gegen das Rotorgehäuse laufenden Rotoren. Gleichzeitig kann es, über einen Ölkühler geführt, gezielt Verdichtungswärme abführen, wodurch einstufig sehr große Druckverhältnisse erreicht werden können (z. B. einstufige Tiefkühlung mit Ammoniak). Außerdem wirkt es geräuschdämpfend.

47. Das Druckverhältnis hängt entscheidend von der Größe der Austrittsöffnung an der Stirnseite des Rotorgehäuses ab. Verdichter für den Klimabereich haben ein größeres Fenster als solche für Normal- oder gar Tiefkühlung.
48. Schraubenverdichter haben kein schädliches Volumen, keine Rückexpansion.
49. *Spiralverdichter* (Scroll) sind kompakter und leichter, ruhiger und vibrationsärmer im Lauf, besitzen hohe Drehzahlvariabilität, einen hohen Liefergrad beim vorgesehenen (eingebauten) Druckverhältnis, hohe Betriebssicherheit (keine Ventile) und sind relativ unempfindlich gegen Flüssigkeitsschläge. Weil im Stillstand Druckausgleich herrscht, ist eine Anlaufentlastung nicht erforderlich. Ihre Baugröße ist z. Z. auf 10 – 100 m^3/h Hubvolumenstrom begrenzt. Wegen der thermischen Belastung werden sie vorrangig im Klimabereich eingesetzt. (Es gibt aber auch schon Spiralverdichter zur Tiefkühlung bis –40 °C.)
50. Zwei ineinander gesteckte Spiralen (eine ortsfest, eine auf einer Kreisbahn) erzeugen mehrere nach innen wandernde Berührungslinien, wobei der eingeschlossene Raum stetig verkleinert wird.
51. a) Positionen in Abb. 2.15: 1 – Rollkolben; 2 – Rotorwelle mit Exzenter; 3 – Gehäuse; 4 – Schieber; 5 – Saugseite; 6 – Druckseite.
    b) Der Rollkoben rollt, von der Rotorwelle angetrieben, auf der Gehäuseinnenwand ab, wobei ein sichelförmiger Raum entsteht, der durch den Schieber in Saug- und Druckseite unterteilt wird. Die Berührungslinie zwischen Rollkolben und Gehäuse verkleinert den Druckraum stetig, bis der Gegendruck überwunden ist und das Druckventil öffnet.

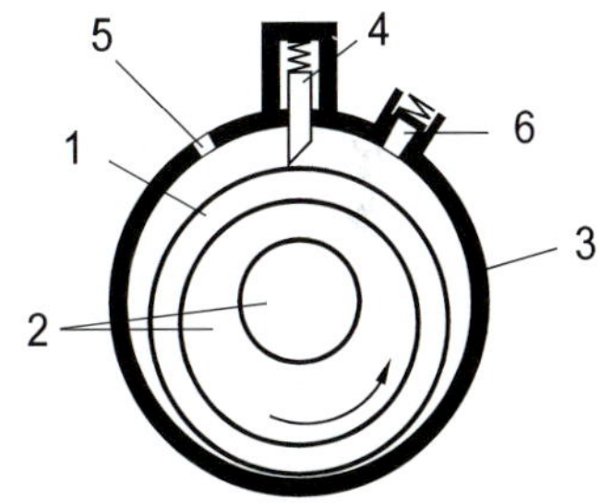

Abb. 2.15 Rollkolbenverdichter (Prinzip)

    c) Ein Saugventil ist nicht erforderlich, hoher Liefergrad, da keine Rückexpansion, vibrationsarmer Lauf, kompakt, leicht.
    d) Rollkolbenverdichter kommen vor allem in kleineren Klimageräten zum Einsatz.
52. a) Positionen in Abb. 2.16: 1 – Rotor, 2 – Trennschieber, 3 – Saugseite, 4 – Druckseite.
    b) Der Rotor dreht sich um seine dem zylindrischen Gehäuse gegenüber exzentrische Achse, wobei die Trennschieber durch die Fliehkraft an die Zylinderwandung gepresst werden und mehrere Arbeitsräume entstehen, die in Drehrichtung vom Einlass zur Druckseite stetig verkleinert werden (Verdichtung).

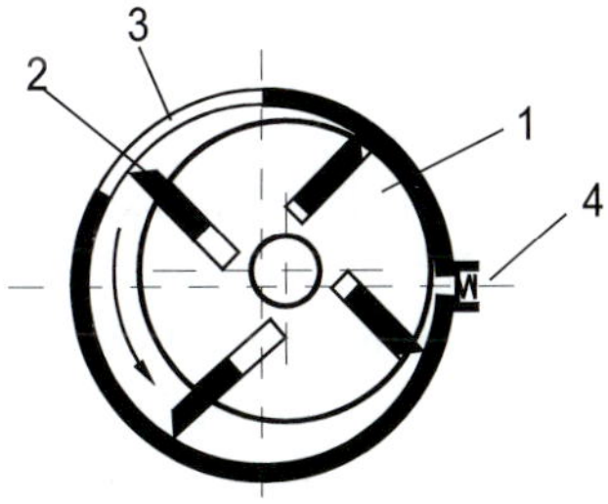

Abb. 2.16 Umlauf- oder Zellenverdichter (Prinzip)

    c) Ruhiger Lauf durch vollständigen Massenausgleich, wenig Verschleißteile, selbsttätige Anlaufentlastung, da Schieber bei geringer Drehzahl noch nicht abdichten (Zentrifugalkraft noch klein), geringes Leistungsgewicht, hoher Liefergrad.

d) Umlaufverdichter wurden früher vor allem als Vorschaltverdichter (Booster) in Niederdruckstufen mehrstufiger Kälteanlagen und werden heute auch bei der Fahrzeugklimatisierung verwendet.

53. Im Elektromotor finden Verluste durch Lagerreibung, Widerstandserwärmung der Wicklungen und Ummagnetisierung statt. Dies wird durch den *elektrischen Wirkungsgrad* η_{el} berücksichtigt.

An der Übertragungsstelle können ebenfalls Verluste auftreten – *Übertragungswirkungsgrad* $\eta_{ü}$.

Im Verdichter werden die mechanischen Verluste (Kolben- und Lagerreibung) durch den *mechanischen Wirkungsgrad* η_m berücksichtigt.

Alle mit der Dampfströmung zusammenhängenden Verluste lassen sich im p,V-Diagramm als Unterschied zwischen dem idealen Verlauf des Diagramms (s. Aufg. 7) und dem tatsächlichen (mit dem Indikator aufgenommenen) Verlauf ablesen. Der dies berücksichtigende Wirkungsgrad wird deshalb als *indizierter Gütegrad* η_i bezeichnet.

54. Der *elektrische Wirkungsgrad* beträgt ca. $\eta_{el} = 0{,}8$. Er ist von der mechanischen Qualität und der Größe der Ummagnetisierungsverluste (je nach Material) des Elektromotors abhängig.

Der *Übertragungswirkungsgrad* beträgt bei Riementrieb $\eta_{ü} = 0{,}85 \ldots 0{,}95$ (Walkarbeit und Schlupf), bei starrer Kupplung ist $\eta_{ü} = 1$ (entfällt).

Der *mechanische Wirkungsgrad* des Verdichters hängt von dessen Größe ab. Größere Verdichter erzielen bessere Werte: $\eta_m = 0{,}85 \ldots 0{,}95$.

Der *indizierte Gütegrad* ist wie der Liefergrad λ abhängig vom Druckverhältnis, vom relativen schädlichen Raum und der Verdichter(Zylinder)größe. Ein typischer Wert ist z. B. $\eta_i = 0{,}8$.

Abbildung 2.17 verdeutlicht die Zusammenhänge.

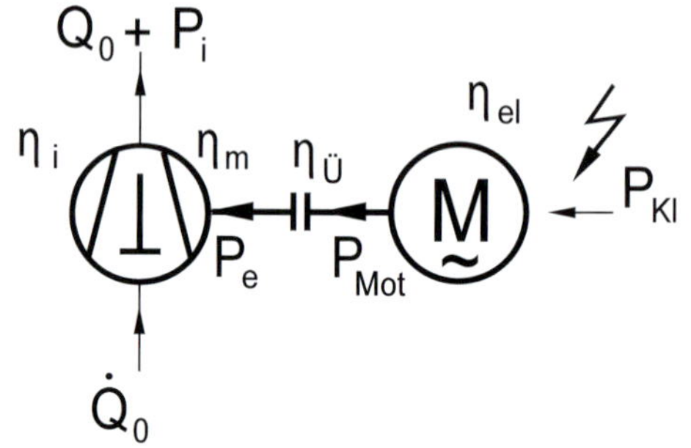

Abb. 2.17 Wirkungsgrade beim offenen Verdichter

55. Die effektive Verdichterleistung P_e wird aus der isentropen Verdichtungsleistung P_{is} nach der Gleichung $P_e = \dfrac{P_{is}}{\eta_i \cdot \eta_m}$ berechnet.

56. $P_{Kl} = \dfrac{P_{is}}{\eta_i \cdot \eta_m \cdot \eta_Ü \cdot \eta_{el}}$

57. a) Ein-Aus-Regelung (unstetig)

b) Drehfrequenz-Verstellung mit Frequenzumformer (stetig)

c) Drehfrequenz-Verstellung mit Polumschaltung (unstetig)

d) Zylinderabschaltung (unstetig)

e) Saugdrossel (stetig)

f) Aufteilen auf mehrere Verdichter (Verbund) (unstetig)

g) Heißdampf bypassen (stetig).

58. Der Heißgas-Bypass ist energetisch besonders ungünstig, weil der Verdichter bei reduzierter Kälteleistung mit voller Leistung weiterläuft. Der Überschuss wird durch den Bypass abgeleitet.

59. a) Die Ein-Aus-Regelung ist die preiswerteste, hat ca. 95 % Wirkungsgrad. Wegen der hohen Schalthäufigkeit entsteht aber starker Verschleiß, der die Lebensdauer des Verdichters herabsetzt. (Der Verdichterhersteller *Bock* lässt je nach Verdichtergröße max. 28 (kleine Verd.) – 10 (große Verd.) Schaltungen pro Stunde zu).

    b) Drehfrequenzverstellung mit Frequenzumformer ist eigentlich die eleganteste Methode, weil im Bereich von ca. 25 Hz bis 60 Hz mit ca. 98 % Wirkungsgrad gearbeitet wird. Dem minimalen Verschleiß am Verdichter stehen die hohen Kosten gegenüber.

    c) Die Polumschaltung ist eine preiswerte, einfache und sichere Regelung mit ca. 94 % Wirkungsgrad.

    d) Zylinderabschaltung durch internen Bypass: kostengünstig, energetische Verschlechterung

    dto. durch Ventilabhebung: aufwendig, energetisch effizient

    dto. durch Saugkanalabsperrung: kostengünstig, energetisch effizient

    e) Saugdrossel: kostengünstig, aber energetisch sehr ungünstig

60. Grenzen der Drehzahlabsenkung werden durch die Schmierung gesetzt. Unterhalb einer gewissen Drehzahl würde der Schmierfilm in den Gleitlagern nicht mehr ausreichen.

61. Dahlanderschaltung (s. Kältesteuerung 8, Kap. 7.2, Technologie, Aufg. 2).

62. Überströmen des Kältemitteldampfs von der Druck- zur Saugseite, Schließen der Saugdampfbohrung, Abheben der Saugventilplatte.

63. Heißgas-Bypass von der Druck- zur Saugseite des Verdichters, Heißgas-Bypass von der Druck- zur Saugseite mit thermostatischer Nacheinspritzung, Kaltdampf-Bypass vom Sammler zur Saugseite des Verdichters, Heißgas-Bypass von der Druckseite des Verdichters in den Verdampfereingang.

64. a) A: Heißgas-Bypass von der Druckseite zur Saugseite mit thermostatischer Nacheinspritzung. (Abb. 2.18)

    B: Heißgas-Bypass von der Druckseite in den Verdampfereingang (Abb. 2.19)

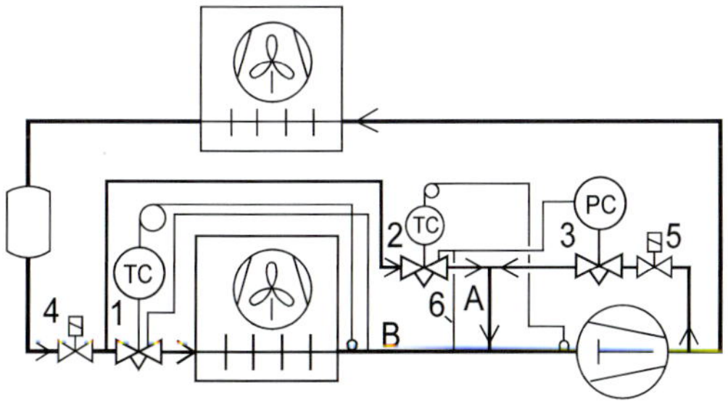

Abb. 2.18 Heißgas-Bypass-Regelung – Variante A

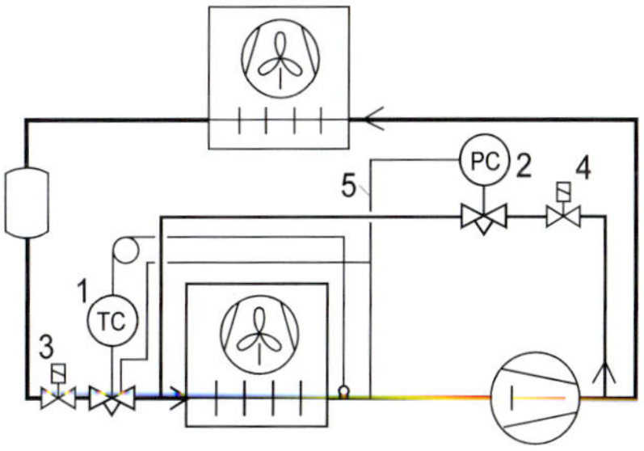

Abb. 2.19 Heißgas-Bypass-Regelung – Variante B

b) Sie haben die Aufgabe, die Verdichterleistung zu regeln bzw. einer gesunkenen Kälteanforderung anzupassen. Wenn weniger Wärme in den Verdampfer einströmt, schließt das TEV etwas weiter, dadurch sinkt der Verdampfungsdruck und damit der Druck am Verdichtereingang. Das Bypassventil öffnet, wenn ein bestimmter eingestellter Wert unterschritten wird, lässt Heißgas überströmen und hält so den Druck aufrecht (P-Regler). Der Verdichter schaltet nicht über ND-Wächter ab, schaufelt aber gewissermaßen Blindleistung. Bei A wird zusätzlich bei Bedarf durch ein thermostatisches Nacheinspritzventil Kältemittel eingespritzt, um die Sauggastemperatur nicht zu hoch werden zu lassen.

c) A: 1 – Thermostatisches Expansionsventil mit äußerem Druckausgleich; 2 – Thermostatisches Nacheinspritzventil mit äußerem Druckausgleich; 3 – Heißgas-Bypass-Ventil; 4 – Magnetventil (Flüssigkeitsleitung); 5 – Magnetventil (Bypass); 6 – Druckausgleichsleitung

B: 1 – Thermostatisches Expansionsventil mit äußerem Druckausgleich; 2 – Heißgas-Bypass-Ventil; 3 – Magnetventil (Flüssigkeitsleitung); 4 – Magnetventil (Bypass); 5 – Druckausgleichsleitung

d) Regelgröße ist jeweils der Druck am Verdichtereingang (Saugdruck).

e) Das thermostatische Nacheinspritzventil überwacht die Sauggastemperatur. Wird sie zu hoch, kommt es zur Einspritzung flüssigen Kältemittels, das sich mit dem Heißgas vermischt und die Temperatur senkt. In Leitung A fließt dann ein Gemisch aus Heißgas und verdampfender Kältemittelflüssigkeit, in B natürlich Saugdampf.

f) B hat den Vorteil, dass es nicht so leicht zu Ölrückführungsproblemen aus dem Verdampfer kommen kann. Bei A sinkt der Massenstrom (und damit die Strömungsgeschwindigkeit) im Verdampfer evtl. so stark ab, dass die Ölrückführung nicht mehr gewährleistet ist, bei B reagiert das Thermostatische Expansionsventil auf die durch das Heißgas hervorgerufene größere Überhitzung mit größerem Massenstrom, sodass die Strömungsgeschwindigkeit nicht so stark sinkt.

g) Die Anlagen lassen sich nur absaugen, wenn das Magnetventil in der Bypassleitung geschlossen ist, da sonst das Bypass-Ventil öffnen würde, um den Saugdruck aufrecht zu erhalten.

h) Leitung A soll schräg gegen die Strömungsrichtung von Leitung B einmünden, um eine gute Durchmischung der beiden Medien zu erzielen.

65. a) Der FU dient zur Leistungsregelung des Verdichters.

b) Regelgröße ist der Saugdruck. Bei steigendem/fallendem Saugdruck erhöht/verringert er die Drehzahl.

c) s. Abb. 2.20

d) Resonanzen sind erzwungene Schwingungen, die z. B. im Rohrsystem der Kälteanlage entstehen, wenn es durch die beim Verdichten entstehenden Druckpulsationen der Gassäule in der Nähe seiner Eigenfrequenz angeregt wird. Im schlimmsten Fall kommt es zur Resonanzkatastrophe mit Rohrleitungsbruch und totalem Kältemittelverlust. Abhilfe schafft das Ermitteln und Ausblenden der Frequenzen bei Erstinbetriebnahme.

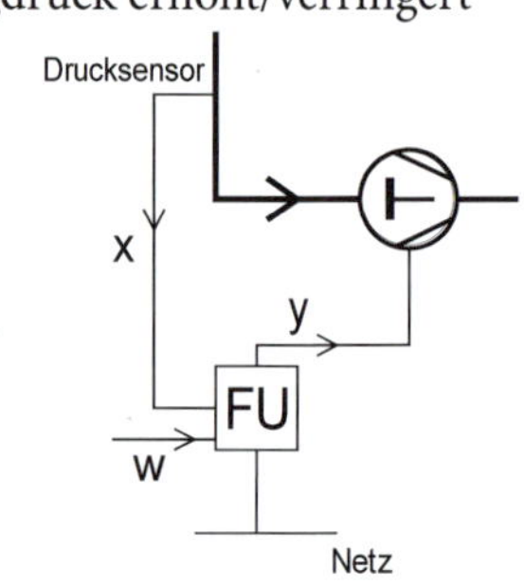

Abb. 2.20

Technische Mathematik

1. a) $\dot{V}_g = \frac{\pi \cdot d^2 \cdot l_H \cdot i \cdot n}{4} = \frac{\pi \cdot (0{,}55\ \text{dm})^2 \cdot 0{,}48\ \text{dm} \cdot 4 \cdot 1450}{4 \cdot 60\ \text{s}} = 11{,}024\ \frac{\text{dm}^3}{\text{s}} = \underline{\underline{39{,}7\ \frac{\text{m}^3}{\text{h}}}}$

   b) $n = \frac{4 \cdot \dot{V}_g}{\pi \cdot d^2 \cdot l_H \cdot i} = \frac{4 \cdot 60\ \text{m}^3}{60\ \text{min} \cdot \pi \cdot (0{,}061\ \text{m})^2 \cdot 0{,}046\ \text{m} \cdot 6} = \underline{\underline{1239{,}77/\text{min}}}$

   $60\ \text{m}^3/\text{h} = \frac{60\ \text{m}^3 \cdot 1000\ \text{dm}^3/\text{m}^3}{\text{h} \cdot 3600\ \text{s/h}} = \underline{\underline{16{,}67\ \text{dm}^3/\text{s}}}$

   oder kürzer $60\ \text{m}^3/\text{h} = \frac{60}{3{,}6}\text{dm}^3/\text{s} = \underline{\underline{16{,}67\ \text{dm}^3/\text{s}}}$

Tab. 2.5

	d mm	l_H mm	i	N 1/min	$\dot{V}_g$ dm^3/s	$\dot{V}_g$ m^3/h
a)	55	48	4	1450	**11,024**	**39,7**
b)	61	46	6	**1239,77**	**16,67**	60

2. Nach $\sigma = \frac{V_S}{V_H}$ gilt es, zunächst das schädliche Volumen zu berechnen und diesen Wert dann durch das Hubvolumen zu teilen. Das schädliche Volumen setzt sich zusammen aus dem Volumen der Druckventilschächte V_{SDV} (denn die Saugventilschächte sind auf der Zylinderseite durch die Ventilzunge versperrt) und dem zwischen Kolben und Ventilplatte verbleibenden Raum im oberen Totpunkt V_{SOT}.

   $V_{SDV} = 2 \cdot \frac{\pi \cdot d^2 \cdot h}{4} = \frac{\pi \cdot (0{,}8\ \text{cm})^2 \cdot 0{,}8\ \text{cm}}{2} = 0{,}8042477\ \text{cm}^3$

   $V_{SOT} = \frac{\pi \cdot d^2 \cdot h}{4} = \frac{\pi \cdot (4\ \text{cm})^2 \cdot 0{,}01\ \text{cm}}{4} = 0{,}12566\ \text{cm}^3$

   $V_S = V_{SDV} + V_{SOT} = 0{,}9299\ \text{cm}^3$

   $V_H = \frac{\pi \cdot d^2 \cdot h}{4} = \frac{\pi \cdot (4\ \text{cm})^2 \cdot 3{,}8\ \text{cm}}{4} = 47{,}75\ \text{cm}^3$

   $\sigma = \frac{V_S}{V_H} = \frac{0{,}93\ \text{cm}^3}{47{,}75\ \text{cm}^3} = 0{,}01957 \approx \underline{\underline{2\ \%}}$

3. $\dot{Q}_0 = \lambda \cdot \dot{V}_g \cdot q_{0v} = 0{,}8 \cdot 77\ \frac{\text{m}^3}{3600\ \text{s}} \cdot 2000\frac{\text{kJ}}{\text{m}^3} = \underline{\underline{34{,}2\ \text{kW}}}$

4. a) $\dot{V}_g = \frac{\pi \cdot d^2 \cdot l_H \cdot i \cdot n}{4} = \frac{\pi \cdot (1{,}2\ \text{dm})^2 \cdot 0{,}9\ \text{dm} \cdot 12 \cdot 1450}{4 \cdot 60\ \text{s}} = 295{,}18\ \frac{\text{dm}^3}{\text{s}}$

   $= \underline{\underline{0{,}29518\ \frac{\text{m}^3}{\text{s}} = 1062{,}7\frac{\text{m}^3}{\text{h}}}}$

   b) $h_{1e} = 329{,}05$ kJ/kg (Sattdampf, da überflutete Verdampfung); $h_{3/4} = 1449{,}4$ kJ/kg; $q_{0e} = 1120{,}35$ kJ/kg

   c) $v_1 = 0{,}43726\ \text{m}^3/\text{kg}$; $q_{0v} = \frac{q_{0e}}{v_1} = \frac{1120{,}35\ \text{kJ/kg}}{0{,}43726\ \text{m}^3/\text{kg}} = 2562{,}2\ \text{kJ/m}^3$

   d) $\dot{Q}_0 = \lambda \cdot \dot{V}_g \cdot q_{0v} = 1 \cdot 0{,}29518\ \frac{\text{m}^3}{\text{s}} \cdot 2562{,}2\frac{\text{kJ}}{\text{m}^3} = \underline{\underline{756{,}3\ \text{kW}}}$

   e) $\lambda = \frac{\dot{Q}_{0\,\text{tat.}}}{\dot{Q}_{\text{theo.}}} = \frac{610\ \text{kW}}{756{,}3\ \text{kW}} \approx \underline{\underline{0{,}81}}$

LÖSUNGEN

5. a) Der Kältemittelkreisprozess wird ins lg p,h-Diagramm eingetragen (Abb. 2.21), und alle erforderlichen Werte werden abgelesen (Tab. 2.6):

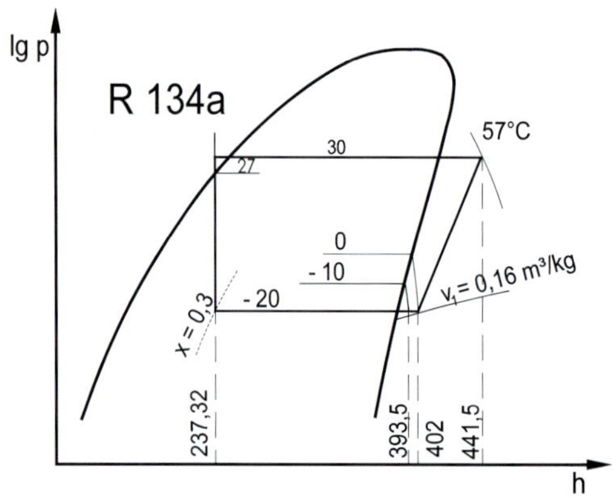

Abb. 2.21

Tab. 2.6

h_1	402	kJ/kg	
h_{1e}	393,5	kJ/kg	
h_2	441,5	kJ/kg	
$h_{3/4}$	237,32	kJ/kg	(aus Tabelle)
x	0,3		
v_1	0,16	m^3/kg	
t_2	57	°C	
q_{0e}	156,2	kJ/kg	$(h_{1e} - h_4)$
q_{0g}	164,7	kJ/kg	$(h_1 - h_4)$
w_{is}	39,5	kJ/kg	$(h_2 - h_1)$
p_0	1,330	bar	(aus Tabelle)
p_c	7,698	bar	(aus Tabelle)

b) $\dot{Q}_{0e} = \dot{m}_R \cdot q_{0e} = 0{,}05\ \frac{kg}{s} \cdot 156{,}2\ \frac{kJ}{kg} = \underline{\underline{7{,}81\ kW}}$

c) $\dot{V}_{V1} = \dot{m}_R \cdot v_1 = 0{,}05\ \frac{kg}{s} \cdot 0{,}16\ \frac{m^3}{kg} = \underline{\underline{0{,}008\ \frac{m^3}{s} = 28{,}8\ \frac{m^3}{h}}}$

d) $q_{0v} = \frac{q_{0e}}{v_1} = \frac{156{,}2\ \frac{kJ}{kg}}{0{,}16\ \frac{m^3}{kg}} = \underline{\underline{976{,}25\ \frac{kJ}{m^3}}}$

e) $\dot{V}_g = \frac{\dot{V}_{V1}}{\lambda} = \frac{28{,}8\ m^3/h}{0{,}74} = \underline{\underline{38{,}9\ \frac{m^3}{h}}}$

f) $P_{is} = \dot{m}_R \cdot w_{is} = 0{,}05\ \frac{kg}{s} \cdot 39{,}5\ \frac{kJ}{kg} = \underline{\underline{1{,}975\ kW}}$

g) $P_e = \frac{P_{is}}{\eta_i \cdot \eta_m} = \frac{1{,}975\ kW}{0{,}8 \cdot 0{,}85} = \underline{\underline{2{,}9\ kW}}$

h) $P_{Kl} = \frac{P_e}{\eta_{Ü} \cdot \eta_{el}} = \frac{2{,}9\ kW}{1 \cdot 0{,}85} = \underline{\underline{3{,}42\ kW}}$

i) $\dot{Q}_c = \dot{Q}_{0g} + P_i = \dot{m}_R \cdot q_{0g} + \frac{P_{is}}{\eta_i} = 0{,}05\ \frac{kg}{s} \cdot 164{,}7\ \frac{kJ}{kg} + \frac{1{,}975\ kW}{0{,}8}$

$= (8{,}235 + 2{,}47)\ kW = \underline{\underline{10{,}7\ kW}}$

j) $\varepsilon_{Kis} = \frac{q_{0e}}{w_{is}} = \frac{156{,}2\ \frac{kJ}{kg}}{39{,}5\ \frac{kJ}{kg}} = \underline{\underline{3{,}95}}$

k) $\varepsilon_{Ke} = \frac{\dot{Q}_{0e}}{P_{Kl}} = \frac{7{,}81\ kW}{3{,}42\ kW} = \underline{\underline{2{,}28}}$

l) $\varepsilon_{KC} = \frac{T_0}{T_c - T_0} = \frac{253\ K}{303\ K - 253\ K} = \frac{253\ K}{50\ K} = \underline{\underline{5{,}06}}$

6. a) Zunächst ist die bei dieser Laufzeit erforderliche Kälteleistung zu ermitteln (Kühlraum → 16 h/d):

$$\dot{Q}_0 = \frac{10\ \text{kW} \cdot 24\ \text{h/d}}{16\ \text{h/d}} = \underline{15\ \text{kW}}$$ damit ergibt sich der Massenstrom zu:

$$\dot{m}_R = \frac{\dot{Q}_0}{q_{0e}} = \frac{15\ \text{kW}}{156{,}2\ \text{kJ/kg}} = \underline{\underline{0{,}096\ \frac{\text{kg}}{\text{s}}}}$$

b) $$\dot{V}_{V1} = \dot{m}_R \cdot v_1 = 0{,}096\ \frac{\text{kg}}{\text{s}} \cdot 0{,}16\ \frac{\text{m}^3}{\text{kg}} = \underline{\underline{0{,}015365\ \frac{\text{m}^3}{\text{s}} = 55{,}3\ \frac{\text{m}^3}{\text{h}}}}$$

$$\dot{V}_g = \frac{\dot{V}_{V1}}{\lambda} = \frac{55{,}3\ \text{m}^3/\text{h}}{0{,}74} = \underline{\underline{74{,}7\ \frac{\text{m}^3}{\text{h}}}}$$

7. a) Der Prozess wird ins lg p,h-Diagramm für R-134 a eingetragen (Abb. 2.22):

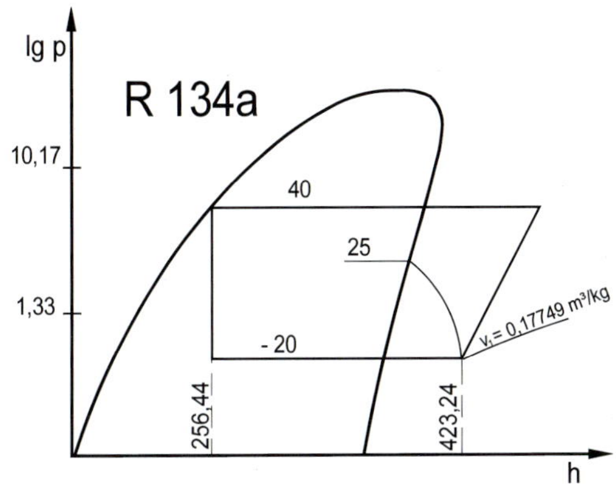

Abb. 2.22

$$q_{0g} = h_1 - h_4 = (423{,}24 - 256{,}44)\ \frac{\text{kJ}}{\text{kg}} = \underline{\underline{166{,}8\ \frac{\text{kJ}}{\text{kg}}}}$$

$$q_{0v} = \frac{q_{0g}}{v_1} = \frac{166{,}8\ \text{kJ/kg}}{0{,}17749\ \text{m}^3/\text{kg}} = \underline{\underline{939{,}77\ \frac{\text{kJ}}{\text{m}^3}}}$$

$$\dot{V}_g = \frac{\pi \cdot d^2 \cdot l_H \cdot i \cdot n}{4} = \frac{\pi \cdot (0{,}6\ \text{dm})^2 \cdot 0{,}4\ \text{dm} \cdot 4 \cdot 1450}{4 \cdot 60\ \text{s}} = 10{,}93\ \text{dm}^3/\text{s} = \underline{\underline{39{,}36\ \text{m}^3/\text{h}}}$$

$$\dot{Q}_{0gth} = \dot{V}_{V1} \cdot q_{0v} = \dot{V}_g \cdot \lambda \cdot q_{0v} = 0{,}01093\frac{\text{m}^3}{\text{s}} \cdot 1 \cdot 939{,}77\frac{\text{kJ}}{\text{m}^3} = \underline{\underline{10{,}27\ \text{kW}}}$$

b) $$\lambda = \frac{\dot{Q}_{0\text{Diagr.}}}{\dot{Q}_{0th}} = \frac{7{,}62\ \text{kW}}{10{,}27\ \text{kW}} = \underline{\underline{0{,}74}}$$

3 Lernfeld 15: Bauen von klimatechnischen Anlagen und Systemen

Technologie

1. Was versteht man unter RLT-Anlagen?
2. Unterscheiden Sie Vollklimaanlage und Teilklimaanlage.
3. Unterscheiden Sie Komfortklimaanlagen und Industrieklimaanlagen.
4. Nennen Sie jeweils Anwendungsgebiete für Komfort- bzw. Industrieklimaanlagen und solche, bei denen sich die Erfordernisse der Komfort- und der Industrieklimatisierung überschneiden.
5. Die Skizze des h,x-Diagramms (Abb. 3.1) zeigt den Bereich der thermischen Behaglichkeit nach DIN 1946. Welche Temperaturen und Feuchtigkeitswerte begrenzen diesen Bereich?
6. Welche Folgen hat zu geringe/hohe relative Feuchtigkeit der Raumluft für das Wohlbefinden des Menschen?
7. Was versteht man unter *thermischer Behaglichkeit*? Welche Faktoren außer Temperatur und Luftfeuchtigkeit beeinflussen das Behaglichkeitsempfinden des Menschen?
8. In welchen Grenzen dürfen die Werte für Luftgeschwindigkeit und Temperatur der umgebenden Flächen etwa liegen, damit das Raumklima als angenehm empfunden wird?

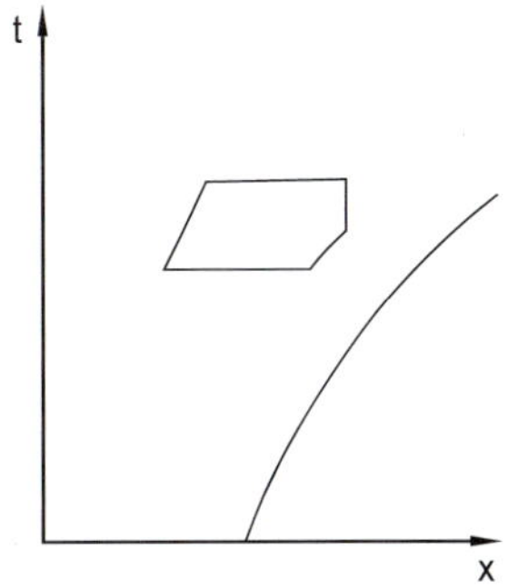

Abb. 3.1

9. Abbildung 3.2 zeigt die Behaglichkeitsgrenzen in Abhängigkeit von mittlerer Raumlufttemperatur und mittlerer Wandtemperatur.
   a) Warum ist die Wandtemperatur überhaupt von Bedeutung für das Behaglichkeitsempfinden?
   b) Welche Temperaturbedingung ist durch die Diagonale gekennzeichnet? In welchem Temperaturbereich liegt unter dieser Bedingung die Behaglichkeit?
   c) Welche Art der Wärmeübertragung (Strahlung oder Konvektion) überwiegt links bzw. rechts der Diagonalen?
   d) In welchem Bereich darf die mittlere Raumlufttemperatur liegen, wenn die mittlere Wandtemperatur 20 °C beträgt?
   e) Beurteilen Sie die folgenden Fälle: 1. Luft 20 °C, Wand 15 °C; 2. Luft 25 °C, Wand 20 °C; 3. Luft 15 °C, Wand 20 °C.

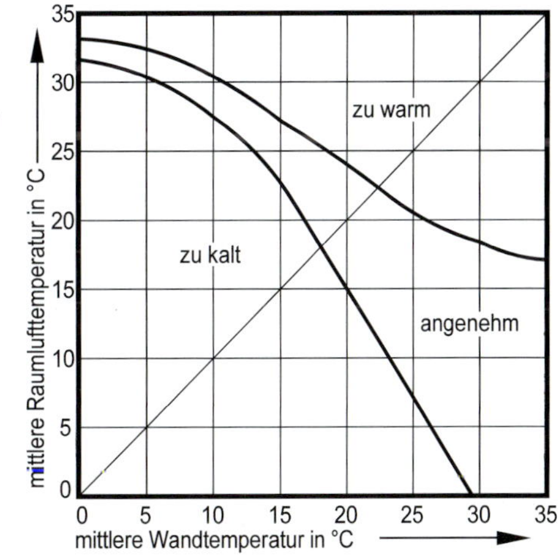

Abb. 3.2 Behaglichkeitsgrenzen in Abhängigkeit von mittlerer Raumlufttemperatur und mittlerer Wandtemperatur

10. Abbildung 3.3 zeigt den zulässigen Bereich der Raumlufttemperatur in Abhängigkeit von der Außentemperatur nach DIN 1946 Teil 2. Warum sollte die Raumlufttemperatur in gewissen Grenzen der Außentemperatur angeglichen werden?

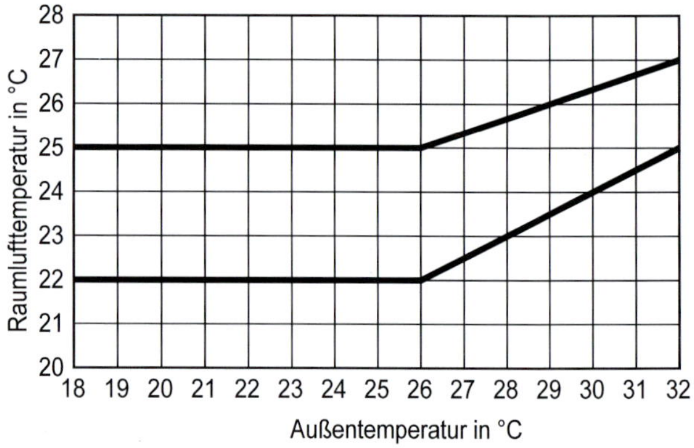

Abb. 3.3 Raumlufttemperatur in Abhängigkeit von der Außentemperatur nach DIN 1946 Teil 2

11. Was ist beim Einblasen der Zuluft in den klimatisierten Raum zu beachten?
12. Unterscheiden Sie Außenluftrate und Luftwechselzahl.
13. Was versteht man im Zusammenhang mit der Raumluft unter CO_2-Maßstab? Welche CO_2-Grenzwerte für die Raumluftqualität gibt DIN EN 16798-3 an?
14. Bei RLT-Systemen wird zwischen Nur-Luft-Anlagen, Wasser-Luft-Anlagen und Direktverdampfungssystemen unterschieden. Erläutern Sie die Unterschiede.
15. Beurteilen Sie den Raumbedarf für die Rohrleitungen bzw. Kanäle der oben angeführten Systeme.
16. Die früheste Form von Direktverdampfungsgeräten zur Raumkühlung stellen Fensterklimageräte dar. Wie sind sie aufgebaut und wie werden sie eingebaut?
17. Was versteht man unter einem Splitklimagerät?
18. Wie unterscheiden sich Splitklimageräte von einteiligen Klimageräten wie z. B. einer Klimatruhe?
19. Warum befindet sich bei Splitklimageräten das Drosselorgan (Kapillarrohr, TEV, EEV) meist in der Außeneinheit, also relativ weit vom Verdampfer entfernt? Welche Folge ergibt sich daraus?
20. Was versteht man unter einer Multisplit-Anlage und einem VRF-System (auch VRV-System)? Was bedeuten diese Abkürzungen?
21. Warum ist bei Direktverdampfungsgeräten (Splitgeräten etc.) Kondensat abzuführen?
22. Häufige Störungen bei Splitgeräten betreffen die Kondensatableitung. Nennen Sie Grundregeln der Kondensatableitung bei
    a) Inneneinheiten ohne Kondensatpumpe
    b) Inneneinheiten mit Kondensatpumpe
    c) mehreren Inneneinheiten, die auf eine gemeinsame Kondensatsammelleitung arbeiten.
23. Warum darf der Kondensatabfluss nicht direkt an Abwasserleitungen angeschlossen werden?
24. Was versteht man bei Splitanlagen unter Wärmepumpenbetrieb bzw. Funktionsumkehr?

25. Abbildung 3.4 zeigt das Schema einer Split-Klimaanlage:
    a) Kennzeichnen Sie Außen- und Inneneinheit mit AE bzw. IE.
    b) Handelt es sich um eine Multisplit-Anlage? Begründung?
    c) Die Anlage ist von Kühlen auf Heizen umschaltbar. Zeichnen Sie mit kleinen Pfeilen am 4-Wege-Ventil und an den Wärmeübertragern jeweils die Fließrichtung ein (Kühlen = normaler Pfeil, Heizen = gestrichelter Pfeil).

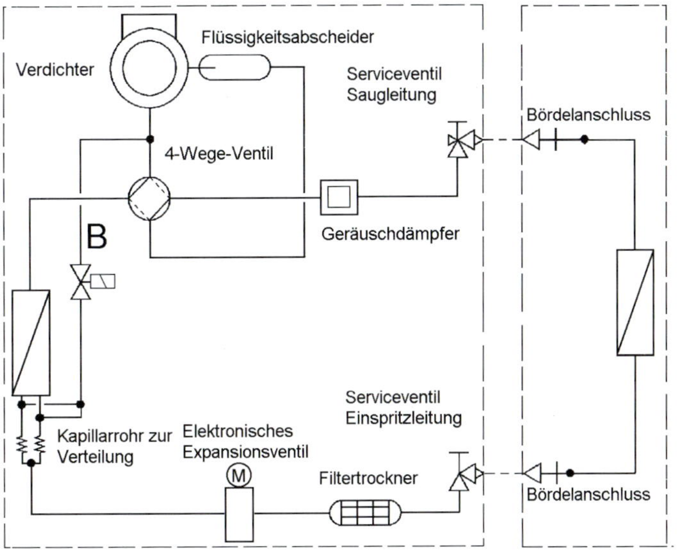

Abb. 3.4

    d) Splitanlagen dieser Art sind vorgefüllt. In welchem Fall ist eine Trimmfüllung erforderlich? Was versteht man darunter?
    e) Wann wird der Bypass B benötigt?

26. Abbildung 3.5 zeigt das Schema der Gebäudeklimatisierung mit einem Direktverdampfungssystem.
    a) Handelt es sich um eine Multisplit-Anlage oder um ein VRF-System? Begründen Sie.
    b) Welche Bedeutung haben die U-förmigen Bögen in der Steigleitung? Erläutern Sie.
    c) In der Skizze ist stets nur eine Leitung zwischen Außeneinheit und Innengeräten eingezeichnet. Tatsächlich aber sind es zwei. Welche? Welchen Aggregatzustand hat das enthaltene Kältemittel?

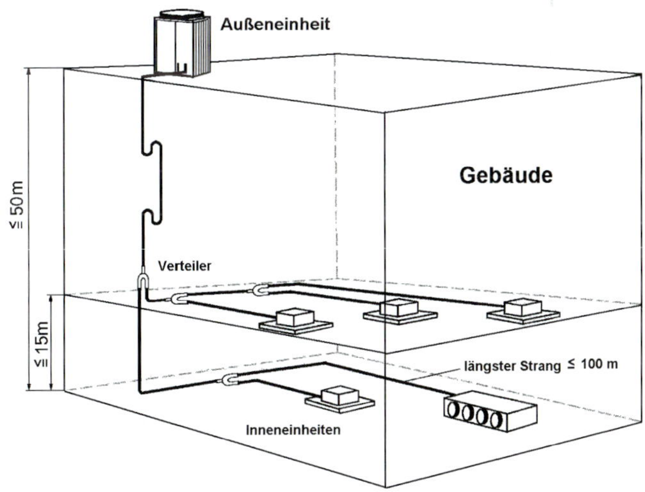

Abb. 3.5

d) In der zugehörigen Beschreibung steht: „Tatsächliche Rohrlänge 150 m, äquivalente Rohrlänge 175 m". Erklären Sie den Unterschied.

e) Wie wird in solch ausgedehnten Rohrleitungssystemen dafür gesorgt, dass die Verdichter der Außeneinheit stets genügend Öl haben?

f) Jede Kälteanlage benötigt ein Drosselorgan. Welcher Typ findet hier Verwendung und wo wird es platziert? Warum?

27. In Tabelle 3.1 finden Sie Auszüge aus einer englischen Montageanleitung eines Split-Klimageräts. Wenn Sie den Text verstanden haben, müssten Sie die nachstehenden Fragen richtig beantworten können. Benutzen Sie ggf. ein Wörterbuch:

Tab. 3.1 Drain Piping

<table>
<tr>
<td>

- The drain can be provided in three directions, backward, right hand and left hand. In case of rightward or rearward direction, refer to Refrigerant piping working figure (not shown here) and in turn for the leftward direction, refer to the figure on the right.
- Be sure to use the attaches drain hose and hose band for drain piping. Firmly tighten up the clamp for drain hose.
- In case of left-hand drain piping, replace the rubber plug and heat installation manual at the drain pipe connection.
- Provide drain piping with downward inclination to extract condensation smoothly.
- After connection of drain hose, fix the accessory drain pipe presser so as not to loosen the drain hose downwardly.
- Apply water at the inspection port into the drain pan through a cup as shown in the right figure.
- After setting a drain pipe, check if the drain may flow smoothly.

</td>
<td>

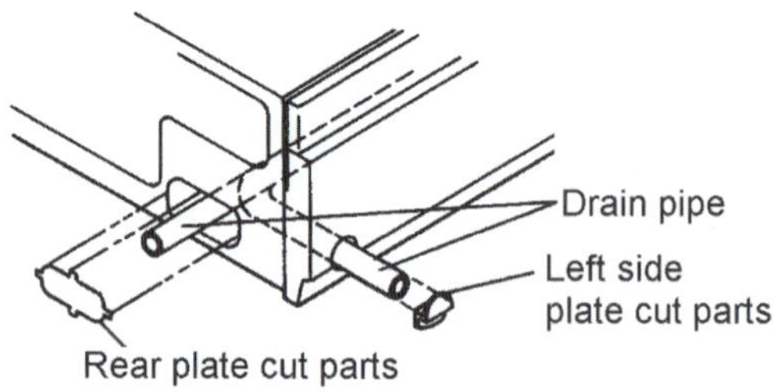

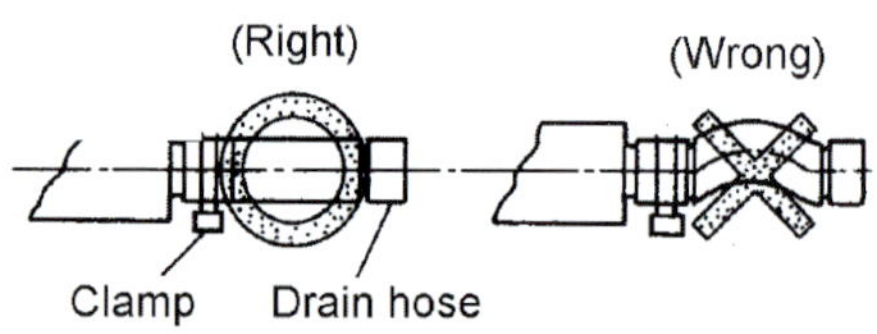

Carefully connect the drain hose so as not to be slacked in the unit

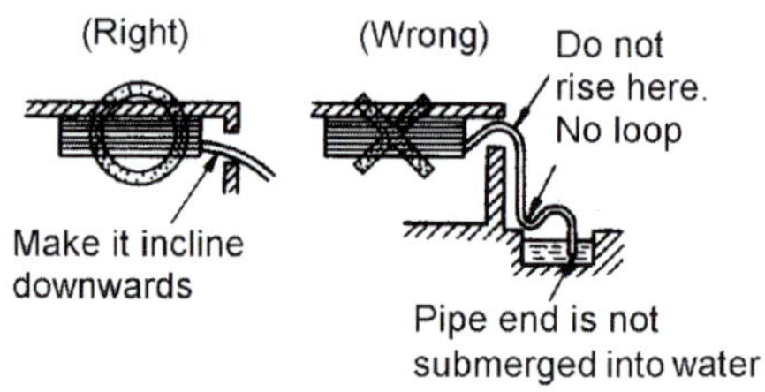

After providing the drain hose, check whether condensation can be extracted smoothly

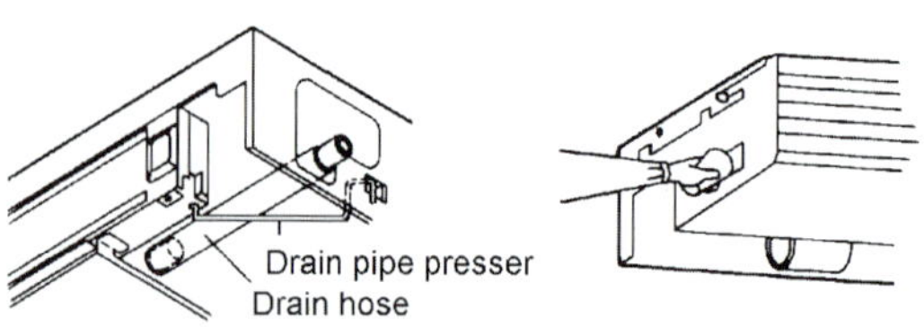

</td>
</tr>
</table>

a) In welche Richtungen kann der Kondensatabfluss verlegt werden? Welche Richtung ist hier beschrieben?

b) Text und Zeichnungen geben wichtige Hinweise zur Verlegung der Abflussleitung. Welche?

c) Wie wird ein Durchhängen des Abflussschlauches im Gerät verhindert?

d) Wie soll man die fachgerechte Montage des Kondensatabflusses überprüfen?

28. Was versteht man unter einem Wasserkühlsatz (Kaltwassersatz)?

29. Vergleichen Sie VRF-System und Wasserkühlsatz in ihren jeweiligen Vorteilen.

30. Abbildung 3.6 zeigt das Prinzip einer Luft-Wasser-Anlage zur Raumluftkonditionierung. Benennen Sie die einzelnen Positionen und erläutern Sie die Funktionsweise.

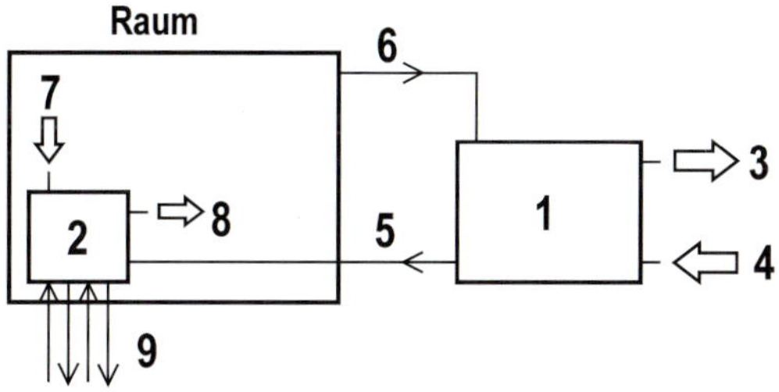

Abb. 3.6

31. Im Zusammenhang mit Luft-Wasser-Anlagen sind Ventilatorkonvektoren und Induktionsgeräte zu unterscheiden. Welche Aufgabe habe diese Geräte und worin besteht der Unterschied?

32. Was versteht man im Zusammenhang mit Luft-Wasser-Anlagen unter Induktionsverhältnis. Wie groß ist das Induktionsverhältnis etwa?

33. Abbildung 3.7 zeigt eine RLT-Anlage mit verschiedenen Komponenten. Bezeichnen Sie die Positionen 1 – 14 und die Abkürzungen (FO, AU usw.). Vervollständigen Sie die Pfeile und geben Sie jeweils die Kennfarbe für die Luftarten an.

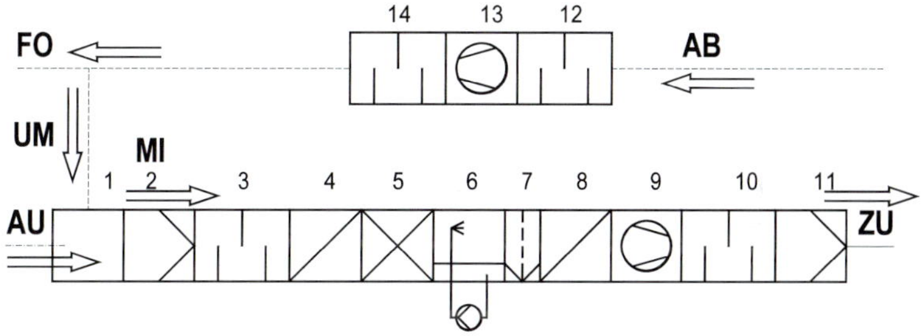

Abb. 3.7

34. Definieren Sie die in Abbildung 3.7 vorkommenden Luftarten der RLT-Anlage.

35. Warum ist es sinnvoll, einen Teil der Abluft als Umluft im System zu belassen? Warum kann der Umluftanteil nicht 100 % betragen?

36. Erläutern Sie kundengerecht, warum RLT-Systeme wie in Aufgabe 33 meist zwei Erhitzer haben (Position 4 und 8)?

37. Erläutern Sie kundengerecht den Vorgang des Entfeuchtens bei obiger RLT-Anlage in seinen einzelnen Abschnitten. Welche Geräte (mit Positionsnummer) sind dazu nötig? Fertigen Sie dazu eine h,x-Diagramm-Skizze an, in der Sie die einzelnen Abschnitte verdeutlichen. Benutzen Sie den Begriff der Taupunkttemperatur fachgerecht und zeichnen Sie die

Taupunkttemperatur der nicht entfeuchteten Luft (Ausgangszustand = 1) in Ihre Skizze ein. Erklären Sie auch, in welcher Jahreszeit hauptsächlich entfeuchtet werden muss. Begründen Sie.

38. RLT-Anlagen erneuern häufig die Raumluft durch Belüftung, Entlüftung oder Kombination beider Systeme. Dadurch können sie die Ausbreitung von Brand- und Rauchgasen fördern. Welche Brandrisiken ergeben sich daraus?
39. Was versteht man unter einer Brandschutzklappe? Wo wird sie eingebaut? Wie wird sie ausgelöst?
40. Was ist beim Einbau von Brandschutzklappen in Wände zu beachten?
41. Was ist bei Wanddurchführungen von Luftleitungen bezüglich der Feuerwiderstandsklasse zu beachten?
42. Wie können Luftleitungen gegen Feuer widerstandsfähig gemacht werden?
43. Was versteht man bei Luftleitungen unter Kompensatoren? Welche Aufgabe haben sie?
44. Was versteht man unter Energierückgewinnung bei RLT-Anlagen? Von wo nach wo wird dabei jahreszeitabhängig Wärme übertragen? Aus welchen Gründen ist Energierückgewinnung bei RLT-Anlagen sinnvoll?
45. Nennen Sie fünf prinzipiell verschiedene Systeme der Energierückgewinnung bei RLT-Anlagen. Unterteilen Sie in rekuperative und regenerative Systeme.
46. Abbildung 3.8 zeigt das Prinzip einer Energierückgewinnungseinheit mit einem Plattenwärmeübertrager.
    a) Erklären Sie die Funktionsweise und bezeichnen Sie den eigentlichen Plattenwärmeübertrager mit PWÜ in der Skizze.
    b) Vervollständigen Sie die Luftwege und geben Sie an, welche Jahreszeit herrscht und ob Wärme oder Kälte zurückgewonnen wird.

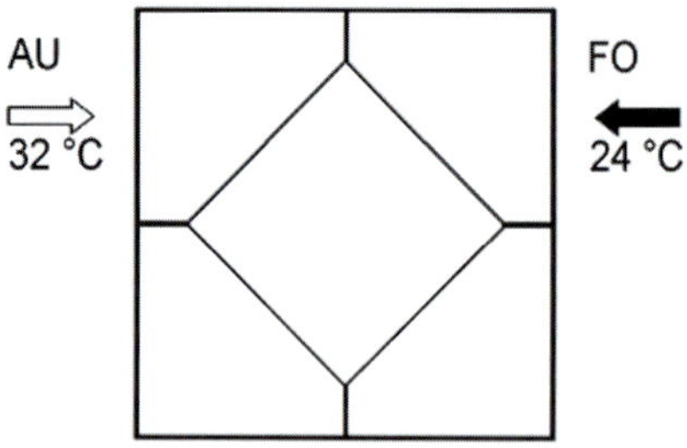

Abb. 3.8

47. Abbildung 3.9 zeigt das Prinzip des Rotationswärmeübertragers (Wärmerads).
    a) Erklären Sie Aufbau und Funktionsweise und benennen Sie die Positionen.
    b) Warum kann es hierbei hygienische Probleme geben?
    c) Wie kann mit einem Wärmerad auch Feuchte übertragen werden?

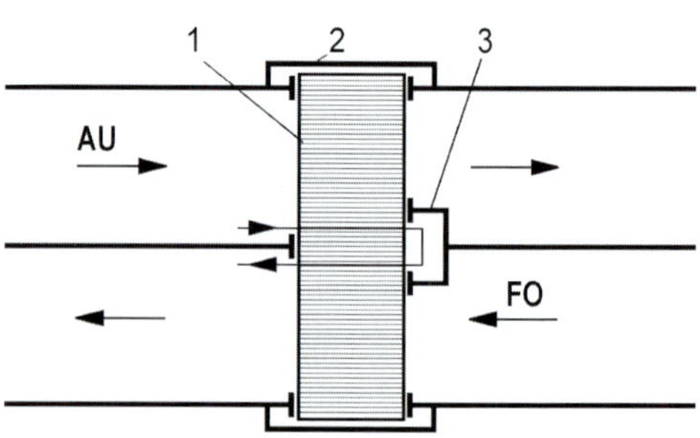

Abb. 3.9

48. Abbildung 3.10 zeigt das Prinzip der Energierückgewinnung mit einem Kreislaufverbundsystem (KVS).

a) Benennen Sie die Positionen und erklären Sie das Grundprinzip.

b) Von wo nach wo (von welcher Luft zu welcher Luft) wird Wärme übertragen im Winter/Sommer?

c) Welche Funktion hat Position 5? In welcher Jahreszeit wird der Apparat eingesetzt. Erläutern Sie den Nutzen.

d) Warum muss dem die Wärme übertragenden Wasser ein Frostschutz zugesetzt werden?

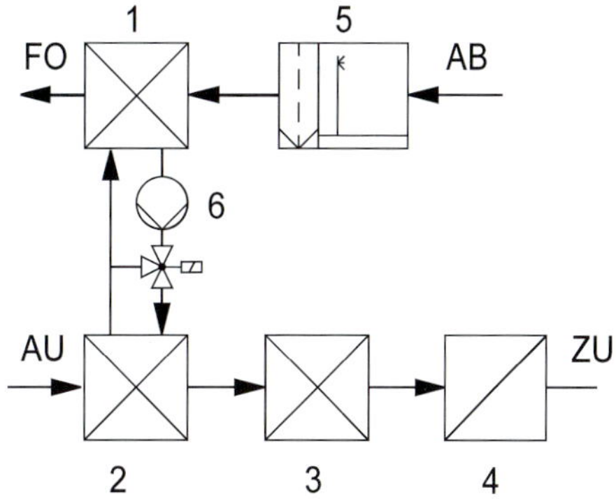

Abb. 3.10

49. Abbildung 3.11 zeigt das Prinzip des Wärmerohrs.

a) Erklären Sie Aufbau und Funktionsweise und benennen Sie die Positionen.

b) Welche Jahreszeit ist eingezeichnet?

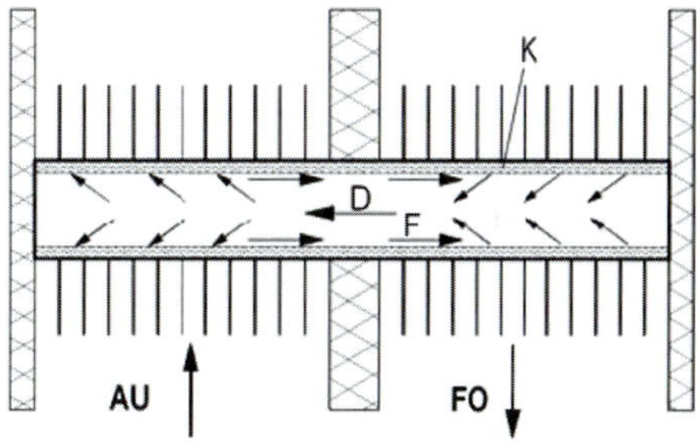

Abb. 3.11

50. Welches der drei Systeme, Plattenwärmeübertrager, Wärmerad und Kreislaufverbundsystem ist für nachträglichen Einbau am besten geeignet? Begründen Sie.

51. Vergleichen Sie die dargestellten Systeme zur Energierückgewinnung, indem Sie die Tabelle 3.2 vervollständigen.

Tab. 3.2

System	KVS	PWÜ	Wärmerad	Wärmerohr
Wirkungsgrad	ca. 60 %	ca. ……. %	ca. ……. %	ca. 50 %
Platzbedarf	gering	mittel		gering
Kanalführung am Übertrager			gebunden	gebunden
Leckrate			0 – 6 %	keine
Wartung	mittel			gering
Nebenaggregate	………….., Ausdehnungsgefäß, Ventile	keine	………….., Riementrieb	keine

Technische Mathematik

1. Für den ersten Erhitzer einer RLT-Anlage sind folgende Daten gegeben: Medium Wasser, Ein/Aus 80/60 °C, Durchfluss 2356 l/h. Berechnen Sie daraus die Heizleistung in kW.
2. Durch die Mischkammer eines Klimagerätes fließen stündlich 10 000 kg Luft (4 °C/75 %). Die Mischluft wird im Vorerhitzer auf 23 °C aufgeheizt und anschließend mit einem Sprühbefeuchter auf 90 % befeuchtet. Danach erwärmt der Nacherhitzer die Luft auf 24 °C.
   a) Tragen Sie diesen Prozess in ein h,x-Diagramm ein und ermitteln Sie die erforderlichen Werte für die folgenden Aufgaben.
   b) Welche rel. Luftfeuchte hat die Luft nach dem Erwärmen?
   c) Wie viel Wasser wird zum Befeuchten benötigt (kg/h)?
   d) Welche Temperatur hat die Luft nach dem Befeuchten?
   e) Welche Heizleistung ist im Nacherhitzer erforderlich (kW)?
   f) Welche rel. Luftfeuchte hat die Luft nach dem Erwärmen im Nacherhitzer? Begründen Sie, ob diese im zulässigen Bereich (Wie sind die Grenzen nach DIN 1946?) liegt und nennen Sie allgemeine Folgen für eine zu hohe oder zu geringe relative Lufteuchte.
3. Ein Büroraum wird über zwei Kanäle von je 280 mm x 320 mm mit Zuluft versorgt bei 7 m/s Strömungsgeschwindigkeit.
   a) Berechnen Sie den gesamten Volumenstrom der Zuluft für den Raum (m^3/s und m^3/h).
   b) Welche Gesamtfläche müssen die Austrittsschlitze für die Zuluft haben, wenn die Luft mit 0,6 m/s austreten soll?
   c) Die Absaugung erfolgt über vier Rohre mit je 280 mm Durchmesser. Welche Strömungsgeschwindigkeit ergibt das in m/s?
4. In einem Großraumbüro (Raumluftzustand 21,5 °C/55 %) fällt eine Kühllast von 34 kW an.
   a) Welcher Zuluftstrom in m^3/h ist bei einer Nur-Luft-Anlage erforderlich, wenn die Temperaturdifferenz zwischen Zuluft und Raumluft nur 3,5 K betragen darf. Die Luftdichte ist mit 1,2 kg/m^3 zu veranschlagen.
   b) Welchen Außenluftanteil muss diese Zuluft etwa haben, wenn 58 Personen in dem Büro arbeiten?
   c) Welchen Durchmesser müssen die Zu- und Abluftleitung einer Nur-Luft-Anlage haben, wenn man eine Strömungsgeschwindigkeit von 8 m/s ansetzt?
   d) Welchen Durchmesser müssten Wasserleitungen einer Luft-Wasser-Anlage bekommen, wenn das Wasser sich zur Abfuhr dieser Wärmelast um 4 K erwärmt und mit 0,8 m/s strömt?
   e) Welchen Durchmesser müssen die Zu- und Abluftleitung einer Luft-Wasser-Anlage haben, wenn man eine Strömungsgeschwindigkeit von 8 m/s ansetzt?
   f) Welchen Durchmesser müssten die Haupt-Flüssigkeits- und -Saugleitung eines R-410A Klimageräts für diese Kühllast bekommen, wenn folgende Daten gelten? Strömungsgeschwindigkeit in der Saugleitung w_{SL} = 10 m/s, in der Flüssigkeitsleitung w_{FL} = 1 m/s. Dichte der Flüssigkeit 1 kg/dm^3, spezif. Volumen des Saugdampfs v_1 = 30 dm^3/kg, spezif. Nutzkältegewinn q_{0e} = 160 kJ/kg.

5. Welche Längendehnung (in mm) muss ein Kompensator ausgleichen können, wenn ein Luftkanalabschnitt aus Stahlblech von 9,8 m Länge sich im Brandfall von 20 °C auf 860 °C erwärmt?
6. Ein Luftkanal von 50 cm Innendurchmesser muss durch einen Durchbruch geführt werden, der maximal 25 cm Innenhöhe zulässt. Die Strömungsgeschwindigkeit beträgt 10 m/s.
   a) Welche Breite muss ein Rechteckkanal mit 25 cm Innenhöhe bekommen, damit die Strömungsgeschwindigkeit erhalten bleibt?
   b) Auf welchen Wert ändert sich die Querschnittsfläche, wenn das Rundrohr einfach auf 25 cm Innenhöhe abgeplattet wird (s. Abb. 3.12)? Wie groß ist dann die Strömungsgeschwindigkeit?

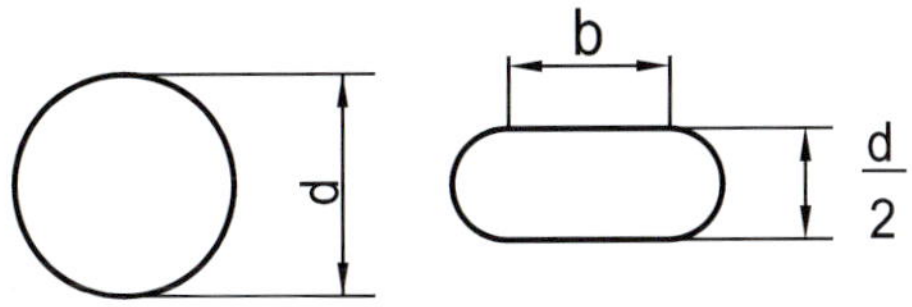

Abb. 3.12

7. Die Außenluft für eine Messehalle wird im Sommer durch ein Kreislaufverbundsystem sensibel um 12 K vorgekühlt. Erläutern Sie mit einer Modellrechnung die Energieeinsparung bzw. Kostenersparnis. Gehen Sie von folgenden Werten aus: Luftvolumenstrom 68000 m³/h, Dichte der Luft $\rho = 1{,}145\ kg/m^3$.
   a) Welche Kälteleistung (kW) liegt dadurch vor?
   b) Welche Kosten würden bei einem Arbeitspreis von 0,21 €/kWh für diese Kälteleistung mit einem Wasserkühlsatz entstehen, der mit einem EER-Wert von 6,4 an 100 Tagen zu je 6 h arbeitet?

Technische Kommunikation

1. Abbildung 3.13 zeigt das unvollständige Fließbild einer RLT-Anlage:

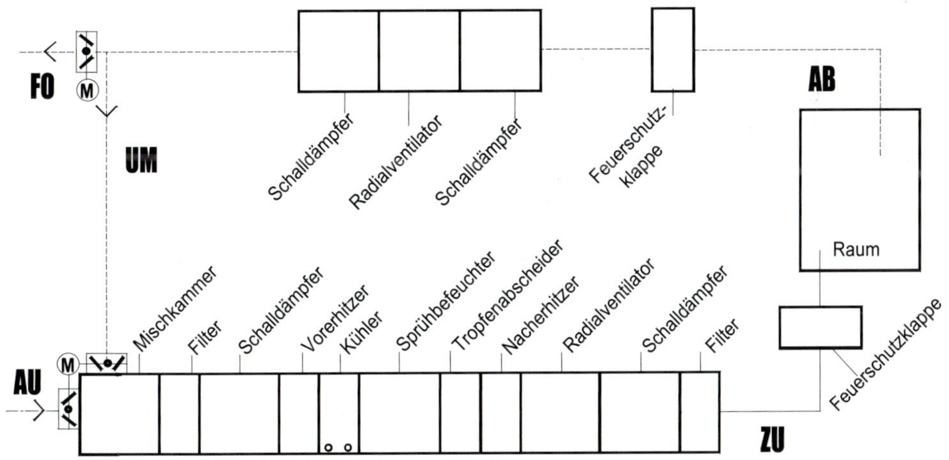

Abb. 3.13

Zeichnen Sie das Fließbild der RLT- Anlage ab unter Verwendung der Symbole nach DIN 1946. Benennen Sie die Luftarten und legen Sie die Leitungen entsprechend farbig an.

Der Kühler in der Luftbehandlungseinheit soll wie folgt angeschlossen werden:

Das Kältemittel durchströmt nach dem Hubkolbenverdichter einen Enthitzer (Behälter mit eingesteckter Rohrschlange), danach den in Reihe geschalteten Lamellenverflüssiger, bevor es durch einen Sammler in den Verdampfer gelangt.

- Der Enthitzer soll bei zu hoher Wassertemperatur im Speicher durch einen Bypass umgangen werden können.
- Es ist sicherzustellen, dass der Verdampfer nicht vereist.
- Eine Leistungsregulierung ist vorzusehen.
- Die für die Funktion erforderlichen Komponenten sind selbst auszuwählen.

2. RLT-Anlage: Zeichnen Sie von dem skizziertem Raum (Abb. 3.14) den Grundriss und den angegebenen Schnitt jeweils im Maßstab 1 : 25. Vermaßen Sie die Wanddurchbrüche im Grundriss.

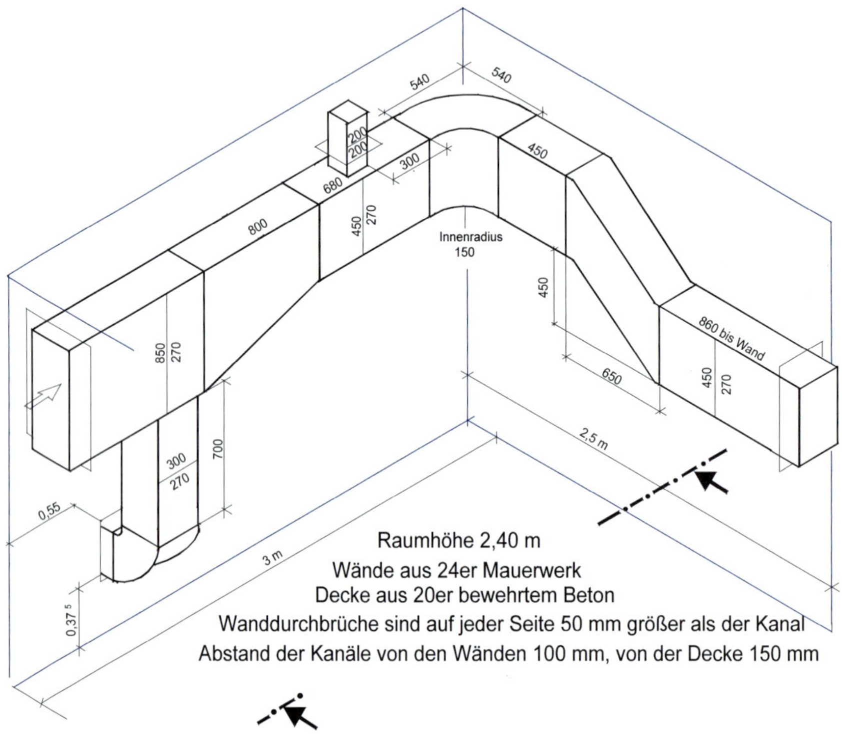

Abb. 3.14

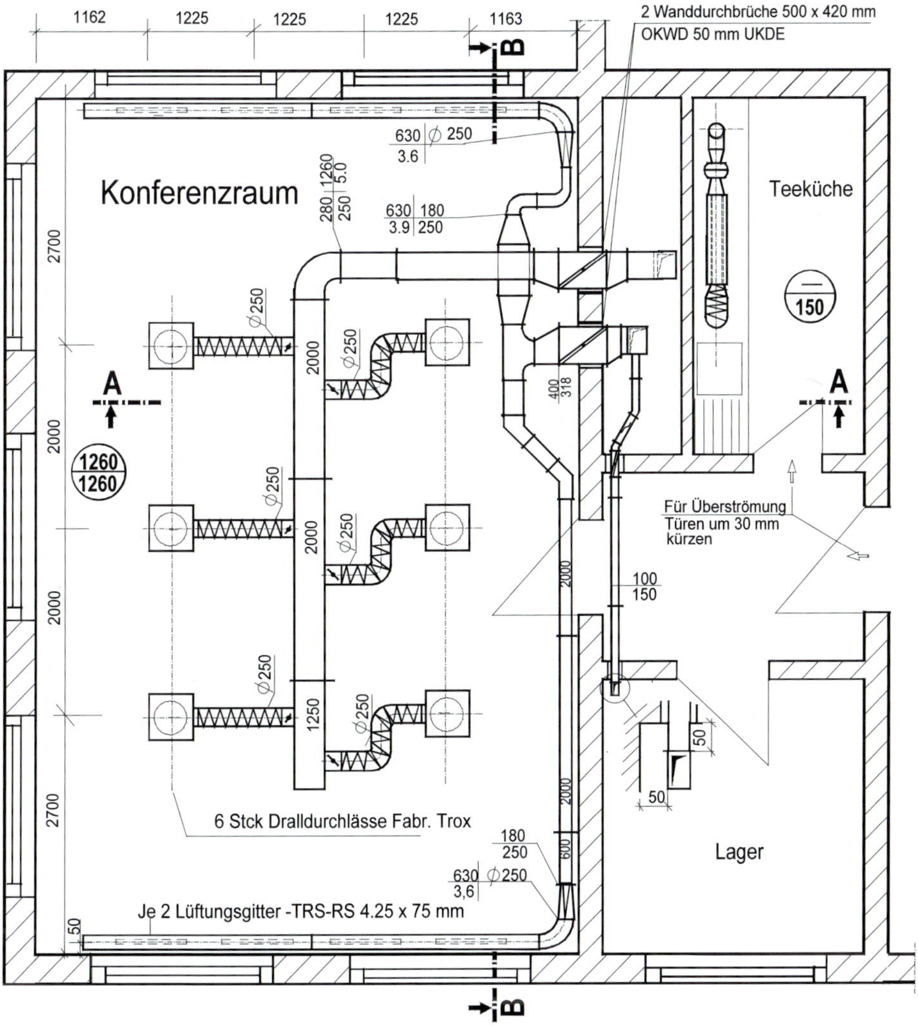

Abb. 3.15 Grundriss

3. Gegeben ist Ihnen der Grundriss (Abb. 3.15) mit zugehörigen Schnitten eines Konferenzraums als Ausschnitt einer Bauzeichnung des RLT-Gewerks (Die Bauzeichnung ist nicht vollständig bemaßt und nicht exakt maßstäblich wiedergegeben).

   Versuchen Sie, sich eine räumliche Vorstellung von der Kanalführung zu verschaffen, und beantworten Sie die folgenden Fragen:

   a) Welches sind Zu- bzw. Abluftleitungen? Kennzeichnen Sie die Kanäle entsprechend den DIN-Farben.

   b) Woher kommt die Zuluft in den Raum? Wohin geht die Abluft aus dem Raum?

   c) Welche Querschnittsform haben die Kanäle, in die die Lüftungsgitter eingearbeitet sind?

d) In der rechten unteren Ecke des Grundrisses sind am Kanal die in Abb. 3.16 dargestellten Werte angegeben. Was bedeuten Sie? Überprüfen Sie den Wert für die Luftgeschwindigkeit:

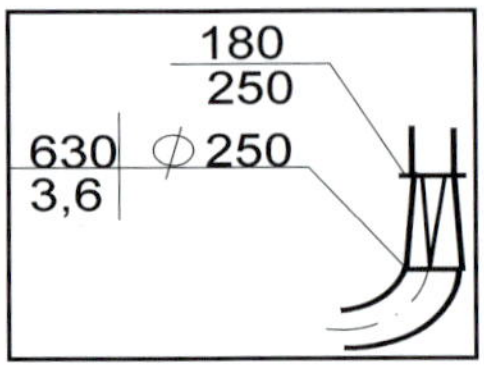

Abb. 3.16

e) Im Zuluftkanal stehen die Angaben:

280 | 1260

250 | 5.0

Was bedeuten Sie? Überprüfen Sie die Luftgeschwindigkeit.

f) Die Abluft beträgt nach Aufgabe d) 630 m^3, die Zuluft aber 1260 m^3. Besteht im Raum ein Überdruck? Erläutern Sie.

g) Welche Luftverhältnisse herrschen in der Teeküche?

h) Muss die Tür zum Konferenzraum auch gekürzt sein?

i) Im Schnitt AA (Abb. 3.17) ist gezeigt, dass die Zu- und Abluftkanäle in dem Versorgungsschacht nach unten führen. Der linke Kanal hat einen größeren Querschnitt. Warum?

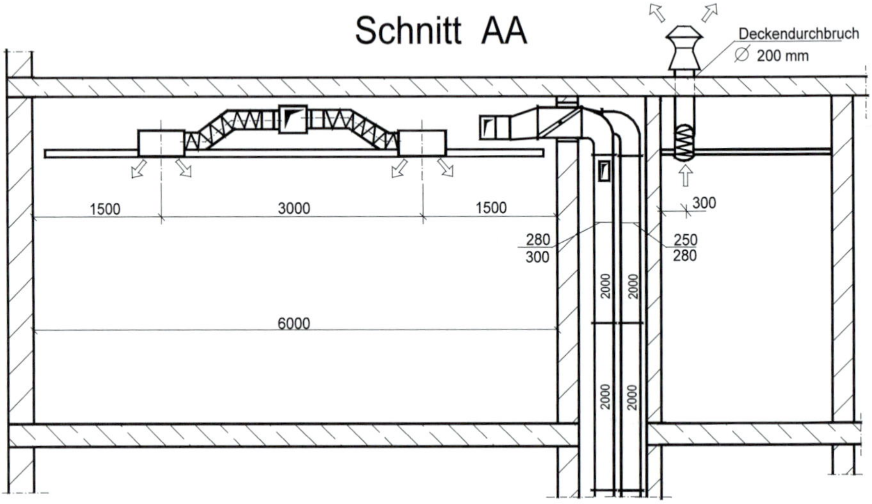

Abb. 3.17

j) Im Schnitt BB (Abb. 3.18) ist die Kanalführung der Abluft unter der Zuluft dargestellt: Erläutern Sie die Kanalführung.

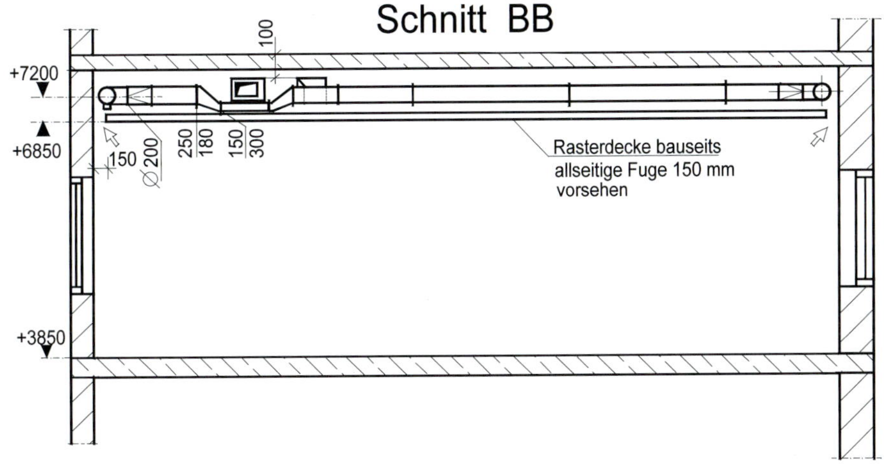

Abb. 3.18

k) In welcher Etage liegt der Konferenzraum? Wie groß ist seine *lichte* Höhe?

l) Luftkanäle, die in einen anderen Raum (Brandabschnitt) führen, sind mit Brandschutzklappen zu versehen, um das Übergreifen eines möglichen Feuers in andere Räume zu verhindern. Suchen Sie für die Brandschutzklappe in Abbildung 3.19 die fehlenden Maße aus der Zeichnung.

m) Auf der Baustelle wird ein Kanalstück 280 x 250; 1250 mm lang; mit zwei runden Anschlüssen ∅ 250 mm angeliefert. Gehört dieses Stück in den Konferenzraum?

n) Was bedeutet die separate Zeichnung im Lager?

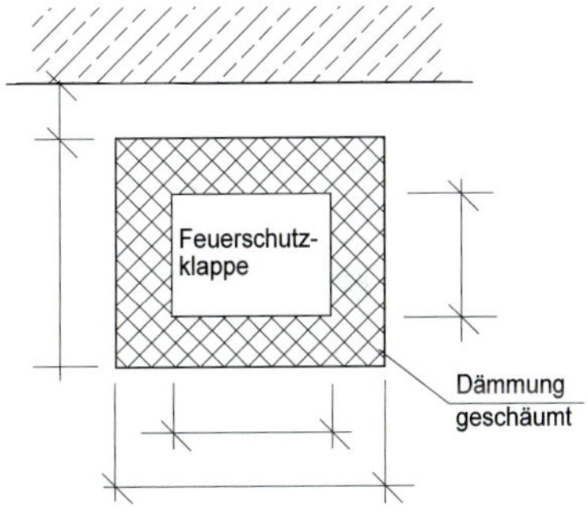

Abb. 3.19

3.1 Lösungen zu: Bauen von klimatechnischen Anlagen und Systemen

Technologie

1. RLT-Anlagen sind Raumlufttechnische Anlagen. Nach DIN 1946 werden sie in Anlagen mit Lüftungsfunktion und Anlagen ohne Lüftungsfunktion aufgeteilt.
2. Mögliche Funktionen einer RLT-Anlage sind Luftwechsel, Heizen, Kühlen, Be- und Entfeuchten sowie Reinigen der Luft. Bei einer Vollklimaanlage sind mindestens zwei Parameter zu regeln, nämlich Lufttemperatur und Luftfeuchtigkeit, sie kann also mindestens kühlen und heizen sowie be- und entfeuchten. Eine Teilklimaanlage kann z. B. nur kühlen und entfeuchten. Diese Bezeichnung trifft deshalb auf die meisten Klimageräte (Klimatruhen, Splitklimageräte usw.) zu.
3. Komfortklimaanlagen haben die Aufgabe, ein für den Aufenthalt von Menschen günstiges Raumklima zu gewährleisten. Die Werte für die Raumtemperatur t_R und die relative Luftfeuchtigkeit φ können dabei innerhalb einer gewissen Bandbreite liegen. Industrieklimaanlagen sollen einen zur Produktion oder Lagerung von Waren oder für messtechnische Erfordernisse nötigen Raumluftzustand sicherstellen.
4. Komfortklimaanlagen: Bürogebäude, Krankenhäuser, Theater, Hotels, Restaurants usw. Industrieklimaanlagen: Druckindustrie und Papierverarbeitung, Leder-, Textil- und Holzindustrie usw. In Museen und Bibliotheken gilt die Klimatisierung primär für die Objekte und sekundär für den Menschen.
5. Temperatur zwischen 20 °C und 26 °C, rel. F. zwischen 30 % und 65 %, x_{max} = 11,5 g/kg (s. Abb. 3.20).
6. Bei zu geringer Luftfeuchtigkeit droht Austrocknung der Schleimhäute mit erhöhter Anfälligkeit für Erkältungskrankheiten. Bei hoher Luftfeuchtigkeit und zu hoher Temperatur wird das Klima als schwül empfunden, weil der Mensch seine Körperwärme dann schlechter durch Verdunsten abgeben kann.

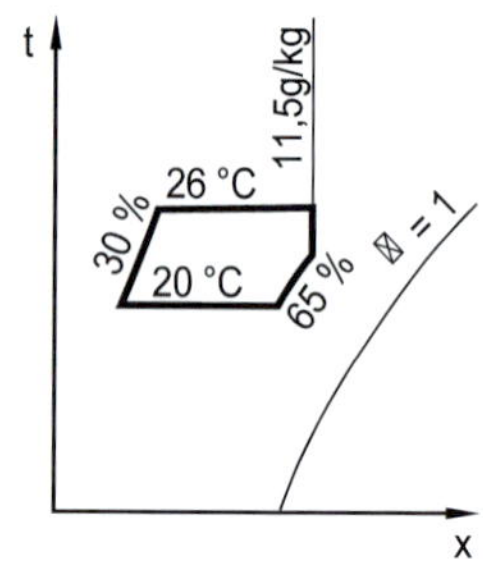

Abb. 3.20

7. Unter *thermischer Behaglichkeit* ist ein Zustand zu verstehen, bei dem der Mensch mit seiner thermischen Umgebung zufrieden ist. Abgesehen von individuellen Faktoren wie Alter, Geschlecht, Aktivität, Bekleidung, Aufenthaltsdauer usw. sind Luftgeschwindigkeit und Temperatur der umgebenden Flächen sowie Temperaturverteilung im Raum maßgeblich für die thermische Behaglichkeit des Menschen. Die Behaglichkeit allgemein hängt noch von weiteren Faktoren ab wie z. B. Raumakustik und Lichtverhältnisse sowie Staub- und Schad- bzw. Geruchsstoffbelastung.
8. Bei leichter Tätigkeit im Sitzen (Büro) wird eine Luftgeschwindigkeit von 0,2 m/s gerade noch nicht als Zugluft empfunden. Je nach Aktivität und Lufttemperatur kann der Wert geringer sein oder steigen (s. Abb. 3.21). Die

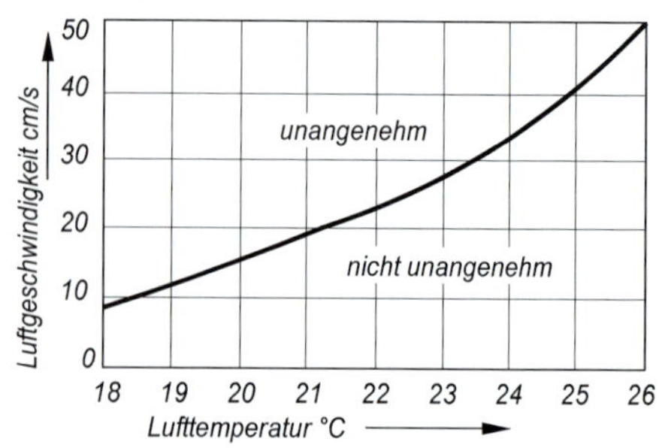

Abb. 3.21

Temperatur der umgebenden Flächen sollte nicht mehr als 3 K von der Raumtemperatur abweichen, weil der Mensch sonst die damit verbundene Abstrahlung bzw. Einstrahlung von Wärme als unangenehm empfindet.

9. a) Die Wandtemperatur ist von Bedeutung, weil der Mensch Wärme durch Strahlung abgibt. Je kälter die Wand ist, desto größer ist die Wärmeabgabe durch Strahlung. Eine kalte Wand „strahlt uns kalt an", entzieht uns also viel Wärme durch Strahlung. Umgekehrt überträgt eine warme Wand Wärme durch Strahlung zum menschlichen Körper hin (Kachelofen).
   b) Auf der Diagonalen sind Wand- und Raumlufttemperatur gleich groß. Unter dieser Bedingung liegt der Behaglichkeitsbereich zwischen ca. 18 °C und 22 °C.
   c) Rechts ist die Wandtemperatur höher als die Raumlufttemperatur, also überwiegt der Strahlungsanteil, links der Diagonalen ist es umgekehrt, also überwiegt die Konvektion.
   d) Wenn die mittlere Wandtemperatur 20 °C beträgt, darf die mittlere Raumlufttemperatur im Bereich von ca. 15 °C bis 23,5 °C liegen.
   e) Fall 1: Luft 20 °C, Wand 15 °C = zu kalt; Fall 2: Luft 25 °C, Wand 20 °C = zu warm; Fall 3: Luft 15 °C, Wand 20 °C = gerade noch angenehm.
10. Wenn bei z. B. 32 °C Außentemperatur eine Raumlufttemperatur von nur 22 °C herrscht, wird der menschliche Organismus durch die Umstellung beim Verlassen bzw. Betreten des Raums stark belastet, sodass Erkältungskrankheiten die Folge sein können. Außerdem bedeutet eine geringere Temperaturdifferenz auch geringeren Energieverbrauch für die Kühlung der Außenluft. Beides kann durch eine Anhebung der Raumtemperatur auf z. B. (in diesem Fall zulässige) 27 °C vermieden werden.
11. Die Temperatur der eingeleiteten Luft sollte nicht mehr als 3 – 6 K unter der Raumlufttemperatur liegen. Personen sollten nicht direkt angeblasen werden.
12. Die Außenluftrate gibt an, welche Außenluftmenge einem Raum pro Person und Stunde zugeführt werden muss, damit die Raumluft hygienischen Anforderungen genügt und nicht als „verbraucht" empfunden wird. Die Tabelle 3.3 (Auszug aus DIN 1946-2) zeigt einige Beispiele:

Tab. 3.3

Raumart	Mindestaußenluftstrom je Person in m^3/h	Raumart	Mindestaußenluftstrom je Person in m^3/h
Einzelbüro	30	Klassenraum	30
Großraumbüro	50	Gaststätte	40

Die Luftwechselzahl gibt an, wie oft pro Stunde die Raumluft gewechselt wird. Sie ist kein Ersatz für die Berechnung des erforderlichen Zuluftstroms zur Bewältigung der Lasten (Wärme, Feuchte, Schadstoffe usw.) und die Bestimmung des erforderlichen Außenluftanteils.

13. Der Kohlenstoffdioxid(CO_2)-Gehalt der Raumluft ist ein Maß für die Raumluftqualität und sollte gemäß DIN 1946/2 0,15 % (1500 ppm) nicht überschreiten. Dabei ist CO_2 Leitkomponente für die Luftverschlechterung durch vom Menschen ausgeschiedene Bioeffluenzen. Der Mensch atmet nämlich Luft mit einem CO_2-Gehalt von 4 % (40000 ppm) aus

und erhöht so den natürlichen CO_2-Gehalt von 0,04 % (400 ppm) der Luft. Hinzu kommt, dass CO_2 auch für die Sauerstoffversorgung des Blutes eine Rolle spielt. Erhöhte CO_2-Werte im Blut führen zu verminderter Leistungsfähigkeit. DIN EN 16798-3 klassifiziert die Qualität der Raumluft nach maximalem CO_2-Gehalt oberhalb der Konzentration in der Außenluft in vier Stufen (RAL 1: < 550 ppm, RAL 2: < 800 ppm, RAL 3: < 1350 ppm, RAL 4: < 1350 ppm).

14. Je nachdem, mit welchem Medium ein RLT-System den dabei notwendigen Wärmetransport (thermische Last) übernimmt, unterscheidet man Nur-Luft-Anlagen, Luft-Wasser-Anlagen und Direktverdampfungssysteme. Bei *Nur-Luft-Anlagen* wird die thermische Last ausschließlich durch Luft abgeführt. Die Luft wird in einem Zentralgerät konditioniert und über Luftkanäle zu den Räumen geleitet. Bei *Luft-Wasser-Anlagen* werden die thermischen Lasten nur zum Teil durch Luft aus der zentralen Luftkonditionierung (Primärluft) und hauptsächlich durch Wasser abgeführt. Bei *Direktverdampfungssystemen* (Splitklimatechnik) wird die thermische Last (Wärme) direkt durch Kältemittel in dem Wärmeübertrager der Inneneinheit (beim Kühlen Verdampfer, beim Heizen Verflüssiger) abgeführt.
15. Bei Nur-Luft-Anlagen ist der Platzbedarf wegen des großen spezifischen Volumens der Luft als Übertragungsmedium am größten (Luftkanäle), bei Direktverdampfungssystemen aufgrund der Latentwärme (Verdampfen bzw. Verflüssigen) am kleinsten (Kältemittelleitungen). Luft-Wasser-Anlagen liegen dazwischen (kleinere Luftkanäle und Wasserleitungen).
16. Fensterklimageräte wurden in den 30er Jahren in den USA entwickelt und sind kompakte kleine Kälteanlagen auf einem Rahmen, bei denen der Verdampfer samt Luftauslass und Bedienfeld die eine Seite einnimmt. Sie werden so in Fenster oder Wanddurchbrüche eingebaut, dass der Verdampfer im Raum ist, Verflüssiger und Verdichter sich dagegen außen befinden.
17. Bei einem Splitklimagerät sind Kalt- und Warmseite einer Kälteanlage in getrennten Einheiten untergebracht (gesplittet). Die Inneneinheit (im Kühlbetrieb Verdampfer) wird im Raum montiert und mit entsprechenden Leitungen mit der Außeneinheit (Verflüssigungssatz) verbunden
18. Bei Splitklimageräten befindet sich die Verflüssigereinheit (Verdichter und Verflüssiger) außerhalb des klimatisierten Raums, was besondere Laufruhe zur Folge hat. Bei einteiligen Geräten wird die Verflüssigerwärme z. B. durch Wasser oder Luftschläuche abgeführt.
19. Die eventuell störenden Einspritzgeräusche treten so nicht im Raum auf. Die Einspritzleitung benötigt dann eine Wärmedämmung ebenso wie die Saugleitung.
20. Bei einer Multisplit-Anlage sind an eine Außeneinheit mehrere Inneneinheiten mit jeweils separaten Leitungen angeschlossen. VRF/VRV-Systeme bestehen oft aus mehreren Außeneinheiten, deren zahlreiche Inneneinheiten (bis zu 64 pro Außeneinheit) in einem ggf. weit verzweigten Rohrleitungsnetz mit Kältemittelverteilern (Verzweigungen) angeschlossen sind. Die leistungsgeregelten Außeneinheiten und die separat mit elektronischem Expansionsventil ausgestatteten Inneneinheiten ermöglichen zusammen mit regelbaren Lüftern für die Wärmeübertrager und einer Mikroprozessorsteuerung des jeweils erforderlichen Kältemittelstroms eine individuelle Regelung der einzelnen Räume. (**VRF**, **VRV** = **V**ariable **R**efrigerant **F**low bzw. **V**olume, also variabler Kältemittelvolumenstrom).
21. Bei Direktverdampfungsgeräten wird stets die Taupunkttemperatur der Raumluft unterschritten, wodurch es zur Kondensatbildung kommt.

22. a) Direkte Ableitung mit konstantem Gefälle von 1 cm pro m bei möglichst kurzer horizontaler Strecke; Schlauch für horizontale Strecke ungeeignet, nur zum Anschluss ans Gerät.
    b) Nach dem Austritt der Kondensatleitung aus dem Gerät folgt eine kurze Steigstrecke (max. 25 mm Leitungsdurchmesser, damit das Kondensat nicht zurückläuft), die von der Kondensatpumpe überwunden wird. Danach wird mit natürlichem Gefälle gearbeitet. Durchmesserangaben des Herstellers beachten.
    c) Direkt aus dem Gerät raus in die Sammelleitung mit gleichmäßigem Gefälle; Entlüftung vorsehen, damit nicht ein Gerät sein Kondensat in ein anderes pumpt (Störung!).
23. Bei Direktanschluss an das Abwassersystem besteht die Gefahr, dass Mikroorganismen, die sich im Abwasserleitungssystem befinden (Bakterien, Pilze), in das Gerät „hineinwandern“ und es kontaminieren.
24. Viele Splitanlagen können von Kühl- auf Heizbetrieb umgeschaltet werden und arbeiten dann als Wärmepumpe (Wärmepumpenbetrieb). Die Umschaltung erfolgt meist durch ein Vierwegeventil, das die Wärmeübertrager in ihrer Funktion umkehrt (Funktionsumkehr), d. h., die Inneneinheit (im Kühlbetrieb Verdampfer) arbeitet dann als Verflüssiger und gibt Wärme ab, der Wärmeübertrager der Außeneinheit (im Kühlbetrieb Verflüssiger) arbeitet nun als Verdampfer und nimmt Wärme auf.
25. a) siehe Abbildung 3.22.

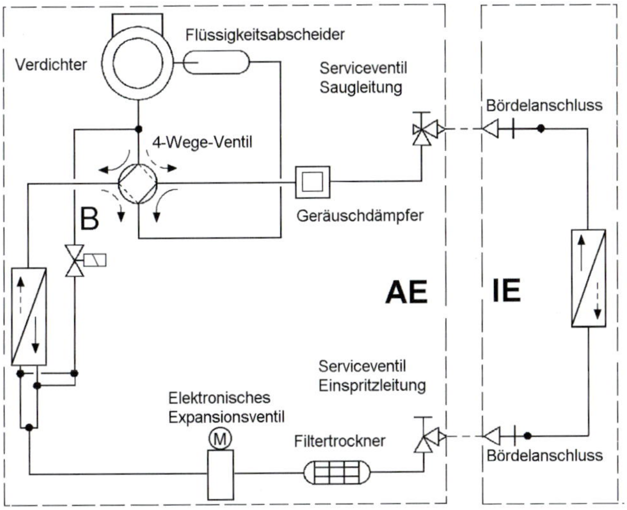

Abb. 3.22

    b) Da nur eine Inneneinheit an die Außeneinheit angeschlossen ist, handelt es sich um eine Monosplit-Anlage.
    c) siehe Abbildung 3.22.
    d) Beim Überschreiten bestimmter Leitungslängen muss die Kältemittelfüllung ergänzt werden, z. B. um 0,25 kg Kältemittel pro laufenden Meter Flüssigkeitsleitung. Diese Füllung wird Trimmfüllung genannt.
    e) Der Bypass wird im Wärmepumpenbetrieb (Winter) zum Abtauen mit Heißgas benötigt.

26. a) Es handelt sich um ein VRF-System, weil die Innengeräte nicht einzeln, sondern in einem Verbundrohrnetz mit dem Außengerät verknüpft sind.

b) Die U-förmigen Bögen in der Steigleitung dienen der Unterstützung der Ölrückführung, es sind sogenannte Ölhebebögen. Das Öl wird bei ausreichend hoher Strömungsgeschwindigkeit auch in der senkrecht nach oben führenden Hauptsaugleitung mitgerissen. Bei längeren Steigleitungen würde bei Leistungsreduzierung (Strömungsgeschwindigkeit reicht nicht mehr aus zum Öltransport) das gesamte im Steigstrang befindliche Öl ganz nach unten fallen, wenn es nicht im nächsten Ölhebebogen zur Ruhe käme. Beim nächsten Hochschalten (Strömungsgeschwindigkeit reicht wieder aus zum Öltransport) ist der Weg für diese Ölmenge zum Verdichter in der Außeneinheit dann kürzer. Manche, aber nicht alle Hersteller von VRF-Anlagen verlangen diese Ölhebebögen alle 10 m.

c) Außeneinheit und Innengeräte sind (im Betriebszustand Kühlen) durch Flüssigkeits- und Saugleitung miteinander verbunden, die Kältemittelflüssigkeit und Saugdampf enthalten.

d) Die Rohrleitung zwischen Außen- und Innengerät darf maximal 150 m lang sein (tatsächliche Rohrlänge). Ihr Druckabfall wird durch Bögen aber höher sein als 150 m gerades Rohr. Jeder Bogen hat einen Druckabfall, der durch ein entsprechend langes gerades Rohrstück repräsentiert wird. Der gesamte Druckabfall darf nur so groß werden wie 175 m gerades Rohr (äquivalente Rohrlänge).

e) Durch die Mikroprozessorsteuerung werden in regelmäßigen Zeitabständen Ölrückführphasen eingeleitet. Sämtliche Stellglieder werden voll geöffnet und das Öl wird bei voller Leistung der Verdichter zurückgeführt.

f) VRF-Anlagen besitzen elektronische Einspritzventile an jeder Inneneinheit. Dadurch ist die individuelle Regelung der einzelnen Inneneinheiten erst möglich.

27. a) Der Kondensatabfluss kann nach hinten, nach rechts oder nach links gelegt werden. Hier wird die Variante nach links beschrieben, die Zeichnung für die anderen Richtungen fehlt.

b) Das Abflussrohr soll abwärts geneigt sein, nicht ansteigen (z. B. am Mauerdurchbruch), keine Unterbögen aufweisen. Sein Ende darf nicht unter Wasser tauchen = freier Abfluss.

c) Der mitgelieferte Halter (Drain pipe presser) muss entsprechend montiert werden.

d) Man gibt einen Becher Wasser in die Abflussschale. Nach Anbringen der Kondensatleitung prüft man, ob das Wasser gleichmäßig abfließen kann.

28. Ein *Wasserkühlsatz* stellt kaltes Wasser zur indirekten Raumkühlung zur Verfügung.

29. **Tab. 3.4**

VRF-System	Wasserkühlsatz (Kaltwassersatz)
• geringerer Energiebedarf, da bei Direktverdampfung ein Temperatursprung entfällt, was jedoch bei großen Leitungslängen wieder fraglich wird (Druckabfall) • keine Zirkulationspumpen erforderlich • Energieeinsparungen möglich durch Wärmeverlagerung, z. B. Heizen einzelner Räume, deren Wärmeübertrager als Verflüssiger für zu kühlende eingesetzt werden	• geringere Kältemittelfüllmenge (GWP) • kurze Kältemittelleitungen (Leckagegefahr) • einfache Kälteverteilung auch bei großen Systemen • Kälteleistung bis 10 MW und mehr

30. In einer Klimazentrale (1) wird Außenluft (4) konditioniert und als Primärluft (5) in das Innengerät (2) innerhalb des Raums geleitet. Dieses saugt zusätzlich Raumluft an (Sekundärluft 7) und heizt oder kühlt mit Wasser (9). Die so behandelte Luft (Raumzuluft 8) sorgt einerseits für die Abfuhr thermischer Lasten und stellt andererseits den nötigen Außenluftanteil sicher. Die Abluft (6) des Raums wird zur Klimazentrale zurückgeführt und teilweise wiederaufbereitet, teilweise nach Wärmerückgewinnung als Fortluft (3) aus dem System geschleust (vgl. Abb. 3.23).

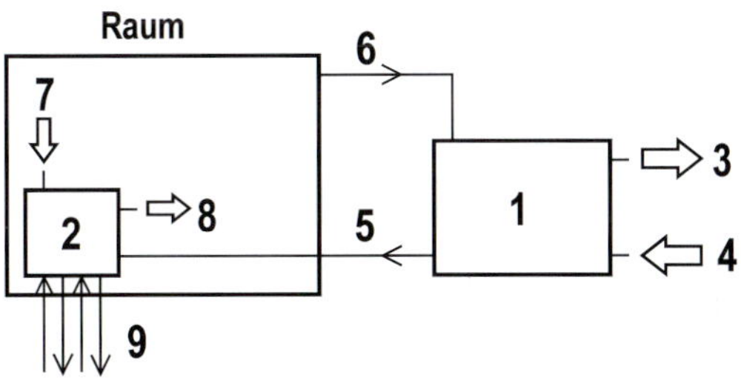

Abb. 3.23

31. Ventilatorkonvektoren und Induktionsgeräte sind die im Raum befindlichen Sekundärgeräte zur Wärmeübertragung und Luftzufuhr. Sie saugen Raumluft an, führen diese über die mit Wasser beheizten oder gekühlten Wärmeübertrager und leiten sie zusammen mit der Primärluft aus der Klimazentrale als Gesamt- oder Raumzuluft in den Raum. Bei Ventilatorkonvektoren wird die Luft durch einen Ventilator im Gerät befördert. Induktionsgeräte arbeiten ohne Ventilator, indem die aus Düsen geblasene Primärluft durch Sogwirkung Sekundärluft mitreißt.

32. Das Induktionsverhältnis ist das Verhältnis des angesaugten Sekundärluftvolumenstroms (Raumluft) zum Primärluftvolumenstrom. Es liegt etwa im Bereich von 1 bis 8.

33. S. Abb. 3.24

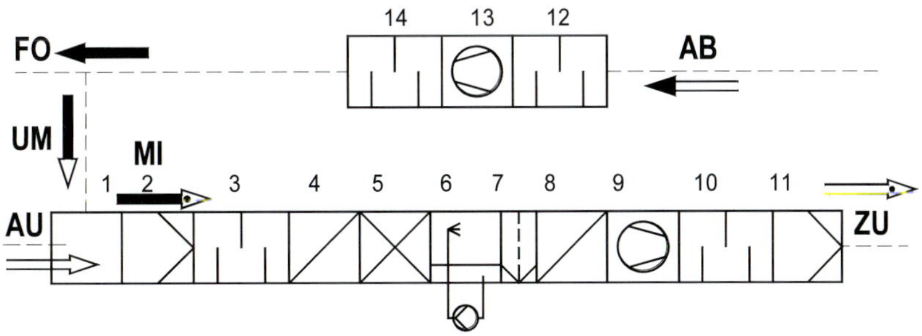

Abb. 3.24

1 Mischkammer
2 Filter
3 Schalldämpfer
4 Vorerwärmer
5 Kühler
6 Sprühbefeuchter (Luftwäscher)
7 Tropfenabscheider
8 Nacherwärmer
9 Ventilator Zuluft
10 Schalldämpfer
11 Filter
12 Schalldämpfer
13 Ventilator Abluft
14 Schalldämpfer

AB	Abluft	gelb
AU	Außenluft	grün
FO	Fortluft	gelb
MI	Mischluft	orange
UM	Umluft	gelb
ZU	Zuluft	violett *

* ab vier Luftbehandlungsfunktionen

34. **Tab. 3.5**

Abluft	die den klimatisierten Raum verlassende Luft.
Außenluft	die dem RLT-System aus der Umgebung zufließende Luft.
Fortluft	die das RLT-System verlassende Luft.
Mischluft	innerhalb des RLT-Systems entstehende Mischung, z. B. aus Umluft und Außenluft.
Umluft	die innerhalb des RLT-Systems verbleibende und wieder zur Aufbereitung vorgesehene Luft.
Zuluft	die dem klimatisierten Raum vom RLT-System zugeführte Luft.

35. Die dem Raum zugeführte Luft ist mit großem Energieaufwand konditioniert worden und nach Durchgang durch den Raum nicht völlig verbraucht. Es ist daher aus energetischen Gründen sinnvoll, nur so viel Außenluft zuzuführen, wie nötig ist, um die hygienischen Anforderungen (CO_2, Geruchsstoffe) zu erfüllen. Ein Umluftanteil von 100 % würde demgegenüber bedeuten, dass der CO_2-Gehalt und die Geruchsstoffe zu stark anstiegen und die Raumluft als verbraucht empfunden würde.

36. Zunächst einmal benötigt man einen Erhitzer, um kalte Luft auf die gewünschte Temperatur zu bringen (Winterbetrieb). Bei niedrigen Außentemperaturen wird allerdings auch befeuchtet, um die gewünschte relative Luftfeuchte zu erreichen. Dies Befeuchten geschieht nach dem ersten Erwärmen, weil nur warme Luft genügend Wasserdampf aufnehmen kann, und zwar in diesem Gerät durch Versprühen von Wasser. Die feinen Tröpfchen verdunsten und benötigen dazu Wärme, die sie aus der Luft aufnehmen. Durch den Befeuchtungsvorgang kühlt sich die Luft also ab (Verdunstungskälte). Dann muss mit dem Nacherwärmer wieder auf die richtige Zulufttemperatur gebracht werden.

37. Entfeuchten geschieht durch Kühlen mit Wasserausscheidung (1 – 2, im Kühler Nr. 5) und anschließendes Wiedererwärmen (2 – 3, im Nacherwärmer Nr. 8; vgl. Abb. 3.24). Damit beim Kühlen überhaupt Wasser ausgeschieden wird, muss die Temperatur der Kühlfläche (t_v) unter der Taupunkttemperatur (t_{Tau}) liegen. Entfeuchten findet hauptsächlich im Sommer statt. Warme Luft kann mehr Wasser aufnehmen als kalte. Die warme Außenluft im

Sommer enthält daher viel Wasserdampf. Kühlen ohne Wasserausscheidung würde zu feuchte Luft erzeugen, die nicht mehr als behaglich, sondern als zu schwül empfunden würde.

38. – Intensivierung eines Brands infolge Luftzufuhr (Sauerstoff)
    – Ausbreitung eines Brands über die Lüftungskanäle
    – Ausbreitung von Rauchgasen über die Lüftungskanäle
    – Entzündungsgefahr von Materialien infolge von Strahlungs- oder Übertragungswärme durch heiße Lüftungskanäle

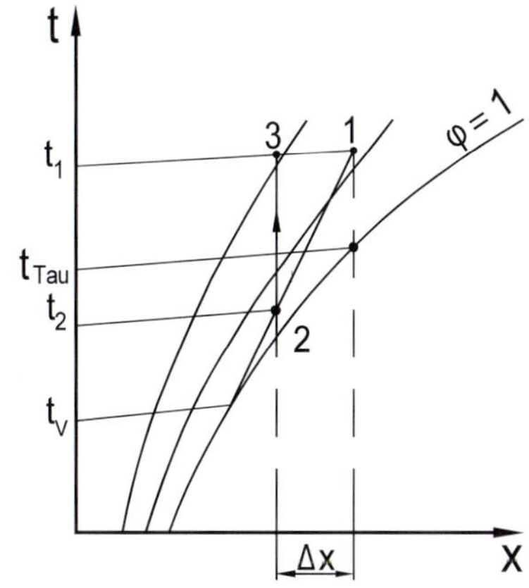

Abb. 3.25

39. Brandschutzklappen sind Absperreinrichtungen für Luftkanäle, die Brandübertragung verhindern. Sie werden üblicherweise eingebaut in die von der Luftleitung überbrückte Wand, die verschiedene Brandabschnitte trennt, und müssen die Feuerwiderstandsklasse der Wand aufweisen. Brandschutzklappen müssen beim Ansprechen der Brandmelde- oder Löschanlage, bei Schmelzlotauslösung oder bei Ausfall des Klappenantriebs (Stromausfall) schließen. Bei Ausfall des Antriebs muss die Klappe geschlossen bleiben.

40. Beim Einbau von Brandschutzklappen in Brandschutzwände muss deren Feuerwiderstandsklasse erhalten bleiben. Dazu müssen sie die Feuerwiderstandsklasse der Wand aufweisen und entsprechend befestigt und abgedichtet werden. Dies geschieht mit Mörtel oder bei Trockeneinbau durch spezielle Klebepaste, die beidseitig in den Spalt zu drücken ist.

41. Bei Wanddurchführungen ist der Zwischenraum zwischen Leitungsdämmschicht und Wand mit nicht brennbaren mineralischen Baustoffen vollständig zu verschließen, sodass die Feuerwiderstandsklasse der Wand erhalten bleibt. Dabei ist die Dehnung der Leitungen zu beachten, d. h., wenn sie nicht mit Kompensatoren ausgerüstet sind, müssen sie leicht verschieblich durch Wände geführt werden.

42. Um Luftleitungen feuersicher zu machen, werden sie z. B. aus Stahlblech mit einer äußeren Dämmschicht aus mineralischen Fasern hergestellt. Diese äußere Dämmschicht wird zweilagig mit versetzten Fugen unmittelbar auf die Leitung aufgebracht.

43. Kompensatoren sind Längenausdehnung ausgleichende (kompensierende) Leitungsstücke, die im Brandfall die Zerstörung der Kanäle durch thermische Längendehnung verhindern.

44. Energierückgewinnung bei RLT-Anlagen bedeutet die Rückgewinnung der zur Aufbereitung der Luft aufgewendeten Energie aus der Fortluft. Im Winter wird die Wärme der Fortluft zum Vorwärmen der Außenluft verwendet, im Sommer die Außenluft mit der Fortluft vorgekühlt. Da Luftaufbereitung sehr energieintensiv ist, lassen sich dadurch erhebliche Betriebskosten einsparen. Das gilt insbesondere angesichts der steigenden Energiepreise. Zugleich bedeutet Energieeinsparung Umwelt- bzw. Klimaschutz, da weniger CO_2, das bei der Energieerzeugung anfällt, entsteht.

45. Rekuperative Systeme: Direkte Verfahren wie Plattenwärmeübertrager (verbreitet), Röhrenwärmeübertrager (selten), indirekte Verfahren: Kreislaufverbundsystem (KVS, verbreitet), Wärmerohr (selten).

    Regenerative Systeme: Rotierende Speichermassen (verbreitet bei Industrieanwendungen, großen Volumenströmen), feststehende Speichermassen (selten).

    Mit äußerer Energiezufuhr: Wärmepumpe.

46. a) Fortluft und Außenluft werden im Plattenwärmeübertrager (PWÜ, s. Abb. 3.26) entlang gemeinsamer Trennflächen geführt, die die Wärme übertragen.

    b) Luftwege siehe Abbildung 3.26. Wenn die Außenluft mit 32 °C wärmer ist als die Fortluft, herrschen sommerliche Temperaturen und es wird Wärme von der Außenluft an die Fortluft übertragen, die Außenluft also vorgekühlt bzw. Kälte zurückgewonnen.

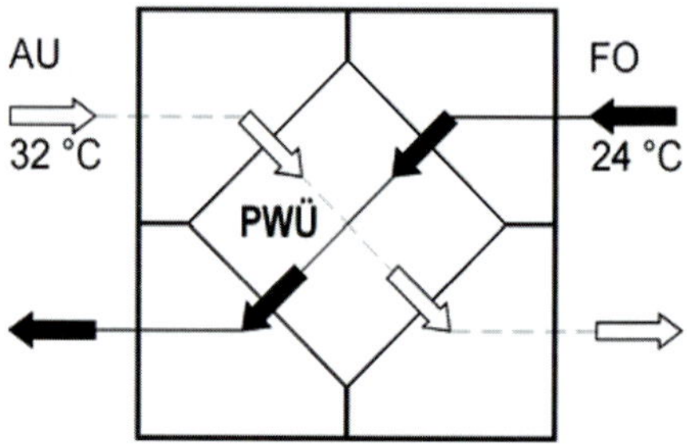

Abb. 3.26 Plattenwärmeübertrager

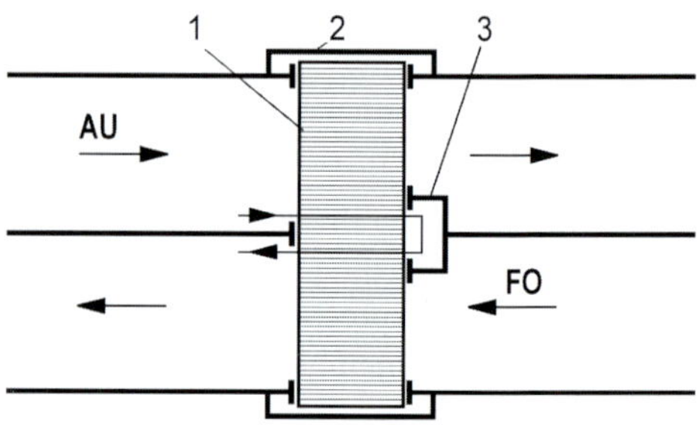

Abb. 3.27 Rotationswärmeübertrager

47. a) Ein Rotor mit Speichermasse (1) dreht sich langsam (z. B. zehn Umdrehungen/min) in einem Gehäuse (2), das in der oberen Hälfte von der Außenluft, in der unteren von der Fortluft durchströmt wird. Der Rotor besteht z. B. aus gewickelter Aluminium-Wellfolie und wird von der wärmeren Luft aufgeladen, sodass er nach einer halben Umdrehung seine Wärme an die kältere Luft wieder abgeben kann. Die Spülkammer (3) ist ein Reinigungssektor und verringert die Vermischung von Fort- und Außenluft durch Mitrotation, indem die Lamellen in Gegenrichtung von der Außenluft durchspült und so die enthaltene Fortluft (Abgase) in den Fortluftkanal gedrückt wird. Dazu ist allerdings ein entsprechendes Druckgefälle erforderlich (vgl. Abb. 3.27).

    b) Trotz Spülkammer und hochwertiger Dichtungen zwischen den Kanalabschnitten kommt es zu einer geringfügigen Vermischung von Fort- mit Außenluft, die bei stark kontaminierter Fortluft (Geruch, Keime) zu hygienischen Problemen führen kann.

    c) Wenn der Rotor mit einer hygroskopischen Oberfläche oder einem Sorptionsmittel (z. B. Silikagel) ausgestattet ist, kann auch Feuchte übertragen werden, was besonders im Sommer durch Entfeuchtung der warmen Außenluft zu erheblichen Energieeinsparungen beim weiteren Kühlen führen kann.

48. a) Die Außenluft strömt durch einen Wärmeübertrager des Kreislaufverbundsystems (KVS) (2) und wird anschließend weiter behandelt, z. B. gekühlt (Kühler 3) oder erwärmt (Erwärmer 4), die Abluft wird ggf. befeuchtet (Sprühdüsenbefeuchter mit Tropfenabscheider 5), bevor sie durch den Wärmeübertrager des KVS (1) strömt und anschließend das System verlässt. Ein Zwischenmedium überträgt die Wärme zwischen den beiden Wärmeübertragern des KVS. Es wird durch eine Pumpe (6) transportiert (vgl. Abb. 3.28).

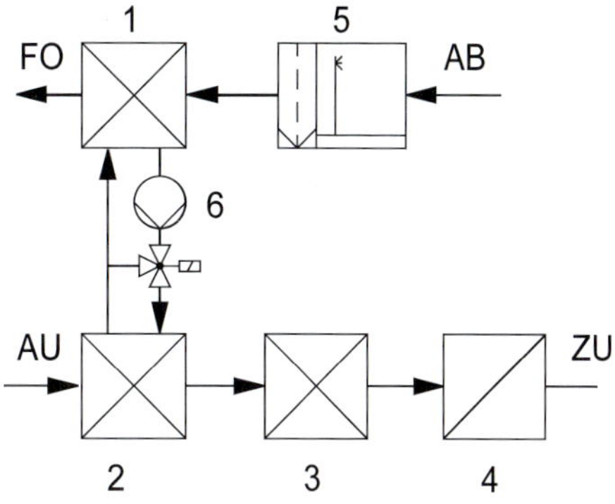

Abb. 3.28 Kreislaufverbundsystem

b) Im Winter wird Wärme von der Fortluft auf die Außenluft übertragen, im Sommer ist es umgekehrt, die Außenluft wird also gekühlt.

c) Mit dem Sprühdüsenbefeuchter wird im Sommer die Abluft befeuchtet, bevor sie in den Wärmeübertrager 1 des KVS kommt. Dadurch kühlt sie sich ab (adiabate Verdunstungskühlung) und kann mehr Wärme von der Außenluft aufnehmen. Dass dadurch zugleich ihre relative Luftfeuchte steigt, spielt keine Rolle, weil sie nach der Wärmeaufnahme das System als Fortluft verlässt.

d) Im Winter kann die Außenluft so kalt sein, dass der Gefrierpunkt von Wasser unterschritten wird.

49. a) Das Wärmerohr ist ein geschlossenes, mit Kältemitteldampf gefülltes, ggf. außen beripptes Rohr, das schon bei geringer Temperaturdifferenz an seinem einen Ende Wärme durch Verdampfen aufnimmt und am anderen durch Verflüssigen abgibt. Der entstehende Dampf (D) strömt aufgrund des Dampfdruckgefälles zur Kaltseite. Der Rücktransport des Kondensats (F) erfolgt häufig durch innen auf der Rohrwandung aufgebrachtes Kapillarmaterial (K). Wärmerohre mit Wasser als Kältemittel arbeiten im Vakuumbereich und werden zur Wärmerückgewinnung im Klimabereich eingesetzt (vgl. Abb. 3.29).

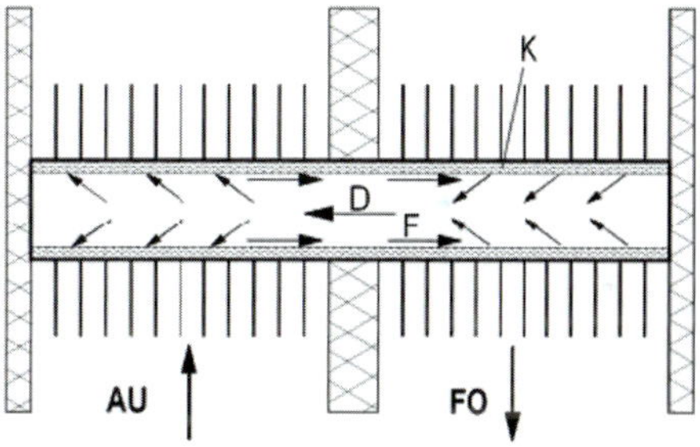

Abb. 3.29 Wärmerohr

b) Da die Fortluft das Kältemittel verdampfen lässt und der Dampf von der Außenluft zur Kondensation gebracht wird, muss die Fortluft wärmer sein als die Außenluft, Jahreszeit also Winter.

50. Sowohl beim Wärmerad als auch beim Plattenwärmeübertrager müssen Fort- und Außenluftkanal zusammengeführt werden. Beim Kreislaufverbundsystem ist das nicht der Fall. Es müssen nur die Wärmeübertrager in den jeweiligen Kanal eingebunden werden, die räumliche Distanz überwindet das Rohrleitungssystem des Wärmeträgers. Da eine nachträgliche Änderung der Luftkanäle aufwendig ist, ist das KVS für Nachrüstung besser geeignet.

51. **Tab. 3.6**

System	KVS	PWÜ	Wärmerad	Wärmerohr
Wirkungsgrad	ca. 60 %	ca. 70 %	ca. 80 %	ca. 50 %
Platzbedarf	gering	mittel	groß	gering
Kanalführung am Übertrager	unabhängig	gebunden	gebunden	gebunden
Leckrate	keine	keine	0 – 6 %	keine
Wartung	mittel	gering	mittel	gering
Nebenaggregate	Pumpe, Ausdehnungsgefäß, Ventile	keine	Motor, Riementrieb	keine

Technische Mathematik

1. Heizleistung: $\dot{Q} = \dot{m} \cdot c \cdot \Delta T = \frac{2356 \text{ kg}}{3600 \text{ s}} \cdot 4{,}19 \text{kJ/kgK} \cdot 20 \text{ K} = \underline{\underline{54{,}84 \text{ kW}}}$

2. a) Die im Diagramm zu ermittelnden Werte sind in den folgenden Aufgaben dokumentiert.

   b) Rel. Luftfeuchte nach dem Erwärmen: 21 % ($x_1 = x_2 = 3{,}7$ g/kg)

   c) Befeuchtungswassermenge ($x_3 = 8$ g/kg; $\Delta x = 4{,}3$ g/kg):

   $\dot{m}_W = \dot{m}_L \cdot \Delta x = 10\,000 \text{ kg/h} \cdot 4{,}3 \text{ g/kg} = 43\,000 \text{ g/h} = \underline{\underline{43 \text{ kg/h}}}$

   d) 12,1 °C

   e) Heizleistung Nacherhitzer ($\Delta T = 12{,}1$ K):

   $\dot{Q}_H = \dot{m}_L \cdot c_{pL} \cdot \Delta T = \frac{10\,000 \text{ kg}}{3600 \text{ s}} \cdot 1 \text{ kJ/kgK} \cdot 12{,}1 \text{ K} = \underline{\underline{33{,}61 \text{ kW}}}$

   f) Rel. Luftfeuchte nach dem Erwärmen im Nacherhitzer: 42 %. Damit liegt die Feuchte im zulässigen Bereich nach DIN 1946, nämlich zwischen 30 % und 65 %. Bei zu hoher rel. Feuchte wird die Luft als schwül empfunden, bei zu geringer droht Austrocknung der Schleimhäute und das Risiko von Erkältungskrankheiten steigt.

3. a) Zunächst wird die Querschnittsfläche berechnet:

   $A = 2 \cdot l \cdot b = 2 \cdot 0{,}28 \text{ m} \cdot 0{,}32 \text{ m} = \underline{0{,}1792 \text{ m}^2}$

   Damit lässt sich dann der Volumenstrom berechnen:

   $\dot{V} = A \cdot w = 0{,}1792 \text{ m}^2 \cdot 7 \text{ m/s} = \underline{\underline{1{,}2544 \text{ m}^3\text{/s}}}$

   b) Die gesuchte Fläche ergibt sich aus dem gleichen Volumenstrom mit neuer Strömungsgeschwindigkeit von jetzt nur noch 0,6 m/s:

   $A = \frac{\dot{V}}{w} = \frac{1{,}2544 \text{ m}^3\text{/s}}{0{,}6 \text{ m/s}} = \underline{\underline{2{,}09 \text{ m}^2}}$

   c) Die Strömungsgeschwindigkeit ergibt sich aus dem immer noch gleichen Volumenstrom mit der neuen Querschnittsfläche, die zunächst zu berechnen ist:

   $A = 4 \cdot \frac{d^2 \cdot \pi}{4} = d^2 \cdot \pi = \left(0{,}28 \text{ m}\right)^2 \cdot \pi = \underline{0{,}2463 \text{ m}^2}$

   $w = \frac{\dot{V}}{A} = \frac{1{,}2544 \text{ m}^3\text{/s}}{0{,}2463 \text{ m}^2} = \underline{\underline{5{,}09 \text{ m/s}}}$

4. a) Zur Berechnung dieser als rein trocken angenommenen Kühllast kann die Gleichung $\dot{Q} = \dot{m} \cdot c \cdot \Delta T$ verwendet werden. Die spezif. Wärmekapazität trockener Luft beträgt $c = 1$ kJ/kgK. Mit $\dot{V} = \frac{\dot{m}}{\rho}$ bzw. $\dot{m} = \dot{V} \cdot \rho$ ergibt sich $\dot{Q} = \dot{V} \cdot \rho \cdot c \cdot \Delta T$ und durch Umstellen nach $\dot{V}$:

$$\dot{V} = \frac{\dot{Q}}{\rho \cdot c \cdot \Delta T} = \frac{34\ \text{kW}}{1{,}2\ \frac{\text{kg}}{\text{m}^3} \cdot 1\ \frac{\text{kJ}}{\text{kgK}} \cdot 3{,}5\ \text{K}} = \underline{\underline{8{,}095\ \text{m}^3/\text{s} = 29\,143\ \text{m}^3/\text{h}}}$$

b) Die Mindestaußenluftrate pro Person in einem Großraumbüro beträgt 50 m³/h (s. Tab. 3.3): Der Außenluftstrom ergibt sich somit zu:

$$\dot{V}_{AU} = 58 \cdot 50\ \text{m}^3/\text{h} = \underline{2900\ \text{m}^3/\text{h}}.$$

Das ist bezogen auf den Zuluftstrom ein Anteil von $\frac{2900}{29\,143} = \underline{0{,}0995}$. Der Außenluftanteil des Zuluftstroms muss also bei ca. 10 % liegen.

c) $d = \sqrt{\frac{4 \cdot \dot{V}}{\pi \cdot w}} = \sqrt{\frac{4 \cdot 8{,}095\ \text{m}^3/\text{s}}{\pi \cdot 8\ \text{m/s}}} = 1{,}135\ \text{m} = \underline{\underline{1135\ \text{mm}}}$

Dieser Kanal wird zweimal benötigt (Zu- und Abluft)

d) $\dot{Q} = \dot{m} \cdot c \cdot \Delta T \Rightarrow \dot{m} = \frac{\dot{Q}}{c \cdot \Delta T} = \frac{34\ \text{kW}}{4{,}19\ \text{kJ/kgK} \cdot 4\ \text{K}} = \underline{2{,}0286\ \text{kg/s}}$

Das entspricht bei Wasser einem Volumenstrom von ebenfalls 2,0286 dm³/s. Damit ergibt sich d:

$$d = \sqrt{\frac{4 \cdot \dot{m} \cdot v}{\pi \cdot w}} = \sqrt{\frac{4 \cdot \dot{V}}{\pi \cdot w}} = \sqrt{\frac{4 \cdot 2{,}0286\ \text{dm}^3/\text{s}}{\pi \cdot 8\ \text{dm/s}}} = 0{,}568\ \text{dm} = \underline{\underline{56{,}8\ \text{mm}}}$$

Diese Leitung wird zweimal benötigt (Vor- und Rücklauf)

e) Der Außenluftvolumenstrom wurde unter b) zu 2900 m³/h berechnet, das sind 0,8055 m³/s. Damit ergibt sich:

$$d = \sqrt{\frac{4 \cdot \dot{V}}{\pi \cdot w}} = \sqrt{\frac{4 \cdot 0{,}8055\ \text{m}^3/\text{s}}{\pi \cdot 8\ \text{m/s}}} = 0{,}358\ \text{m} = \underline{\underline{358\ \text{mm}}}\ \text{(zweimal)}$$

f) Zunächst wird auch hier der Massenstrom bestimmt:

$$\dot{Q}_0 = \dot{m}_R \cdot q_{0e} \Rightarrow \dot{m}_R = \frac{\dot{Q}}{q_{0e}} = \frac{34\ \text{kW}}{160\ \frac{\text{kJ}}{\text{s}}} = \underline{0{,}2125\ \text{kg/s}}$$

Flüssigkeitsleitung: $d_{FL} = \sqrt{\frac{4 \cdot \dot{m}_R \cdot v_{FL}}{\pi \cdot w_{FL}}} = \sqrt{\frac{4 \cdot 0{,}2125\ \text{kg/s} \cdot 1\ \text{dm}^3/\text{kg}}{\pi \cdot 10\ \text{dm/s}}} = 0{,}164\ \text{dm}$
$= \underline{\underline{16{,}4\ \text{mm}}}$

Saugleitung: $d_{FL} = \sqrt{\frac{4 \cdot \dot{m}_R \cdot v_{SL}}{\pi \cdot w_{SL}}} = \sqrt{\frac{4 \cdot 0{,}2125\ \text{kg/s} \cdot 30\ \text{dm}^3/\text{kg}}{\pi \cdot 100\ \text{dm/s}}} = 0{,}2849\ \text{dm}$
$\approx \underline{\underline{28{,}5\ \text{mm}}}$

5. $\Delta l = l_1 \cdot \alpha \cdot \Delta T = 9{,}8\ \text{m} \cdot 0{,}0000118/\text{K} \cdot 840\ \text{K} = 0{,}0971376\ \text{m} \approx \underline{\underline{97\ \text{mm}}}$

6. a) Die Strömungsgeschwindigkeit bleibt gemäß Kontinuitätsgesetz erhalten, wenn die Querschnittsfläche konstant bleibt. Der Ansatz lautet also:

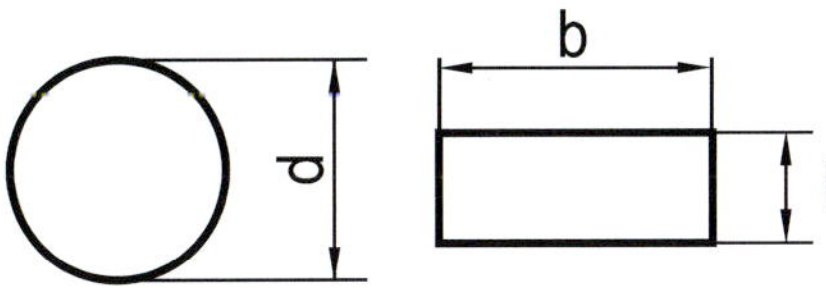

Abb. 3.30

Kreisfläche = Rechteckfläche (s. Abb. 3.30)

$$\frac{d^2 \cdot \pi}{4} = b \cdot h$$

das wird nach b umgestellt, dann mit den Werten gerechnet:

$$b = \frac{d^2 \cdot \pi}{4 \cdot h} = \frac{(50\ \text{cm})^2 \cdot \pi}{4 \cdot 25\ \text{cm}} = \underline{\underline{78{,}54\ \text{cm}}}$$

b) Bei dieser Abplattung kommt es darauf an, die neue Querschnittsfläche zu ermitteln, damit man das Kontinuitätsgesetz anwenden kann. Sie liegt, wie im Folgenden gezeigt wird, bei 75 % bzw. ¾ der ursprünglichen Querschnittsfläche (s. Abb. 3.31).

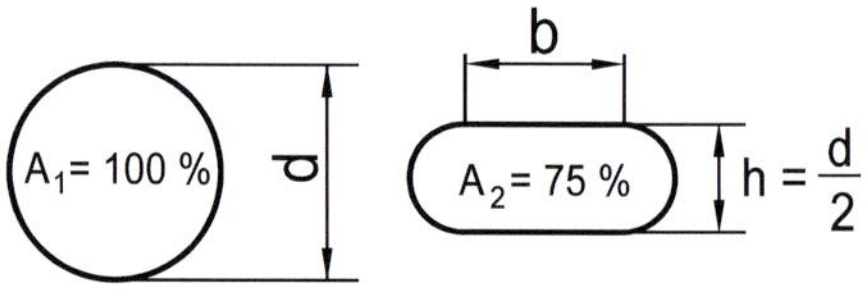

Abb. 3.31

Ansatz: Bei der Abplattung bleibt der Umfang erhalten:

$U_1 = \pi \cdot d, \quad U_2 = \pi \cdot \frac{d}{2} + 2\,b$ daraus wird durch Umstellen b ermittelt:

$$\pi \cdot d = \pi \cdot \frac{d}{2} + 2\,b \Rightarrow b = \frac{\pi \cdot d - \pi \cdot \frac{d}{2}}{2} = \frac{\pi \cdot \frac{d}{2}}{2} = \underline{\underline{\frac{\pi \cdot d}{4}}}$$

Nun werden die beiden Querschnittsflächen (A_1 Kreisfläche mit d, A_2 Kreisfläche mit d/2 + Rechteck aus d/2 · b) berechnet und verglichen.

$$A_1 = \frac{\pi \cdot d^2}{4} \text{ und } A_2 = \frac{\pi \cdot \left(\frac{d}{2}\right)^2}{4} + \frac{d}{2} \cdot \frac{\pi \cdot d}{4} = \frac{\pi \cdot d^2}{16} + \frac{\pi \cdot d^2}{8} = \frac{3}{16} \cdot \pi \cdot d^2$$

A_2 und A_1 werden ins Verhältnis gesetzt:

$$\frac{A_2}{A_1} = \frac{\frac{3}{16} \cdot \pi \cdot d^2}{\frac{\pi \cdot d^2}{4}} = \frac{\frac{3}{16}}{\frac{1}{4}} = \frac{3}{16} \cdot \frac{4}{1} = \frac{12}{16} = \underline{\underline{\frac{3}{4} = 75\ \%}}$$

Berechnung der Strömungsgeschwindigkeit mit dem Kontinuitätsgesetz:

$A_1 \cdot w_1 = A_2 \cdot w_2$ umgestellt nach w_2:

$$w_2 = w_1 \cdot \frac{A_1}{A_2} = 10\ \text{m/s} \cdot \frac{4}{3} = \underline{\underline{13{,}33\ \text{m/s}}}$$

Die Strömungsgeschwindigkeit steigt also um ein Drittel.

7. a) Kälteleistung des Kreislaufverbundsystems:

$$\dot{Q} = \dot{m} \cdot c \cdot \Delta T = \dot{V} \cdot \rho \cdot c \cdot \Delta T = 68\,000\ \text{m}^3/\text{h} \cdot 1{,}145\ \text{kg/m}^3 \cdot 1\ \text{kJ/kgK} \cdot 12\ \text{K}$$

$$= 938\ 400\ \text{kJ/h} = \underline{\underline{260{,}67\ \text{kW}}}$$

b) Antriebsleistung des Wasserkühlsatzes:

$$EER = \frac{\dot{Q}_0}{P} \quad \Rightarrow P = \frac{\dot{Q}_0}{EER} = \frac{260{,}67\text{kW}}{6{,}4} = \underline{\underline{40{,}73\ \text{kW}}}$$

Elektrische Arbeit an 100 Tagen zu 6 h:

$$W_{el} = P \cdot \tau = 40{,}73\ \text{kW} \cdot 6\ \text{h/d} \cdot 100\ \text{d} = \underline{\underline{24\,437{,}5\ \text{kWh}}}$$

Kosten: $K = W_{el} \cdot k = 24\,437{,}5\ \text{kWh} \cdot 0{,}21\ \text{€/kWh} = \underline{\underline{5131{,}88\ \text{€}}}$

Technische Kommunikation

1. Lösungsvorschlag s. Abb. 3.32

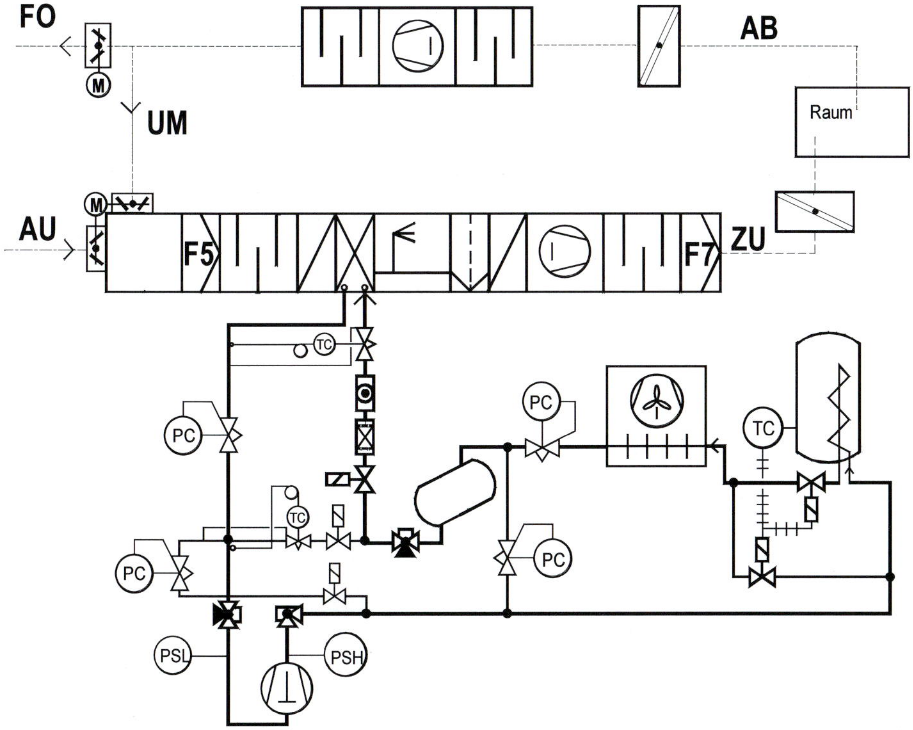

Abb. 3.32

LÖSUNGEN

2.

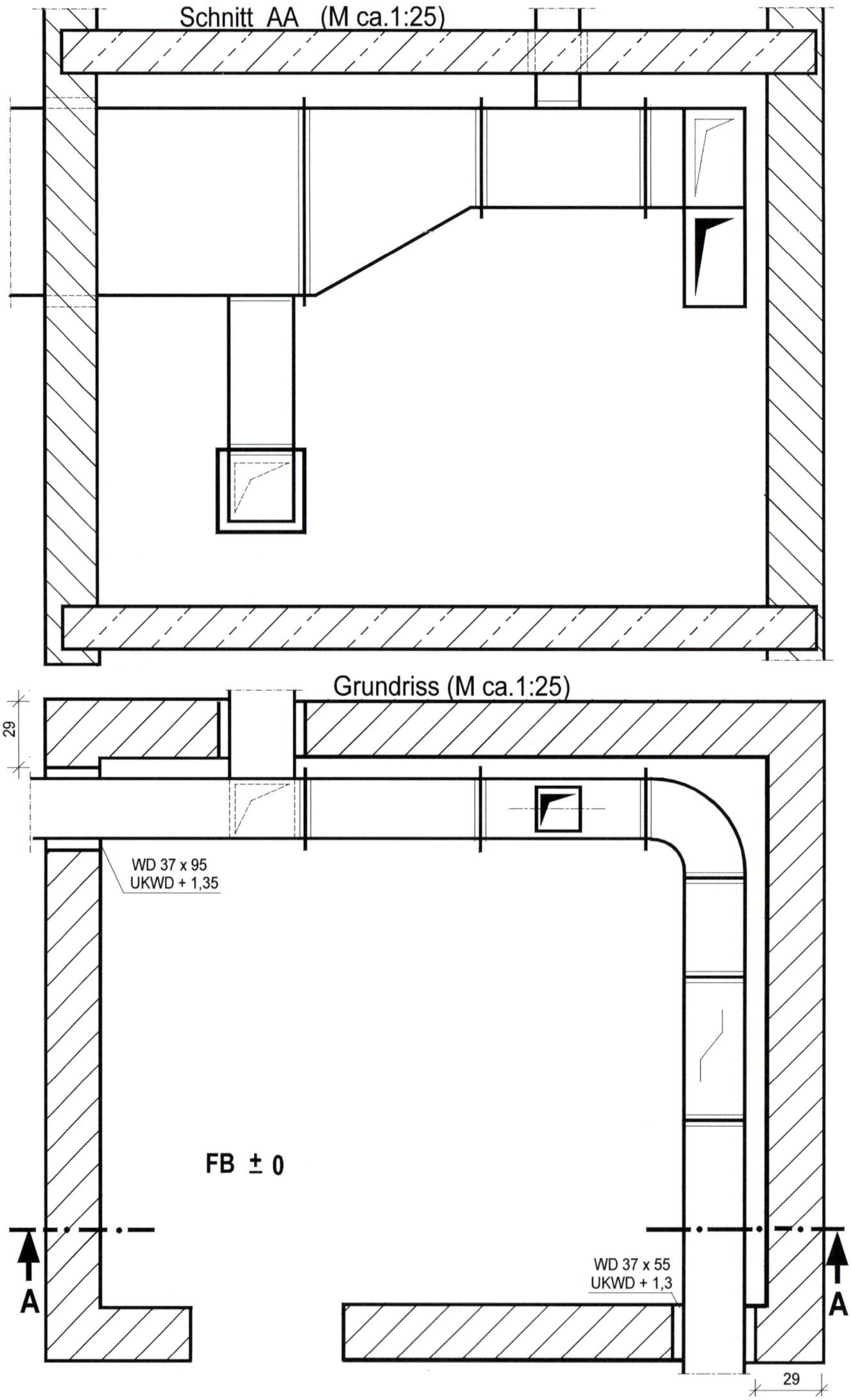

Abb. 3.33

3. a) Die Zuluft (grün) durch die sechs Dralldurchlässe. Die Abluft (gelb) durch die Lüftungsgitter an den Stirnseiten des Raums.

   b) Die Zuluft kommt von unten (Schnitt AA) durch einen Versorgungsschacht, gelangt durch eine Feuerschutzklappe in den Konferenzraum und wird hier durch sechs Dralldurchlässe in den Raum geleitet.

   Die Abluft wird an den Stirnseiten angesaugt, wird dann ebenfalls durch eine Feuerschutzklappe in dem Versorgungsschacht nach unten geleitet. Diese ist im Grundriss durch das Symbol in Abb. 3.34 zu erkennen.

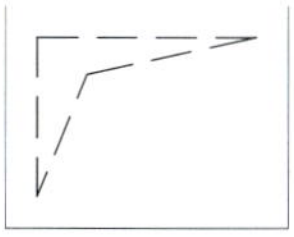

Abb. 3.34

   c) Rund, mit einem Durchmesser von 250 mm (Grundriss Mittellinie im Kanal, Schnitt BB)

   d) 630 bedeutet die Luftmenge in m^3/h; 3,6 die Luftgeschwindigkeit in m/s; 250 der Kanaldurchmesser.

$$A_{Rohr} = \frac{d^2 \cdot \pi}{4} = \frac{(250\ mm)^2 \cdot \pi}{4} = 49\,086\ mm^2 = \underline{\underline{0{,}049\ m^2}}$$

$$\text{Luftgeschwindigkeit: } w_{Luft} = \frac{\dot{V}}{A} = \frac{630\ m^3/h}{0{,}049\ m^2} = 12\,857\ \frac{m}{h} = \underline{\underline{3{,}57\frac{m}{s}}}$$

   e) 280 = Kanalbreite in mm (im Grundriss sichtbar), 250 Kanaltiefe in mm; 1260 die Luftmenge, die durch den Kanal strömt im m^3/h, 5 = Geschwindigkeit in m/s

$$A_{Kanal} = 280\ mm \times 250\ mm = 70\,000\ mm^2 = 0{,}07\ m^2$$

$$w_{Luft} = \frac{\dot{V}}{A} = \frac{1260\ m^3/h}{0{,}07\ m^2} = 18\,000\frac{m}{h} = \underline{\underline{5\frac{m}{s}}}$$

   f) Nein, an beiden Stirnseiten werden **je** 630 m^3 angesaugt.

   g) Abluft 150 m^3, sie wird über einen Dachlüfter geleitet (Schnitt AA). Die Zuluft kommt durch die gekürzten Türen.

   h) Nein, die Gesamtluftbilanz im Konferenzraum ist ausgeglichen, die Werte im großen Kreis sagen aus, Zuluft (oben) 1260 m^3, Abluft (unten) 1260 m^3 (s. Abb. 3.35). Kontrolle auch über die Luftmengenangaben in den Kanälen.

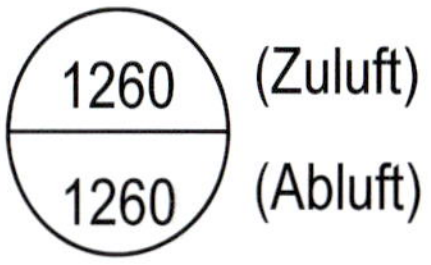

Abb. 3.35

   i) Im Abluftkanal kommt noch ein weiterer Kanal (100/150) aus dem „Lager" hinzu. Um die Luftgeschwindigkeit nicht größer werden zu lassen, muss der Querschnitt größer werden.

   j) Die Abluft kommt von links; der Kanal ist 250 mm hoch und 180 mm tief. Ein Übergangsstück sorgt dafür, dass der Kanal unter der Zuluft nur 150 mm hoch, dafür aber 300 mm tief ist. So ist eine bestimmte Raumhöhe gewährleistet.

   k) Im Schnitt BB sind Höhenmaße angegeben. Die Oberkante Fußboden liegt demnach auf einer Höhe von 3850 mm. Da auf dem vorliegenden Plan der Nullpunkt nicht angegeben ist, kann die Frage nicht genau beantwortet werden. Auf der Gesamtzeichnung (nicht abgedruckt) ist die OK Kellerboden mit Null angegeben, demnach liegt der Konferenzraum im Erdgeschoss. Raumhöhe: (UK-Rasterdecke) 6850 mm - 3850 mm (OK Fußboden) = 3000 mm = 3 m.

l)

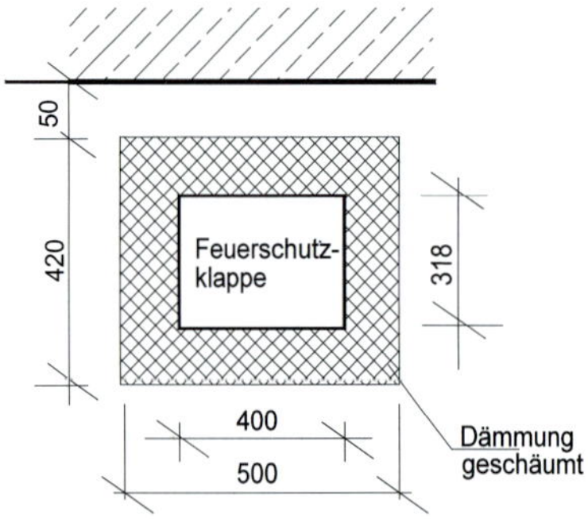

Abb. 3.36

m) Ja, Endstück der Zuluft.

n) Detailzeichnung, dient als Vergrößerung.

4 Lernfeld 16: Bauen von kältetechnischen Anlagen und Systemen

4.1 Anlagentechnik und Ölrückführung

Technologie

1. Was versteht man unter einer Verbundkälteanlage? Nennen Sie ein typisches Anwendungsgebiet.
2. Welche Gründe führen zu Verbundkälteanlagen, bzw. welche Vorteile bieten sie?
3. Auch ein großer Mehrzylinder-Verdichter lässt sich durch Leistungsregelung veränderter Kälteanforderung anpassen. Welchen Nachteil hat das dennoch gegenüber einer Verbundkälteanlage?
4. Welche weiteren energetischen Vorteile von Verbundkälteanlagen sind Ihnen bekannt?
5. Welche Nachteile können mit Verbundanlagen verbunden sein?
6. Warum ist es notwendig, die Kältemittelmenge einer Verbundkälteanlage automatisch überwachen zu lassen?
7. Warum sind bei Verbundkälteanlagen besondere Maßnahmen erforderlich, die Ölversorgung der einzelnen Verdichter sicherzustellen?
8. Nennen Sie drei prinzipiell verschiedene Methoden des Ölstandsausgleichs/der Ölrückführung bei Verbundkälteanlagen und ihre Einsatzgebiete.
9. In der Abbildung 4.1 ist ein einfacher Ölstandsausgleich mit Öl- und Gasverbund skizziert.

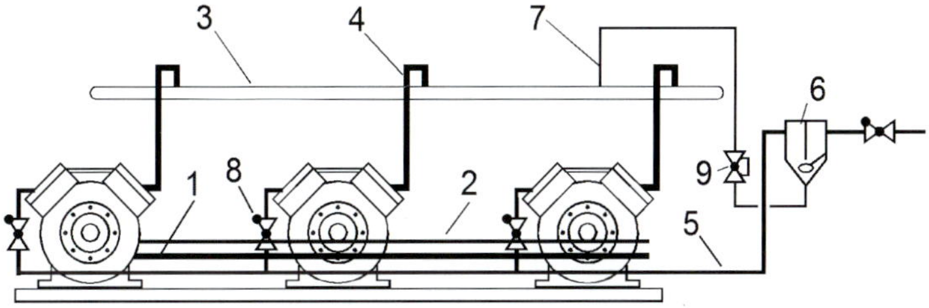

Abb. 4.1 Ölstandsausgleich mit Öl- und Gasverbund (Prinzip)

   a) Benennen Sie die einzelnen Positionen.
   b) Welche Funktion haben Pos. 1 und 2? Was ist bei ihrer Verlegung zu beachten? Warum wird empfohlen, in diese Leitungen Absperrventile einzubauen?
   c) Noch einfachere Systeme verzichten auf die Gasausgleichsleitung. Welche Gefahr besteht dann?
   d) Was ist bei der Aufstellung der Verdichter solch eines Verbundes zu beachten?
   e) Unter welchen Bedingungen kann auf den Ölabscheider verzichtet werden?
   f) Die Saugsammelleitung ist so zu dimensionieren, dass bei Volllast eine Strömungsgeschwindigkeit von 4 m/s nicht überschritten wird. Welchen Sinn hat das?
   g) Wie sind die in die Saugsammelleitung einmündenden Einzelsaugleitungen zu gestalten?
   h) Welchen Zweck haben die Rückschlagventile in den einzelnen Druckleitungen?

i) Eine Variante des gezeigten Systems verwendet Ölabscheider in der Druckleitung jedes einzelnen Verdichters. Wie wird dann das Öl zurückgeführt? Wie ist dies zu beurteilen?

10. Abbildung 4.2 zeigt den schematischen Aufbau eines Ölstandsreguliersystems mit einem gemeinsamen Ölabscheider.

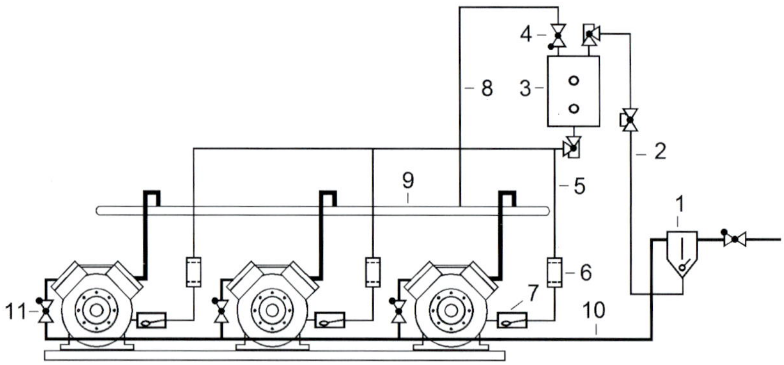

Abb. 4.2 Ölstandsreguliersystem mit einem gemeinsamen Ölabscheider

a) Benennen Sie die einzelnen Positionen.

b) Beschreiben Sie kurz die Funktion des Systems.

c) Was ist bei der Verlegung der Ölrückführleitungen zu beachten?

d) Warum muss die Verbindungsleitung zwischen Druckabsperrventil und Druckleitung mit Gefälle verlegt werden?

11. Abbildung 4.3 zeigt das Prinzip des dynamischen Ölverteilsystems. Benennen Sie die Positionen und erklären Sie die Funktionsweise.

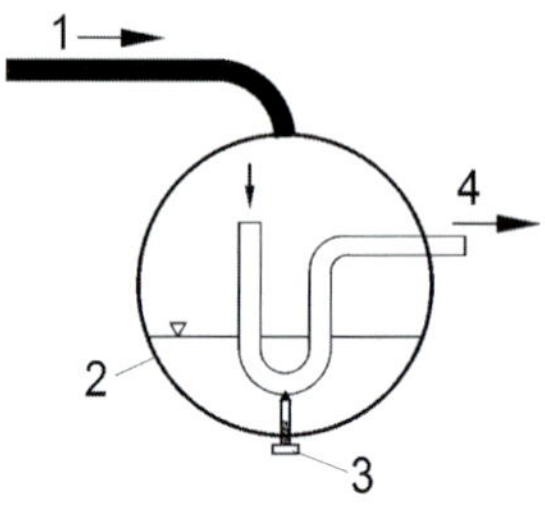

Abb. 4.3 Dynamisches Ölverteilsystem

12. Was bedeutet der Begriff *Grundlastverdichter* im Zusammenhang mit Verbundkälteanlagen?

13. Warum wird der Grundlastverdichter durch die Regelung der Verbundkälteanlage normalerweise automatisch gewechselt?

14. Falls die Verdichter einer Verbundkälteanlage mit *Zusatzkühlung* ausgerüstet sind, muss diese jeweils parallel zum einzelnen Verdichterschütz geschaltet werden. Warum ist das notwendig?

15. Wodurch wird das Zu- bzw. Abschalten der einzelnen Verdichter in Verbundkälteanlagen geregelt?

16. Wie muss das Schaltgerät der Verdichter beschaffen sein, um ein Pendeln (ständiges Zu- und Abschalten) einzelner Verdichter zu vermeiden?

17. Was versteht man im Zusammenhang mit Verbundkälteanlagen unter *binärer Schaltung*?

18. Warum sind bei überfluteten Verdampfern besondere Vorkehrungen zur Ölrückführung zu treffen? Welche?

19. Abbildung 4.4 zeigt das Prinzip der Ölrückführung mit einem Ölaustreiber:
    a) Benennen Sie die Positionen 1 – 8.
    b) Welchen Ölanteil kann man in der Verdampferfüllung etwa zulassen?
    c) Beschreiben Sie die Funktion des Systems, und erklären Sie dabei, was die mit 9 und 10 bezeichneten Pfeile bedeuten.
    d) Der Ölaustreiber wird hier elektrisch beheizt. Welche anderen Verfahren sind möglich?
    e) Warum wird besonders bei Ammoniakanlagen in die Ölrückführung zum Verdichter bzw. den Ölkreislauf am Verdichter ein Feinstfilter eingebaut?

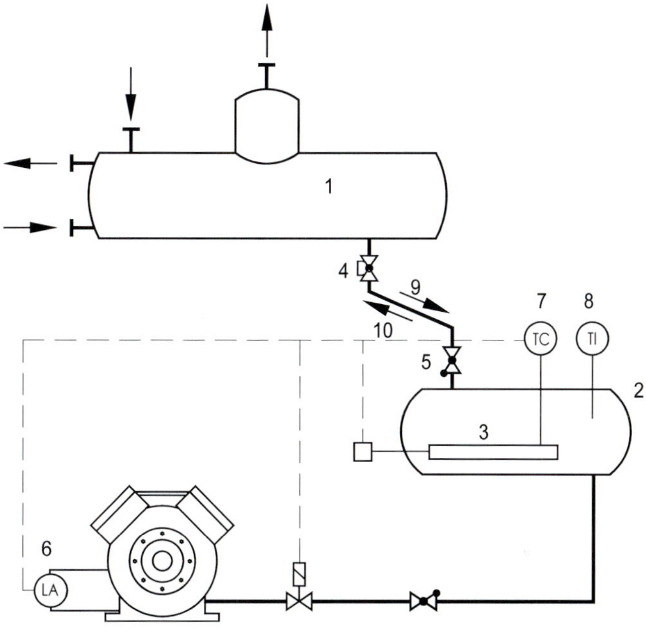

Abb. 4.4 Ölrückführung aus überflutetem Verdampfer

20. Abbildung 4.5 zeigt eine typische Konstellation der Kälteanlagen im Supermarkt.
    a) Welches ist der Normalkühl-, welches der Tiefkühl-Verbund (NK, TK)? Welches der Kältemittel R-134a und R-449A ist für NK, welches für TK geeignet?
    b) Welche Aufgabe hat der Wärmeübertrager (C)? Wie ist er also zu bezeichnen?
    c) Welchen Vorteil bringt der Wärmeübertrager für den TK-Verbund? Tragen Sie die resultierende Veränderung und den jeweiligen Nutzkältegewinn q_{0e} in die Diagramm-Skizze (Abb. 4.6) ein. Das Diagramm zeigt hier den TK-Prozess ohne den Wärmeübertrager C.

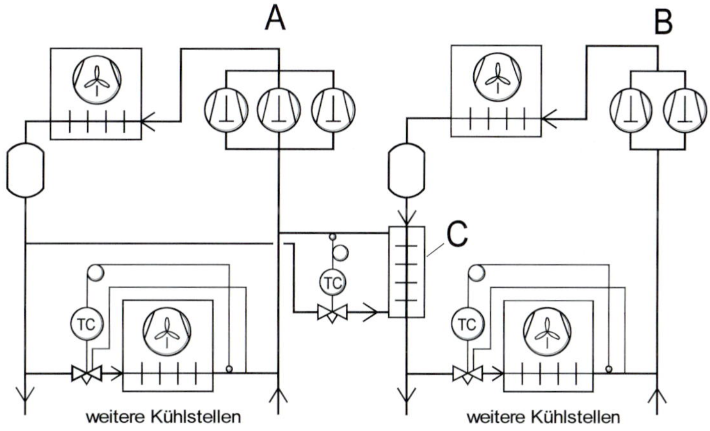

Abb. 4.5

d) Wie wirkt sich der Wärmeübertrager auf die Bemessung der NK-Anlage aus?

e) Welcher Vorteil ergibt sich durch den Wärmeübertrager für das Gesamtsystem Supermarkt-Kälteanlage? Erläutern Sie Ihre Antwort, indem Sie mit den Kälteleistungszahlen und der volumetrischen Kälteleistung argumentieren. Erläutern Sie diese beiden Begriffe kundengerecht.

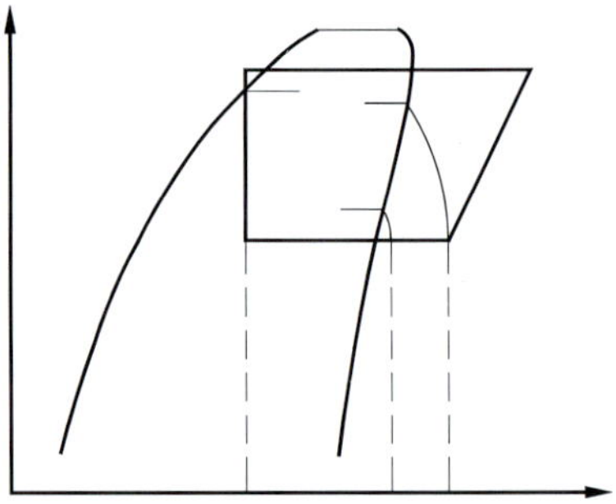

Abb. 4.6

21. Abbildung 4.7 zeigt das Fließschema einer im Verhältnis zu dem System in Aufgabe 20 moderneren Konstellation der Kälteanlagen im Supermarkt. In der Prinzipskizze ist nur jeweils ein Verdichter und eine Kühlstelle eingezeichnet:

a) Welches ist die NK-, welches die TK-Kühlstelle? Ordnen Sie die Kältemittel R-134a und R-449A zu.

b) Wie nennt man diese Art der Verknüpfung zweier Kälteanlagen? Welche Aufgabe hat der Wärmeübertrager (C)? Wie ist er also zu bezeichnen?

c) Welchen Vorteil bringt der Wärmeübertrager für den TK-Verbund? Tragen Sie die resultierende Veränderung in die Diagramm-Skizze (Abb. 4.8) ein.

d) Wie wirkt sich der Wärmeübertrager C auf die Bemessung der NK-Anlage aus? Vergleichen Sie mit den Verhältnissen in Aufgabe 20.

e) Unterteilen Sie die Fließbildskizze mit waagerechten Linien in die Bereiche „Markt", „Im Freien", „Maschinenraum".

f) Kennzeichnen Sie jeweils Saugleitung, Druckleitung, Kondensatleitung und Flüssigkeitsleitung mit den entsprechenden Kürzeln SL, DL, KL, FL.

g) Deuten Sie die Wärmedämmung der Leitungen an, wo sie erforderlich ist.

h) Wie ist es zu erklären, dass die Kaskadenschaltung von der TK-Anlage (R-449A) zur NK-Anlage (R-134a) zu Energieeinsparungen führt?

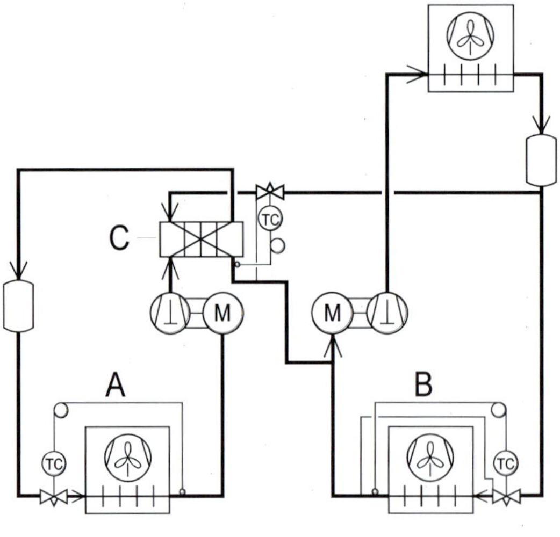

Abb. 4.7

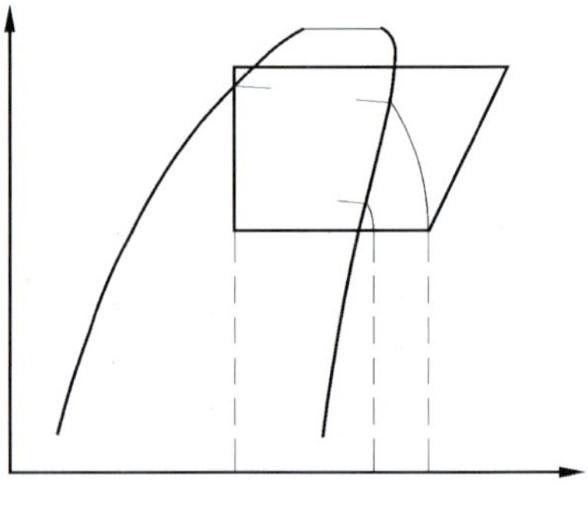

Abb. 4.8

i) Warum wird nicht R-134a für die TK-Anlage genommen, wenn es doch die bessere Energieeffizienz (höhere Kälteleistungszahl) besitzt?

22. Mit dem in Aufgabe 21 dargestellten Kaskadenprinzip im Supermarktbereich gibt es inzwischen Anlagen, bei denen die Tiefkühlung mit CO_2 (R-744) erfolgt.

a) Welche positiven Eigenschaften machen CO_2 als Kältemittel interessant? Welche negativen Eigenschaften stehen dem gegenüber?

b) Was macht man bei CO_2-Anlagen ggf. zur Vermeidung unzulässig hoher Drücke im Anlagenstillstand, wenn die Anlage ausfällt oder abgeschaltet wird?

c) Welche Eigenschaften kennzeichnen die speziell für CO_2-Anwendungen entwickelten Rohre und Fittings aus der Kupferlegierung K65? Wie sind diese Rohre von den normalen zu unterscheiden?

d) Was ist beim Befüllen von Anlagen mit CO_2 zu beachten?

e) Was ist beim Abblasen von CO_2 zu beachten?

f) Bei Kaskaden mit CO_2/R-134a kann im Unterschied zu den früheren mit R-404A/R-134a ein luftgekühlter Enthitzer in die TK-Stufe eingebaut werden. Welchen Zweck hat das und warum machte man das nicht bei R-404A?

g) Wie sind Räume, in denen mit dem Austreten von CO_2 gerechnet werden muss, abzusichern, damit keine Personen zu Schaden kommen?

h) Wo sammelt sich CO_2 im Falle eines Austritts in einem geschlossenen Raum?

i) Was ist zu tun, wenn eine Person durch CO_2 in einem Raum bewusstlos geworden ist?

23. Abbildung 4.9 zeigt das Fließbild einer Kälteanlage mit CO_2, die ihre Wärme direkt an die Umgebung abgibt und deshalb ggf. transkritisch arbeitet.

a) Erläutern Sie die Begriffe *subkritischer* und *transkritischer Betrieb*. Wie ist der Wärme abgebende Wärmeübertrager jeweils zu benennen?

b) Geben Sie an, wovon es abhängt, ob die Anlage subkritisch oder transkritisch arbeitet.

c) Erläutern Sie die vorliegende Anlage im transkritischen Prozess einschließlich der Aufgabe der Regelventile RV1 und RV2 und zeichnen Sie diesen dazu in die lg p,h-Diagramm-Skizze (Abb. 4.10) ein. Die Nummern des Fließschemas übertragen Sie in das Diagramm.

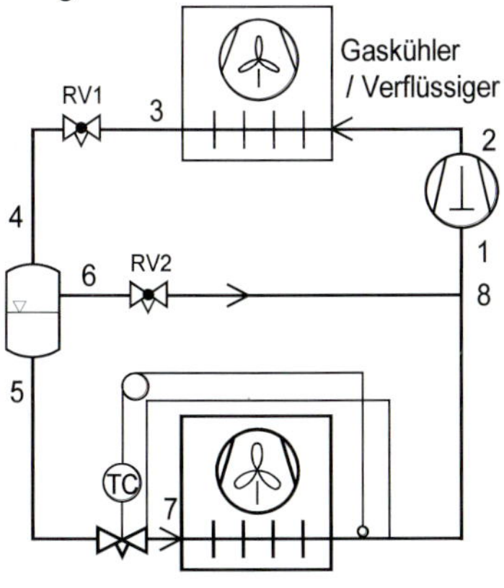

Abb. 4.9 Kälteanlage mit CO_2

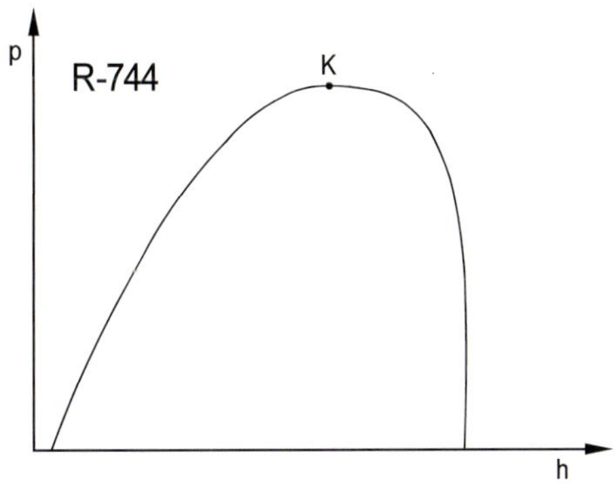

Abb. 4.10 lg p,h-Diagramm von CO_2

d) In der Anlage gibt es, anders als bei herkömmlichen Kälteanlagen, drei Druckbereiche, Hoch-, Mittel- und Niederdruck. Welche Vorteile ergeben sich daraus gegenüber einer transkritisch arbeitenden Anlage ohne Mitteldruck?

e) Erläutern Sie in diesem Zusammenhang den Begriff der *Hochdruckregelung* bei transkritisch arbeitenden CO_2-Anlagen.

24. Abbildung 4.11 zeigt einen transkritischen Prozess mit CO_2 bei einer (von der Außenluft-temperatur abhängigen) Gaskühleraustrittstemperatur von 35 °C im lg p,h-Diagramm. Erklären Sie mit einer ergänzenden Zeichnung, wie eine Anhebung des Hochdrucks bei gleicher Außenlufttemperatur zu einer Verbesserung der Leistungszahl (EER) führt.

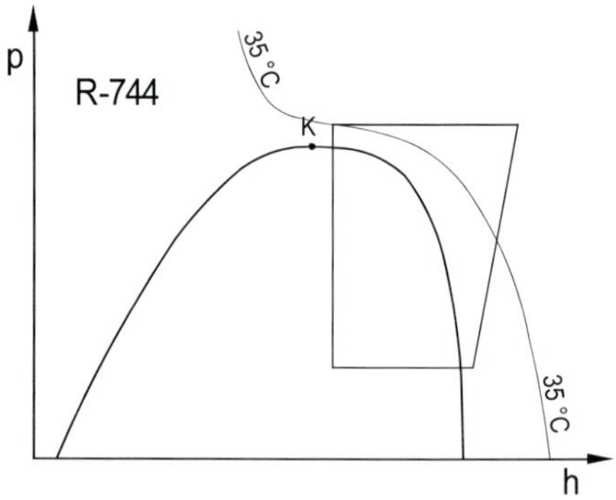

Abb. 4.11 Transkritischer Prozess mit CO_2

25. Weiterentwicklungen des in Aufgabe 21/22 darstellten Kaskadenprinzips im Supermarktbereich führten zu Anlagen, bei denen die Tiefkühlung mit CO_2 (R-744) durch einen Boosterverdichter mit der CO_2-Normalkühlung verknüpft ist (siehe Fließschema). Die Normalkühlung arbeitet dann je nach Außentemperatur subkritisch oder transkritisch. Insgesamt ergeben sich allerdings für den nord- und mitteleuropäischen Klimabereich noch einmal leichte Energieeinsparungen, weil hier mit nur ca. 10 % transkritischem und überwiegend dem wirtschaftlicheren subkritischen Betrieb gerechnet werden kann.

a) Was ist unter Boosterbetrieb zu verstehen? Welcher der beiden Verdichter ist der Booster-Verdichter? Welcher Verdampfer symbolisiert die TK-Kühlstelle?

b) Erläutern Sie den Prozess, indem Sie die Prozesspunkte des Fließschemas (Abb. 4.12) in ein lg p,h-Diagramm (Abb. 4.13) eintragen.

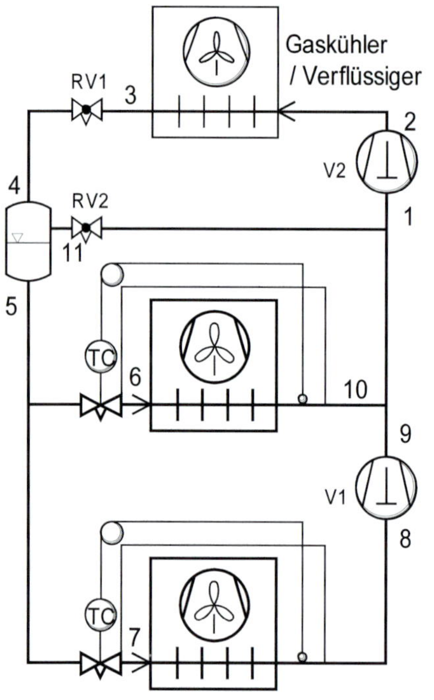

Abb. 4.12 NK und TK mit CO_2 und Booster

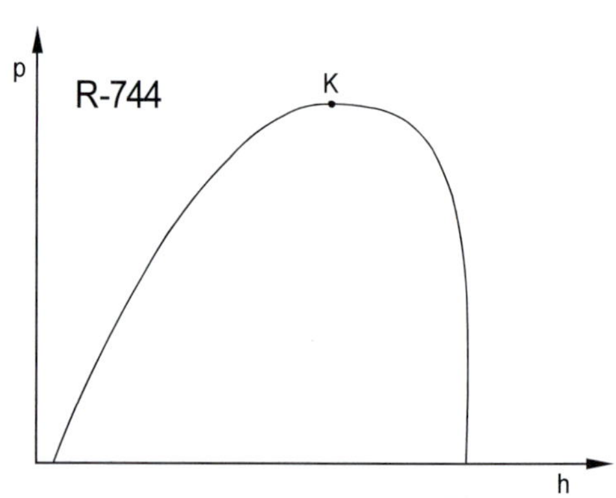

Abb. 4.13 lg p,h-Diagramm von CO_2

26. Abbildung 4.14 zeigt das Fließbild einer Kälteanlage mit CO_2, die ihre Wärme direkt an die Umgebung abgibt und deshalb ggf. transkritisch arbeitet. Im Unterschied zu der ähnlichen Anlage in Aufgabe 23 ist hier ein zweiter Verdichter nach dem Mitteldruckbehälter und vor dem zweiten Regelventil eingesetzt.

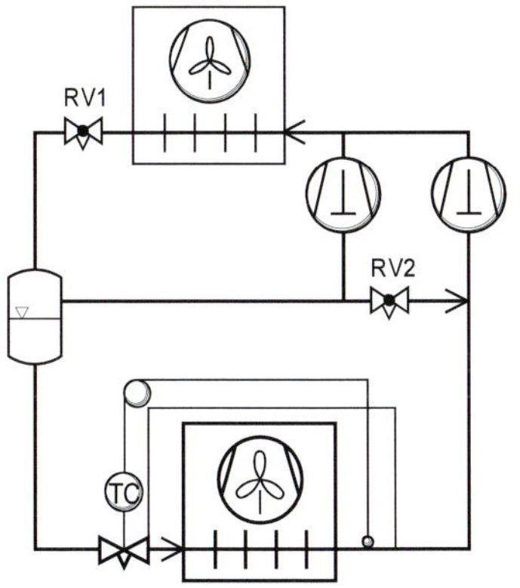

Abb. 4.14 Kälteanlage mit CO_2 und zweitem Verdichter

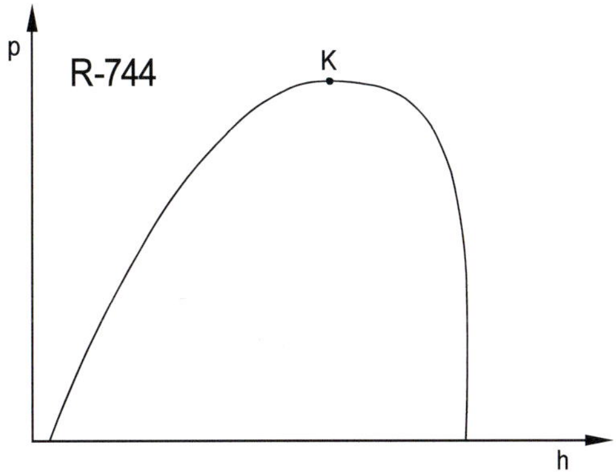

Abb. 4.15 lg p,h-Diagramm von CO_2

a) Wie wird diese Art des Verdichtereinsatzes benannt?

b) Erläutern Sie, wieso es dadurch zu Energieeinsparungen kommt.

c) Tragen Sie den Prozess in die lg p,h-Diagramm-Skizze (Abb. 4.15) ein.

27. Abbildung 4.16 zeigt das Fließbild einer Kälteanlage mit CO_2, die ihre Wärme direkt an die Umgebung abgibt und deshalb ggf. transkritisch arbeitet. Im Unterschied zu der ähnlichen Anlage in Aufgabe 23 ist hier ein Ejektor anstelle des ersten und zweiten Regelventils eingesetzt. In Abbildung 4.17 ist der Prozess im lg p,h-Diagramm dargestellt.

a) Vergleichen Sie den Verlauf der Druckabsenkung mit dem herkömmlichen Verlauf der Druckabsenkung durch ein Drosselventil?

b) Übertragen Sie die Nummern des Diagramms in das Fließbild.

c) Erläutern Sie den Prozess in seinen Abschnitten.

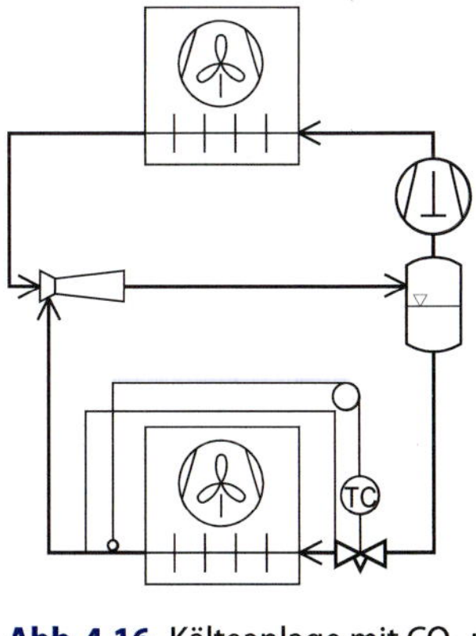

Abb. 4.16 Kälteanlage mit CO_2 und Ejektor

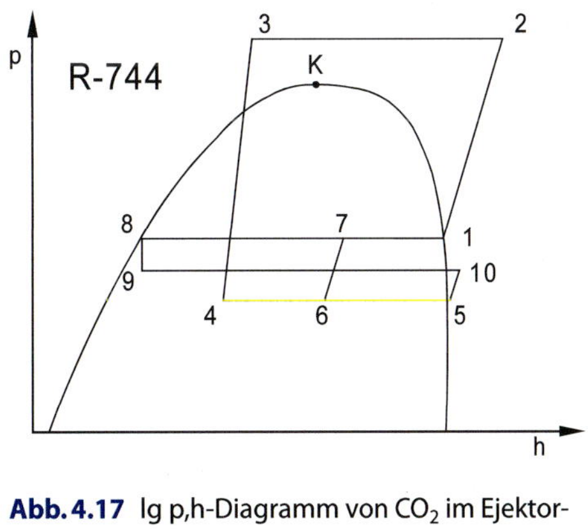

Abb. 4.17 lg p,h-Diagramm von CO_2 im Ejektor-Betrieb

d) Wieso ergibt der Ejektor-Betrieb Energieeinsparungen im Vergleich zum herkömmlichen Betrieb mit Drosselorgan?

28. Abbildung 4.18 zeigt das Schema einer zweistufigen Verdichter-Kältemaschine mit zweistufiger Entspannung und Mitteldruckbehälter. Die Kälteerzeugung findet in der Mittel- und der Niederdruckstufe mit *Kältemittelpumpenbetrieb* statt.

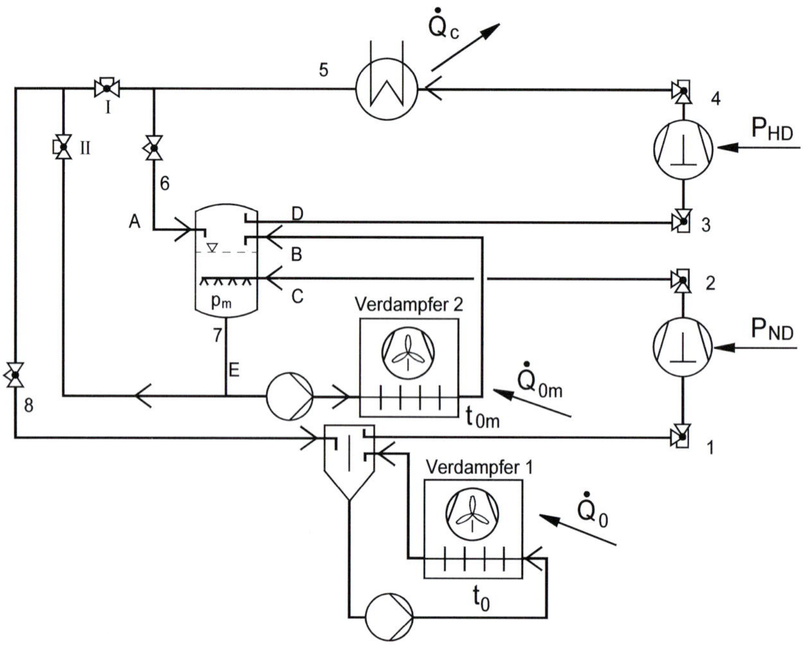

Abb. 4.18 Zweistufige Verdichter-Kältemaschine mit zweistufiger Entspannung und Mitteldruckbehälter, Kältemittelverteilung mit Pumpenumlaufbetrieb

a) Unter welchen Bedingungen wird zweistufige Verdichtung sinnvoll?

b) Welchen Vorteil bietet in diesem Zusammenhang die zweistufige Entspannung?

c) In welchen Fällen wird Pumpenumlaufbetrieb angewendet?

d) Welchen Vorteil bietet der Kältemittelpumpenbetrieb gegenüber Versorgung der Kühlstellen mit Sole?

e) Warum müssen die Kältemittelpumpen mit einem bestimmten Mindestabstand unterhalb des jeweiligen Abscheidesammlers angeordnet sein?

f) Beschreiben Sie die Vorgänge im Mitteldruckbehälter. Gehen Sie dabei auf die mit A bis E bezeichneten Leitungen ein.

g) Erläutern Sie die Aufgabe der Absperrventile I und II (Anfahrvorgang).

29. Abbildung 4.19 zeigt eine so genannte Satelliten-Anlage. Erläutern Sie die Funktion. Welcher Zweck wird mit dem parallel arbeitenden kleinen Verdichter (2) verfolgt. Wo werden solche Systeme eingesetzt?
30. Mit Kälteanlagensystemen wie in Aufgabe 20 und 27 erhält man extrem unterkühlte Flüssigkeit für die jeweilige Tiefkühlanwendung. Welche Gefahr kann von extrem unterkühlter Flüssigkeit ausgehen? Wie ist das zu erklären? Was kann dagegen unternommen werden?
31. Was versteht man unter *freier Kühlung*? Wo wird sie eingesetzt? Warum? Unter welchen Bedingungen ist freie Kühlung sinnvoll?

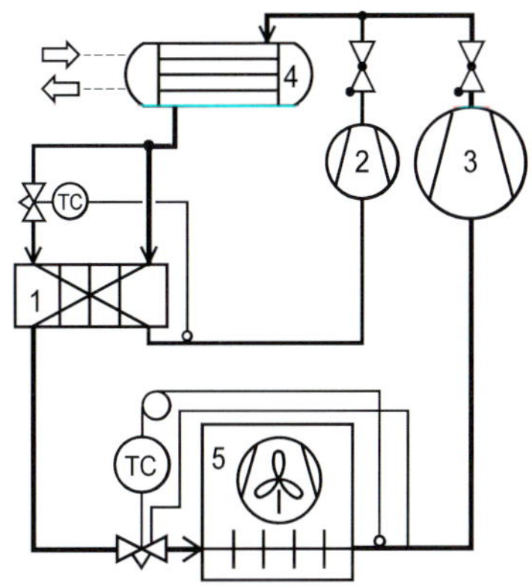

Abb. 4.19

32. Ein Kunde möchte für einen Schockfroster einen Luftstrom von –40 °C erzeugen. Als Kältemittel wird R-449A gewählt. Die Verflüssigung wird bei 40 °C veranschlagt.
    a) Wie tief dürfte etwa die Verdampfungstemperatur liegen?
    b) Berechnen Sie das Druckverhältnis mit den Dampfdrücken und erklären Sie damit kundengerecht, warum in diesem Fall zweistufige Verdichtung nötig ist.
    c) Mithilfe einer Software haben Sie die Kälteleistungszahlen für einstufige (0,99) und zweistufige Verdichtung mit Mitteldruckbehälter (1,23) ermittelt. Der Kunde zweifelt: „Wenn ich jetzt zwei Verdichter habe, brauchen ja auch beide Strom. Das wird doch teurer!“ Entgegnen Sie dem Kunden, indem Sie mit den Kälteleistungszahlen argumentieren. Erklären Sie dabei kundengerecht, was darunter zu verstehen ist.
    d) Welche zusätzlichen Komponenten (nicht Rohrleitungen) sind erforderlich, wenn man statt einer ein- eine zweistufige Anlage mit Mitteldruckbehälter baut?
33. Die Fließbild-Skizze in Abbildung 4.20 zeigt eine zweistufige Verdichtung und zweistufige Entspannung mit Mitteldruckbehälter. Die Kälteerzeugung erfolgt im Pumpenumlaufbetrieb. Erläutern Sie den Kälteerzeugungsprozess mithilfe einer lg p,h-Diagramm-Skizze, in die Sie die in der Fließbildskizze angegebenen Punkte eintragen.

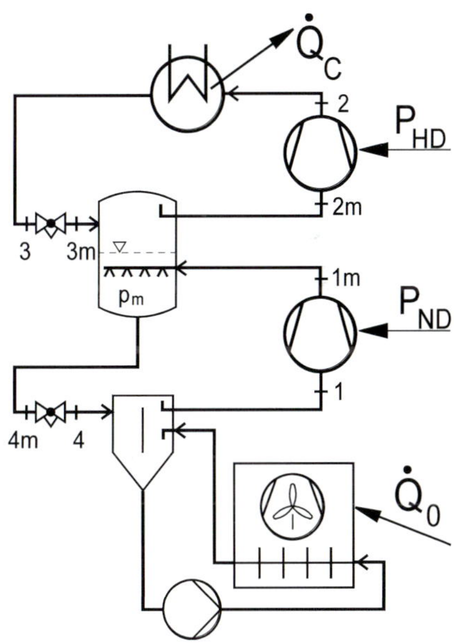

Abb. 4.20

Technische Mathematik

1. Durch Maßnahmen zur Verbesserung der Energieeffizienz verbessert sich der EER einer Anlage um 20 %. Um wie viel Prozent sinkt die Leistungsaufnahme (und sinken somit die Betriebskosten)?
2. In einem Supermarkt existiert eine Kälteanlage mit einem R-404A-Verbund für die Tiefkühlung (TK) und einem R-134a-Verbund für die Normalkühlung (NK) in Kaskadenschaltung, sodass die TK-Anlage in einem Plattenwärmeübertrager ihre Verflüssigungswärme an das verdampfende Kältemittel der NK-Anlage übergibt. Diese verflüssigt an der Luft.

   Diese Anlage wird modernisiert, indem in der Tiefkühlung jetzt eine CO_2-Anlage eingesetzt wird. Die NK-Anlage mit R-134a bleibt erhalten. Die wesentlichen Kenndaten der alten und neuen Anlage sind zum Vergleich in folgender Tabelle gegenübergestellt:

Tab. 4.1

Kenndaten der TK-NK-Kaskade			
	unverändert	alt	neu
	NK R-134a	TK R-404A	TK R-744
Kälteleistung im Markt	56 kW	24 kW	24 kW
Raumtemperatur t_R in °C	2	–26	–26
Verdampfungstemperatur t_0 in °C	–8	–34	–32
Verdichtereingangstemperatur t_{V1} in °C	10	–18	–16
Verflüssigungstemperatur t_c in °C	40	–3	–5
Verdichtungsendtemperatur t_{V2} in °C	77	29,6	56,5
Verdampfungsdruck in bar	2,16	1,73	13,34
Verflüssigungsdruck in bar	10,19	5,47	30,46
Massenstrom in kg/s (Markt)	0,3254	0,1494	0,0928
volumetrische Kälteleistung in kJ/m³	1447,6	1338,7	8068,5
geom. Fördervolumenstrom in m³/h (Markt)	119,37	64,54	
spezif. Vol. am Verdichtereingang in dm³/kg	101,9	120,03	32,05
Kälteleistungszahl EER	2,90	4,52	4,68

   a) Erklären Sie, warum die neue TK-Anlage mit CO_2 die gleiche Kühlaufgabe mit höherer Verdampfungs- und tieferer Verflüssigungstemperatur, also mit geringerer Temperaturspreizung, erfüllen kann.

   b) Wie wirkt sich eine geringere Temperaturspreizung (höher verdampfen, niedriger verflüssigen) prinzipiell auf den Energiebedarf einer Kälteanlage aus?

   c) Als der neue TK-Verbund geliefert wird, sieht der Kunde die CO_2-Verdichter und meint, die seien ja wohl viel zu klein, da müsse ein Fehler vorliegen.

   Berechnen Sie den erforderlichen Hubvolumenstrom der CO_2-Verdichter und erklären Sie mithilfe der Berechnung, warum die CO_2-Verdichter bei gleicher Kälteleistung so klein sind. Erklären Sie dabei den Begriff der volumetrischen Kälteleistung kundengerecht.

d) Warum ist die volumetrische Kälteleistung bei CO_2 so groß?

e) Der Kunde wundert sich, dass auch die Leitungen der TK-Anlage erneuert werden müssen.

Berechnen Sie den erforderlichen Innendurchmesser der Saugleitung für die CO_2-Anlage und wählen Sie aufgrund Ihrer Berechnung ein geeignetes Rohr aus der Tabelle 4.2 aus. Gehen Sie dabei von einer Strömungsgeschwindigkeit von 10 m/s aus.

Tab. 4.2

Kennwerte von Kupferrohren nach DIN EN 1057 (Auswahl)			
Außendurchmesser x Wanddicke	freier Querschnitt	max. zul. Betriebsüberdruck bei Festigkeitsklasse	
		R 220	R 290
mm x mm	mm^2	bar	bar
12 x 1	78,54	63	108
15 x 1	132,73	49	84
18 x 1	201,06	40	70
22 x 1	314,16	32	44
22 x 1,5	283,53		82
28 x 1,5	490,87		67
35 x 1,5	804,25		52
42 x 1,5	1194,59		43
54 x 2	1963,5		44

f) Berechnen Sie die Strömungsgeschwindigkeit, die sich mit der Saugleitung 22 x 1 ergibt, und erklären Sie kundengerecht, warum die alte Saugleitung (54 x 2) nicht mehr verwendet werden kann. Nutzen Sie dazu Ihre Berechnung und die relevanten Angaben aus der Tabelle 4.2.

g) Der Kunde möchte wissen, ob die neue Anlage weniger Energie benötigt als die alte. Beantworten Sie diese Frage mithilfe der Angaben aus der Tabelle 4.1.

h) In die Druckleitung der neuen CO_2-Anlage wird ein luftgekühlter Enthitzer eingebaut, der vom Druckgas einen Wärmestrom von 1500 W an die Maschinenraumluft abführt. Berechnen Sie bezogen auf die umgebaute Kaskade mit CO_2 in der Tiefkühlung einmal ohne, einmal mit Enthitzer:

1. die Leistungsaufnahme der TK-Verdichter,
2. die Verflüssigungsleistung der TK-Anlage,
3. die erforderliche Gesamt-Kälteleistung der NK-Anlage im Kaskadenbetrieb,
4. die Leistungsaufnahme der NK-Verdichter.

i) Berechnen Sie die Einsparung an Energiekosten in einem Jahr, die sich durch den Enthitzer ergeben. Gehen Sie von einer Laufzeit der Anlage von 16 h/d an 365 Tagen im Jahr und von einem Arbeitspreis von 0,25 Euro pro Kilowattstunde aus.

3. Für eine zweistufige Verdichter-Kältemaschine mit zweistufiger Entspannung und Mitteldruckbehälter gemäß Anlagenschema aus Technologie Aufgabe 33 sind folgende Werte bekannt: s. Tab. 4.3

Tab. 4.3 Kältemittel R-717 (NH_3, Ammoniak)

t_0	−30 °C
t_1	−20 °C
t_{0m}	−10 °C
t_c	35 °C
t_{cu}	$= t_5 = 33$ °C
$\dot{Q}_0$	100 kW
$\dot{Q}_{0m}$	60 kW

a) Ermitteln und beurteilen Sie im lg p,h-Diagramm die isentrope Verdichtungsendtemperatur für diese Temperaturverhältnisse (t_0, t_1, t_c) bei einstufiger Verdichtung.

b) Tragen Sie den vorliegenden zweistufigen Prozess in ein lg p,h-Diagramm ein, ermitteln Sie alle erforderlichen Werte (Tabelle) und berechnen Sie den Kältemittelmassenstrom $\dot{m}_{ND}$ sowie den geometrischen Hubvolumenstrom des Niederdruckverdichters $\dot{V}_{gND}$ (nehmen Sie $\lambda_{ND} = 0{,}75$).

c) Berechnen Sie den Wert für h_2 (polytrope Verdichtung), indem Sie $\eta_i = 0{,}8$ annehmen.

d) Stellen Sie eine Energiebilanz für den Mitteldruckbehälter auf und berechnen Sie den erforderlichen geometrischen Hubvolumenstrom des Hochdruckverdichters $\dot{V}_{gHD}$ (mit $\lambda_{HD} = 0{,}7$).

4. Für einen Supermarkt wird eine Kälteanlage mit einem 36-kW-R-449A-Verbund für die Tiefkühlung ($t_0 = -34$ °C) und einem 82-kW-R-134a-Verbund für die Normalkühlung ($t_0 = -8$ °C) benötigt.

Diese Anlage soll aus energetischen Gründen als Kaskadenschaltung (gemäß Technologie, Aufg. 21) ausgeführt werden, sodass die TK-Anlage in einem Plattenwärmeübertrager ihre Verflüssigungswärme an das verdampfende Kältemittel der NK-Anlage übergibt. Diese verflüssigt an der Luft bei $t_c = 40$ °C.

Im Vorfeld der Anlagenplanung sind volumetrische Kälteleistung q_{0v} für TK sowie die effektiven Kälteleistungszahlen (EER-Werte) für TK und NK unter verschiedenen Bedingungen mit folgenden Ergebnissen berechnet worden:

TK: Fall 1: bei Verflüssigung an Luft ($t_c = 40$ °C) EER = 1,42; $q_{0v} = 770$ kJ/m³; Fall 2: Kaskadenschaltung, bei Verflüssigung im Plattenwärmeübertrager ($t_c = -3$ °C) EER = 4,49, $q_{0v} = 1135{,}8$ kJ/m³

NK: Beide Fälle Verflüssigung an Luft ($t_c = 40$ °C) EER = 3,33

Berechnen Sie

a) die Leistungsaufnahme der TK-Verdichter bei $t_c = -3$ °C und bei $t_c = 40$ °C

b) die Verflüssigungsleistung der TK-Anlage bei $t_c = -3$ °C

c) die erforderliche Gesamt-Kälteleistung der NK-Anlage im Kaskadenbetrieb

d) die Leistungsaufnahme der NK-Verdichter in beiden Fällen

e) Beantworten Sie folgende Fragen kundengerecht:

1. Warum wird ein Plattenwärmeübertrager als Verflüssiger der TK-Anlage „zusätzlich" eingebaut, da doch sowieso ein luftgekühlter Verflüssiger auf dem Dach steht? Erklären Sie bei der Beantwortung dieser Frage mithilfe der obigen Berechnungen, wieso es durch diese Kaskadenbauweise zu Energieeinsparungen im Vergleich zu luftgekühlter Verflüssigung der TK-Anlage kommt.
2. Welche weiteren Vorteile hat der Kaskadenbetrieb? Beantworten Sie diese Frage, indem Sie die Auswirkung der von 40 °C auf –3 °C gesenkten Verflüssigungstemperatur auf die volumetrische Kälteleistung der TK-Anlage betrachten?
3. Von seiner alten Anlage weiß der Kunde, dass die R-22-TK-Verdichter einen aufgesetzten Ventilator, einen Kopflüfter, hatten. Erläutern Sie kundengerecht, welche Aufgabe diese Kopflüfter hatten und aus welchen beiden Gründen sie bei dieser Anlage nicht mehr nötig sind.
4. Wie viel Geld spare ich jetzt pro Jahr durch diese Kaskadenschaltung?

   Rechnen Sie für die Beantwortung dieser Frage mit folgenden Annahmen: Laufzeit der Anlage 16 h/d an 365 Tagen, 0,20 €/kWh Arbeitspreis für elektrische Energie.

Technische Kommunikation

Das skizzierte, unvollständige Fließbild (Abb. 4.21) stellt den mit Propan betriebenen Primärkreislauf einer Wärmepumpenanlage dar. Als Verdichter ist ein sauggasgekühlter Maneurop-Verdichter vorgesehen. Im Sekundärkreislauf wird mit einer Kreiselpumpe Sole durch den Plattenwärmeübertrager in einen luftgekühlten (bzw. luftbeheizten) Rippenrohrwärmeübertrager gepumpt (Ausdehnungsgefäß, Füllanschluss und Sicherheitsventil sind weitere Komponenten des Sekundärkreislaufs).

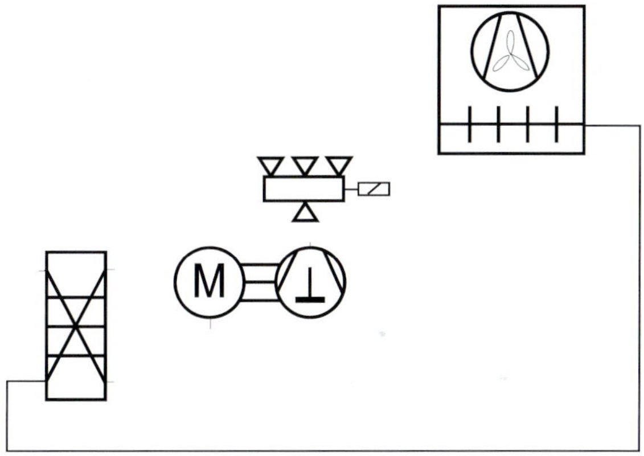

Abb. 4.21

Die Umschaltung von *Kühlen* auf *Heizen* soll über das vorgegebene Umschaltventil erfolgen. Der Raumthermostat schaltet die Pumpe und den Verdichter.

Im Sekundärkreislauf ist eine Möglichkeit zum elektrischen Nachheizen vorzusehen, die beim Kühlen mit einem Bypass umgangen werden soll.

1. a) Zeichnen Sie den Kreislauf ab und vervollständigen Sie Primär- und Sekundärkreislauf. Stellen Sie durch Richtungspfeile, Linienbreite und Stellung des Schiebers im Ventil den Betrieb *Kühlen* dar (Kälteträgerkreislauf grün gestrichelt). Sehen Sie die erforderlichen Mindestsicherungseinrichtungen vor.

   b) Zeichnen Sie den Kreislauf erneut für den Betrieb *Heizen* mit den Bedingungen aus Aufgabe a) (Wärmeträgerkreislauf rot gestrichelt).

4.2 Eiserzeugung, Eisspeicher

Technologie

1. Eis wurde früher den Kunden von Brauereien, Molkereien, Schlachthöfen als „gespeicherte Kälte" mitgeliefert. Warum ist Eis als Kältespeicher so hervorragend geeignet?
2. Wie heißen die drei Phasen der Eiserzeugung? Geben Sie jeweils an, ob latente oder sensible Wärme abgeführt wird.
3. Eiserzeugung ist Erstarrungskühlung. Erläutern Sie.
4. Skizzieren Sie den Temperaturverlauf beim Erzeugen von Eis von –5 °C aus Wasser von 10 °C in einem Temperatur-Zeit-Diagramm.
5. Nennen Sie drei Anwendungsgebiete für Eis.
6. Unterscheiden Sie Matteis (Trübeis), Klareis und Kristalleis.
7. Wie verhindert man Trübung des Eises durch Lufteinschlüsse?
8. Wie entfernt man Mineralsalztrübung aus dem Blockeiskern?
9. Nennen Sie drei verschiedene Eisformen.
10. Geben Sie zwei Verfahren zur Blockeiserzeugung an.
11. Abbildung 4.22 zeigt das Prinzip der Blockeiserzeugung im Solebad. Benennen Sie die einzelnen Positionen, und erläutern Sie die Funktionsweise.
12. Vergleichen Sie die vorgenannten Verfahren der Blockeiserzeugung.
13. Nennen Sie einen Vor- und einen Nachteil von Blockeis im Vergleich zu Stückens.
14. Warum neigt kleinstückiges unterkühltes Eis in großen Eisbunkern zur Klumpenbildung?
15. Wodurch wird in großen Eisbunkern ein Zusammenfrieren der Eisstückchen verhindert?
16. Abbildung 4.23 zeigt das Prinzip des Schuppeneiserzeugers. Benennen Sie die einzelnen Positionen, und erklären Sie die Funktionsweise.
17. Warum haben Schuppeneiserzeuger nach dem Prinzip aus der vorherigen Aufgabe einen relativ geringen spezifischen Kältebedarf?
18. Abbildung 4.24 zeigt das Prinzip des Eisspeichers.
    a) Aus welchen Gründen werden Eisspeicher eingesetzt?
    b) Benennen Sie die einzelnen Positionen und erklären Sie das Prinzip.

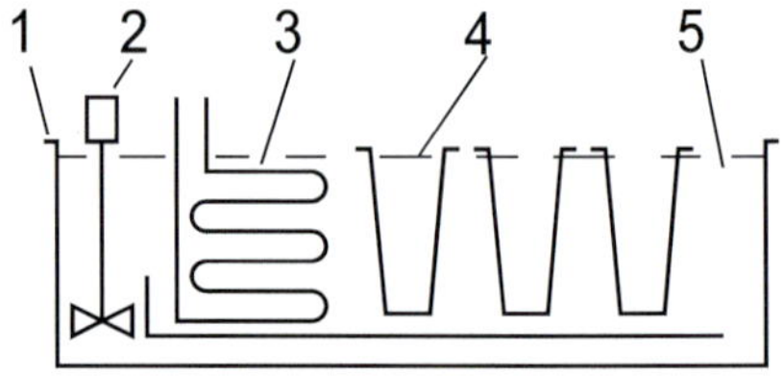

Abb. 4.22 Blockeiserzeugung im Solebad

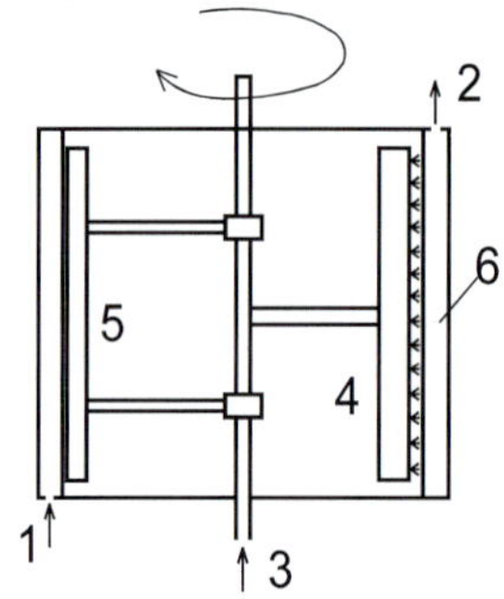

Abb. 4.23 Prinzip des Schuppeneiserzeugers

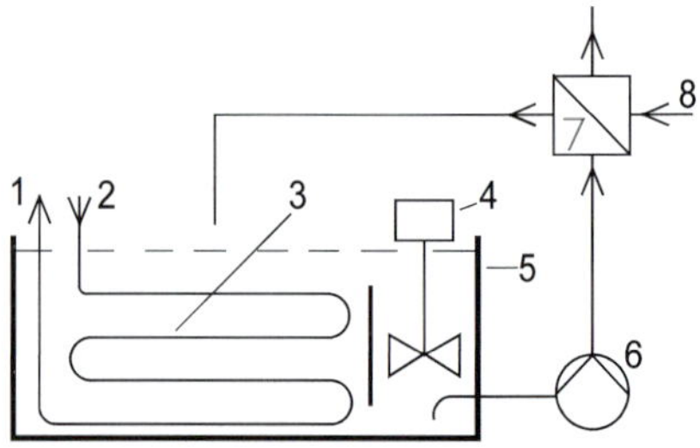

Abb. 4.24 Prinzip des Eisspeichers

c) Welche Funktion hat Pos. 4?

d) Geben Sie Einsatzgebiete für Eisspeicher an.

19. Neuere Entwicklungen der Eisspeichertechnik haben zum sogenannten Ernte-Eisspeicher (Eisturm) geführt (Abb. 4.25).

    a) Benennen Sie die Positionen und beschreiben Sie das Verfahren.

    b) Welche Vorteile sind damit im Vergleich zu herkömmlichen Eisspeicheranlagen verbunden?

20. Was versteht man unter Flo-Ice (Binäreis)? Welche Vorteile hat es?

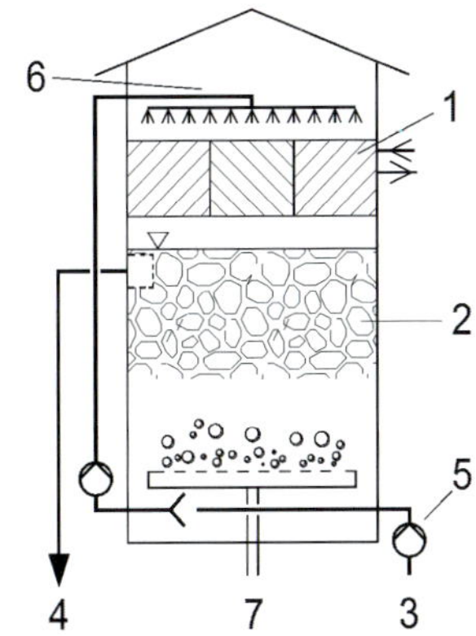

Abb. 4.25 Eisturm (Prinzip)

Technische Mathematik

1. Berechnen Sie den Kältebedarf in kJ von 500 kg Blockeis von –5 °C bei einer Wassertemperatur von 10 °C

   a) theoretisch

   b) praktisch bei 25 % Verlust

   c) Wie groß ist der praktische spezifische Kältebedarf in kJ/kg?

2. Ein Eiswürfelbereiter produziert täglich 39 kg Eis von –5 °C bei einer Temperatur von 15 °C im Wasserzulauf. Berechnen Sie

   a) den erforderlichen theoretischen Kältebedarf in kJ

   b) den Verlust in Prozent, wenn der Hersteller den Energiebedarf mit 5,4 kWh täglich angibt. Gehen Sie dabei von Q_{th} = 100 % aus.

3. Ein Gemelk von 1000 Litern soll in 1,5 Stunden von Melktemperatur 35 °C auf 4 °C abgekühlt werden. Dichte der Milch $\rho = 1025\ kg/m^3$, spezifische Wärmekapazität der Milch c = 3,84 kJ/kgK. Der Kältebedarf soll durch einen Eisspeicher bereitgestellt werden.

   a) Welche Kälteleistung ist zu erbringen, wenn 5 % Verlust durch Einstrahlung veranschlagt werden (kW)?

   b) Welche Kälteleistung muss das Kälteaggregat haben, wenn zum Anspeichern acht Stunden zur Verfügung stehen (kW)?

   c) Wie viel kg Eis müssen angespeichert werden?

4. In einer Brauerei muss alle sechs Stunden ein Sud innerhalb einer Stunde gekühlt werden. Der Kältebedarf von $1{,}1 \cdot 10^6$ kJ wird von einem Eisspeicher erbracht.

   a) Welche Kälteleistung ist zum Anspeichern (5 h) erforderlich (kW)?

   b) Wie viel kg Eis müssen angespeichert werden?

   c) Wie lang muss die Rohrschlange des Eisspeichers sein, wenn das Rohr 38 mm Durchmesser hat und die Eisschicht 25 mm dick ist?

5. An der Verdampferschlange eines Eisspeichers aus Cu 18 x 1 von 200 m Länge bildet sich innerhalb von 8 h eine 22 mm dicke Eisschicht, die bei Bedarf in 2 h abschmilzt.

   a) Wie viel kg Eis haben sich gebildet?

   b) Berechnen Sie die erforderliche Kälteleistung beim Anspeichern (kW).

c) Berechnen Sie die verfügbare Kälteleistung beim Abschmelzen (kW).

6. Die Eisspeicherrohrschlange aus Aufgabe 5 befinde sich in einem Behälter mit den Maßen 1,4 m x 1,2 m x 1,2 m (l x b x h), der mit 1,7 m^3 Wasser gefüllt ist. Wie hoch steht das Wasser im Behälter

   a) vor der Eisbildung?

   b) nach der Eisbildung?

7. In einer Diskothek bekommen Sie 0,2 Liter eines Erfrischungsgetränks für 2,50 €. Die Bedienung schenkt etwas weniger ein, fügt dafür aber zwei Eiswürfel hinzu.

   a) Für wie viel Cent Getränk spart der Betrieb, wenn die Eiswürfel 2,5 cm Kantenlänge und eine Dichte von 0,9 kg/dm^3 haben? (Das Getränk habe die Dichte von Wasser)

   b) Nehmen wir an, der Eiswürfelbereiter des Hauses habe einen spezifischen Kältebedarf von 600 kJ/kg und arbeite mit einer isentropen Kältezahl von $\varepsilon_{is} = 3$ sowie folgenden Wirkungsgraden: $\eta_i = 0{,}85$, $\eta_Ü = 1$, $\eta_m = 0{,}95$, $\eta_{el} = 0{,}8$. Wie viel kostet das zugefügte Eis, wenn die Kilowattstunde mit 13 Cent und der Kubikmeter Wasser mit 2,50 € berechnet wird? (Abnutzung der Maschine, Wartungskosten vernachlässigt)

8. In einem Eisturm hängen 40 Platten von 1,4 m x 1,4 m, an denen sich beidseitig innerhalb von 7 min eine 5 mm dicke Eisschicht bildet, die nach kurzer Abtauphase (1 min) in den darunterliegenden Speicher fällt, worauf der Vorgang von neuem beginnt.

   a) Wie viel kg Eis bilden sich an einer Platte bei einmaligem Anfrieren ($\rho_{Eis} = 0{,}9$ kg/dm^3)?

   b) Wie viel kg Eis befinden sich nach 8 Stunden im Speicher?

   c) Wie groß ist die Speicherkapazität in kWh? (nur Latentanteil)

   d) Welche Kälteleistung ist zum Anspeichern erforderlich bei 5 % Verlust (Abtauung und Einstrahlung)?

   e) Wie groß ist die Abschmelzleistung, wenn das Eis in 75 min abschmilzt?

4.3 Kühlen von Luft

Technologie

1. Welche Funktion hat Luft innerhalb des Kühlraums aus kältetechnischer/energetischer Sicht?

2. Vom h,x-Diagramm sind uns als Zustandsgrößen feuchter Luft bekannt:
   - die spezifische Enthalpie h
   - der Wasserdampfgehalt x
   - die relative Luftfeuchte φ
   - die Dichte ρ
   - die Temperatur t

   Welche dieser Zustandsgrößen sind für die Lagerung des Kühlgutes von Bedeutung?

3. Welche Temperaturbereiche werden beim Kühlen von Luft unterschieden?

4. Welcher Verdampfertyp wird für Luftkühlung verwendet? Beschreiben Sie seinen Aufbau.
5. Welchen Zweck haben die Lamellen des Lamellenverdampfers?
6. Warum gibt es Verdampfer mit unterschiedlichem Lamellenabstand?
7. Nennen und erläutern Sie Einflussfaktoren auf den Feuchteanfall.
8. Geben Sie die typischen Lamellenabstände für verschiedene Anwendungsbereiche an.
9. Ein Verdampfer im Klimabereich (Lamellenabstand 4 mm) hat bei gleichen Außenabmessungen laut Herstellerkatalog eine höhere Leistung (in kW) als der entsprechende Verdampfer im Normalkühlbereich (Lamellenabstand 7 mm). Wie ist das zu erklären?
10. Erklären Sie, wie sich ein Reifansatz auf die Leistung eines Verdampfers auswirkt.
11. Wie beeinflusst zunehmende Bereifung die Verdampfungstemperatur t_0? Erklärung?
12. Erklären Sie, warum eine Kälteanlage mit stark bereiftem Verdampfer unwirtschaftlich läuft.
13. Was versteht man unter stiller Kühlung? Wie kommt es dabei zu einer Luftbewegung? Nennen Sie Anwendungsgebiete für stille Kühlung.
14. Vergleichen Sie einen Verdampfer für stille Kühlung mit einem zwangsbelüfteten (Hochleistungs-) Verdampfer.
15. Warum haben Verdampfer für stille Kühlung größeren Rohr- und Lamellenabstand?
16. Verdampferlüfter können drückend und saugend arbeiten. Erläutern Sie das.
17. Vergleichen Sie saugende und drückende Ausführung des Ventilators.
18. Worauf ist bei der Anbringung von Verdampfern zu achten? (Luftführung)
19. Abbildung 4.26 zeigt einen Kühlraum mit Verdampfer und Einbauten (z. B. Regale mit Ware). Der Verdampfer arbeitet saugend. Zeichnen Sie Primär- und Sekundärluftströmung ein und erläutern Sie. Wie groß ist etwa die Strömungsgeschwindigkeit der Luft am Verdampferaustritt? Was versteht man in diesem Zusammenhang unter Wurfweite (Blasweite, Eindringtiefe) eines Luftkühlers?
20. Was versteht man unter dem Coanda-Effekt? Welche positive Wirkung kann von ihm ausgehen?

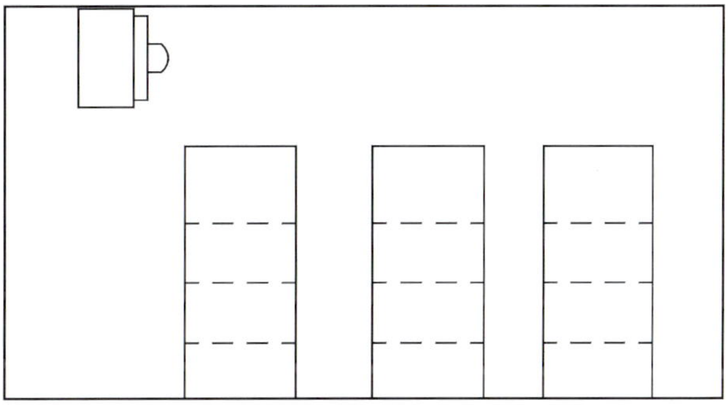

Abb. 4.26

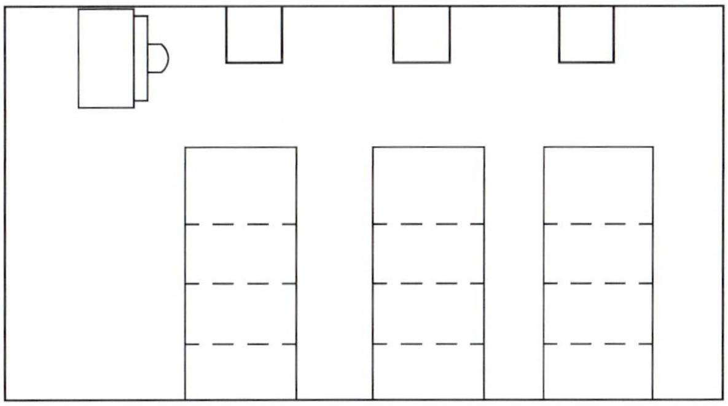

Abb. 4.27

21. Abbildung 4.27 zeigt einen Kühlraum mit gestörtem Ausblas im Deckenbereich. Welche Folgen ergeben sich für die Luftströmung und die Kühlraumtemperaturverteilung? Wie kann das Problem gelöst werden?
22. Was versteht man unter einer Abtauklappe? Welchen Zweck hat sie?
23. Was versteht man unter einem Isolierkühler? Wo werden Isolierkühler eingesetzt?
24. Was versteht man unter einem Penthouse-Kühler? Fertigen Sie eine Skizze des Prinzips an. Welche Vorteile sind damit verbunden?
25. Welcher Zusammenhang besteht zwischen der Temperaturdifferenz $\Delta T = t_R - t_0$, Verdampferfläche A und der im Kühlraum erzielten Luftfeuchte?
26. Warum befindet sich in manchen Kühlräumen eine externe Klimaheizung?
27. Wie kann die Luftfeuchte in Pluskühlräumen mit Hilfe des Reifansatzes erhöht werden? Welchen energetischen Vorteil ergibt das zusätzlich?
28. Inwiefern kann die relative Luftfeuchte im Kühlraum auch mit der Ventilatordrehzahl beeinflusst werden?

Technische Mathematik

1. Ein Kühlraum mit $t_{KR} = 2$ °C und 90 % relativer Luftfeuchte hat die Maße 5,5 m x 4,3 m x 2,5 m. Ihm wird durch täglich 25fachen Luftwechsel Außenluft von 25 °C/60 % zugeführt.
   a) Bestimmen Sie die erforderlichen Werte h_1, h_2, Δh, x_1, x_2, Δx sowie ρ_{L2} aus dem h,x-Diagramm.
   b) Wie groß ist der Volumenstrom der Erneuerungsluft in m^3/d?
   c) Wie groß ist der Massenstrom der Erneuerungsluft in kg/d?
   d) Welche Kälteleistung ist zum Abkühlen der Erneuerungsluft erforderlich (W)?
   e) Wie viel kg Wasser werden täglich aufgrund des Luftwechsels am Verdampfer ausgeschieden?

4.4 Kühlen von Flüssigkeiten

Technologie

1. Bei der Flüssigkeitskühlung handelt es sich häufig um das Abkühlen oder Rückkühlen von Kälteträgern. Was ist in diesem Zusammenhang ein *Kälteträger*? Geben Sie Beispiele an.
2. Nennen Sie Gründe, die zum Einsatz indirekter Kühlung mit einem Kälteträger führen (statt direkt zu kühlen).
3. Welche Eigenschaften zeichnen einen idealen Kälteträger aus?
4. Welche Eigenschaften machen Wasser zu einem idealen Kälteträger in seinem Anwendungsbereich. Wodurch ist dieser begrenzt? Nennen Sie einen typischen Anwendungsfall für Wasser als Kälteträger.

5. Welches Kühlverfahren das wirtschaftlichste ist, hängt vom jeweiligen Temperaturbereich ab. Ordnen Sie die folgenden Kühlmöglichkeiten nach ihren Temperaturbereichen, und geben Sie diese an: Verdunstungskühlung, Luftkühlung, Kältemaschine mit Durchlaufkühler, Kältemaschine mit Sole, Kältemaschine mit Eiswasser.
6. Unterscheiden Sie *Eiswasser*, *Süßwasser* und *Sole*.
7. Vergleichen Sie Ethylenglykol- mit Propylenglykol-Solen.
8. Vergleichen Sie die Glykolsolen mit den Solen auf Basis von Kaliumacetat und Kaliumformiat.
9. Solen als wässrige Lösungen sind korrosiv. Wie wird Korrosion vorgebeugt?
10. Warum sollte man Solen nicht verdünnen, z. B. durch Auffüllen mit Wasser nach Leckageverlusten?
11. Was sollten Sie im Umgang mit Solen zu Ihrem persönlichen Schutz beachten?
12. Neuere Entwicklungen haben zur Verwendung von CO_2 als Kälteträger geführt (s. Abb. 4.28). Was unterscheidet diesen Kälteträger von den herkömmlichen? Erklären Sie die Funktion anhand der Skizze. Warum hat der CO_2-Kreislauf zum NH_3 -Kühler keine Umwälzpumpe?
13. Nennen Sie einen typischen Anwendungsfall für *Verdunstungskühlung.*
14. Unterscheiden Sie *Durchlauf-* und *Umlaufkühlung.*
15. Was versteht man unter einem *Wasserkühlsatz* (Kaltwassersatz)?

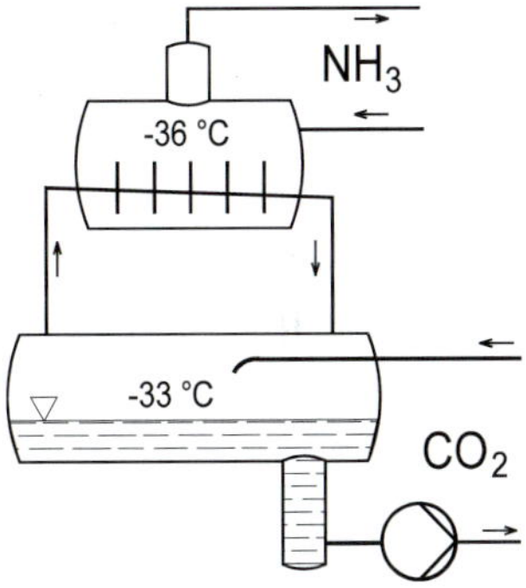

Abb. 4.28

16. Wenn mit Kältemaschinen gekühlt wird, unterscheidet man nach dem Ziel zwischen reiner *Abkühlung*, *Ausscheidungskühlung* und *Erstarrungskühlung*. Erläutern Sie diese Begriffe.
17. In der Abbildung 4.29 ist eine Umlaufkühlung mit geschlossenem Kreislauf skizziert. Einem Kälteträger wird in Wärmeübertrager 1 der Wärmestrom $\dot{Q}$ zugeführt (Kühllast), in Wärmeübertrager 2 (Verdampfer) wird der Wärmestrom $\dot{Q}_0$ abgeführt (Kälteleistung). Eine Pumpe mit der Leistung P treibt den Kreislauf an.
    a) Stellen Sie eine Energiestrombilanz für den Kreislauf auf. Der Massenstrom des Kälteträgers wird mit $\dot{m}$ bezeichnet.
    b) Warum hat der Kälteträger vor und hinter der Pumpe unterschiedliche Temperatur? Welche ist die höhere?

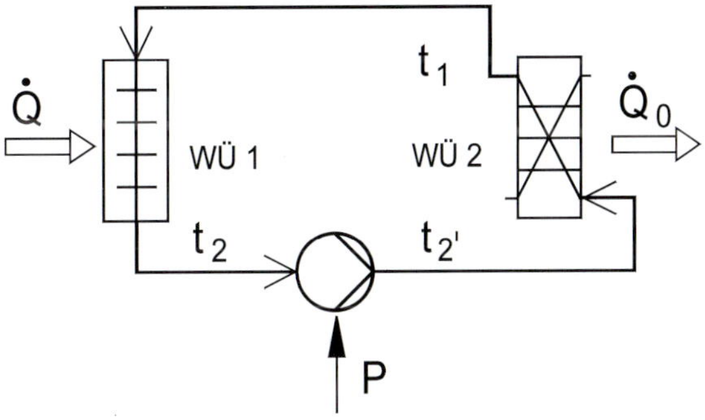

Abb. 4.29 Umlaufkühlung mit geschlossenem Kreislauf

c) Warum ist es sinnvoll, die Pumpe im Rücklauf des Kälteträgers (von der Kühlstelle zum Verdampfer) anzuordnen?

d) Welche Verluste sind bei umfangreicheren Netzen zu berücksichtigen? Wovon sind sie abhängig?

Technische Mathematik

1. In einem Durchlaufkühler sind 13 m^3 einer wässrigen Lösung (ρ = 1,1 kg/dm^3, c = 3,2 kJ/kgK) in zwei Stunden von 24 °C auf 2 °C zu kühlen. Welche Kälteleistung ist erforderlich?

2. Ein Wasserkühlsatz hat 785 kW Kälteleistung und kühlt Wasser von 11 °C auf 5 °C.
   a) Wie viel kg Wasser können stündlich gekühlt werden?
   b) Welche Strömungsgeschwindigkeit ergibt sich bei einem Rohrinnendurchmesser von 150 mm?
   c) Die Kaltwasserpumpe hat einen Wirkungsgrad von 0,7 und ist für eine Druckdifferenz von 3 bar ausgelegt. Wie groß ist ihre Antriebsleistung?
   d) Welche Temperaturerhöhung erfährt das Wasser beim Durchströmen der Pumpe?
   e) Wie viel Prozent der Kälteleistung beträgt die Pumpenleistung?

3. In einem Industriebetrieb müssen stündlich 9 m^3 Wasser von 70 °C auf 6 °C zurückgekühlt werden. Die Kühlung erfolgt wie in Abbildung 4.30 skizziert in drei Stufen:
   1. Vorkühlung in einem Luftkühler auf 42 °C
   2. Abkühlung in einem Verdunstungskühler auf 25 °C
   3. Abkühlung mit einer Kälteanlage auf 6 °C

   Der Verdunstungskühler muss außerdem das Kühlwasser des Verflüssigers der Kälteanlage rückkühlen. Die Kälteleistungszahl der Anlage wird mit ε = 5 angenommen. Die Leistung der Pumpe betrage 10 kW.

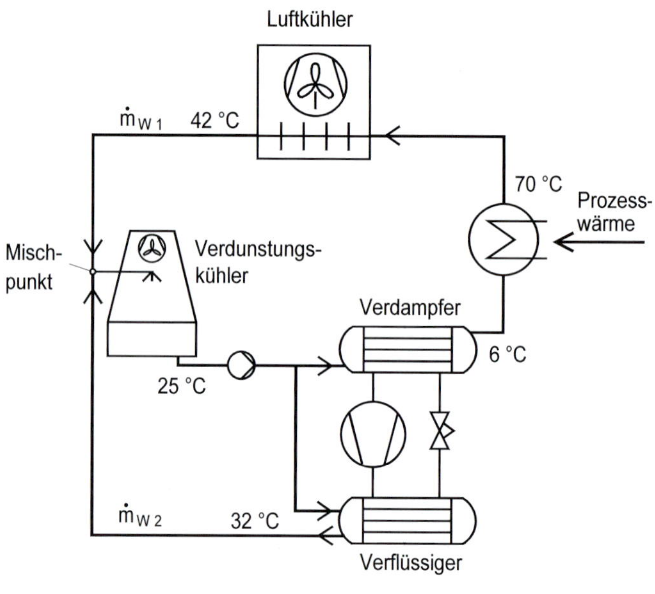

Abb. 4.30

   Berechnen Sie
   a) die Gesamtkühlleistung
   b) die Kühlleistung des Luftkühlers

c) die Nutzkühlleistung (aus dem Prozess) des Verdunstungskühlers
d) die Kühlleistung des Verdampfers (Kälteleistung $\dot{Q}_0$)
e) die Verflüssigerleistung $\dot{Q}_c$ der Kälteanlage
f) den erforderlichen Kühlwasserstrom $\dot{m}_{W2}$ des Verflüssigerkreislaufs
g) den gesamten vom Verdunstungskühler abzuführenden Wärmestrom
h) die Mischtemperatur vor dem Verdunstungskühler (Pumpenleistung vernachlässigt)
i) die stündlich erforderliche Zusatzwassermenge unter folgenden Annahmen:
   - Verdunstung erfolgt bei 20 °C
   - Windverluste 0,2 % der umlaufenden Wassermenge
   - Abschlämmverluste so groß wie Verdunstungswasserstrom.

4.5 Kühlen und Kühllagern von Lebensmitteln, Gefrieranlagen und -verfahren, Transportkühlung

Technologie

1. Warum werden Lebensmittel gekühlt bzw. kühl gelagert? In welchem Temperaturbereich spricht man von *Kühllagerung*?
2. Auf welchen Vorgängen beruht der Verderb von Lebensmitteln?
3. Wozu dient das *Gefrieren* von Lebensmitteln? Was unterscheidet gekühlte von gefrorenen Lebensmitteln (Eigenschaften, Temperaturbereiche)?
4. Nennen Sie außer Kühlen bzw. Gefrieren weitere Verfahren zur Frischhaltung bzw. Konservierung von Lebensmitteln. Unterteilen Sie in physikalische und chemische Verfahren.
5. Welchen Vorteil hat die Anwendung von Kälte gegenüber den meisten anderen Verfahren?
6. Worauf beruht die Frische erhaltende Wirkung der Kühllagerung bzw. die konservierende Wirkung des Gefrierens?
7. Warum soll Fleisch möglichst schnell von der Schlachttemperatur (ca. 35 °C) auf ca. 5 °C im Kern heruntergekühlt werden?
8. Wie lange kann Fleisch guter Qualität nach der Schnellabkühlung ohne wesentliche Qualitäts- und Gewichtsverluste gelagert werden? Bei welcher Temperatur und welcher relativen Luftfeuchtigkeit?
9. Wodurch kann es bei der Fleischlagerung zu Gewichtsverlusten kommen?
10. Warum darf die rel. Luftfeuchtigkeit bei der Fleischkühlung nicht zu hoch werden?
11. Geflügel wird außer durch Luft- und/oder Sprühkühlung auch durch *Tauchkühlung* behandelt. Was versteht man darunter? Welche Vor- und Nachteile sind mit dem Verfahren verbunden?
12. Wie lange kann gekühltes Geflügel gelagert werden? Bei welcher Temperatur?
13. Was ist unter dem Begriff *Kühlkette* zu verstehen? Beschreiben Sie die Kühlkette am Beispiel Milch.

14. Milch soll laut Packungsaufdruck noch 5 Tage haltbar sein. Einen Tag vor Ablauf des Datums nehmen Sie die Packung aus dem Kühlschrank, öffnen sie und stellen fest, dass die Milch schlecht ist. Welche Ursache kommt in Frage?
15. Was wissen Sie über Schäden, die Ware bei unterbrochener Kühl- bzw. Tiefkühlkette erleidet?
16. Fisch wird üblicherweise nach dem Fang bis zum Verkauf auf zerkleinertem Eis (Scherbeneis) gelagert. Welche zwei Funktionen erfüllt das Eis dabei? Welche Temperatur soll der Fisch dabei haben, und wie lange ist er dann haltbar?
17. Wodurch lässt sich die Haltbarkeit des beeisten Fischs noch verlängern?
18. Auch Obst und Gemüse können durch Kühlung länger frisch gehalten werden. Nennen Sie Sorten, die gekühlt relativ lange, und solche, die trotz Kühlung nur recht beschränkt lagerfähig sind.
19. Zur Kaltlagerung vorgesehenes Obst wird nicht genussreif, sondern pflückreif geerntet. Warum wird so verfahren, und was ist darunter zu verstehen?
20. Gemüse und Obst wird meist bei einer relativen Luftfeuchtigkeit von 90 bis 95 % gelagert. Manche Sorten aber nur bei 75 bis 85 %. Wovon ist das abhängig? Nennen Sie jeweils Beispiele.
21. Was versteht man unter einem CO_2-Lager?
22. Was versteht man unter *CA-Lagerung* und *ULO-Lagerung*?
23. Was versteht man im Zusammenhang mit der CA-Lagerung unter einem Scrubber?
24. Was versteht man unter *Vakuumkühlung*?
25. Was ist bei der Auslagerung von Kühlgut zu beachten?
26. Was versteht man unter *Gefrieren*?
27. Was versteht man unter Tiefgefrierprodukten?
28. Warum soll das Gefrieren von Waren möglichst schnell geschehen?
29. Nennen Sie mindestens drei verschiedene *Gefrierverfahren.*
30. *Kontaktgefrieren* findet zwischen senkrecht oder waagerecht angeordneten Platten statt.
    a) Skizzieren Sie das Verfahren.
    b) Geben Sie die Vor- und Nachteile dieses Verfahrens an.
    c) Nennen Sie Produkte, die nach diesem Verfahren tiefgefroren werden.
31. Geben Sie Vor- und Nachteile *des Gefrierens im Kaltluftstrom* an.
32. Was versteht man unter einem *Gefriertunnel*?
33. Bestimmte Waren können auch im *Wirbelbettverfahren* gefroren werden:
    a) Erläutern Sie das Verfahren mit einer Skizze.
    b) Für welches Gefriergut kommt es in Frage?
    c) Welche Vorteile bietet es dann?
34. Nennen Sie die beiden prinzipiellen Verfahren des Gefrierens mit Flüssigkeiten.
35. Welche Vor- und Nachteile bietet das Gefrieren in Kochsalz-Sole (Ottensen-Verfahren)?

36. Neben Kochsalz- kommen auch Kalziumchlorid- und Propylenglykol-Sole beim Gefrieren in Flüssigkeiten zum Einsatz.
    a) Welche Voraussetzung ist dafür erforderlich?
    b) Welchen Vorteil bieten diese Solen?
37. Welche Stoffe kommen beim Gefrieren in verdampfenden Flüssigkeiten zum Einsatz?
38. Welche Vor- und Nachteile hat das Gefrieren in verdampfenden Flüssigkeiten?
39. Abbildung 4.31 zeigt das Prinzip des *Gefriertrocknens*:
    a) Benennen Sie die Positionen 1 – 7.
    b) Erklären Sie das Verfahren.
    c) Geben Sie seine Vor- und Nachteile an.
    d) Nennen Sie Produkte, die nach diesem Verfahren konserviert werden.

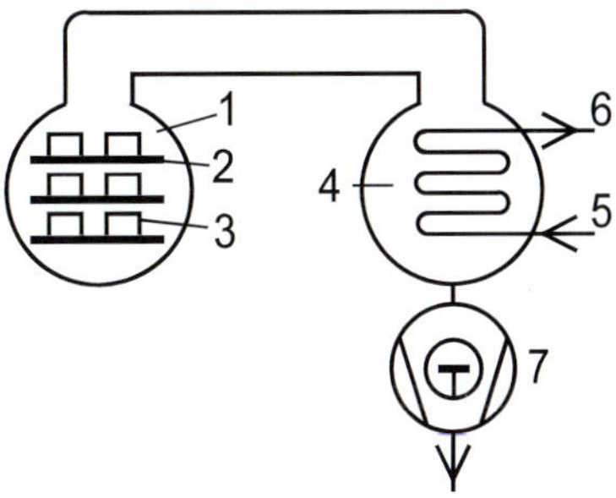

Abb. 4.31 Prinzip der Gefriertrocknung

40. Nennen Sie mindestens drei verschiedene Prinzipien der Transportkühlung für Schienen- und Straßenfahrzeuge.
41. Was versteht man unter *Trockeneis*?
42. Welche Vorteile bietet Trockeneis als Kühlmittel?
43. Trockeneis wird a) ohne und b) mit Zwischenschaltung eines Kältemittels zur Laderaumkühlung eingesetzt. Erläutern Sie beide Verfahren.
44. Erläutern Sie das Prinzip der Fahrzeugkühlung mit eutektischen Kältespeichern.
45. *Eutektische Kältespeicher* enthalten eutektische Sole. Was ist darunter zu verstehen?
46. Geben Sie Vor- und Nachteile der Transportkühlung mit eutektischen Kältespeichern an.
47. In welchem Bereich wird Transportkühlung mit eutektischen Kältespeichern angewendet?
48. Warum werden im LKW-Fernverkehr Kältemaschinen zur Transportkühlung eingesetzt?
49. Geben Sie Antriebsmöglichkeiten für Kälteaggregate zur Transportkühlung an.

Technische Mathematik

1. Die Trockeneisfüllung eines Fahrzeugladeraums mit den Außenabmessungen 10 m x 2,4 m x 2,8 m beträgt 80 kg.
    a) Welche Wärmemenge in kJ nimmt das Kohlenstoffdioxid beim Sublimieren und anschließenden Erwärmen auf 0 °C auf? (spezif. Sublimationswärme $\Delta h = 573{,}6$ kJ/kg, spezif. Wärmekapazität $c = 0{,}84$ kJ/kgK)
    b) Wie viel Stunden kann damit die Laderaumtemperatur aufrechterhalten werden, wenn die Temperaturdifferenz zur Umgebung 20 K beträgt und der k-Wert der Laderaumdämmung mit 0,5 W/m²K sowie 10 % Verluste (Luftaustausch durch Türöffnen etc.) angenommen werden?
2. Ein Verteilerfahrzeug hat einen Laderaum mit den Außenabmessungen 6 m x 4 m x 2,7 m. Der k-Wert der Wandung beträgt 0,4 W/m²K. Die Kühlung erfolgt über Platten mit eutek-

tischer Sole mit einer spezif. Schmelzenthalpie von 285 kJ/kg. Laderaum und Ladung werden über Nacht auf –20 °C (Schmelzpunkt der Sole) gekühlt.

Wie viel kg Sole sind erforderlich, um die Laderaumtemperatur 12 h lang bei –20 °C zu halten, wenn die mittlere Außentemperatur am Tag mit 25 °C angenommen wird und 20 % Verlust (Luftaustausch durch Türöffnen) veranschlagt werden?

4.6 Wärmepumpe und Wärmerückgewinnung

4.6.1 Wärmepumpe

Technologie

1. Was versteht man unter einer *Wärmepumpe*?
2. Was unterscheidet eine Wärmepumpe von einer Kühlmaschine?
3. Nennen Sie mögliche *Wärmequellen* für Wärmepumpen.
4. Welche Bedingungen sollte eine Wärmequelle für Wärmepumpen erfüllen?
5. Welche Antriebe werden für Kompressionswärmepumpen verwendet?
6. Teilen Sie Wärmepumpen nach den Medien der Primär- und Sekundärseite ein.
7. Welche Vor- und Nachteile hat Luft als Wärmequelle für Wärmepumpen?
8. Welche Vor- und Nachteile hat Wasser als Wärmequelle für Wärmepumpen?
9. Welche Vor- und Nachteile hat Erdreich als Wärmequelle für Wärmepumpen?
10. Was versteht man im Zusammenhang mit Wärmepumpen unter einem bivalenten/monoenergetischen Heizsystem?
11. Die Abbildung 4.32 zeigt die Leistung $\dot{Q}$ einer Luft-Wasser-Wärmepumpe (WP) und den Heizbedarf eines Hauses über der Außentemperatur t_a.
    a) Ermitteln Sie den Bivalenzpunkt.
    b) Was ist bei Temperaturen unterhalb des Bivalenzpunktes erforderlich?
    c) Warum baut man nicht eine stärkere Wärmpepumpe ein, die auch bei der tiefsten Wintertemperatur noch genügend Heizleistung liefert?

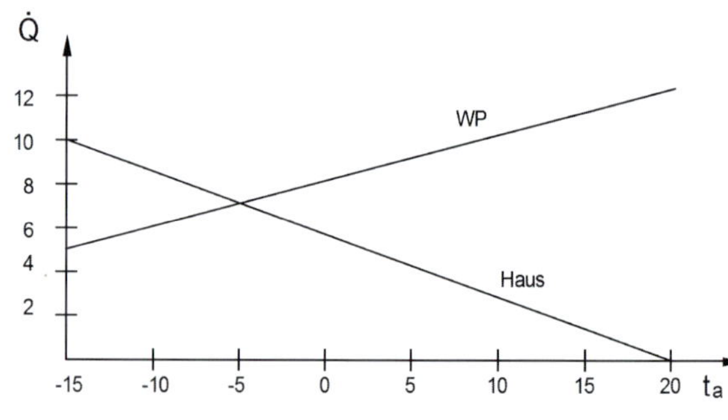

Abb. 4.32 Leistung $\dot{Q}$ einer Luft-Wasser-Wärmepumpe und Heizbedarf eines Hauses über der Außentemperatur t_a

12. Vergleichen Sie eine Wärmepumpe zur Raumheizung mit einem konventionellen Heizkessel.
    Welche Vor- und Nachteile ergeben sich für die Wärmepumpe?
13. Eine Wärmepumpe steht im Keller neben einem konventionellen Heizkessel. Was ist bei Servicearbeiten an der Wärmepumpe zu beachten? Warum?

14. Was versteht man unter der *Leistungszahl* ε_{WP} einer Wärmepumpe? Welche Leistungszahlen lassen sich mit den in Aufgabe 7 – 9 genannten Wärmequellen etwa erzielen?
15. Wie verändert sich die Leistungszahl einer Wärmepumpe, wenn t_0 und t_c weiter auseinanderliegen (wenn also im Winter beispielsweise die Lufttemperatur und damit t_0 absinkt)? Warum?
16. Welcher Zusammenhang besteht zwischen der isentropen Leistungszahl einer Kühlmaschine und der einer Wärmepumpe, die zwischen den gleichen Temperaturen arbeiten?
17. Wie ist die Leistungszahl der Wärmepumpe nach Carnot definiert?
18. Was versteht man unter der *Heizzahl* einer Wärmepumpe?
19. Eine elektromotorisch angetriebene Wärmepumpe wird energetisch erst etwa ab $\varepsilon_{WP} > 3$ interessant. Erläutern Sie das.
20. Wie lässt sich die Abwärme eines Verbrennungsmotors, der als Antrieb für eine Wärmepumpe dient, zu Heizzwecken nutzbar machen?
21. Was versteht man unter der *Jahresarbeitszahl* einer Wärmepumpe?
22. Widerspricht eine Wärmepumpe dem 2. Hauptsatz der Wärmelehre? Begründung.

Technische Mathematik

1. Skizzieren Sie ein Energieflussbild (Sankey-Diagramm) für eine Wärmepumpe ($\varepsilon_{WP} = 4$), die von einem Dieselmotor ($\eta = 0{,}38$) angetrieben wird, dessen Abwärme zu 77,5 % zu Heizzwecken genutzt werden kann. Welche Heizzahl hat diese Wärmepumpe?
2. Eine Wärmepumpe nimmt 12 kW auf bei P = 4 kW Antriebsleistung. Wie groß ist ihre Leistungszahl?
3. Eine Wärmepumpe gibt 18 kW ab bei 14 kW Wärmeaufnahme. Wie groß ist ihre Leistungszahl?
4. Eine Wärmepumpe mit der Leistungszahl 5 nimmt 16 kW Wärme auf. Berechnen Sie P und $\dot{Q}_c$.
5. Schwimmbad-Fortluft wird als Wärmequelle genutzt, indem der Verdampfer einer Wärmepumpe (Leistungszahl $\varepsilon_{WP} = 3$) 12000 m³/h dieser warmen Luft von 30 °C/60 % auf 8 °C/90 % kühlt.
   a) Ermitteln Sie die erforderlichen Werte aus dem h,x-Diagramm.
   b) Berechnen Sie den aufgenommenen Wärmestrom in kW.
   c) Wie groß ist die Heizleistung in kW?
   d) Wie viel Liter Wasser kann die Wärmepumpe theoretisch in einer Stunde von 15 °C auf 50 °C erwärmen?
6. Eine Kuh gibt täglich 84000 kJ Wärme ab. Von der Stallwärme sind ca. 50 % nötig, um die Stalltemperatur von 15 °C aufrechtzuerhalten (Verluste durch Ausstrahlung und Luftwechsel). Welche Heizleistung ergibt sich daraus für eine Wärmepumpe ($\varepsilon_{WP} = 3{,}5$), die einen Rinderstall mit 70 Kühen als Wärmequelle benutzt?
7. Eine Wärmepumpe ($\varepsilon_{WP} = 4$), mit Gasmotor ($\eta = 0{,}30$) angetrieben, nutzt Industrieabwasserwärme zur Heizungswassererwärmung. Der Gasmotor verbraucht 10 nm³/h Erdgas. Seine Abwärme wird zu 85 % genutzt. (1 nm³ (Normkubikmeter) Erdgas ↔ 11 kWh)

a) Wie groß ist die Heizleistung der Wärmepumpe in kW?

b) Wie groß ist die Heizzahl der Anlage?

c) Wie viel kg Wasser können stündlich von 40 °C auf 55 °C erwärmt werden?

d) Welche Heizleistung ergäbe ein konventioneller Gasheizkessel mit 94 % feuerungstechnischem Wirkungsgrad bei gleichem Gasverbrauch?

8. Eine Wärmepumpe nimmt bei t_0 = 10 °C einen Wärmestrom von 77,3 kW auf und arbeitet mit einer Verflüssigungstemperatur von t_c = 50 °C. Ihre Leistungsziffer erreicht 54,5 % des Wertes der Leistungszahl nach Carnot zwischen diesen Temperaturen.

a) Wie groß ist die Leistungszahl der Wärmepumpe?

b) Welche Heizleistung erbringt die Wärmepumpe?

Technische Kommunikation

1. Das skizzierte, unvollständige Fließbild (Abb. 4.33) stellt den mit Propan betriebenen Primärkreislauf einer Wärmepumpenanlage dar. Als Verdichter ist ein sauggasgekühlter Maneurop-Verdichter vorgesehen. Im Sekundärkreislauf wird mit einer Kreiselpumpe Sole durch den Plattenwärmeübertrager in einen luftgekühlten (bzw. luftbeheizten) Rippenrohrwärmeübertrager gepumpt (Ausdehnungsgefäß, Füllanschluss und Sicherheitsventil sind weitere Komponenten des Sekundärkreislaufes).

Die Umschaltung von *Kühlen* auf *Heizen* soll über das vorgegebene Umschaltventil erfolgen. Der Raumthermostat schaltet die Pumpe und den Verdichter.

Im Sekundärkreislauf ist eine Möglichkeit zum elektrischen Nachheizen vorzusehen, die beim Kühlen mit einem Bypass umgangen werden soll.

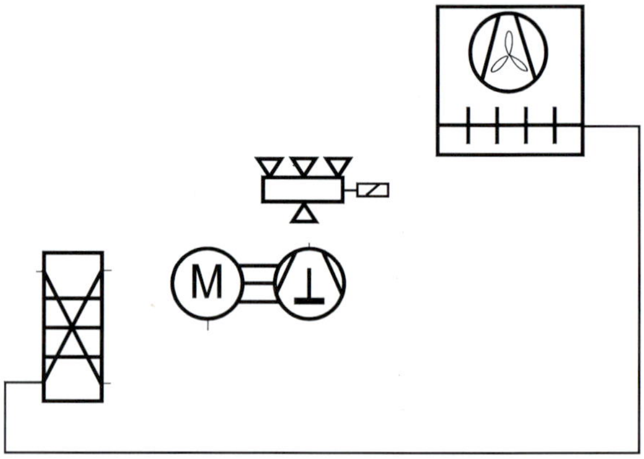

Abb. 4.33

a) Zeichnen Sie den Kreislauf ab und vervollständigen Sie Primär- und Sekundärkreislauf. Stellen Sie durch Richtungspfeile, Linienbreite und Schieberstellung im Ventil den Betrieb *Kühlen* dar (Kälteträgerkreislauf grün gestrichelt). Sehen Sie die erforderlichen Mindestsicherungseinrichtungen vor.

b) Zeichnen Sie den Kreislauf erneut für den Betrieb *Heizen* mit den Bedingungen aus Aufgabe a) (Wärmeträgerkreislauf rot gestrichelt).

4.6.2 Wärmerückgewinnung

Technologie

1. Was versteht man im Zusammenhang mit Kälteanlagen unter *Wärmerückgewinnung*?
2. Welche Wärme kann bei einer Kälteanlage mit Kolbenverdichter zurückgewonnen werden? Skizzieren Sie dazu ein lg p,h-Diagramm, und kennzeichnen Sie die spezifischen Wärmemengen.
3. Nennen Sie Anwendungsgebiete für Wärmerückgewinnung.
4. Sowohl mit einer Wärmepumpe als auch mit einer Kälteanlage mit Wärmerückgewinnung kann man z. B. Brauchwasser erwärmen. Worin liegt dennoch der prinzipielle Unterschied zwischen diesen beiden Systemen?
5. Skizzieren Sie die HD-Seite eines Kältemittelkreislaufs mit zusätzlichem Wärmerückgewinnungsverflüssiger (Serienschaltung) einschließlich der notwendigen Regelungsorgane und benennen Sie die einzelnen Bauteile.
6. Warum ist ein Konstantdruckventil (5) hinter dem Anlagenverflüssiger (in der Lösung zu Aufg. 5) vorzusehen?
7. Wozu ist der Sammlerdruckregler (6) (in der Lösung zu Aufg. 5) notwendig?
8. Wozu dient das Magnetventil (7) im Bypass zum Verflüssigungsdruckregler (5) (Lösung zu Aufg. 5)?
9. Geben Sie Vor- und Nachteile der Serienschaltung von Wärmerückgewinnungs- und Anlagenverflüssiger an.
10. Welche weitere Schaltungsmöglichkeit der Verflüssiger gibt es. Fertigen Sie dazu eine Skizze an.
11. Geben Sie Vor- und Nachteile der Parallelschaltung von Wärmerückgewinnungs- und Anlagenverflüssiger an.
12. Abbildung 4.34 zeigt eine Möglichkeit der Reihenschaltung, die bei großen Anlagen angewendet wird.
    a) Benennen Sie die Positionen.
    b) Erläutern Sie den Unterschied in der Anordnung des Verflüssigungsdruckreglers. Welcher Vorteil ist damit verbunden?
    c) Welche Aufgabe hat Position 7?
13. Wärmerückgewinnung kann im Durchlauf- und im Speicherverfahren stattfinden. Erläutern Sie den Unterschied.
14. Welche Vor- und Nachteile haben die o. a. Verfahren?
15. Brauchwassererwärmung durch Wärmerückgewinnung kann in direkter und indirekter Wärmeübertragung stattfinden. Erläutern Sie beide Verfahren.

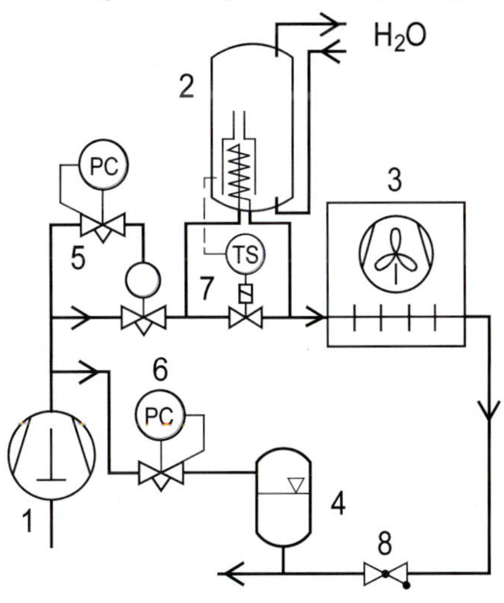

Abb. 4.34

16. Erläutern Sie die Vor- und Nachteile der direkten und indirekten Wärmeübertragung.
17. Welche Sicherheitsbestimmungen sind bei direkter Wärmeübertragung zu beachten?
18. Für den Betreiber einer Kälteanlage mit Wärmerückgewinnung zur Brauchwassererwärmung ist häufig eine hohe Wassertemperatur (also hohe Verflüssigungstemperatur) wünschenswert. Warum sollte t_c deswegen aber nicht zusätzlich angehoben werden?
19. Welche Möglichkeiten gibt es, höhere Brauchwassertemperaturen zu erzielen, ohne die Verflüssigungstemperatur heraufzusetzen?
20. Die zur Wärmerückgewinnung verfügbare Heizleistung wird durch die Gleichung $\dot{Q}_c = \dot{Q}_0 + P_{el}$ nur ungenau erfasst. Woran liegt das?
21. Eine praxisgerechte Methode zur Ermittlung der Verflüssigerleistung $\dot{Q}_c$ ist mit einem empirischen Umrechnungsfaktor f_1 in der Gleichung $\dot{Q}_c = \dot{Q}_o \cdot f_1$ gegeben. Tabelle 4.4 zeigt die Werte für f_1, abhängig von t_c und t_0 (oberer Wert für luft- oder wassergekühlte offene Verdichter, unterer für sauggasgekühlte halb- und vollhermetische Verdichter):

Tab. 4.4

	T_o, in °C					
t_c in °C	**–40**	**–30**	**–20**	**–10**	**0**	**10**
30	1,58 (1,88)	1,43 (1,6)	1,32 (1,42)	1,24 (1,3)	1,17 (1,22)	1,11 (–)
40	1,7 (–)	1,53 (1,73)	1,41 (1,5)	1,32 (1,4)	1,23 (1,3)	1,16 (1,2)
50	– (–)	1,68 (1,87)	1,52 (1,67)	1,4 (1,51)	1,3 (1,41)	1,2 (–)
60	– (–)	– (–)	1,69 (–)	1,5 (–)	1,37 (–)	1,26 (–)
(Quelle: Viessmann, Manuskriptunterlagen zum Thema: Wärmerückgewinnung in Verbindung mit Kälteanlagen)						

a) Warum nehmen die Faktoren mit sinkender Verdampfungs- bzw. steigender Verflüssigungstemperatur zu?

b) Warum ist der Faktor für sauggasgekühlte halb- und vollhermetische Verdichter jeweils größer?

c) Warum sind für diese Verdichter bei t_c = 60 °C keine Werte mehr angegeben?

Technische Mathematik

1. Eine Kälteanlage mit sauggasgekühltem halbhermetischem Verdichter hat eine Kälteleistung von $\dot{Q}_0$ = 10 kW bei t_0 = –20 °C und t_c = 40 °C (t_{V2} beträgt ca. 90 °C). Ihre Laufzeit beträgt 15 h/d.

   a) Wie viel kg Brauchwasser können täglich von 10 °C auf 35 °C vorgewärmt werden?

   b) Wie viel kg Brauchwasser können täglich mithilfe der Enthitzungs(Überhitzungs)wärme $\dot{Q}_{Ü}$ von 10 °C auf 60 °C erwärmt werden? (grober Richtwert: $\dot{Q}_{Ü} = 0{,}2 \cdot \dot{Q}_c$)

   c) Wie viel kg Brauchwasser können täglich von 10 °C auf 35 °C vorgewärmt (Kondensation im Verflüssiger $\dot{Q}_K$) und von 35 °C auf 60 °C erwärmt (Enthitzer) werden?

4.7 Absorptionskälteanlagen

1. Unterscheiden Sie *Absorption* und *Adsorption*.
2. Wie beeinflussen Druck und Temperatur das Absorptionsvermögen?
3. Welche Eigenschaften von Ammoniak ermöglichen die Absorptionskälteanlage (AKA) mit dem Arbeitsstoffpaar Ammoniak/Wasser?
4. a) Skizzieren Sie ein einfaches Schema einer NH_3 -Absorptionskälteanlage mit folgenden Bauteilen: Verdampfer, Verflüssiger, Regelventile für Kältemittel und Lösung, Lösungspumpe, Lösungswärmeübertrager, Absorber, Austreiber.
   b) Geben Sie die Medien der einzelnen Leitungen und ihre Fließrichtung an.
   c) Kennzeichnen Sie ND- und HD-Seite.
   d) Geben Sie an, wo und warum gekühlt bzw. geheizt werden muss.
   e) Zeichnen Sie die zu- bzw. abgeführten Wärmeströme mit Pfeilen ein und stellen Sie eine Wärmebilanz auf.
   f) Erläutern Sie die Funktion der Anlage.
5. Erklären Sie den Begriff des thermischen Verdichters bei einer Absorptionskälteanlage.
6. Warum wird zwischen NH_3-armer und -reicher Lösung ein Gegenstromwärmeübertrager eingebaut?
7. Welches weitere Stoffpaar wird für Absorptionskälteanlagen verwendet? Wo liegt sein Anwendungsbereich?
8. Vergleichen Sie diese Arbeitsstoffpaare in ihren Vor- und Nachteilen.
9. Nennen Sie Einsatzgebiete für Absorptionskälteanlagen.
10. Geben Sie Vor- und Nachteile von Absorptionskälteanlagen an.
11. Abbildung 4.35 zeigt das Prinzip des Absorptionskälteapparats nach v. Platen/Munters mit dem Stoffpaar Ammoniak/Wasser und Wasserstoff als Hilfsgas:
    a) Benennen Sie die Positionen 1 – 9.
    b) Geben Sie an, welches Medium jeweils in den Leitungen A – G strömt.
    c) Beschreiben Sie die Funktionsweise.
12. Welche Aufgabe hat der Wasserstoff in dem System?

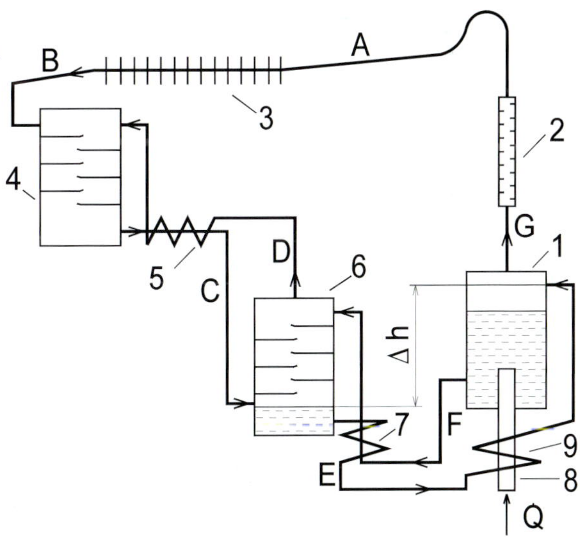

Abb. 4.35 Prinzip des Absorptionskälteapparates nach v. Platen/Munters

13. Wodurch ist die NH_3-reiche Lösung in der Lage, den Höhenunterschied Δh zum Austreiber zu überwinden (Leitung E)?
14. Welche Verflüssigungstemperatur hat das Kältemittel Ammoniak, wenn wie in obigem Beispiel der Gesamtdruck 12 bar beträgt?
15. Moderne Zwei-Temperatur-Kühlschränke verflüssigen bei 25 bar, entsprechend ca. 60 °C. Warum lässt sich diese für eine Verdichterkältanlage viel zu hohe Verflüssigungstemperatur mit einem Absorber realisieren?
16. Warum wird zwischen D und C ein Gaswärmeübertrager (5) eingebaut?
17. Welche Aufgabe hat der Flüssigkeitswärmeübertrager (7)?
18. Wo findet das oben beschriebene Prinzip des Absorptionskälteapparates nach v. Platen/Munters Anwendung?
19. Welche Vor- und Nachteile bietet dieses Prinzip in seinen Anwendungsbereichen?
20. Welche Gefahr besteht, wenn Kälteapparate nach diesem Prinzip (Absorber) unsachgemäß „entsorgt" werden, z. B. durch Anbohren?

4.8 Lösungen zu: Anlagentechnik und Ölrückführung

Technologie

1. Bei einer Verbundkälteanlage arbeiten mehrere Verdichter gemeinsam in einem Kältemittelkreislauf. Verbundanlagen kommen besonders in Betracht, wenn mehrere Kühlstellen zu bedienen sind, die nicht immer gleichzeitig Volllast verlangen werden, oder ein großer Verbraucher häufig im Teillastbereich läuft. Typisches Anwendungsgebiet ist der Supermarkt.
2. - verlustlose Leistungsregelung und optimale Leistungsanpassung durch stufenweises Zu- bzw. Abschalten einzelner Verdichter
   - hohe Betriebssicherheit (gegenüber Einzelanlagen bzw. einem großen Verdichter), weil mehrere Verdichter im Einsatz sind, die kaum gleichzeitig ausfallen werden
   - größere Kälteleistung kann durch mehrere kleinere Serienverdichter (auch hermetische und halbhermetische) bereitgestellt werden
   - Reduzierung des Rohrleitungsnetzes bei mehreren Kühlstellen (Verbundnetz)
   - geringe Netzbelastung beim Anlauf durch zeitverzögertes Schalten der Verdichter
   - gemeinsame Druckleitung vereinfacht Wärmerückgewinnung
   - Energieeinsparung möglich
3. Jeder Verdichter läuft im Teillastbereich nicht so wirtschaftlich wie bei Volllast. Ein großer Verdichter bei 25 % Kältelast läuft also energetisch ungünstiger als einer von vier Verdichtern im Verbund bei Volllast.
4. *Gleichzeitigkeitsfaktor*: Da praktisch nie alle Verbraucher gleichzeitig Volllast verlangen, wird die installierte Kälteleistung um den Gleichzeitigkeitsfaktor kleiner ausgelegt als die Summe der Einzelleistungen. Wenn z. B. im Supermarkt die Summe der Kälteleistungen

im Plusbereich 100 kW beträgt, reicht es, ca. 80 kW Verdichterkälteleistung zu installieren, was neben Kosteneinsparungen auch energetische Vorteile mit sich bringt.

Unterkühlung im Tiefkühlbereich: Weil z. B. im Supermarkt Kälteleistung sowohl im Plus- (Verkaufsregale) als auch im Minusbereich (Tiefkühlinseln) gefragt ist, kann man die Unterkühlung des Kältemittels im Minusverbund mit verdampfendem Kältemittel des Plusverbunds verbessern. Die Kälteleistung des Plusverbunds steigt dadurch unwesentlich, jedoch bringt die Verbesserung der Unterkühlung von z. B. 30 °C auf 0 °C eine erhebliche Verbesserung der Leistungsziffer (Kälteleistungszahl) im Minusverbund. Energieeinsparungen (ca. 10 %) sind die Folge.

5. Mögliche Nachteile von Verbundkälteanlagen sind:
   - Verschmutzungen des Kältemittelkreislaufs (z. B. Wicklungsbrand eines halbhermetischen Verdichters) beeinträchtigen die gesamte Verbundkälteanlage
   - ein Ausfall des gesamten Verbunds (s. o.) betrifft alle Kühlstellen
   - große Kältemittelfüllmenge bedeutet im Falle einer Havarie große Kältemittelemission
   - größerer regeltechnischer Aufwand.
6. Da eine Verbundkälteanlage eine relativ große Kältemittelfüllmenge enthält, ist eine Kältemittel-Warnanlage zur Überwachung angebracht. Im Leckagefall kann durch rechtzeitige Meldung die Kältemittelemission erheblich reduziert werden.
7. Die von dem einzelnen Verdichter ins System eingebrachte Ölmenge steht kaum jemals genau im Gleichgewicht mit der dem Verdichter aus dem System zugeführten Ölmenge. So besteht die Gefahr, dass einzelne Verdichter durch Ölmangel Schaden nehmen.
8. 1. Öl- und Gasverbund (nur bei einfachen Anlagen, wenn die Ausführung erprobt ist)

   2. Mechanisches Ölstandsreguliersystem mit Abscheider und Sammelgefäß, druckseitig

   3. Dynamische Ölstandsregulierung saugseitig (fabrikseitig bei Verbundkältesätzen).
9. a) Positionen in Abbildung 4.36: 1 – Ölausgleichsleitung; 2 – Gasausgleichsleitung; 3 – Saugsammelleitung; 4 – Einzelsaugleitung; 5 – Druckleitung; 6 – Ölabscheider; 7 – Ölrückführleitung; 8 – Rückschlagventil; 9 – Absperrventil

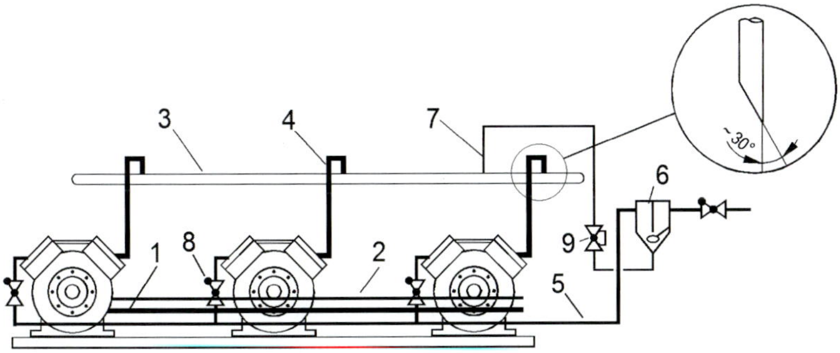

Abb. 4.36 Ölstandsausgleich mit Öl- und Gasverbund (Prinzip)

   b) Die Ölausgleichsleitung soll den Ölstand in den einzelnen Verdichtern auf gleichem Niveau halten. Die Gasausgleichsleitung soll auftretende Druckunterschiede in den Kurbelgehäusen der einzelnen Verdichter ausgleichen, weil ein Druckstau im Kurbelgehäuse eine unzulässige Absenkung des Ölspiegels zur Folge haben könnte. (Eine Druckdifferenz von nur 0,005 bar bewirkt ein Ölspiegelunterschied von ca. 5,5 cm und ist selbst bei baugleichen Verdichtern nicht völlig auszuschließen)

Die Ausgleichsleitungen müssen ausreichend dimensioniert sein und sind waagerecht zu verlegen, insbesondere ohne Biegung nach unten (Gasleitung, Flüssigkeitssack) bzw. oben (Ölleitung, Dampfsack). Umgekehrte Krümmungen sind problemlos. Die Leitungen werden, falls nicht besondere Anschlüsse vorhanden sind (bei größeren Verdichtern), an die Ölschaugläser bzw. die Öleinfüllstutzen angeschlossen (über Adapter). Zur Überwachung des Ölstands sind, falls die Adapter nicht mit Ölschaugläsern ausgerüstet sind, solche in der Leitung vorzusehen. Absperrventile in den Leitungen erleichtern Servicearbeiten am Verbund (Austausch einzelner Verdichter).

c) In diesem Fall muss der Gasausgleich oberhalb des Ölspiegels im Verbindungsrohr stattfinden und ist gefährdet, wenn vorübergehend hoher Ölstand auftritt. Der Verdichterhersteller Bitzer empfiehlt deshalb selbst bei einem Verbund zweier kleiner Verdichter die zusätzliche Gasausgleichsleitung.

d) Die Verdichter sind in absolut gleicher Höhe zu montieren (Rahmen).

e) Bei einfachen Anlagen kann auf die Ölrückführung des Systems vertraut werden, wenn das Rohrsystem ordnungsgemäß dimensioniert und verlegt wurde und keine Tiefkühlung oder überflutete Verdampfung vorliegt.

f) In der Saugsammelleitung sollen die Druckunterschiede zwischen den einzelnen Saugleitungen ausgeglichen werden, was bei höherer Strömungsgeschwindigkeit nicht zuverlässig gewährleistet ist.

g) Die Einzelsaugleitungen sind als angeschrägte Tauchrohre (s. Detailskizze) von oben in die Saugsammelleitung einzusetzen und führen dann mit Gefälle zu den Verdichtern. Auf diese Weise bekommt jeder Verdichter im Betrieb die richtige Mischung aus Kältemittel und Öl und kann im Stillstand nicht durch einfließendes Öl überflutet werden.

h) Die Rückschlagventile in den Einzeldruckleitungen sollen verhindern, dass Kältemittel in abgeschaltete Verdichter rückkondensiert.

i) Diese Variante ist zu bevorzugen, weil bei Einzelabscheidern das Öl direkt in den jeweiligen Verdichter (saugseitig) eingespeist wird, was eine individuellere Ölversorgung gewährleistet.

10. a) 1 – Ölabscheider, 2 – Ölrückführleitung, 3 – Ölsammelgefäß, 4 – Differenzdruckventil, 5 – Ölverteilleitung, 6 – Ölfilter, 7 – Ölspiegelregulator, 8 – Druckausgleichsleitung (bei zweistufigen Verdichtern direkt am Kurbelgehäuse anzuschließen), 9 – Sammelsaugleitung, 10 – Druckleitung, 11 – Rückschlagventil.

b) Das im Ölabscheider (1) anfallende Öl wird in das Ölsammelgefäß (4) geleitet, das durch eine Druckausgleichsleitung (8) über Differenzdruckventil (5) ca. 1,4 bar höheren Druck als die Saugleitung hat. Von dort fließt das Öl zu den einzelnen Verdichtern, wo es durch Ölspiegelregulatoren (7) (Schwimmerregelung) nach Bedarf eingespeist wird.

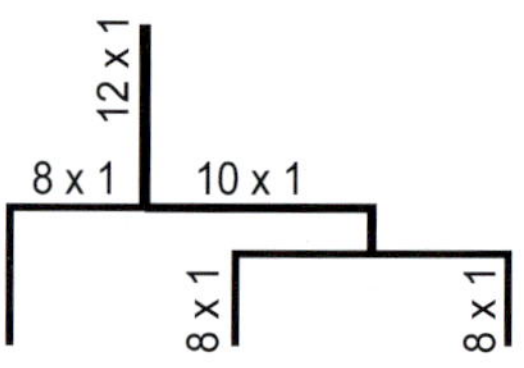

Abb. 4.37 Strömungssymmetrie

c) Es wird empfohlen, die Leitungen strömungssymmetrisch zu verlegen (nicht eingezeichnet): In T-Stücke nur vom Stamm aus hinein, damit sich die Strömung am Querbalken gleichmäßig in beide Richtungen aufteilt. Bei Aufteilung einer Leitung auf zwei Stränge sollte die Querschnittsfläche etwa konstant bleiben (s. Abb. 4.37: Da die freien Strömungsquerschnitte durch das Quadrat des jeweiligen Innendurchmessers repräsentiert werden, ergibt sich hier folgendes Bild: Querschnitt 100 teilt sich auf in 64 + 36, anschließend teilt sich 64 in 36 + 36).

d) Es besteht sonst die Gefahr, dass bei schadhaftem Rückschlagventil rückkondensierendes Kältemittel bzw. Öl in den Raum des Zylinderkopfes gelangt (Flüssigkeitsschläge).

11. Beim dynamischen Ölverteilsystem mündet die Hauptsaugleitung (1) in einem liegenden zylindrischen Sammelbehälter (2), der Öl und Sauggas trennt. Von dort bezieht jeder Verdichter sein Sauggas über ein durch den Ölsumpf geführtes Saugrohr (4), das mit einer Schnüffelbohrung für das Öl ausgestattet ist. Diese Bohrung wird mit einer Regulierschraube (3) so eingestellt, dass der zugehörige Verdichter die richtige Ölmenge erhält (s. Abb. 4.38).

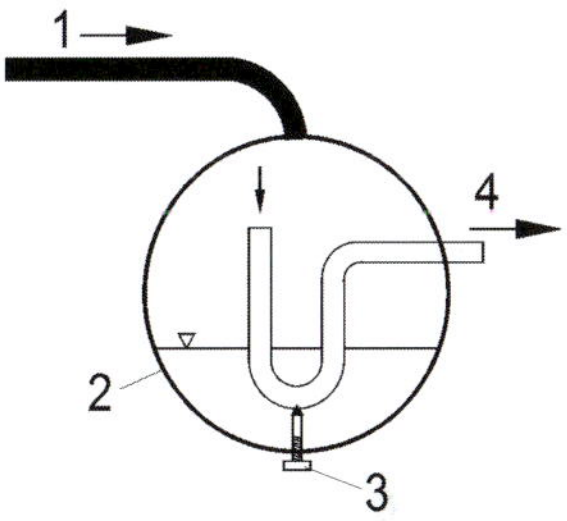

Abb. 4.38 Dynamisches Ölverteilsystem

12. Über einen Großteil der Laufzeit einer Verbundkälteanlage wird eine kleinere bis mittlere Kälteanforderung auftreten, die *Grundlast*, die von nur einem Verdichter erfüllt werden kann, dem Grundlastverdichter.

13. Durch automatische Umschaltung der Grundlast soll die Laufzeit der beteiligten Verdichter (und damit ihr Verschleiß, die erforderliche Wartung) vergleichmäßigt werden (*Grundlastwechsel*). Auch die Ölstandsnivellierung kann dadurch begünstigt werden.

14. Eine im Stillstand des betreffenden Verdichters weiterlaufende Zusatzkühlung erhöht die Gefahr der Rückkondensation von Kältemittel im Zylinderkopf und mindert die Leistung der Ölheizung, wodurch sich Kältemittel im Öl anreichern kann.

15. Die Verdichter werden abhängig vom Druck in der Saugsammelleitung geschaltet.

16. Das Schaltgerät muss eine *neutrale Zone* besitzen, d. h., dass bei Gleichgewicht von Verdampfer- und Verdichterleistung eine Ruhestellung erreicht wird. Bei verstärkter bzw. verminderter Kälteanforderung erfolgt ein stufenweises Zu- bzw. Abschalten der Verdichter mit Zeitverzögerung (sogenanntes Schritt- oder Stufenschaltwerk).

    Wenn z. B. durch erhöhte Kälteanforderung der Druck steigt, schließt ein Kontakt und ein weiterer Verdichter wird zugeschaltet. Stellt sich innerhalb der Zeitverzögerung ein neuer Gleichgewichtszustand ein, bewegt sich der Schalter in seine neutrale Zone (Mittelstellung). Ist dieser Gleichgewichtszustand noch nicht erreicht, wird nach einer gewissen Zeit der nächste Verdichter dazugeschaltet.

    Die Vorlaufverzögerung (Zuschalten) ist größer als die Rücklaufverzögerung (Abschalten), z. B. 3 min Vorlauf, 20 s Rücklauf. Damit soll verhindert werden, dass Verdichter längere Zeit bei zu niedrigem Saugdruck arbeiten, wodurch sie außerhalb ihres Anwendungsbereichs geraten können. Diese Funktionen werden heute durch elektronische Verbundregler übernommen.

17. Bei einer *binären Schaltung* wird die Gesamtkälteleistung nicht auf n gleich große, sondern auf n verschieden große Verdichter verteilt, wodurch sich im Idealfall 2^n Schaltstufen ergeben. Beispiel: 60 kW auf drei 20-kW-Verdichter verteilt ergibt vier Schaltstufen: 0, 20, 40, 60 kW. Binär ergeben sich $2^3 = 8$ Schaltstufen. Der kleinste Verdichter muss also 60 kW/7 ≈ 8 kW haben, der nächst größere doppelt so groß sein (16 kW), der dritte ergibt sich dann schon aus der noch fehlenden Differenz zu 60 kW [60 - (8 + 16) = 36].

V1 8 kW	V2 16 kW	V3 36 kW	Gesamtleistung (kW)
			0
x			8
	x		16
x	x		24
		x	36
x		x	44
	x	x	52
x	x	x	60

18. Das trotz des Ölabscheiders in den Kältemittelkreislauf eingebrachte Öl kann aus dem überfluteten Verdampfer bzw. dem nachgeschalteten Abscheider nicht mit dem Sauggas zum Verdichter zurückgeführt werden. Es muss deshalb ein Ölaustreiber installiert werden. Beim nicht öllöslichen Ammoniak genügt meist eine Ölrückführung aus dem Ölsumpf.

19. a) Positionen in Abbildung 4.39:
    1 – Verdampfer (überflutet);
    2 – Ölaustreiber; 3 – Heizung;
    4 – Absperrventil; offen plombiert; 5 – Rückschlagventil mit Bypassbohrung; 6 – Schwimmerschalter; 7 – Thermostat;
    8 – Thermometer
    b) ca. 3 % Öl im Kältemittel
    c) Vom Verdampfer strömt eine gewisse Menge Kältemittel/Öl-Gemisch (9) durch den Bypass des Rückschlagventils in den Ölaustreiber. Hier wird durch Beheizen das Kältemittel aus dem Öl ausgetrieben, wodurch der Druck im Behälter ansteigt, bis der Kältemitteldampf (10) die Druckdifferenz zum Verdampfer überwindet und zurückströmt (periodischer Vorgang). Das vom Kältemittel befreite Öl wird nach Bedarf zum Verdichter zurückgeführt.

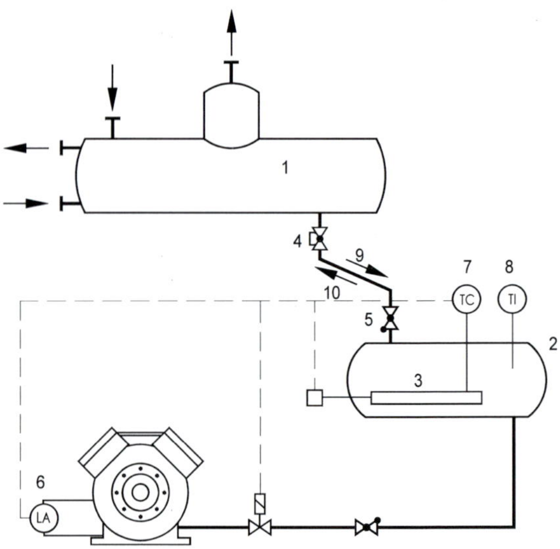

Abb. 4.39

d) Mit besonderen Wärmeübertragern kann auch durch Kältemittelflüssigkeit oder Druckdampf beheizt werden.

e) Bei Ammoniak-Anlagen wird das Öl wegen der hohen Verdichtungsendtemperatur und dem gegenüber FCKW hohen Wasseranteil thermisch und chemisch höher belastet. Die entsprechenden Verunreinigungen soll der Feinstfilter reduzieren.

20. a) NK: A (R-134a), TK: B (R-449A)

b) Der Wärmeübertrager (C) ist eine Kühlstelle des NK-Verbunds, die die Flüssigkeit des TK-Verbunds kühlt. Es handelt sich also um einen Flüssigkeits-Unterkühler, der mit Kältemittel betrieben wird.

c) Durch die stärkere Unterkühlung steigt der Nutzkältegewinn des TK-Prozesses und damit auch seine Kälteleistungszahl. Dadurch verbraucht die TK-Anlage weniger Energie zur Kälteerzeugung. Im Diagramm zeigt sich dies durch die Verlängerung des Trapezes nach links (gestrichelt; Abb. 4.40).

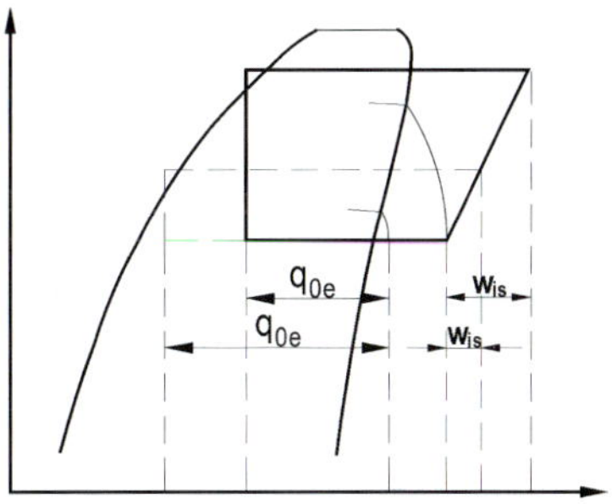

Abb. 4.40

d) Die NK-Anlage muss um die Kälteleistung des Unterkühlers größer ausgelegt werden, weil sie den Unterkühler zusätzlich zu den Kühlstellen im Markt bedient.

e) Für das Gesamtsystem Supermarkt-Kälteanlage ergibt sich durch den Unterkühler eine Energieeinsparung von etwa 10 %. Zwar benötigt die NK-Anlage mehr Kälteleistung, dies jedoch wegen der geringeren Temperaturspreizung im Vergleich zur TK mit einer besseren Kälteleistungszahl, d. h., das Verhältnis von Nutzen (= Kälteleistung) zu Aufwand (= „Stromverbrauch“) ist besser als im TK-Bereich. Die Steigerung der Kälteleistungszahl der TK-Anlage bringt deswegen eine höhere Energieeinsparung als der Mehrverbrauch der NK-Anlage. Zudem steigt die volumetrische Kälteleistung der TK-Anlage beträchtlich. Das bedeutet, dass in einem Kubikmeter Sauggas mehr Kilojoule an Kälte (an der Kühlstelle aufgenommene Wärme) steckt als ohne Unterkühler. Dadurch können der TK-Verbund und seine Saugleitungen kleiner ausfallen, was zur Einsparung bei den Investitionskosten führt.

21. S. Abb. 4.41

a) NK: B (R-134a), TK: A (R-449A)

b) Es handelt sich um ein Kaskadensystem. Der Wärmeübertrager C ist zugleich Verdampfer der NK-Anlage und Verflüssiger der TK-Anlage. Es ist ein Verdampfer-Verflüssiger.

c) Die TK-Anlage kann jetzt bei wesentlich tieferer Temperatur verflüssigen, nämlich ganzjährig bei ca. 0 °C anstatt z. B. bei 40 °C und mehr im Sommer. In der Diagrammskizze (Abb. 4.42) ist dieser Prozess gestrichelt eingezeichnet. Man erkennt den wesentlich gestiegenen Nutzkältegewinn q_{0e} bei gleichzeitig gesunkener Verdichterarbeit w_{is}.

d) Die NK-Anlage muss erheblich größer bemessen werden, weil zu den Kühlstellen im Markt noch die gesamte Verflüssigungsleistung der TK-Anlage hinzukommt, nicht nur die relativ kleine Unterkühlungsleistung wie im System von Aufgabe 20.

e) S. Abb. 4.41

f) S. Abb. 4.41.

g) S. Abb. 4.41. Da der Plattenwärmeübertrager C eine Kühlstelle der NK-Anlage ist, liegt seine Temperatur unter der Umgebungstemperatur. Auch er wird also mit Wärmedämmung versehen. Das gilt entsprechend für die sich anschließende Kondensat- und die Flüssigkeitsleitung.

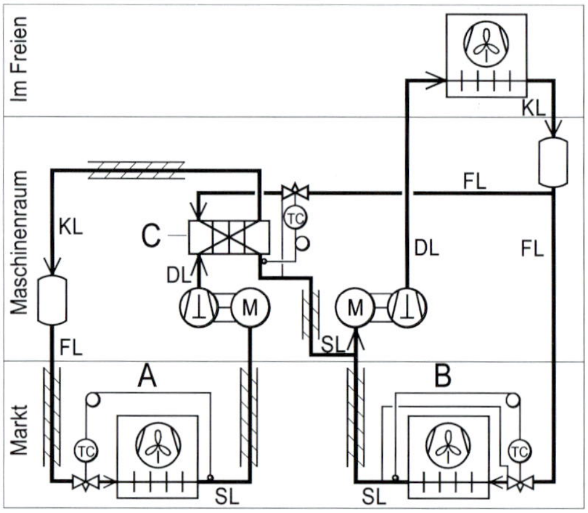

Abb. 4.41

h) Die Energieeinsparung ergibt sich daraus, dass die TK-Anlage aufgrund der tiefen Verflüssigungstemperatur eine wesentlich höhere Kälteleistungszahl hat als bei Verflüssigung an Luft. Sie übergibt ihre Verflüssigungswärme bei ca. 0 °C an die NK-Anlage, die mit R-134a betrieben wird. R-134a hat im NK-Bereich durchweg eine etwa 10 % höhere Kälteleistungszahl als R-449A.

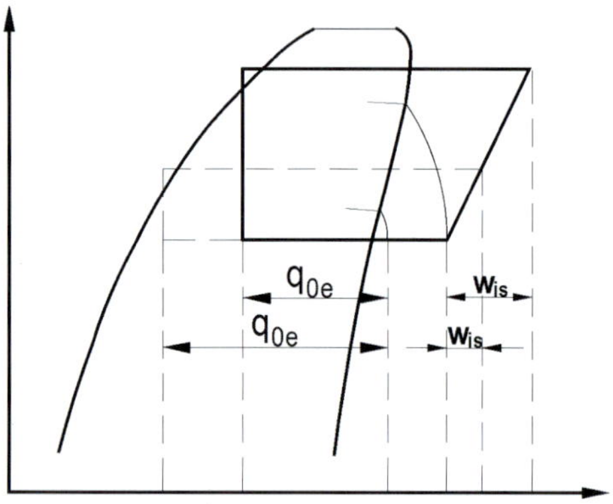

Abb. 4.42

i) R-134a ist aus drei Gründen nicht für Tiefkühlung geeignet.

1. Sein Normsiedepunkt liegt bei ca. –26 °C. Das heißt, bei einer Verdampfungstemperatur im Tiefkühlbereich von z. B. –34 °C liegt der Verdampfungsdruck unter 1 bar (absolut), also im Vakuumbereich. Bei einem saugseitigen Leck würden Luft und Feuchtigkeit ins System eindringen. Das ist sehr schädlich.
2. Das Druckverhältnis, das Verhältnis von Verflüssigungs- zu Verdampfungsdruck, ist sehr groß, sodass der Verdichter nicht mehr effizient arbeiten könnte. Bei $t_0 = -34$ °C und $t_c = 40$ °C läge es bei $p_c/p_0 = 10{,}17$ bar/0,69 bar = 14,7 (!) (vgl. hierzu Aufg. 28a).
3. Die volumetrische Kälteleistung q_{0v} ist bei diesem geringen Verdampfungsdruck extrem klein, d. h., pro angesaugte Volumeneinheit (m^3) befördert der Verdichter nur sehr wenig Wärme von der Kühlstelle, erzeugt also nur sehr wenig Kälte pro m^3 Sauggas. Er müsste deshalb sehr groß (und damit teuer) sein.

22. a) Vorteile von CO_2 sind

- nicht toxisch (AGW = 5000 ppm), chemisch inaktiv und nicht brennbar, kein Ozonabbaupotenzial (ODP = 0)
- der geringe Preis
- das geringe Treibhauspotenzial ($GWP_{100} = 1$)

- resultierend aus den vorangegangenen Aspekten keine Notwendigkeit für Rückgewinnung und Entsorgung
- die sehr große volumetrische Kälteleistung, die je nach Anwendung 5- bis 8-fach größer ist als die von R-449A
- geringes Druckverhältnis, geringer Einfluss von Druckabfällen
- sehr gute Wärmeübergangswerte, dadurch im Vergleich zu R-449A 2 Kelvin höhere Verdampfungstemperatur möglich

Nachteile von CO_2 sind demgegenüber

- die extrem hohe Drucklage
- die mit 31 °C niedrige kritische Temperatur (74 bar)
- Erstickungsgefahr bei höheren Konzentrationen (8 – 10 %) in Verbindung mit der absoluten Geruchslosigkeit

b) Bei Anlagenausfall kann man das CO_2 an die Umgebung abblasen. Der CO_2-Vorrat kann auch durch eine separate Kälteanlage kühl gehalten werden, z. B. auf –15 °C, sodass ca. 23 bar nicht überschritten werden.

c) Rohre und Fittings aus der Kupferlegierung K65 sind druckfest bis 120 bar und entsprechend gekennzeichnet. Die Legierung enthält ca. 2,5 % Eisen und ist deshalb schwach magnetisch. Das ist mit einem starken Neodymmagneten leicht festzustellen. Normale Kupferrohre dagegen sind völlig unmagnetisch.

d) CO_2 steht in der Flasche bei Raumtemperatur unter hohem Druck (60 bar bei 22 °C). Beim Befüllen aus der Flüssigkeitsphase in die zuvor evakuierte Anlage hinein entsteht durch die schlagartige Entspannung CO_2-Schnee, weil der Tripelpunkt (5,2 bar/55,6 °C) unterschritten wird. Dieser CO_2-Schnee könnte die Leitung verstopfen und das weitere Befüllen behindern. Es muss also zunächst gasförmig bis auf z. B. 10 bar befüllt werden, um diese Unterschreitung des Tripelpunktes und damit die Schneebildung zu verhindern.

e) Auch beim Abblasen entsteht unmittelbar nach der Entspannung CO_2-Schnee, der eine darauffolgende Leitung verstopfen würde. Die Entspannung muss nach dem Abblaseventil also direkt ins Freie erfolgen. Abblaseventile müssen mechanisch so befestigt werden, dass sie durch die beim Abblasen entstehenden Rückstoßkräfte (rechtwinklig zur Rohrrichtung) nicht die Abblaseleitung verbiegen, was zu einem Leitungsabriss führen könnte.

f) CO_2 entwickelt wesentlich höhere Verdichtungsendtemperaturen (t_{V2}) als R-449A. Bei t_0 = –34 °C und t_c = –3 °C sowie einem Gütegrad des Verdichters von 0,7 liegt t_{V2} bei ca. 34 °C (R-449A) bzw. 71 °C (CO_2). Mit einem luftgekühlten Enthitzer kann man also bei CO_2 den Verflüssiger, der ja Verdampfer der NK-Anlage ist, nennenswert entlasten.

g) Räume, in denen mit dem Austreten von CO_2 gerechnet werden muss, müssen durch ein entsprechendes Gaswarngerät abgesichert werden, das bei Erreichen einer bestimmten CO_2-Konzentration anschlägt.

h) Bei Austritt in einem geschlossenen Raum sammelt sich CO_2 aufgrund seiner gegenüber Luft höheren Dichte als Kohlenstoffdioxid-See am Boden. Das bedeutet, dass eine Person, die durch ausgetretenes CO_2 bewusstlos geworden ist und zu Boden sinkt, nun erst recht erhöhte CO_2-Konzentration einatmet, die tödlich sein kann. Dies gilt zwar auch für alle (H)FKW, die sind allerdings nicht so völlig geruchlos wie CO_2.

i) Wenn eine Person durch CO_2 in einem Raum bewusstlos geworden ist, sollte sie schnellstmöglich aus der Gefahrenzone geholt werden. Das ist allerdings nur mit einem außenluftunabhängigen Atemgerät möglich! Tödliche Unfälle der „Retter" bei entsprechenden Bergungsversuchen aus Gärkellern, Jauchegruben etc. ohne Schutzgerät sind bekannt.

23. a) *Subkritischer Betrieb* bedeutet, dass das Kältemittel seine Wärme bei einem Druck unterhalb des kritischen Drucks und damit in einem Verflüssiger durch Enthitzen, Verflüssigen, Unterkühlen abgibt. Wesentliches Merkmal ist hierbei die Aggregatzustandsänderung im Nassdampfgebiet (Verflüssigen). Beim *transkritischen Betrieb* erfolgt auf der Hochdruckseite keine Verflüssigung, weil der kritische Druck überschritten wird. Die Wärmeabgabe erfolgt deshalb zwar isobar, aber nicht isotherm, also nicht in einem Verflüssiger, sondern in einem Gaskühler. Siehe Abbildung 4.43

b) Ob die Anlage subkritisch oder transkritisch arbeitet, hängt von der Temperatur des Kühlmittels, hier also von der Außenlufttemperatur, ab. Wenn der dadurch resultierende Druck über den kritischen Druck steigt, arbeitet die Anlage transkritisch, der Verflüssiger wird zum Gaskühler.

c) Der Verdichter verdichtet den angesaugten CO_2-Dampf auf einen höheren Druck, der je nach Außenlufttemperatur zwischen 45 und 85 bar liegt (1 – 2). Dann erfolgt die Wärmeabgabe entweder durch Verflüssigung (subkritisch im Verflüssiger) bzw. transkritisch durch Enthitzung im Gaskühler (2 – 3). Eine Hochdruckdrossel (RV1) regelt den optimalen Hochdruck und senkt den Druck auf ein mittleres Niveau ab (3 – 4). Das dabei entstehende Zweiphasengemisch (4) wird im unter Mitteldruck

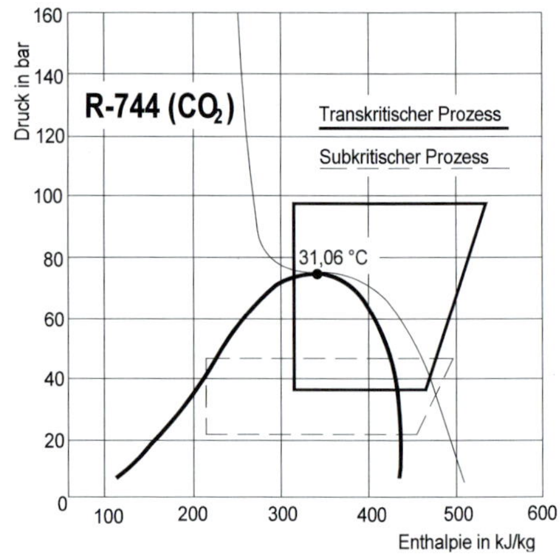

Abb. 4.43

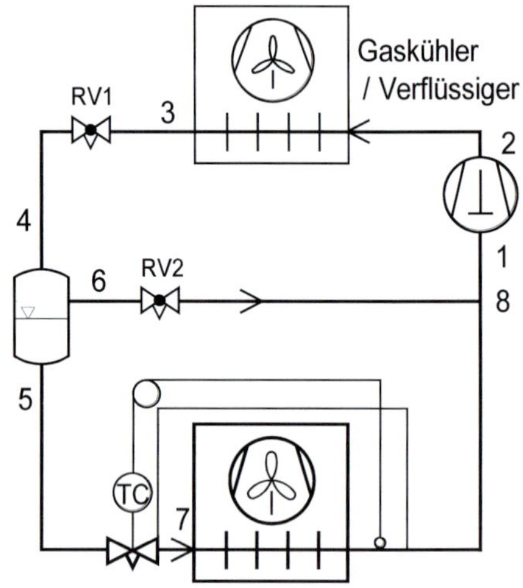

Abb. 4.44 Kälteanlage mit CO_2

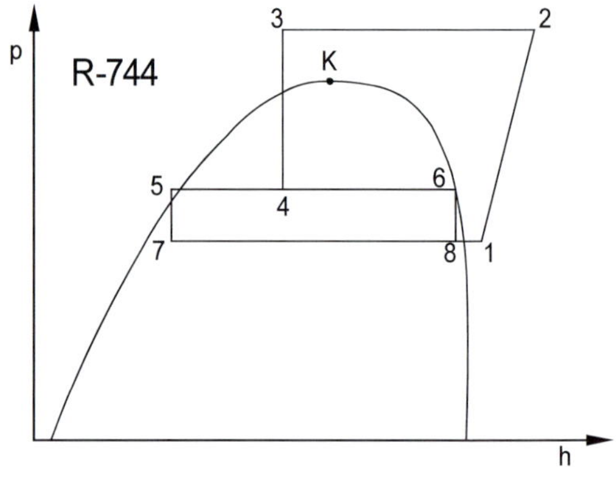

Abb. 4.45 lg p,h-Diagramm von CO_2

stehenden Sammler in Flüssigkeit (5) und Dampf (6) separiert. Der Dampf wird über ein weiteres Regelventil (RV2) auf Saugdruck entspannt (8) und dem Verdichter direkt zugeführt. Die Flüssigkeit fließt aufgrund der Druckdifferenz zu den Kühlstellen (Verdampfern), wird dort durch ein Expansionsventil auf Verdampfungsdruck entspannt (7) und strömt nach Wärmeaufnahme als überhitzter Dampf zum Verdichter (1). Auf dem Weg erfolgt die Vermischung mit dem entspannten Drosseldampf der ersten Stufe (8). Siehe Abbildung 4.44 und 4.45

d) Durch die zweistufige Entspannung verkleinert sich der Hochdruckbereich. Er liegt jetzt nur noch zwischen dem Verdichterausgang (Punkt 2) und der Hochdruckdrossel (RV1), also komplett außerhalb des Marktbereichs, was die Sicherheitstechnik vereinfacht und den Einsatz preiswerterer Komponenten ermöglicht. Zugleich reduziert sich der erforderliche Kältemittelmassenstrom zu den Kühlstellen im Markt, da der Drosseldampf der ersten Entspannungsstufe schon im Maschinenraum abgetrennt und zum Verdichter zurückgeführt wird. Das ermöglicht kleinere Flüssigkeits- und Saugleitungen.

e) Hochdruckregelung bei transkritisch arbeitenden CO_2-Anlagen: Das Hochdruckdrosselventil RV1 regelt abhängig von der Gaskühler-Austrittstemperatur den optimalen Hochdruck, der die höchste Leistungszahl (COP) des Prozesses garantiert (s. Aufg. 24).

24. Eine Anhebung des Hochdrucks im transkritischen Betrieb bewirkt eine geringfügige Erhöhung der nötigen Verdichtungsarbeit (w), da die Isentropen (s-Linien, Verdichtungslinien) recht steil verlaufen. Auf der anderen Seite (aufgenommene Wärme q_0) ergibt sich im Gegensatz dazu jedoch ein erheblicher Enthalpiegewinn, weil die Isothermen in diesem Teil des Diagramms recht flach verlaufen. Das Verhältnis von Nutzen zu Aufwand (EER) lässt sich also durch eine gewisse Druckanhebung erheblich verbessern (gestrichelt eingezeichneter Prozess). Bei transkritisch arbeitenden CO_2-Anlagen wird deshalb der Hochdruck über ein Drosselventil von einem mit entsprechender Intelligenz ausgestatteten Regler gesteuert. Vgl. Abbildung 4.46.

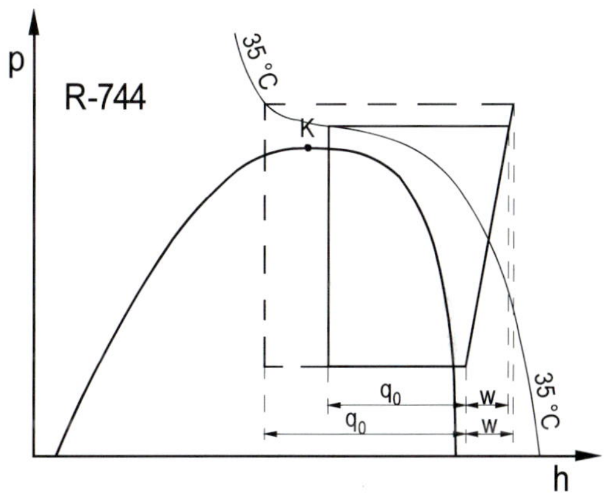

Abb. 4.46

25. a) Der Boosterverdichter (V1) der TK-Anlage (unterer Verdampfer) verdichtet bis auf den Verdampfungsdruck der NK-Anlage und schiebt das CO_2-Druckgas nicht zu einem Verdampfer/Verflüssiger wie in der Kaskade, sondern direkt in die Saugseite des NK-Verdichters.

b) Der Prozess gleicht hochdruckseitig und in der Normalkühlstufe dem CO_2-Prozess aus Aufgabe 23. Allerdings wird hier die im Sammler separierte und unter Mitteldruck stehende Flüssigkeit (5) noch einmal aufgeteilt und auf zwei verschiedene Druckniveaus entspannt, z. B. auf ca. 28 bar (Punkt 6, entsprechend $t_0 = -8$ °C) für die Normalkühlung und auf ca. 14 bar (Punkt 7, entsprechend $t_0 = -30{,}5$ °C) für die Tiefkühlung. Nach Verdampfung und Überhitzung auf TK-Niveau (8) wird der TK-Saugdampf vom Boos-

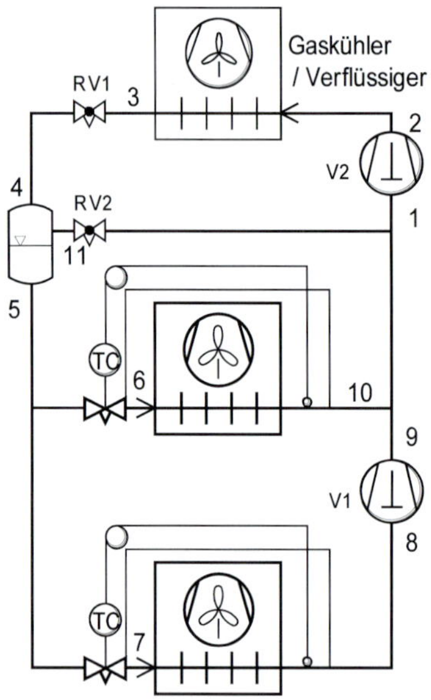

Abb. 4.47 CO_2-Anlage mit Boosterbetrieb für TK

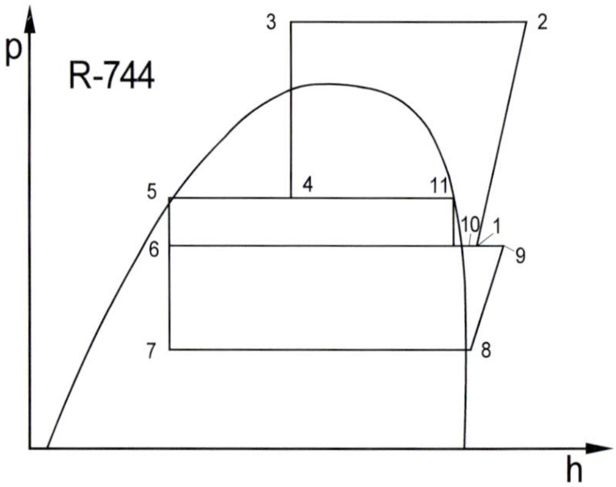

Abb. 4.48 CO_2-Anlage mit Boosterbetrieb für TK

terverdichter (V1) auf das Druckniveau der Normalkühlung angehoben (8 – 9). Nach Vermischung mit dem entspannten Dampf der 1. Stufe und dem überhitzten Saugdampf der Normalkühlung (10) erfolgt die Verdichtung im Hauptverdichter (1 – 2). S. Abb. 4.47 und 4.48.

26. a) Dieser Einsatz des zweiten Verdichters wird Parallelverdichtung oder Economiser genannt.

    b) Der unter Mitteldruck stehende Drosseldampf der ersten Stufe wird nun nicht in RV2 noch weiter auf Verdampfungsdruck entspannt (6 – 8) und danach wieder auf Hochdruck verdichtet (1 – 2), sondern sofort vom kleineren Parallelverdichter erfasst und verdichtet (6 – 2'). Der Energieaufwand dafür ist wegen der geringeren Druckanhebung kleiner. Nur der Dampf, den der Parallelverdichter unter bestimmten Betriebszuständen nicht bewältigen kann, wird noch durch RV2 gedrosselt und vom Hauptverdichter erfasst.

    c) S. Abb. 4.49

27. a) Die Druckabsenkung verläuft nicht bei konstanter Enthalpie (im Diagramm immer senkrecht), sondern isentrop (schräg nach links unten). Die zugehörige Enthalpiedifferenz wird im Ejektor in Bewegungsenergie umgewandelt. Zudem wird zunächst im Ejektoreingangsbereich auf einen Druck unter Verdampfungsdruck entspannt.

    b) S. Abb. 4.50

    c) Der Verdichter saugt den Dampf aus dem Mitteldruckabscheider und verdichtet ihn auf Hochdruck. (1 – 2). Danach erfolgt die Wärmeabgabe bei konstantem Druck im Gaskühler (2 – 3). Der Hochdruckdampf

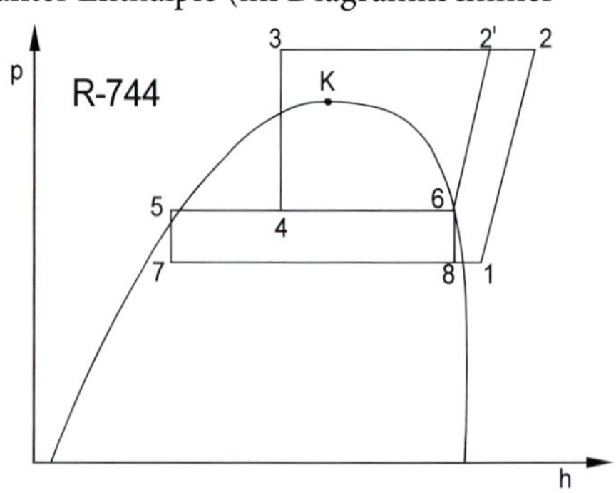

Abb. 4.49 Transkritische CO_2-Anlage mit Parallelverdichter

wird im Ejektor auf einen Druck unterhalb Verdampfungsdruck entspannt (3 – 4), der entstehende Nassdampf (4) dabei enorm beschleunigt. Er bildet den Treibstrom, der den seitlich eingeleiteten Dampf aus dem Verdampfer (10) mitreißt und etwas entspannt (10 – 5). Das Gemisch (6) der beiden Stoffströme wird im Ausgangsbereich des Ejektors abgebremst, wodurch die Bewegungsenergie in Druckerhöhung umgewandelt wird (6 – 7). Dadurch wird wieder der Mitteldruck erreicht. Der Nassdampf (7) wird im Mitteldruckabscheider in Flüssigkeit (8) und Dampf (1) getrennt. Die Flüssigkeit (8) wird durch das Thermostatische Expansionsventil auf Verdampfungsdruck entspannt (9), dann erfolgt die Wärmeaufnahme durch Verdampfung und Überhitzung bis zum Punkt 10. Der Vorgang beginnt von neuem, vgl. Abb. 4.51.

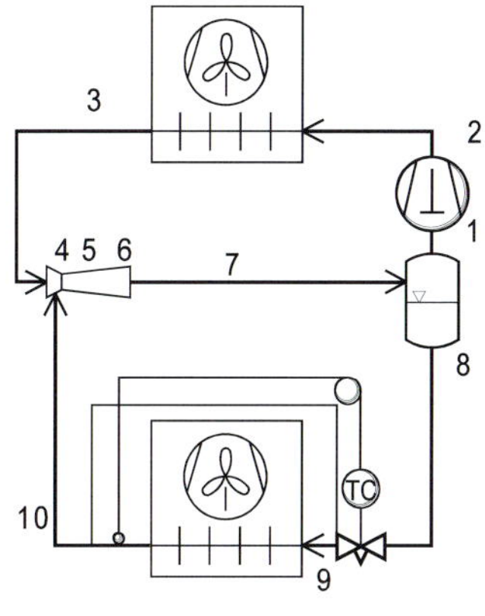

Abb. 4.50 Kälteanlage mit CO_2 und Ejektor

d) Durch den Ejektor wird der Saugdampf auf den Mitteldruck vorverdichtet. Die notwendige Energie dazu liefert die Bewegungsenergie des Treibdampfes. Dadurch muss der Verdichter eine geringere Druckdifferenz überwinden und das erfordert weniger Energie.

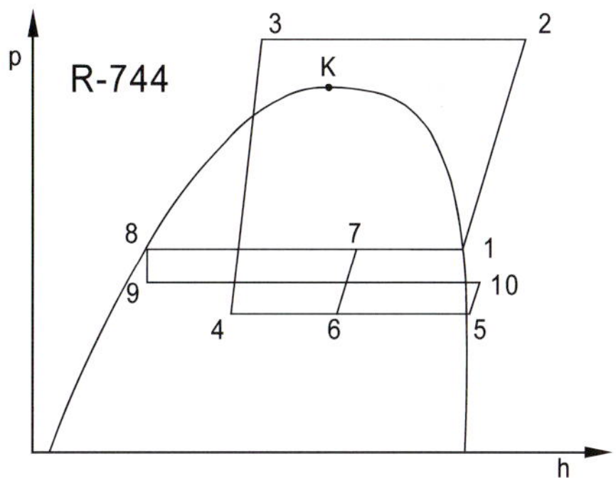

Abb. 4.51 lg p,h-Diagramm von CO_2 im Ejektor-Betrieb

28. a) Bei tiefen Verdampfungstemperaturen (oder großer Temperaturdifferenz $t_c - t_0$) wird das für einstufigen Betrieb wirtschaftliche Druckverhältnis p_c/p_0 oder die zulässige Druckdifferenz überschritten, sodass eine Aufteilung der Verdichtung auf zwei oder mehr Stufen erfolgt. In solchen Fällen würde einstufige Verdichtung eine schlechtere Kälteleistungszahl ergeben, da die spezif. Verdichtungsarbeit steigt, während die Verdampfungsenthalpie (spezif. Nutzkältegewinn) wegen des höheren Drosseldampfanteils sinkt. Die angestiegene Verdichtungsendtemperatur würde außerdem zu erhöhtem Verschleiß (Ölkohlebildung an den Arbeitsventilen) führen. Deswegen wird einstufig nur bis zu einem Druckverhältnis von etwa neun verdichtet bzw. bis zu einer Temperaturdifferenz $t_c - t_0$ von ca. 50 K bei R-717, ca. 70 K bei HFKW.

b) Die Aufteilung der Drosselung bringt einen Enthalpiegewinn für die Verdampfung der Niederdruckstufe, da der Drosseldampf der ersten Stufe vom HD-Verdichter abgesaugt wird. Die Drosselung der ND-Stufe geht dann wieder von der linken Grenzkurve (Siedelinie) aus (Punkt 7 im Diagramm Abb. 4.51).

c) Kältemittelpumpen werden in weit verzweigten Systemen mit vielen (einzeln zu regelnden) Kühlstellen angewendet.

d) Bei Soleumwälzanlagen verschlechtert der Temperatursprung zwischen Sole und Kältemittel im Solekühler die Kälteleistungszahl der Anlage.

e) Der hydrostatische Druck der Flüssigkeitssäule verhindert die Vorverdampfung durch die Druckabsenkung auf der Saugseite der Schaufeln des Pumpenlaufrades. Diese Dampfblasenbildung würde zu Kavitation führen.

f) In den Mitteldruckbehälter fließt durch Leitung A ein Gemisch aus Kältemittelflüssigkeit und Drosseldampf, der sich im Drosselorgan der Hochdruckstufe gebildet hat.

Durch Leitung B wird ebenfalls ein Flüssigkeits-Dampf-Gemisch aus Verdampfer 2 kommend eingeleitet, denn Pumpenumlaufsysteme arbeiten mit zwei- bis vierfacher Umwälzung, d. h., dem Verdampfer wird etwa dreimal so viel Flüssigkeit zugeführt wie durch Wärmeaufnahme verdampft.

Durch Leitung C wird der überhitzte Kältemitteldampf des ND-Verdichters eingeleitet, der sich bis zur Taulinie enthitzt (Absättigung).

Durch Leitung E fließt flüssiges Kältemittel unter Mitteldruck zum ND-Drosselorgan.

Durch Leitung D wird trocken gesättigter Dampf zum HD-Verdichter abgesaugt. Dieser setzt sich anteilig zusammen aus dem Drosseldampf der Hochdruckstufe (A), dem abgesättigten Heißdampf der Niederdruckstufe (C), dem bei dessen Absättigung aus der Flüssigkeit entstehenden Dampf und dem im Verdampfer 2 gebildeten Dampf (B).

g) Im Anfahrvorgang (Kühlraumtemperatur bei Verdampfer 1 hoch, z. B. 0 °C) darf der ND-Verdichter nicht betrieben werden, weil sein Antriebsmotor überlastet würde (vgl. Verdichterdatendiagramm (Abb. 4.8) in Band 1, L. 6, Kap. 4.2.2, Technische Mathematik, Aufg. 3; bei diesem Verdichter steigt die erforderliche Antriebsleistung von ca. 4 kW bei –30 °C auf ca. 6 kW bei 0 °C). Zunächst läuft also nur der HD-Verdichter an und saugt Verdampfer 1 durch den ND-Verdichter ab. Im Mitteldruckbehälter ist währenddessen wegen der Strömungswiderstände ein niedrigerer Druck als in Verdampfer 1, weswegen von dort keine Kältemittelflüssigkeit zum Verdampfer 1 fließen kann. In diesem Fall wird Ventil II geschlossen, Ventil I geöffnet und solange einstufig direkt in Verdampfer 1 entspannt, bis die Verdampfungstemperatur t_0 einen bestimmten Tiefstwert erreicht hat und der ND-Verdichter unbeschadet anfahren kann.

29. Mit einer Satelliten-Anlage wird bei größeren Tiefkühlanlagen eine besonders große Unterkühlung der Flüssigkeit erzielt, indem ein kleiner Verdichter (2) parallel zum Hauptverdichter (3) auf den gleichen Verflüssiger (4) arbeitend mit einem Teil der Kältemittelflüssigkeit einen Flüssigkeitskühler (1) auf Normalkühlniveau betreibt. Dadurch arbeitet die Tiefkühlung an der Kühlstelle (5) so wirtschaftlich, dass sich insgesamt Energieeinsparungen ergeben. S. Abb. 4.52.

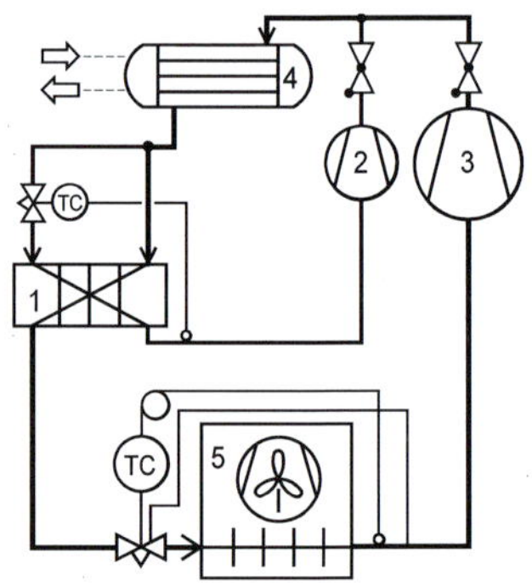

Abb. 4.52

30. Bei normaler Unterkühlung enthält die Kältemittelflüssigkeit immer noch geringe Dampfanteile. Dieses Flüssigkeits-Dampf-Gemisch ist kompressibel bzw. federt leicht, wirkt Druckstöße dämpfend. Extrem unterkühlte Flüssigkeit ist „steinhart“. Ein Schließen des Magnetventils führt zu Druckstößen, die sich in der Flüssigkeit gleichmäßig in alle Richtungen fortpflanzen und einen nur mit Flüssigkeit gefüllten Rohrleitungsabschnitt bzw. seine Einbauteile (z. B. Trockner) belasten. Abhilfe schafft hier ein möglichst kurzes

Leitungsstück zwischen Magnetventil und TEV, sodass aufgrund der geringen beschleunigten Masse nur wenig Energie in den Druckstoß umgesetzt wird.

31. Freie Kühlung ist Kühlung ohne Kältemaschine, also durch Wärmeabgabe an die Umgebung. Sie ist immer dann sinnvoll, wenn eine Kühlaufgabe ganzjährig auf einem Temperaturniveau stattfindet, das in der kälteren Jahreszeit unter Umgebungstemperatur liegt. Freie Kühlung wird besonders bei Klimaanlagen mit indirekter Kühlung über Wasser angewendet (Wasserkühlsatz), z. B. EDV-Klimatisierung, Prozess-Kühlung, Klimatisierung von Einkaufszentren. Hier kann Energie gespart werden, indem die kaltes Wasser erzeugende Kältemaschine in der Leistung reduziert oder weggeschaltet wird, weil das Wasser direkt in dem bereits vorhanden Rückkühler (6) des wassergekühlten Verflüssigers (2) mit Außenluft gekühlt werden kann (s. Abb. 4.53).

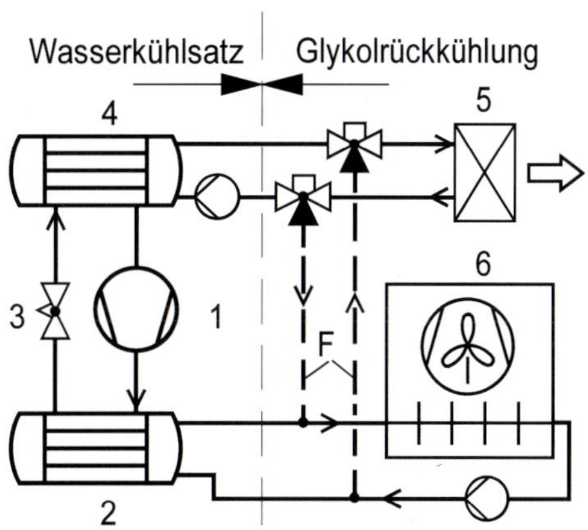

Abb. 4.53

32. a) Die Verdampfungstemperatur liegt bei Luftkühlern 8 – 12 K unter der Lufttemperatur, hier also bei ca. –50 °C.

b) Laut Dampftabelle R-449A beträgt bei t_c = 40 °C; p_c = 16,63 bar, bei t_0 = –50 °C; p_0 = 0,61 bar. Das Druckverhältnis beträgt p_c/p_0 = 27,3, d. h., der Verdichter muss das angesaugte Gas auf das 27,3-Fache verdichten. Das ist weit über dem Grenzdruckverhältnis von ca. 10 (vgl. Aufg. 28a), bis zu dem ein Verdichter wirtschaftlich fördern kann. Das im Zylinderraum verbleibende (nicht mehr ausschiebbare) Restgas müsste erst auf das 27,3-Fache expandieren, bevor die Saugventile öffnen können. Deswegen würde ein Verdichter unter diesen Bedingungen nur noch ein Bruchteil seines theoretisch möglichen Fördervolumenstroms erreichen, müsste deshalb reichlich überdimensioniert sein.

c) Die Kälteleistungszahl einer Kältemaschine ist definiert als das Verhältnis von Nutzen (Kälteleistung) zu Aufwand (aufgenommene Leistung, „Stromverbrauch"). Sie beträgt im Falle einstufiger Verdichtung nur 0,99, d. h., für eine Kilowattstunde Strom befördert die Anlage nur 0,99 Kilowattstunden Wärme von der Kühlstelle. Bei zweistufiger Verdichtung sind es mit 1,23 Kilowattstunden deutlich mehr. Die Kälteleistungszahl wächst im Verhältnis 1,23/0,86 = 1,24, wird also um etwa 25 % größer. Die Energieeinsparung ergibt sich im Verhältnis 0,99/1,23 = 0,8048 Die Betriebskosten der Anlage sinken also um ca. 19,5 %.

d) Benötigt werden ein zweiter Verdichter, ein Mitteldruckbehälter, ein zweites Drosselorgan.

33. Die Entspannung erfolgt vom Verflüssigungsdruck zunächst auf einen mittleren Druck im Mitteldruckbehälter (3 – 3m). Dort erfolgt eine Trennung des Nassdampfs mit dem Zustand 3m in Flüssigkeit (4m) und Dampf (2m). Der Dampf wird vom HD-Verdichter angesaugt und wieder verdichtet, die Flüssigkeit in der zweiten Stufe entspannt. Nun steht an

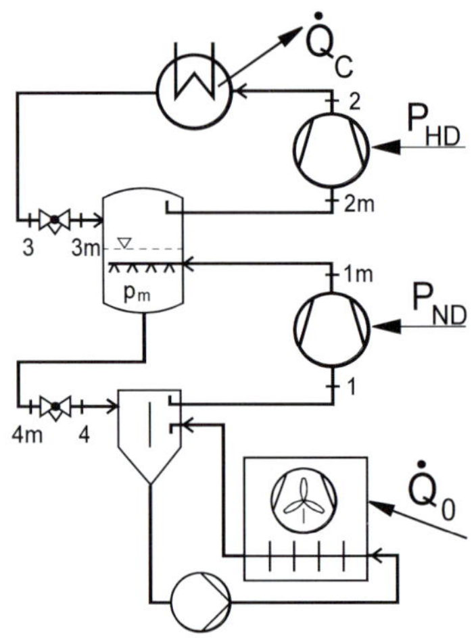

Abb. 4.54 Zweistufige Verdichtung und zweistufige Entspannung mit Mitteldruckbehälter

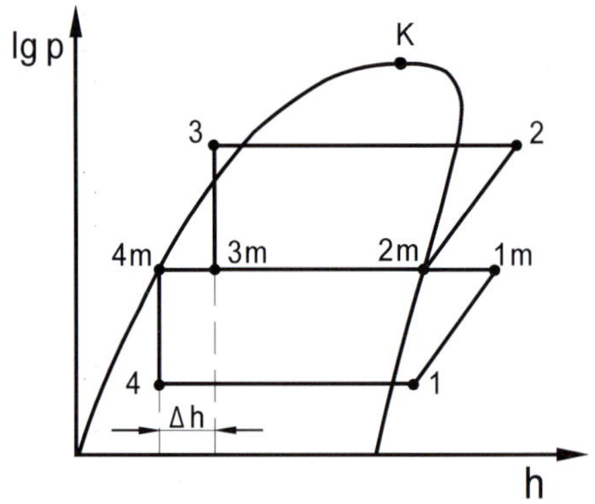

Abb. 4.55 Zweistufige Verdichtung und zweistufige Entspannung mit Mitteldruckbehälter

Punkt 4 der kalte Nassdampf mit geringem Drosseldampfanteil zur Verfügung, weil die Ausgangslage bei 4m weiter links lag als sie bei einstufiger Entspannung gewesen wäre. Der entsprechende Enthalpiegewinn beträgt Δh. Nach dem Verdampfen auf niedrigem Druckniveau wird der kaum überhitzte Dampf (1) vom ND-Verdichter auf 1m verdichtet und zum Mitteldruckbehälter geschoben, wo er auf den Zustand 2m absättigt (keine Überhitzung mehr). Von dort wird er mit dem Drosseldampf der ersten Entspannungsstufe abgesaugt. Vgl. Abb. 4.54 und 4.55.

Technische Mathematik

1. Die Antriebsleistung wird einmal mit dem alten COP (COP_1) und einmal mit dem neuen COP (COP_2) berechnet, der 20 % größer ist, also 1,2 COP_1 beträgt. Für die Rechnung nehmen wir den Index 1 für den Urzustand, Index 2 für den verbesserten Zustand:

$$COP = \frac{\dot{Q}_0}{P} \Rightarrow P = \frac{\dot{Q}_0}{COP};\ P_1 = \frac{\dot{Q}_0}{COP_1};\ P_2 = \frac{\dot{Q}_0}{COP_2} = \frac{\dot{Q}_0}{1{,}2 \cdot COP_1} = \frac{1}{1{,}2} \cdot \frac{\dot{Q}_0}{COP_1} = \underline{0{,}8\overline{3} \cdot P_1}$$

Die Leistungsaufnahme sinkt also auf 83,33 des ursprünglichen Werts. Die Einsparung beträgt also 16,67 % oder ein Sechstel.

2. a) CO_2 hat einen wesentlich besseren Wärmeübergang als R-404A. Deswegen kann die Temperaturdifferenz beim Wärmeübergang im Raum und im Plattenwärmeübertrager kleiner gewählt werden.

   b) Bei einer geringeren Temperaturspreizung (höher verdampfen, niedriger verflüssigen) sinkt der Energiebedarf für die Kälteerzeugung.

   c) $$\dot{Q}_0 = \dot{V}_1 \cdot q_{0v} \Rightarrow \dot{V}_1 = \frac{\dot{Q}_0}{q_{0v}} = \frac{24\ \text{kW}}{8068{,}5\ \frac{\text{kJ}}{\text{m}^3}} = 2{,}975 \cdot 10^{-3}\ \frac{\text{m}^3}{\text{s}} = \underline{\underline{10{,}71\ \frac{\text{m}^3}{\text{h}}}}$$

Die CO_2-Verdichter müssen viel weniger Volumen fördern (10,71 m³/h statt 64,54 m³/h), weil die volumetrische Kälteleistung von CO_2 mit 8068,5 kJ/m³ wesentlich größer ist als die von R-404A (1338,7 kJ/m³). Die volumetrische Kälteleistung gibt an, wie viel kJ an der Kühlstelle aufgenommene Wärme in einem Kubikmeter Saugdampf am Verdichtereingang enthalten ist. Da dieser Wert bei CO_2 etwa sechsfach größer ist, müssen die CO_2-Verdichter weniger Volumen fördern und sind entsprechend kleiner.

d) Die volumetrische Kälteleistung ist bei CO_2 so groß, weil der Saugdampf bei etwa gleicher Verdampfungstemperatur mit 13,34 bar unter wesentlich höherem Druck steht als bei R-404A (1,73 bar). CO_2 ist ein so genanntes Hochdruck-Kältemittel. Das spezifische Volumen des Saugdampfs ist entsprechend wesentlich kleiner. Zudem nimmt CO_2 mehr Wärme pro kg Kältemittel auf, was an dem geringeren Massenstrom erkennbar ist.

e) $$d_{SL} = \sqrt{\frac{4\dot{m}_R \cdot v_1}{\pi \cdot w_{SL}}} = \sqrt{\frac{4 \cdot 0{,}0928\,\frac{kg}{s} \cdot 0{,}03205\,\frac{m^3}{kg}}{\pi \cdot 10\,\frac{m}{s}}} = 0{,}01946\text{ m} = \underline{\underline{19{,}46\text{ mm}}}$$

Gewählt: Cu 22 x 1 mit d = 20 mm

f) $$w = \frac{4 \cdot \dot{m}_R \cdot v}{\pi \cdot d^2} = \frac{4 \cdot 0{,}0928\,\frac{kg}{s} \cdot 0{,}03205\,\frac{m^3}{kg}}{\pi \cdot (0{,}02\text{ m})^2} = \underline{\underline{9{,}467\,\frac{m}{s}}}$$

Die alte Saugleitung ist mit einem Innendurchmesser von 50 mm viel zu groß. Sie hat einen 6,25-fach größeren freien Querschnitt (1963,59 mm² statt 314,16 mm²). Dadurch würde die Strömungsgeschwindigkeit auf ca. ein Sechstel absinken (auf ca. 1,5 m/s) und der Öltransport wäre nicht mehr gewährleistet. Das Öl würde sich auf Dauer im Verdampfer ansammeln und der Verdichter wegen Ölmangels Schaden nehmen.

g) Da die neue TK-Anlage eine höhere Kälteleistungszahl aufweist als die alte (4,68 statt 4,52), sinkt der Energiebedarf der TK-Verdichter. Aufgrund der Kaskadenkonstruktion sinkt dadurch auch der Energiebedarf der NK-Anlage.

h) Lösungen ohne Enthitzer

1. $$P = \frac{\dot{Q}_0}{EER} = \frac{24\text{ kW}}{4{,}68} = \underline{5{,}128\text{ kW}}$$

2. $$\dot{Q}_c = \dot{Q}_0 + P = 24\text{ kW} + 5{,}128\text{ kW} = \underline{29{,}128\text{ kW}}$$

3. $$\dot{Q}_{0ges} = \dot{Q}_{0Markt} + \dot{Q}_{cTK} = 56\text{ kW} + 29{,}128\text{ kW} = \underline{85{,}128\text{ kW}}$$

4. $$P = \frac{\dot{Q}_0}{EER} = \frac{83{,}628\text{ kW}}{2{,}9} = \underline{\underline{29{,}35\text{ kW}}}$$

Lösungen mit Enthitzer

1. $$P = \frac{\dot{Q}_0}{EER} = \frac{24\text{ kW}}{4{,}68} = \underline{5{,}128\text{ kW}}$$

2. $$\dot{Q}_c = \dot{Q}_0 + P - \dot{Q}_{Enthitzer} = 24\text{ kW} + 5{,}128\text{ kW} - 1{,}5\text{ kW} = \underline{27{,}628\text{ kW}}$$

3. $$\dot{Q}_{0ges} = \dot{Q}_{0Markt} + \dot{Q}_{cTK} = 56\text{ kW} + 27{,}628\text{ kW} = \underline{83{,}628\text{ kW}}$$

4. $$P = \frac{\dot{Q}_0}{EER} = \frac{83{,}628\text{ kW}}{2{,}9} = \underline{\underline{28{,}84\text{ kW}}}$$

i) Leistungsdifferenz: $\Delta P = (29{,}35 - 28{,}84)\ \text{kW} = \underline{0{,}51\ \text{kW}}$

Einsparung an elektrischer Arbeit:

$$W_{el} = \Delta P \cdot \tau = 0{,}51\ \text{kW} \cdot 16\frac{\text{h}}{\text{d}} \cdot 365\text{d} = \underline{2978{,}4\ \text{kWh}}$$

Kostenersparnis: $K = W_{el} \cdot k = 2978{,}4\ \text{kWh} \cdot 0{,}25\frac{€}{\text{kWh}} = \underline{\underline{744{,}60\ €}}$

3. a) Die isentrope Verdichtungsendtemperatur für einstufige Verdichtung ergibt sich zu ca. 170 °C und ist unzulässig hoch.

b) Die Eintragung ins lg p,h-Diagramm (Abb. 4.56) ergibt folgende Werte:

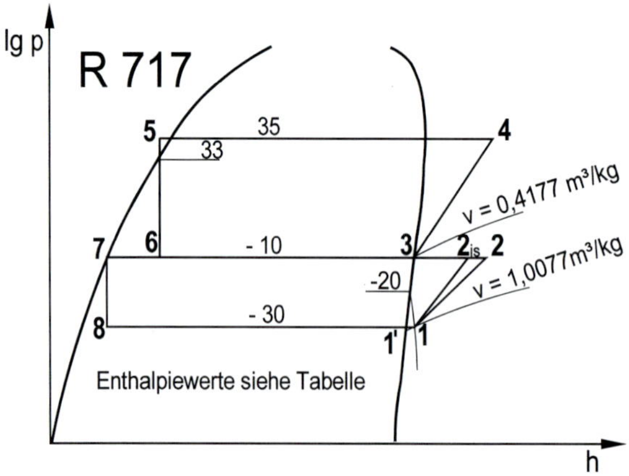

	in kJ/kg
$h_{7/8}$	154,47
$h_{5/6}$	352,78
$h_{1'}$	1422,5
h_1	1445,5
h_3	1449,4
h_{2is}	1564

Abb. 4.56

Niederdruckstufe:

$$\dot{Q}_0 = \dot{m}_{ND} \cdot \left(h_{1'} - h_8\right) = \frac{\dot{V}_g \cdot \lambda_{ND}}{v_1} \cdot \left(h_{1'} - h_8\right)$$

$$\Rightarrow \dot{m}_{ND} = \frac{\dot{Q}_0}{h_{1'} - h_8} = \frac{100\ \text{kW}}{(1422{,}5 - 154{,}47)\ \text{kJ/kg}} = \frac{100\ \text{kW}}{1268{,}23\ \text{kJ/kg}} = \underline{\underline{0{,}07886\ \frac{\text{kg}}{\text{s}}}}$$

$$\dot{V}_{gND} = \dot{m}_{ND} \cdot \frac{v_1}{\lambda_{ND}} = 0{,}07886\frac{\text{kg}}{\text{s}} \cdot \frac{1{,}0077\ \text{m}^3}{\text{kg} \cdot 0{,}75} = 0{,}1059\frac{\text{m}^3}{\text{s}} = \underline{\underline{381{,}4\ \frac{\text{m}^3}{\text{h}}}}$$

c) Im Diagramm bzw. exakter mit der Überhitzungstabelle über s_1 = const. lässt sich die Enthalpie im Endpunkt der isentropen Verdichtung mit h_{2is} = 1564 kJ/kg ermitteln. Für eine genaue Energiebilanz des Mitteldruckbehälters wird aber der Wert der tatsächlichen (polytropen) Verdichtung benötigt, der mithilfe des indizierten Gütegrads η_i berechnet werden kann:

$$h_2 = h_1 + \frac{h_{2is} - h_1}{\eta_i} = 1445{,}5\ \text{kJ/kg} + \frac{(1564 - 1445{,}5)\ \text{kJ/kg}}{0{,}8} = \underline{\underline{1594{,}1\frac{\text{kJ}}{\text{kg}}}}$$

d) Energiebilanz Mitteldruckbehälter:

Summe der zugeführten Energieströme (Leitungen A, B und C) = Summe der abgeführten Energieströme (Leitungen C, D)

$$\dot{m}_{HD} \cdot h_{5/6} + \dot{Q}_{0m} + \dot{m}_{ND} \cdot h_2 = \dot{m}_{HD} \cdot h_3 + \dot{m}_{ND} \cdot h_{7/8}$$

$$\dot{Q}_{0m} + \dot{m}_{ND} \cdot (h_2 - h_{7/8}) = \dot{m}_{HD} \cdot (h_3 - h_{5/6})$$

$$= \frac{\dot{V}_{gHD} \cdot \lambda_{HD}}{v_3} \cdot (h_3 - h_{5/6})$$

$$\dot{V}_{gHD} = [\dot{Q}_{0m} + \dot{m}_{ND} \cdot (h_2 - h_{7/8})] \cdot \frac{v_3}{\lambda_{HD} \cdot (h_3 - h_{5/6})}$$

$$= \left[60\,\text{kW} + 0{,}07886\,\frac{\text{kg}}{\text{s}} \cdot (1594{,}1 - 154{,}47)\,\frac{\text{kJ}}{\text{kg}}\right] \cdot \frac{0{,}4177\,\frac{\text{m}^3}{\text{kg}}}{0{,}7 \cdot (1449{,}4 - 352{,}78)\,\frac{\text{kJ}}{\text{kg}}}$$

$$= (60\,\text{kW} + 113{,}53\,\text{kW}) \cdot 5{,}44139 \cdot 10^{-4}\,\frac{\text{m}^3}{\text{kg}}$$

$$= 0{,}09442\,\frac{\text{m}^3}{\text{s}}$$

$$= \underline{\underline{340\,\frac{\text{m}^3}{\text{h}}}}$$

4. a) Leistungsaufnahme TK-Verdichter:

TK in Kaskade	TK ohne Kaskade
$P = \frac{\dot{Q}_0}{COP} = \frac{36\,\text{kW}}{4{,}49} = \underline{\underline{8{,}02\,\text{kW}}}$	$P = \frac{\dot{Q}_0}{COP} = \frac{36\,\text{kW}}{1{,}42} = \underline{\underline{25{,}35\,\text{kW}}}$

b) Verflüssigungsleistung TK-Anlage in Kaskade:

$$\dot{Q}_c = \dot{Q}_0 + P = 36\,\text{kW} + 8{,}02\,\text{kW} = \underline{\underline{44{,}02\,\text{kW}}}$$

c) Gesamtkälteleistung NK-Anlage bei Kaskadenbetrieb:

$$\dot{Q}_{0ges} = \dot{Q}_{0\text{Kühlstellen}} + \dot{Q}_{cTK} = 82\,\text{kW} + 44{,}02\,\text{kW} = \underline{\underline{126{,}02\,\text{kW}}}$$

d) Leistungsaufnahme NK-Verdichter:

TK in Kaskade	TK ohne Kaskade
$P = \frac{\dot{Q}_0}{COP} = \frac{126{,}02\,\text{kW}}{63{,}33} = \underline{\underline{37{,}84\,\text{kW}}}$	$P = \frac{\dot{Q}_0}{COP} = \frac{82\,\text{kW}}{3{,}33} = \underline{\underline{24{,}85\,\text{kW}}}$

Zusammenstellung der Werte:

Antriebsleistung	mit	ohne
	Kaskadenschaltung	
Normalkühlung	37,84 kW	24,85 kW
Tiefkühlung	8,02 kW	25,35 kW
Summe	45,86 kW	50,2 kW

e) Kundenfragen

1. Im Kaskadenbetrieb nehmen die Verdichter beider Anlagen zusammen 8,02 kW + 37,84 kW = 45,86 kW auf. Bei Betrieb ohne Kaskade sind es 25,35 kW + 24,85 kW = 50,2 kW. Das bedeutet, dass durch den Kaskadenbetrieb die Kälteerzeugung insgesamt weniger Energie (Leistungsersparnis ca. 4,3 kW) benötigt. Das liegt daran, dass in der Kaskade die Wärme aus dem TK-Raum bei –3 °C an ein Kältemittel mit höherer Energieeffizienz übergeben wird.
2. Durch die wesentlich tiefere Verflüssigungstemperatur und den damit verbundenen höheren Nutzkältegewinn hat die TK-Anlage eine viel größere volumetrische Kälteleistung (1135,8 kJ/m^3 statt 770 kJ/m^3), d. h., pro angesaugte Volumeneinheit (m^3) befördert der Verdichter mehr Wärme von der Kühlstelle, erzeugt mehr Kälte. Durch den geringeren erforderlichen Volumenstrom können die Verdichter und Rohrleitungen der TK-Anlage kleiner gewählt werden. Dadurch verringern sich die Investitionskosten.
3. R-22 entwickelt sehr hohe Verdichtungsendtemperaturen, das heißt, der Verdichter wird sehr heiß. Da zugleich im TK-Bereich der Massenstrom durch den Verdichter relativ klein ist, reicht die übliche Kühlung des Verdichtermotors mit dem kalten Saugdampf, der von der Kühlstelle kommt (Sauggaskühlung) nicht aus. Deswegen wurden zusätzliche Ventilatoren eingesetzt, um eine Überhitzung des Verdichters zu verhindern. In dem vorliegenden Fall ist dies nicht erforderlich, weil die TK-Anlage nicht mehr bei 40 °C verflüssigt, sondern schon bei –3 °C. Deswegen wird die Verdichtungsendtemperatur nicht mehr so hoch. Hinzu kommt, dass R-449A aufgrund seiner thermodynamischen Eigenschaften sowieso nicht so warm wird beim Verdichten.
4. Ersparnis bei der Leistungsaufnahme von 4,3 kW ergibt:

$$W_{el} = P \cdot \tau = 4{,}3\ \text{kW} \cdot 16\ \text{h/d} \cdot 365\text{d/a} = \underline{\underline{25\,112\ \text{kWh/a}}}$$

$$K = W_{el} \cdot k = 25\,112\ \text{kWh/a} \cdot 0{,}20\ \text{€/kWh} = \underline{\underline{5022{,}4\ \text{€/a}}}$$

Technische Kommunikation

Die Sicherheitseinrichtungen gegen Drucküberschreitung erfordern nach DIN EN 378-2 einen Druckbegrenzer und einen Sicherheitsdruckbegrenzer mit einer Druckentlastung. Die Druckentlastung ist bereits im *Maneurop*-Verdichter eingebaut. Sie öffnet nach Prospektangabe bei einer Druckdifferenz von 30 – 35 bar und schließt bei einem Δp unter 8 bar automatisch wieder.

1. a) und b) s. Abb. 4.57

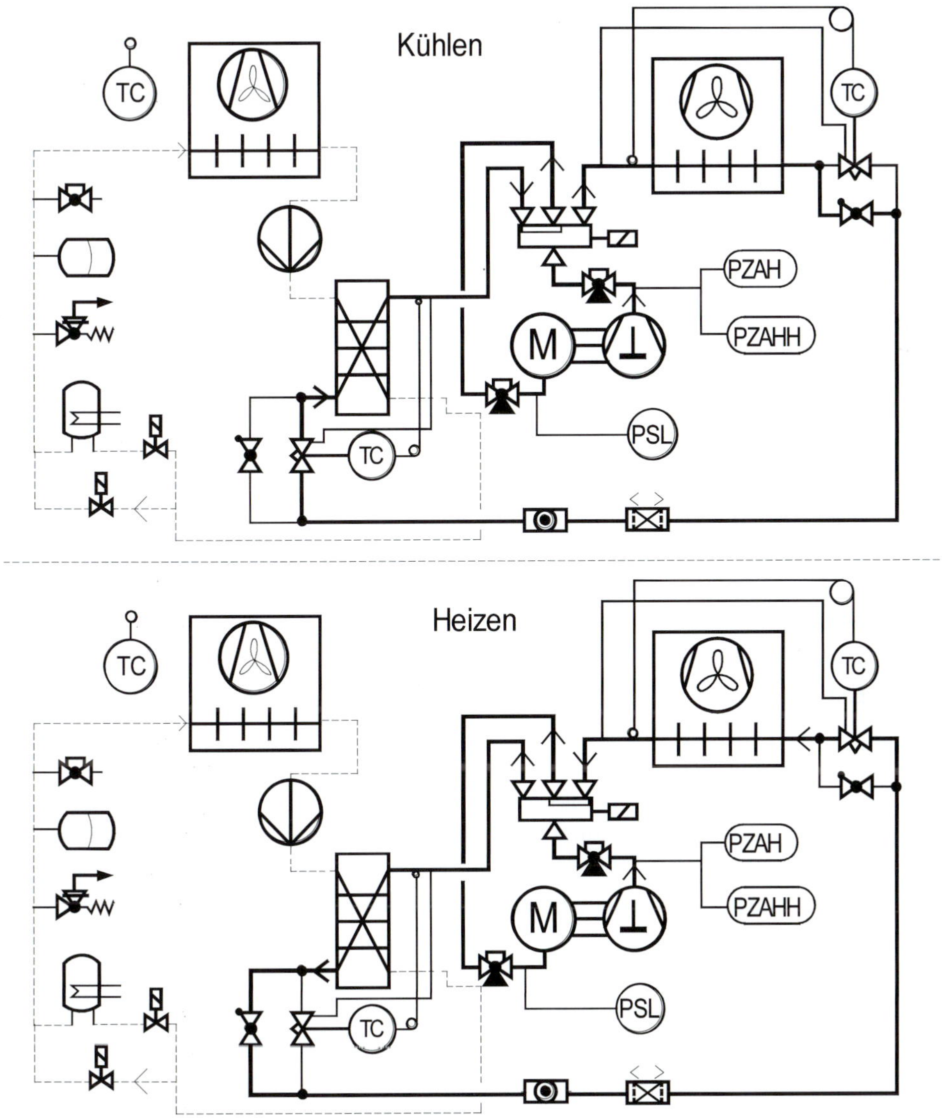

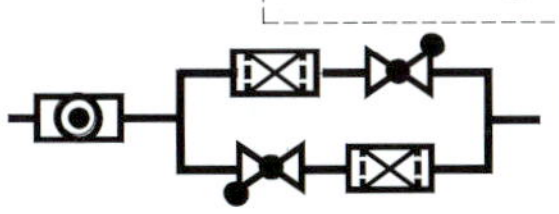

Der Filtertrockner (1) muss für beide Fließrichtungen geeignet sein. Sonst könnte die nebenstehende Lösung gewählt werden.

Abb. 4.57

4.9 Lösungen zu: Eiserzeugung, Eisspeicher

Technologie

1. Durch seine hohe Schmelzenthalpie von 335 kJ/kg kann Eis beim Schmelzen viel Wärme aufnehmen, ohne seine Temperatur von 0 °C zu verändern. Wasser als Rohstoff steht preiswert zur Verfügung und kann als Schmelzprodukt leicht abgeführt werden.
2. 1. Abkühlen von Wasserzulauftemperatur auf 0 °C (sensibel)
   2. Erstarren bei 0 °C (latent)
   3. Unterkühlen von 0 °C auf Eistemperatur (z. B. –5 °C) (sensibel)
3. Weil bei den drei Phasen der Eiserzeugung der anteilig größte Kältebedarf (ca. 85 %) beim Erstarren liegt, spricht man von Erstarrungskühlung.
4. 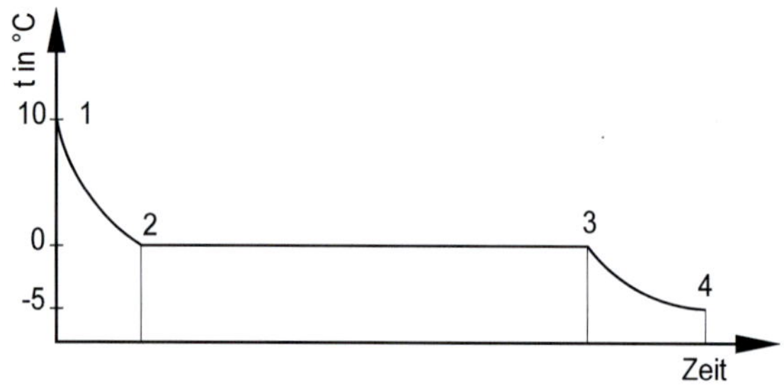

Abb. 4.58

5. a) Lebensmittelfrischhaltung (Fisch, Gemüse)
   b) Lebensmittelindustrie (z. B. Zusatz während des Kutterns zum Herstellen von Brät in Fleischfabriken, Zusatz beim Schnellkneten in Brotfabriken)
   c) Bauindustrie (Zusatz beim Betonmischen, um Abbindewärme abzuführen)
   d) chemische Industrie (Abfuhr von Wärmestößen bei chemischen Reaktionen, Laboratorien)
6. *Matteis*: Beim Gefrieren von Wasser scheiden sich darin gelöste Mineralsalze und Luft aus, wodurch milchig aussehendes Eis entsteht. *Klareis*: Luft und gegebenenfalls Mineralsalze werden beim Gefrieren entfernt, das Eis wird durchsichtig. *Kristalleis*: ein völlig klares Eis aus entmineralisiertem und gut entlüftetem Wasser (Produktionsmengen unbedeutend).
7. Das Wasser muss während des Gefrierens bewegt werden, z. B. durch Rüttelstäbe, Schaukelbewegung, Lufteinblasen, dadurch wird die gelöste Luft ausgeschieden.
8. Die gelösten Salze werden während des Gefrierens zum Blockeiskern geschoben und würden durch ihre Konzentration eine Trübung bewirken. Wird der noch ungefrorene Kern abgesaugt und anschließend durch Frischwasser ersetzt, ist auch der Blockeiskern nahezu klar.
9. Blockeis, Röhreneis, Scherben-(Schuppen-)eis.
10. Blockeiserzeugung im Solebad, Blockeiserzeugung durch Direktverdampfung (z. B. Rapid-Ice-Verfahren)

11. Die mit Wasser gefüllten Eiszellen (4) hängen in einem Behälter (Eiserzeuger – 1), in dem sich durch einen Verdampfer (3) gekühlte Sole (5) befindet, die von einem Rührwerk (2) in Bewegung gehalten wird (guter Wärmeübergang). Wenn der Gefriervorgang abgeschlossen ist, werden die Eiszellen (meist mehrere auf einem Rahmen montiert) herausgehoben und in lauwarmes Wasser getaucht, wodurch die äußere Eisschicht antaut. Beim anschließenden Kippen rutschen die Eisblöcke (12,5 kg oder 25 kg) aus den konisch geformten Zellen. S. Abb. 4.59.

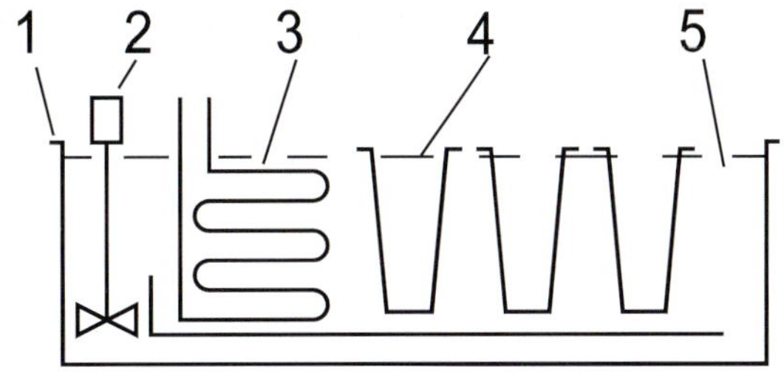

Abb. 4.59

12. Sole: unkomplizierter Aufbau, geringer spezifischer Kältebedarf (da Abtauen mit Wasser, relativ hohe Verdampfungstemperatur). Direktverdampfung: wesentlich kürzere Gefrierzeit, keine korrosive Sole, kompaktere Anlage.
13. Vorteil: Blockeis lässt sich gut lagern und transportieren. Nachteil: Für den Gebrauch muss es erst zerkleinert werden (Eismühle).
14. Zwischen scharfkantigen Eisstücken herrscht durch das Gewicht des darüber liegenden Eises eine hohe Flächenpressung (Druck). Durch die damit verbundene Gefrierpunkterniedrigung schmelzen die Kanten zu kleinen Flächen und der Druck nimmt wieder ab. Weil das Eis unterkühlt ist, kann es jetzt wieder gefrieren und bildet Klumpen (Regelation).
15. Durch Schleuderketten oder mechanische Eisrechen.
16. Positionen in Abb. 4.61: 1 – Kältemitteleintritt; 2 – Kältemittelaustritt; 3 – Wasserzufluss; 4 – Sprühdüse; 5 – Schabemesser; 6 – Verdampferraum (Hohlzylinder)

    In einem Hohlzylinder verdampft Kältemittel. Durch einen langsam rotierenden Sprüharm wird innen Wasser aufgebracht, das sofort gefriert. Das nachfolgende Schabemesser löst das Eis in Schuppen ab.

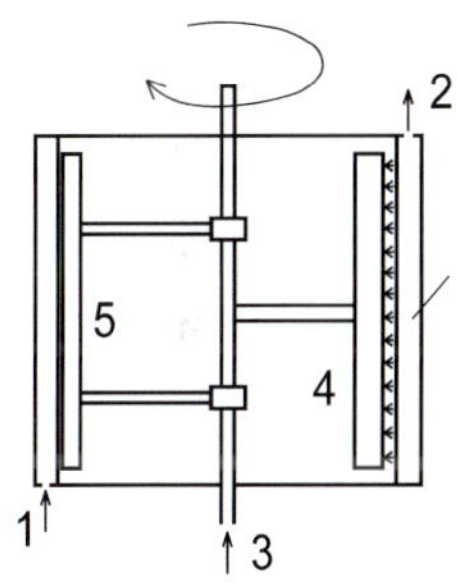

Abb. 4.60

17. Das Lösen der Eisschuppen erfolgt mechanisch und nicht durch z. B. Heißgasabtauen, sodass keine zusätzliche Wärme abgeführt werden muss. Da nur eine dünne Eisschicht erzeugt wird, liegt stets ein guter Wärmeübergang vor.
18. a) Mit einem kleinen Kälteaggregat lässt sich über einen längeren Zeitraum Eis erzeugen, das beim Abschmelzen für eine kurze Zeit eine große Kälteleistung bereitstellen kann. Anspeichern während der Zeiten niedriger Stromtarife spart Kosten.

    b) 1 – Kältemittelaustritt; 2 – Kältemitteleintritt; 3 – Verdampferrohre zum Eisspeichern; 4 – Rührwerk; 5 – Behälter; 6 – Eiswasserpumpe; 7 – Wärmeübertrager, der die Wärme der zu kühlenden Flüssigkeit auf das Eiswasser überträgt, 8 - zu kühlende Flüssigkeit. Eine Verdampferschlange (oder Plattenverdampfer) taucht in einen Behälter mit Wasser. An den Rohren bildet sich beim Anspeichern eine Eisschicht. Bei Kälteanforderung wird das Eiswasser von einer Pumpe zum Verbraucher geführt und fließt nach Wärmeaufnahme wieder in den Behälter zurück. Dabei schmilzt das Eis an den Rohren wieder ab.

c) Das Rührwerk (nur bei Kälteanforderung in Betrieb) bewirkt eine gute Durchmischung des Wassers, sodass eine gleichmäßige Temperaturverteilung erreicht wird, und sorgt gleichzeitig für einen besseren Wärmeübergang vom Wasser zum Eis. (Moderne Anlagen erzeugen eine Umwälzung auch durch Einblasen von Luft.)

d) Milchkühlung, Brauereien, Klimaanlagen (Anspeichern von Eiswasser während der Niedrigtarif-Periode) usw.

19. a) 1 – Verdampferplatten; 2 – Eisscherben im Eiswasser; 3 – Rücklauf; 4 – Vorlauf Eiswasser; 5 – Umwälzpumpe; 6 – Berieselung Speicherplatten; 7 – Lufteinblasung. Die Eisspeicherplatten hängen innerhalb eines Eisturms über dem Eiswasservorrat und werden mit Wasser berieselt, sodass sich eine Eisschicht bildet. Ist eine bestimmte Schichtdicke (ca. 10 mm) erreicht, wird mit Heißgas kurz abgetaut (Eisernte) und das Eis fällt in das Eiswasserbad des Vorratsbehälters, wo es zerbricht und bei Kältebedarf zum Abschmelzen zur Verfügung steht. Der Abschmelzvorgang wird durch Lufteinblasen unterstützt.

b) Durch das Abtauen bei einer Schichtdicke von wenigen Millimetern wird der Wärmeübergang zwischen Platte und Wasser weniger behindert als bei größeren Schichtdicken (Eis ist ein relativ schlechter Wärmeleiter). Die große Oberfläche der im Wasser schwimmenden Eisscherben ermöglicht eine hohe Abschmelzleistung. Das Verfahren spart also Energie und Zeit. Die Turmbauweise ist zusätzlich platzsparend.

20. Flo-Ice ist ein pumpfähiges Gemisch aus feinen Eiskristallen und Wasser (oder Sole), also ein Kälteträger mit Aggregatzustandsänderung. Durch den Latentanteil der Eiskristalle ist die spezifische Kälteleistung wesentlich höher als von kaltem Wasser bzw. Sole, wodurch kleinere Leitungsdurchmesser und Wärmeübertrager ermöglicht werden.

Technische Mathematik

1. a) 1. Abkühlen: $Q = m \cdot c_W \cdot \Delta T = 500\ \text{kg} \cdot 4{,}19\ \text{kJ/kgK} \cdot 10\ \text{K} = 20\,950\ \text{kJ}$

2. Erstarren: $Q = m \cdot q = 500\ \text{kg} \cdot 335\ \text{kJ/kg} = 167\,500\ \text{kJ}$

3. Unterkühlen: $Q = m \cdot c_{Eis} \cdot \Delta T = 500\ \text{kg} \cdot 2{,}1\ \text{kJ/ kg} \cdot 5\ \text{K} = 5250\ \text{kJ}$

Zusammen: $\underline{\underline{193\,700\ \text{kJ}}}$

b) $Q_{prakt} = Q_{th} \cdot 1{,}25 = \underline{\underline{242\,125\ \text{kJ}}}$ (25 % Verlust → Faktor 1,25)

$$q = \frac{Q}{m} = \frac{242\,125\ \text{kJ}}{500\ \text{kg}} = \underline{\underline{484{,}25\ \text{kJ/kg}}}$$

2. a) 1. Abkühlen: $Q = 39\ \text{kg} \cdot 4{,}19\ \text{kJ/ kgK} \cdot 15\text{K} = 2451{,}15\ \text{kJ}$

2. Erstarren: $Q = 39\ \text{kg} \cdot 335\ \text{kJ/ kg} = 13\,065{,}00\ \text{kJ}$

3. Unterkühlen: $Q = 39\ \text{kg} \cdot 2{,}1\ \text{kJ/ kgK} \cdot 5\ \text{K} = 409{,}50\ \text{kJ}$

Zusammen: $\underline{\underline{15\,925{,}65\ \text{kJ}}}$ (= 100 %)

b) $$\frac{Q_{prakt}}{Q_{th}} = \frac{5{,}4\,\text{kWh} \cdot 3600\,\frac{\text{s}}{\text{h}}}{15\,925{,}65\,\text{kJ}} = \frac{19\,440\,\text{kJ}}{15\,925{,}65\,\text{kJ}} = 1{,}2206 \Rightarrow \underline{22\,\%\ \text{Verlust}}\ (1\ \text{kWs} = 1\ \text{kJ})$$

3. a) $Q = 1{,}05 \cdot \rho \cdot V \cdot c \cdot \Delta T = 1{,}05 \cdot 1{,}025\ kg/\ dm^3 \cdot 1000\ dm^3 \cdot 3{,}84\ kJ/\ kgK \cdot 31\ K$
$= 128\,116{,}8\ kJ$

($m = \rho \cdot V$; 5 % Verlust → Faktor 1,05)

$$\dot{Q} = \frac{Q}{\tau} = \frac{128\,116{,}8\ kJ}{1{,}5\ h \cdot 3600\ \frac{s}{h}} = \underline{\underline{23{,}725\ kW}}$$

b) $$\dot{Q} = \frac{128\,116{,}8\ kJ}{8\ h \cdot 3600\ \frac{s}{h}} = \underline{\underline{4{,}45\ kW}}$$

$$m = \frac{Q}{q} = \frac{128\,116{,}8\ kJ}{335 \frac{kJ}{kg}} = \underline{\underline{382{,}44\ kg}}$$

4. a) Speicherzeit 5 h: $\dot{Q} = \frac{Q}{\tau} = \frac{1{,}1 \cdot 10^6 kJ}{5h \cdot 3600\ \frac{s}{h}} = \underline{\underline{61{,}1\ kW}}$

b) $$m = \frac{Q}{q} = \frac{1{,}1 \cdot 10^6 kJ}{335 \frac{kJ}{kg}} = \underline{\underline{3283{,}6\ kg}}$$

c) $m = \rho \cdot V = \rho \cdot \frac{\pi}{4} \cdot (D^2 - d^2) \cdot l$

$$\Rightarrow l = \frac{4m}{\pi \cdot \rho \cdot (D^2 - d^2)} = \frac{4 \cdot 3283{,}6\ kg}{\pi \cdot 0{,}9 \frac{kg}{dm^3} \cdot [(0{,}88\ dm)^2 - (0{,}38\ dm)^2]} = 7373{,}56\ dm = \underline{\underline{737{,}36\ m}}$$

5. a) $$d_m = \frac{d + D}{2} = \frac{18\ mm + 62\ mm}{2} = 40\ mm$$

a) (mittlerer Durchmesser der Eisschicht),

b = 22 mm (Eisdicke) $V = \pi \cdot d_m \cdot b \cdot l = \pi \cdot 0{,}4\ dm \cdot 0{,}22\ dm \cdot 2000\,dm = 552{,}92\ dm^3$

$m = \rho \cdot V = 552{,}92\ dm^3 \cdot 0{,}9\ kg/\ dm^3 = \underline{\underline{497{,}63\ kg}}$

b) $$\dot{Q}_S = \frac{Q}{\tau_S} = \frac{m \cdot q}{\tau_S} = \frac{497{,}63\ kg \cdot 335\ kJ/\ kg}{8 \cdot 3600\ s} = \underline{\underline{5{,}788\ kW}}$$

c) $$\dot{Q}_A = \dot{Q}_S \cdot \frac{\tau_S}{\tau_A} = 5{,}788\ kW \cdot \frac{8\ h}{2\ h} = \underline{\underline{23{,}15\ kW}}$$

6. a) $V_{Rohr} = \frac{\pi}{4} \cdot d^2 \cdot l = \frac{\pi}{4} \cdot \left(0{,}018\ m\right)^2 \cdot 200\ m = 0{,}05089\ m^3$

$V_{ges} = V_W + V_{Rohr} = 1{,}7\ m^3 + 0{,}05089\ m^3 = 1{,}75089\ m^3$

$$h = \frac{V_{ges}}{A} = \frac{1{,}75089\ m^3}{1{,}4\ m \cdot 1{,}2\ m} = \underline{\underline{1{,}0422\ m}}$$

b) Volumenänderung durch Eisvolumen – Wasservolumen für 497,63 kg (aus Aufgabe 5):

$$\Delta V = V_{Eis} - V_W = \frac{m_{Eis}}{\rho_{Eis}} - \frac{m_{Eis}}{\rho_W} = \frac{497{,}63\ kg}{0{,}9\ kg/\ dm^3} - \frac{497{,}63\ kg}{1\ kg/\ dm^3}$$
$$= 552{,}92\ dm^3 - 497{,}63\ dm^3 = 55{,}292\ dm^3$$

$V_{ges} = V_W + V_{Rohr} + \Delta V = 1{,}75089\ m^3 + 0{,}055292\ m^3 = 1{,}80618\ m^3$

$$h = \frac{V_{ges}}{A} = \frac{1{,}80618\ m^3}{1{,}4\ m \cdot 1{,}2\ m} = \underline{\underline{1{,}0751\ m}}\ (\Delta h = 32{,}9\ mm)$$

7. a) $m_{Eis} = \rho \cdot V_{Eis} = 2 \cdot 0{,}9\ g/cm^3 \cdot (2{,}5\ cm)^3 = 28{,}125\ g$

Nach dem Prinzip des Archimedes verdrängen die Eiswürfel 28,125 g Getränk entsprechend 28,125 cm³. Sie kosten: $28{,}125\ cm^3 \cdot \frac{250\ Cent}{200\ cm^3} = \underline{\underline{35{,}156\ Cent}}$

b) Energiekosten: Kältebedarf $Q = q \cdot m = 600\ \frac{kJ}{kg} \cdot 0{,}028125\ kg = 16{,}875\ kJ$

$$W_{el} = \frac{W_{is}}{\eta_i \cdot \eta_m \cdot \eta_Ü \cdot \eta_{el}} = \frac{Q}{\varepsilon_{is} \cdot \eta_i \cdot \eta_m \cdot \eta_Ü \cdot \eta_{el}} = \frac{16{,}875\ kJ}{3 \cdot 0{,}95 \cdot 0{,}85 \cdot 1 \cdot 0{,}8} = 8{,}7\ kJ$$

Kosten: $8{,}7\ kJ \cdot \frac{13\ Cent}{3600\ kJ} = 0{,}03\ Cent$, denn 1 kWh = 3600 kWs = 3600 kJ

Wasserkosten: $0{,}028125\ kg \cdot \frac{250\ Cent}{1000\ kg} = 0{,}007\ Cent$

Gesamtkosten: 0,03 Cent + 0,007 Cent = $\underline{\underline{0{,}037\ Cent}}$

8. a) $m_{Pl} = \rho \cdot V = \rho \cdot l \cdot b \cdot 2\delta = 0{,}9\ \frac{kg}{dm^3} \cdot 14\ dm \cdot 14\ dm \cdot 2 \cdot 0{,}05\ dm = \underline{\underline{17{,}64\ kg}}$

b) Ein Erntezyklus dauert (7 + 1) min, also 8 min. In 8 h = 480 min finden also $\frac{480}{8} = 60$ Zyklen statt:

$m_{ges} = 40 \cdot 60 \cdot m_{Pl} = \underline{\underline{42\,336\ kg}}$

c) $Q = m_{ges} \cdot q = 42\,336\ kg \cdot 335\ kJ/kg = 14\,182\,560\ kJ = \underline{\underline{3939{,}6\ kWh}}$

d) $\dot{Q}_S = \frac{Q \cdot 1{,}05}{\tau_S} = \frac{3939{,}6\ kWh \cdot 1{,}05}{7\ h} = \underline{\underline{590{,}94\ kW}}$

(Speicherzeit 60 Zyklen zu 7 min ergibt 7 h.)

e) $\dot{Q}_A = \frac{Q}{\tau_A} = \frac{3939{,}6\ kWh}{1{,}25\ h} = \underline{\underline{3151{,}68\ kW}}$ (75 min = 1 h 15 min = 1,25 h)

4.10 Lösungen zu: Kühlen von Luft

Technologie

1. Die Luft dient als Kälteträger, d. h., sie überträgt innerhalb des Kühlraums die Kälte vom Kühlsystem (z. B. Verdampfer) auf das Kühlgut (z. B. Fleisch, Gemüse) bzw. streng genommen die Wärme vom Kühlgut zum Kühlsystem.
2. Das Kühlgut erfordert eine bestimmte Lagertemperatur t und meist eine bestimmte relative Luftfeuchte φ. Zusätzlich dürfen empfindliche Kühlgüter (z. B. Pflanzen, Blumen) nicht mit zu hoher Luftgeschwindigkeit beaufschlagt werden.
3. Klimabereich (Kühlflächentemperatur t_V stets über 0 °C),

   Normalkühlung (t_V unter oder über 0 °C, ggf. pendelnd),

   Tiefkühl- oder Gefrierbereich (t_V stets unter 0 °C).
4. Luftkühler sind in der Regel Lamellenverdampfer. Die wirksame Verdampferoberfläche wird durch auf das glatte Verdampferrohr aufgeschobene dünne Bleche, die Lamellen, ver-

größert. Die Lamellen müssen fest auf den Rohren sitzen, um einen guten Wärmeübergang zu gewährleisten.

5. Durch die Lamellen vergrößert sich die Wärme abgebende Außenoberfläche des Verdampfers, wodurch seine Leistung auf der (äußeren) Luftseite der auf der (inneren) Kältemittelseite angeglichen wird. Die Wärmeübergangszahl α_i auf der Kältemittelseite (verdampfendes Kältemittel) ist ca. 20- bis 50-mal so groß wie die auf der Luftseite α_a. Durch die Lamellen kann dieses ungünstige Verhältnis zum Teil ausgeglichen werden.
6. Der Lamellenabstand richtet sich nach dem Feuchteanfall im Kühlraum und der Verdampfungstemperatur. Für Räume mit hohem Feuchteanfall werden größere Lamellenabstände gewählt, um nicht zu häufig abtauen zu müssen. Ähnliches gilt für tiefe Verdampfungstemperaturen.
7. Die anfallende Feuchte ist abhängig von
   - der Feuchteabgabe des Kühlguts. Besonders Obst, Fleisch und Gemüse geben ständig Feuchtigkeit an die Umgebungsluft ab, Flaschen, Konserven und verpackte Ware dagegen kaum.
   - der Luftfeuchte und Temperatur der Umgebungsluft, die durch Lufterneuerung bzw. Türöffnen in den Kühlraum kommt. Warme Luft mit hoher relativer Luftfeuchte enthält besonders viel Wasserdampf.
   - der Luftwechselzahl, die angibt, wie oft die Kühlraumluft täglich erneuert wird. Diese ist insbesondere abhängig von der Kühlraumgröße, aber auch von der Kühlraumtemperatur. Ein kleiner Kühlraum tauscht bei einmaligem Türöffnen relativ mehr Luft aus als ein großer. Ein Tiefkühl(lager)raum wird normalerweise nicht so häufig betreten wie ein Normalkühlraum.
   - der Temperaturdifferenz zwischen Raum- und Verdampfungstemperatur. Je größer diese Differenz, desto größer durch den Dampfdruckunterschied der Feuchteanfall.
8.

Klimabereich	unter 4,5 mm
Normalkühlung mit geringem Feuchteanfall	4 – 6 mm
Tiefkühlräume, Fleischkühlräume, Gefrierräume	6 – 10 mm
Tiefkühlräume mit hohem Feuchteanfall, Schockräume	12 mm

9. Die Leistung eines Wärmeübertragers ist nach $\dot{Q} = A \cdot k \cdot \Delta t$ proportional der Wärmeübertragungsfläche (A). Bei geringerem Lamellenabstand befinden sich mehr Lamellen im Verdampferpaket, wodurch die Fläche größer ist.
10. Eine dünne Reifschicht lässt zunächst die Leistung steigen, weil die raue Oberfläche turbulentere Strömungsverhältnisse verursacht, wodurch der Wärmeübergang (α_a) verbessert wird. Wenn die Reifschicht dicker wird, sinkt der k-Wert, durch deren zusätzlichen Wärmeleitwiderstand. Nach $\dot{Q} = A \cdot k \cdot \Delta T$ sinkt also die Leistung des Verdampfers.
11. Die Verdampfungstemperatur t_0 sinkt, denn nach $\dot{Q} = A \cdot k \cdot \Delta T$ muss bei A = const. zur Aufrechterhaltung der Leistung $\dot{Q}$die Temperaturdifferenz ΔT steigen, wenn der k-Wert wegen der Bereifung sinkt. Da die Raumtemperatur t_R konstant bleiben soll, muss t_0 sinken, damit die Temperaturdifferenz $\Delta T = t_R - t_0$ steigen kann.

12. Bei gesunkener Verdampfungstemperatur t_0 (s. Aufg. 11) sinkt die Kälteleistung des Verdichters (vgl. Verdichterdatendiagramm (Abb. 4.8) in Band 1, Lf. 6, Kap. 4.2.2, Technische Mathematik, Aufg. 3). Dies führt zu schlechterer Kältezahl und wird durch längere Laufzeit ausgeglichen. Beides erhöht den Energieaufwand bei der Kühlung.
13. Bei stiller Kühlung wird die Luft nicht durch einen Ventilator zwangsweise bewegt, sondern allein durch freie Konvektion. Stille Kühlung findet nur noch wenig Anwendung, z. B. für empfindliche Kühlgüter und bei kleinen Leistungen.
14. Verdampfer für stille Kühlung sind bei gleicher Leistung wegen des schlechteren Wärmeübergangs (geringere Luftgeschwindigkeit) größer (Platzbedarf) und damit materialaufwendiger und teurer als Hochleistungsverdampfer. Andererseits kompensiert der Lüfter 5 bis 10 % der Kälteleistung, was bei Verdampfern mit konvektiver Luftbewegung entfällt.
15. Die durch die Schwerkraft bedingte Luftströmung zwischen Rohren und Lamellen soll nicht behindert werden (besonders bei Reifansatz).
16. Bei saugender Anordnung wird die Kühlraumluft zunächst über das Verdampferpaket gesaugt und dann in den Kühlraum geblasen (Abb. 4.61), bei drückender Anordnung passiert die Kühlraumluft zunächst den Ventilator, der sie dann durch das Verdampferpaket drückt (Abb. 4.62).

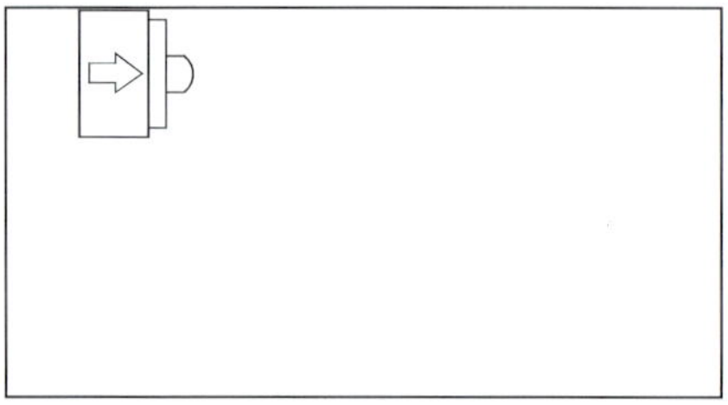

Abb. 4.61 Ventilator in saugender Anordnung

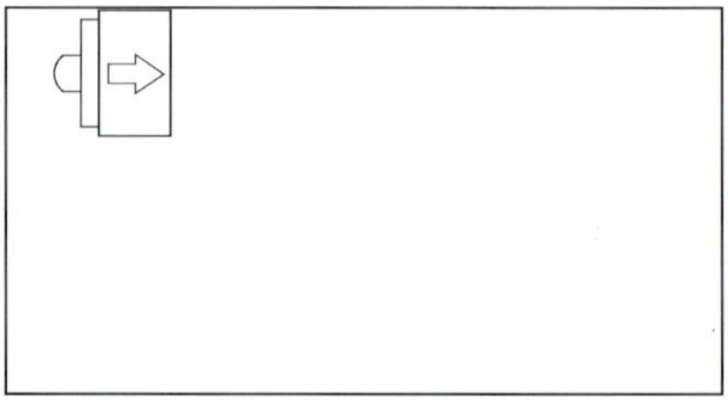

Abb. 4.62 Ventilator in drückender Anordnung

17. Bei saugender Anordnung wird das Verdampferpaket gleichmäßiger mit Luft beaufschlagt, wodurch ein besserer Wärmeübergang gewährleistet ist (auch bei Abtauung) – Energieeinsparung. Zur Erhöhung der Wurfweite werden häufig Gleichrichter hinter die Ventilatoren eingebaut. Bei der drückenden Anordnung (meist nur noch bei flachen Deckenverdampfern mit schräg eingebauten Ventilatoren) wirkt das Lamellenpaket als Gleichrichter.
18. Die Luftströmung des Verdampferventilators (Ansaugen und Ausblasen) soll möglichst nicht behindert werden. Es ist also auf Mindestabstände von der Wand (Montageanleitung) und freie Ausblasstrecke zu achten (nicht auf die Tür blasen, keine Hindernisse im Ausblas, z. B. Kistenstapel usw.).
19. Die Geschwindigkeit der Luft am Verdampferaustritt beträgt etwa 2,5 m/s. Die Wurfweite (Eindringtiefe) gibt an, wie weit der Primärluftstrom (der aus dem Verdampfer gerichtet austretende Luftstrom) reicht, wobei noch ca. 0,5 m/s Strömungsgeschwindigkeit vorhanden sein soll. Der Primärluftstrom wird nicht direkt auf das Kühlgut geleitet, sondern strömt möglichst ungehindert darüber an der Decke entlang. Dabei findet eine stetige Vermischung mit dem unterhalb über die Ware streichenden Sekundärluftstrom statt, der zum

Verdampfer zurückfließt (Luftwalze). S. Abb. 4.63.

20. Coanda-Effekt, eigentlich Katz-Coanda-Effekt: Parallele oder sogar auseinandergehende Luftstrahlen legen sich an ebene Flächen an. Im Kühlraum wird dadurch die Blasweite des Verdampfers erhöht, wenn die Strömung unter der Decke nicht gestört wird.

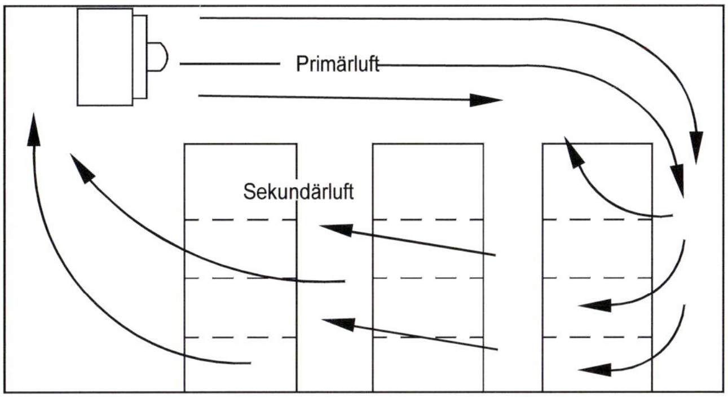

Abb. 4.63

21. Die Blasweite des Verdampfers verringert sich, die Luftwalze erfasst nicht den gesamten Kühlraum und es bilden sich Wärmenester, deren Temperatur evtl. 5 Kelvin über der eigentlich geforderten Kühlraumtemperatur liegt. Eine Lösung wäre hier ein Tieferlegen des Verdampfers (möglichst mit Verkleidung der von der Decke hängenden Balken, damit sich zwischen ihnen keine Luftwirbel bilden – also eine aufwendige Baumaßnahme) oder Textilschläuche zur gezielten Luftführung. Der Druck des Lüfters (Δp ca. 30 Pa) reicht aus, um die Textilschläuche zu füllen.
22. Eine Abtauklappe ist eine schwenkbare Klappe vor dem Lufteintritt saugend arbeitender Luftkühler, die während des Abtauvorgangs geschlossen wird, sodass dabei weniger Wärme in den Raum eingetragen wird. Im Kühlbetrieb wird sie hochgeklappt und erzeugt keinen zusätzlichen Luftwiderstand für die Ventilatoren.
23. Isolierkühler sind für größere Tiefkühllager mit hohem Feuchteanfall entwickelte Luftkühler in einem wärmegedämmten, begehbaren Gehäuse. Sie blasen ihre Luft über eine schwenkbare Klappe in den Raum (direkt oder über Kanäle). Diese Klappe trennt die Luftansaugseite vom Luftaustritt und wird beim Abtauen geschlossen, sodass die Abtauung wenig Wärme in den Raum bringt und folglich besonders effizient verläuft.
24. Ein Penthouse-Kühler ist ein auf dem Dach des Kühlraums platzierter Isolierkühler, der die Luft aus dem Raum ansaugt und über Kanäle zurück bläst (Abb. 4.64). Der aufwendigen Konstruktion stehen eine Reihe von Vorteilen gegenüber:
    - Die Luftkühler beanspruchen keinen Platz im Kühlraum, wodurch seine Stapelhöhe ganz ausgenutzt werden kann
    - Aufwendige Deckenmontage entfällt
    - Einfachere Rohrverlegung außerhalb des Kühlraums

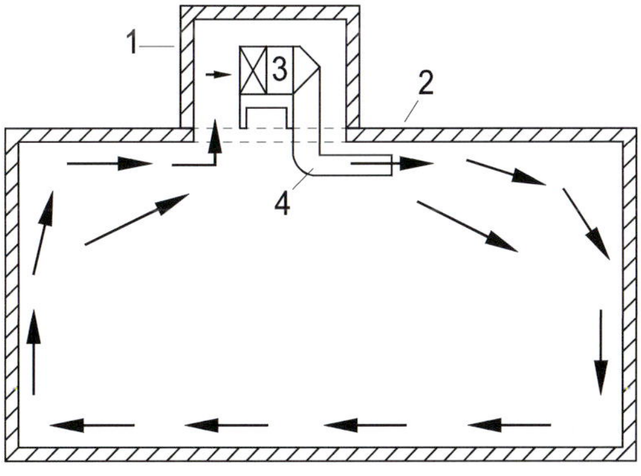

Abb. 4.64 Penthouse-Kühler (Prinzip): 1 – Isolierzelle (Penthouse); 2 – Kühlzelle; 3 – Kühlerblock; 4 – Luftaustrittskanal

- Rammschutz entfällt
- Tropfwasserabfluss außerhalb des Kühlraums
- Gute Zugänglichkeit
- Wartungsarbeiten ohne Beeinträchtigung des Hallenbetriebs möglich.

25. Große Temperaturdifferenz bei zum Ausgleich kleiner Fläche ergibt starke Entfeuchtung, also geringere relative Luftfeuchte und umgekehrt. (vgl. Kälteanlagentechnik in Fragen und Antworten, Band 1, Kap. 4.3, Technologie, Aufg. 29/30)
26. Bei zu hoher relativer Luftfeuchte schaltet ein Hygrostat die Heizung ein, sodass die Kälteanlage stärker entfeuchtet (längere Laufzeit).
27. Wenn bei Stillstand der Kälteanlage der Ventilator im Bedarfsfall weiterläuft, wird durch die relativ wärmere Luft von z. B. 4 °C die Bereifung abgeschmolzen und somit die Kühlraumluft befeuchtet. Gleichzeitig kann so die gespeicherte Kälte des Reifes zur Kühlung genutzt werden. Somit ergibt sich eine Energieeinsparung und Befeuchtung (sog. Latentwärmeprogramm des Kübatron QKL-Reglers).
28. Hohe Ventilatordrehzahl (= hohe Luftgeschwindigkeit) ergibt guten Wärmeübergang (→ großer k-Wert), also stellt sich nach $\dot{Q} = A \cdot k \cdot \Delta T$ eine relativ hohe Verdampfungstemperatur t_0 ein (geringe Temperaturdifferenz ΔT). Bei geringerer Ventilatordrehzahl ergibt sich entsprechend ein schlechterer k-Wert, größere Temperaturdifferenz ΔT, also tiefere Verdampfungstemperatur t_0 und somit stärkere Entfeuchtung. In der Praxis lässt sich dieser Effekt ausnutzen, wenn der zweistufige Lüfter über einen Hygrostaten angesteuert wird, z. B. Drehzahlabsenkung auf 50 % bei zu hoher Luftfeuchte.

Technische Mathematik

1. a) Aus dem h,x-Diagramm ergeben sich folgende Werte (Index 1 Anfangszustand = Außenluft, Index 2 Endzustand = Innenluft):

h_1	kJ/kg	56
h_2	kJ/kg	11,5
Δh	kJ/kg	44,5
x_1	g/kg	12
x_2	g/kg	3,8
Δx	g/kg	8,2
ρ_{L2}	kg/m³	1,28

b) $\dot{V}_L = V_{KR} \cdot n_{LW} = 5{,}5\ \text{m} \cdot 4{,}3\ \text{m} \cdot 2{,}5\ \text{m} \cdot 25/\text{d} = \underline{\underline{1478{,}125\ \frac{\text{m}^3}{\text{d}}}}$

c) $\dot{m}_L = \dot{V}_L \cdot \rho_{L2} = 1478{,}125\ \frac{\text{m}^3}{\text{d}} \cdot 1{,}28\ \frac{\text{kg}}{\text{m}^3} = \underline{\underline{1892\ \frac{\text{kg}}{\text{d}}}}$

d) $\dot{Q}_{LW} = \dot{m}_L \cdot \Delta h = 1892\ \frac{\text{kg}}{86\,400\ \text{s}} \cdot 44{,}5\ \frac{\text{kJ}}{\text{kg}} = 0{,}9745\ \text{kW} = \underline{\underline{974{,}5\ \text{W}}}$

e) $\dot{m}_W = \dot{m}_L \cdot \Delta x = 1892\ \frac{\text{kg}}{\text{d}} \cdot 8{,}2\ \frac{\text{g}}{\text{kg}} = 15\,514{,}4\ \frac{\text{g}}{\text{d}} = \underline{\underline{15{,}514\ \frac{\text{kg}}{\text{d}}}}$

4.11 Lösungen zu: Kühlen von Flüssigkeiten

Technologie

1. Ein *Kälteträger* ist ein Fluid, hier eine Flüssigkeit, die den Transport der Wärme von der Kühlstelle zum Verdampfer der Kälteanlage übernimmt, d. h., ein Kälteträger dient der Kälteübertragung. Als Kälteträger kommen neben Luft (vgl. Lf. 16, Kap. 4.3) z. B. Wasser, wässrige Salzlösungen, salzfreie wässrige Lösungen und andere Flüssigkeiten, z. B. Aceton (C_3H_6O) zum Einsatz.
2. Direkte Kühlung kann sich z. B. verbieten, wenn Explosionsgefahr besteht, falls das Kältemittel in Kontakt mit dem Kühlgut kommt. Ammoniak ist in der Supermarktkühlung aus Sicherheitsgründen für den Verkehrsbereich nicht erlaubt, ebenso in der direkten Raumklimatisierung. Aber auch technische Gründe können für den Einsatz eines Kälteträgers sprechen, z. B. können weit verzweigte Anlagen durch eine vormontierte Kompaktanlage mit relativ geringer Kältemittelfüllung versorgt werden.
3. Ein Kälteträger sollte
   - eine hohe spezifische Wärmekapazität haben
   - im Gefrierpunkt mindestens 5 Kelvin tiefer liegen als die zur Kühlung notwendige Verdampfungstemperatur des Kältemittels
   - eine gute Wärmeleitfähigkeit besitzen (das bewirkt eine bessere Wärmeübertragung, erfordert nicht so große Wärmeübertragerflächen)
   - geringe Viskosität bei tiefen Temperaturen haben (geringe Pumpenleistung, bessere Wärmeübertragung)
   - einen hohen Siedepunkt haben, damit im Stillstand der Anlage nichts verdunstet
   - nicht korrosiv und toxikologisch unbedenklich sein.
   - Einen idealen Kälteträger für alle Anwendungsbereiche gibt es nicht.
4. Wasser hat mit 4,19 kJ/kgK die höchste spezifische Wärmekapazität aller Kälteträger ohne Aggregatzustandsänderung (vgl. Lf. 16, Kap. 4.1, Technologie, Aufg. 20). Bei allen anderen Kälteträgern dieser Art ist das Produkt aus $\rho \cdot c$ kleiner und damit die erforderliche Pumpen- oder Rührwerksleistung größer. Durch seinen Gefrierpunkt ist der Anwendungsbereich von Wasser auf Temperaturen über 0 °C beschränkt. Wo jedoch indirekte Kühlung bei Temperaturen oberhalb 0 °C nötig ist, ist es der ideale Kälteträger. Typisches Anwendungsgebiet ist die Klimatechnik (Wasserkühlsatz).
5. Luftkühlung (bis ca. 40 °C),

   Verdunstungskühlung (bis ca. 24 °C)

   Kältemaschine mit Durchlaufkühlung (bis ca. 4 °C)

   Kältemaschine mit Eiswasser (bis ca. 1 °C)

   Kältemaschine mit Sole (unterhalb ca. 1 °C).
6. Wasser mit Temperaturen nahe 0 °C wird als *Eiswasser* , wässrige Salzlösungen, z. B. von Kochsalz (NaCl), Kalziumchlorid ($CaCl_2$), Magnesiumchlorid ($MgCl_2$), Kaliumformiat (HCOOK), Kaliumacetat (CH_3COOK) werden als *Sole* bezeichnet. Der Begriff Sole wird allerdings auch für salzfreie wässrige Lösungen (z. B. mit Glyzerin, $C_3H_5(OH)_3$, Propylen-

glykol, $C_3H_6(OH)_2$, Ethylenglykol, $C_2H_4(OH)_2$) und andere Kälteträger auf organischer Basis (z. B. Aceton, s. o.) verwendet. Zur Unterscheidung von Sole bezeichnet man Wasser als Kälteträger bei höheren Temperaturen auch als „Süßwasser".

7. Ethylenglykol ist im Gegensatz zu Propylenglykol gesundheitsgefährlich und deshalb nicht für Lebensmittelkühlung zugelassen. Andererseits steigt seine Viskosität bei tieferen Temperaturen nicht so rasant an, wodurch es bessere Wärmeübertragungseigenschaften besitzt. Propylenglykol ist ungiftig, hat aber schon bei –20 °C eine etwa dreifach höhere Viskosität als Ethylenglykol und wird bei Temperaturen unterhalb –30 °C gar nicht mehr eingesetzt.
8. Solen auf Basis von Kaliumacetat und -formiat sind lebensmittelunbedenklich und haben wesentlich geringere Viskosität als Glykolsolen, sind allerdings auch erheblich teurer.
9. Die Solen werden mit Korrosion verhindernden Zusätzen (Inhibitoren) versehen.
10. Durch das Verdünnen wird die Temperaturgrenze angehoben und vor allem der Korrosionsschutz geschwächt.
11. Man sollte grundsätzlich das Sicherheitsdatenblatt lesen und die dort aufgeführten Schutzvorkehrungen treffen. Gummihandschuhe sind praktisch immer empfohlen.
12. CO_2 macht als Kälteträger bei der Wärmeaufnahme einen Phasenwechsel (Aggregatzustandsänderung) von flüssig zu dampfförmig durch, d. h., es verdampft (latente Wärme). Dadurch nimmt es pro kg wesentlich mehr Wärme auf als die herkömmlichen Solen, die nur sensible Wärme aufnehmen. Wegen des somit geringeren Massenstroms reduzieren sich die erforderlichen Rohrleitungsdurchmesser (Investitionskosten), die Pumpenleistung und die Einstrahlung ins Rohrleitungsnetz (Betriebskosten). Der CO_2-Kreislauf zu den Kühlstellen erfolgt aus einem Abscheidesammler mit einer Umwälzpumpe, die ca. das Dreifache der verdampfenden Menge fördert. Zurück kommt ein Flüssigkeits-Dampf-Gemisch, das im Abscheidesammler separiert wird. Der CO_2-Dampf von –33 °C strömt von selbst zum überfluteten NH_3-Verdampfer, weil dort bei –36 °C eine geringerer Partialdruck herrscht, und kondensiert dort. Die Flüssigkeit strömt aufgrund der Schwerkraft zurück. Wegen der guten Wärmeübertragungseigenschaften von CO_2 ist im Verdampfer nur eine Temperaturdifferenz von 3 K erforderlich, was verglichen mit den für Flüssigkeitskühlern üblichen 5 K eine Energieersparnis bewirkt.
13. Bei größeren wassergekühlten Kälteanlagen wird das den Verflüssiger durchlaufende und dort erwärmte Wasser in einem Kühlturm (Wasserrückkühlwerk) wieder gekühlt, indem es teilweise verdunstet. Bei einem Verdunstungsverflüssiger werden die Verflüssigerrohrschlangen durch verdunstendes Wasser gekühlt. (vgl. Lf. 11, Kap 1.3, Technologie, Aufg. 18ff.)
14. Bei der *Durchlaufkühlung* wird einer Flüssigkeit in einem einmaligen Durchlauf durch einen Kühler Wärme entzogen (offener Kreislauf).

    Bei der *Umlaufkühlung* wird eine Flüssigkeit, die als Kälteträger dient, in einem geschlossenen Kreislauf in einem Wärmeübertrager zunächst gekühlt und nimmt in einem weiteren Wärmeübertrager wieder Wärme auf. Der Kreislauf wird durch eine Pumpe in Gang gehalten.
15. Ein *Wasserkühlsatz* (Kaltwassersatz) ist eine kompakte, im Lieferwerk betriebsfertig montierte Kälteanlage zur Erzeugung von kaltem Wasser als Kälteträger (z. B. in Klimaanlagen).

16. Abkühlung: ohne Änderung des Aggregatzustands, z. B. Wasserrückkühlung, Bier, Milch, Sole usw.

    Ausscheidungskühlung: Lösungen werden so weit abgekühlt, dass Bestandteile in fester Form an der Kühlfläche ausscheiden, z. B. Ausscheiden von Paraffin aus Öl, Gefrierkonzentration von Säften, Meerwasserentsalzung usw.

    Erstarrungskühlung: z. B. Eiserzeugung (vgl. Lf. 16, Kap. 4.2)

17. a) $\dot{Q}_0 = \dot{Q} + P = \dot{m} \cdot c \cdot (t_2 - t_1) + P$

    b) In der Pumpe wird dem Kälteträger Pumpenarbeit zugeführt. Dadurch erhöht sich seine innere Energie, weshalb $t_{2'}$ höher ist als t_2.

    c) In jedem Fall muss der Verdampfer die Summe aus Kühllast und Wärmestromäquivalent der Pumpenleistung abführen. Bei Anordnung im Rücklauf fließt der Kälteträger aber mit geringerer Eintrittstemperatur in den Wärmeübertrager 1, wodurch dessen Leistung ($\dot{Q}$ proportional ΔT) höher ist.

    d) Bei größeren Netzen spielen Transmissionswärmeverluste eine Rolle. Diese sind abhängig vom k-Wert, der Temperaturdifferenz und der Übertragungsfläche.

Technische Mathematik

1. $$\dot{Q} = \dot{m} \cdot c \cdot \Delta T = \rho \cdot \dot{V} \cdot c \cdot \Delta T = 1100\,\frac{kg}{m^3} \cdot 13\,\frac{m^3}{7200\,s} \cdot 3{,}2\,\frac{kJ}{kg \cdot K} \cdot 22\,K = \underline{\underline{139{,}82\,kW}}$$

2. a) $$\dot{m} = \frac{\dot{Q}}{c \cdot \Delta T} = \frac{785\ kW}{4{,}19\,kJ/kgK \cdot 6\ K} = 31{,}225\,\frac{kg}{s} = \underline{\underline{112\,410{,}5\,\frac{kg}{h}}}$$

   b) $$w = \frac{\dot{V}}{A} = \frac{4 \cdot \dot{V}}{d^2 \cdot \pi} = \frac{4 \cdot 31{,}225\,\frac{dm^3}{s}}{(1{,}5\,dm)^2 \cdot \pi} = 17{,}669\,\frac{dm}{s} = \underline{\underline{1{,}767\,\frac{m}{s}}}$$

   c) $$P = \frac{\dot{V} \cdot \Delta p}{\eta} = \frac{31{,}225 \cdot 10^{-3}\frac{m^3}{s} \cdot 3 \cdot 10^5\frac{N}{m^2}}{0{,}7} = 13\,382\frac{Nm}{s} = \underline{\underline{13{,}38\,kW}}$$

   d) $$\Delta T = \frac{P}{\dot{m} \cdot c} = \frac{13{,}38\ kW}{31{,}225\,\frac{kg}{s} \cdot 4{,}19\,\frac{kJ}{kg \cdot K}} = \underline{\underline{0{,}102\,K}}$$

   e) $$\frac{13{,}38\,kW}{785\,kW} = 0{,}01704 = \underline{\underline{1{,}7\,\%}}$$

3. Gemäß der Anlageskizze in Abbildung 4.65 ergeben sich folgende Werte:

   a) $\dot{m}_{W1} = \frac{9000\,kg}{3600\,s} = 2{,}5\,kg/s$ damit ergibt sich die Gesamtkühlleistung zu:

   $$\dot{Q} = \dot{m}_{W1} \cdot c \cdot \Delta T = 2{,}5\,\frac{kg}{s} \cdot 4{,}19\,\frac{kJ}{kg \cdot K} \cdot 64\,K = \underline{\underline{670{,}4\,kW}}$$

   Für die weitere Rechnung bleibt das Produkt $\dot{m}_{W1} \cdot c$ zweckmäßigerweise im Arbeitsspeicher des Taschenrechners:

   b) $$\dot{Q} = \dot{m}_{W1} \cdot c \cdot \Delta T = 2{,}5\,\frac{kg}{s} \cdot 4{,}19\,\frac{kJ}{kg \cdot K} \cdot 28\,K = \underline{\underline{293{,}3\,kW}}$$

   c) $$\dot{Q} = \dot{m}_{W1} \cdot c \cdot \Delta T = 2{,}5\,\frac{kg}{s} \cdot 4{,}19\,\frac{kJ}{kg \cdot K} \cdot 17\,K = \underline{\underline{178\,kW}}$$

   d) $$\dot{Q}_0 = \dot{m}_{W1} \cdot c \cdot \Delta T = 2{,}5\,\frac{kg}{s} \cdot 4{,}19\,\frac{kJ}{kg \cdot K} \cdot 19\,K = 199\,kW \approx \underline{\underline{200\,kW}}$$

LÖSUNGEN

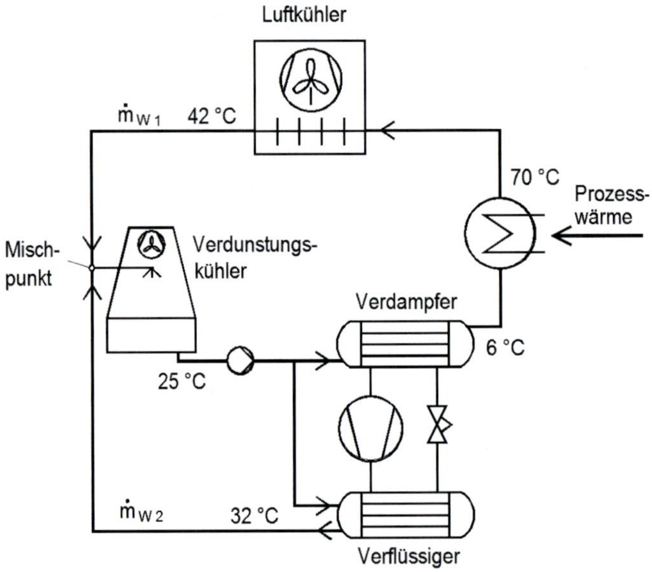

Abb. 4.65

e) $\varepsilon = \frac{\dot{Q}_0}{P} = 5 \Rightarrow P = \frac{\dot{Q}_0}{5} = 40\,\text{kW} \rightarrow \dot{Q}_C = \dot{Q}_0 + P = 200\,\text{kW} + 40\,\text{kW} = \underline{\underline{240\,\text{kW}}}$

f) $\dot{m}_{W2} = \frac{\dot{Q}_C}{c \cdot \Delta T} = \frac{240\ \text{kW}}{4{,}19\ \frac{\text{kJ}}{\text{kg} \cdot \text{K}} \cdot 7\ \text{K}} = \underline{\underline{8{,}18\ \frac{\text{kg}}{\text{s}}}}$

g) Der gesamte vom Verdunstungskühler abzuführende Wärmestrom setzt sich zusammen aus der Nutzkühlleistung (aus dem Prozess), der Verflüssigerleistung (der Kälteanlage) und der Pumpenleistung:

$\dot{Q}_{ges} = 178\ \text{kW} + 240\ \text{kW} + 10\ \text{kW} = \underline{\underline{428\ \text{kW}}}$

h) $t_m = \frac{\dot{m}_{W1} \cdot t_{W1} + \dot{m}_{W2} \cdot t_{W2}}{\dot{m}_{W1} + \dot{m}_{W2}}$ vereinfacht: $t_m = \frac{2{,}5 \cdot 42\ °\text{C} + 8{,}18 \cdot 32\ °\text{C}}{2{,}5 + 8{,}18} = \underline{\underline{34{,}3\ °\text{C}}}$

i) Wasserdampftabelle 20 °C: r = 2453,4 kJ/kg

Verdunstungswasserstrom:

$\dot{m}_{Wv} = \frac{\dot{Q}_{ges}}{r} = \frac{428\ \text{kW}}{2453{,}4\ \frac{\text{kJ}}{\text{kg}}} = \underline{0{,}17445\ \frac{\text{kg}}{\text{s}}}$

Windverluste:

$\dot{m}_{Wind} = 0{,}002 \cdot 10{,}68\ \frac{\text{kg}}{\text{s}} = \underline{0{,}02136\ \frac{\text{kg}}{\text{s}}}$

Ergänzungswassermenge:

$2 \cdot \dot{m}_{Wv} + \dot{m}_{Wind} = 0{,}37026\ \frac{\text{kg}}{\text{s}} = \underline{\underline{1333\ \frac{\text{kg}}{\text{h}}}}$

4.12 Lösung zu: Kühlen und Kühllagern von Lebensmitteln, Gefrieranlagen und -verfahren, Transportkühlung

Technologie

1. Kühlen bzw. *Kühllagern* von Lebensmitteln dient der Frischhaltung, d. h., die Lebensmittel werden vor dem Verderb geschützt und behalten länger ihren Nähr- und Genusswert. Gekühlte Lebensmittel sind frische Lebensmittel und werden als Frischware gehandelt. Kühllagerung findet im Bereich unter 13 °C (Transporttemperatur grüner Bananen) bis an den Gefrierpunkt der gelagerten Produkte statt.
2. Lebensmittel verändern sich bzw. verderben durch Vermehrung von Mikroorganismen (Bakterien, Hefen, Schimmel), durch chemische (Oxidation) oder physikalische (Änderung des Wassergehalts) Vorgänge. Häufig wirken diese Vorgänge zusammen und beeinflussen sich gegenseitig.
3. Gefrieren von Lebensmitteln dient der Konservierung (Haltbarmachung) über einen längeren Zeitraum. Dabei wird das im Lebensmittel vorhandene Wasser größtenteils zu Eis gefroren (Temperatur unter Gefrierpunkt). Gefrorene Lebensmittel sind keine Frischware. Durch den Gefriervorgang können starke Veränderungen im Zellgewebe pflanzlicher und tierischer Produkte hervorgerufen werden (vgl. Aufg. 28).
4. Physikalische Verfahren: Sterilisieren, Pasteurisieren, Trocknen; chemische Verfahren: Salzen, Räuchern, Einsäuern, Zuckern.
5. Durch Kühlen werden die natürlichen Eigenschaften der Lebensmittel am wenigsten verändert.
6. Chemische und mikrobiologische Vorgänge verlaufen bei tieferen Temperaturen langsamer. Bakterien vermehren sich weniger schnell. Selbst bei kältetoleranten Bakterien kommt das Wachstum unterhalb –10 °C zum Stillstand.
7. Mikroorganismen finden auf der warmen und feuchten Fleischoberfläche ideale Lebensbedingungen und können sich schnell vermehren. Durch die schnelle Kühlung wird ihre Entwicklung zeitig unterbunden bzw. verzögert. Auch die Gewichtsverluste lassen sich durch Schnellkühlung verringern.
8. Bei –1 °C bis +1°C und ca. 90 % rel. Luftfeuchtigkeit 2 bis 4 Wochen.
9. Wenn die rel. Luftfeuchtigkeit zu niedrig ist, trocknet das Fleisch aus.
10. Bei zu hoher Luftfeuchtigkeit vermehren sich hygrophile Bakterien auf der Fleischoberfläche. Das Fleisch wird schmierig.
11. Das Geflügel wird nach der Verarbeitung in Eiswasser getaucht. Dadurch erfolgt eine schnelle Abkühlung. Allerdings nimmt es dabei Wasser und Keime aus dem nach kurzer Zeit kontaminierten Kühlwasser auf.
12. Die Lagerdauer von Geflügel beträgt 7 bis 10 Tage bei –1 °C bis +1 °C.
13. Unter *Kühlkette* versteht man die Gesamtheit aller Kälteanwendungsmaßnahmen von der Erzeugung über den Transport bis zur Verteilung an den Endverbraucher. Milch wird noch auf dem Hof möglichst innerhalb von zwei Stunden nach dem Melken von Melktemperatur 35 °C auf ca. 4 °C abgekühlt. Nach dem Pasteurisieren erfolgt die Lagerung bei einer

Temperatur von ca. 6 °C. Sowohl der Transport vom Hof zur Molkerei als auch der von dort zum Supermarkt (Kühlregal) erfolgt gekühlt.

14. Die Kühlkette war unterbrochen, wahrscheinlich beim Transport.
15. Die durch Unterbrechung der Kühlkette erlittenen Schäden sind irreversibel und kumulativ, d. h., sie sind nicht rückgängig zu machen und addieren sich. Die Qualitätsverluste sind abhängig von der Unterbrechungszeit und der darin erreichten Temperatur. Es ist also zwecklos, z. B. einmal beim Transport zu warm gewordenes Geflügel anschließend tiefer zu kühlen, um die entstandenen Schäden wieder rückgängig zu machen, weil dies unmöglich ist.
16. Durch das Eis wird der Fisch gekühlt (0 bis 2 °C) und feucht gehalten (Austrocknungsschäden). Er ist bei fachgerechter Beeisung je nach Art und Ausgangszustand 5 bis 15 Tage haltbar.
17. Wenn Eis aus Seewasser verwendet wird, ist der Fisch bei ca. –1 °C sogar 8 bis 20 Tage haltbar.
18. Äpfel, Birnen, Kartoffeln und Kohl sind unter günstigen Bedingungen mehrere Monate lagerbar, empfindlicher sind dagegen Beerenobst, grüne Erbsen und Bohnen sowie Salat.
19. Genussreifes Obst ist optimal reif und zum baldigen Verbrauch bestimmt. Die Kaltlagerung unterbricht die weitere Reifung (Stoffwechselvorgänge, Atmung) nicht, sondern verzögert sie nur. Dementsprechend muss das Obst entsprechend unreif geerntet werden, weil es während der Kaltlagerung verlangsamt nachreift.
20. Früchte, die einen guten Nährboden für Schimmelpilze bilden, werden trockener gelagert, z. B. Himbeeren, Süßkirschen. Salate und Kernobst werden feuchter gelagert, um Austrocknung (Schrumpfen und Welken) zu vermeiden.
21. Bei einem CO_2-Lager für Obst bzw. Gemüse wird der Kühlraum mit gasdichtem Wärmeschutz ausgeführt, wodurch im Laufe der Lagerzeit durch Atmung der Sauerstoffgehalt ab- und der Kohlenstoffdioxid(CO_2)gehalt zunimmt. Dadurch wird die Reifung gegenüber einfacher Kühlung zusätzlich verlangsamt.
22. Bei der ***CA**-Lagerung* (**c**ontrolled **a**tmosphere), einer Sonderform der Gaslagerung für Obst bzw. Gemüse, wird im Kühlraum die Zusammensetzung der Atmosphäre kontrolliert, insbesondere der Gehalt an Sauerstoff (O_2), Kohlenstoffdioxid (CO_2) und Stickstoff (N_2) eingestellt, z. B. 3 % CO_2, 3 % O_2, 94 % N_2. Auch das bei der Reifung entstehende Ethylen (C_2H_4) darf bestimmte Grenzwerte nicht überschreiten. Dadurch kann die Atmungsgeschwindigkeit des Obstes gesteuert werden. Die Kühlräume sind gasdicht und werden während der Kühlperiode nicht geöffnet bzw. nach dem Öffnen vollständig entleert.

    Ähnliches gilt für die ***ULO**-Lagerung* (**U**ltra **lo**w **o**xygen), bei der ein besonders niedriger Sauerstoffgehalt eingestellt wird, z. B. 2 % CO_2, 1,5 % O_2, 0,2 % C_2H_4, Rest Stickstoff.
23. Bei der Kaltlagerung veratmet das Obst bzw. Gemüse Sauerstoff zu Kohlenstoffdioxid, wodurch die eingestellte Atmosphäre in ihrer Zusammensetzung verändert wird. Scrubber absorbieren CO_2 und dienen so zur Abführung des überschüssigen Kohlenstoffdioxids aus dem Kühllagerraum. Auch überschüssiges Ethylen kann entfernt werden.
24. Dem Kühlgut (z. B. Salat, Pilze, Kohl) wird Wärme durch verdampfendes Wasser im Vakuum entzogen, indem in einem geschlossenen Zylinder der Druck auf den erforderlichen

Wert (Wasserdampftabelle) abgesenkt wird. Zweckmäßigerweise wird das Kühlgut vorher mit Wasser besprüht, damit die Austrocknung geringer ist.

25. Bei der Auslagerung kann es durch Taupunktunterschreitung an der Oberfläche des Kühlgutes zu Feuchtigkeitsbildung kommen. Empfindliches Kühlgut würde dadurch schnell verderben, weswegen die Temperatur des Kühlgutes schrittweise heraufgesetzt werden muss. Auch Reiferäume für Obst können diese Funktion erfüllen.
26. Gefrieren ist ein Teilvorgang bei der Herstellung von Gefriergut (Abkühlen, Gefrieren, Unterkühlen).
27. Das sind Produkte, die in einem Gefrierprozess nach bewährten Verfahren auf –18 °C oder tiefer gefroren und anschließend bei –18 °C oder tiefer gelagert werden.
28. Beim langsamen Gefrieren wachsen große Eiskristalle in den Zellen, die das Zellgewebe mechanisch verletzen, was zu Qualitätsverlusten (Saftverlust) führt. Schnelles Gefrieren ergibt ein feines, gleichmäßiges Gefüge von Eiskristallen. Die Zellen bleiben unverletzt.
29. Kontaktgefrieren, Gefrieren im Kaltluftstrom, Gefrieren in Flüssigkeiten, Gefrieren in verdampfenden Flüssigkeiten, Gefriertrocknung.
30. a) S. Abb. 4.66
    b) Vorteil: Durch den direkten Kontakt zwischen Platten und Ware kommt es zu einem guten Wärmeübergang mit der Folge kurzer Gefrierzeit. Nachteil: Guter Wärmeübergang ergibt sich nur bei regelmäßig geformter Ware.
    c) Butter, Fischfiletstücke, Fertiggerichte

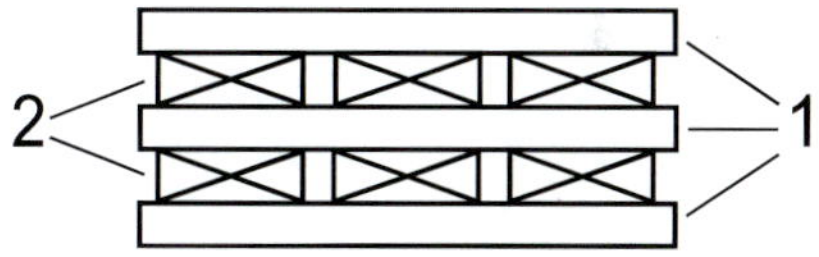

Abb. 4.66 Gefrieren zwischen waagerechten Platten (Prinzip); 1 – Gefrierplatten; 2 – Gefriergut

31. Vorteile: Auch unregelmäßig geformte Ware kann durch Kaltluft gefroren werden. Praktisch jeder wärmegedämmte Raum ist geeignet (geringe Investitionen). Nachteile: Der schlechtere Wärmeübergang zwischen Luft und Ware erfordert eine größere Temperaturdifferenz und damit eine tiefere Verdampfungstemperatur (–40 °C bis –45 °C), um die Gefrierzeit gering zu halten. Die aus gleichem Grund hohe Luftgeschwindigkeit erfordert hohe Ventilatorleistung, die von der Kältemaschine mit abzuführen ist.
32. Ein Gefriertunnel ist eine kontinuierlich und automatisch arbeitende Gefrieranlage für große Leistungen (bis über 10000 kg/h), in der Lebensmittel im Kaltluftstrom tiefgefroren werden.
33. a) Schüttgut (1) wird in einem Behälter, der unten mit Lufteintrittsöffnungen (2) versehen ist, durch eingeblasene kalte Luft (3) aufgewirbelt und gefroren (Abb. 4.67).
    b) kleinstückiges Gut wie Erbsen, Karottenwürfel, Pommes Frites, Beeren.
    c) Schnelles Durchfrieren, da die Teilchen allseitig von schnell strömender kalter Luft umspült werden. Weitertransport der Ware durch Luftstrom erspart mechanische Transporteinrichtungen. Durch Verdunstung im Kaltluftstrom kommt es zu einer Abtrock-

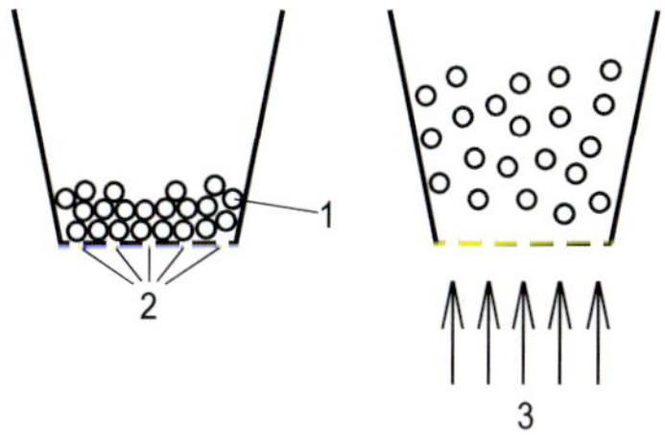

Abb. 4.67 Wirbelbett- oder Wirbelschichtverfahren (Prinzip)

nung der Partikel, sodass sie nicht verkleben und als Schüttgut verpackt, gelagert und verwendet werden können.

34. a) Eintauchen in kalte Flüssigkeit, b) Besprühen mit kalter Flüssigkeit.

35. Vorteile: Guter Wärmeübergang auch bei unregelmäßig geformter Ware, damit also kurze Gefrierzeit. Nachteile: Bei unverpackter Ware Hygieneprobleme, Temperaturgrenze bei –21 °C (Schmelzpunkt des Kochsalz-Wasser-Eutektikums).

36. a) Die Ware muss verpackt sein, damit sie nicht mit der Sole in Berührung kommt (Schrumpffolien, Metallformen).

    b) Die tiefere Soletemperatur ermöglicht kürzere Gefrierzeiten.

37. Flüssigstickstoff (N_2), flüssiges Kohlenstoffdioxid (CO_2).

38. Vorteile: Sehr kurze Gefrierzeit („Schockfrosten"), dadurch wenig Aroma-, Geschmacks- und Gewichtsverluste. Nachteil: Hohe Kosten, da N_2 bzw. CO_2 nach Aufnahme der Wärmeenergie an die Atmosphäre abgegeben werden.

    Dies Verfahren wird deswegen nur bei hochwertiger Ware eingesetzt, wo die Vorteile die hohen Kosten rechtfertigen.

39. a) Positionen in Abb. 4.68: 1 – Vakuum-Trockenkammer; 2 – Heizplatten; 3 – gefrorene Lebensmittel; 4 – Kondensator; 5/6 – Kältemittelein-/austritt; 7 – Vakuumpumpe.

    b) Das Produkt wird zunächst tiefgefroren und dann im Vakuum unter genau dosierter Wärmezufuhr getrocknet. Dabei sublimiert das Eis zu Wasserdampf (wird abgesogen), und es bleibt ein kaum geschrumpftes, feinporiges Produkt mit 70 % – 90 % geringerem Gewicht zurück.

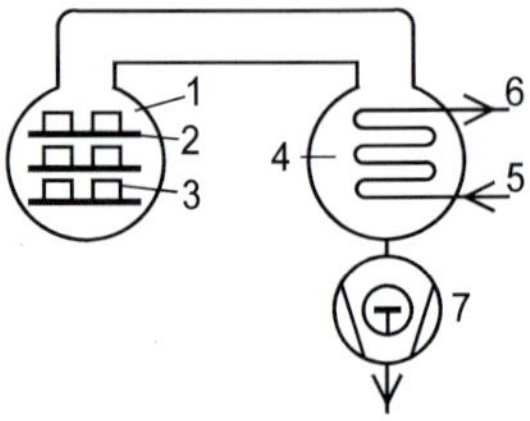

Abb. 4.68 Prinzip der Gefriertrocknung

    c) Vorteile: Der Prozess ist weitgehend umkehrbar, d. h., durch Wasserzufuhr kommt das Produkt seinem Ausgangszustand sehr nahe (Gefüge, Geschmack, Geruch). Konservierung durch Wasserentzug auch bei wärmeempfindlichen Produkten möglich. Produkte haben geringes Gewicht und sind ohne Kühlung lagerfähig. Nachteile: Hohe Kosten. Aufwendige Verpackung notwendig (Licht, Luft, Feuchtigkeit müssen ausgeschlossen werden).

    d) Pharmazeutische Produkte (Antibiotika, Impfstoffe, Viren, Vitamine...), Lebensmittel (Kaffee, Fleisch, Krabben, Pilze...).

40. Trockeneis, eutektische Kältespeicher, verdampfende Flüssigkeiten, Verdichter-Kälteanlage.

41. *Trockeneis* ist gefrorenes Kohlenstoffdioxid (CO_2). Es sublimiert (geht direkt vom festen in gasförmigen Aggregatzustand über) unter Normaldruck bei –78,9 °C unter Aufnahme von 573,6 kJ/kg spezifischer Sublimationswärme.

42. Die tiefe Sublimationstemperatur erlaubt auch die Transportkühlung tiefgefrorener Ware. Es hinterlässt keine Rückstände bei der Sublimation (CO_2 entweicht an die Umgebungsluft). Es besitzt große Kälteleistung, bezogen auf Volumen und Gewicht (handelsübliches Trockeneis hat eine Dichte von $\rho = 1{,}4\ kg/dm^3$). Trockeneis ist nicht brennbar, geschmack- und geruchlos, die mit CO_2 angereicherte Laderaumluft schützt Ware zusätzlich vor Luft(Sauerstoff)einwirkung und verhindert Bakterienwachstum.

43. a) Laderaumluft wird durch einen thermostatisch geschalteten Ventilator über einen Trockeneisspeicher geführt und dort gekühlt.

    b) Kältemittel befindet sich in einem geschlossenen Kreislauf (Schwerkraftprinzip). Die Raumkühlung erfolgt über einen thermostatisch gesteuerten überfluteten Verdampfer, der Verflüssiger wird mit Trockeneis gekühlt.

44. An Wänden und Decken des Laderaums sind Rohre/Platten angebracht, die mit eutektischer Sole gefüllt sind und in denen Verdampferrohre verlaufen. Die Sole wird z. B. nachts gefroren, indem die Verdampferrohre an eine zentrale Kälteanlage angeschlossen oder durch ein fahrzeugeigenes Aggregat mit billigem Nachtstrom gekühlt werden, und kann dann tagsüber die einfallende Wärme bei konstanter Temperatur aufnehmen.

45. Bei einem bestimmten Mischungsverhältnis (eutektischer Punkt) verhält sich eine Salzlösung (Kochsalz in Wasser) wie ein Reinstoff. Sie friert bzw. schmilzt bei einer bestimmten Temperatur (nicht in einem Temperaturbereich) und entmischt sich nicht. Der Schmelzpunkt eutektischer Solen hängt von der Zusammensetzung ab und liegt zwischen –4 °C und –37 °C.

46. Vorteile: einfache Handhabung, geringe Betriebskosten (Nachtstrom). Nachteile: Die eutektische Sole ist auf einen bestimmten Gefrierpunkt eingestellt, der nicht verändert werden kann, hohes Gewicht, begrenzte Kapazität.

47. Verteilerverkehr.

48. Sie sind unabhängiger (kein Nachfüllen von Eis, Trockeneis, kein Anspeichern von Kälte), für verschiedene Lagertemperaturen einsetzbar und haben (Antriebsenergie vorausgesetzt) unbegrenzte Betriebsdauer.

49. Antrieb mit separatem Benzin- oder Dieselmotor, Antrieb mit Elektromotor, der von einem Generator versorgt wird (Generator über Keilriemen vom Fahrzeugmotor angetrieben, E-Motor kann bei Fahrzeugstillstand auch vom Netz versorgt werden), Antrieb über eine Ölhydraulik.

Technische Mathematik

1. a) $Q = m \cdot \Delta h + m \cdot c \cdot \Delta T = m \cdot (\Delta h + c \cdot \Delta T) = 80\,\text{kg} \cdot \left(573{,}6\,\frac{\text{kJ}}{\text{kg}} + 0{,}84\,\frac{\text{kJ}}{\text{kgK}} \cdot 78{,}9\,\text{K}\right)$
   $= \underline{\underline{51\,190\,\text{kJ}}}$

   b) $\dot{Q}_{th} = A \cdot k \cdot \Delta T$ mit $A = 2 \cdot (10\,\text{m} \cdot 2{,}4\,\text{m} + 10\text{m} \cdot 2{,}8\,\text{m} + 2{,}4\,\text{m} \cdot 2{,}8\,\text{m}) = 117{,}44\,\text{m}^2$

   $$\dot{Q} = \dot{Q}_{th} \cdot 1{,}1 = 117{,}44\,\text{m}^2 \cdot 0{,}5\,\frac{\text{W}}{\text{m}^2\text{K}} \cdot 20\,\text{K} \cdot 1{,}1 = 1291{,}84\,\text{W}$$

   $$\dot{Q} = \frac{Q}{\tau} \Rightarrow \tau = \frac{Q}{\dot{Q}} = \frac{51\,190 \cdot 10^3\,\text{J}}{1291{,}84\,\frac{\text{J}}{\text{s}}} = 39\,625{,}6\,\text{s} = \underline{\underline{11\,\text{h}\,25{,}6\,\text{s}}}$$

2. $\dot{Q}_{th} = A \cdot k \cdot \Delta T$ mit $A = 2 \cdot (6\,\text{m} \cdot 2{,}4\,\text{m} + 6\,\text{m} \cdot 2{,}7\,\text{m} + 2{,}4\,\text{m} \cdot 2{,}7\,\text{m}) = 74{,}16\,\text{m}^2$

   $$\dot{Q} = \dot{Q}_{th} \cdot 1{,}2 = 74{,}16\,\text{m}^2 \cdot 0{,}4\,\frac{\text{W}}{\text{m}^2\text{K}} \cdot 45\,\text{K} \cdot 1{,}2 = 1601{,}86\,\text{W}$$

   $$Q = \dot{Q} \cdot \tau = 1{,}60186\,\text{kW} \cdot 12\,\text{h} \cdot 3600\,\frac{\text{s}}{\text{h}} = 69\,200\,\text{kJ}$$

   $$m = \frac{Q}{q} = \frac{69\,200\,\text{kJ}}{285\,\frac{\text{kJ}}{\text{kg}}} = \underline{\underline{242{,}8\,\text{kg}}}$$

4.13 Lösungen zu: Wärmepumpe und Wärmerückgewinnung

4.13.1 zu: Wärmepumpe

Technologie

1. Eine Wärmepumpe ist eine Maschine, die Wärmeenergie bei niedriger Temperatur aufnimmt und durch Zufuhr von Hilfsenergie bei höherer Temperatur wieder abgibt (= Kältemaschine, vgl. CECOMAF 10-00).
2. Eine Kühlmaschine nimmt Nutzenergie unterhalb der Umgebungstemperatur auf, eine Wärmepumpe gibt Nutzenergie oberhalb der Umgebungstemperatur ab. Eine Wärmepumpe ist also eine Kältemaschine, die zur Nutzung des bei höherer Temperatur abgegebenen Wärmestroms betrieben wird (CECOMAF 10-02).
3. Luft, Wasser, Erdboden, sonstige Wärmequellen, z. B. warme Industrieabwässer.
4. Sie sollte eine möglichst hohe Temperatur haben, sodass eine kleine Temperaturdifferenz zwischen der gewünschten Nutzwärme und der Wärmequelle besteht. Sie sollte jederzeit die benötigte Wärmemenge liefern können. Ihre Temperatur sollte möglichst konstant bleiben. Die Kosten zu ihrer Erschließung sollten möglichst niedrig liegen. Das die Wärme transportierende Medium sollte die Wärmeübertrager nicht angreifen oder negativ beeinflussen (Korrosion, Verschmutzung, Vereisung).
5. Elektromotor, Verbrennungskraftmaschine (Gas-, Dieselmotor).
6. Luft/Luft-Wärmepumpen, Luft/Wasser-Wärmepumpen, Wasser/Luft-Wärmepumpen, Wasser/Wasser-Wärmepumpen, Erdreich/Luft-Wärmepumpen, Erdreich/Wasser-Wärmepumpen.
7. Vorteile: Luft ist frei verfügbar, liefert in technischen Grenzen jede benötigte Wärmemenge. Nachteile: Bei größtem Wärmebedarf (Winter) ist ihre Temperatur am niedrigsten, bei Temperaturen um 0 °C gibt es Abtauprobleme, bei Schneefall besteht Gefahr völliger Verdampfervereisung, hoher Platzbedarf.
8. *Grundwasser*: Vorteile: Temperatur relativ konstant und mit 8 – 12 °C auch recht hoch, geringer Platzbedarf. Nachteile: nicht überall und bei Wassermangel nicht ständig verfügbar, genehmigungspflichtig (Trinkwasser), meist hohe Anlagekosten wegen der erforderlichen zwei Brunnenbohrungen (Förder- und Sickerbrunnen). *Oberflächenwasser*: Vorteile: geringe Anlage- und Betriebskosten, wenig Platzbedarf. Nachteile: nicht überall und bei Wassermangel nicht ständig verfügbar, Temperatur im Winter evtl. zu niedrig, evtl. starke Verschmutzungsgefahr.
9. Vorteile: ständig verfügbar, geringe Betriebskosten, Temperatur schwankt (in der üblichen Tiefe von ca. 1,2 m), von kurzen Kälteeinbrüchen unbeeinflusst, mit der Jahreszeit, allerdings phasenverschoben, sodass am Ende der Heizperiode noch relativ hohe Temperaturen zu erwarten sind. Nachteile: Fläche für Erdreichkollektoren nicht überall verfügbar, hohe Anlagekosten, Reparaturen an der wärmeaufnehmenden Rohrschlange praktisch unmöglich, Sole als Zwischenmedium (meist üblich) ergibt weiteren Temperatursprung zu t_0.
10. Wenn Wärmepumpen nicht den gesamten Wärmebedarf decken können, ist eine zweite, meist konventionelle Heizung als Zusatz erforderlich, man spricht von einem bivalenten (zweiwertigen) System. Wenn die Zusatzheizung mit der gleichen Energieform wie die Wärmepumpe betrieben wird, liegt monoenergetischer Betrieb vor, z. B. bei einer elektro-

motorisch angetriebenen Wärmepumpe und elektrischem Zusatzheizstab. Damit entfallen Bereitstellungskosten, z. B. für einen zusätzlichen Gasanschluss.

11. a) Der Bivalenzpunkt liegt bei –3 °C
    b) Bei Temperaturen unterhalb –3 °C ist eine Zusatzheizung erforderlich.
    c) Eine wesentlich größere Wärmepumpe liefe die meiste Zeit der Heizperiode (Temperatur über 0 °C) im unwirtschaftlichen Teillastbetrieb, weil sie viel zu viel Leistung hat. Deswegen wird eine WP gewählt, die in der Hauptheizperiode optimal läuft.
12. Vorteil: mehr Heizenergie bei gleichem Primärenergieeinsatz, (spart also Primärenergie, vermindert somit sekundäres Treibhauspotenzial, da weniger fossile Brennstoffe verbraucht werden, vgl. 19.) Nachteil: höhere Anlagen- und Wartungskosten.
13. Wenn mit dem Austreten von Kältemittel zu rechnen ist (auch in Spuren), muss der Heizkessel, sofern er seine Verbrennungsluft aus dem gleichen Raum bezieht, abgeschaltet werden, weil es sonst zu Korrosionsschäden im Kessel durch Verbrennungsprodukte des Kältemittels (HCl, HF) kommen kann.
14. Die *Leistungszahl* ist allgemein definiert als das Verhältnis von Nutzen zu Aufwand (auch bei einer Kühlmaschine), bei einer Wärmepumpe gilt also $\varepsilon_{WP} = \frac{\dot{Q}_{WP}}{P}$, wobei $\dot{Q}_{WP}$ die Wärmeleistung der Wärmepumpe ist (in erster Näherung also $\dot{Q}_c$). Für den isentropen Wärmepumpenprozess gilt dementsprechend $\varepsilon_{isWP} = \frac{h_2 - h_3}{h_2 - h_1}$. Die Leistungszahl der Wärmepumpe wird auch als Wärmezahl (analog zur Kälteleistungszahl bzw. Kältezahl) bezeichnet. Erreichbare Leistungszahlen sind für Luft-Wasser-WP 2,5 – 3,5; Sole-Wasser-WP (Erdreich) 3,0 – 4,0; Wasser-Wasser-WP (Grundwasser) 3,5 – 5,0.
15. Die Leistungszahl sinkt, die Wärmepumpe arbeitet weniger effizient, weil die Verdichterleistung im Verhältnis zum aufgenommenen Wärmestrom steigt.
16. $\varepsilon_{WP} = \varepsilon_K + 1$. Das bedeutet, dass z. B. eine Wärmepumpe mit der Leistungszahl 4,2 (Wärmezahl) als Kühlmaschine die Leistungszahl 3,2 (Kältezahl) hat.
17. $\varepsilon_{WPC} = \frac{T_c}{T_c - T_0}$

    Anmerkung: Der Carnot-Prozess ist ein nicht realisierbarer Idealprozess. Die Leistungszahl tatsächlicher Wärmepumpen erreicht ca. 50 – 60 % von ε_{WPC}.
18. Bei Wärmepumpen, die mit Verbrennungsmotoren angetrieben werden, wird auch noch die Abwärme des Antriebsmotors weitgehend genutzt, weswegen vorrangig das Verhältnis von abgegebener Wärmemenge zu zugeführter Primärenergie zur Bewertung herangezogen wird:

    $$\text{Heizzahl} = \frac{\text{abgegebene Wärmemenge}}{\text{zugeführte Primärenergie}}$$
19. Da im Kraftwerk bei der Erzeugung elektrischer Energie etwa 65 % Verluste durch Abwärme entstehen, also nur 35 % der eingesetzten Primärenergie zum Antrieb der Wärmepumpe zur Verfügung stehen, ergibt erst eine Leistungszahl um $\varepsilon_{WP} = 3$ den gleichen Effekt wie direktes Verfeuern des Primärenergieträgers (Öl, Gas). Das wird durch das Energieflussbild (Sankey-Diagramm; Abb. 4.69) verdeutlicht:

Anmerkung: In dieser Darstellung sind Transformations- und Übertragungsverluste unberücksichtigt. Auch erfasst die Wärmeleistungszahl ε_{WP} nicht den Energiebedarf der Nebeneinrichtungen, wie z. B. Pumpen, Ventilatoren. Dies wird durch die Jahresarbeitszahl berücksichtigt, die ca. 10 % unter der Wärmeleistungszahl liegt.

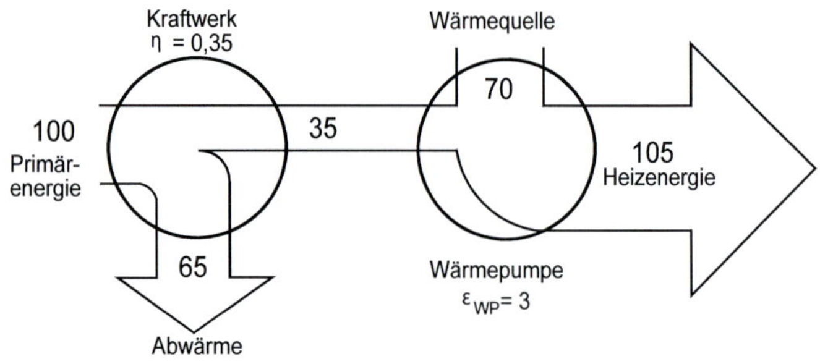

Abb. 4.69

20. Die Abwärme eines Verbrennungsmotors geht überwiegend in die Abgase, aber auch ins Kühlwasser und ins Schmieröl, sodass sie durch entsprechende Wärmeübertrager der Heizenergie zugeführt werden kann.

21. Die *Jahresarbeitszahl* ist das Verhältnis des Jahresertrags an Nutzenergie (Heizung) in kWh/a zu aufgewendeter Antriebs- und Hilfsenergie in kWh/a und somit eine dimensionslose Zahl. Die Jahresarbeitszahl berücksichtigt wie der COP die Anteile an Hilfsenergie. Zu ihrer korrekten Ermittlung sind allerdings Wärmemengenzähler nötig.

22. Der 2. Hauptsatz der Wärmelehre lautet in einer seiner Formulierungen:

    Wärme kann nie von selbst von einem Körper niederer Temperatur auf einen Körper höherer Temperatur übergehen.

    Eine Wärmepumpe transportiert zwar Wärme vom niederen zum höheren Temperaturniveau, aber dies geschieht nicht von selbst, sondern unter Zufuhr von Hilfsenergie (Verdichterarbeit). Insofern liegt kein Widerspruch zum 2. Hauptsatz der Wärmelehre vor.

Technische Mathematik

1. S. Abb. 4.70

   Berechnung der Energieströme:

   Dieselmotor:
   $100 \cdot 0{,}38 = 38 \Rightarrow 38$ Antrieb für die Wärmepumpe, 62 Abwärme

   Abwärmenutzung:
   $62 \cdot 0{,}775 = 48(,05) \Rightarrow$
   $62 - 48 = 14$ an die Umgebung, 48 zu Heizzwecken

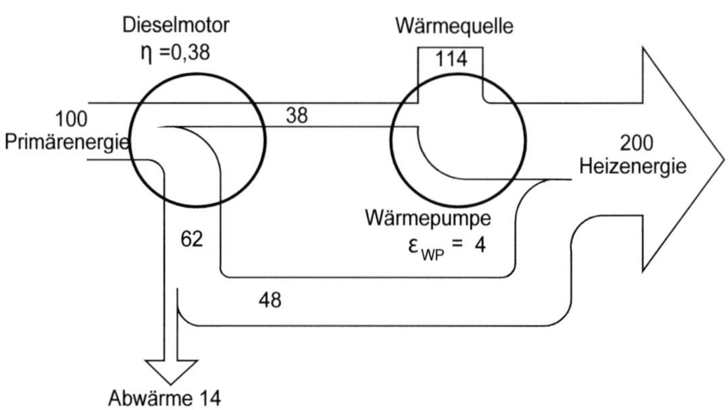

Abb. 4.70

Wärmepumpe: $\dot{Q}_{WP} = \varepsilon_{WP} \cdot P = 4 \cdot 38 = 152 \Rightarrow 152 - 38 = 114$ aus der Wärmequelle

Heizenergie: $152 + 48 = 200$

Die Heizzahl beträgt $\frac{200}{100} = 2$, d. h., es wird doppelt so viel Heizenergie abgegeben, wie Primärenergie aufgewendet wird.

2. $\dot{Q}_c = 12\,\text{kW} + 4\,\text{kW} = 16\,\text{kW}$

$$\varepsilon_{WP} = \frac{\dot{Q}_c}{P} = \frac{16\,\text{kW}}{4\,\text{kW}} = \underline{\underline{4}}$$

3. $\varepsilon_{WP} = \frac{\dot{Q}_c}{P} = \frac{\dot{Q}_c}{\dot{Q}_c - \dot{Q}_o} = \frac{18\,\text{kW}}{4\,\text{kW}} = \underline{\underline{4{,}5}}$

4. $\varepsilon_{WP} = 5 \Rightarrow \varepsilon_K = 4$

$$P = \frac{\dot{Q}_o}{\varepsilon_K} = \frac{16\,\text{kW}}{4} = \underline{\underline{4\,\text{kW}}}$$

$$\dot{Q}_c = \dot{Q}_o + P = 16\,\text{kW} + 4\,\text{kW} = \underline{\underline{20\,\text{kW}}}$$

5. a) $h_1 = 72\,\text{kJ/kg}$, $h_2 = 22{,}5\,\text{kJ/kg}$, $\Delta h = 49{,}5\,\text{kJ/kg}$, $\rho_1 = 1{,}153\,\text{kg/m}^3$

b) $\dot{Q}_o = \dot{m}_L \cdot \Delta h = \rho_1 \cdot \dot{V}_1 \cdot \Delta h = 1{,}153\frac{\text{kg}}{\text{m}^3} \cdot \frac{12\,000\ \text{m}^3}{3600\ \text{s}} \cdot 49{,}5\frac{\text{kJ}}{\text{kg}} = \underline{\underline{190{,}25\ \text{kW}}}$

c) $\varepsilon_{WP} = 3 \Rightarrow \varepsilon_K = 2 \Rightarrow P = \frac{\dot{Q}_o}{2} \Rightarrow \dot{Q}_c = \dot{Q}_o + P = 1{,}5\dot{Q}_o = \underline{\underline{285{,}37\ \text{kW}}}$

d) $\dot{Q} = \dot{m}_W \cdot c_W \cdot \Delta T_W \Rightarrow \dot{m}_W = \frac{\dot{Q}}{c_W \cdot \Delta t_W} = \frac{285{,}37\frac{\text{kJ}}{\text{s}}}{4{,}19\frac{\text{kJ}}{\text{kgK}} \cdot 35\ \text{K}} = 1{,}946\ \frac{\text{kg}}{\text{s}} = \underline{\underline{7005\ \text{kg/h}}}$

Es können also theoretisch etwa 7000 Liter stündlich erwärmt werden.

6. $\dot{Q}_o = 0{,}5 \cdot 70 \cdot \frac{84\,000\,\text{kJ}}{86\,400\,\text{s}} = 34\ \text{kW}\ (1\,\text{d} = 86\,400\,\text{s})$

$$P = \frac{\dot{Q}_o}{\varepsilon_{WP} - 1} = \frac{\dot{Q}_o}{2{,}5} = \frac{34\,\text{kW}}{2{,}5} = 13{,}6\ \text{kW}$$

$$\dot{Q}_c = \dot{Q}_o + P = 34\ \text{kW} + 13{,}6\ \text{kW} = \underline{\underline{47{,}6\ \text{kW}}}$$

7. a) Gasmotor: $P_{zu} = \frac{11\ \text{kWh} \cdot 10}{1\ \text{h}} = 110\ \text{kW}$

$P_{ab} = \eta \cdot P_{zu} = 0{,}30 \cdot 110\ \text{kW} = 33\ \text{kW}$

$P_{Verlust} = P_{zu} \cdot (1 - \eta) = 110\ \text{kW} \cdot 0{,}7 = 77\ \text{kW}$

davon als Heizleistung nutzbar 85 %: $\dot{Q}_{Heiz} = 0{,}85 \cdot 77\ \text{kW} = 65{,}45\ \text{kW}$

Wärmepumpe: $P_{zu} = 33\ \text{kW}$

$\dot{Q}_c = P_{zu} \cdot \varepsilon_{WP} = 33\ \text{kW} \cdot 4 = 132\ \text{kW}$

Gesamte Heizleistung: $132\ \text{kW} + 65{,}45\ \text{kW} = \underline{\underline{197{,}45\ \text{kW}}}$

b) $\text{Heizzahl} = \frac{198{,}45\ \text{kW}}{110\ \text{kW}} = \underline{\underline{1{,}8}}$

c) $\dot{m}_W = \frac{\dot{Q}}{c_W \cdot \Delta t_W} = \frac{197{,}45\frac{\text{kJ}}{\text{s}}}{4{,}19\frac{\text{kJ}}{\text{kgK}} \cdot 15\text{K}} = 3{,}1416\frac{\text{kg}}{\text{s}} = \underline{\underline{11\,309{,}79\ \text{kg/h}}}$

d) $\dot{Q} = 0{,}94 \cdot 110\,\text{kW} = \underline{\underline{103{,}4\,\text{kW}}}$

8. a) $\varepsilon_{WPC} = \dfrac{T_C}{T_C - T_0} = \dfrac{323\,\text{K}}{40\,\text{K}} = 8{,}075 \Rightarrow \varepsilon_{WP} = 0{,}545 \cdot 8{,}075 = \underline{\underline{4{,}4}} \Rightarrow \varepsilon_K = 3{,}4$

b) $P = \dfrac{\dot{Q}_o}{\varepsilon_K} = \dfrac{77{,}3\,\text{kW}}{3{,}4} = 22{,}7\,\text{kW} \Rightarrow \dot{Q}_c = \dot{Q}_o + P = 77{,}3\,\text{kW} + 22{,}7\text{kW} = \underline{\underline{100\,\text{kW}}}$

Technische Kommunikation

1. Lösungsvorschlag s. Abb. 4.71

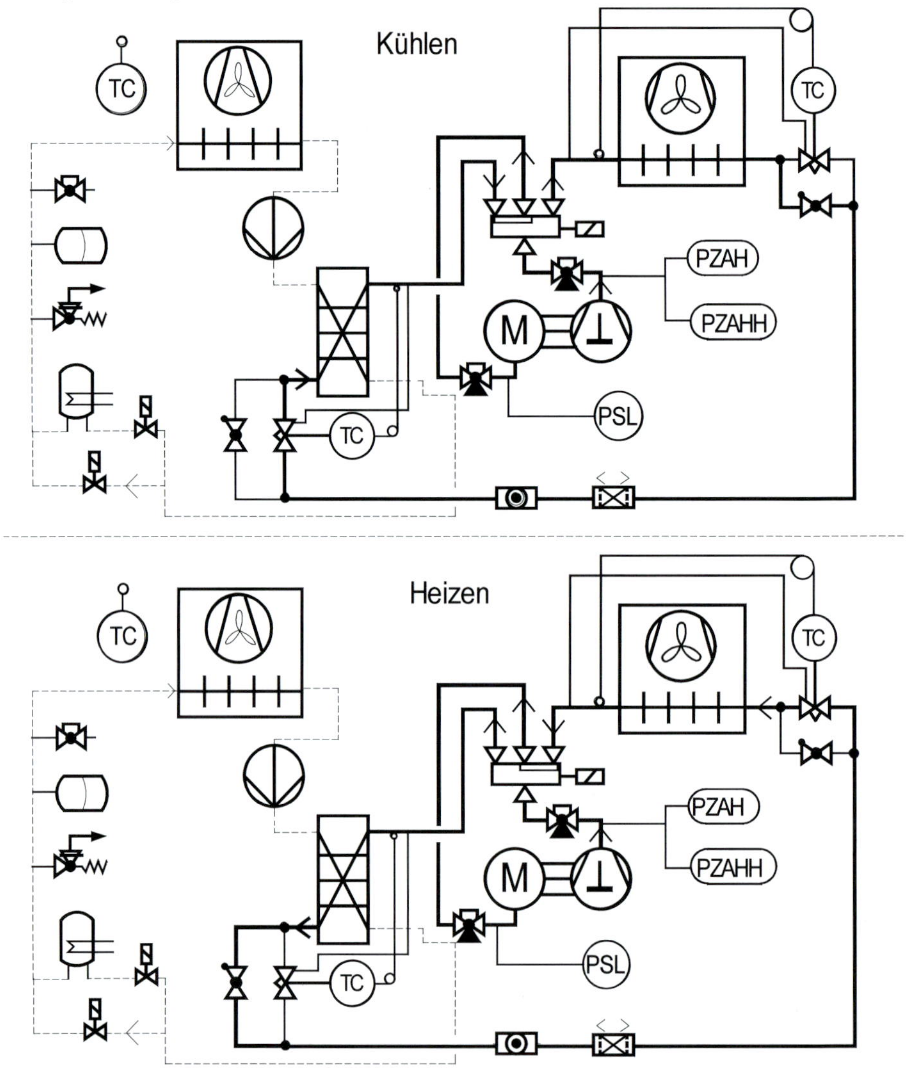

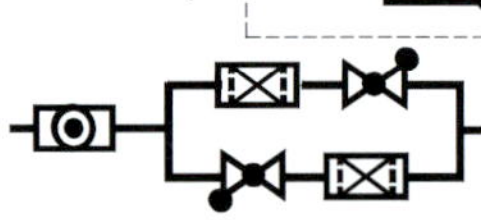

Der Filtertrockner (1) muss für beide Fließrichtungen geeignet sein. Sonst könnte die nebenstehende Lösung gewählt werden.

Abb. 4.71

Die Sicherheitseinrichtungen gegen Drucküberschreitung erfordern nach DIN EN 378-2 einen Druckbegrenzer und einen Sicherheitsdruckbegrenzer mit einer Druckentlastung. Die Druckentlastung ist bereits im Maneurop-Verdichter eingebaut. Sie öffnet nach Prospektangabe bei einer Druckdifferenz von 30 – 35 bar und schließt bei einem Δp unter 8 bar automatisch wieder.

4.13.2 zu: Wärmerückgewinnung

Technologie

1. Unter Wärmerückgewinnung versteht man die Nutzung der im Rahmen eines Kälteerzeugungsprozesses abzuführenden Wärmeenergie (anstatt sie an die Umgebung abzuführen).
2. S. Abb. 4.72

   Enthitzen: 2 – 2'

   Verflüssigen: 2' – 3'

   Unterkühlen: 3' – 3

   Zurückgewonnen werden können die spezifische Enthitzungswärme ($h_2 - h_{2'}$), die spezifische Verflüssigungswärme ($h_{2'} - h_{3'}$) und die spezifische Unterkühlungswärme ($h_{3'} - h_3$).

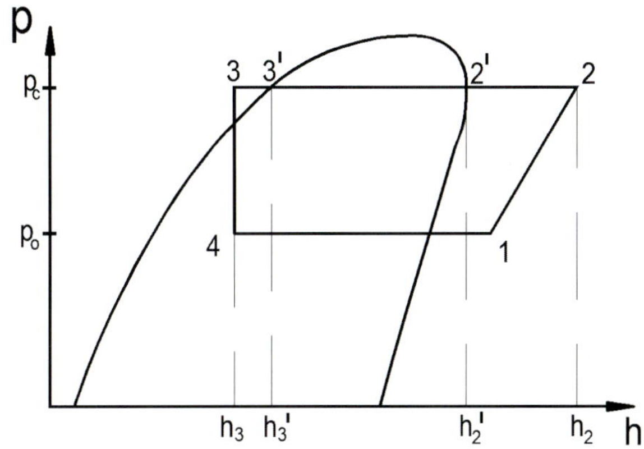

Abb. 4.72

3. Milchkühlung, Brauereien, Schlachthöfe, Fleischereien. Hier muss gekühlt werden, und gleichzeitig besteht Bedarf an warmem Brauchwasser zu Reinigungszwecken.

   Abwärmenutzung bei Kältetrocknern (Entfeuchten der Luft durch Kühlen mit Wasserausscheidung, anschließendes Wiedererwärmen mit der Verflüssigerwärme), Supermärkte.
4. Der Unterschied besteht darin, dass eine Wärmepumpe nur zur Nutzung der oberhalb der Umgebungstemperatur abgegebenen Wärme betrieben wird, während eine Kälteanlage mit Wärmerückgewinnung in erster Linie zur Nutzung der unterhalb der Umgebungstemperatur aufgenommenen Wärme, also als Kälteanlage betrieben wird. Die Nutzung der Verflüssigerwärme ist nur zusätzlicher energiesparender Nebeneffekt.
5. Positionen in Abb. 4.73: 1 – Verdichter; 2 – Wärmerückgewinnungsverflüssiger; 3 – Anlagenverflüssiger; 4 – Sammler; 5 – Verflüssigungsdruckregler; 6 – Sammlerdruckregler; 7 – Magnetventil
6. Dieses Konstantdruckventil als Verflüssigungsdruckregler gibt dem Wärmerückgewinnungsverflüssiger Vorrang vor dem Anlagenverflüssiger. Es schließt bei fallendem und öffnet bei steigendem Druck: Bei großem Wärmebedarf (p_c sinkt) wird Kältemittel im Anlagenverflüssiger angestaut, sodass dieser außer Kraft gesetzt wird (keine Wärmeübertragungsfläche), in der Anfahrphase (Brauchwasser noch kalt) wird sogar der Wärmerückge-

winnungsverflüssiger teilweise geflutet, um p_c aufrechtzuerhalten. Bei sinkendem Wärmebedarf (p_c steigt) wird der Anlagenverflüssiger zunehmend entleert und übernimmt entsprechend die Verflüssigung des Kältemittels (vgl. Lf. 11, Kap. 4.3, Technologie, Aufg. 51)

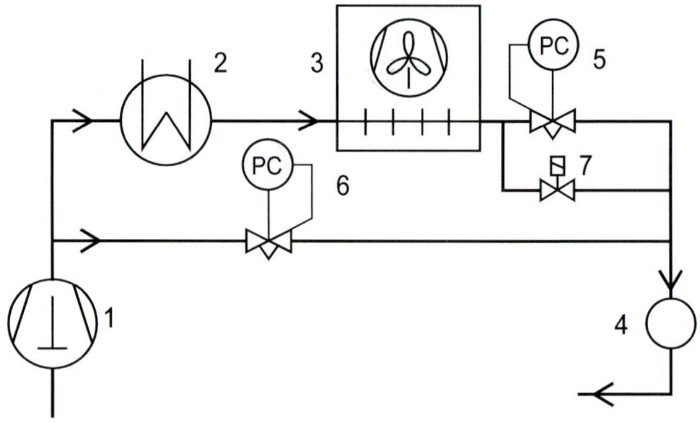

Abb. 4.73 Wärmerückgewinnungsverflüssiger in Serienschaltung

Anmerkung: Der Verflüssigungsdruckregler kann auch vor bzw. zwischen WRG- und Anlagenverflüssiger angeordnet werden (schnellerer Druckaufbau bei großen Anlagen).

7. Wenn der Verflüssigungsdruckregler (5) anstaut (schließt) und gleichzeitig Kältemittel aus dem Sammler abfließt, kann der Druck im Sammler soweit sinken, dass die Druckdifferenz am Expansionsventil nicht mehr für dessen ordnungsgemäße Funktion ausreicht. In diesem Fall öffnet das vom Ausgangsdruck gesteuerte Konstantdruckventil und lässt Kältemitteldruckgas in den Sammler strömen. (Diese Funktion kann auch auf einfachere Weise von einem Differenzdruckventil wahrgenommen werden.)
8. Damit kann der Verflüssigungsdruckregler (5) umgangen, also außer Kraft gesetzt werden. So vermeidet man seinen Druckabfall (wenn z. B. kein Wärmebedarf besteht, muss p_c nicht geregelt werden).
9. Vorteile: unkomplizierte Schaltung ohne Gefahr der Kältemittelverlagerung, Kältemittel fließt auch ohne Gefälle von den Verflüssigern zum Sammler. Nachteile: große Kältemittelmenge erforderlich, hoher Druckabfall über beide Verflüssiger.
10. Parallelschaltung von Wärmerückgewinnungs- und Anlagenverflüssiger (Abb. 4.74): 1 – Verdichter; 2 – Anlagenverflüssiger; 3 – Wärmerückgewinnungsverflüssiger; 4 – Verflüssigungsdruckregler; 5 – Magnetventil; 6 – Sammler.

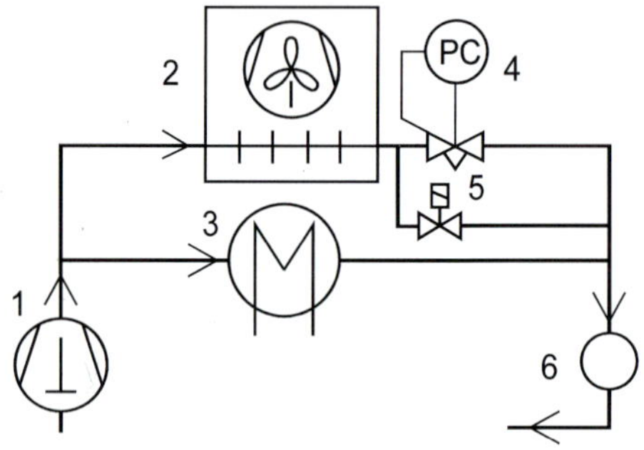

Abb. 4.74

11. Vorteile: Geringerer Druckabfall (energiesparend), kein Sammlerdruckregler erforderlich, da der vom Regler eingestellte Verflüssigungsdruck über den Wärmerückgewinnungsverflüssiger auf den Sammler wirkt, geringere Kältemittelmenge erforderlich, da der Wärmerückgewinnungsverflüssiger nicht geflutet werden kann. Nachteile: Schaltung komplizierter, insbesondere um zu gewährleisten, dass beide Verflüssiger durchströmt werden, Gefälle von den Verflüssigern zum Sammler erforderlich, heißes Druckgas strömt in geringem Maße durch den Wärmerückgewinnungsverflüssiger zum Sammler, kondensiert dort und verringert so die Unterkühlung.

12. a) 1 – Verdichter; 2 – Wärmerückgewinnungsverflüssiger in Speicherbehälter; 3 – Anlagenverflüssiger; 4 – Sammler im Nebenschluss; 5 – Verflüssigungsdruckregler mit Pilotventil; 6 – Sammlerdruckregler; 7 – Magnetventil im Bypass zu 2; 8 – Rückschlagventil.

    b) Der Verflüssigungsdruckregler (5) ist direkt hinter dem Verdichter angeordnet. Dadurch erfolgt ein sehr schneller Druckaufbau im Sammler. Bei großen Anlagen erfolgt der Druckaufbau sonst zu langsam, sodass es zur Niederdruck-Abschaltung kommen kann, weil das TEV nicht ausreichend Leistung hat (Vordruck fehlt). Die Anlage läuft nicht richtig an.

    c) Das Magnetventil (7) öffnet bei Erreichen der Wassertemperatur im Speicher und nimmt so den WRG-Verflüssiger aus dem Kreislauf heraus (Druckverlust).

13. Durchlaufverfahren: Kältemittel und Wasser treten in einem Gegenstromwärmeübertrager in Wärmekontakt. Speicherverfahren: Die abzuführende Wärmemenge erwärmt einen Wasservorrat in einem Brauchwasserspeicher.

14. Durchlaufverfahren: Vorteil: kein Speicher erforderlich, Nachteil: Wenn nicht konstant Warmwasser benötigt wird, kann nicht die gesamte verfügbare Wärme genutzt werden. Speicherverfahren: Vorteil: Auch bei ungleichmäßigem Wärmebedarf (Warmwasser wird zum Reinigen meist zu bestimmten Zeiten benötigt, z. B. abends) kann die gesamte verfügbare Wärmemenge mittels eines geeigneten Speichers genutzt werden.

15. direkt: Der Wärmerückgewinnungsverflüssiger befindet sich im Brauchwasserspeicher (Rohrschlange), indirekt: Der Wärmerückgewinnungsverflüssiger überträgt die Wärme auf ein Zwischenmedium, das sie im Brauchwasserspeicher wieder abgibt.

16. direkte Wärmeübertragung: Vorteil: guter Wirkungsgrad, Nachteil: Öl und Kältemittel können ins Brauchwasser gelangen (z. B. bei Undichtigkeiten durch Korrosion), Brauchwasserspeicher sollte in der Nähe der Kälteanlage stehen, da sonst zu lange Kältemittelleitungen nötig sind.

    indirekte Wärmeübertragung: Vorteil: Öl und Kältemittel können nicht ins Brauchwasser gelangen, höchstens ins Zwischenmedium. Nachteil: Zwei Wärmeübergänge (Temperaturdifferenzen) verschlechtern den Wirkungsgrad, zusätzliche Investitions- und Energiekosten (Wärmeübertrager, Umwälzpumpe).

17. Hierzu sagt die DIN 1988, Teil 4: Bei Beachtung bestimmter Höchstmengen für FCKW (R-22 – 0,80 kg) und wenn im Kältemittelkreislauf nur solche Schmiermittel verwendet werden, die keine Gefährdung des Verbrauchers durch Genuss des Trinkwassers im Schadensfall erwarten lassen, ist der Einbau von korrosionsbeständigen, gesicherten Wärmeaustauschern möglich. Bei Überschreiten der Höchstmengen ist eine Entgasungsvorrichtung am Brauchwasserspeicher vorzusehen, die verhindert, dass Kältemittel durch die Trinkwasserleitungen in die Wohnräume gelangt.

    Üblicherweise werden doppelwandige Wärmeübertragungsrohre verwendet, deren „Zwischenraum“ z. B. per Drucküberwachung eine Leckageüberwachung und -feststellung ermöglicht, bevor es zur Kontamination des Trinkwassers kommt.

18. Die Anlage ist als Kälteanlage konzipiert, die unter bestimmten Betriebsbedingungen ihre Aufgabe, etwas zu kühlen, optimal erfüllt. Erhöhte man um höherer Brauchwassertemperaturen willen die Verflüssigungstemperatur, würden Kälteleistung und Lebensdauer der Anlage ab- sowie Leistungsaufnahme und Anlagenlaufzeit zunehmen. Die Anlage liefe we-

sentlich unwirtschaftlicher, sodass eine separate Erwärmung des Brauchwassers günstiger wäre.

19. a) Enthitzungswärme mit einem getrennten Wärmeübertrager nutzen (Enthitzung findet auf höherem Temperaturniveau statt)

    b) Wärmerückgewinnung nur zur Vorerwärmung des Brauchwassers, z. B. bis auf 30 °C, weitere Erwärmung mit konventionellem Heizkessel oder elektrisch.

20. Aufgrund von Verlusten kommt nicht die gesamte aufgenommene elektrische Leistung als äquivalenter Wärmestrom ins Kältemittel, besonders bei offenen Verdichtern.

21. a) Wenn t_0 sinkt bzw. t_c steigt, verringert sich die Kältezahl, die Anlage nimmt mehr Leistung auf im Verhältnis zum Nutzen und somit steigt das Verhältnis von Verflüssiger- zu Verdampferleistung, f_1 wird größer.

    b) Bei sauggasgekühlten Verdichtern gibt es weniger Wärmeverluste, da die Motor- und Verdichterabwärme vom Kältemittel aufgenommen wird.

    c) Bei so hoher Verflüssigungstemperatur würde wegen der hohen saugseitigen Überhitzung des Kältemittels (durch die Aufnahme der Motor- und Verdichterabwärme) eine zu hohe druckseitige Überhitzung (Verdichtungsendtemperatur) entstehen.

Technische Mathematik

1. a) $\dot{Q}_c = \dot{Q}_o \cdot f_1 = 10\,\text{kW} \cdot 1{,}5 = 15\,\text{kW} (f_1 \text{ ausTabelle})$

$$\dot{m}_W = \frac{\dot{Q}_c}{c_W \cdot \Delta t_W} = \frac{15\ \text{kW}}{4{,}19\frac{\text{kJ}}{\text{kgK}} \cdot 25\,\text{K}} = 0{,}143\,\text{kg/s}$$

$$m_W = \dot{m}_W \cdot \tau = 0{,}143\frac{\text{kg}}{\text{s}} \cdot 15\,\text{h} \cdot 3600\frac{\text{s}}{\text{h}} = \underline{\underline{7732{,}7\ \text{kg}}}\ \text{(täglich)}$$

b) $\dot{Q}_Ü = \dot{Q}_c \cdot 0{,}2 = 15\,\text{kW} \cdot 0{,}2 = 3\,\text{kW}$

$$m_W = \frac{\dot{Q}_Ü \cdot \tau}{c_W \cdot \Delta t_W} = \frac{3\ \text{kW} \cdot 15\,\text{h} \cdot 3600\frac{\text{s}}{\text{h}}}{4{,}19\frac{\text{kJ}}{\text{kgK}} \cdot 50\,\text{K}} = \underline{\underline{773{,}27\ \text{kg}}}\ \text{(täglich)}$$

c) $\dot{Q}_K = \dot{Q}_c - \dot{Q}_Ü = 15\,\text{kW} - 3\,\text{kW} = 12\,\text{kW}$

$$m_W = \frac{12\,\text{kW} \cdot 15\,\text{h} \cdot 3600\frac{\text{s}}{\text{h}}}{4{,}19\frac{\text{kJ}}{\text{kgk}} \cdot 25\,\text{K}} = 6186\,\text{kg}$$

(diese Wassermenge lässt sich täglich mit der Verflüssigungswärme vorerwärmen)

Entscheidend ist, wie viel davon der Enthitzer auf Endtemperatur bringen kann:

$$m_W = \frac{3\,\text{kW} \cdot 15\,\text{h} \cdot 3600\frac{\text{s}}{\text{h}}}{4{,}19\frac{\text{kJ}}{\text{kgK}} \cdot 25\,\text{K}} = \underline{\underline{1546{,}5\ \text{kg}}}$$

4.14 Lösungen zu: Absorptionskälteanlagen

1. *Absorption* nennt man die Aufnahme von Gasen/Dämpfen durch Flüssigkeiten oder feste Körper. *Adsorption* nennt man das Festhalten (Anlagern) von Gas- oder Flüssigkeitsmolekülen (oder in Flüssigkeiten gelösten Molekülen fester Stoffe) an der Oberfläche eines festen Stoffes.
2. Das Absorptionsvermögen nimmt mit steigendem Druck zu (und umgekehrt: Nach dem Öffnen der Mineralwasserflasche (Druck sinkt auf Umgebungsdruck) bilden sich spontan Gasbläschen, weil das Absorptionsvermögen gesunken ist). Mit steigender Temperatur sinkt das Absorptionsvermögen (und umgekehrt: Ist das Mineralwasser beim Öffnen kalt, schäumt es nicht so stark).
3. Ammoniak löst sich begierig in Wasser (= Absorption, 1 Liter Wasser kann bei 0 °C über 1000 Liter NH_3 absorbieren). Die Löslichkeit sinkt mit steigender Temperatur (Austreiben durch Beheizen).
4. a) – c) s. Abbildung 4.75

   d) Im Absorber muss gekühlt werden, da beim Absorbieren die Temperatur der Lösung steigt und ihr Lösungsvermögen sinkt. Durch die Kühlung wird das Absorptionsvermögen also erhöht. Im Austreiber muss geheizt werden, um das Kältemittel NH_3 aus der Lösung auszutreiben.

   e) Wärmestrombilanz:
   $\dot{Q}_o + \dot{Q}_{Austr} = \dot{Q}_c + \dot{Q}_{Abs}$
   (Pumpenleistung vernachlässigt)

   f) Im Absorber wird der im Verdampfer entstandene Ammoniakdampf von NH_3-armer Lösung absorbiert Mit einer Lösungspumpe wird die entstandene NH_3-reiche Lösung vom niedrigen Absorberdruck auf den hohen Austreiberdruck gebracht und zum Austreiber gefördert. Dort wird der reichen Lösung Wärme zugeführt, das Absorptionsvermögen sinkt, und Ammoniak wird ausgetrieben. Die nun NH_3-arme Lösung wird über ein Regelventil RV 2 (Druckdifferenz) wieder zum Absorber zurückgeleitet (Lösungskreislauf). Der ausgetriebene NH_3-Dampf wird von Wasserdampfanteilen gereinigt (Dephlegmator, Rektifikator, nicht eingezeichnet), sodass Ammoniak von 99,8 % Reinheit in den Verflüssiger strömt. Das verflüssigte Ammoniak strömt über ein Regelventil (RV 1) zum Verdampfer und nimmt dort durch Verdampfen Wärme auf. Von dort strömt der Dampf aufgrund der Druckdifferenz wieder zum Absorber (Kältemittelkreislauf).

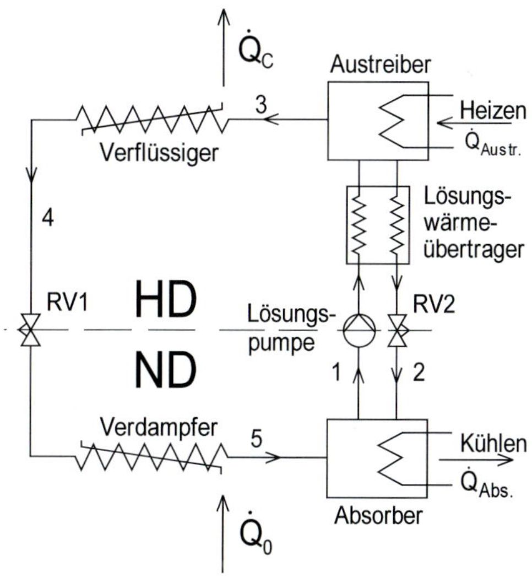

Abb. 4.75 Prinzip der Absorptionskälteanlage mit Ammoniak/Wasser. 1 – NH_3-reiche Lösung; 2 – NH_3-arme Lösung; 3 – NH_3-Dampf; 4 – NH_3-Flüssigkeit; 5 – NH_3-Dampf

5. Bei einer Verdichterkälteanlage erfolgt die Verdichtung des Kältemitteldampfes mechanisch. Bei einer AKA wird diese Aufgabe durch die Bauteile des Lösungskreislaufs, also ohne Zufuhr mechanischer Energie, nur durch Wärmeenergie, übernommen.
6. Die aus dem Austreiber kommende warme NH_3-arme Lösung überträgt im Gegenstrom ihre Wärme auf die vom Absorber kommende kalte NH_3-reiche Lösung, sodass im Absorber weniger Wärme abgeführt und vor allem im Austreiber weniger Wärme zugeführt werden muss.
7. Wasser/Lithiumbromidlösung (H_2O/LiBr). Anwendungsbereich in der Klimatechnik, Wasserkühlsätze.
8. *NH_3/H_2O*: Vorteile: Einsatzbereich bis –60 °C (einstufig), große Verdampfungsenthalpie des Kältemittels NH_3, gute Wärme- und Stoffübergangsverhältnisse, normale Stähle verwendbar, Nachteile: flüchtiges Lösungsmittel macht Rektifikation erforderlich, hohe Drücke, Kältemittel toxisch.

   H_2O/LiBr Vorteile: Verdampfungsenthalpie des Kältemittels Wasser sehr hoch, niedrige Drücke, keine Rektifikation erforderlich, da LiBr nicht flüchtig, Stoffpaar weder toxisch noch entflammbar, Nachteile: Gefrierpunkt des Kältemittels Wasser nicht unterschreitbar, extrem niedriges Vakuum erfordert absolute Dichtheit, LiBr sehr aggressiv in Verbindung mit Luftsauerstoff.
9. Betriebe mit Kraft/Wärme/Kälte-Kopplung (Brauereien, Zuckerfabriken), chemische Industrie (häufig hohe Abwärme und gleichzeitig Kältebedarf), überall, wo billig Wärme zu Verfügung steht und gleichzeitig Kältebedarf besteht, Wärmepumpen, Klimatechnik, Kombination von Blockheizkraftwerk und H_2O/LiBr-AKA: Abwärme im Winter zur Heizung, im Sommer als Antrieb der AKA.
10. Vorteile: hohe Betriebssicherheit, geringer Wartungs-/Reparaturaufwand, kaum Verschleiß, ölfreier Betrieb, geräuscharme Arbeitsweise, geringer Bedarf an elektrischer Energie (5 – 10 % im Vergleich zur Verdichterkälteanlage), tiefe Temperaturen einstufig erreichbar bei direkter Befeuerung mit Öl / Gas (NH_3). Nachteil: hohe Investitionskosten.
11. a) 1 – Austreiber (Kocher); 2 – Wasserabscheider; 3 – Verflüssiger; 4 – Verdampfer; 5 – Gaswärmeübertrager; 6 – Absorber; 7 – Flüssigkeitswärmeübertrager; 8 – Heizung; 9 – Thermosiphonpumpe

    b) A: NH_3-Dampf, B: NH_3 flüssig, C: NH_3-reiches Gas, D: NH_3-armes Gas, E: NH_3-reiche Lösung, F: NH_3-arme Lösung, G: NH_3-Dampf mit Wasserdampfanteilen

    c) Vom Verflüssiger (3) strömt flüssiges Ammoniak zum Verdampfer (4), wo es auf NH_3-armen Wasserstoff mit geringem NH_3-Partialdruck trifft, sodass es bei tiefer Temperatur verdampft. Dadurch reichert sich das Hilfsgas mit Kältemitteldampf an, und das Gasgemisch sinkt aufgrund seiner höheren Dichte zum Absorber (6) ab. Im Gaswärmeübertrager (5) kühlt es dabei das wärmere, vom Absorber kommende NH_3-arme Hilfsgas. Die im Gegenstrom durch den Absorber rieselnde NH_3-arme Lösung nimmt das Kältemittel auf und reichert sich dabei an. Das NH_3-arme Hilfsgas strömt wieder zum Verdampfer zurück (Ltg. D). Die reiche Lösung fließt über einen Wärmeübertrager (7), wobei sie von der vom Austreiber zurückfließenden, wärmeren NH_3-armen Lösung Wärme aufnimmt, zum Austreiber (1). Dort wird das Kältemittel durch Beheizen ausgetrieben und strömt nach oben in den Flüssigkeitsabscheider, wo mitverdampfte Wasseranteile kondensieren und zurückfließen. Reiner Ammoniakdampf strömt nun zum Verflüssiger, um dort bei hohem Druck zu verflüssigen.

12. Der Wasserstoff wirkt druckausgleichend. Durch seine Anwesenheit ist der Gesamtdruck überall gleich hoch, und dennoch ist der Ammoniak-Partialdruck im Verflüssiger hoch und im Verdampfer niedrig. Für einen Gesamtdruck von z. B. 12 bar ergeben sich etwa folgende Partialdrücke:

Druck in bar bei:	Ammoniak	Wasserstoff	Wasserdampf	Summe
A	12	0	0	12
B	12	0	0	12
C	3	9	0	12
D	1	11	0	12
G	10,5	0	1,5	12

13. Schon vor dem eigentlichen Austreiber wird die Lösung aufgeheizt, sodass sich Gasblasen bilden, die die Lösung nach oben reißen (Thermosiphonwirkung).
14. Nach Ammoniak-Dampftabelle beträgt der Sättigungsdruck bei 31 °C 12,02 bar, also verflüssigt das Ammoniak in diesem Fall bei ca. 31 °C.
15. Bei einer Verdichterkälteanlage würde diese Verflüssigungstemperatur zu einer viel zu hohen Verdichtungsendtemperatur führen, beim Absorptionsprinzip gibt es keinen mechanischen Verdichter.
16. Das vom Absorber kommende NH_3-arme Gas ist relativ warm (beim Absorbieren wird Wärme frei) und würde die Leistung des Verdampfers mindern.
17. Weil die Absorptionsfähigkeit mit steigender Temperatur sinkt, sollte der Temperaturunterschied zwischen Absorber und Austreiber möglichst groß gehalten werden. Durch diesen Wärmeübertrager muss weniger Wärme im Austreiber zugeführt werden, und gleichzeitig steigt die Absorptionsfähigkeit im Absorber.
18. Haushaltskühlschränke (geringer Marktanteil), Kleinkühlgeräte (20 – 100 Liter) für Freizeit/Camping, Hotels, Transport von Blutkonserven.
19. Vorteile: geräusch- und vibrationsfreier Betrieb, keine mechanisch bewegten Teile (Abnutzung), Austreiber kann mit verschiedenen Wärmequellen beheizt werden (Gas, elektrisch mit Netz- und Batteriebetrieb, Kerosin, Sonnenenergie)
20. Nachteil: höherer Energieverbrauch gegenüber Verdichterkühlschränken.
21. Da sich in dem System Wasserstoff unter hohem Druck befindet, besteht Explosionsgefahr. Die Anwesenheit von Zündquellen ist niemals auszuschließen (brennende Zigarette, heiße Metallteile).

5 Lernfeld 17: Instandhalten und Entsorgen von kälte- und klimatechnischen Anlagen

5.1 Beachtung von Betriebskenngrößen bei der Instandsetzung

5.1.1 Grundlagen

1. Tragen Sie im vorgegebenen Kältemittelkreislauf (Abb. 5.1) die Temperaturen des Kältemittels an den gekennzeichneten Stellen in die Kreise ein. Dabei soll der Druckabfall im Verflüssiger unberücksichtigt bleiben und der Druckabfall im Verdampfer beachtet werden. Benennen Sie in den freien Kästchen den Druck der jeweiligen Kreislaufseite. Benennen Sie neben den angetragenen Pfeilen die spezifischen Energien, die gemäß der Energiebilanzgleichung von den betreffenden Komponenten übertragen werden.

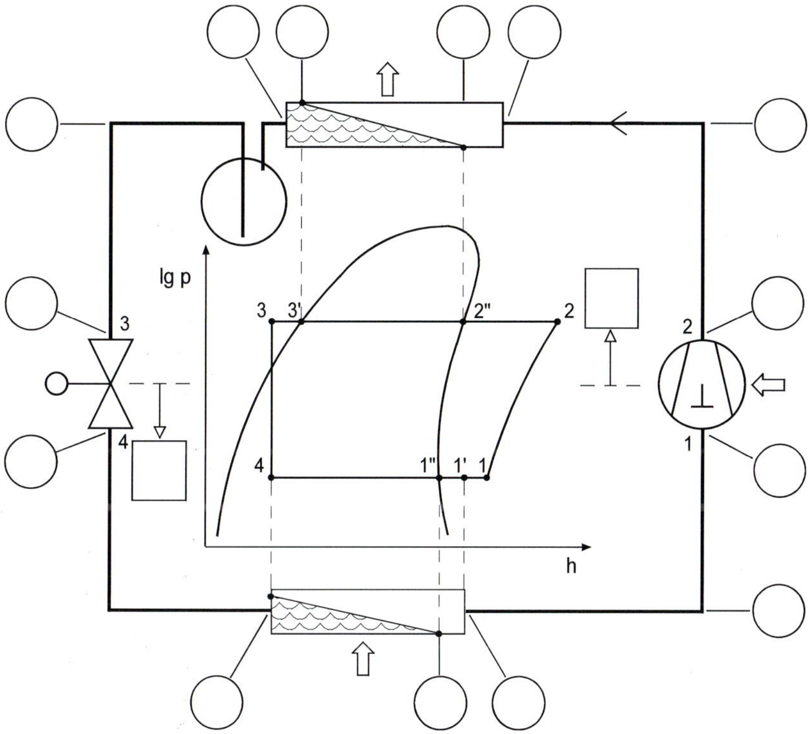

Abb. 5.1

2. Woraus resultieren Verdampfungsdruck p_0 und Verdampfungstemperatur t_0 bei laufendem Verdichter?
3. Wann kommt der Vorgang der Verdampfung in einem Verdampfer zum Stillstand?
4. Woraus resultieren der Verflüssigungsdruck p_c und die Verflüssigungstemperatur t_c bei laufendem Verdichter?

5. Wie erreicht man in einem Verdampfer eine tiefe Verdampfungstemperatur?
6. Eine Kälteanlage wurde schon längere Zeit ausgeschaltet. Welcher Druck hat sich auf der Niederdruckseite und auf der Hochdruckseite eingestellt, wenn vorausgesetzt wird, dass in den jeweiligen Bauteilen noch flüssiges Kältemittel vorhanden ist?

5.1.2 Beispiele von Einflüssen, die zu Veränderungen bei Betriebskenngrößen führen

1. In einem mit Handdrosselventil optimal einregulierten Kältemittelkreisprozess (z. B. 6 K Überhitzung bei mittlerer Kühllast) wirkt plötzlich eine *größere Wärmemenge* auf den Verdampfer ein. Begründen Sie, wie sich Überhitzung, Verdampfungsdruck, Verflüssigungsdruck, Verdichtungsendtemperatur und der spezifische Kältegewinn verändern. Skizzieren Sie in einem lg p,h-Diagramm den beschriebenen Basiskreisprozess und den durch die verstärkte Kühllast veränderten Prozess.
2. In einem mit Handdrosselventil optimal einregulierten Kältemittelkreislauf (z. B. 6 K Überhitzung bei mittlerer Kühllast) wird plötzlich *mehr Kältemittel* eingespritzt, wodurch sich die Nassdampfzone bis hin zum Verdichteransaugstutzen verlängert. Begründen Sie, wie sich Verdampfungsdruck, Überhitzung im Verdampfer und Ansaugüberhitzung, Überhitzung am Verdichterausgang und Verdichtungsendtemperatur sowie Verflüssigungsdruck ändern. Skizzieren Sie in einem lg p,h-Diagramm den beschriebenen Basiskreisprozess und den durch die vergrößerte Kältemitteleinspritzmenge veränderten Prozess.
3. In einem mit Handdrosselventil optimal einregulierten Kältemittelkreislauf (z. B. 6 K Überhitzung bei mittlerer Kühllast) wird plötzlich der *Verflüssiger stärker gekühlt*. Begründen Sie, wie sich Verflüssigungsdruck, Kältemittelmassenstrom, Verdampfungsdruck, Überhitzung im Verdampfer, Unterkühlung am Verflüssigerausgang und Unterkühlung in der Flüssigkeitsleitung ändern. Skizzieren Sie in einem lg p,h-Diagramm den beschriebenen Basiskreisprozess und den durch die verstärkte Kühlwirkung am Verflüssiger veränderten Prozess.
4. Wie verändern sich die Kälteleistung des Verdichters und des Drosselventils bei ansteigendem Druckverhältnis?
5. In einer Flüssigkeitsleitung wird durch einen mit Kältemittel gekühlten Wärmeübertrager eine Unterkühlung von 10 K hervorgerufen. Begründen Sie den dadurch bedingten Einfluss auf den Verflüssigungsdruck p_c und auf den Nutzkältegewinn des Verdampfers q_{0e}. Stellen Sie die mit der Vergrößerung der Unterkühlung einhergehenden Veränderungen in einem lg p,h-Diagramm dar.
6. Bei einer Kälteanlage tritt durch fehlende Isolierung der Saugleitung eine zusätzliche Überhitzung des Saugdampfs von 20 K auf. Begründen Sie den Einfluss auf die Anlagenlaufzeit.
7. Durch Verschmutzung eines Verflüssigers erhöht sich die Verflüssigungstemperatur von 30 °C auf 50 °C. Wie verändern sich der Verflüssigungsdruck, der Drosseldampfanteil x, die Verdichtungsendtemperatur t_2, die spezifische Verdichtungsarbeit w, der Nutzkältegewinn q_{0e} und die Kälteleistungszahl ε? Stellen Sie den Ausgangsprozess mit sauberem Verflüssiger und den durch die Verschmutzung veränderten Prozess im lg p,h-Diagramm dar.

8. In welcher Höhe stellen sich Verdampfungsdruck und Verdampfungstemperatur jeweils ein, wenn bei der größenmäßigen Komponentenzusammenstellung von Verdampfer-Verdichter-Verflüssiger-Drosselorgan
   - der Verdampfer zu *klein* gewählt wurde,
   - der Verdichter zu *groß* gewählt wurde,
   - der Verflüssiger zu *groß* gewählt wurde oder
   - das Drosselorgan bzw. die Düse zu *klein* gewählt wurde?
9. Beim Einsatz von R-134a und R-449A im gleichen Verdichter ergeben sich unter vorgegebenen Bedingungen folgende ausgewiesene Betriebskenngrößen (s. Tab. 5.1).

   Erklären Sie die Unterschiede in den erreichten Kälteleistungen des Verdichters und des Verdampfers.

Tab. 5.1

	Bedingungen					**beeinflusste Betriebskenngrößen des Verdichters/Kreislaufs**						
Kälte-mittel	t_0 in °C	t_c in °C	t_{V1} in °C	Δt_{0hnutz} in K	Δt_{Eu} in K	$\dot{Q}_{0Vdi}$ in kW	$\dot{Q}_{0nutz}$ in kW	$\dot{Q}_{0ISO}$ in kW*	P in kW	I in A	ε	$\dot{m}_R$ in kg/h
R-134a	–30	30	10	7	2	**2,20**	**1,86**	**2,19**	1,41	3,89	1,56	46,8
r = 219,6 kJ/kg ; ρ_1 = 3,7 kg/m³												
R-449A	–30	30	10	7	2	**4,32**	**3,67**	**4,28**	2,28	4,78	1,89	86,4
r = 223,8 kJ/kg; ρ_1 = 6,15 kg/m³												
(* Verdichterkälteleistung nach ISO DIN 9309, t_{V1} = 25 °C; Δt_{Eu} = 0 K)												

5.1.3 Änderung von Betriebskenngrößen *ohne Eingriff regelnder Glieder* (einfacher Kältemittelkreisprozess mit Handdrosselventil)

Basis der folgenden Übung bildet ein mit Handdrosselventil arbeitender Kältemittelkreislauf, der entsprechend der wirkenden mittleren Kühllast so einreguliert ist, dass 6 K Überhitzung am Verdampferende vorhanden sind. Durch im Einzelnen vorgegebene Veränderungen von äußeren bzw. inneren Bedingungen (Ursachen) erfahren ausgewählte Betriebskenngrößen Veränderungen in ihren Größen (Wirkungen). Bei der Lösung der Aufgaben ist als Prämisse zu beachten, dass im oben genannten theoretischen Kreislaufmodell kein Eingriff regelnder Glieder erfolgen soll. Tragen Sie in die bei den Aufgaben belassenen Freiräume die Tendenz der Änderung der Betriebskenngröße gemäß den nachfolgenden Vorgaben ein (Tab. 5.2).

Tab. 5.2

möglicher Eintrag:	↑	steigt, stellt sich auf höheren Wert ein
	↓	fällt, stellt sich auf tieferen Wert ein
	↑↑	steigt stark
	↓↓	fällt stark
	......	verbale Aussage (z. B. konst., Sollwert o. Ä.)

1. Veränderung der Wärmeabgabemöglichkeit der Flüssigkeitsleitung (Tab. 5.3)

Tab. 5.3

Wirkung auf ⇒	Δt_{Eu}	q_0	Δt_{0h}
höhere Wärmeabgabe der Flüssigkeitsleitung			

2. Veränderung der Wärmeeinwirkung auf die Saugleitung (Tab. 5.4)

Tab. 5.4

Wirkung auf ⇒	Δt_{0h}	Δt_{ch}	$\dot{m}_R$	p_c	q_0	w	t_2
stärkere Wärmeeinwirkung auf die Saugl.							

5.1.4 Änderung von Betriebskenngrößen *mit Eingriff regelnder Glieder*

Basis der folgenden Übung sind praktisch angewandte Kältemittelkreisprozesse mit verschiedenen Regelgeräten. Bei diesen Regelgeräten ist gemäß ihrer Aufgabenstellung ein *regelnder Eingriff* auf ein verändertes äußeres bzw. inneres Bedingungsgefüge zu erwarten. Dieser regelnde Eingriff ist bei der Lösung der Aufgaben unbedingt zu beachten. Die Regelgeräte, deren regelnder Eingriff auszuwerten ist, werden in den Aufgabenüberschriften benannt.

1. Drosselung durch Thermostatisches Expansionsventil (TEV)
   a) Veränderung der Kühllast bei TEV (Tab. 5.5)

Tab. 5.5

Wirkung auf ⇒	momentane Δt_{0hA}	resultierende Ventilsitzöffnung	$\dot{m}_R$	p_0	p_c	neue Δt_{0hA}
größere Kühllast						
kleinere Kühllast						

   b) Veränderung der Düsengröße des TEV (Tab. 5.6)

Tab. 5.6

Wirkung auf ⇒	$\dot{m}_R$	Δt_{0hA}	resultierende Ventilsitzöffnung
zu große Düse			
zu kleine Düse			

c) Reaktionen des TEV zu Beginn und Ende der Kühlperiode (ohne Pump-down; Tab. 5.7)

Tab. 5.7

Wirkung auf ⇒	p_0	$\dot{m}_R$	resultierende Ventilsitzöffnung	p_c
Verdichter EIN				
Verdichter AUS				

d) Verhalten des TEV bei Störeinflüssen (Tab. 5.8)

Tab. 5.8

Wirkung auf ⇒	Δt_{0hA}	p_0	resultierende Ventilsitzöffnung	$\dot{m}_R$	p_c
verstopfte Druckausgleichsleitung					
entwichene Fühlerfüllung					
verstopftes Feinsieb					
lockerer TEV-Fühler					
falscher Einsatz bei tiefer siedendem Kältemittel					
MOP zu tief gewählt					

2. Automatisches Expansionsventil (Konstantdruckexpansionsventil, AEV; Tab. 5.9)

Tab. 5.9

Wirkung auf ⇒	momentaner p_0	resultierende Ventilsitzöffnung	$\dot{m}_R$	resultierender p_0	Δt_{0h}
größere Kühllast					
kleinere Kühllast					
Verdichter AUS					

3. Drosselung mit Kapillare (Beachtung der minimalen Eigenregelung; Tab. 5.10)

Tab. 5.10

Wirkung auf ⇒	p_c	$\dot{m}_R$	Δt_{0h}	Δt_{ch}	p_0
große Kühllast					
zu große Kältemittelfüllmenge					
zu starke Kühlung des Verflüssigers					

4. Verflüssigungsdruckregelung mit druckgesteuertem Kühlwasserregulierventil (WRV; Tab. 5.11)

Tab. 5.11

Wirkung auf ⇒	momentaner p_c	Ventilsitzöffnung des WRV	$\dot{m}_W$	resultierender p_c
hohe Kühllast am Verdampfer				
zu warmes Kühlwasser				
zu wenig Kühlwasser				

5. Verdampfungsdruckregler (Tab. 5.12)

Tab. 5.12

Wirkung auf ⇒	momentaner p_0 im Verdampfer	Ventilsitzöffnung des Saugdrucks.	resultierender p_0 im Verdampfer	p_0 am Saugstutzen	Δt_{0h} am Saugstutzen
zu große Verdichtersaugleistung					

6. Startregler (Tab. 5.13)

Tab. 5.13

Wirkung auf ⇒	Ventilsitzöffnung des TEV	p_0 im Verdampfer	Durchlass des Startreglers	p_0 am Verdichtersaugstutzen
hohe Kühllast beim Anfahren				

7. Verflüssigungsdruckregler am Verflüssigerausgang in Verbindung mit Sammlerdruckregler im Bypass von der Druckleitung zur Kondensatleitung (Tab. 5.14)

Tab. 5.14

Wirkung auf ⇒	momentaner p_c im Verflüssiger	Ventilsitzöffnung des Verflüssigungsdruckreglers	Ventilsitzöffnung des Sammlerdruckreglers	resultierender p_c im Verflüssiger	resultierender Sammlerdruck
luftgekühlter Verflüssiger zu stark gekühlt					

5.2 Wartungsarbeiten und Entsorgung

1. Geben Sie die Schaltweisen folgender Schaltgeräte an, indem Sie die Tabelle 5.15 vervollständigen:

Tab. 5.15

Schaltgerät	**reagiert auf**	**schaltet was?**	**wie?**
Saugdruckwächter	bei fallendem Verdampfungsdruck p_0	Verdichter	....
Sicherheitsüberdruckwächter	bei steigendem Verflüssigungsdruck p_c	....	....
Verdampferlüfternachlauf-thermostat	bei steigender Verdampfertemperatur	Verdampferlüf-ter	....
Verdampferlüfterverzögerungs-thermostat	bei fallender Verdampfertemperatur	Verdampferlüf-ter	....
Abtautemperaturwächter bei Funktionsumschaltung	bei steigender Kondensat-temp. in der Bypassltg. um das TEV	Umschalten des Vierwege-ventils auf	....
Öldruck-Sicherheitsschalter (mit Zeitglied)	bei fallendem $p_{Öleff}$ nach Ablauf der Aufheizzeit des Bimetalls	....	....

2. Was versteht man unter *Instandhaltung*?
3. Was versteht man unter *Wartung*?
4. Warum sind regelmäßige Wartungen an Kälte- und Klimaanlagen sinnvoll?
5. Nennen Sie typische Wartungsarbeiten an Kälteanlagen.
6. Beschreiben Sie stichwortartig Ihre Vorgehensweise einer vorbeugenden Instandhaltung bei einer Kälteanlage mit Luftkühler und luftgekühltem Verflüssiger.
7. Erläutern Sie kundengerecht, inwiefern regelmäßige Wartung sich wirtschaftlich auszahlt und einen Beitrag zum Umweltschutz darstellt. Gehen Sie auf den Zusammenhang zwischen Erzeugung elektrischer Energie und der Kohlenstoffdioxidbelastung der Erdatmosphäre ein. Erklären Sie dabei den Begriff „indirekter Treibhauseffekt".
8. Sie werden zu einer Anlage gerufen, die seit Jahren ihre Aufgabe erfüllt, nun aber den Raum nicht mehr auf Temperatur bringt, obwohl der Verflüssiger jüngst gereinigt wurde und der Verflüssigungsdruck eher niedriger ist als normal. Bei einer ersten Kontrolle fällt Ihnen die deutlich gestiegene Druckrohrtemperatur auf. Auch scheint der ganze Verdichter zu warm zu sein.

   a) Nennen Sie die mögliche Ursache.

   b) Welche weiteren Symptome würde diese Fehlerursache bewirken?
9. Nennen Sie mögliche Ursachen für zu hohen Verflüssigungsdruck bei luftgekühlten Verflüssigern. Unterscheiden Sie zwischen a) neu installierten Anlagen und b) Fehlern, die durch Verschleiß erscheinen können.

10. Welche der unter 9a) genannten Ursachen kommen auch für wassergekühlte Verflüssiger infrage? Welche können mit der Zeit entstehen?
11. Nennen Sie mögliche Ursachen für zu geringen Verflüssigungsdruck bei luftgekühlten Verflüssigern. Unterscheiden Sie zwischen a) neu installierten Anlagen und b) Fehlern, die durch Verschleiß erscheinen können.
12. Geben Sie mögliche Ursachen für pendelnden Verflüssigungsdruck an.
13. Geben Sie mögliche Ursachen für pendelnden Saugdruck an (TEV-Betrieb).
14. Ein Filtertrockner ist deutlich kälter als die Flüssigkeitsleitung davor. Welche Ursachen kommen infrage? Was ist zu tun?
15. Geben Sie außer Kältemittelmangel weitere mögliche Ursachen für Dampfblasen im Schauglas vor dem TEV einer luftgekühlten Anlage an.
16. Ein Verdampfer bereift so stark, dass die Luftdurchführung erheblich behindert wird.
    a) Welche Auswirkung hat das auf die Verdampfungstemperatur und die Verdichterkälteleistung?
    b) Welche Ursachen kommen infrage?
17. Ein Verdampfer bereift nur in einem kleinen Bereich nach dem TEV. Welche Ursachen kommen infrage?
18. Geben Sie mögliche Ursachen für zu hohe/niedrige relative Luftfeuchte in einem Kühlraum an.
19. Aufgrund eines Planungsfehlers ist der Verdampfer für einen Kühlraum zu klein gewählt worden, der Verdichter dagegen verfügt über die nötige Kälteleistung. Welche Auswirkungen können sich ergeben für die Verdampfungstemperatur, Laufverhalten der Anlage, Kühlraumtemperatur?
20. Geben Sie mögliche Ursachen für zu hohe/niedrige Sauggastemperatur an.
21. Ein sauggasgekühlter Verdichter hatte Wicklungsbrand. Welche Maßnahmen ergreifen Sie, um den neuen Motor zu schützen?
22. Eine alte Kälteanlage wird stillgelegt. Was machen Sie mit Kältemittel und Öl?
23. DIN EN 378-4 unterscheidet prinzipiell drei Verwendungen für aus einer Kälteanlage rückgewonnenes Kältemittel. Welche sind das?
24. Eine R-404A-Anlage, die störungsfrei gearbeitet hat, wird erweitert. Das Kältemittel wird abgesaugt und soll nach dem Umbau
    a) in derselben Anlage,
    b) in einer gleichartigen Anlage

    wiederverwendet werden. Was ist zu beachten?
25. Eine Altanlage mit a) Propan, b) R-134a wird abgerissen. Darf das ozonunschädliche Kältemittel in die Atmosphäre abgelassen werden?

5.3 Lösungen zu: Beachtung von Betriebskenngrößen bei der Instandsetzung

5.3.1 zu: Grundlagen

1.

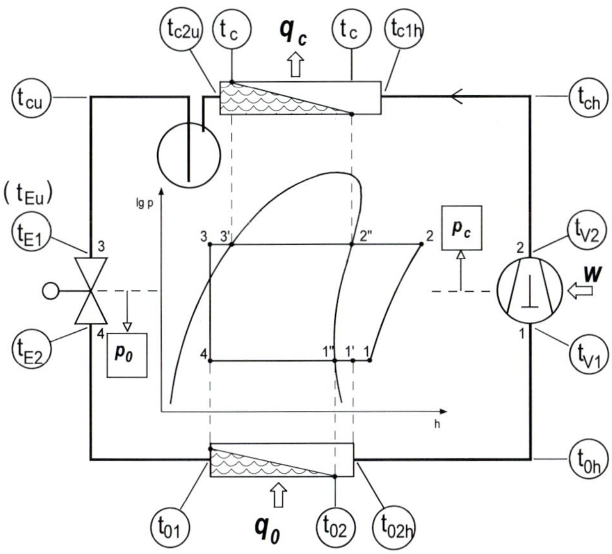

Abb. 5.2

2. Die Verdampfung von flüssigem Kältemittel und die Überhitzung von trockengesättigtem Dampf bewirken sinngemäß eine Volumenvergrößerung, die wegen des konstanten inneren Verdampfervolumens eine Druckvergrößerung bewirken würde. Andererseits wird durch die Absaugwirkung des Verdichters eine Druckabsenkung im Verdampfer bewirkt. Der sich dabei einstellende Gleichgewichtsdruck wird mit *Verdampfungsdruck* p_0 bezeichnet. Diesem Verdampfungsdruck p_0 ist gemäß der Dampfdruckkurve des verwendeten Kältemittels die *Verdampfungstemperatur* t_0 zugeordnet (vgl. Kälteanlagentechnik in Fragen und Antworten, Band 1, Kap. 1.2, Technologie, Aufg. 39).
3. In einem Verdampfer kommt die Verdampfung zum Stillstand, nachdem der Verdichter ausgeschaltet wurde. Durch einströmende Wärme vom Kühlraum findet dann nur noch so lange Verdampfung statt, bis das Kältemittel die Umgebungstemperatur endgültig angenommen hat und der sich über dem flüssigen Kältemittel einstellende Druck gleich dem Sättigungsdruck ist, der zur Siede- oder Sättigungstemperatur gehört (Dampftabelle). Dann befinden sich Kühlraum und Verdampfer im thermischen Gleichgewicht. Dies ist aber erst bei vollkommener Angleichung der Kältemittelflüssigkeitstemperatur an die Kühlraumtemperatur endgültig. Tatsächlich dürfte dieser Zustand in einer realen Anlage nicht auftreten (vgl. Kälteanlagentechnik in Fragen und Antworten, Band 1, Kap. 1.2, Technologie, Aufg. 39).
4. Der Verdichter fördert laufend Druckgas (stark überhitzten Kältemitteldampf) in den Verflüssiger, was für sich betrachtet druckerhöhend wirkt. Andererseits schrumpft das Gasvolumen im Verflüssiger in der ersten Zone durch die Abführung der Überhitzungswärme

und ganz besonders durch die eigentliche Kondensation in der 2. Zone des Verflüssigers. Der sich dabei einstellende Gleichgewichtsdruck wird mit *Verflüssigungsdruck* p_c bezeichnet. Ihm ist entsprechend der Dampfdruckkurve die *Verflüssigungstemperatur* t_c zugeordnet.

5. In einem laufenden Kältemittelkreisprozess stellt sich im Verdampfer eine tiefe Verdampfungstemperatur ein, wenn durch einen großen Verdichter ein genügend niedriger Gleichgewichtsdruck (Verdampfungsdruck p_0) über dem flüssigen Kältemittel aufrechterhalten wird.

6. In der Niederdruckseite hat das verbliebene flüssige Kältemittel die Temperatur des Kühlraums angenommen. Diese Temperatur bestimmt gemäß der Dampfdruckkurve des Kältemittels den Druck im Verdampfer. Ebenso hat das in der Hochdruckseite im Sammler oder im Verflüssiger vorhandene flüssige Kältemittel die Temperatur des Maschinenraums angenommen. Gemäß Dampfdrucktabelle bestimmt auch hier die Temperatur des flüssigen Kältemittels den Druck in der Hochdruckseite (vgl. Kälteanlagentechnik in Fragen und Antworten, Band 1, Kap. 1.2, Technologie, Aufg. 39/40).

5.3.2 zu: Beispiele von Einflüssen, die zu Veränderungen bei Betriebskenngrößen führen

1. Die Überhitzung Δt_{0h} und die Überhitzungstemperatur am Ausgang des Verdampfers t_{02h} erhöhen sich, weil die Verdampfung jetzt durch die größere Wärmemenge schon früher beendet ist und bis zum Ende des Verdampfers eine längere Überhitzungszone wirksam werden kann.

   Der Verdampfungsdruck p_0 wird geringfügig größer, weil das Kältemittel durch die schnellere Verdampfung wesentlich mehr überhitzt werden kann, wobei der Kältemitteldampf sein Volumen vergrößert.

   Der Verflüssigungsdruck p_c steigt, weil mehr Wärme abzuführen ist und sich nach $\dot{Q}_c = A \cdot k \cdot \Delta T_m$ die Temperaturdifferenz ΔT_m zwischen dem verflüssigenden Kältemittel und dem Kühlmittel erhöht (A und k konstant). Da aber die Temperatur des Kühlmittels nicht sinkt, steigt t_c und damit p_c. (vgl. Lf. 11, Kap. 1.3, Technologie, Aufg 39)

   Die Verdichtungsendtemperatur t_2 und damit auch die Druckstutzentemperatur t_{V2} und die Überhitzung auf der Hochdruckseite Δt_{ch} steigen etwas an, weil die Ansaugüberhitzung größer war.

   Der spezifische Kältegewinn q_0 in kJ/kg wird größer, weil der Kältemitteldampf insbesondere durch die größere Überhitzung im Verdampfer mehr Wärme aufgenommen hat.

   Abbildung 5.3 zeigt das entsprechende lg p,h-Diagramm.

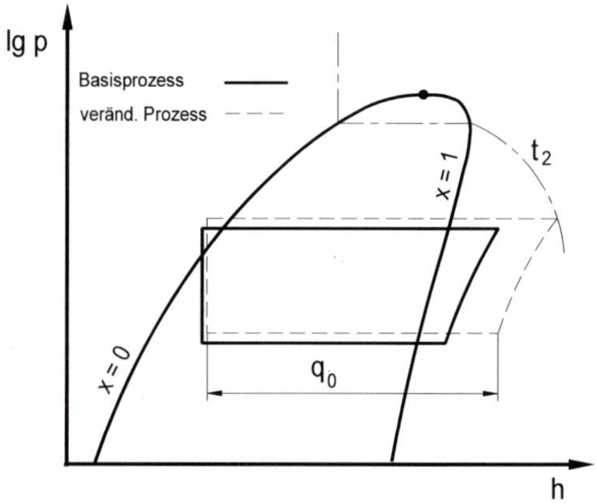

Abb. 5.3 Auswirkung stark gestiegener Kühllast

2. Der Verdampfungsdruck p_0 steigt an, weil mehr Dampf entstehen kann.

   Am Verdampferausgang tritt keine Überhitzung Δt_{0h} mehr auf, weil die Verdampfungszone bis zum Verdichteransaugstutzen reicht. Es wird trockengesättigter Dampf angesaugt. Bei sich verringernder Kühllast am Verdampfer muss mit dem Ansaugen von flüssigem Kältemittel gerechnet werden (Flüssigkeitsschläge beschädigen die Ventilplatte).

   Die Überhitzung auf der Hochdruckseite Δt_{ch} und die Verdichtungsendtemperatur t_2 werden geringer, weil die Ansaugüberhitzung Δt_{0h} kleiner war.

   Der Verflüssigungsruck p_c wird etwas größer, weil mehr Kältemittel zu verflüssigen und mehr Wärme abzuführen ist.

   Abbildung 5.4 zeigt das entsprechende lg p,h-Diagramm.

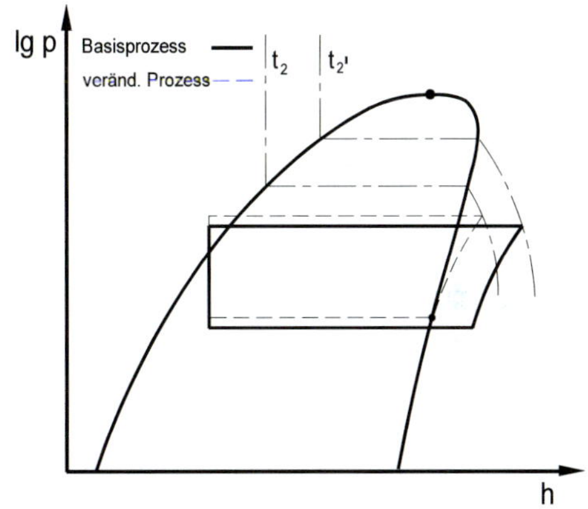

Abb. 5.4 Auswirkung erhöhter Kältemitteleinspritzung

3. Der Verflüssigungsdruck p_c sinkt stark ab, weil der Kältemitteldampf schneller kondensiert. Damit fällt auch die Verflüssigungstemperatur t_c.

   Der Kältemittelmassenstrom $\dot{m}_R$ wird geringer, weil der niedrigere Verflüssigungsdruck p_c zu wenig Kältemittel durch den fest eingestellten Düsenringspalt des Drosselorgans hindurchdrückt.

   Der Verdampfungsdruck p_0 fällt, weil infolge des am Drosselventil vorhandenen kleineren Druckgefälles zu wenig Kältemittel in den Verdampfer eingespritzt wird.

   Die Überhitzung im Verdampfer Δt_{0h} wird größer, weil zu wenig Kältemittel eingespritzt wird.

   Die Unterkühlung am Verflüssigerausgang Δt_{cu} wird geringfügig größer, weil die Verflüssigung früher beendet ist und dadurch eine größere Unterkühlungszone zur Verfügung steht.

   Abbildung 5.5 zeigt das entsprechende lg p,h-Diagramm.

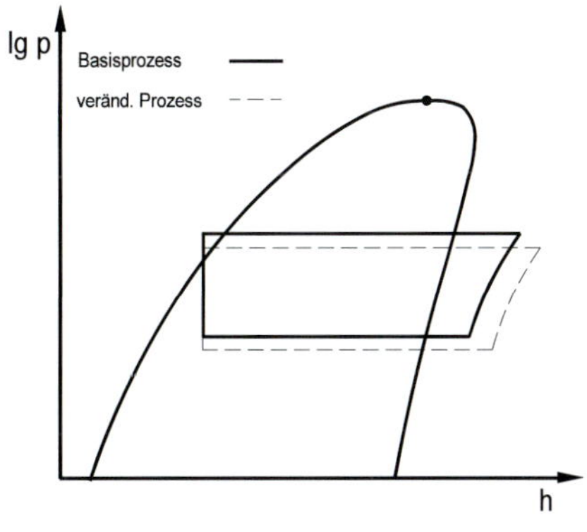

Abb. 5.5

4. Bei steigendem Druckverhältnis verringert sich die Kälteleistung des Verdichters, weil sich die negative Auswirkung des schädlichen Raums verstärkt, wodurch der Liefergrad fällt. Bei steigendem Druckverhältnis vergrößert sich die Kälteleistung des Drosselorgans, weil durch das höhere Druckgefälle ein größerer Kaltemitteldurchsatz durch den Düsenringspalt bewirkt wird.
5. Durch die starke Unterkühlung Δt_{cu} schrumpft das Flüssigkeitsvolumen um einen für den Anla-

genbetrieb vollkommen unbedeutenden Prozentsatz, weshalb sich der Verflüssigungsdruck p_c praktisch nicht verändert.

Mit steigender Unterkühlung Δt_{cu} verkleinert sich der Drosseldampfanteil im Düsenringspalt. Deswegen vergrößert sich der Nutzkältegewinn im Verdampfer.

Abbildung 5.6 zeigt das entsprechende lg p,h-Diagramm.

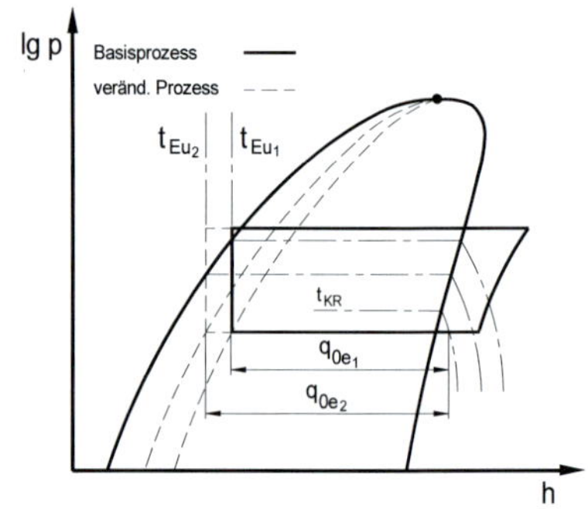

Abb. 5.6 Auswirkung stärkerer Unterkühlung

6. Durch die höhere Ansaugüberhitzung vergrößert sich das spezifische Volumen des Kältemitteldampfes am Verdichtereingang. Dadurch verringert sich der Kältemittelmassenstrom, was zur Verkleinerung der Verdampferkälteleistung führt. Folglich ist zur Bewältigung der Kühlaufgabe eine verlängerte Anlagenlaufzeit notwendig.
7. Durch verschlechterte Wärmeabgabe am Verflüssiger
   - steigt der Verflüssigungsdruck p_c,
   - vergrößert sich der Drosseldampfanteil x,
   - erhöht sich die Verdichtungsendtemperatur t_2,
   - vergrößert sich die spezifische Verdichtungsarbeit w,
   - verkleinert sich der Nutzkältegewinn q_{0e} und
   - verkleinert sich die Kälteleistungszahl ε.

   Abbildung 5.7 zeigt das entsprechende lg p,h-Diagramm.

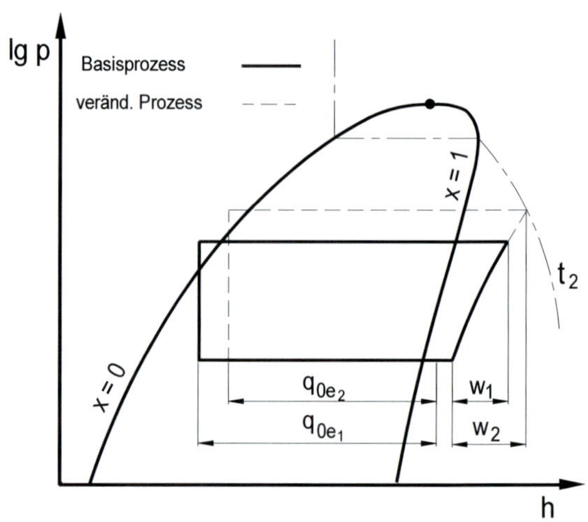

Abb. 5.7 Auswirkung von Verflüssigerverschmutzung

8. Bei jeder genannten Fehldimensionierung stellen sich Verdampfungsdruck und Verdampfungstemperatur zu tief ein.
9. Mit dem Kältemittel R-449A wird unter den genannten Einsatzbedingungen die 1,96-fache Verdichterkälteleistung bzw. die 1,97-fache Verdampferkälteleistung $\dot{Q}_{0nutz}$ im Vergleich zum Kältemittel R-134a erzielt. Mit R-449A ergeben sich wegen seiner entscheidend größeren Dampfdichte im Ansaugzustand und des dadurch größeren Kältemittelmassenstromes die höheren Kälteleistungswerte. Dies drückt sich auch in der besseren Kälteleistungszahl aus. (Hinweis: R-134a ist als Kältemittel für Tiefkühlung nicht geeignet.)

5.3.3 zu: Änderung von Betriebskenngrößen *ohne Eingriff regelnder Glieder* (einfacher Kältemittelkreisprozess mit Handdrosselventil)

1. Veränderung der Wärmeabgabemöglichkeit der Flüssigkeitsleitung:

Wirkung auf ⇒	Δt_{Eu}	q_0	Δt_{0h}
höhere Wärmeabgabe der Flüssigkeitsleitung	↑	↑	↓

2. Veränderung der Wärmeeinwirkung auf die Saugleitung:

Wirkung auf ⇒	Δt_{0h}	Δt_{ch}	$\dot{m}_R$	p_c	q_0	w	t_2
stärkere Wärmeeinwirkung auf die Saugl.	↑	↑	↓	↑	↑	↑	↑

5.3.4 zu: Änderung von Betriebskenngrößen *mit Eingriff regelnder Glieder*

1. Drosselung durch Thermostatisches Expansionsventil (TEV)

a) Veränderung der Kühllast bei TEV:

Wirkung auf ⇒	momentane Δt_{0hA}	resultierende Ventilsitzöffnung	$\dot{m}_R$	p_0	p_c	neue Δt_{0hA}
größere Kühllast	↑ ↑	↑	↑	↑	↑	↑
kleinere Kühllast	↓ ↓	↓	↓	↓	↓	↓

b) Veränderung der Düsengröße des TEV:

Wirkung auf ⇒	$\dot{m}_R$	Δt_{0hA}	resultierende Ventilsitzöffnung
zu große Düse	↑	↓	↓
zu kleine Düse	↓	↑	↑

c) Reaktionen des TEV zu Beginn und Ende der Kühlperiode (ohne Pump-down):

Wirkung auf ⇒	p_0	$\dot{m}_R$	resultierende Ventilsitzöffnung	p_c
Verdichter EIN	↑	↑	↑	↑
Verdichter AUS	↑	↓	geschlossen	↓

d) Verhalten des TEV bei Störeinflüssen:

Wirkung auf ⇒	Δt_{0hA}	p_0	resultierende Ventilsitzöffnung	$\dot{m}_R$	p_c
verstopfte Druckausgleichsleitung	↑	↓	↓	↓	↓
entwichene Fühlerfüllung	↑	↓	↓	↓	↓
verstopftes Feinsieb	↑	↓	↑	↓	↓
lockerer TEV-Fühler	↓	↑	↑	↑	↑
falscher Einsatz bei tiefer siedendem Kältemittel	↑	↓	↓	↓	↓
MOP zu tief gewählt	↑	↓	↓	↓	↓

2. Automatisches Expansionsventil (Konstantdruckexpansionsventil, AEV):

Wirkung auf ⇒	momentaner p_0	resultierende Ventilsitzöffnung	$\dot{m}_R$	resultierender p_0	Δt_{0h}
größere Kühllast	↑ ↑	↓	↓	Sollwert	↑ ↑
kleinere Kühllast	↓ ↓	↑	↑	Sollwert	↓ ↓
Verdichter AUS	↑	↓	Null	↑ ↑	Null

3. Drosselung mit Kapillare (Beachtung der minimalen Eigenregelung):

Wirkung auf ⇒	p_c	$\dot{m}_R$	Δt_{0h}	Δt_{ch}	p_0
große Kühllast	↑	↑	↑	↑	↑
zu große Kältemittelfüllmenge	↑	↑	↓	↓	↑
zu starke Kühlung des Verflüssigers	↓	↓	↑	↑	↓

4. Verflüssigungsdruckregelung mit druckgesteuertem Kühlwasserregulierventil (WRV):

Wirkung auf ⇒	momentaner p_c	Ventilsitzöffnung des WRV	$\dot{m}_W$	resultierender p_c
hohe Kühllast am Verdampfer	↑	↑	↑	Sollwert
zu warmes Kühlwasser	↑ ↑	↑	↑	Sollwert
zu wenig Kühlwasser verfügbar	↑ ↑	↑ ↑	konst.	↑ ↑

5. Verdampfungsdruckregler:

Wirkung auf ⇒	momentaner p_0 im Verdampfer	Ventilsitzöffnung des Saugdrucks	resultierender p_0 im Verdampfer	p_0 am Saugstutzen	Δt_{0h} am Saugstutzen
zu große Verdichtersaugleistung	↓	↓	Sollwert	↓	↑

6. Startregler:

Wirkung auf ⇒	Ventilsitzöffnung des TEV	p_0 im Verdampfer	Durchlass des Startreglers	p_0 am Verdichtersaugstutzen
hohe Kühllast beim Anfahren	↑↑	↑↑	↓	Sollwert

7. Verflüssigungsdruckregler am Verflüssigerausgang in Verbindung mit Sammlerdruckregler im Bypass von der Druckleitung zur Kondensatleitung:

Wirkung auf ⇒	momentaner p_c im Verflüssiger	Ventilsitzöffnung des Verflüssigungsdruckreglers	Ventilsitzöffnung des Sammlerdruckreglers	resultierender p_c im Verflüssiger	resultierender Sammlerdruck
luftgekühlter Verflüssiger zu stark gekühlt	↓	↓	↑	Sollwert	Sollwert

5.4 Lösungen zu: Wartungsarbeiten und Entsorgung

1. Schaltgeräte im Kältemittelkreislauf und ihre Schaltweisen:

Schaltgerät	**reagiert auf**	**schaltet was?**	**wie?**
Saugdruckwächter	fallenden Verdampfungsdruck p_0	Verdichter	Aus
Sicherheitsüberdruckwächter	steigenden Verflüssigungsdruck p_c	Verdichter	Aus
Verdampferlüfternachlaufthermostat	steigenden Verdampfertemperatur	Verdampferlüfter	Aus
Verdampferlüfterverzögerungsthermostat	Fallende Verdampfertemperatur	Verdampferlüfter	Ein
Abtautemperaturwächter bei Funktionsumschaltung	steigende Kondensattemp. in der Bypassltg. um das TEV	Umschalten des Vierwegeventils auf	Kühlen
Öldruck-Sicherheitsschalter (mit Zeitglied)	fallenden $p_{Öleff}$ nach Ablauf der Aufheizzeit des Bimetalls	Verdichter	Aus

2. Instandhaltung ist nach DIN 31051 „die Kombination aller technischen und administrativen Maßnahmen sowie Maßnahmen des Managements während des Lebenszyklus einer Betrachtungseinheit zur Erhaltung des funktionsfähigen Zustandes oder der Rückführung in diesen, sodass sie die geforderte Funktion erfüllen kann.“ Sie wird in vier Grundmaßnahmen unterteilt:
   - Wartung,
   - Inspektion,
   - Instandsetzung,
   - Verbesserung.

   Das Ziel von Instandhaltungsmaßnahmen ist die Erhaltung der Funktion einer Anlage, sodass es nicht zu Ausfällen kommt.
3. Wartung ist gemäß DIN 31051 als „Bewahrung des Sollzustandes“ definiert und umfasst Prüfen, Nachstellen, Auswechseln, Ergänzen, Schmieren, Konservieren, Reinigen (VDMA 24186/0).
4. Kälteanlagen unterliegen einem Verschleiß (nur Haushaltskühlgeräte gelten als wartungsfrei). Regelmäßige Wartung beugt Schäden vor und dient der wirtschaftlichen Betriebsweise.
5. - Kontrolle der Anzeigegeräte, Regler und Sicherheitsschalter*
   - Kontrolle der Sicherheitsventile, Berstscheiben usw.**
   - Ölstands- und Öldruckkontrolle, Ölprüfung, ggf. Wechsel
   - Dichtheitsprüfung bzw. Lecksuche***
   - Reinigungsarbeiten (z. B. Verflüssiger, Verdampfer)
   - Wechsel der Arbeitsventile bei größeren Hubkolbenverdichtern
   - u. a.
6. 1. Abfrage Kunde, ob Funktion einwandfrei gegeben
   2. Sichtprüfung
   3. Reinigungsarbeiten:
      Verflüssiger
      Verdampfer, Verdampferlamellen ggf. mit Spezialreiniger
      Verdampferlüfter, Verdampferlüftergitter
      ggf. weitere Wärmeübertrager
   4. Technikprüfung: ggf. Manometerbatterie anschließen

* DIN EN 378-4 Anhang D (informativ): Prüfung der Sicherheitsschalteinrichtungen zur Druckbegrenzung, Notsignale und Warnanlagen einmal jährlich vor Ort

** DIN EN 378-4 Anhang D (informativ): Sichtprüfung und Dichtheitsprüfung jährlich

*** zeitliche Abstände zur Lecksuche gemäß F-Gase-Verordnung II, abhängig vom CO_2-Äquivalent: Ab 5 t bzw. 10 t bei hermetisch geschlossenem System alle 12 Monate; ab 50 t alle 6 Monate; ab 500 t alle 3 Monate, bei Einbau eines Leckage-Erkennungssystems (vorgeschrieben ab 500 t) alle 6 Monate. Gemäß DIN EN 378-4, Abschnitt 5.3.2 sind Kältemittel-Leckagen festzustellen und so schnell wie möglich von einem Sachkundigen zu beheben.

Drücke im Verhältnis zu Temperaturen prüfen
Überhitzung
Druckschalter
Sicherheitseinrichtungen

5. Dichtheitskontrolle
elektronisch
Lecksuchspray

7. Durch regelmäßige Kontrolle aller Komponenten sinkt das Risiko von Störungen mit entsprechenden Ausfällen der Anlage (Kosten z. B. durch Warenschäden). Durch regelmäßige Wartung läuft die Anlage zudem stets optimal. Verschmutzungen an den Wärmeübertragern, die zu Energiemehrverbrauch führen, werden rechtzeitig entfernt.

   Weniger Energieverbrauch spart nicht nur Geld, sondern stellt auch einen Beitrag zum Umweltschutz dar, denn bei der Erzeugung elektrischer Energie entstehen in Deutschland 0,47 kg CO_2 für jede Kilowattstunde. Jede eingesparte Kilowattstunde erspart der Atmosphäre somit 0,47 kg CO_2. CO_2 wirkt in der Atmosphäre als Treibhausgas, d. h., es trägt zur Erderwärmung bei (Treibhauseffekt). Dieser Beitrag der Kälteanlage zur Erderwärmung über den Energieverbrauch ist der indirekte Treibhauseffekt.

8. a) Aufgrund der beschriebenen Anzeichen kommen schadhafte Ventile infrage.
   b) Bei schadhaften Ventilen zeigt sich im Stillstand schneller Druckausgleich, die Anlage lässt sich nicht mehr richtig absaugen, die Leistung sinkt, die Laufzeit steigt.

9. a) Ursachen für zu hohen Verflüssigungsdruck bei luftgekühlten Verflüssigern bei neu installierten Anlagen können sein:
      1. Fremdgase im System (mangelhaftes Evakuieren)
      2. Zu klein gewählter Verflüssiger (falsche Auslegung)
      3. Überfüllung (verkleinert Verflüssigerfläche durch Ansammeln von Flüssigkeit)
      4. Luftmangel, z. B. durch falsche Drehrichtung des Lüfters, Luftkurzschluss, Behinderung des Luftstroms
      5. Extrem hohe Außenlufttemperatur bei Inbetriebnahme
      6. Ggf. falsch eingestellter Verflüssigungsdruckregler
   b) Bei Altanlagen kommen folgende Ursachen infrage:
      1. Fremdgase im System (bei saugseitigem Vakuum und Undichte)
      2. Verflüssigerverschmutzung
      3. Luftmangel durch Lüfterschaden, starke Verformung der Lamellen
      4. Extrem hohe Außenlufttemperatur

10. Die Ursachen 1. – 3. aus 9a) können auch bei wassergekühlten Verflüssigern auftreten. Nr. 4 würde dann dem Wassermangel durch falsch eingestellten Kühlwasserregler entsprechen. Zu warmes Kühlwasser entspräche Nr. 5. Mit der Zeit könnten Verflüssigerverschmutzung (Beläge auf der Innenseite der Wasserrohre) und eine defekte Kühlwasserpumpe hinzukommen.

11. a) Ursachen für zu niedrigen Verflüssigungsdruck bei Verflüssigern bei neu installierten Anlagen können sein:
    1. Verflüssiger zu groß ausgelegt
    2. Ggf. Verflüssigungsdruckregler falsch eingestellt (zu niedrig)
    3. Kältemittelmangel, weil noch Füllung fehlt
    4. Kältemittelmangel durch zu großen Druckabfall in der Flüssigkeitsleitung (fehlerhafte Auslegung oder Verlegung)
    5. Zu großer Druckabfall im System Verdampfer-Saugleitung

    b) Bei Altanlagen kommen folgende Ursachen infrage:
    1. Kältemittelmangel durch Undichte
    2. Undichte Ventile (durch Verschleiß)
12. Mögliche Ursachen für pendelnden Verflüssigungsdruck sind:
    1. Schlechte Ansteuerung des Verflüssigerlüfters durch zu große Differenz am Druckschalter
    2. Pendelnder Saugdruck
    3. Falsche Einstellung des Verflüssigungsdruckreglers
13. Mögliche Ursachen für pendelnden Saugdruck bei einem TEV sind:
    1. Überhitzung zu klein eingestellt
    2. Düse zu groß
14. Der Filtertrockner verursacht einen zu hohen Druckabfall, sodass bereits eine Vorverdampfung einsetzt. Mögliche Ursache ist eine hohe Schmutzbelastung des Filters oder eine zunehmende Sättigung mit Wasser oder Säure. In jedem Fall ist die Ursache festzustellen und zu beheben.
15. Neben Kältemittelmangel sind weitere mögliche Ursachen für Dampfblasen im Schauglas:
    1. Mangelnde Flüssigkeitsunterkühlung im Verhältnis zum Druckabfall, weil z. B. der Filtertrockner verstopft ist
    2. Hoher Wärmeeinfall in die Flüssigkeitsleitung
    3. Flüssigkeitsabsperrventil nicht vollständig geöffnet
    4. Falsche Einstellung des Verflüssigungsdruckreglers
16. a) Die Verdampfungstemperatur sinkt und damit auch der Verdampfungsdruck. Das vergrößerte Ansaugvolumen des Sauggases verringert die Verdichterkälteleistung. Längere Laufzeit ist die Folge, eventuell kommt der Raum nicht mehr auf die gewünschte Temperatur.

    b) Ausfall oder falsche Zeiteinstellung der Abtauheizung, hohe relative Luftfeuchte im Raum, z. B. durch unverpackte Ware, Eindringen von Außenluft durch geöffnete oder schlecht dichtende Tür.
17. Kältemittelzufuhr zum Verdampfer zu gering durch z. B. falsche Überhitzungseinstellung am TEV, zu kleiner TEV-Düse, Blockade des TEV durch Eis usw.

18. Zu hohe relative Luftfeuchte: Verdampferfläche zu groß, was geringe Entfeuchtung bei hoher Verdampfungstemperatur und kurzer Laufzeit bewirkt. Schwache Entfeuchtung durch kurze Laufzeiten bei geringem Wärmeeinfall (Winterbetrieb). Zu geringe relative Luftfeuchte in einem Kühlraum: Verdampferfläche zu klein, was starke Entfeuchtung bei tiefer Verdampfungstemperatur und längerer Laufzeit bewirkt. Starke Entfeuchtung durch längere Laufzeit bei übermäßigem Wärmeeinfall.
19. Verdampfungstemperatur sinkt, Anlage taktet evtl. wegen Niederdruckabschaltung, Kühlraumtemperatur wird nicht erreicht.
20. Mögliche Ursachen für zu hohe Sauggastemperatur: Zu große Überhitzung am TEV, Mangelnde Kältemittelzufuhr zum Verdampfer. Zu niedrige Sauggastemperatur: Zu kleine Überhitzung am TEV eingestellt, Fehler bei der Fühlermontage, Fühler misst nicht die Rohrtemperatur, sondern wird wärmer.
21. System reinigen, frisches Öl, Saugleitungsfilter (Burn-out-Filter) montieren, Säuretest des Öls, ggf. neues Kältemittel ...
22. Kältemittel sortenrein absaugen, damit es dem Recycling zugeführt werden kann.

    Öl von halogenhaltigen Kältemitteln kann nicht wiederaufgearbeitet werden (ist kein normales Altöl) und ist zu entsorgen (Fachbetrieb).
23. 1. Wiederverwendung in derselben oder einer gleichartigen Anlage.
    2. Allgemeine Wiederverwendung nach Wiederaufbereitung.
    3. Entsorgung bei nicht wiederaufarbeitbarem Kältemittel.
24. a) Säureprüfung durchführen, Behälter zur Rückgewinnung speziell kennzeichnen, z. B. „HFKW R-404A – Rückgewonnen“, über Filtertrockner wieder einfüllen (vgl. DIN EN 378-4).

    b) wie a) und außerdem: Die Anlage muss von der gleichen Firma gewartet werden, die das Kältemittel zurückgewonnen hat; die Recycling-Einrichtung muss der Norm entsprechen; die Vorgeschichte des Kältemittels und der Kälteanlage muss seit Inbetriebnahme bekannt sein (vgl. DIN EN 378-4).
25. Nein. Gemäß DIN EN 378-4 sind alle Kältemittel für die Wiederverwendung rückzugewinnen, zu recyceln oder wiederaufzuarbeiten oder ordnungsgemäß zu entsorgen.

Teil 2:
Elektro- und Steuerungstechnik

6 Kältesteuerung 7

Die Projekte in diesem Kapitel decken folgende Lernfelder ab:

Lernfeld 3: Untersuchen und Prüfen der Funktion von elektrischen Anlagenteilen in Kälte- und Klimaanlagen

Lernfeld 4: Planen und Ausführen von elektrischen Installationen am Einphasenwechselstromnetz

Lernfeld 8: Anschließen und Prüfen von Einphasenwechselstromantrieben für Kälte- und Klimaanlagen

Lernfeld 9: Herstellen und Prüfen von elektromechanischen und elektronischen Steuerungen

Lernfeld 13: Auswählen und Anschließen von elektrischen Betriebsmitteln an das Dreiphasenwechselstromnetz

Lernfeld 14: Installieren, Einstellen und Prüfen von elektronischen Steuerungen und Regelungen

6.1 Elektronische Drehzahlregelung

Schaltungstechnik und Funktionsanalyse

1. Erstellen Sie eine Stückliste der im Schaltkasten in Abbildung 6.1 enthaltenen (sichtbaren) Bauteile.

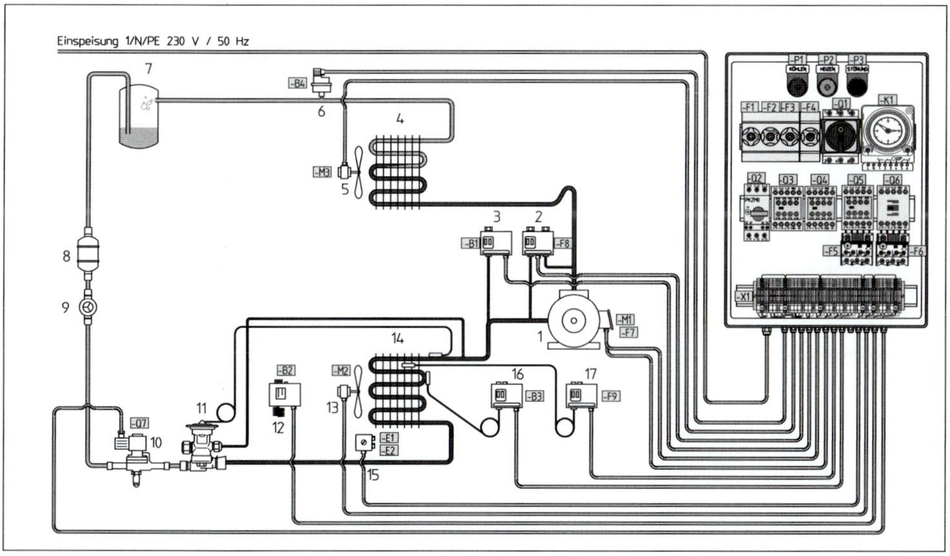

Abb. 6.1 Tiefkühlanlage

2. Fertigen Sie eine Legende für die elektrische Steuerung an.

3. Vervollständigen Sie den Stromlaufplan des Lastkreises in Abbildung 6.2 – bitte zuerst die Kennbuchstaben eintragen.

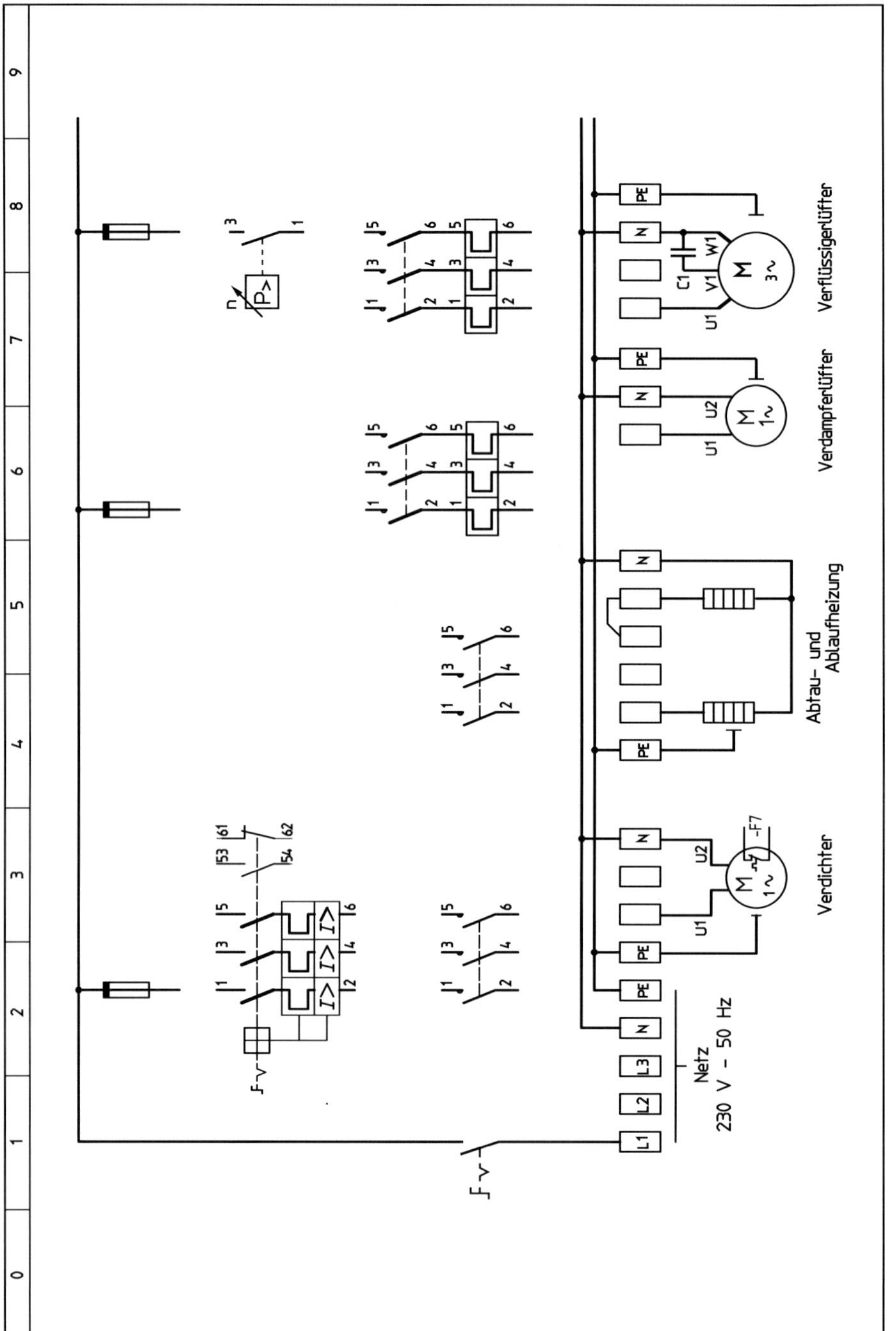

Abb. 6.2

4. In dem Stromlaufplan der Steuerung (Abb. 6.3) befinden sich mindestens fünf Fehler. Benennen Sie die Fehler und deren Auswirkung.

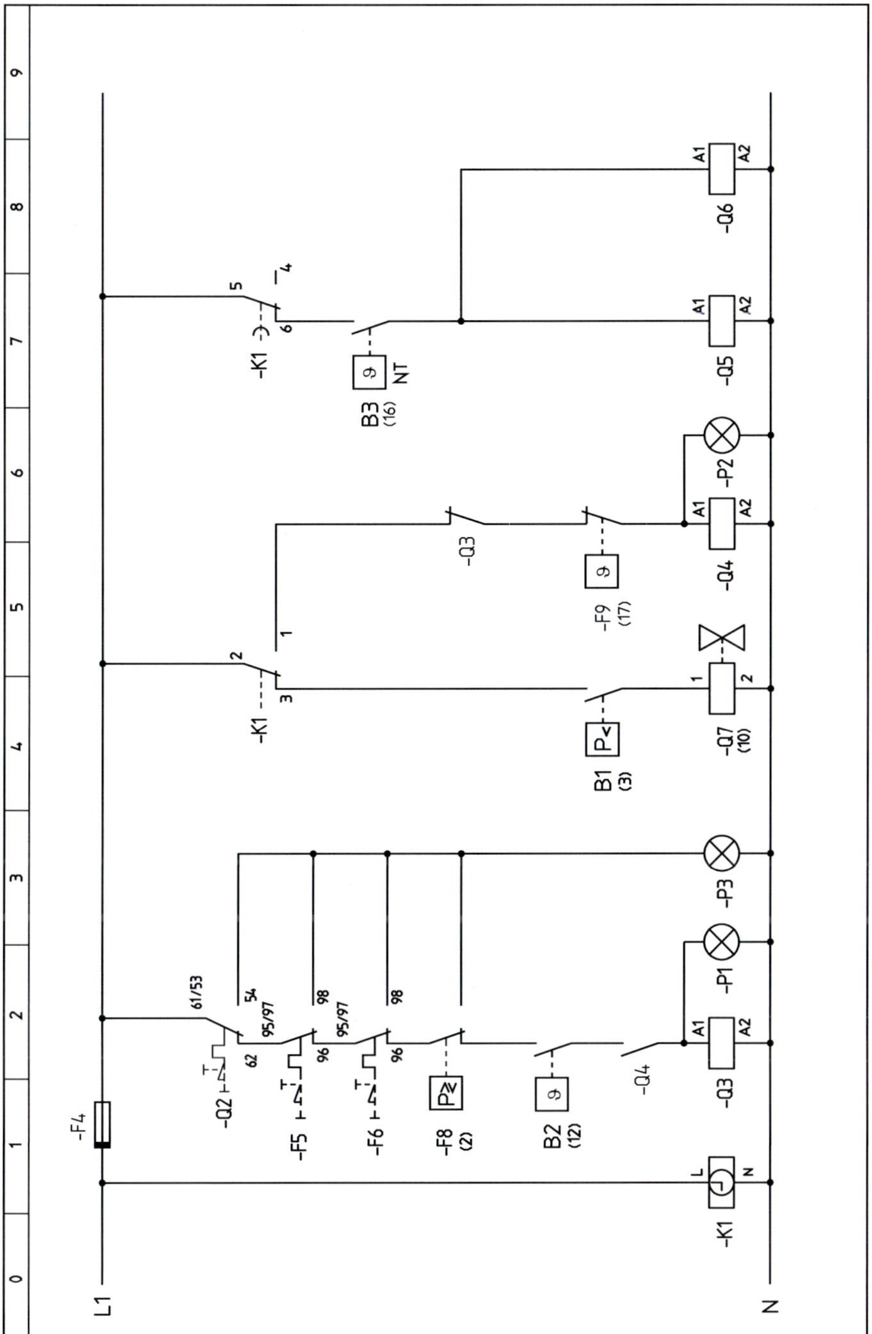

Abb. 6.3 Fehlerhafter Stromlaufplan der Steuerung

5. Der defekte Einphasenwechselstrommotor M3 (Verflüssiger-Lüfter) soll durch einen 0,09-kW-Drehstrommotor für Y 400 V ausgetauscht werden.

   Zeichnen Sie den Drehstrommotor in Steinmetzschaltung (siehe auch Abb. 6.4) in den vorbereiteten Stromlaufplan der Steuerung (Abb. 6.5) ein und korrigieren Sie dabei die fünf Fehler.

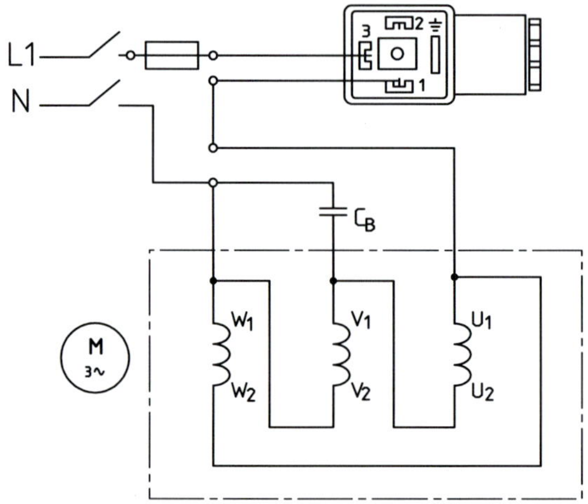

Abb. 6.4 Drehzahlregler mit Drehstrommotor in Steinmetzschaltung

Technologie

1. Nennen Sie Anwendungsbereiche für Elektronische Drehzahlregler, die die Motordrehzahl in direkter Abhängigkeit von den Druckänderungen regeln.
2. Nennen Sie die Vorteile der stetig wirkenden Drehzahlregelung von Verflüssigerlüftern.
3. Im Zusammenhang mit elektronischen Reglern in kälte- und klimatechnischen Anlagen fällt oft der Begriff Elektromagnetische Verträglichkeit. Was ist darunter zu verstehen?
4. Was ist bei der Installation zu beachten, damit Funkstörungen erst gar nicht auftreten können?
5. Wie müssen die Wicklungen des 0,09-kW-Drehstrommotors Y 400 V am 230-V-Einphasennetz geschaltet werden (Begründung)?
6. Muss der Niederdruckschalter B1 auf einen bestimmten Wert eingestellt werden?

   Gibt es dafür eine Vorschrift?
7. Wie stellen Sie den Verdampferlüfterthermostat (NT) ein?
8. Was sollte bei der Justierung von Drucktransmittern beachtet werden?

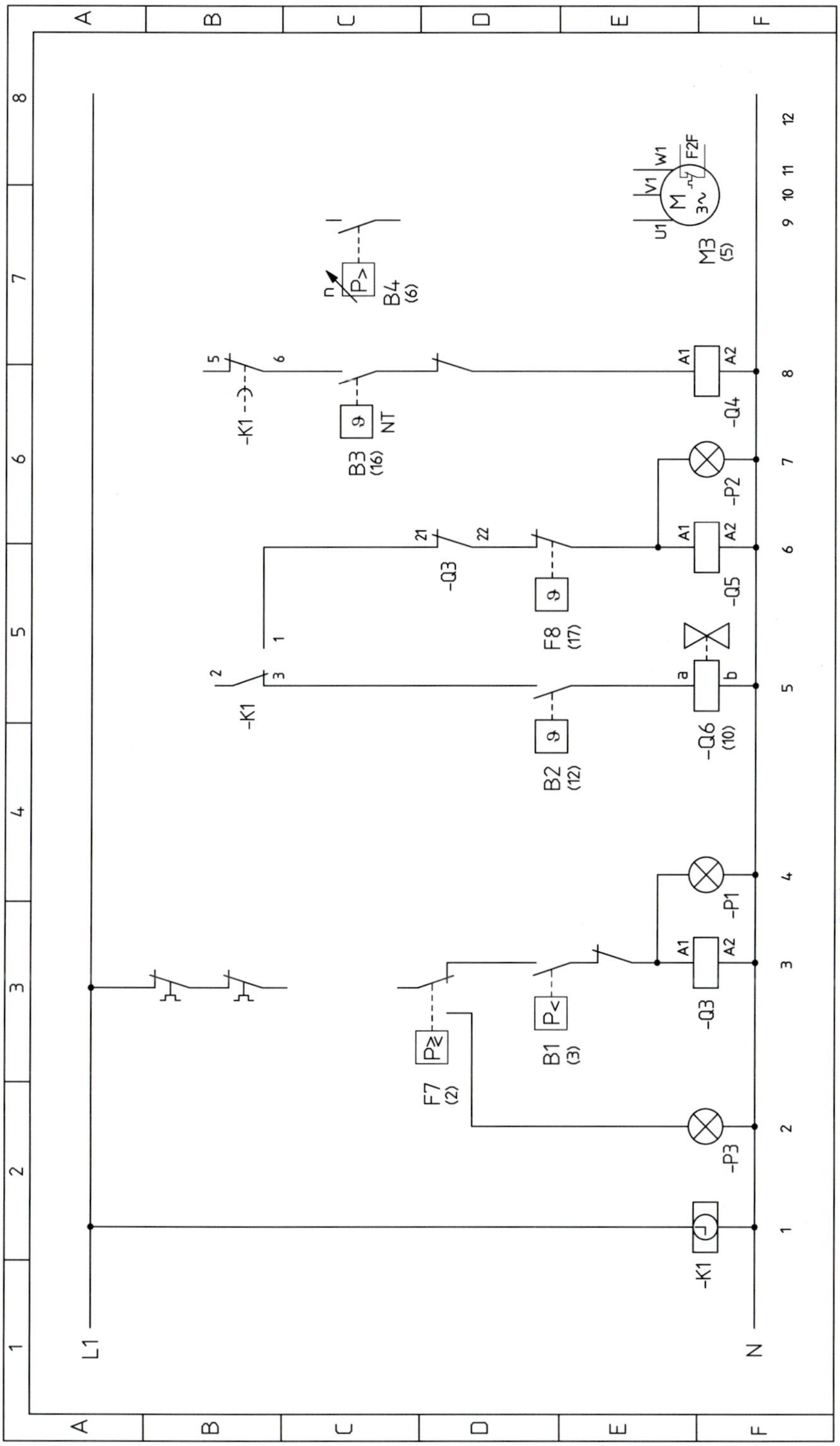
L1
N
-K1
-P3
F7 (2)
P≥
B1 (3)
P<
-Q3
A1
A2
-P1
-K1
B2 (12)
-Q6 (10)
a
b
F8 (17)
-Q3
21
22
-Q5
-P2
B3 (16)
NT
-K1
-Q4
n
P>
B4 (6)
M
3~
U1
V1
W1
F2F
M3 (5)

Abb. 6.5

Technische Mathematik

Abbildung 6.6 zeigt den prinzipiellen Aufbau eines Drehzahl- bzw. Helligkeitsreglers (Dimmer).

Mit solch einem Wechselstromsteller lässt sich die Stromstärke durch einen Verbraucher (R_L) dadurch beeinflussen, dass mithilfe eines Steuergerätes (in unserem Aufgabenbeispiel ist das die elektronische Schaltung des Drehzahlreglers) die positive und die negative Halbwelle des sinusförmigen Wechselstroms angeschnitten wird (Phasenanschnitt).

Dazu sind im Lastkreis zwei antiparallel geschaltete Thyristoren erforderlich. Da bei der Antiparallelschaltung von zwei Thyristoren zwei Steuerkreise und zwei gegeneinander isolierte Kühlkörper erforderlich wären, hat man diese zwei zu einem einzigen Bauteil zusammengefasst. Dadurch ist der Triac entstanden (s. Abb. 6.7).

Anhand eines Aufgabenbeispiels soll das Prinzip der Phasenanschnittsteuerung verdeutlicht werden.

Dazu wurde die Schaltung wie folgt vereinfacht:

- Statt des Verflüssigerlüftermotors (Motorwicklungen verursachen eine Phasenverschiebung zwischen Strom und Spannung) wurde ein Wirkwiderstand $R_L = 767\ \Omega$ gewählt
- Der Spannungsfall am Triac kann vernachlässigt werden
- Es wird ausschließlich mit Effektivwerten gerechnet

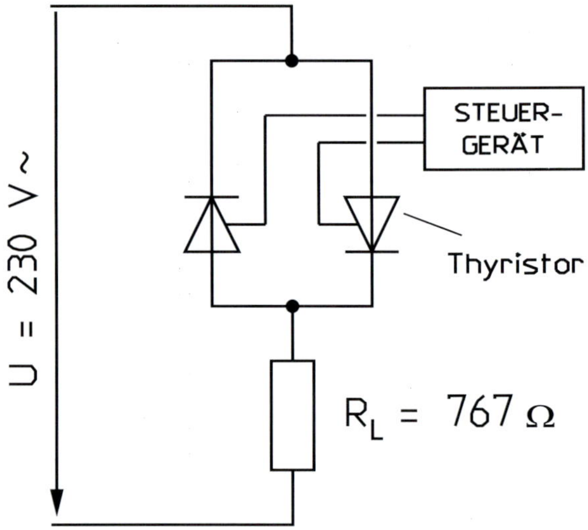

Abb. 6.6 Ersatzschaltbild

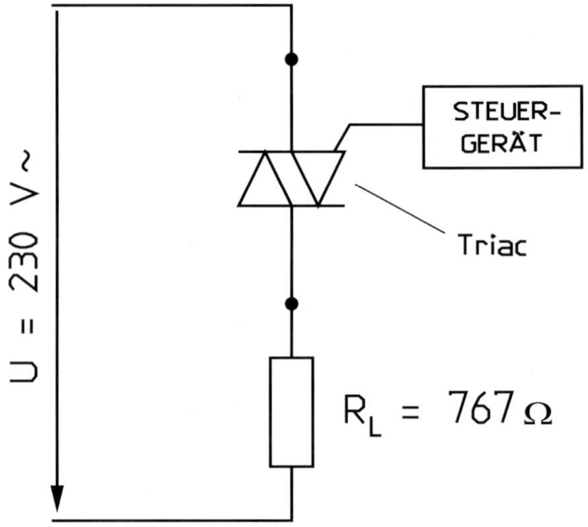

Abb. 6.7 Prinzipschaltbild Drehzahlsteller

1. Der elektronische Drehzahlregler (Steuergerät) ist auf höchste Drehzahl eingestellt, so dass am Verflüssigerlüftermotor die volle Netzspannung anliegt.

   Strom- und Spannungsverlauf sind in Abbildung 6.8 dargestellt.

   c) Berechnen Sie die Wirkleistung, die der Verflüssigerlüftermotor R_L in diesem Betriebszustand aufnimmt.

   d) Welchen Wert hat der Zündwinkel (auch Steuerwinkel genannt) bei voller Drehzahl?

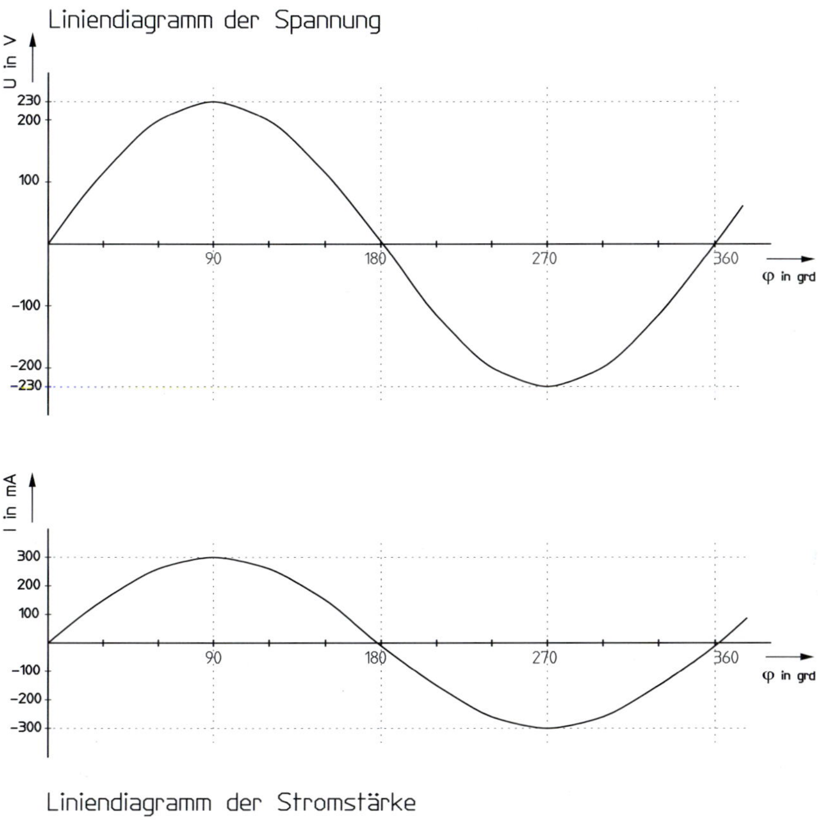

Abb. 6.8 Spannungs- und Stromverlauf am Lastwiderstand R_L

2. Der elektronische Drehzahlregler (Steuergerät) wird so eingestellt, dass der Zündwinkel $\alpha = 60°$ beträgt.
   a) Zeichnen Sie den Verlauf von Spannung und Stromstärke in die vorbereiteten Diagramme (Abb. 6.8) für den Zündwinkel $\alpha = 60°$ ein und berechnen Sie für diesen Betriebszustand
   b) den Effektivwert der Spannung $U\alpha$ (in V)
   c) den Effektivwert der Stromstärke $I\alpha$ (in mA)
   d) die Wirkleistung P_α (in W_{Wirk})
3. Welchen entscheidenden Vorteil hat die Phasenanschnittsteuerung gegenüber einer Spannungsteiler-Schaltung?
4. Welche Leistung nimmt der Verflüssigerlüfter noch auf, wenn der Zündwinkel α auf 120° erhöht wird?

Nach Einbau eines Drehstrommotors in Steinmetzschaltung

5. Welche maximale Stromstärke nimmt der 0,09-kW-Drehstrommotor am Einphasennetz auf, wenn sein Leistungsfaktor 0,85 beträgt?
6. Wieviel an Luftmenge bringen Wechselstromlüfter in etwa in der kleinsten Drehzahlstufe bezogen auf ihre Gesamtluftmenge?

6.2 Lösungen zu: Elektronische Drehzahlregelung

Schaltungstechnik und Funktionsanalyse

1. Stückliste der sichtbaren Bauteile im Schaltkasten (Abb. 6.1):

   3 Stck. Meldeleuchten
   1 Stck. Motorschutzschalter
   2 Stck. Motorschutzrelais
   1 Stck. Neozed Sicherungselement 3-pol.
   1 Stck. Neozed Sicherungselement 1-pol.
   1 Stck. Klemmleiste
   1 Stck. Abtauuhr KKT
   1 Stck. Hauptschalter 3-pol.
   4 Stck. Last- bzw. Leistungsschütz
   3 Stck. Hilfsschalter (2S + 2Ö)

2. Legende

   B1 Niederdruckwächter (3)
   B2 Raumthermostat (12)
   B3 Verdampferlüfternachlaufthermostat (16)
   B4 Verflüssigerlüfterdrehzahlregler (6)
   C1 Betriebskondensator für Drehstrommotor in Steinmetzschaltung
   E1 Abtauheizung (15)
   E2 Ablaufheizung (15)
   F1 Sicherung Verdichter u. Abtau-/Ablaufheizung
   F2 Sicherung Verdampferlüfter
   F3 Sicherung Verflüssigerlüfter
   F4 Steuersicherung
   F5 Motorschutzrelais Verdampferlüfter
   F6 Motorschutzrelais Verflüssigerlüfter
   F7 Klixon Verdichtermotor
   F8 Hoch-/Niederdruckpressostat (2)
   F9 Abtaubegrenzungthermostat (17)
   P1 Leuchtmelder Kühlen
   P2 Leuchtmelder Heizen
   P3 Leuchtmelder Störung
   Q1 Hauptschalter
   Q2 Motorschutzschalter
   Q3 Verdichterschütz
   Q4 Abtauheizungsschütz
   Q5 Verdampferlüfterschütz
   Q6 Verflüssigerlüfterschütz
   Q7 Magnetventil Flüssigkeitsleitung (10)
   M1 Verdichter (1)
   M2 Verdampferlüfter (13)

M3 Verflüssigerlüfter (5)
K1 Abtauuhr
X1 Klemmleiste

3.

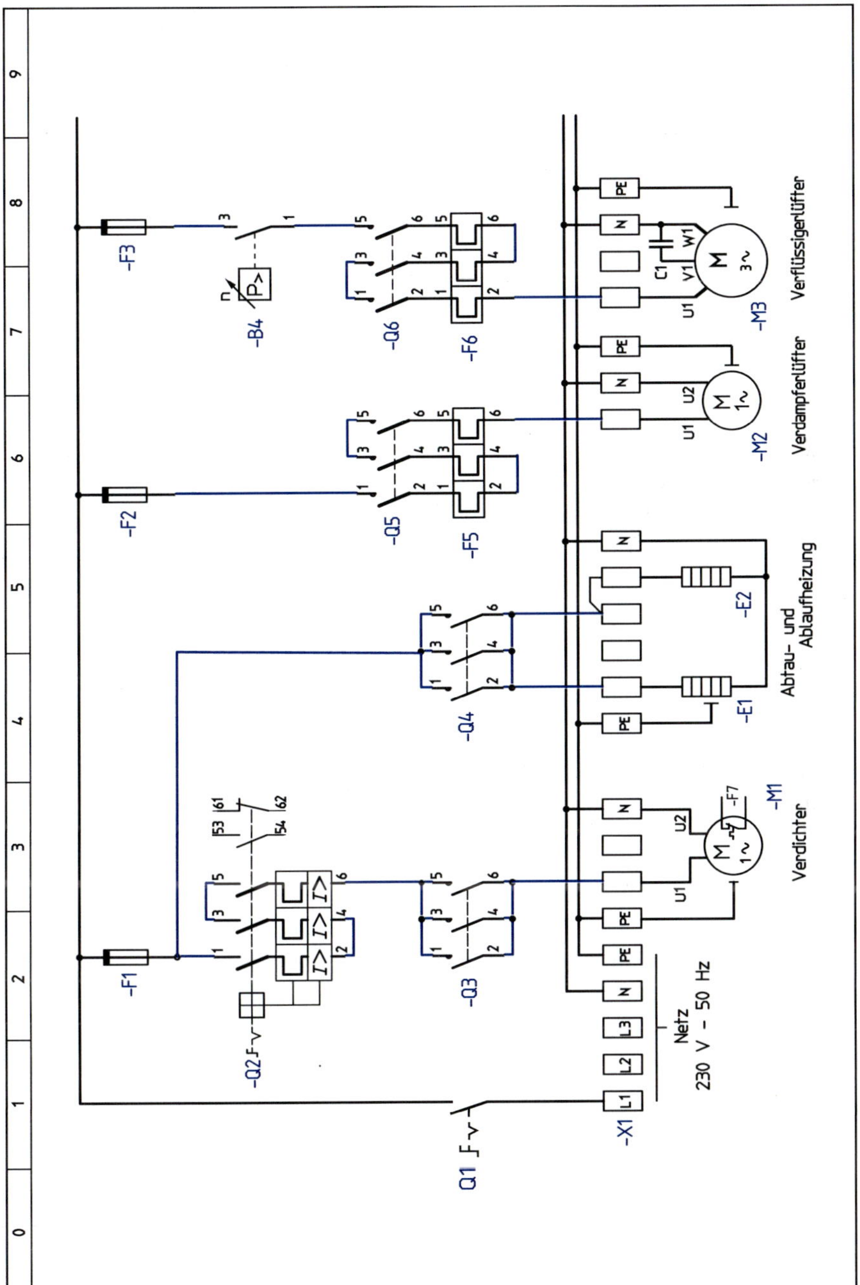

Abb. 6.9 Stromlaufplan des Lastkreises

4. In dem Stromlaufplan der Steuerung befinden sich folgende Fehler:
   - Die Steuersicherung F4 muss sich am Anfang des Steuerstromkreises befinden.
   - In Stromkreis 2 (Sicherheitskette) fehlt der interne Motorschutzschalter des Verdichtermotors.
   - Schützkontakt Q4 (Heizungsschütz) in Stromkreis 2 muss Öffner statt Schließer sein.
   - Stromkreis 5 (Magnetventil und Heizungsschütz) müssen hinter der Sicherheitskette liegen.
   - Stromkreis 7 (Verdampferlüfterschütz) sollte hinter der Sicherheitskette liegen.
   - Verflüssigerlüfterschütz Q6 darf keinesfalls hinter der Abtauuhr bzw. dem Verdampferlüfternachlaufthermostat, sondern muss direkt hinter der Sicherheitskette liegen.
   - In Stromkreis 2 sind die Hilfskontakte 54 und 62 des Motorschutzschalters Q2 falsch belegt – die Störungsleuchte P3 muss an Kontakt 62 angeschlossen werden und Kontakt 54 liegt in der Sicherheitskette.
5. S. Abbildung 6.10

Technologie

1. Die elektronische Drehzahlregelung ist besonders geeignet für Lüftermotoren an luftgekühlten Verflüssigern und luftgekühlten Verflüssigungssätzen, in Klimageräten und Wärmepumpen.
2. Durch eine stetig wirkende Drehzahlregelung kann der Verflüssigungsdruck nahezu konstant gehalten werden. Dadurch stabilisiert sich das Regelverhalten des Expansionsventils.

   Energieeinsparung durch Optimierung der Kälteleistung und Ausschalten bzw. Leistungsreduzierung der Lüfter im Teillastbetrieb.

   Verminderung des Geräuschpegels im Teillast- und/oder Nachtbetrieb.

   Einfache Nachrüstung an bestehende Anlagen.

   Einfache Handhabung.
3. *Elektromagnetische Verträglichkeit* (*EMV*) und *Funkentstörung*:

   „Elektrische Systeme sind elektromagnetisch verträglich, wenn sie in elektromagnetisch verschmutzter Umgebung zufriedenstellend arbeiten und andere elektrische Einrichtungen in der Umgebung nicht unzulässig beeinflussen".

   Eine Störung kann sich leitungsgebunden oder durch elektromagnetische Abstrahlung ausbreiten. Die schädlichste Wirkung für Regelsysteme geht normalerweise von leitungsgebundenen Störungen aus.

   Mögliche Störquellen sind:
   - Prellende Kontakte beim Schalten von Lasten
   - Abschalten induktiver Lasten (Schütze, Motoren, Magnetventile, ...)
   - Ungünstige Leitungsführung, zu kleine Querschnitte
   - Wackelkontakte
   - Getaktete Leistungsstufen (Frequenzumrichter, ...)
   - Phasenanschnittsteuerungen, Drehzahlsteller

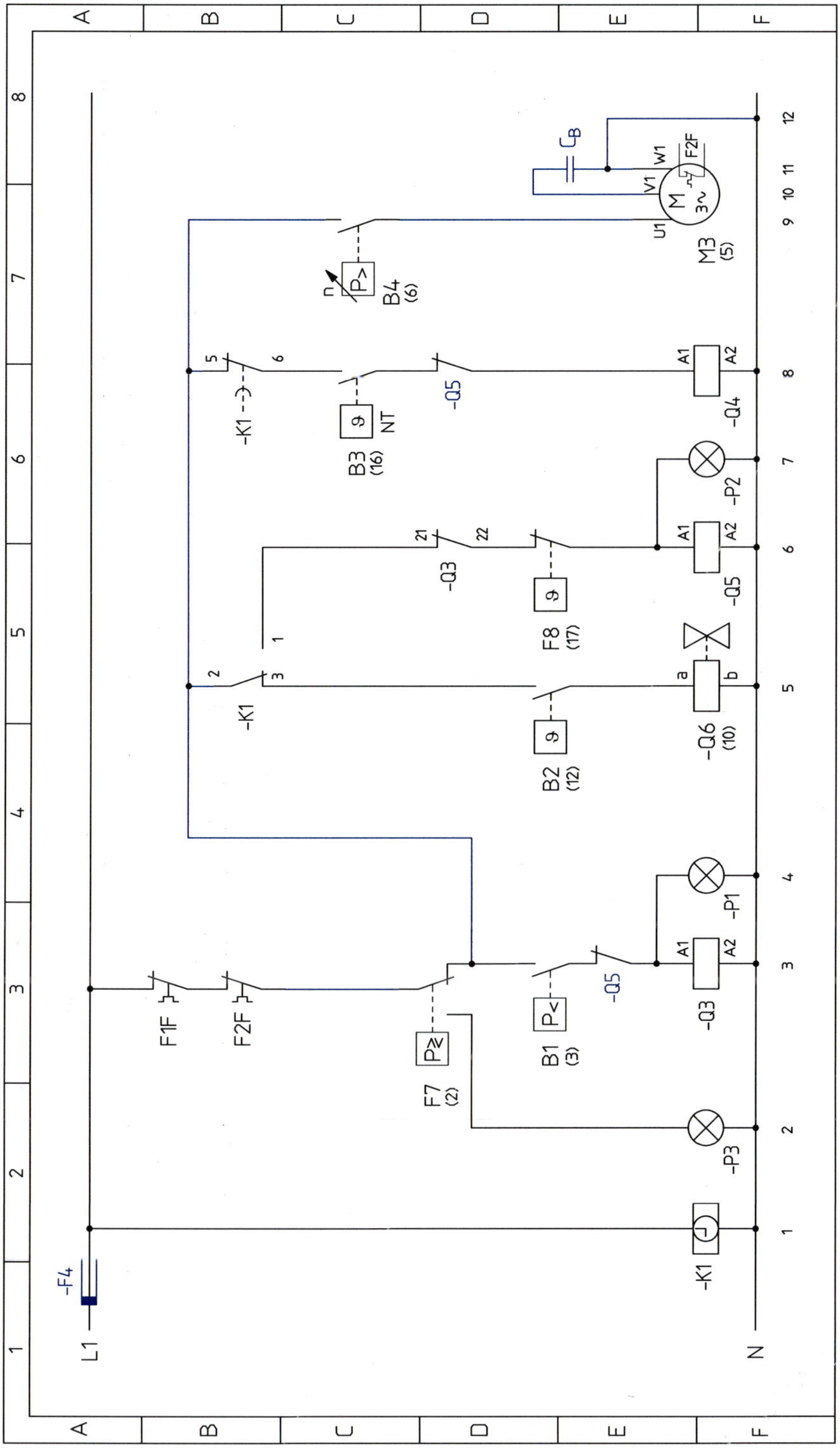

Abb. 6.10 Stromlaufplan der Steuerung

4. Abhilfe: z. B. parallel zur Schützspule (Störquelle) ein RC-Glied schalten.

   Grundregeln für die Installation:

   Möglichst keine Störquellen zulassen, das heißt, eine Entstörung durchführen und die Störpegel minimieren. Ein Entstörmittel ist umso wirkungsvoller, je näher es an der Störquelle eingesetzt wird.

   Ein nicht entstörtes Schaltschütz erzeugt leicht Störpulse mit 3 kV Störspannung. Bei Spulen an Wechselspannung wird oft eine RC-Kombination eingesetzt (s. Abb. 6.11).

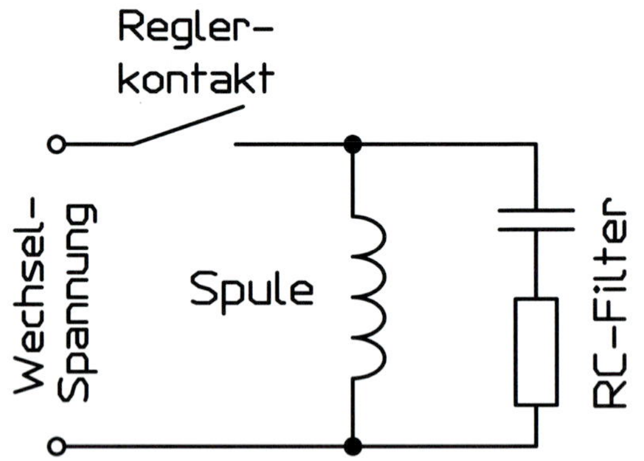

Abb. 6.11 Funkenstörung

5. Die Wicklungen dieses Drehstrommotors müssen am 230-V-Einphasennetz in Dreieck geschaltet werden. Begründung: Dieser Motor (Y 400 V) ist so ausgelegt, dass er seine Nenndrehzahl und Nennleistung nur erreicht, wenn an jeder seiner Wicklungen eine Spannung von 230 V liegt.

6. Einstellen des Niederdruckpressostats:

   Der Niederdruckpressostat muss oberhalb 0 bar (ca. 0,2 bar) eingestellt werden, weil die Anlage sich sonst ins Vakuum saugen und damit Feuchtigkeit in die Anlage gelangen würde. Zu hoch sollte der Niederdruckpressostat nicht eingestellt werden, weil er die Anlage dann vorzeitig – vor Erreichen der erforderlichen Verdampfungstemperatur – abschalten würde.

   Eine Vorschrift gibt es dafür nicht.

7. Einstellen des Verdampferlüfterthermostaten:

   Ausschalten immer unterhalb der Raumtemperatur, weil der Lüfter sonst nicht zuschaltet, was die Verdampferleistung verringern würde.

   Einschalten unter 0° C ist günstig, weil dann keine Wassertröpfchen in den Raum geblasen werden.

8. Drucktransmitter justieren:

   Die Justierung des Drucktransmitters erfolgt grundsätzlich im Werk. Eine nachträgliche Justierung führt in den meisten Fällen zu Problemen.

Technische Mathematik

1. a) geg.: Liniendiagramme mit Effektivwerten (Abb. 6.8)

   ges.: Wirkleistung P in W

   $P = U \cdot I \cdot \cos\varphi = 230\ \text{V} \cdot 0{,}3\ \text{A} \cdot 1 = \underline{\underline{69\ \text{W}}}$

   b) Zündwinkel $\alpha = 0°$

2. a)

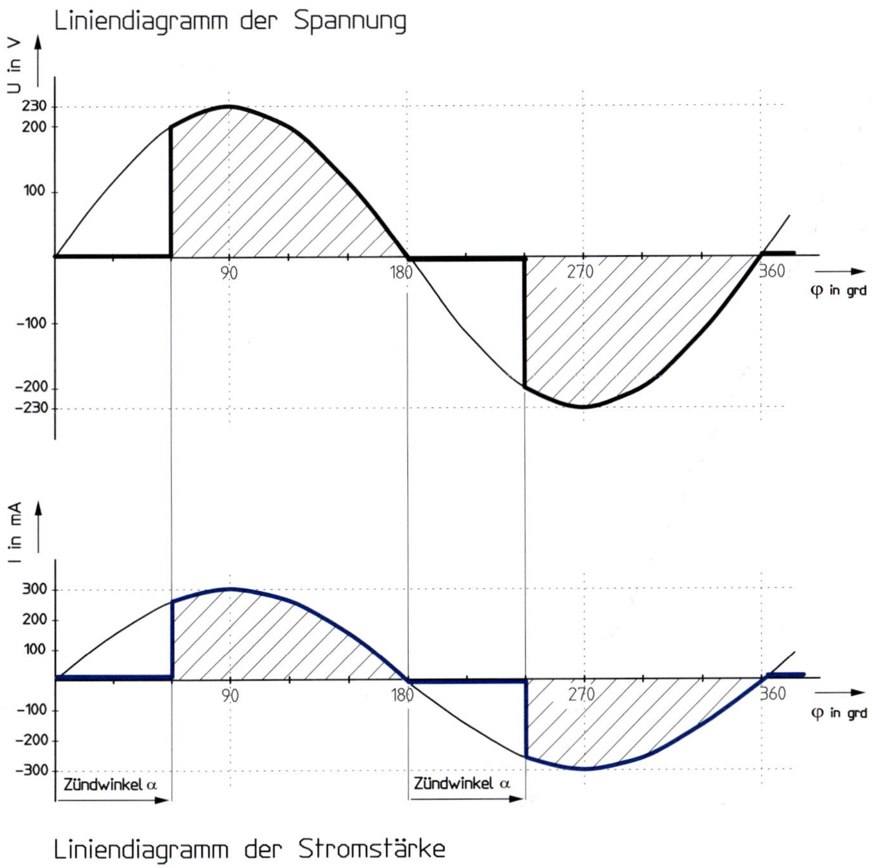

Abb. 6.12

b) $U_{\alpha} = U \cdot \sqrt{1 - \frac{\alpha}{180°} + \frac{\sin 2\alpha}{2\pi}} = 230 \text{ V} \cdot \sqrt{1 - \frac{60°}{180°} + \frac{\sin 120°}{2\pi}} = \underline{206{,}3 \text{ V}}$

(siehe Formeln für Elektrotechniker, Europa-Lehrmittel, Wechselstromsteller mit Triac)

c) $I_{\alpha} = I \cdot \sqrt{1 - \frac{\alpha}{180°} + \frac{\sin 2\alpha}{2\pi}} = 0{,}3 \text{ A} \cdot \sqrt{1 - \frac{60°}{180°} + \frac{\sin 2 \cdot 60°}{2\pi}} = \underline{0{,}27 \text{ A}}$

d) $P_{\alpha} = U_{\alpha} \cdot I_{\alpha} = 206{,}3 \text{ V} \cdot 0{,}27 \text{ A} = \underline{\underline{55{,}7 \text{ W}}}$

3. Beim Phasenanschnitt kann die Stromflusszeit durch den Verbraucher und damit seine Leistung nach Bedarf gesteuert werden.

   Beim Spannungsteiler würde die nicht benötigte Leistung am Vorwiderstand in nutzlose Wärme umgesetzt.

4. $U_{\alpha} = 101{,}7$ V; $I_{\alpha} = 0{,}13$ A; $P_{\alpha} = 13{,}5$ W

5. geg.: $P_{zu} = 90\ W$

   $U = 230\ V$

   $\cos\varphi = 0{,}85$

   ges.: I_{max} in A

   $$P_{zu} = U \cdot I \cdot \cos\varphi$$

   $$I = \frac{P_{zu}}{U \cdot \cos\varphi}$$

   $$I = \frac{90\ W}{230\ V \cdot 0{,}85}$$

   $$\underline{\underline{I_{max} = 0{,}46\ A}}$$

6. Wechselstromlüfter bringen in der kleinsten Stufe ca. ein Drittel ihrer Gesamtluftmenge.

7 Kältesteuerung 8

Die Projekte in diesem Kapitel decken folgende Lernfelder ab:

Lernfeld 3: Untersuchen und Prüfen der Funktion von elektrischen Anlagenteilen in Kälte- und Klimaanlagen

Lernfeld 9: Herstellen und Prüfen von elektromechanischen und elektronischen Steuerungen

Lernfeld 13: Auswählen und Anschließen von elektrischen Betriebsmitteln an das Dreiphasenwechselstromnetz

7.1 Verdrahtungsarbeit 1 – Dokumentation einer Kältesteuerung

Schaltungstechnik und Funktionsanalyse

Abbildung 7.1 zeigt die Wicklungen und Anschlussklemmen eines Dahlandermotors. Ebenso den Hauptstromkreis einer Dahlanderschaltung.

In den Abbildungen 7.2 und 7.3 ist die komplette Verdrahtungsarbeit einer Kältesteuerung (Tiefkühlung) dargestellt, die von Auszubildenden (3. Lehrjahr) angefertigt wurde.

1. Übertragen Sie die Betriebsmittel-Kennbuchstaben von der bildlichen Darstellung in den Hauptstromkreis (Abb. 7.1).
2. Entwerfen und zeichnen Sie den ‚Stromlaufplan des Lastkreises' auf ein Extra-Blatt (bitte mit Bleistift und Schablone).

   Der Verdichtermotor ist ein Drehstrom-Asynchronmotor mit Kurzschlussläufer, abgesichert über Neozed-Schmelzsicherungen und gegen Überlastung geschützt durch ein Überstromrelais (F7).

   Der Verdichter verfügt über eine Ölsumpfheizung (E2).

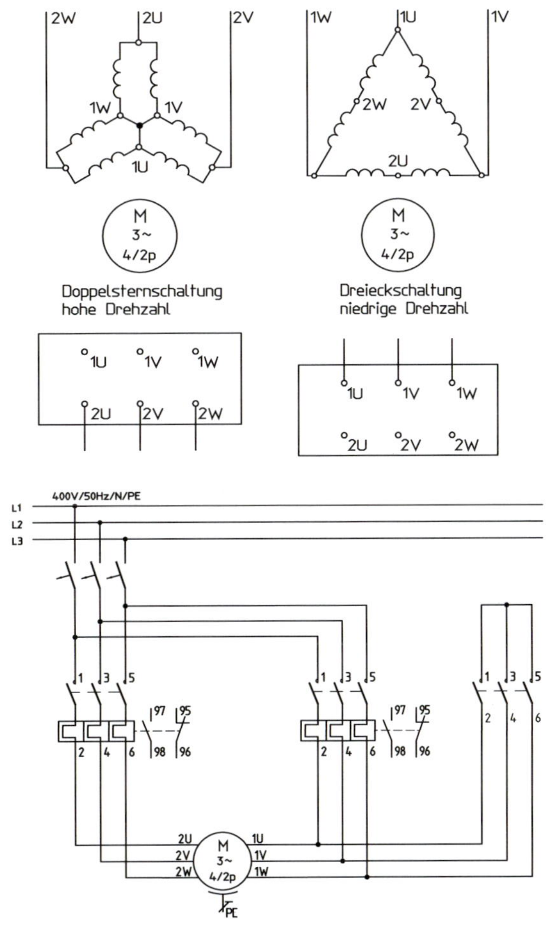

Abb. 7.1 Dahlanderschaltung

VERDRAHTUNGSARBEIT 1

LEGENDE

B1 - Raumthermostat
B2 - Niederdruckwächter
B3 - HD-Wächter Verflüssigerlüfter
E1 - Abtauheizung
E2 - Ölsumpfheizung
F1 - Fehlerstrom-Schutzschalter (RCD)
F2 - Schmelzsicherungen
F3 - LS-Schalter Verflüssigerlüfter
F4 - LS-Schalter Verdampferlüfter
F5 - LS-Schalter Ölsumpfheizung
F6 - Steuersicherung
F7 - Motorschutzrelais Verdichter
F8 - Motorschutzrel. Verda-Lü
F9 - Motorschutzrel. Verflü-Lü
F10 - Motorschutzrel. Verflü-Lü
F11 - Hochdruckwächter
F12 - Abtauthermostat
K1 - Abtauuhr KKT
K2 - Zeitrelais
K3 - Hilfsschütz Pumpout
K4 - Hilfsschütz
M1 - Verdichter
M2 - Verdampferlüfter
M3 - Verflüssigerlüfter
P1 - Leuchtmelder Verdichter
P2 - Leuchtmelder Verdampferlüfter
P3 - Leuchtmelder Verflüssigerlüfter
P4 - Leuchtmelder Abtauheizung
P5 - Leuchtmelder Hochdruckstörung
P6 - Leuchtmelder Motorstörung
Q0 - Hauptschalter
Q1 - Verdichterschütz
Q2 - Heizungsschütz
Q3 - Verda-Lü-Schütz
Q4 - Verflü-Lü-Schütz 1
Q5 - Verflü-Lü-Schütz 2
Q6 - Verflü-Lü-Schütz 3
Q7 - Schutzschalter Steuerstromkreis
Q8 - Magnetventil Flüssigkeitsleitung
S1 - Hand-Null-Automatikschalter
T1 - Steuertransformator
X1 - Klemmleiste

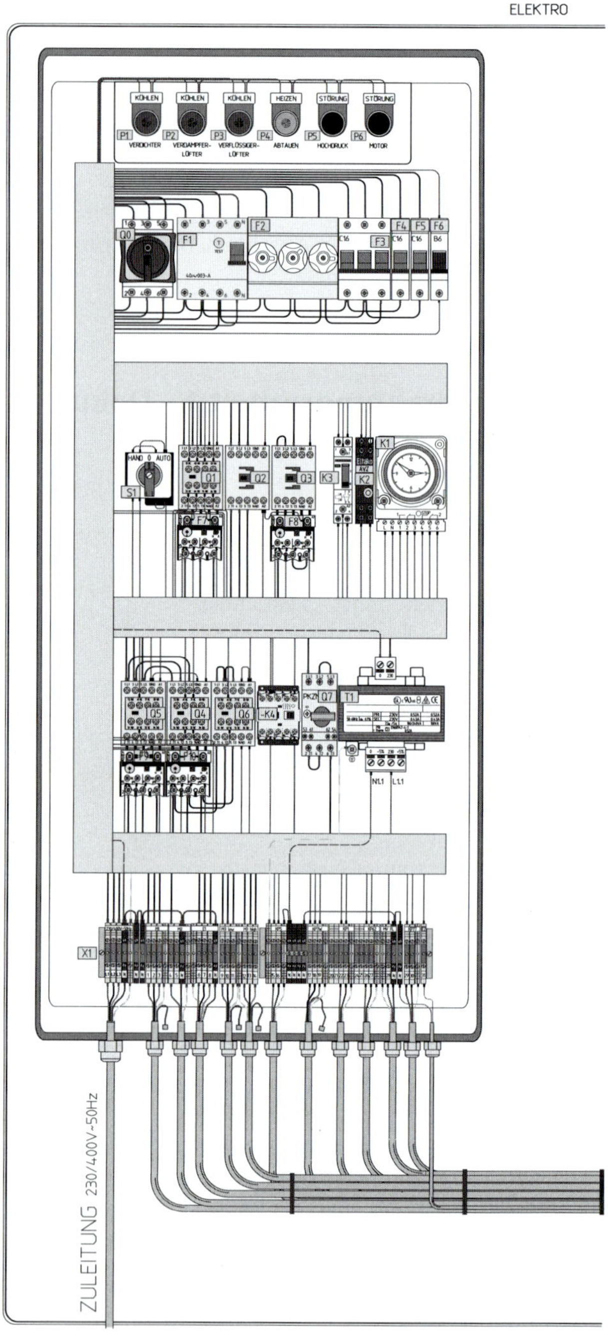

Abb. 7.2 Verdrahtungsarbeit einer Kältesteuerung ‚Elektroteil'

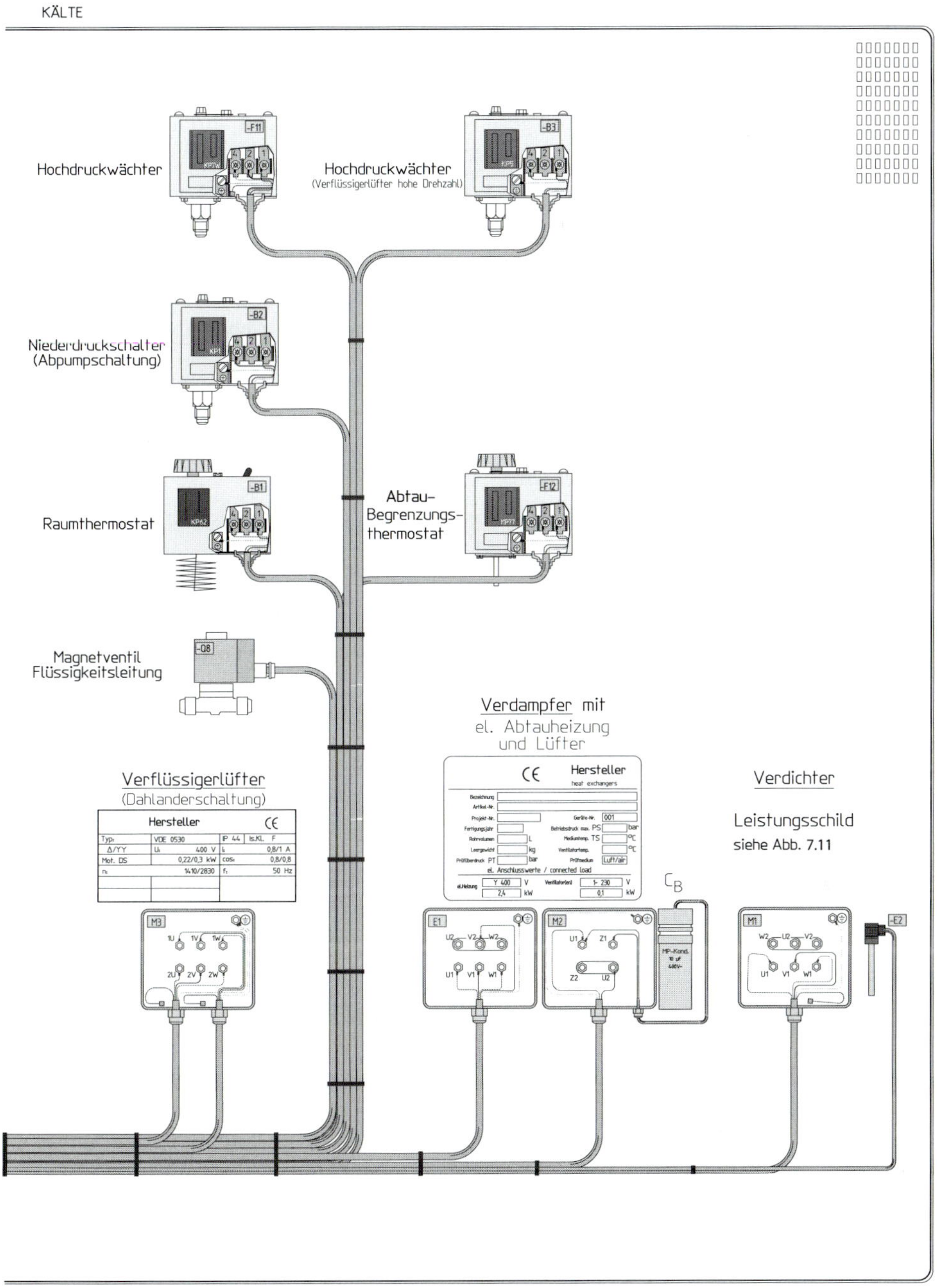

Abb. 7.3 Verdrahtungsarbeit ‚Kälteteil'

Die Abtauheizung besteht aus drei in Sternschaltung verketteten Heizwiderständen, die mit über die Neozed-Sicherungen des Verdichtermotors abgesichert sind (gleichzeitiges Kühlen u. Heizen muss ausgeschlossen sein).

Der Verdampferlüftermotor ist ein Einphasen-Wechselstrommotor mit Betriebskondensator, abgesichert über LS-Schalter und gegen Überlastung geschützt durch ein Motorschutzrelais (F8).

Der Verflüssigerlüftermotor ist ein Dreieck/Doppelstern-Drehstrom-Asynchronmotor mit Käfigläufer in Dahlanderschaltung (2 Drehzahlen), abgesichert über einen 3-poligen LS-Schalter und gegen Überlastung geschützt durch zwei Überstromrelais (F9 und F10).

3. In Abbildung 7.4 ist der unvollständige ‚Stromlaufplan der Steuerung' dargestellt. Tragen Sie dort die noch fehlenden Kontaktziffern in die folgenden Betriebsmittel ein:

   B1; B2; B3; F7; F8; F9; F10; F11; F12; K1; K2 und S1.

   e) Wie wird der Schalter S1 in Kältesteuerungen genannt?

   f) Beschreiben Sie den Ablauf der Verdampferlüfter-Steuerung, wenn durch die Abtauuhr eine Zwangsabtauung eingeleitet wird.

      Tipp: Überprüfen Sie die Funktion dieser Steuerung mithilfe eines Simulationsprogramms (z. B. mit ‚Festo-Didaktik, Fluid_Sim_P').

Technologie

1. Beschreiben Sie die Funktion der in Abbildung 7.4 dargestellten Verflüssigerlüfter-Steuerung.
2. Erklären Sie das Prinzip der Dahlanderschaltung.
3. Was ist bei der Einstellung des Verflüssigungsdruckwächters B3 (Abb. 7.3) zu beachten?
4. Was unterscheidet die Pumpout- von der Pumpdown-Schaltung?
5. Wozu dient der Steuerschalter S1?
6. Erklären Sie den prinzipiellen Aufbau und die Funktion eines **D**rehstrom-**As**ynchron**mo**tors (**DASM**) mit Kurzschlussläufer.

Technische Mathematik

1. Jeder Widerstand der in Stern geschalteten Abtauheizung hat einen Wert von 53 Ω.

   Das Drehstromnetz hat eine Leiterspannung von 400 V/50 Hz.

   Berechnen Sie

   a) die Wirkleistungsaufnahme eines Heizwiderstandes,

   b) die Wirkleistungsaufnahme aller drei Heizwiderstände,

   c) die aufgenommene Stromstärke pro Außenleiter,

   d) die Wirkleistungsaufnahme bei Ausfall einer Sicherung (Neutralleiter ist angeschlossen) und

   e) die Wirkleistungsaufnahme bei Ausfall einer Sicherung, wenn der N-Leiter nicht angeschlossen ist.

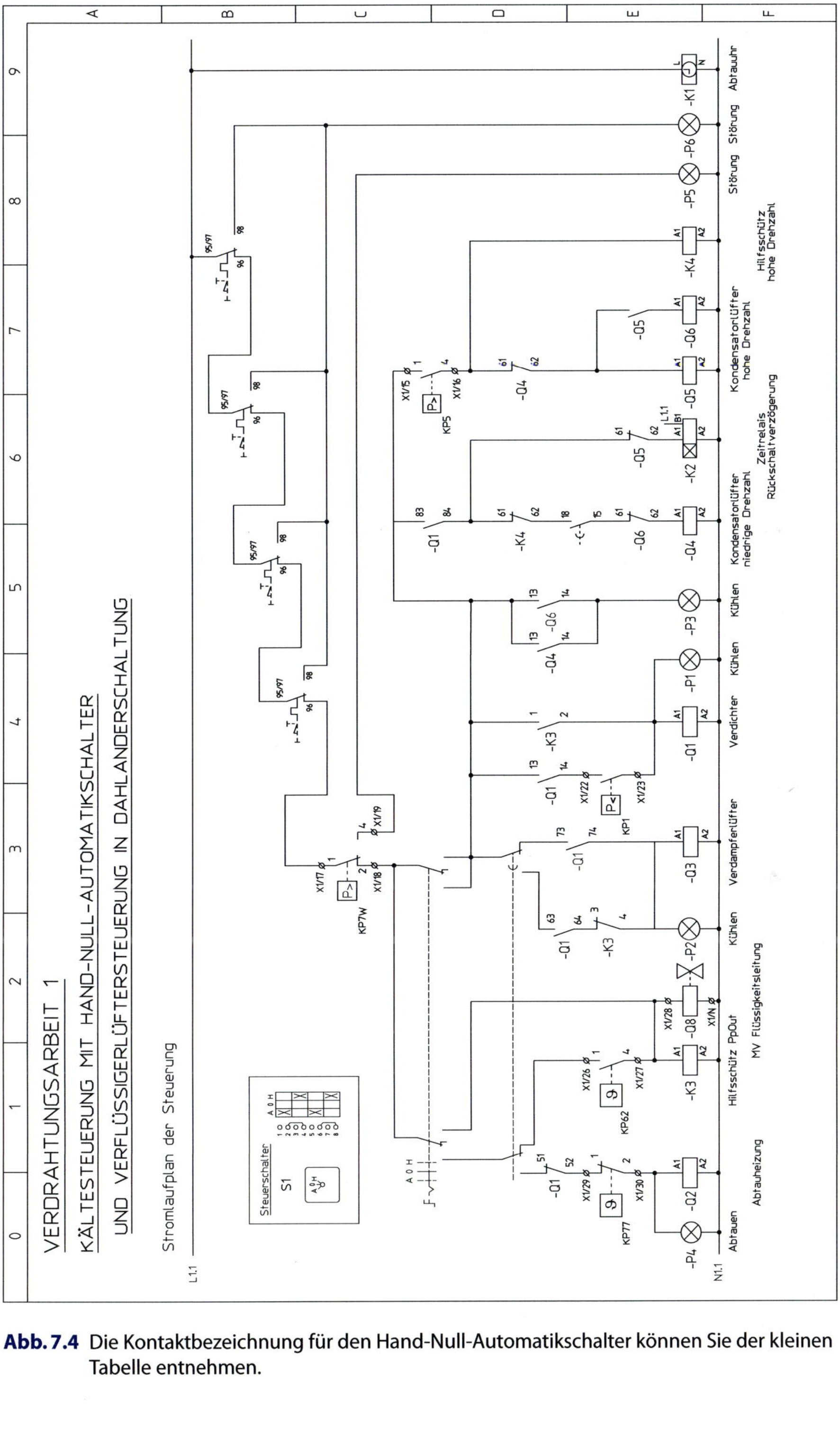

Abb. 7.4 Die Kontaktbezeichnung für den Hand-Null-Automatikschalter können Sie der kleinen Tabelle entnehmen.

2. Der Verdichtermotor M1 (Drehstrom-Asynchron-Motor DASM) hat das in Abbildung 7.5 dargestellte Leistungsschild:

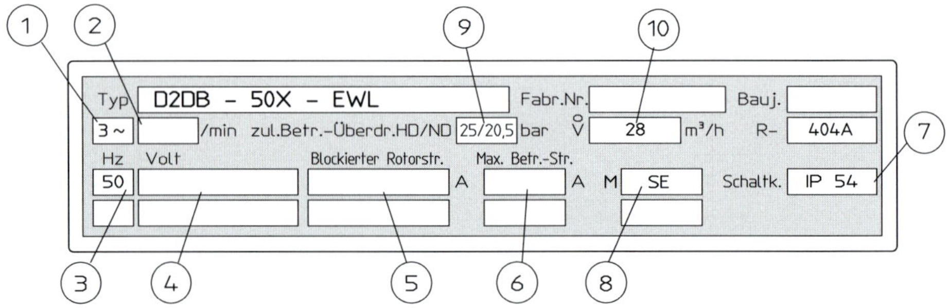

Abb. 7.5 Leistungsschild des Verdichtermotors

a) Tragen Sie in die Felder (2), (4), (5) und (6) die fehlenden Daten für diesen Motorverdichter-Typ ein. Die erforderlichen Daten finden Sie im Anhang in Tabelle A.4.

b) Erläutern Sie die Angaben in den Feldern 1 bis 10.

c) Wie muss dieser DASM an das 400-V-Drehstromnetz angeschlossen werden?

d) Für welche maximale Betriebsstromstärke ist dieser Motor ausgelegt?

e) Welche Wirkleistung (in kW) nimmt dieser Motorverdichter am 400 V/3 ~/50 Hz-Drehstromnetz bei einer Verflüssigungstemperatur von 50 °C und einer Verdampfungstemperatur von –10 °C auf?

f) Wie groß ist seine Stromaufnahme in diesem Betriebszustand?

g) Berechnen Sie den Leistungsfaktor cos φ dieses Verdichtermotors für diesen Betriebszustand.

h) Welche maximale mechanische Leistung (in PS) gibt dieser Motor an seiner Welle ab (bei einem angenommenen Motorwirkungsgrad von 80 %)?

i) Berechnen Sie das max. Drehmoment (in Nm), das dieser Motor an seiner Welle abgeben kann.

j) Auf welchen Wert muss das Überstromrelais F7 (unter Verdichterschütz) eingestellt werden?

3. Abbildung 7.6 zeigt die Anschlussklemmen mit den Hersteller-Bezeichnungen.

   a) Tragen Sie in den Anschlusskasten in Abbildung 7.6 die Brücken für Direktanlauf des in Aufgabe 2 behandelten Motorverdichters und die Anschlüsse der drei Außenleiter ein.

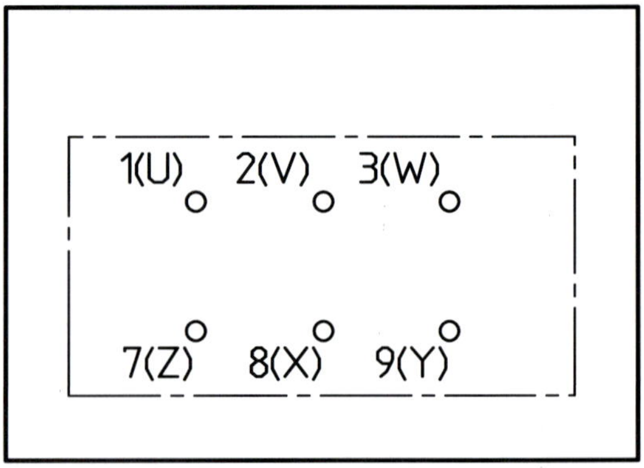

Abb. 7.6

b) Tragen Sie auch in Abbildung 7.7 die Klemmenbezeichnungen – jedoch nach DIN VDE –, die Brücken für Direktanlauf und die Anschlüsse der drei Außenleiter ein.

4. Berechnen Sie den Ersatzwiderstand für die in Abb. 7.1 dargestellte Dreieckschaltung (niedrige Drehzahl) zwischen den Klemmen 1 U – 1 V (Hinweis: Alle Wicklungen haben den gleichen Widerstand).

5. Berechnen Sie den Ersatzwiderstand für die in Abbildung 7.1 dargestellte Doppelsternschaltung (hohe Drehzahl) zwischen den Klemmen 2 U – 2 V.

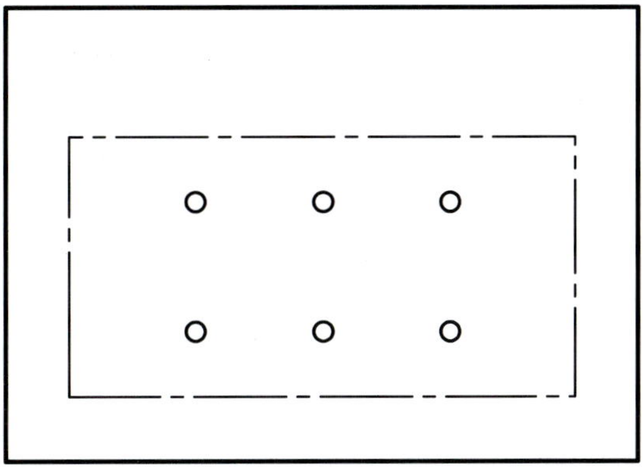

Abb. 7.7

7.2 Lösungen zu: Verdrahtungsarbeit 1 – Dokumentation einer Kältesteuerung

Schaltungstechnik und Funktionsanalyse

1.

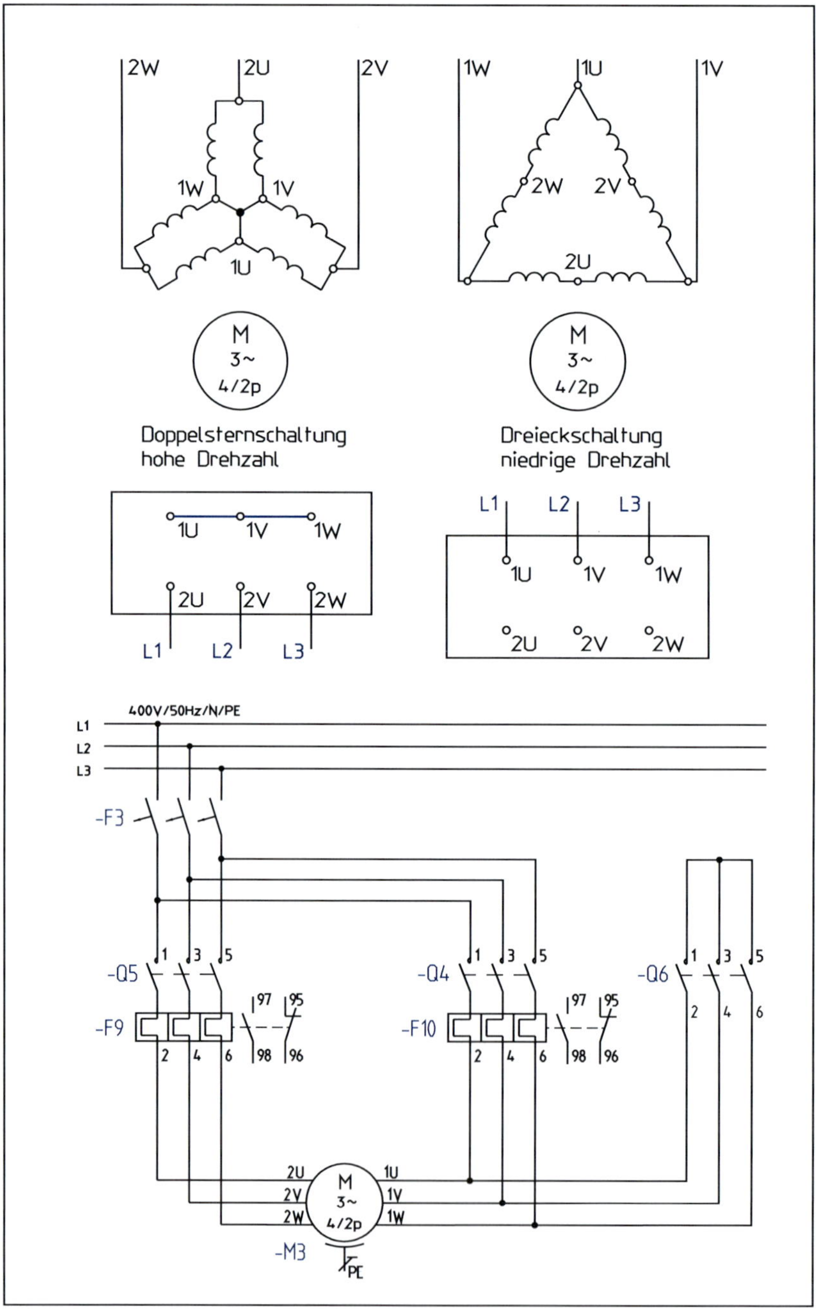

Abb. 7.8 Eintrag in Abbildung 7.1: Dahlanderschaltung

2.

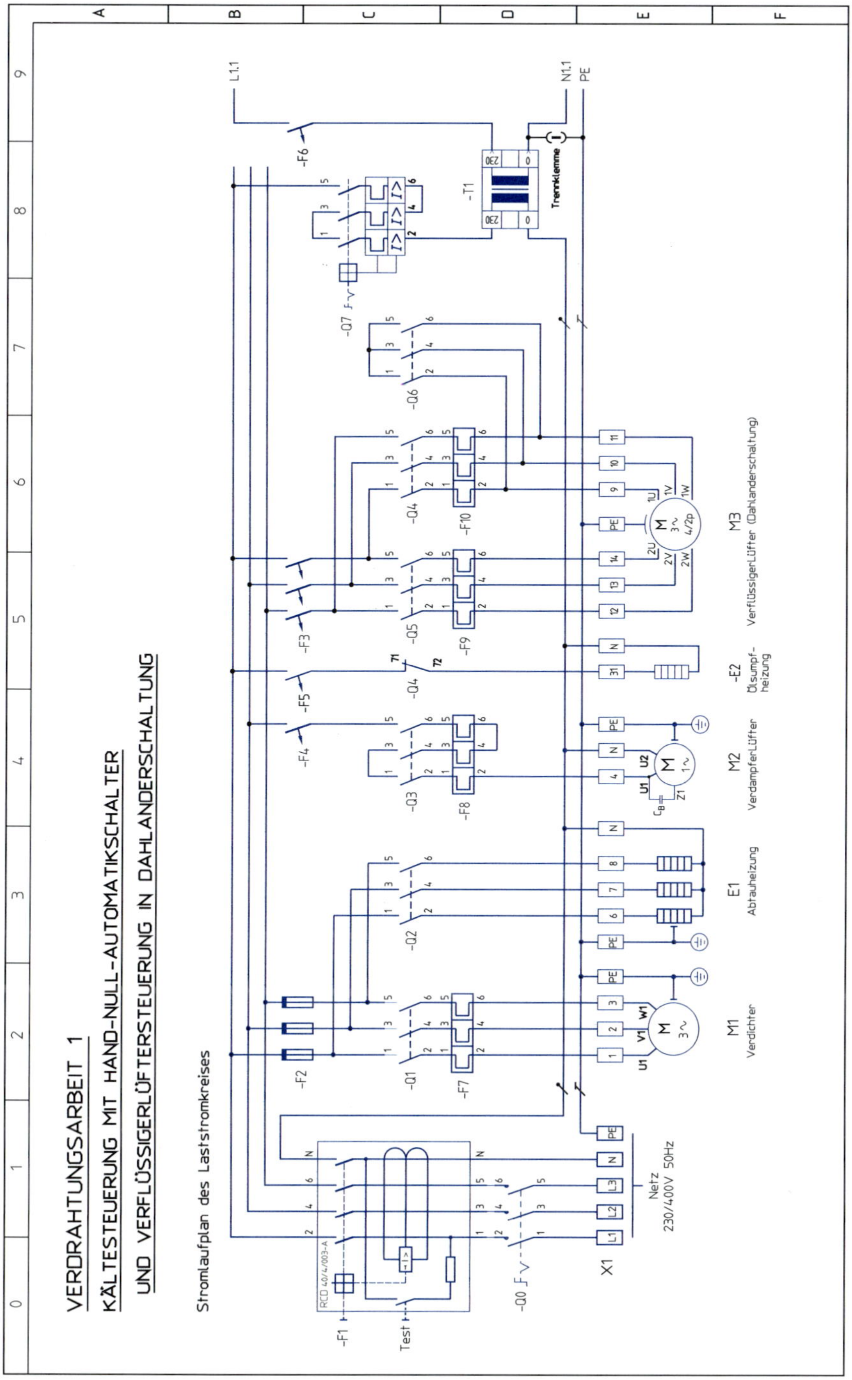

Abb. 7.9 Stromlaufplan des Lastkreises

Beachte:

Beim Anschluss des Verflüssigerlüftermotors (Dahlander) sollte unbedingt auf die richtige Phasenfolge beider Wicklungen geachtet werden, damit der Motor in beiden Drehzahlstufen die gleiche Drehrichtung hat.

Die Drehrichtungsänderung eines Drehstrom-Asynchronmotors erfolgt durch Tausch von zwei Außenleitern.

3.

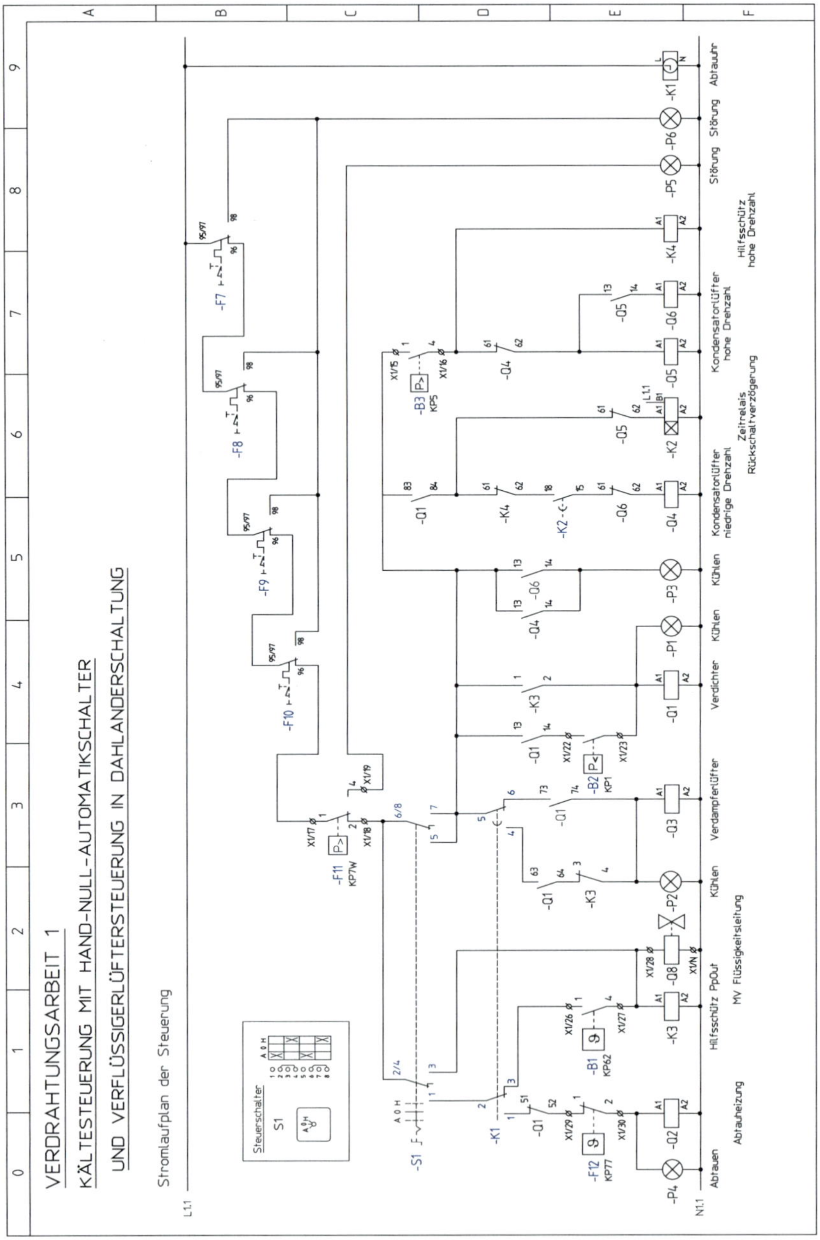

Abb. 7.10 Stromlaufplan der Steuerung in aufgelöster Darstellung

a) Im Kälteanlagenbau wird dieser Schalter S1 *Hand-Null-Automatikschalter* genannt.

   Er wird dort eingesetzt, wo z. B. bei Service-Arbeiten ein Kühlprozess in Gang gesetzt werden soll, obwohl der Kontakt des Raumthermostaten geöffnet ist und / oder die Abtauuhr eine Zwangsabtauung eingeleitet hat. Der Hand-Null-Automatikschalter überbrückt in „Handstellung" den Raumthermostaten.

b) Der Verdampferlüfter wird über den Abtauuhr-Kontakt 4-5-6 angesteuert. Er wird noch nachlaufen, solange der Abpumpvorgang läuft. Nach der Heizperiode wird der Verdampferlüfter über den Abtauuhr-Kontakt verzögert wieder eingeschaltet.

Technologie

1. Verflüssigerlüftersteuerung in Dahlanderschaltung

   Der Schließer des Verdichterschützes Q2 $_{83\text{-}84}$ schaltet die niedrige Drehzahlstufe des Verflüssigerlüfters. Der Verflüssigerlüfter läuft in der niedrigen Drehzahl nur dann, wenn auch der Verdichter läuft.

   In Abhängigkeit des Verflüssigungsdrucks schaltet der Druckschalter B3 die hohe Drehzahlstufe.

   <u>Betriebszustand 1</u>: Verdichter läuft und der Kondensatorlüfter dreht mit niedriger Drehzahl

   Fordert der Druckschalter B3 infolge zu hoher Verflüssigungstemperatur eine größere Luftmenge an, wird das Hilfsschütz K4 erregt und dessen Kontakt 61-62 schaltet das Schütz Q4 ab. Der Öffner-Kontakt Q4 $_{61\text{-}62}$ im Strompfad 7 schließt. Dadurch kann das Kondensatorlüfterschütz für hohe Drehzahl Q5 anziehen und das „Sternschütz" Q6 einschalten. Der Motor ist in Doppelstern geschaltet (s. Abb. 7.1).

   <u>Betriebszustand 2</u>: Verdichter und Verflüssigerlüfter sind ausgeschaltet

   Steigt der Verflüssigungsdruck so weit, dass der Druckschalter B3 schaltet, zieht zuerst Q5 und dann Q6 an ⇒ hohe Drehzahl.

   <u>Betriebszustand 3</u>: Verdichter läuft und Verflüssigerlüfter dreht mit hoher Drehzahl

   Sinkt der Verflüssigungsdruck so weit, dass der Kontakt 1-4 des Druckschalters B3 öffnet, fallen die Schütze K4, Q5 und Q6 ab. Der Lüftermotor bleibt solange abgeschaltet, bis das über den Öffner-Kontakt Q6 $_{61\text{-}62}$ erregte anzugsverzögerte Zeitrelais mit seinem Kontakt K2 $_{15\text{-}18}$ das Schütz Q4 (niedrige Drehzahl) einschaltet.

   Ein verzögertes Rückschalten ist erforderlich, da besonders bei Käfigläufermotoren ein Bremsstrom entsteht, der noch größer ist als der Anlaufstrom. Die durch den Bremsstrom erzeugte Wärme könnte die Isolierung der Motorwicklungen zerstören.

   <u>Betriebszustand 4</u>: Verdichter steht und Verflüssigerlüfter dreht mit hoher Drehzahl

   Sinkt der Verflüssigungsdruck so weit, dass der Kontakt 1-4 des Druckschalters B3 öffnet, so fallen die Schütze K4, Q5 und Q6 ab und der Kondensatorlüfter wird abgeschaltet.

   Die Schütze für hohe und die für niedrige Drehzahl müssen gegeneinander verriegelt sein.

2. Prinzip der Dahlanderschaltung

   Eine Drehstromwicklung in Dahlanderschaltung ist so gestaltet, dass sich mit *einer* Wicklung durch Umschalten der Wicklungsteile zwei Polzahlen realisieren lassen.

Die Drehzahlen stehen immer im Verhältnis 2:1.

3. Einstellen des Verflüssigungsdruckwächters B3 (Range)

   Wird der Verflüssigerlüfter in Abhängigkeit vom Verflüssigungsdruck ein- und ausgeschaltet, so muss die Schalthysterese des Druckschalters groß genug eingestellt werden, um ein häufiges Ein- und Ausschalten des Lüfters zu vermeiden.

   Bei der Frage nach einem höheren oder tieferen Einstellwert (z. B. bei 40° C ein, bei 30° C aus oder bei 35° C ein und bei 25° C aus) erweist sich ein tieferer Einstellwert als günstiger, weil der Verdichter ein nicht so hohes Druckverhältnis p_c / p_0 überwinden muss, was zu Leistungsverlusten führt (Liefergrad wird schlechter). Außerdem wird der spez. Kältegewinn geringer, da der Dampfanteil am Ende der Expansion ansteigt. Der Ausschaltwert muss immer unter der Umgebungstemperatur liegen, weil sonst eine Vorverdampfung im Sammler stattfinden könnte.

4. Unterschied Pumpdown- und Pumpout-Schaltung

   Bei der Pumpdown-Schaltung sind während *einer* Abschaltperiode mehrere Abpumpzyklen möglich. Bei der Pumpout-Schaltung dagegen wird durch den Einsatz eines zusätzlichen Hilfsschützes erreicht, dass nach einem einmaligen Abpumpen und Abschalten des Verdichters keine weiteren Abpumpzyklen mehr möglich sind (vgl. Schittenhelm 2015).

5. Steuerschalter: Antwort siehe Schaltungstechnik und Funktionsanalyse, Aufgabe 3 a).

6. „DASM bestehen aus einem Ständer (Stator) mit Drehstromwicklung und einem Läufer (Rotor), der meist als Kurzschlussläufer, in Ausnahmefällen als Schleifringläufer ausgeführt ist.

   Die sechs Spulenanschlüsse der Ständerwicklung sind auf ein Klemmbrett geführt. Je nach Lage der Brücken erhält man die entsprechende Schaltung (z. B. Stern- oder Dreieck, Dreieck- oder Doppelstern etc.).

   DASM sind Drehfeldmotoren; sie arbeiten nach dem Induktionsprinzip. Im Ständer wird durch die 3-phasige Wechselspannung ein Drehfeld der Drehzahl n_s erzeugt. Das rotierende Magnetfeld erzeugt in den Läuferstäben Ströme und damit ein Magnetfeld. Das Ständerfeld zieht das Läuferfeld mit sich; der Läufer dreht sich mit der Drehzahl n.

Technische Mathematik

1. geg.: $R_{Str} = 53\ \Omega$

   $U = 400$ V

   $\cos \varphi = 1$

   Ges.: a) P_{Str} in W_{Wirk}

   b) P in W_{Wirk}

   c) I in A

   d) P_2 in W_{Wirk} mit N

   e) P_2 in W_{Wirk} ohne N

a) $P_{Str} = \frac{U_{Str}^2}{R_{Str}} = \frac{U^2}{3 \cdot R_{Str}} = \frac{400^2\ V^2}{3 \cdot 53\ \Omega} \approx \underline{\underline{1000\ W}}$

b) $P = 3 \cdot P_{Str} = 3 \cdot 1000\ W \approx \underline{\underline{3000\ W}}$

c) $P = \sqrt{3} \cdot U \cdot I \cdot \cos\varphi \Rightarrow I = \frac{P}{\sqrt{3} \cdot U \cdot \cos\varphi}$

$I = \frac{3000\ W}{\sqrt{3} \cdot 400\ V \cdot 1} = \underline{\underline{4{,}33\ A}}$

d) $P_2 = 2 \cdot P_{Str} = 2 \cdot 1000\ W = \underline{\underline{2000\ W}}$

e) $P = \frac{U^2}{2 \cdot R_{Str}} = \frac{400^2\ V^2}{2 \cdot 53\ \Omega} \approx \underline{\underline{1510\ W}}$

2. geg.: Typenschild/Datenblatt

DAS-Motor in Stern an

$U_{mittel} = 400\ V / 50\ Hz$

$n = 1450\ min^{-1}$

$I_{Bmax} = 11{,}5\ A$

$\eta = 80\ \%$

ges.: a) Übertragung Datenblatt → Typenschild

b) Interpretation der Daten

c) Anschluss/Verkettung

d) I_{Bmax} in A

e) $P_{e\ max}$ in kW_{Wirk}

f) $P_{ab\ max}$ in PS

g) M_{max} in Nm

h) I_{Einst} an F7

a)

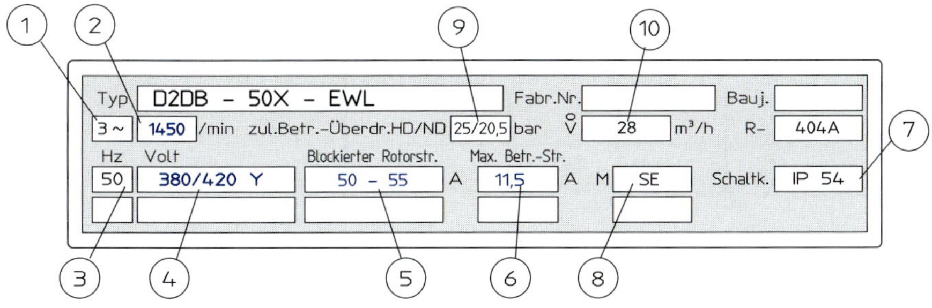

Abb. 7.11 Leistungsschild Verdichtermotor

b) (1) 3~: 3 Phasen ⇒ Drehstrommotor

(2) und (3) 1450/min und 50 Hz: Rotor-Drehzahl 1450/min und Drehfeld-Drehzahl $n_s = f/p = 50\ Hz/2 = 1500/min$ ⇒ DASM

(4) 380/420 V Y: Dieser DASM muss am 400 V/3 ~/50 Hz-Netz in Sternschaltung betrieben werden. Die Spannungsschwankungen dürfen zwischen 380 und 400 V plus einer Toleranz von ±10 % betragen, ohne dass der Motor Schaden nimmt.

(5) Blockierter Rotorstrom: Das ist der Strom, der bei Nennspannung an einem Motorverdichter mit blockiertem Rotor 4 Sekunden nach dem Einschalten gemessen wird (vgl. Technische Mitteilung 09, DWM Copeland).

(6) Maximaler Bemessungsstrom: Der Strom, der bei Nennspannung unter den vom Hersteller zugelassenen ungünstigsten Betriebsbedingungen gemessen wird.

(7) IP 54: Internationaler Schutz gegen schädliche Staubablagerungen im Innern (staubgeschützt) und Schutz gegen Spritzwasser aus allen Richtungen.

(8) M SE: Angabe über den E-Motorhersteller

(9) 25/20,5 bar: Maximale Betriebsüberdrücke, Hochdruckseite (HD) 25,0 bar; Niederdruckseite (ND) 20,5 bar (Stillstand)

(10) V 28 m^3/h: Volumenstrom, theoretisch bei 50 Hz

c) aufgrund der Spannungsangabe 380/420 V Y muss dieser DASM in Sternschaltung angeschlossen werden, da seine Wicklungen für die Strangspannung von 400 $V/\sqrt{3}$ – also 230 V – ausgelegt sind.

d) laut Typenschild: $I_{Bmax} = 11{,}5\ A$

e) $P_{emax} = \sqrt{3} \cdot U \cdot I_{Bmax} \cdot \cos\varphi \Rightarrow \sqrt{3} \cdot 400V \cdot 11{,}5A \cdot 0{,}72$

$\underline{P_{emax} = 5{,}74\ kW}$

f) $\eta = \frac{P_{ab}}{P_{emax}} \Rightarrow P_{abmax} = \eta \cdot P_{emax} = 0{,}8 \cdot 5{,}74\ kW = 4{,}59\ kW$

$1\ PS = 0{,}736\ kW \Rightarrow \underline{\underline{P_{abmax} \approx 6{,}2\ PS}}$ (Pferdestärken)

g) $P_{abmax} = \frac{n \cdot M_{max}}{9549} \Rightarrow \underline{\underline{M_{max}}} = \frac{9549 \cdot 4{,}59\ kW}{1450\ min^{-1}} = \underline{\underline{30{,}2\ Nm}}$

h) das Überstromrelais ist auf 11,5 A einzustellen.

3. a)

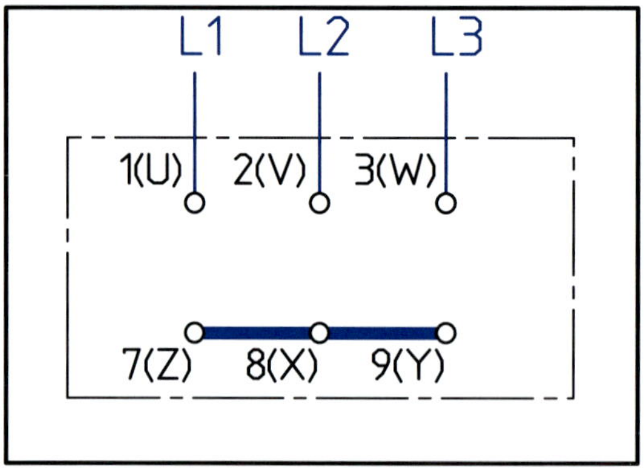

Abb. 7.12 Hersteller

b)

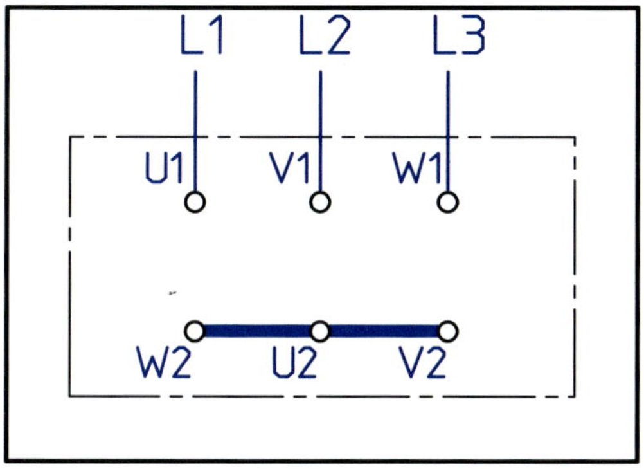

Abb. 7.13 DIN VDE

4. Gesamtwiderstand R_g siehe Abbildung 7.14

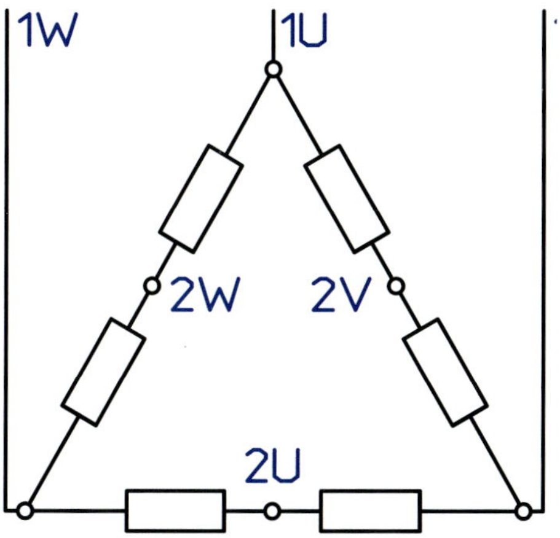

Abb. 7.14

⇒ Ersatzschaltbild siehe Abbildung 7.15

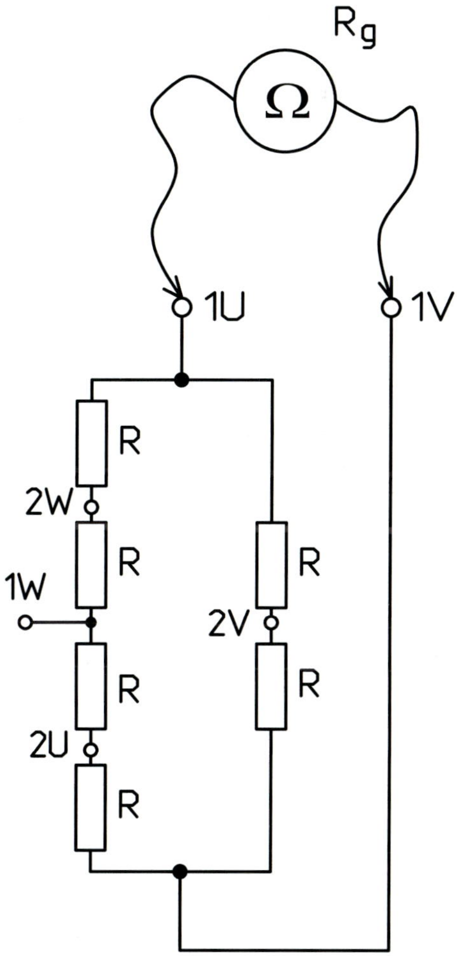

Abb. 7.15

5. Gesamtwiderstand siehe Abbildung 7.16

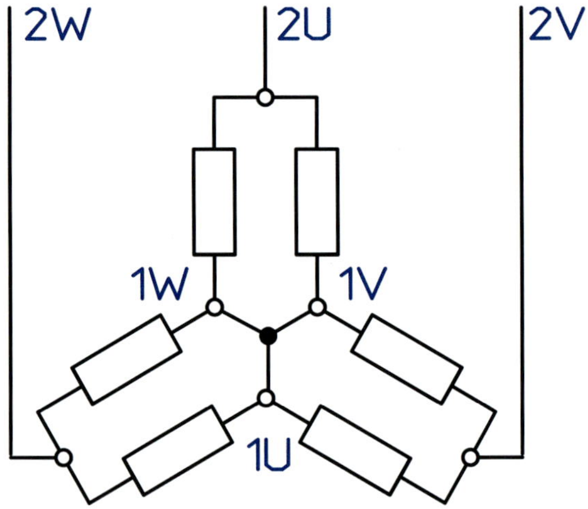

Abb. 7.16

⇒ Ersatzwiderstand siehe Abbildung 7.17

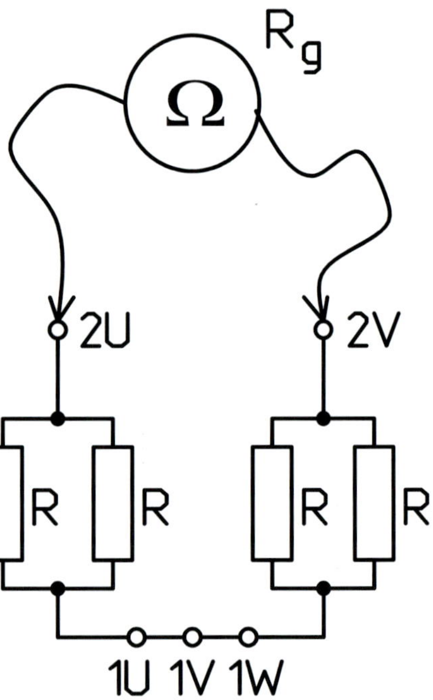

Abb. 7.17

$$R_g = \frac{R \cdot R}{R + R} + \frac{R \cdot R}{R + R}$$

$$R_g = \frac{R^2}{2 \cdot R} + \frac{R^2}{2 \cdot R} \Rightarrow R_g = \frac{2 \cdot R^2}{2 \cdot R} \Rightarrow \underline{\underline{R_g = R}}$$

8 Kältesteuerung 9

Die Projekte in diesem Kapitel decken folgende Lernfelder ab:

Lernfeld 3: Untersuchen und Prüfen der Funktion von elektrischen Anlagenteilen in Kälte- und Klimaanlagen

Lernfeld 9: Herstellen und Prüfen von elektromechanischen und elektronischen Steuerungen

Lernfeld 13: Auswählen und Anschließen von elektrischen Betriebsmitteln an das Dreiphasenwechselstromnetz

8.1 Anlaufentlastung (Y/Δ)

Ein defekter Verdichter (direkt nach dem Einschalten brennt die Schmelzsicherung F1 durch) soll gegen einen gebrauchten generalüberholten Bitzer Verdichter (Typ 4Z-8.2Y/Δ) ausgetauscht werden. Ihr Chef macht dem Kunden ein günstiges Angebot, weil es sich um einen „normalen" Drehstrommotor (kein Part Winding) handelt. Der Kunde ist mit dem nachträglichen Einbau einer kältetechnischen Anlaufentlastung (Bypass) einverstanden.

Als Dokumentation der „alten" Anlage liegt nur der in Abbildung 8.1 dargestellte Geräte-Verdrahtungsplan vor.

Technische Informationen zur Anlaufentlastung s.
https://www.vde-verlag.de/buecher/download/495178.zip

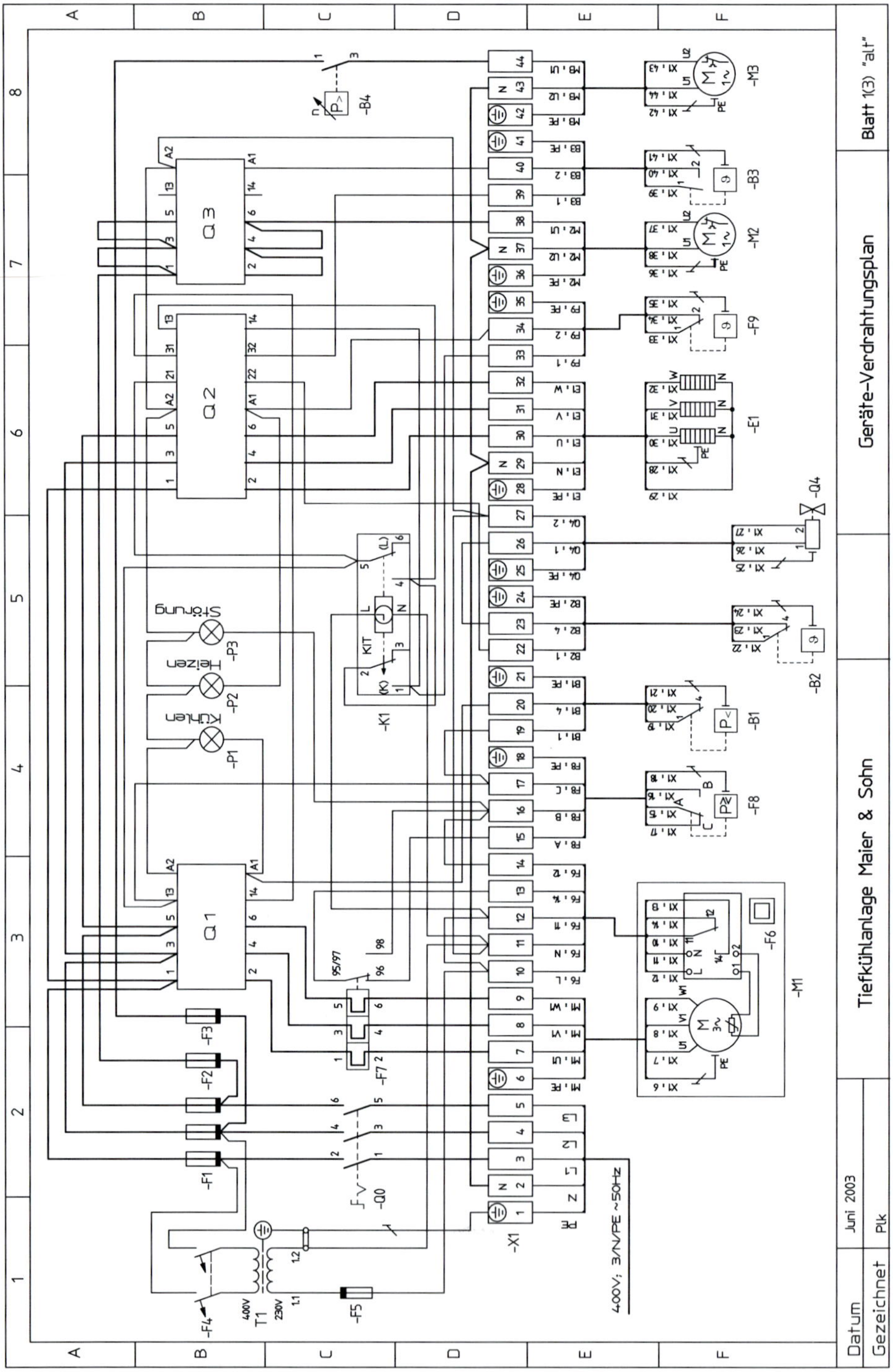
Tiefkühlanlage Maier & Sohn
Geräte-Verdrahtungsplan
Blatt 1(3) "alt"
Datum
Juni 2003
Gezeichnet
Plk
400V; 3/N/PE ~50Hz
Störung
Heizen
Kühlen

Abb. 8.1

Schaltungstechnik und Funktionsanalyse

1. Als erstes bekommen Sie den Auftrag, den defekten Verdichtermotor durch zu messen. Ihr Kollege weist Sie darauf hin, dass Sie vor Durchführung der Messung die Zuleitung abklemmen und die Brücken aus dem Klemmbrett entfernen müssen.

   a) Nennen Sie den Grund für diese Vorgehensweise.

   b) Tragen Sie in dem in Abbildung 8.2 dargestellten Klemmbrett die fehlenden Bezeichnungen der Wicklungsenden (U2-V2-W2) ein und fertigen Sie eine neue Skizze des Klemmbretts mit den drei zugehörigen Wicklungen an.

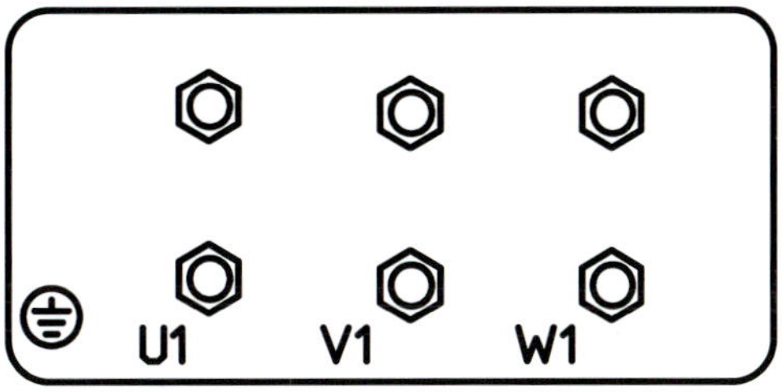

Abb. 8.2 Klemmbrett

   c) Wie sollten sich die Messwerte der 3 Wicklungswiderstände (U1-U2, V1-V2 und W1-W2) eines intakten Drehstrommotors zueinander verhalten?
   Begründen Sie Ihre Antwort, ohne Zahlenwerte anzugeben.

   d) Im Folgenden überprüfen Sie die Widerstandswerte zwischen den einzelnen Wicklungen und dem Stator: (U1-PE, U2-PE, V1-PE, V2-PE usw.). Welche Anzeigewerte erwarten Sie?

   e) Bei der letzten Messung überprüfen Sie die Widerstandswerte zwischen den einzelnen Wicklungen: (U1-V1, V1-W1, U1-W1 usw.). Zwischen den Klemmen U1 und V1 messen Sie einen Widerstandswert von 3 Ohm.

   Auf welchen Fehler deutet dieser Messwert hin und wie verhält sich in diesem Fehlerfall der Motor beim Einschalten?

2. Um sich einen genauen Überblick über die „alte" Kältesteuerung zu verschaffen, bekommen Sie von Ihrem Chef den Auftrag, den Geräte-Verdrahtungsplan aufzulösen in einen Last- und Steuerstromkreis. Vervollständigen Sie dazu die vorbereiteten Stromlaufpläne in den Abbildungen 8.3 und 8.4.

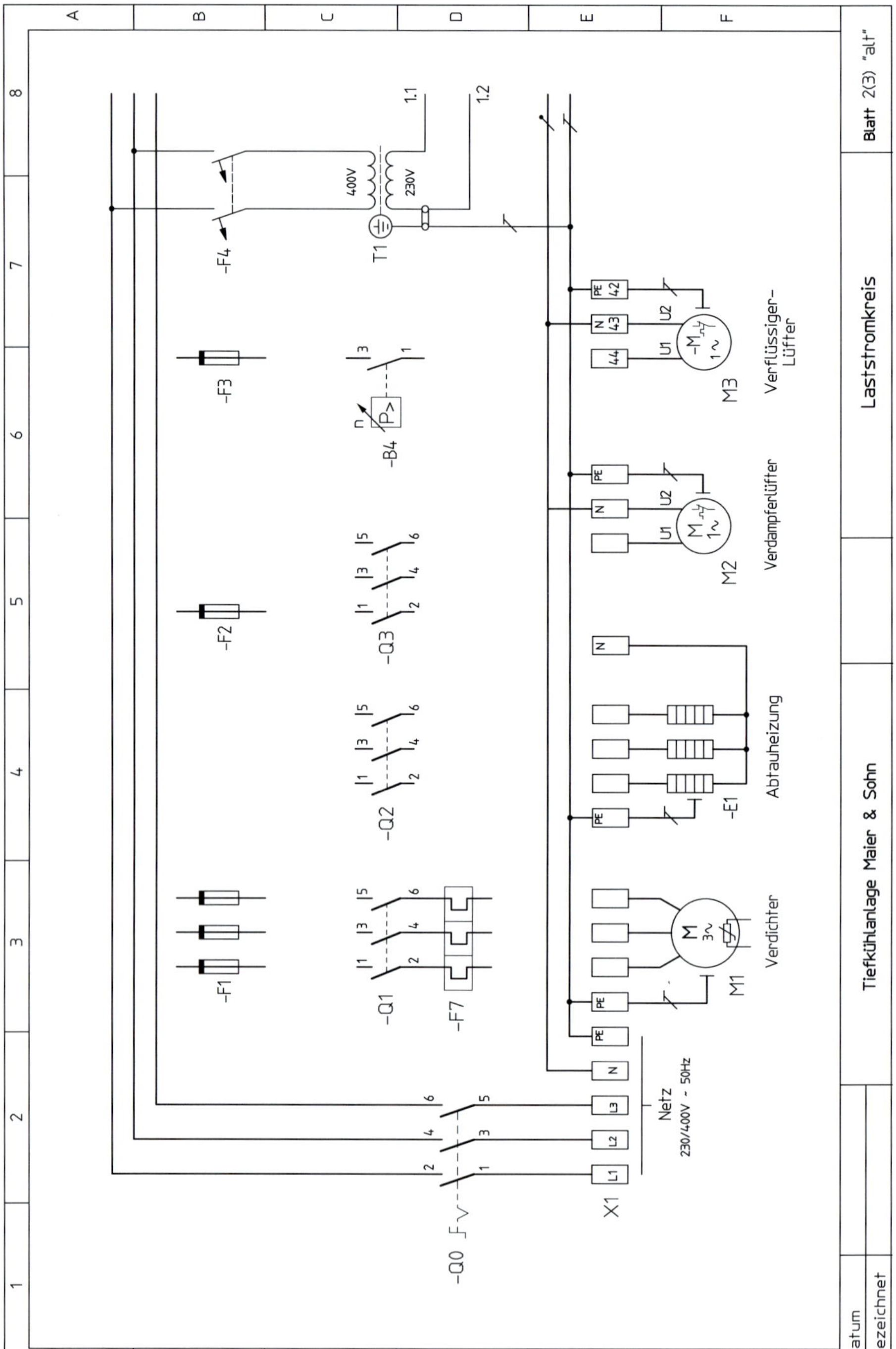

Abb. 8.3 Stromlaufplan des Lastkreises der „alten" Tiefkühlsteuerung

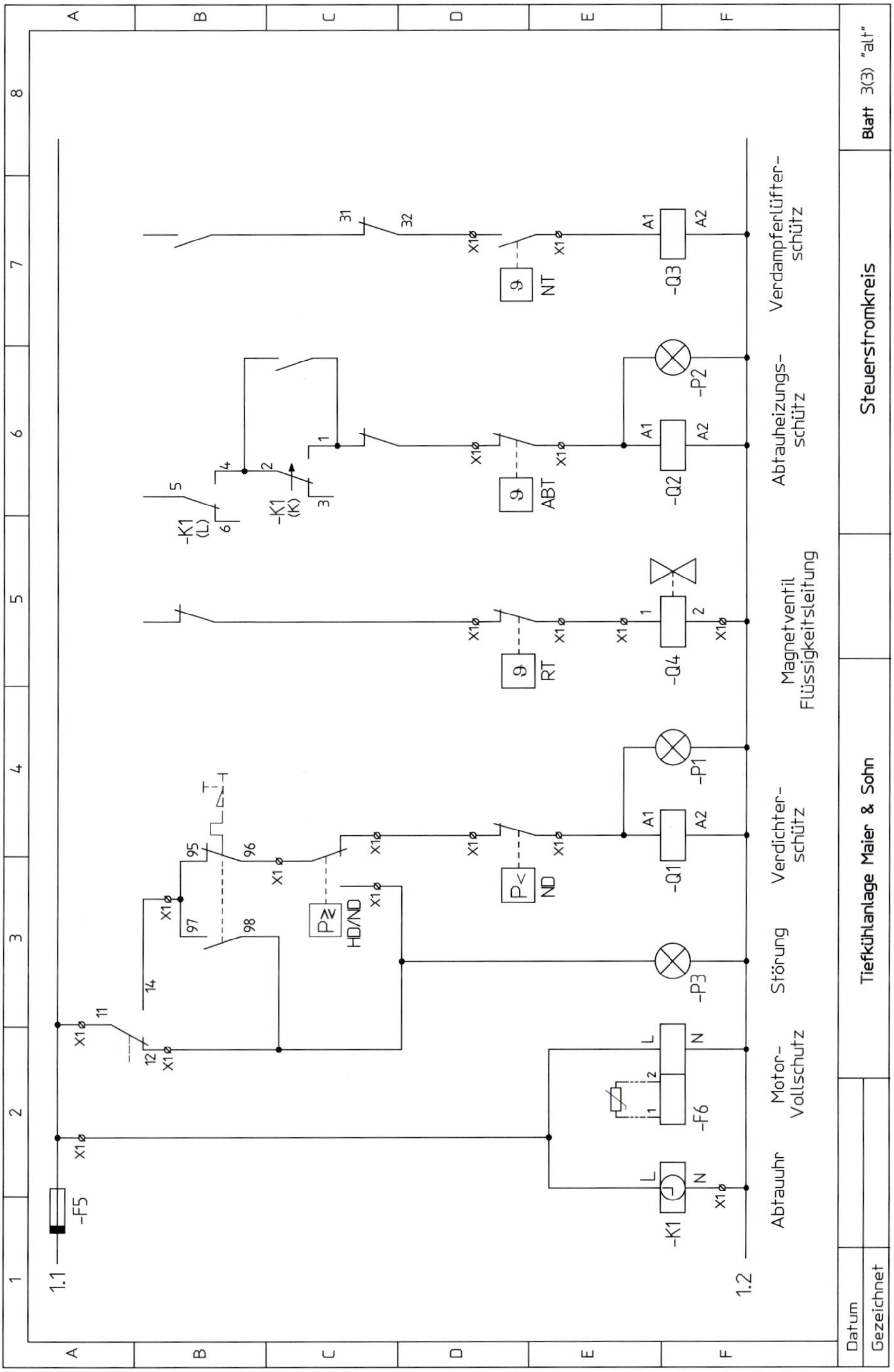

Abb. 8.4 Stromlaufplan der Steuerung mit Zwangsabtauung (KIT-Abtauuhr)

3. Vervollständigen Sie den Laststromkreis in Abbildung 8.5 „neu“ mit dem Austausch-Verdichter (Y-Δ-Anlauf) und dem drehzahlgeregelten Verflüssigerlüfter.

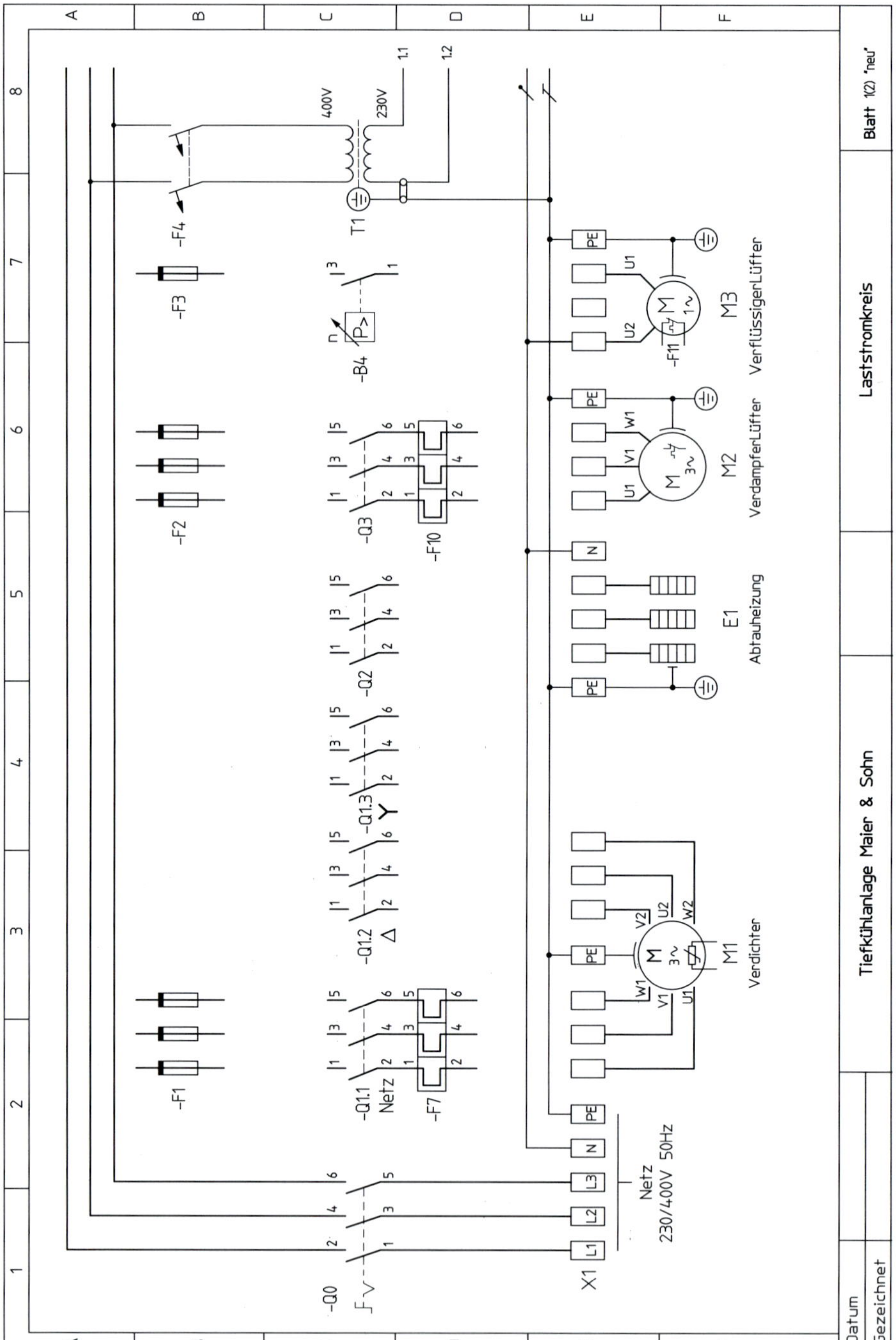

Abb. 8.5 Stromlaufplan des Lastkreises der „neuen“ Anlage (Y-Δ-Anlauf)

4. Vervollständigen Sie den Steuerstromkreis in Abbildung 8.6 „neu“ mit
   - automatischer Stern-Dreieck-Schaltung in Pumpdown
   - kältetechnischer Anlaufentlastung (Bypass)
   - Verdichter-Anlaufverzögerung
   - Wärmeschutzthermostat F12 und der
   - KIT Abtauuhr

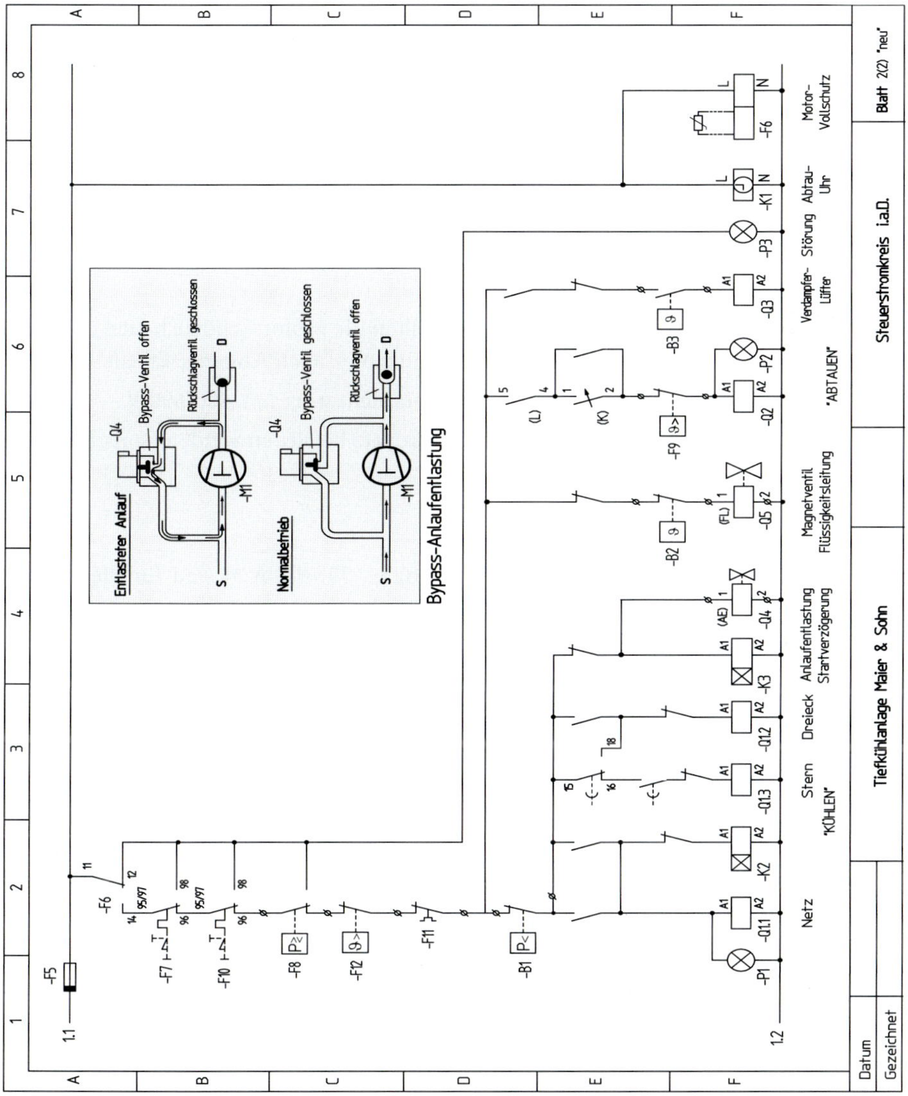

Abb. 8.6 Stromlaufplan der Steuerung (elektro- u. kältetechnische Anlaufentlastung)

Dieser Stromlaufplan ist soweit vorbereitet, dass Sie nur noch die Kennbuchstaben der Betriebsmittel sowie deren Kontaktziffern einzutragen brauchen.

5. Fertigen Sie eine Legende der „alten“ und „neuen“ Kältesteuerung an.

Technologie

1. Sind in der Kältesteuerung in Abbildung 8.6 „Kühlen“ und „Abtauen“ gegeneinander verriegelt?
2. Nennen Sie Aufgabe und Einsatz der Anlaufentlastung in einer Kälteanlage.
3. Zählen Sie neun Möglichkeiten des Startens von E-Motoren am Drehstromnetz auf und geben Sie an, welche dieser Verfahren in Kältesteuerungen eingesetzt werden.
4. Erläutern Sie die Funktion der kältetechnischen Bypass-Anlaufentlastung (s. Abb. 8.6).
5. Welche Vorteile hat eine Verdichter-Startverzögerung?
6. Nennen Sie Einsatz und Funktion eines Wärmeschutzthermostaten.
7. Nennen Sie Vorteil und Funktion der Verflüssigerlüfter-Drehzahlregelung.
8. Beschreiben Sie die Funktion der Abtauuhr KIT.
9. Welche Gebrauchskategorie nach IEC 947 sollten die Motor-Schütze haben und was sind die Folgen von zu klein dimensionierten Schützen (s. auch Anhang, Tabelle A.5)?
10. Auf dem Leistungsschild des Verdichtermotors steht u. a.: Δ/Y 400/690 V.

    Wie muss dieser D-Motor am 690-V-TN-C-S-Netz betrieben werden (s. Anhang, Tabelle A.2)?

Technische Mathematik

In der Tabelle ‚Bitzer-Technische Daten‘ (s. Anhang, Tabelle A.3) sind für diesen Verdichter (4Z-8.2Y) folgende Werte angegeben:

- die Läufer-Drehzahl im Nennbetrieb $n = 1450\ min^{-1}$
- die Spannung U = 400 V Δ (Sonderausführung Y/Δ-Motor)
- die Frequenz f = 50 Hz
- die maximale aufgenommene Bemessungsstromstärke $I_{B\,max} = 17$ A
- die max. Leistungsaufnahme $P_{el\,max} = 9{,}7$ kW
- der Anlaufstrom bei blockiertem Rotor $I_{AN\Delta} = 81$ A

1. a) Tragen Sie in die in den Abbildung 8.7 und 8.8 dargestellten drei Wicklungen des Stern-Dreieck-Motors die fehlenden Außenleiterbezeichnungen ein und vervollständigen Sie die Stern- und die Dreieckschaltung.
   b) Tragen Sie in die Motor-Klemmbretter die Klemmenbezeichnungen und die Brücken ein.
   c) Tragen Sie in beide Abbildungen je eine Leiter- und eine Strangspannung ein.
   d) Tragen Sie die max. Betriebsstromstärke in die gezeichnete Dreieckschaltung ein und berechnen Sie die Strangstromstärke (in A). Tragen Sie auch diese als Pfeil mit Wert ein.

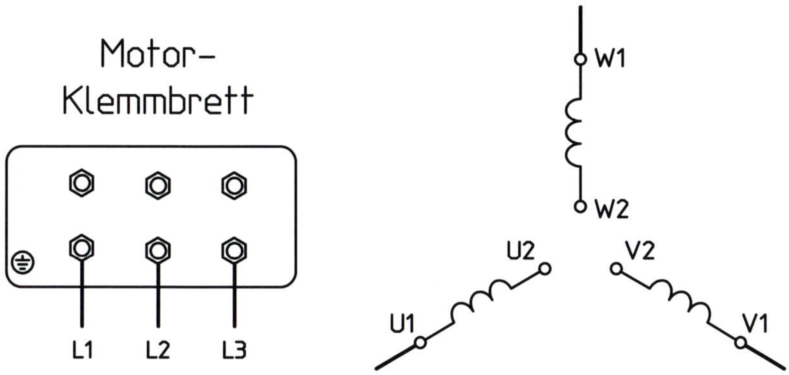

Abb. 8.7 Verdichtermotor in Sternschaltung

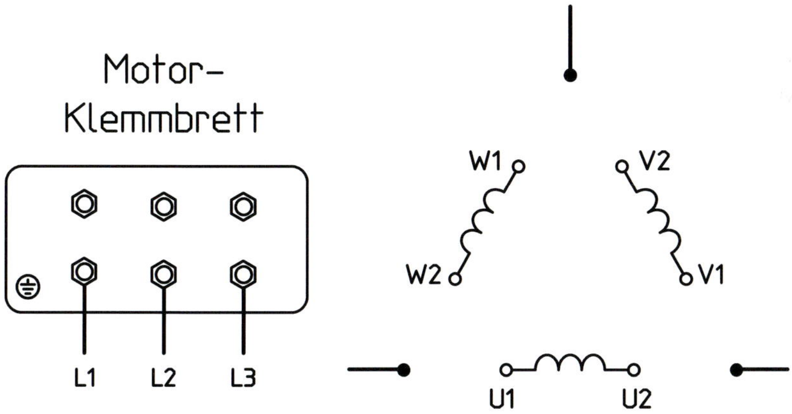

Abb. 8.8 Verdichtermotor in Dreieckschaltung

2. Wie groß ist die max. Anlauf-Stromstärke (in A), wenn dieser Motor in Sternschaltung angelassen wird?
3. Welche Stromstärke (in A) nimmt dieser D-Motor während des Anlaufens auf, wenn er direkt in Dreieckschaltung gestartet wird?
4. Berechnen Sie den Phasenverschiebungsfaktor cos φ, wenn am Motor im Betrieb eine Spannung von 400 V anliegt (Daten s.o.).
5. Berechnen Sie das abgegebene Drehmoment (in Nm), wenn der Wirkungsgrad 85 % beträgt.
6. Wie würden Sie diesen Motor absichern (Nennstromstärke der NEOZED-Sicherungen in A) und auf welchen Wert (in A) würden Sie das Überstromrelais F7 im Y-/Δ-Betrieb einstellen (s. auch Anhang, Tabelle A.1)?
7. Welcher Leiterquerschnitt (NYM, Verlegeart C) für die Zuleitung ist erforderlich, wenn die Unterverteilung ca. 20 m vom Schaltkasten dieser Kältesteuerung entfernt ist?

8. Der Kunde möchte eine Berechnung der voraussichtlichen Jahres-Energiekosten dieser Tiefkühlanlage. Aus dem Datenblatt ist Ihnen nur die max.Leistungsaufnahme des Verdichtermotors bekannt (9,7 kW).
   a) Beschreiben Sie, wie Sie vorgehen, um die Leistungsaufnahme der Abtauheizung, sowie die Leistungsaufnahme des Verdampfer- und Verflüssigerlüfters (P_{el} in kW) zu ermitteln.

      Für die Messung stehen Ihnen ein Multimeter (Volt, Ohm) und ein Zangenamperemeter zur Verfügung.

      Sie ermitteln die folgenden Leistungswerte:

      Abtauheizung 3 kW; Verdampferlüfter 1,1 kW; Verflüssigerlüfter 0,9 kW; Verdichter 9,7 kW (s.o.)
   b) Berechnen Sie die max. Jahreswirkarbeit (in kWh), wenn Verdichter und beide Lüftermotoren im Schnitt 14 h und die Abtauheizung 2 Mal 30 min pro Tag an 365 Tagen im Jahr in Betrieb sind. Die Wirkarbeit des Steuertrafos sowie der Betriebsmittel im Steuerstromkreis können vernachlässigt werden.
   c) Berechnen Sie die max. Energiekosten (in €) dieser Tiefkühlanlage für ein Jahr, wenn die Kilowattstunde 28 Cent kostet.

8.2 Lösungen zu: Anlaufentlastung (Y/Δ)

Schaltungstechnik und Funktionsanalyse

1. Messtechnische Überprüfung des „alten“ Verdichtermotors
   a) Durch nicht abgeklemmte Zuleitungen entstehen keine aussagefähigen Messwerte, da sich Messschleifen bilden können. Nicht heraus genommene Brücken verhindern die Überprüfung des Isolationswiderstands zwischen den Wicklungen.
   b) S. Abbildung 8.9
   c) Die Messwerte der Widerstände RU, RV und RW müssen nahezu identisch sein um Windungsschlüsse auszuschließen.
   d) Im ordnungsgemäßen Zustand besteht keine leitende Verbindung zwischen den Wicklungen und dem geerdeten Gehäuse des Motors (Stator) bzw. dem Schutzleiter PE. Das Messgerät sollte daher das Symbol für die Überschreitung des Messbereichs bzw. „unendlich“ (∞) anzeigen.
   e) Es liegt ein Isolationsfehler zwischen den Wicklungen U und V vor (Wicklungsschluss). Möglicherweise ist die Lackschicht beschädigt oder das Isolationsmaterial ist gealtert.

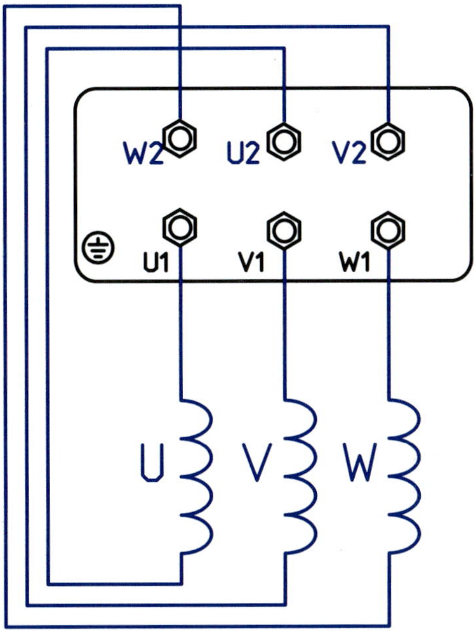

Abb. 8.9 Klemmbrett mit Wicklungen"

2. S. Abbildungen 8.10 und 8.11

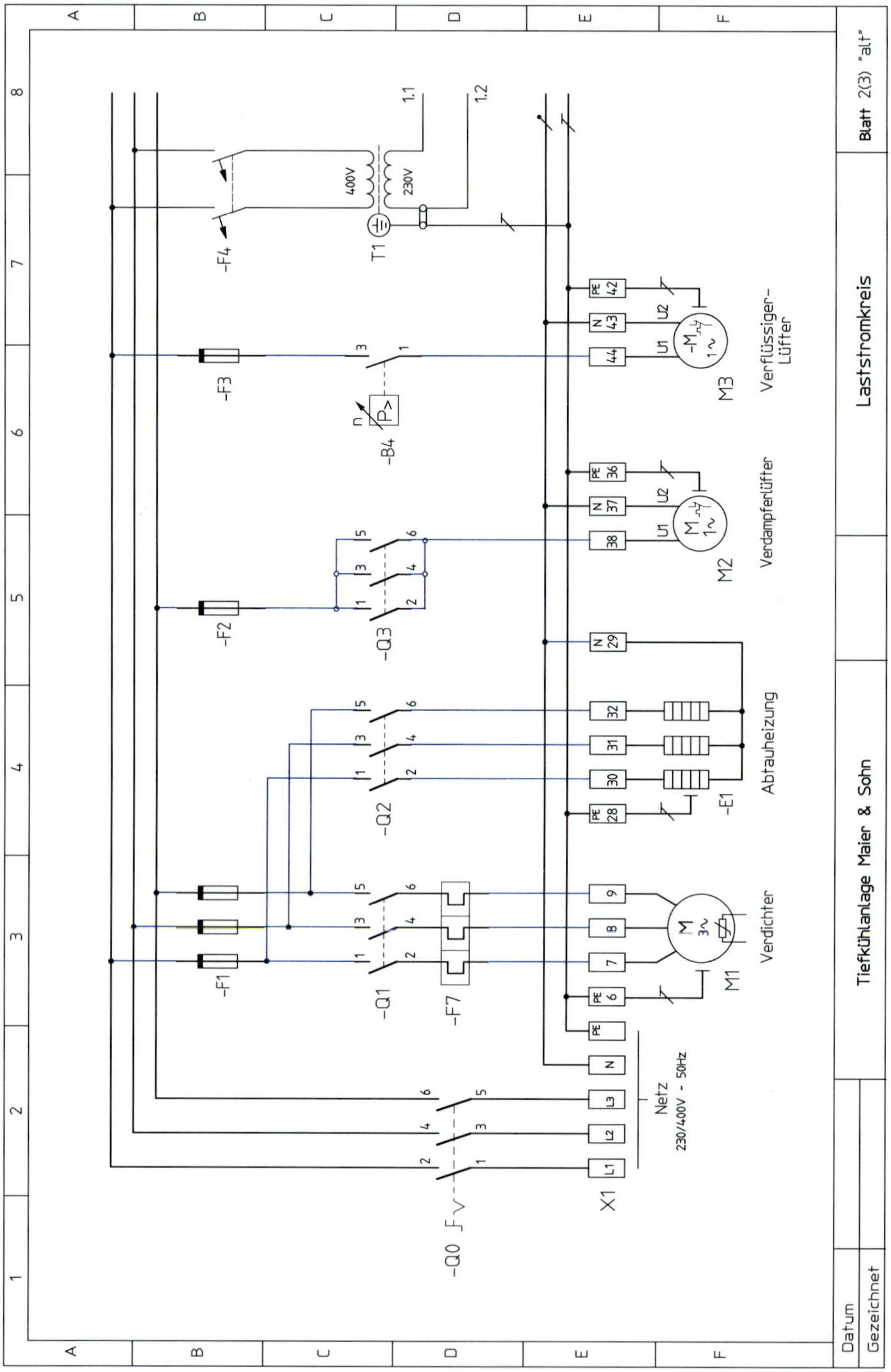

Abb. 8.10 Stromlaufplan des Lastkreises „alt"

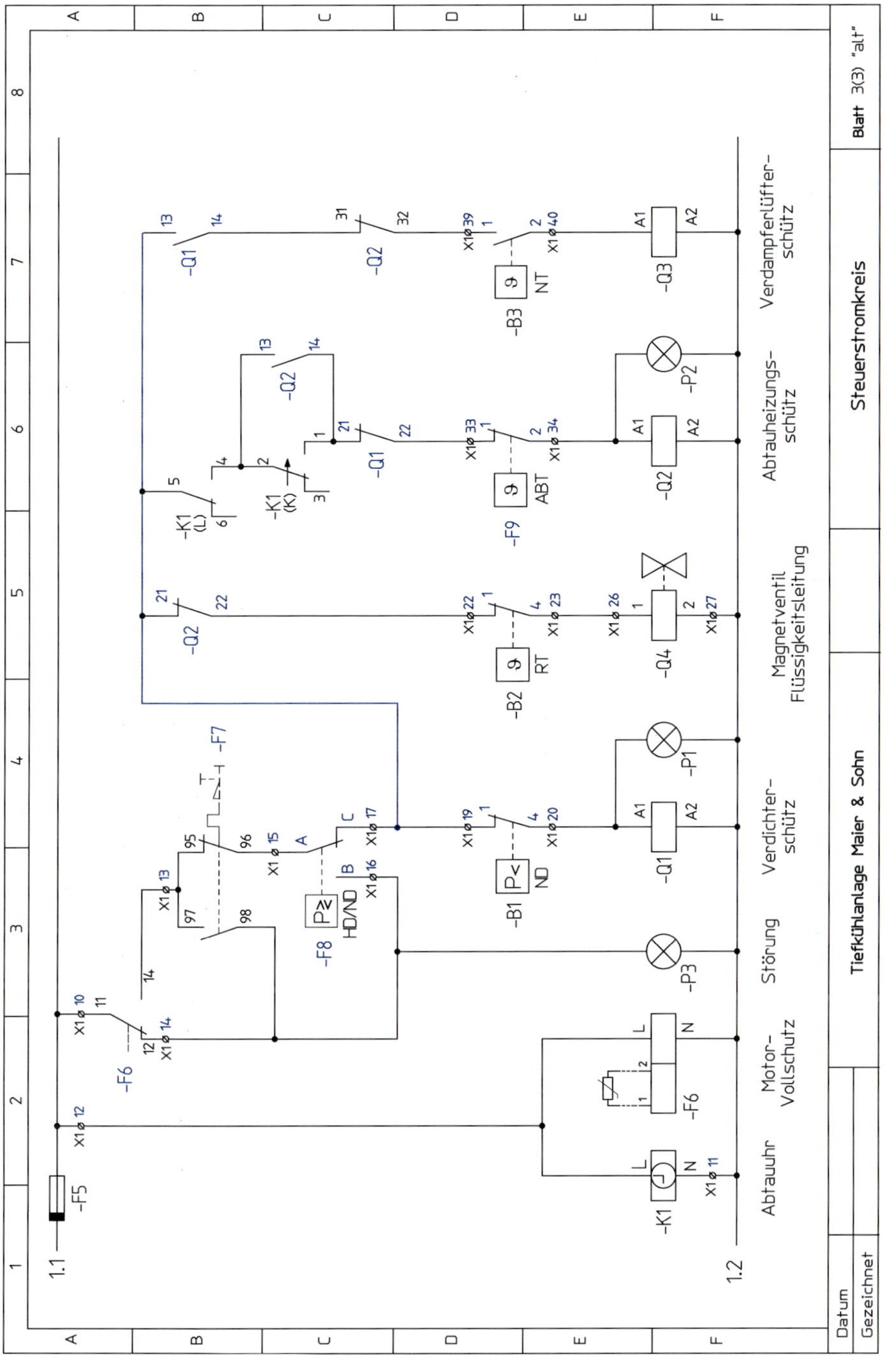

Abb. 8.11 Stromlaufplan der Steuerung „alt"

3.

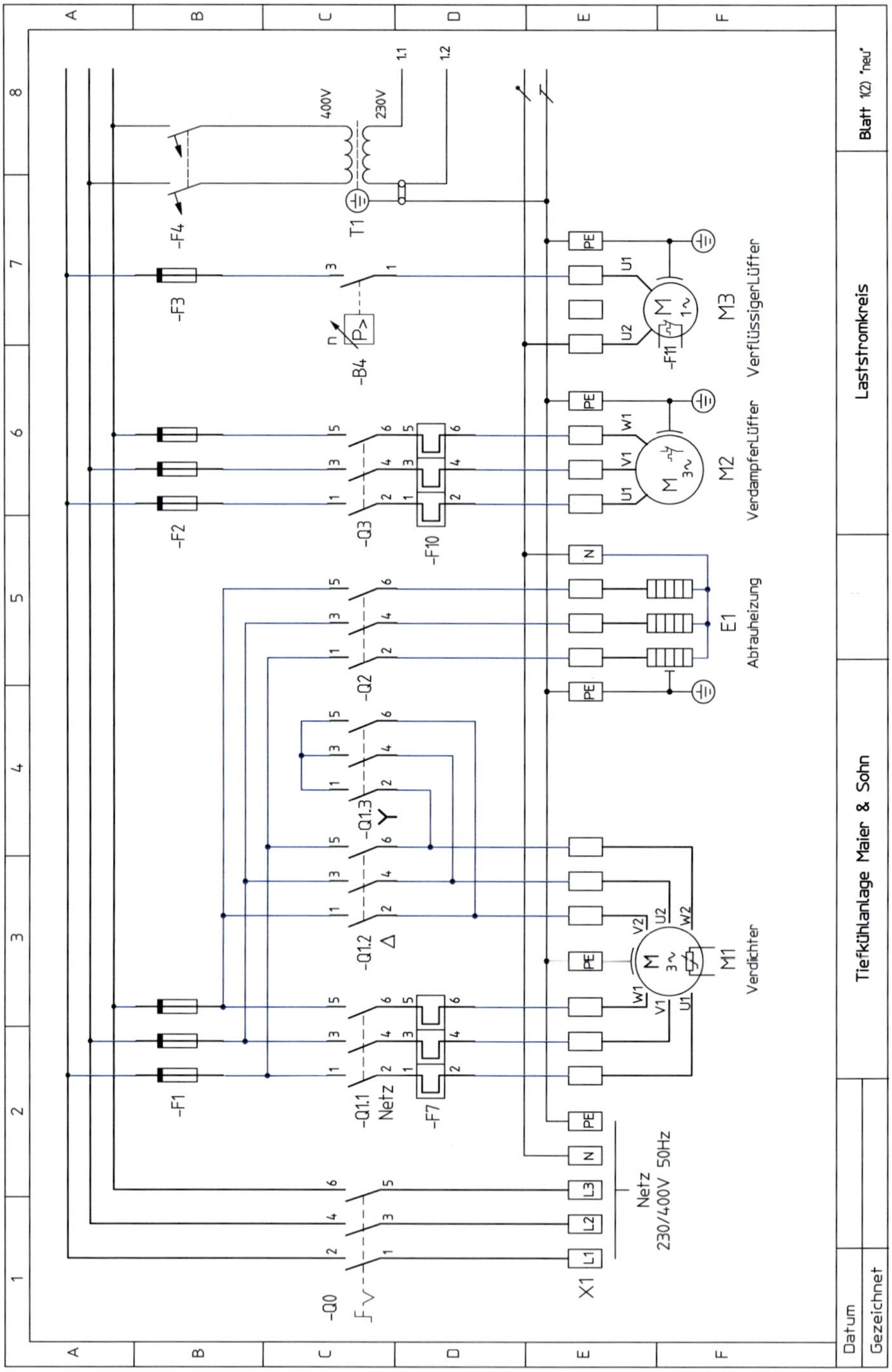

Abb. 8.12 Stromlaufplan des Lastkreises „neu"

4.

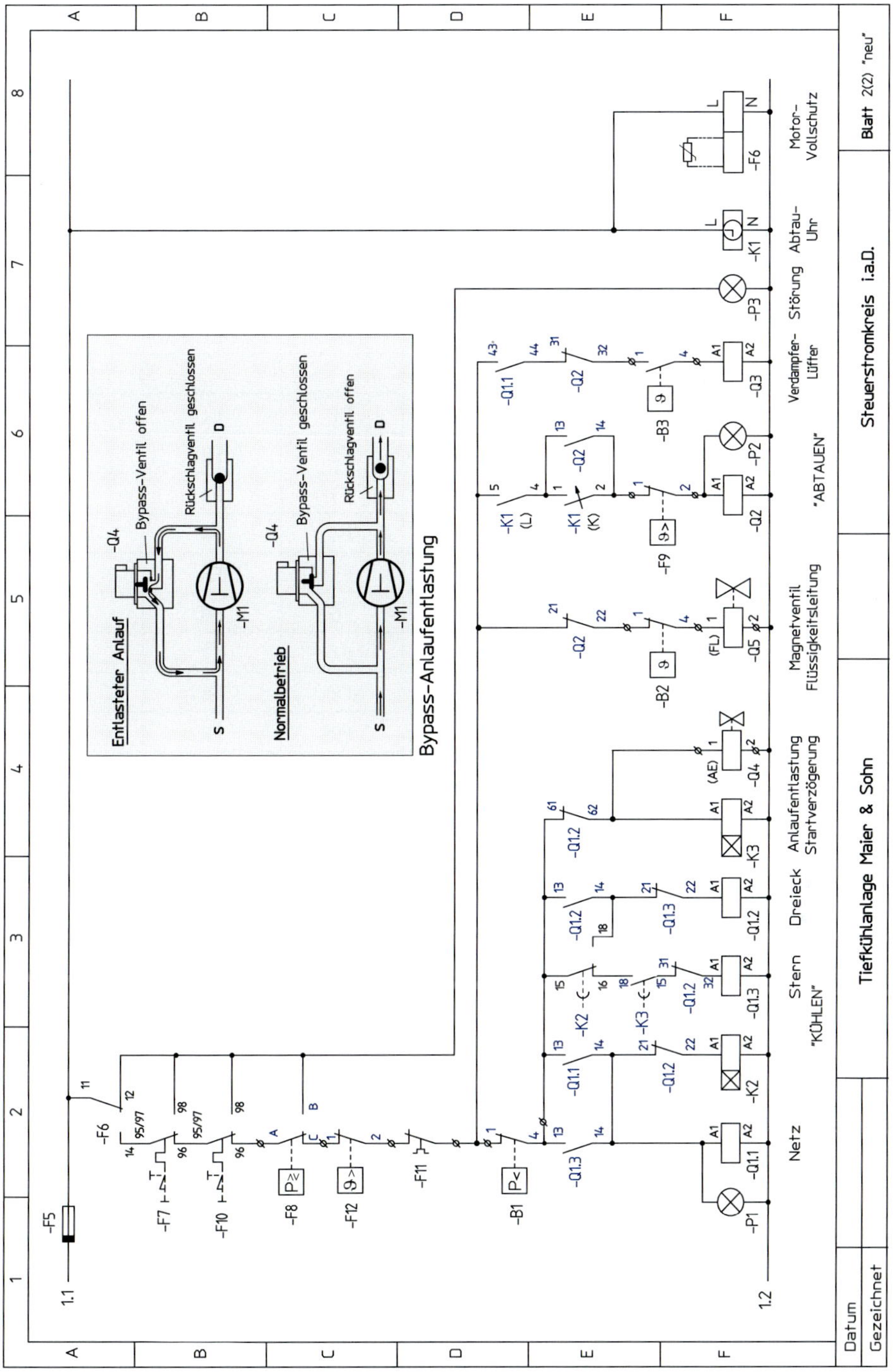

Abb. 8.13 Stromlaufplan der Steuerung „neu"

5. Legende der „alten“ und „neuen“ Kältesteuerung

Tab. 8.1

Betriebsmittel	Pläne „alt“	Pläne „neu“	DIN EN 1861
Niederdruckwächter (Pumpdown)	B1	B1	PSL
Raumthermostat	B2	B2	TSHL
Verdampferlüfternachlaufthermostat	B3	B3	TSL
Drehzahlsteller Verflüssigerlüfter (druckabhängig)	B4	B4	PSH
Abtauheizung (Sternschaltung)	E1	E1	
Schmelzsicherungen Verdichter und Abtauheizung	F1	F1	
Schmelzsicherungen Verdampferlüfter	F2	F2	
Schmelzsicherungen Verflüssigerlüfter	F3	F3	
Leitungsschutzschalter Steuertransformator (2 A)	F4	F4	
Feinsicherung Steuerstromkreis (0,5 A)	F5	F5	
Motorvollschutzgerät INT	F6	F6	TZAH
Motorschutzrelais Verdichtermotor	F7	F7	
Hoch-/Niederdruckbegrenzer	F8	F8	PZAHL
Abtau-Sicherheitsthermostat	F9	F9	TZH
Motorschutzrelais Verdampferlüftermotor	n.v.	F10	
Interner Motorschutz (Klixon) Verflüssigerlüfter-motor	n.v.	F11	
Wärmeschutzthermostat	n.v.	F12	TZH
Abtauuhr KIT	K1	K1	
Zeitrelais ‚automatische Stern-Dreieck-Schaltung‘	n.v.	K2	
Zeitrelais ‚Bypassventil kältetechn. Anlaufentlas-tung‘	n.v.	K3	
Motorverdichter	M1	M1	
Verdampferlüfter	M2	M2	
Verflüssigerlüfter	M3	M3	
Leuchtmelder ‚Kühlen‘	P1	P1	
Leuchtmelder ‚Abtauen‘	P2	P2	
Leuchtmelder ‚Störung‘	P3	P3	

Tab. 8.1

Betriebsmittel	Pläne „alt“	Pläne „neu“	DIN EN 1861
Hauptschalter	Q0	Q0	
Verdichterschütz (Netz)	Q1	Q1.1	
Verdichterschütz (Dreieckschaltung)	n.v.	Q1.2	
Verdichterschütz (Sternschaltung)	n.v.	Q1.3	
Abtauheizungsschütz	Q2	Q2	
Verdampferlüfterschütz	Q3	Q3	
Magnetventil Flüssigkeitsleitung	Q4	Q4	
Magnetventil Anlaufentlastung (Bypass)	n.v.	Q5	
Steuertransformator	T1	T1	
Klemmleiste	X1	X1	
n.v. – nicht vorhanden			

Die Außenleiter L1 und L2 sind über einen Widerstand von R = 3 Ω miteinander verbunden. Dadurch fließt ein unzulässig hoher Strom (I > 125 A) über die Zuleitung. Die vorgeschalteten Schmelzsicherungen brennen durch.

Technologie

1. Wird während des Kühlvorgangs eine Zwangsabtauung eingeleitet, zieht das Heizungsschütz Q4 sofort an. Ein Öffner-Kontakt schaltet das Magnetventil Q4 spannungsfrei und der Abpumpvorgang kann beginnen. Während des Abpumpvorgangs wird das Verdampferpaket vorgeheizt. Da ‚Kühlen‘ und ‚Heizen‘ gleichzeitig stattfinden, ist dieses bei der Dimensionierung der Sicherungen (F1) zu berücksichtigen.
2. Aufgabe der Anlaufentlastung: Beim direkten Anfahren eines Hubkolbenverdichters muss die Antriebsmaschine ein sehr hohes Drehmoment überwinden. Die Anlaufentlastung hat die Aufgabe, dieses Anlaufmoment zu verringern.

   Einsatz der Anlaufentlastung: Antrieb durch Elektromotor, Stern-Dreieck-Start.

   (Um Anlaufstromspitzen zu verringern, schreiben E-Werke ab bestimmten Nennleistungen eine Anfahrentlastung vor, z. B. den Stern-Dreieck-Anlauf. Dabei verringert sich in der Sternstufe der Anlaufstrom (und damit auch das Anlaufdrehmoment) auf etwa 40 % des Nennwerts. Hier ist eine Anlaufentlastung des Verdichters nötig. Ohne sie würde der Motor in der Sternstufe gar nicht anlaufen oder nicht auf Nenndrehzahl kommen.)
3. Direktanlauf – Stern-Dreieckanlauf (mit Unterbrechung) – Stern-Dreieckanlauf (ohne Unterbrechung) – Teilwicklungsanlauf (Part Winding) Widerstandsanlauf – Transformatoranlauf – Drosselanlauf – Sanftanlauf (Phasenanschnitt) – Frequenzanlauf (Frequenzumrichter).

   In Kältesteuerungen: Direktanlauf; Stern-Dreieck-Anlauf; Teilwicklungsanlauf; Widerstandsanlauf; Sanftanlauf; Frequenzumrichter

4. Funktion der kältetechnischen Anlaufentlastung (Bild: 'Bypass-Anlaufentlastung').

   Beim Start des Verdichters erhält ein Magnetventil über ein Zeitrelais Spannung und öffnet einen Bypass zwischen Druck- und Saugseite. Gleichzeitig schließt ein Rückschlagventil in der Druckleitung

   und verhindert ein Rückströmen von Kältemittel aus dem Verflüssiger.

5. Durch die Startverzögerung wird vermieden, dass der Verdichter zu häufig startet. Ein erneuter Start wird erst nach Ablauf einer einstellbaren Zeit frei gegeben und dadurch ein „Takten" des Verdichters verhindert.

   In einer Kältesteuerung mit kältetechnischer Anlaufentlastung (Bypass) sorgt die Startverzögerung dafür, dass bei Kälteanforderung ein Druckausgleich zwischen Saug- und Druckseite erfolgen kann, bevor der Verdichter startet.

   Eine Verdichter-Startverzögerung hat in einer Kälteanlage mit elektr. Abtauung noch einen weiteren Vorteil: Nach Beenden des Abtauvorgangs ist das Eis entfernt, das Verdampferpaket aber nass. Würde der Verdichter sofort anlaufen, würde das Wasser wieder gefrieren und den Abtaueffekt aufheben.

   Nach dem Abtauen kann das Wasser abtropfen in die Tropfschale – man nennt dies Abtropfzeit.

6. Ein Wärmeschutzthermostat schützt den Verdichter vor thermischer Überlastung (die z. B. bei hohen Druckverhältnissen auftreten kann).

   Es ist ein Thermokontaktschalter, der bei Erreichen eines fest eingestellten Wertes den Verdichter abschaltet.

7. Die KIT-Abtauuhr hat zwei Schaltkontakte (Wechsler), von denen der mit (K) bezeichnete Kontakt (Kurzzeitkontakt) eine fest eingestellte Schaltdauer von sieben Minuten hat. Diesem Kontakt ist ein Selbsthaltekontakt des Heizungsschützes parallel geschaltet. Während der ersten sieben Minuten (Schaltdauer des Kurzzeitkontakts) kann der Abtauvorgang nur durch den Abtausicherheitsthermostat (F10) beendet werden.

   Der zweite mit (L) bezeichnete Kontakt (Langzeitkontakt) bestimmt die maximale Abtauzeit, die zwischen 10 und 60 Minuten betragen kann.

8. Gebrauchskategorie nach IEC 947 (s. Anhang, Tabelle A.5: AC 3 ⇒ Käfigläufermotoren: Anlassen, Ausschalten während des Laufs).

   Bei zu klein dimensionierten Schützen können die Kontakte verschweißen. Dadurch kann z. B. ein Thermoschutz, der in den Steuerstromkreis eingreift, wirkungslos werden, weil das Schütz nicht öffnet.

Technische Mathematik

1. a) bis d) siehe Abbildungen 8.14 und 8.15

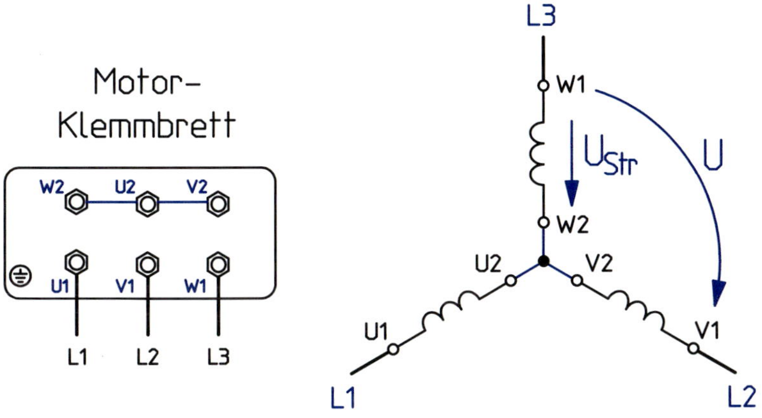

Abb. 8.14 Sternschaltung

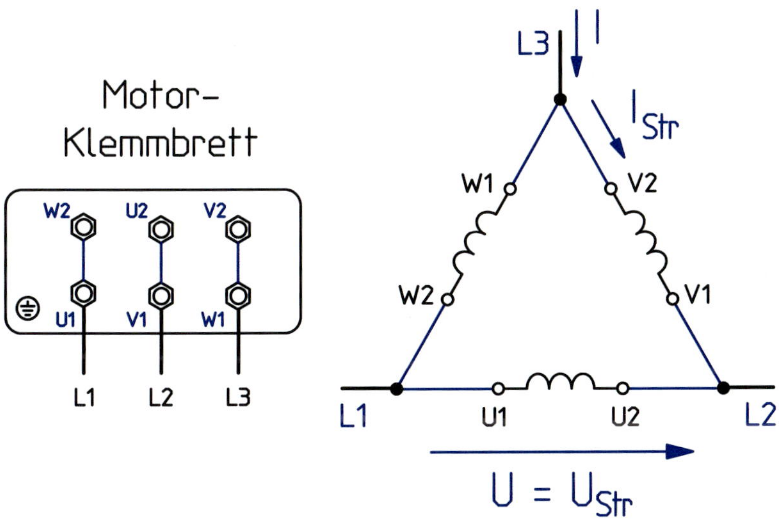

Abb. 8.15 Dreieckschaltung

zu 1 d)

Für die Dreieckschaltung gilt: $\underline{I = \sqrt{3} \cdot I_{Str}}$

$$\underline{\underline{I_{Str}}} = \frac{I}{\sqrt{3}} = \frac{17\ \text{A}}{\sqrt{3}} = \underline{\underline{9{,}81\ \text{A}}}$$

Beim Drehstrommotor wird der N-Leiter nicht angeschlossen.

2. In der Sternschaltung nimmt ein Drehstrommotor ein Drittel der Stromstärke im Vergleich zur Dreieckschaltung auf – also ein Drittel des blockierten Rotorstroms IANΔ
=> IAN Y = 81A/3 = 27 A

3. Die Anlaufstromstärke entspricht dem blockierten Rotorstrom – das wären bei Direktanlauf in Dreieckschaltung 81 A.
4. Phasenverschiebungs- oder Leistungsfaktor cos φ

$$P_{el} = \sqrt{3} \cdot U \cdot I \cdot \cos\varphi \;=>\; \cos\varphi = \frac{P_{el}}{\sqrt{3} \cdot U \cdot I} = \frac{9700\ \mathrm{W}}{\sqrt{3} \cdot 400\ \mathrm{V} \cdot 17\ \mathrm{A}} = \underline{\underline{0{,}82}}$$

5. Drehmoment M (in Nm)

$$\eta = \frac{P_{mech}}{P_{el}} \;=>\; P_{mech} = \eta \cdot P_{el} = 0{,}85 \cdot 9{,}7\ \mathrm{kW} = 8{,}25\ \mathrm{kW}$$

$$M = \frac{9549 \cdot P_{mech}}{n} = \frac{9549 \cdot 8{,}25\ \mathrm{kW}}{1450\ \mathrm{min}^{-1}} = \underline{\underline{54{,}33\ \mathrm{Nm}}}$$

6. Sicherungs-Nennstrom

   s. Anhang, Tabelle A.1: „Drehstrommotor Stern-/Dreieckschaltung"

   max. Betriebsstrom >16 – 50 A => Sicherungsnennstrom (empfohlen): (1,1 – 1,4) · IB max => (1,1 – 1,4) · 17 A => 18,7 A bis 23,8 A =>

   gewählt NEOZED-Sicherungen 3x 25 A träge (Kennmelder gelb)

   Einstell-Stromstärke (IE in A) des Motorschutzrelais F7 (Y/Δ-Schaltung)

   Einstellung gemäß max. Bemessungsstromstärke IB max = 17 A – aber Achtung! Hier befindet sich das Motorschutzrelais im Strangstromkreis, um den Motor in der Stern- wie auch in der Dreieckschaltung zu schützen. Während des Betriebs fließt durch das Motorschutzrelais der Strangstrom der Dreieckschaltung und der beträgt ‚Leiterstrom geteilt durch √3' => IE = 17A/√3 = 9,81 A (s. oben).
7. Leiterquerschnitt NYM – Verlegeart C bei einer Zuleitungslänge von 20 m

   Im Laststromkreis „neu" (Abb. 8.5) sieht man, dass der Verdichter und auch die Abtauheizung über die Sicherungen F1 abgesichert sind. Im Steuerstromkreis „neu" (Abb. 8.6) ist ersichtlich, dass beim Einleiten einer Zwangsabtauung während des Abpumpvorgangs die Abtauheizung noch in Betrieb ist. Aus diesem Grunde müssen bei der Dimensionierung des Leiterquerschnitts für die Zuleitung alle elektrischen Verbraucher berücksichtigt werden.

   Ab einer Leitungslänge von ca. 20 m sollte rechnerisch ermittelt werden, ob der Spannungsfall im Toleranzbereich von max. 3 % liegt.

   Als max. Gesamtleistungsaufnahme dieser Tiefkühlanlage gehen wir von einem Wert von ca. 15 kW aus (s. Aufgabe 8).

   Berechnung des Spannungsfalls auf der 20 m langen Drehstrom-Zuleitung mit 2,5 mm^2 Querschnitt

$$\Delta U = \frac{P \cdot l}{\gamma \cdot A \cdot U} = \frac{15000\ \mathrm{V} \cdot \mathrm{A} \cdot 20\ \mathrm{m} \cdot \mathrm{V} \cdot \mathrm{mm}^2}{56\ \mathrm{m} \cdot 2{,}5\ \mathrm{mm}^2 \cdot \mathrm{A} \cdot 400\ \mathrm{V}} = \underline{\underline{5{,}36\ \mathrm{V}}}$$

   3 % Spannungsfall von 400 V – also 12 V – wären erlaubt, damit liegt der errechnete Wert im Toleranzbereich.

   Laut DIN VDE 0298, Teil 4 „Bemessungswert der Strombelastbarkeit von Kabeln und Leitungen für feste Verlegung in der Verlegeart C" ist für eine Drehstromleitung mit einem Querschnitt von 2,5 mm^2 eine Dauer-Stromstärke von max. 24 A erlaubt.

a) Als erstes feststellen, ob die Lüftermotoren Leistungsschilder haben. Wenn vorhanden und lesbar, mithilfe der angegebenen Werte wie Spannung, Stromstärke und cos φ die elektr. Leistung (P_{el} in kW) berechnen.

Falls keine Leistungsschilder vorhanden sein sollten, mit dem Zangenamperemeter die Stromaufnahme bei voller Drehzahl messen und den Leistungsfaktor cos φ mit 0,8 annehmen.

Verdampferlüfter (Drehstrommotor): Sie messen mit dem Zangenamperemeter auf einer Phase 2 A. Zwischen 2 Außenleitern (Phasen) messen Sie 400 V.

Verflüssigerlüfter (Einphasenmotor): Sie messen mit dem Zangenamperemeter auf der Phase 4,9 A. Zwischen Phase und N messen Sie eine Spannung von 230 V.

Leiterstrom und Leiterspannung der Abtauheizung messtechnisch ermitteln und mit der Leistungsformel $P_{el} = \sqrt{3} \cdot U \cdot I \cdot \cos\varphi$ berechnen. Beachte: Bei Heizwiderständen ist der $\cos\varphi = 1$.

Abtauheizung (Sternschaltg.): Sie messen nacheinander auf jeder Phase eine Stromstärke von 4,3 A. Zwischen 2 Phasen messen Sie eine Spannung von 400 V.

Sie haben die folgenden Werte ermittelt bzw. berechnet:

Verdampferlüfter	$P_{el} = \sqrt{3} \cdot 400\,V \cdot 2\,A \cdot 0{,}8 = 1{,}1\,kW$
Verflüssigerlüfter	$P_{el} = 230\,V \cdot 4{,}9\,A \cdot 0{,}8 = 0{,}9\,kW$
Abtauheizung	$P_{el} = \sqrt{3} \cdot 400\,V \cdot 4{,}3\,A \cdot 1 = 3{,}0\,kW$
Verdichter (s.o.):	$P_{el} = 9{,}7\,kW$

b) Berechnung der Jahreswirkarbeit (in kWh)

Motoren: $W_{Mot} = P_{el\,ges} \cdot t/d \cdot d = 11{,}7\,kW \cdot 14\,h/d \cdot 365\,d = 59\,787\,kWh$ pro Jahr

Abtauhzg.: $W_{Hzg} = P_{el} \cdot t/d \cdot d = 3\,kW \cdot 1\,h/d \cdot 365\,d = 1095\,kWh$ pro Jahr

Die Gesamt-Jahreswirkarbeit beträgt somit 60 882 kWh.

c) Berechnung der max. Energiekosten pro Jahr (in Euro)

Motoren: $K = W_{Mot} \cdot k = 59\,787\,kWh \cdot 0{,}28\,€ / kWh = 16\,740{,}36\,€$

Abtauhzg.: $K = W_{Hzg} \cdot k = 1095\,kWh \cdot 0{,}28\,€ / kWh = 306{,}60\,€$

Die berechneten max. Energiekosten pro Jahr betragen ca. 17 000 €

Der Kunde vermutet, dass der Azubi sich verrechnet hat, aber als Ihr Chef diesen Betrag bestätigt, macht er dem Kunden Vorschläge zur Energieeinsparung, wie z. B. eine intelligente Abtausteuerung mittels Kühlstellenregler und eine optimierte Verdichtersteuerung mittels Frequenzumrichter.

9 Kältesteuerung 10

Die Projekte in diesem Kapitel decken folgende Lernfelder ab:

Lernfeld 3: Untersuchen und Prüfen der Funktion von elektrischen Anlagenteilen in Kälte- und Klimaanlagen

Lernfeld 9: Herstellen und Prüfen von elektromechanischen und elektronischen Steuerungen

Lernfeld 13: Auswählen und Anschließen von elektrischen Betriebsmitteln an das Dreiphasenwechselstromnetz

9.1 Teilwicklungsmotor

In Abbildung 9.1 ist der Original-Schaltplan einer Kältesteuerung (Tiefkühlung) der Firma Fischer KälteKlima dargestellt.

Von Ihrem Chef erhalten Sie den Auftrag, sich mit dieser Steuerung vertraut zu machen, denn der Kunde wünscht einen neuen Verdichter und einen neuen Kühlstellenregler, weil in den alten angeblich Feuchtigkeit eingedrungen ist. Die in den Abbildungen 9.2 bis 9.5 vorbereiteten Pläne sollen Ihnen dabei helfen, diese Änderungen zu dokumentieren.

Der Schaltkasten aus Isolierstoff hat die Schutzart IP 54.

Hauptschalter und Schütze sind für den AC-3-Betrieb ausgelegt.

Die Steuerung ist nach VDE 0100 und VDE 0660 gefertigt, sowie TÜV-geprüft.

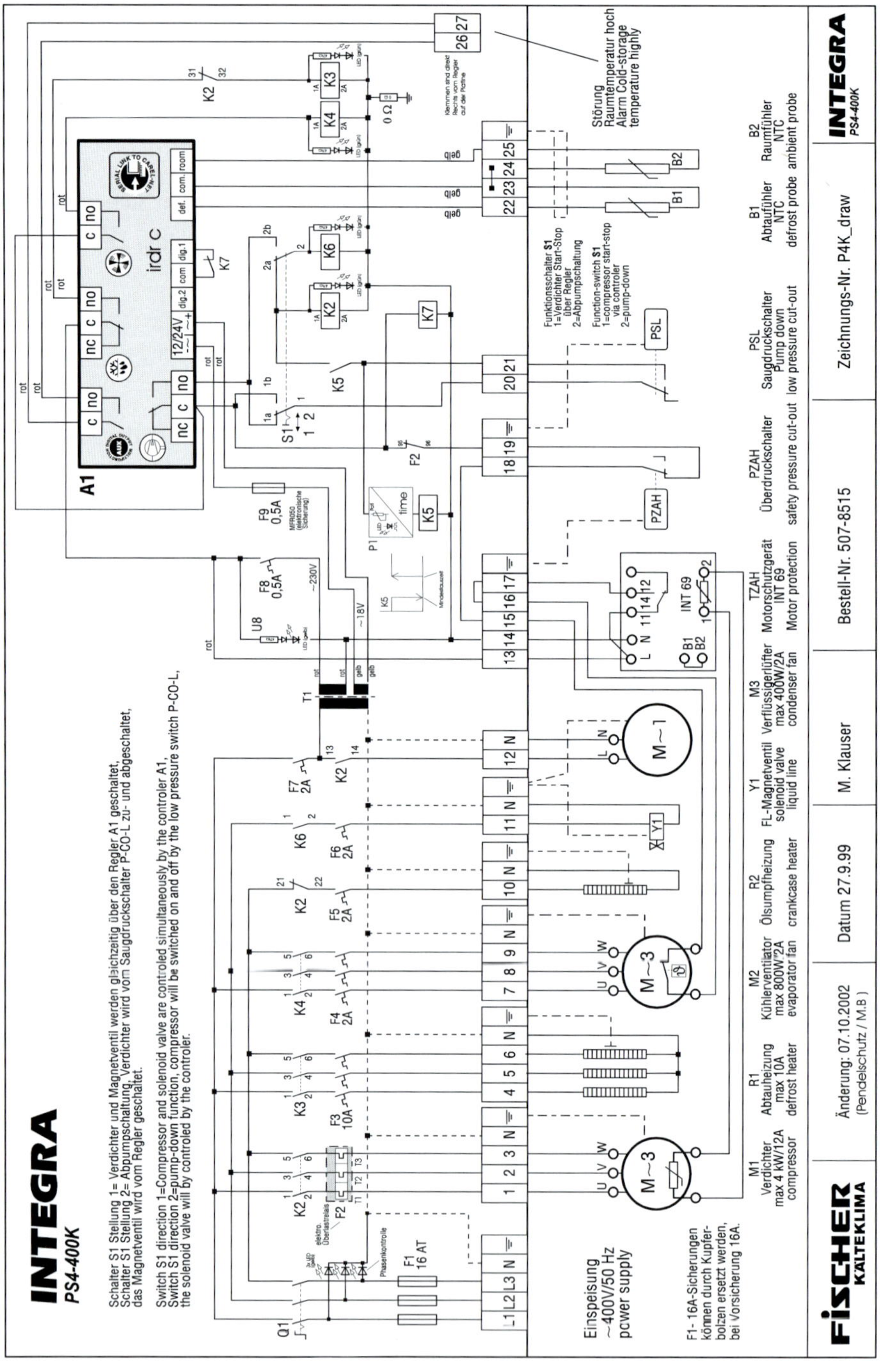

Abb. 9.1 Original-Schaltplan ‚PS4-400K'

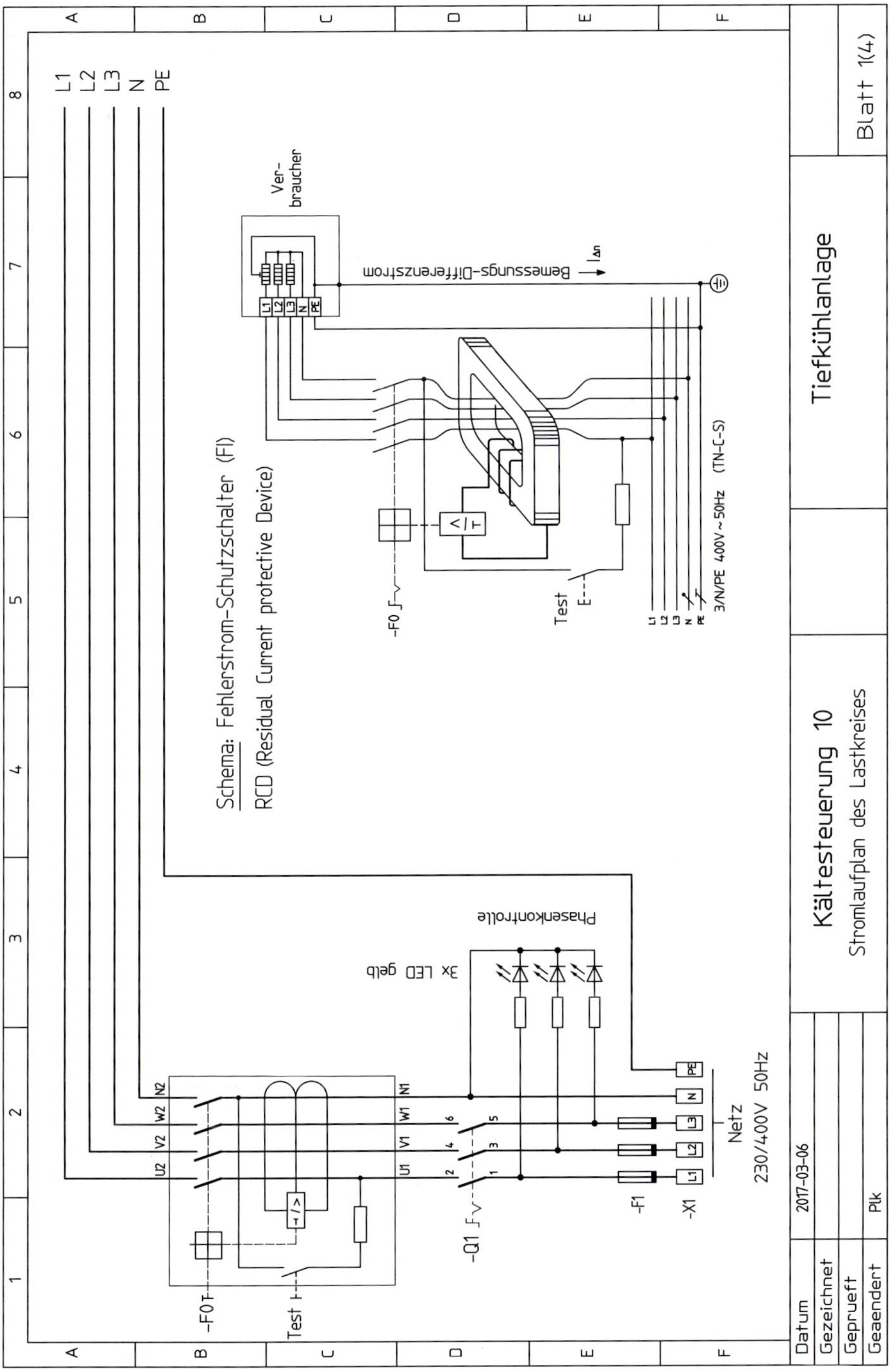

Abb. 9.2 Einspeisung mit RCD

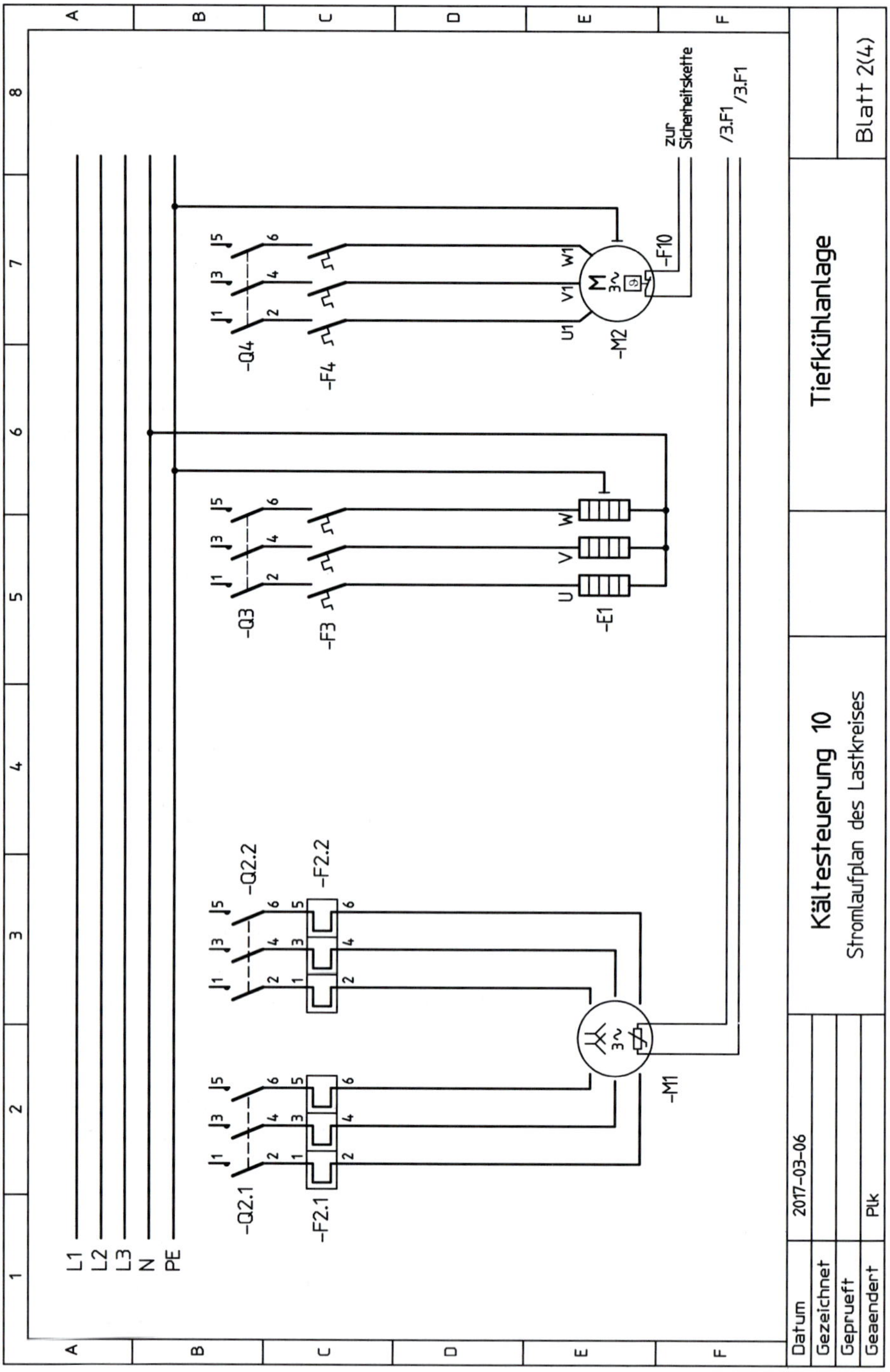

Abb. 9.3 Stromlaufplan des Lastkreises

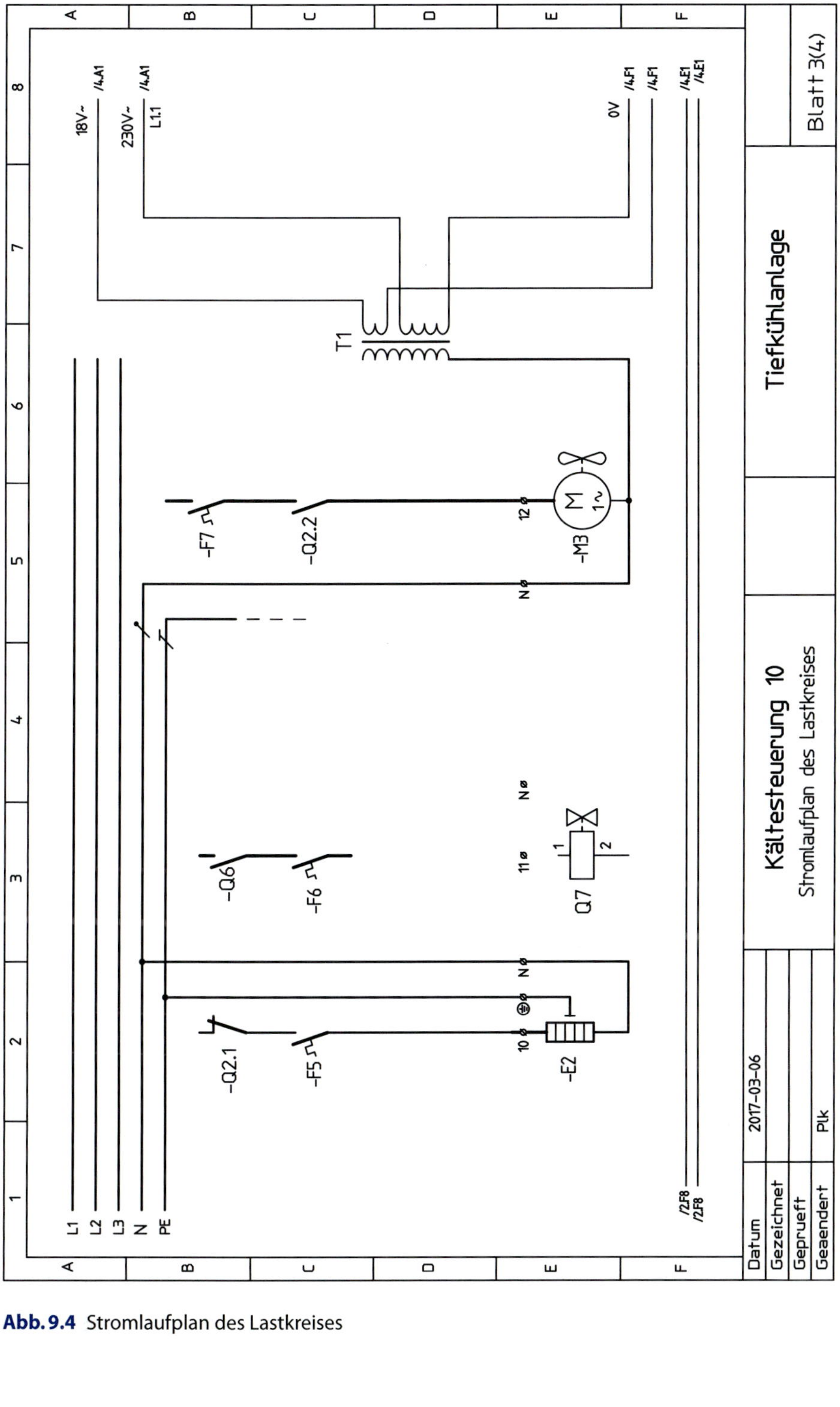

Abb. 9.4 Stromlaufplan des Lastkreises

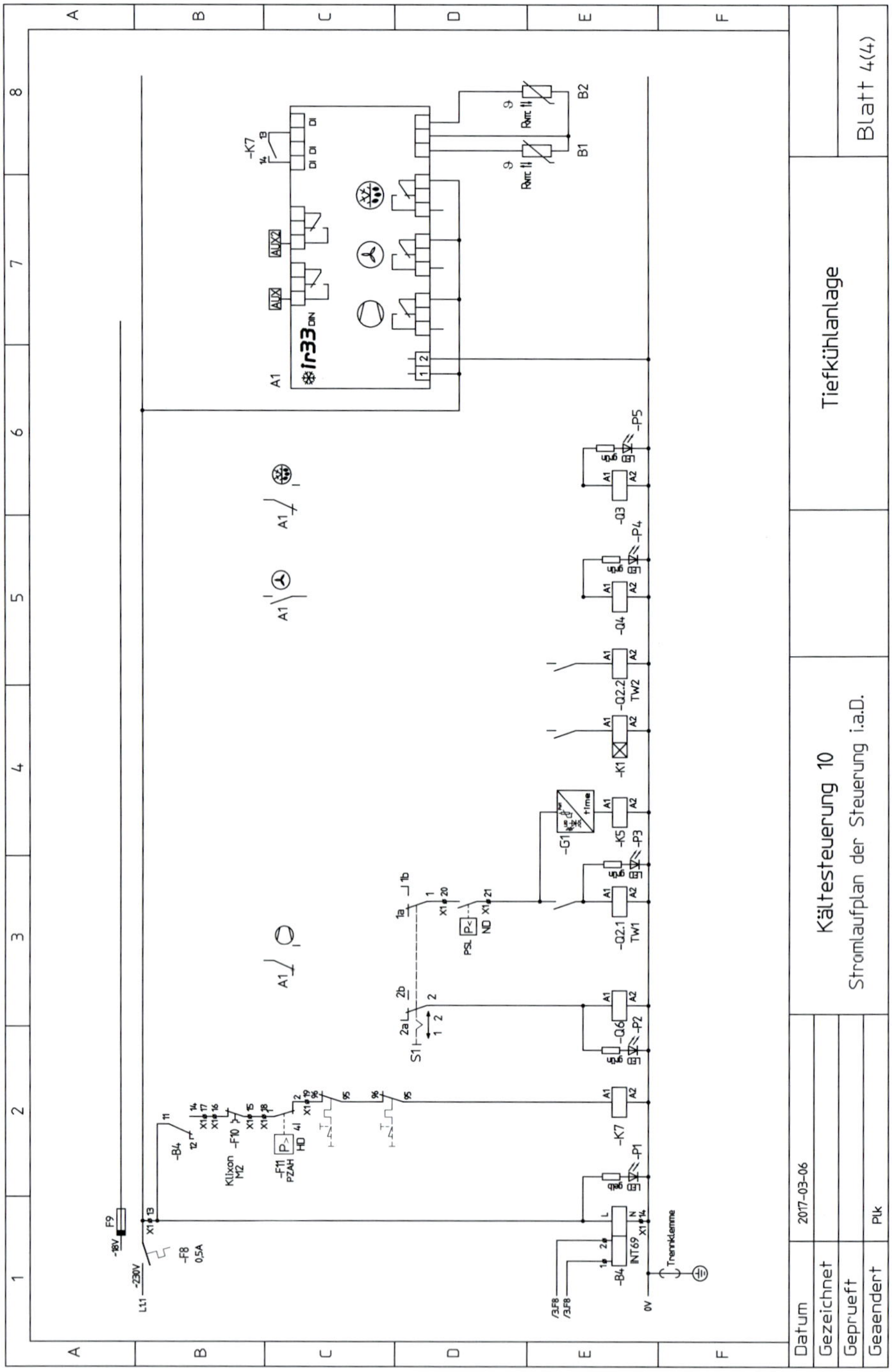

Abb. 9.5 Stromlaufplan der Steuerung

Technologie

1. Als Sie die Anlage in Augenschein nehmen, stellen Sie als erstes fest, dass der Verdampfer total vereist ist. Beschreiben Sie, welche Ursachen das haben könnte.
2. Sie stellen am Kühlstellenregler ‚A1' eine manuelle Abtauung ein – die LED ‚Defrost' leuchtet, die Heizstäbe aber bleiben kalt. Wie gehen Sie messtechnisch vor, um zu überprüfen, ob die Heizstäbe evtl. defekt sind?
3. Zählen Sie drei Möglichkeiten auf, um ein vereistes Verdampferpaket trotz defekter Heizstäbe vom Eis zu befreien. Nennen Sie Vor- und Nachteile dieser drei Abtaumethoden.
4. Nachdem Sie das Eis aufgetaut haben und die Anlage in Betrieb nehmen wollen, stellen Sie fest, dass der Verdichter nicht anläuft, obwohl an der Klemme 21 (hinter dem Saugdruckschalter PSL) Spannung anliegt.

   Erläutern Sie anhand des Original-Schaltplans, wie das sofortige Starten des Verdichters schaltungstechnisch verhindert wird. Wie nennt der Fachmann diesen Vorgang und welche Vorteile sind damit verbunden?
5. Benennen Sie die Betriebsmittel, die sich in der Sicherheitskette (s. Abb. 9.1) befinden.
6. Nennen Sie die beiden Betriebsarten dieser Kältesteuerung, zwischen denen mit dem Schalter ‚S1' umgeschaltet werden kann.
7. Erläutern Sie die Funktionsweise des Motorvollschutzes ‚INT 69'.
8. Wie kann das ‚INT 69' auf Funktion überprüft werden?
9. Wozu benötigt diese Kältesteuerung mit AC 230 V/50 Hz einen Steuertransformator, der sekundärseitig wiederum 230 V/50 Hz zur Verfügung stellt?
10. Warum muss dieser Steuertransformator sekundärseitig über eine Trennklemme mit dem Schutzleiter verbunden werden?

    Aus dem Original-Schaltplan geht hervor, dass diese Kälteanlage über einen Verdichter mit Drehstrom-Asynchronmotor (DASM) für Direktanlauf verfügt.

    Da der Kunde einen effizienteren Verdichter wünscht, empfiehlt Ihr Chef dem Kunden einen Verdichter mit Teilwicklungsmotor.
11. Was versteht man unter einem Teilwicklungsmotor?
12. Nennen Sie einen entscheidenden Vorteil und auch Nachteil von Teilwicklungsmotoren.
13. Warum sollten beide Teilwicklungen eines Teilwicklungsmotors (Part Winding) über eine gemeinsame Sicherungsgruppe abgesichert werden?
14. Wie wird das Netzsystem genannt, an der diese Kälteanlage betrieben wird?
15. Beschreiben Sie, welcher Gefahr ein Mensch ausgesetzt ist, der ein aktives Betriebsmittel der Kälteanlage berührt, z. B. den Verdichter, wenn der Schutzleiter nicht angeschlossen wäre?
16. Beschreiben Sie die prinzipielle Funktion eines Fehlerstrom-Schutzschalters (FI-Schutzschalter bzw. RCD), für den sich der Kunde ebenfalls entschieden hat (s. Abb. 9.2).
17. Wie wirkt sich der Einbau des ‚RCD' auf den in Aufgabe 15 beschriebenen Fehler aus?

Schaltungstechnik und Funktionsanalyse

Zum Lösen der folgenden Aufgaben benötigen Sie den Original-Schaltplan (Abb. 9.1).

1. Fertigen Sie eine Legende an. Tragen Sie dabei die neuen Betriebsmittelkennzeichnungen nach DIN EN 61346-2 und die Begriffsbestimmungen der Druck- und Temperaturschalter nach DIN EN 12263 ein.
2. Vervollständigen Sie den Stromlaufplan des Lastkreises in den Abbildungen 9.3 und 9.4 – mit neuem Verdichter und neuem Kühlstellenregler.
3. Vervollständigen Sie den Stromlaufplan der Steuerung in Abbildung 9.5. Tragen Sie die fehlenden Kontakt- und Klemmenbezeichnungen ein.

Technische Mathematik

1. Sie haben durch entsprechende Messung festgestellt, dass die Heizstäbe defekt sind. Auf dem Original-Schaltplan in Abbildung 9.1 sehen Sie, dass die drei Heizstäbe (R1) maximal 10 A aufnehmen dürfen.
   a) Wie sind die drei Heizstäbe geschaltet (parallel, in Reihe, in Stern oder in Dreieck)?
   b) Berechnen Sie, welche Leistung (in kW) ein Heizstab maximal haben dürfte?
   c) Berechnen Sie den zugehörigen Widerstandswert (in Ω) eines Heizstabes.
2. Im Fahrzeug haben Sie drei baugleiche Heizstäbe gefunden, von denen jeder einen gemessenen Widerstandswert von 16 Ω hat. Dürfen Sie diese gegen die Defekten austauschen?
3. Bestimmen bzw. berechnen Sie für den in dieser Kältesteuerung E10 neu eingesetzten Verdichtermotor D2DB-50X-AWM (s. Abb. 9.6 und Anhang, Tabelle A.1 und A.3)

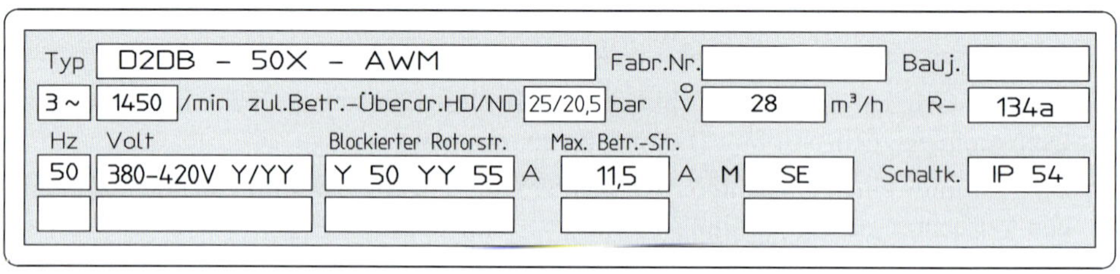

Abb. 9.6 Leistungsschild des Teilwicklungsmotors

   a) die Nennstromstärke der Schmelzsicherungen F1 (s. Abb. 9.2),
   b) den Einstellstrom I_E der beiden Überstromrelais F2.1 und F2.2 (s. Abb. 9.3),
   c) die max. Wirkleistungsaufnahme (P_{el} in kW) bei einem Leistungsfaktor $\cos \varphi = 0{,}8$
   d) die Stromstärke im Einschaltaugenblick, wenn der Motor anlaufentlastet über Schütz Q2.1 eingeschaltet wird.
4. Der Teilwicklungsmotor M1 ist mit dem Auslösegerät INT 69 ausgestattet, an dessen Messkreis (Klemmen 1-2 von B4, Abb. 9.5) sechs PTC-Sensoren (zwei Mini-Drillingsfühler) angeschlossen sind.
   a) Zeichnen Sie das Ersatzschaltbild der in den Motorwicklungen eingebetteten 6 Thermistoren.

b) Bestimmen Sie anhand der PTC-Kennlinie in Abbildung 9.7 den ungefähren Widerstandswert (in Ω) eines PTC-Widerstands bei der Motor-Betriebstemperatur von 80 °C.

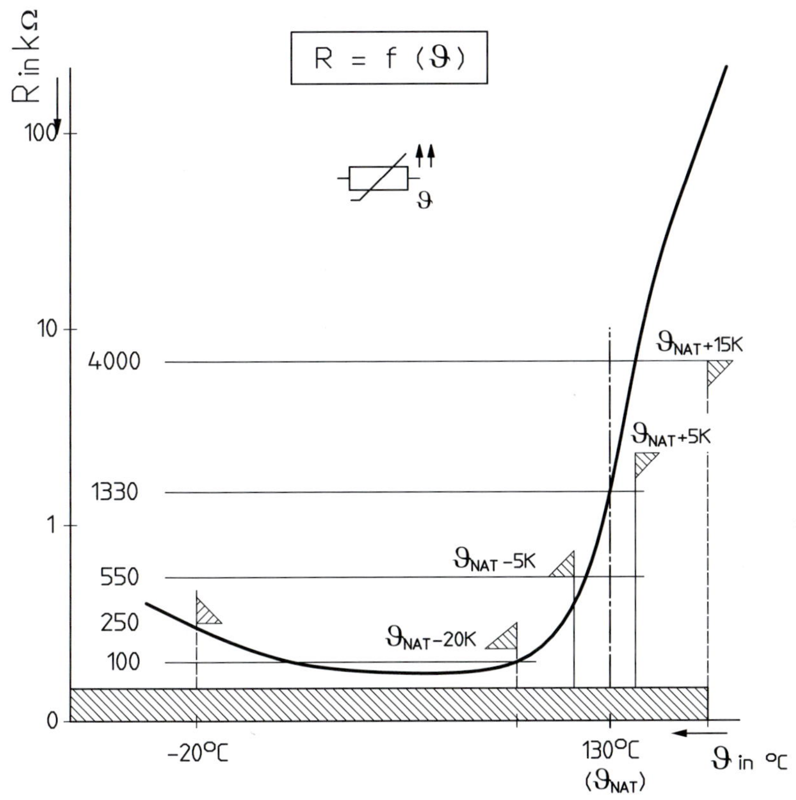

Abb. 9.7 PTC-Kennlinie

c) Der Verdichtermotor hat die Isolierstoffklasse B und damit eine höchstzulässige Dauertemperatur von 130 °C.

   Wie groß ist der Widerstandswert (in kΩ) *eines* PTC-Widerstands bei der **N**enn-**A**nsprech-**T**emperatur ϑ_{NAT}?

5. Abbildung 9.8 zeigt die Schalthysterese des Auslösegeräts INT 69. Nenn-Ansprech-Temperatur NAT

   Tragen Sie die ungefähren Widerstandswerte (in kΩ) für den Ausschalt- (130 °C) und den „Wieder"-Einschaltaugenblick (127 °C) ein.

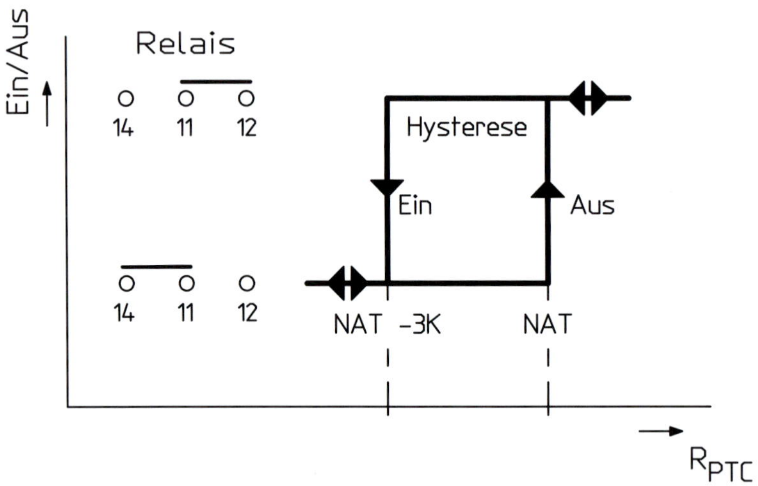

Abb. 9.8 Schalthysterese des INT 69

6. Bei der NAT von 130 °C liegt an der Reihenschaltung der 6 Thermistoren eine Gesamtspannung von 9 V=.

   Berechnen Sie die Stromstärke (in mA), die bei dieser Temperatur durch einen PTC-Widerstand fließt und die Spannung (in V), die an einer „Pille" abfällt.

7. Als einige Wochen später die erneuerte Anlage in Betrieb genommen wird, sollen Sie die voraussichtlichen Jahres-Stromkosten ermitteln. Dazu müssen Sie als erstes die tatsächliche Stromaufnahme des Verdichtermotors messen. Kennzeichnen Sie im ‚Stromlaufplan des Lastkreises' die Stelle, an der Sie mit einem Zangenamperemeter den Betriebsstrom des PW-Motors messen würden (vorher Verdampfer- und Verflüssigerlüfter vom Netz trennen).

8. Folgende Stromwerte wurden ermittelt: PW-Motor 7,5 A; Verdampferlüfter 2 A; Verflüssigerlüfter 2 A – für alle drei Motoren wird ein Leistungsfaktor (cos φ) von 0,8 angenommen. Die Abtauheizung hat eine Leistungsaufnahme von 4,5 kW und ist 1 Stunde pro Tag eingeschaltet. Die Ölsumpfheizung (80 W) ist 14 h pro Tag eingeschaltet und Verdichter- und Lüftermotoren laufen 10 h/Tag. Berechnen Sie für 365 Tage

   a) die Jahresarbeit dieser Anlage (in kWh) und

   b) die Stromkosten (in €), wenn 1 Kilowattstunde 25 Eurocent kostet.

9.2 Lösungen zu Kältesteuerung 10: Teilwicklungsmotor

Technologie

1. Verdampferlüfter ausgefallen und/oder elektrische Abtauheizung ausgefallen
2. An den Klemmen 4-5-6-N messen Sie 400 V Außenleiter gegen Außenleiter und 230 V Außenleiter gegen Neutralleiter – die Heizstäbe bleiben trotzdem kalt.

   Nachdem Sie festgestellt haben, dass das Heizungsschütz Q3 funktioniert, trennen Sie den Leitungsschutzschalter F3 und damit die Abtauheizung vom Netz. Heizwiderstände abklemmen.

   Dann erst messen Sie die einzelnen Heizstäbe mit einem Ohmmeter durch. Ist der Widerstandwert unendlich groß, werden die Stäbe durchgebrannt sein – ist der Widerstandswert extrem klein (unter 5 Ohm), dann wird ein Körperschluss vorliegen.
3. Abtauen mit Gasbrenner: Lamellen könnten beschädigt werden – abzuraten

   Abtauen mit Föhn: mühsam – dauert zu lange

   Abtauen mit Heißwasser: Schnell und effektiv => ratsam
4. Das nennt man „Takten". Schütz K5 im Steuerstromkreis gibt den Verdichter erst nach einer am Potenziometer P1 eingestellten Zeitverzögerung wieder frei. Durch diese ‚Startverzögerung' wird vermieden, dass der Verdichter zu häufig startet.
5. Zur Sicherheitskette gehören: Motor-Vollschutz INT69, Klixon von M2, Hochdruckschalter PZAH, Überstromrelais F2.1 und F2.2.

   Die Sicherungsautomaten (Leitungsschutzschalter) garantieren auch für die Sicherheit dieser Anlage.
6. Stellung 1: ‚Normalbetrieb', d. h., Verdichter und Magnetventil werden gleichzeitig über den Kühlstellenregler A1 (KSR) geschaltet.

   Stellung 2: ‚Abpumpschaltung', hier ‚Pumpdown', d. h., das Magnetventil wird vom KSR und der Verdichter vom Niederdruckwächter (Saugdruckschalter) geschaltet.
7. Der Motorvollschutz mit Thermistoren besteht aus dem Auslösegerät und einem PTC-Thermistor je Motorwicklung. Übersteigt die Wicklungstemperatur die so genannte Nenn-Ansprechtemperatur (NAT), steigt der Thermistorwiderstand so stark an, dass das Auslösegerät in der Sicherheitskette darauf reagiert, den Steuerstromkreis unterbricht und die Anlage abschaltet. Oft liegt in Reihe zu den Wicklungsthermistoren ein PTC-Thermistor, der die Druckgasüberwachung am Verdichterausgang übernimmt.
8. Thermistorkette (Klemmen 1 und 2 am Auslösegerät) abklemmen und Spannung an L und N anlegen. Dann mit einem niederohmigen Widerstand (z. B. 5 Ω) an den Klemmen 1-2 testen, ob der Relaiskontakt 11-12-14 schaltet.
9. Steuerkreise, die aus dem Netz gespeist werden und mehr als zwei Steuergeräte (z. B. Lastschütze) besitzen, benötigen einen Steuertransformator. Dadurch wird ein auftretender Kurzschlussstrom im Steuerstromkreis abgemildert und auftretende elektromagnetische Störungen gefiltert. Hierdurch wird die Netzverschmutzung verringert.
10. Steuertransformatoren sind über eine Trennklemme einseitig zu erden, damit Erdschlüsse im Steuerkreis nicht zum unbeabsichtigten Start von Motoren führen.

Die Trennklemme muss beim Messen des Isolationswiderstands im Steuerkreis geöffnet werden.

11. Beim Teilwicklungsmotor – auch Partwindingmotor genannt – ist die Statorwicklung in zwei Hälften unterteilt (hier: zwei identische in Stern geschaltete Wicklungen). Während des Anlaufens wird nur die erste Teilwicklung eingeschaltet. Nach ca. 1 Sekunde wird die zweite Wicklung parallel dazu geschaltet und der Motor läuft dann unter normalen Betriebsbedingungen.
12. Vorteil des Teilwicklungsanlaufs – gegenüber dem Stern-Dreieck-Anlauf – ist der Umstand, dass beim Zuschalten der zweiten Teilwicklung keine Spannungsunterbrechung erfolgt und dadurch eine zusätzliche hohe Stromspitze weitestgehend unterbunden wird.

    Ein Nachteil gegenüber dem Direktstart ist das geringere Anlauf-Drehmoment. In größeren Anlagen könnte das eine zusätzliche ‚kältetechnische' Anlaufentlastung erforderlich machen.
13. Um den Motor nicht unnötig zu überlasten, sollte vermieden werden, dass eine Teilwicklung allein an Spannung liegt (außer beim Start). Der Motor sollte deshalb auch nur über eine gemeinsame Sicherungsgruppe abgesichert werden.
14. TN-C-S-System.
15. Ist der Schutzleiter (PE) nicht angeschlossen, so ist der Schutz durch automatisches Abschalten der Stromversorgung im Fehlerfall (z. B. Körperschluss) nicht mehr gegeben. Liegen mehr als 50 V ~ am leitfähigen aktiven Betriebsmittel an, könnte es für den Menschen lebensgefährlich werden.
16. Tritt ein Körperschluss auf, fließt über den Schutzleiter (vorausgesetzt dieser ist ordnungsgemäß angeschlossen) der Fehlerstrom ab. Die allpolige Abschaltung erfolgt dann innert 0,2 s, wenn der Bemessungsdifferenzstrom $I_{\Delta n}$ mindestens 50 % beträgt, d. h., bei einem RCD mit $I_{\Delta n}$ = 30 mA wären das 15 mA.
17. Wäre der Schutzleiter korrekt angeschlossen, würde bei einem Körperschluss der RCD innert 0,2s allpolig abschalten. Wenn der PE nicht angeschlossen ist, löst der RCD bei einem Körperschluss nicht grundsätzlich aus. Die Auslösung erfolgt erst dann, wenn über den Menschen ein genügend großer Fehlerstrom (max. 30 mA) abfließt. Und das ist im Allgemeinen noch nicht lebensgefährlich.

Schaltungstechnik und Funktionsanalyse

1. Legende siehe Tabelle 9.1

Tab. 9.1

Betriebsmittel	Kennbuchstaben		
	alt	neu	DIN-EN 12263
Kühlstellenregler	A1	A1	
Abtaufühler (NTC)	B1	B1	
Raumfühler (NTC)	B2	B2	
Niederdruckwächter (Saugdruckschalter)	*)	B3	PSL
Motorvollschutz INT69	*)	B4	TZAH
Abtauheizung	R1	E1	
Ölsumpfheizung	R2	E2	
Schmelzsicherungen träge	F1	F1	
Überstromrelais Teilwicklungen	F2	F2.1/F2.2	
Leitungsschutzschalter (LS-Schalter) Abtauheizung	F3	F3	
LS-Schalter Verdampferlüfter	F4	F4	
LS-Schalter Ölsumpfheizung	F5	F5	
LS-Schalter Magnetventil	F6	F6	
LS-Schalter Steuertrafo und Verflüssigerlüfter	F7	F7	
LS-Schalter Steuerstromkreis	F8	F8	
LS-Schalter Kühlstellenregler alt (wird nicht mehr benötigt)	F9	F9	
Interner Motorschutzschalter (Klixon)	*)	F10	
Hochdruckbegrenzer (Überdruckschalter)	*)	F11	PZAH
Taktverhinderungs-Potenziometer	P1	G1	
Zeitrelais anzugsverzögert	*)	K1	
Taktverhinderungs-Relais	K5	K5	
Sammelstörung-Relais	K7	K7	
Verdichter-Motor	M1	M1	
Verdampferlüfter-Motor	M2	M2	
Verflüssigerlüfter-Motor	M3	M3	
Leuchtmelder ‚Steuerstromkreis'	U8	P1	
Leuchtmelder ‚Magnetventil Flüssigkeitsleitung'	*)	P2	
Leuchtmelder ‚Kühlen'	*)	P3	
Leuchtmelder ‚Verdampferlüfter'	*)	P4	
Leuchtmelder ‚Abtauen'	*)	P5	
Hauptschalter	Q1	Q1	
Verdichterschütze TW1/TW2	K2	Q2.1/Q2.2	
Abtauheizungs-Schütz	K3	Q3	
Verdampferlüfter-Schütz	K4	Q4	
Magnetventil-Schütz	K6	Q6	
Magnetventil	Y1	Q8	

LÖSUNGEN

Tab. 9.1

Betriebsmittel	Kennbuchstaben		
	alt	neu	DIN-EN 12263
Umschalter Normal-/Pumpdownbetrieb	S1	S1	
Steuertransformator	T1	T1	
Klemmleiste	*)	X1	

*) im Original-Schaltplan nicht mit Kennbuchstaben bezeichnet bzw. nicht vorhanden

2. Siehe Abbildungen 9.9 und 9.10

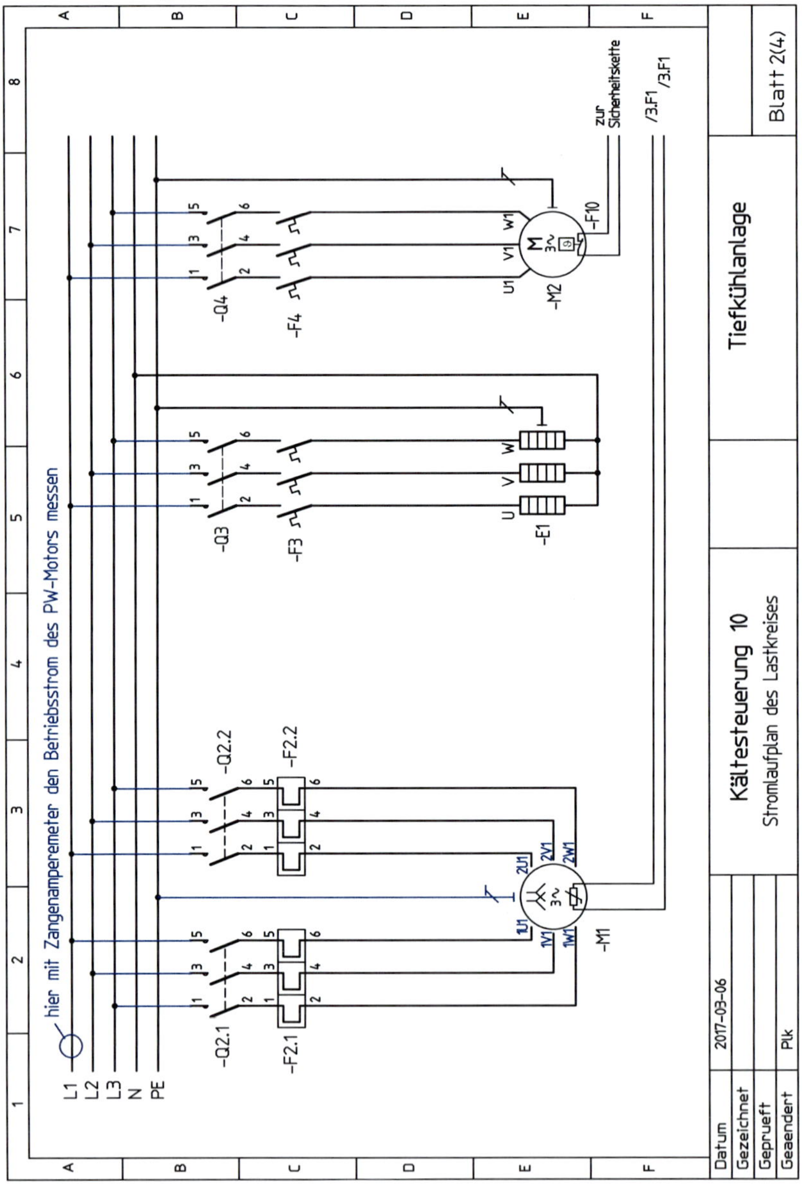

Abb. 9.9 Lastkreis

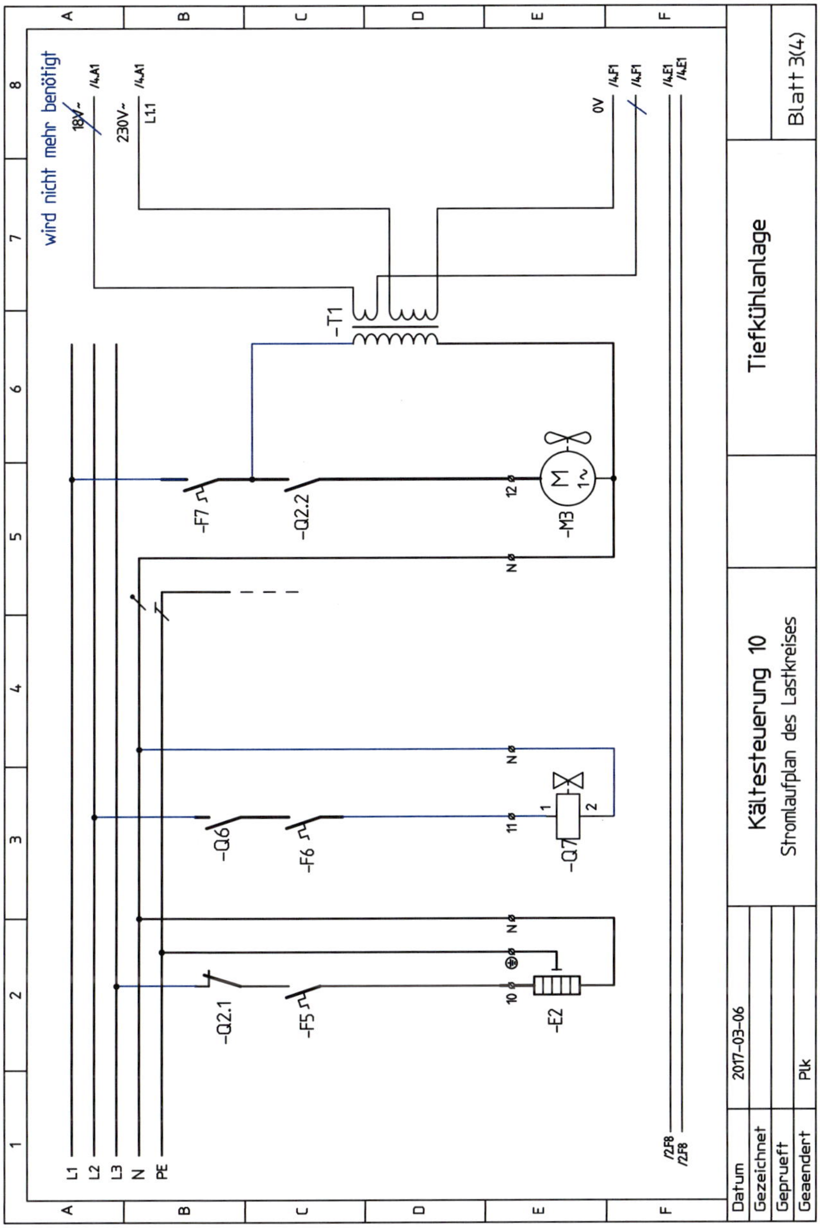

Abb. 9.10 Lastkreis

3.

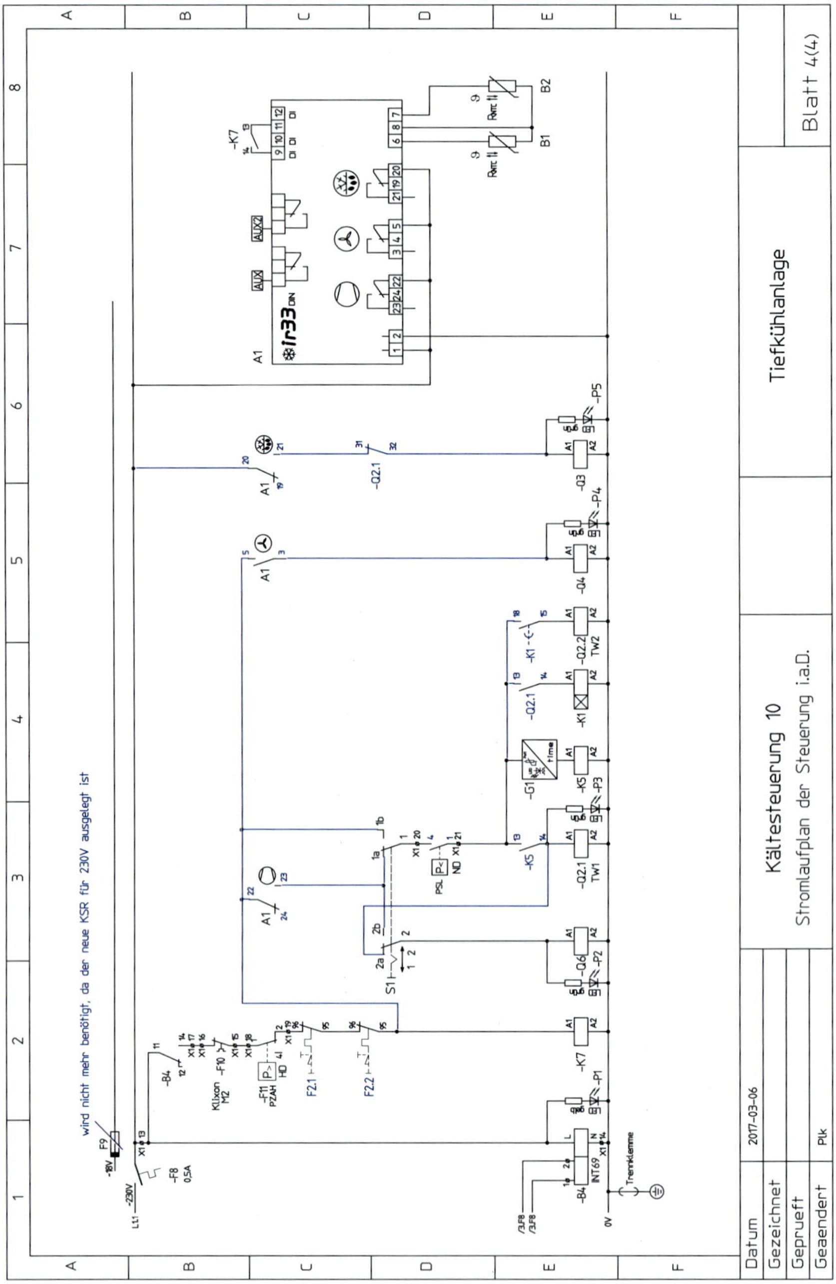

Abb. 9.11 Stromlaufplan der Steuerung

Technische Mathematik

Für die Auslegung von Schützen, Zuleitungen und Sicherungen sind der max. Bemessungsstrom ($I_{B\,max}$) bzw. die max. Leistungsaufnahme ($P_{e\,max}$) einzusetzen.

1. a) Die Heizstäbe sind in Stern geschaltet.

   b) $P_{Str} = U_{Str} \cdot I = 230\ V \cdot 10\ A = 2{,}3\ kW$

   c) $R = U / I = 230\ V / 10\ A = 23\ \Omega$

2. Ein 16-Ω-Heizstab würde an 230 V eine Stromstärke von $I = U / R = 230\ V / 16\ \Omega = \underline{14{,}38\ A}$ aufnehmen. Diese Heizstäbe können in dieser Anlage wg. zu hoher Stromaufnahme nicht eingesetzt werden.

3. Daten für Motorverdichter D2DB-50X-AWM (s. Leistungsschild in Abb. 9.6 und Anhang, Tabelle A.1 und A.3

   a) max. Bemessungsstrom $I_{Bmax} = 11{,}5\ A \Rightarrow$ Nennstrom für Sicherungen $(1{,}5 - 2) \cdot 11{,}5\ A \Rightarrow \underline{\underline{25\ A}}$

   b) max. Bemessungsstrom $I_{Bmax} = 11{,}5\ A \Rightarrow$ Einstellstrom I_E für F2.1 und F2.2: $\leq 0{,}6 \cdot 11{,}5\ A \Rightarrow \underline{\underline{7\ A}}$

   c) max. Wirkleistungsaufnahme
   $P_{e\ max} = \sqrt{3} \cdot U \cdot I \cdot \cos\varphi = \sqrt{3} \cdot 400\ V \cdot 11{,}5\ A \cdot 0{,}8 = 6.374\ W = \underline{\underline{6{,}37\ kW}}$

   d) Anlaufstrom laut Leistungsschild: ‚Blockierter Rotorstr.' Y 50 A

   Start mit der 1.Teilwicklung: $I_{Anl} = 50\ A$

4. a) Ersatzschaltbild der 6 PTC-Widerstände siehe Abbildung 9.12

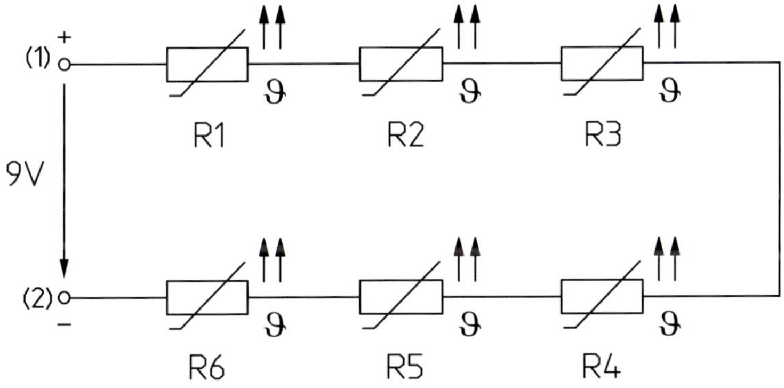

Abb. 9.12 Thermistoren

   b) aus PTC-Kennliniendiagramm:

   bei 80 °C: $R_{PTC} < 100\ \Omega$

   c) aus PTC-Kennliniendiagramm:

   bei $\vartheta_{NAT} = \underline{130\ °C}$: $R_{PTC} = 1330\ \Omega$

   Schalthysterese

5.

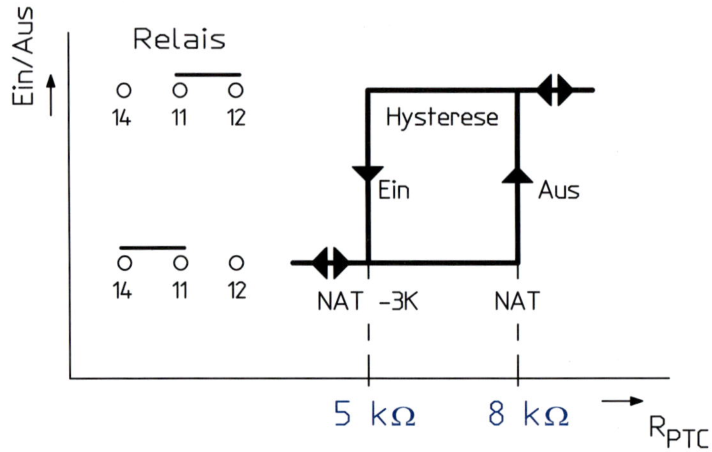

Abb. 9.13 Schalthysterese

bei NAT: $R_{PTC\,ges} = 6 \cdot 1{,}33\ k\Omega \approx 8\ k\Omega$

bei NAT –3 K: $R_{PTC\,ges} = 6 \cdot 850\ \Omega \approx 5\ k\Omega$

6. geg.: 6 PTC's in Reihe

$NAT = 130\ °C$

$U = 9\ V$

aus PTC-Kennliniendiagramm

$R_{PTC} = 1330\ \Omega\ (\vartheta_{NAT} = 130\ °C)$

ges.: I_{PTC} in mA

U_{PTC} in V

Spannungsfall an einem PTC-Widerstand

$$U_{PTC} = R_{PTC} \cdot I$$
$$U_{PTC} = 1330\ \Omega \cdot 0{,}001125\ A$$
$$\underline{\underline{U_{PTC} = 1{,}5\ V}}$$

$R_{PTC\,ges} = 6\ x\ 1330\ \Omega \approx 8000\ \Omega = 8\ k\Omega$

$$I = \frac{U}{R_{PTCges}}$$
$$I = \frac{9\ V}{8000\ \Omega}$$
$$I = 0{,}001125\ A$$
$$\underline{\underline{I = 1{,}125\ mA}}$$

Da in einer Reihenschaltung überall die gleiche Stromstärke fließt, beträgt $I_{PTC} = 1{,}875$ mA.

7. Strommessung mit dem Zangenamperemeter (s. Abb. 9.3).

8. Ergebnisse ohne Rechenweg (gerundet): $P_{el\ Verdi} = 4{,}16\ kW$; $P_{el\ VerdaLü} = 1{,}1\ kW$; $P_{el\ VerflüLü} = 0{,}37\ kW$

   a) $W_{Motoren} = P_{el\ ges} \cdot t \cdot d = 5{,}63\ kW \cdot 10\ h/d \cdot 365\ d = 20.550\ kWh$

      $W_{Heizg.} = P_{Hzg.} \cdot t \cdot d = 4{,}5\ kW \cdot 1\ h/d \cdot 365\ d = 1.643\ kWh$

      $W_{Ölhzg.} = P_{Ölhzg.} \cdot t \cdot d = 0{,}08\ kW \cdot 14\ h/d \cdot 365\ d = 409\ kWh$

   b) Stromkosten pro Jahr: $K = 22.602\ kWh \cdot 0{,}25€ = 5.651\ €$

10 Kältesteuerung 11

Die Projekte in diesem Kapitel decken folgende Lernfelder ab:

Lernfeld 3: Untersuchen und Prüfen der Funktion von elektrischen Anlagenteilen in Kälte- und Klimaanlagen

Lernfeld 9: Herstellen und Prüfen von elektromechanischen und elektronischen Steuerungen

Lernfeld 13: Auswählen und Anschließen von elektrischen Betriebsmitteln an das Dreiphasenwechselstromnetz

Lernfeld 14: Installieren, Einstellen und Prüfen von elektronischen Steuerungen und Regelungen

10.1 Sanftanlaufschaltungen

Mittels einer Verdichterauswahl-Software werden nach Eingabe der entsprechenden Eckdaten die in Abbildung 10.1 aufgelisteten Verdichter-Typen vorgeschlagen (vgl. Ullrich, Bd. II 1993/97).

Bitzer Software
BDA0010

Daten-Vorgabe:		Halbhermetischer Motorverdichter - einstufig - Sauggaskühlung	
Kälteleistung	18.00 kW	Verflüssigungstemperatur	40.0 °C
Kältemittel	R 22	Flüssigkeitsunterkühlung	1.0 K
Verdampfungstemperatur	-27.0 °C	Netzspannung	400 V
Sauggastemperatur	-7.0 °C	Netzfrequenz	50 Hz

Leistungsdaten — Verdichterauswahl

Typ	Kälteleistung [kW]	Leistungsaufnahme [kW]	Stromaufnahme [A]	Leistungszahl
4H-15.2	16.28 / 16.87*	9.15	16.4	1.84*
4G-20.2	18.93 / 19.63*	10.74	19.3	1.83*

* nach ISO-DIS 9309 (DIN 8928)
bei 25°C Sauggastemperatur ohne Flüssigkeitsunterkühlung
\- Zusatzkühlung und/oder eingeschränkte Sauggastemperatur

Einsatzbereich:
Verdampfungstemperatur to [°C] -5 .. -35 **
Verflüssigungstemperatur tc [°C] 10 .. 55
** Einschränkungen je nach tc (siehe Typenblätter No.7500)

Abb. 10.1

Der Fachmann trifft die Entscheidung für den Typ 4G-20.2.

Der Verdichter soll die folgende Zusatzausstattung haben:

Ölsumpfheizung; elektronisches Öl-Überwachungssystem (OMS); Anlaufentlastung mittels Leistungsregler; Zusatzlüftung; Druckgasüberhitzungsschutz; Motorschutzeinrichtung mit Zusatzfunktionen (INT 390).

Diese Kältesteuerung für Tiefkühlung soll mittels eines elektronischen Kühlstellenreglers geregelt werden und die folgenden Bedingungen erfüllen:

- Pressostatische Steuerung;
- Abpumpschaltung (Pumpdown);
- Leistungsregler übernimmt die Funktion der Anlaufentlastung; Bypassventil übernimmt die Vorentlastung.
- Heißgasabtauung mittels Vierwege-Umschaltventil.
- Der Part-Winding-Motor soll über einen „Soft-Part-Winding-Starter" (SPW-Switch) angelassen werden.

Aus den vorgestellten Auszügen diverser Technischer Mitteilungen (s. Abb. 10.2) soll ein Gesamtschaltplan erstellt werden, der die o. g. Bedingungen erfüllt.

Die Daten für den Verdichter-Typ (4G-20.2) finden Sie im Anhang, Tabelle A.3.

Legende zu Abb. 10.2

B1	
F1	
F2	
F3	
F4	Int. Motorschutz 390
F5	Öldifferenzdrucksch.
F6	Niederdruckwächter
F7	Hochdruckwächter
K1	Schütz 1. Wicklung
K2	Schütz 2. Wicklung
K1T	Zeitrelais PW (Part Winding) (1 s)
M1	Motorverdichter
Q1	
R1	
R3	Druckgasüberhitzung
S1	Steuerschalter
S2	Überbrückung ESV (Einschaltverzögerung)
Y1	

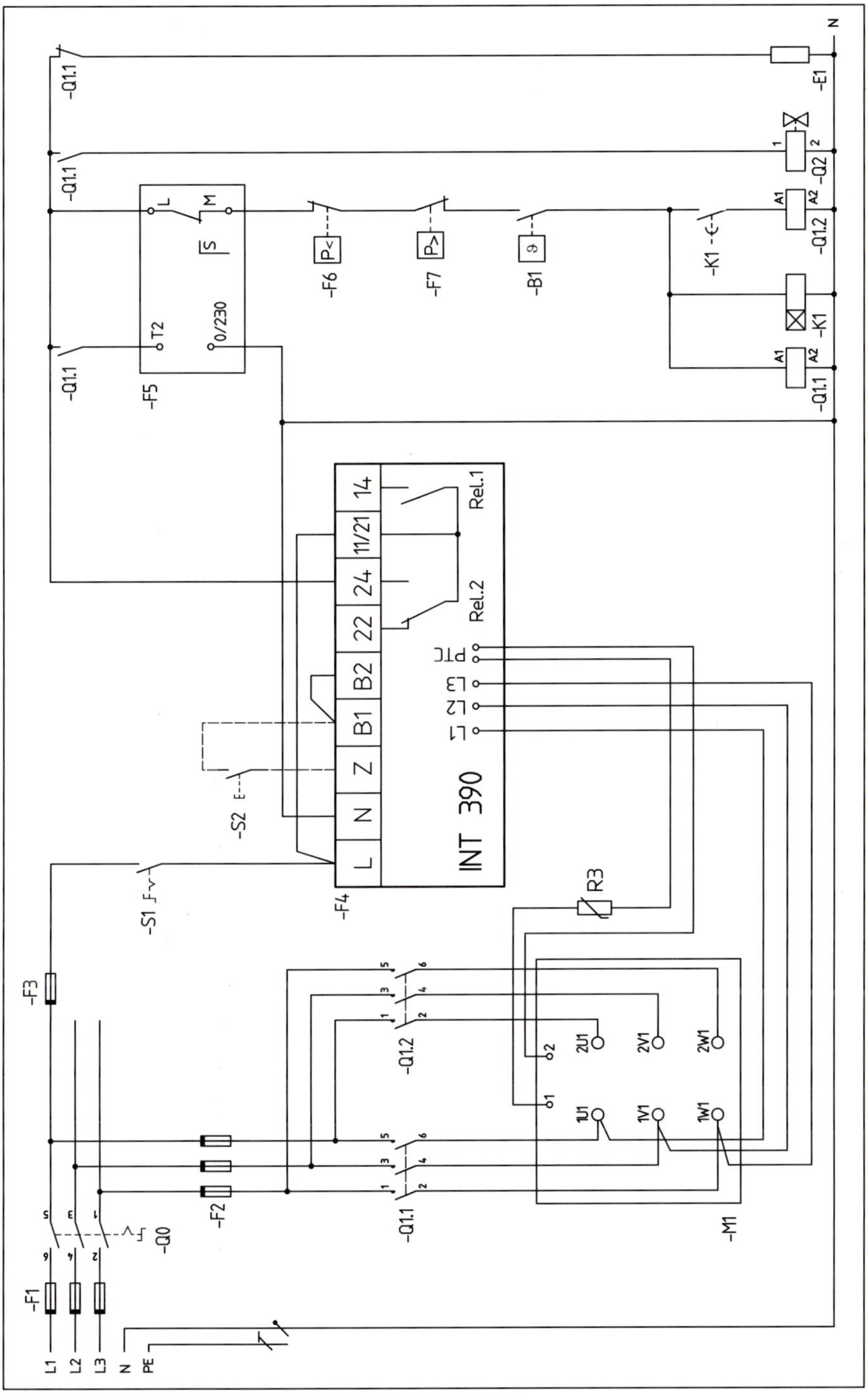

Abb. 10.2 Auslösegerät INT 390

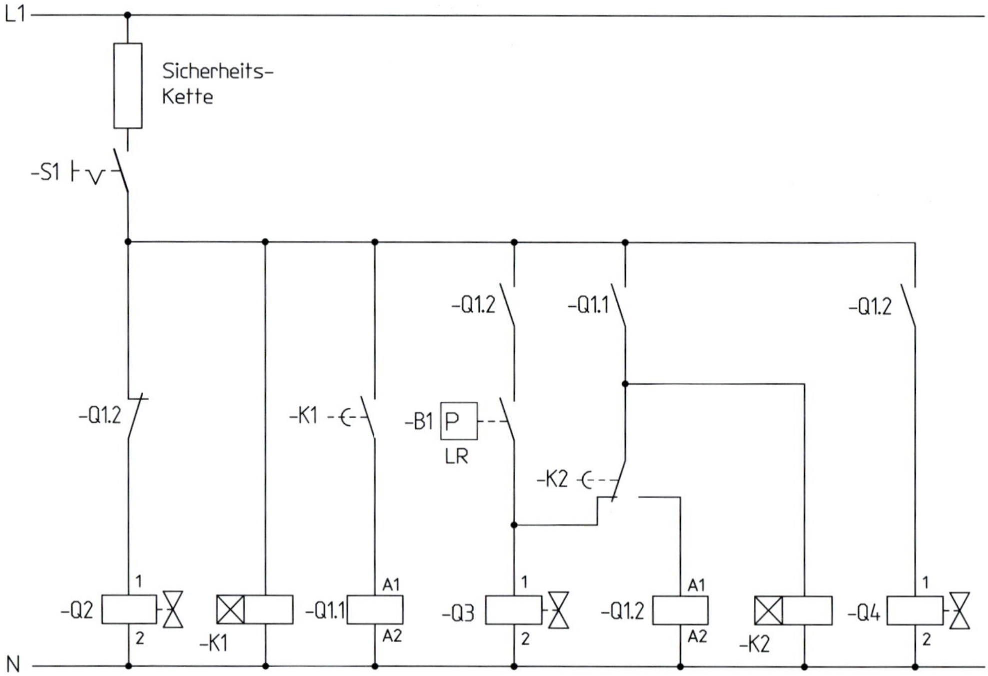

Abb. 10.3 Prinzipschaltbild der Leistungsreduzierung

Legende zu Abb. 10.3

Q1.1	Schütz erste Wicklung
Q1.2	Schütz zweite Wicklung
K1	Zeitrelais Vorentlastung
K2	Zeitrelais „Part Winding Start" (1 s)
Q2	Magnetventil Vorentlastung
Q3	Magnetventil Leistungsregler
Q4	Magnetventil Flüssigkeitsleitung
B1	Pressostat Leistungsregler
S1	Steuerschalter Verdichter ein

Technologie

1. Ergänzen Sie die Legende zu Abbildung 10.2.
2. Welche Zusatzfunktionen bietet das elektronische Schutzgerät INT 390 (Abb. 10.2) gegenüber dem INT 69?
3. An welcher Position der Sicherheitskette sollte ein internes Motorschutzgerät grundsätzlich eingebaut werden?
4. Das INT 390 schaltet bei „Phasenasymmetrie" auf Störung. Was ist unter diesem Begriff zu verstehen?

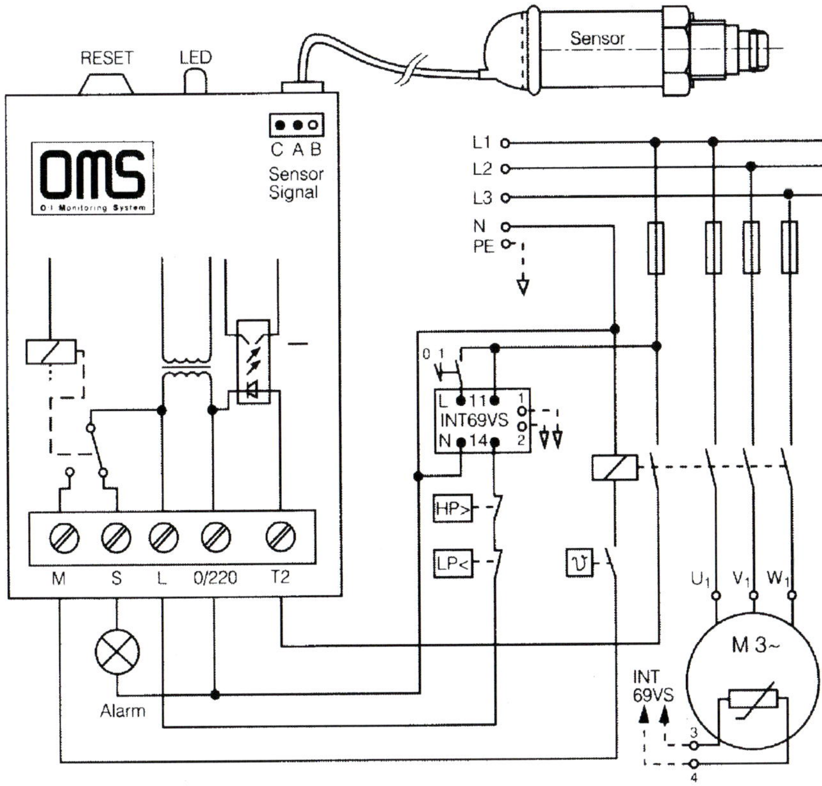

Abb. 10.4 Ölüberwachungssystem von Bitzer

5. Wozu dient der Taster S2 (Abb. 10.2)?
6. Beschreiben Sie die Funktion des Prinzipschaltbilds (Abb. 10.3).
7. Beschreiben Sie den Unterschied zwischen Anlaufentlastung und Vorentlastung.
8. Welche Vorteile bietet das OMS (**O**il **M**onitoring **S**ystem; Abb. 10.4) gegenüber dem mech. Öldruckwächter?
9. Zählen Sie die Vor- und Nachteile der Heißgasabtauung auf.
10. Wie hoch sollte die Abtauzeit bei Heißgasabtauung eingestellt werden?

Schaltungstechnik und Funktionsanalyse

Die Steuerung dieser Tiefkühlanlage soll mit den folgenden Komponenten ausgestattet sein:

- Motor-Vollschutz plus Druckgasüberhitzungsschutz (s. Abb. 10.2)
- Leistungsregelung mittels Zylinderabschaltung (s. Abb. 10.3)
- Elektronisches OMS (s. Abb. 10.4)
- Sanftanlauf mit SPW-Switch (s. Abb. 10.5)
- Elektronischer Kühlstellenregler (s. Abb. 10.6)

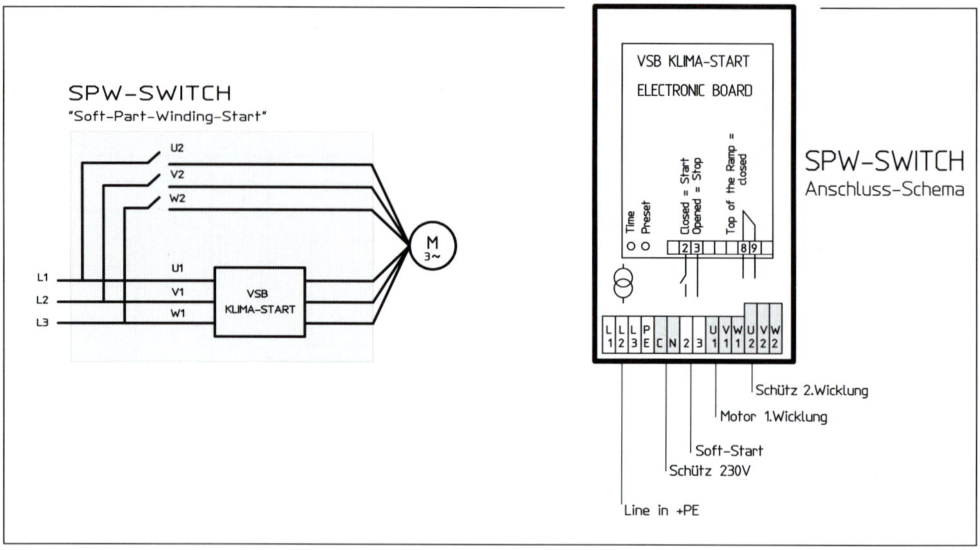

Abb. 10.5 Verdrahtungsschema für Sanftanlauf

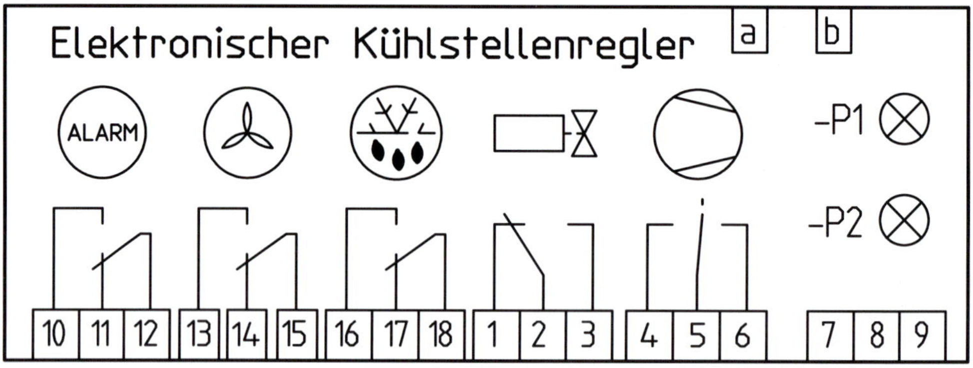

Abb. 10.6 Kühlstellenregler

1. Vervollständigen Sie den Stromlaufplan des Lastkreises. Benutzen Sie dazu Abbildung 10.7.

   Die Kennbuchstaben sollen der aktuellen Norm entsprechen.

2. Beschreiben Sie den programmtechnischen Ablauf des elektronischen Kühlstellenreglers bezogen auf die hier geforderte Kältesteuerung.

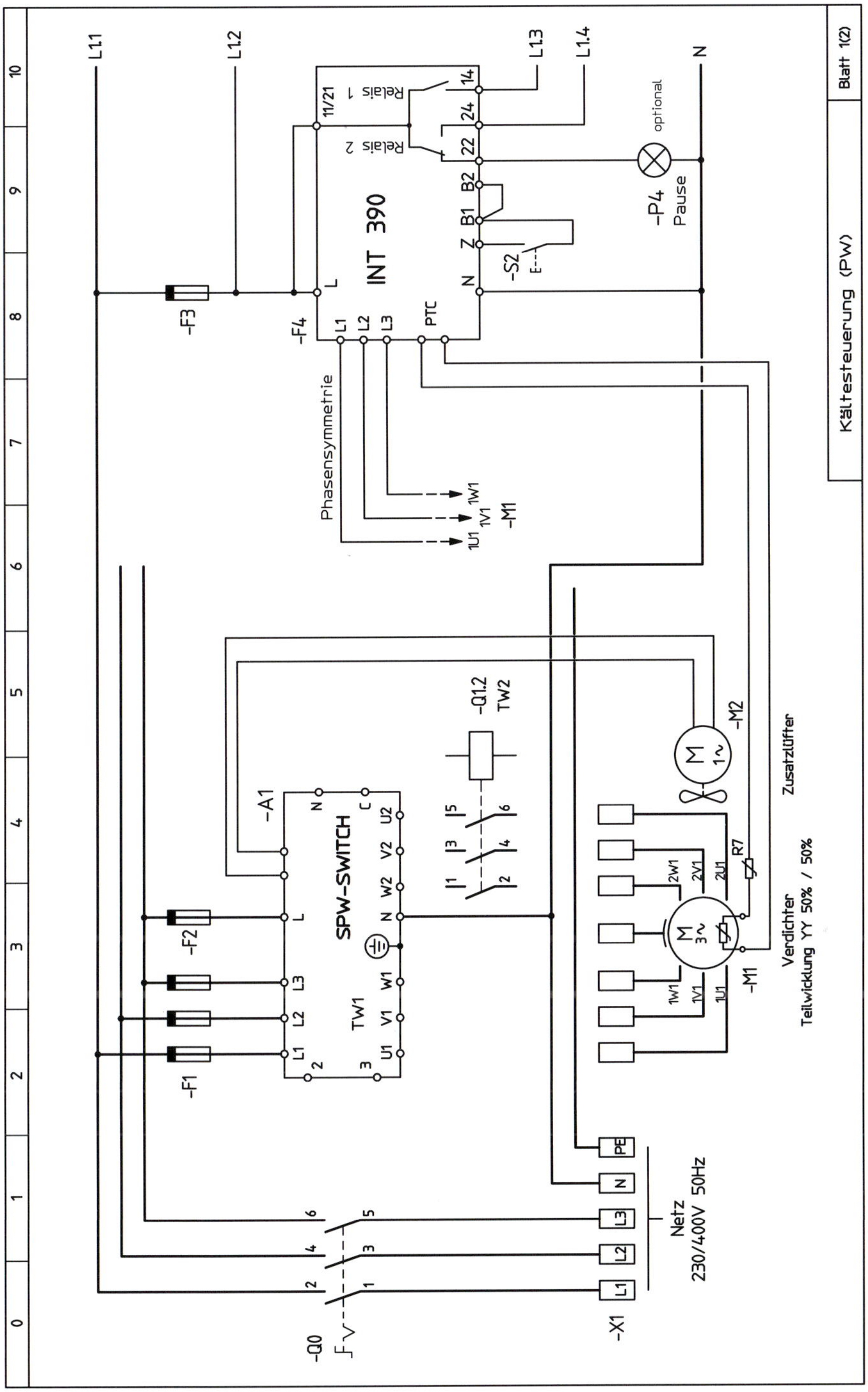

Kältesteuerung (PW)
Blatt 1(2)
INT 390
SPW-SWITCH
Relais 1
Relais 2
Phasensymmetrie
optional
Pause
Netz
230/400V 50Hz
Zusatzlüfter
Verdichter
Teilwicklung YY 50% / 50%
-Q0
-X1
-F1
-F2
-F3
-F4
-A1
-Q1.2
TW1
TW2
-M1
-M2
-P4
-S2
R7
L1.1
L1.2
L1.3
L1.4

Abb. 10.7

3. Vervollständigen Sie den Stromlaufplan der Steuerung in Abbildung 10.8

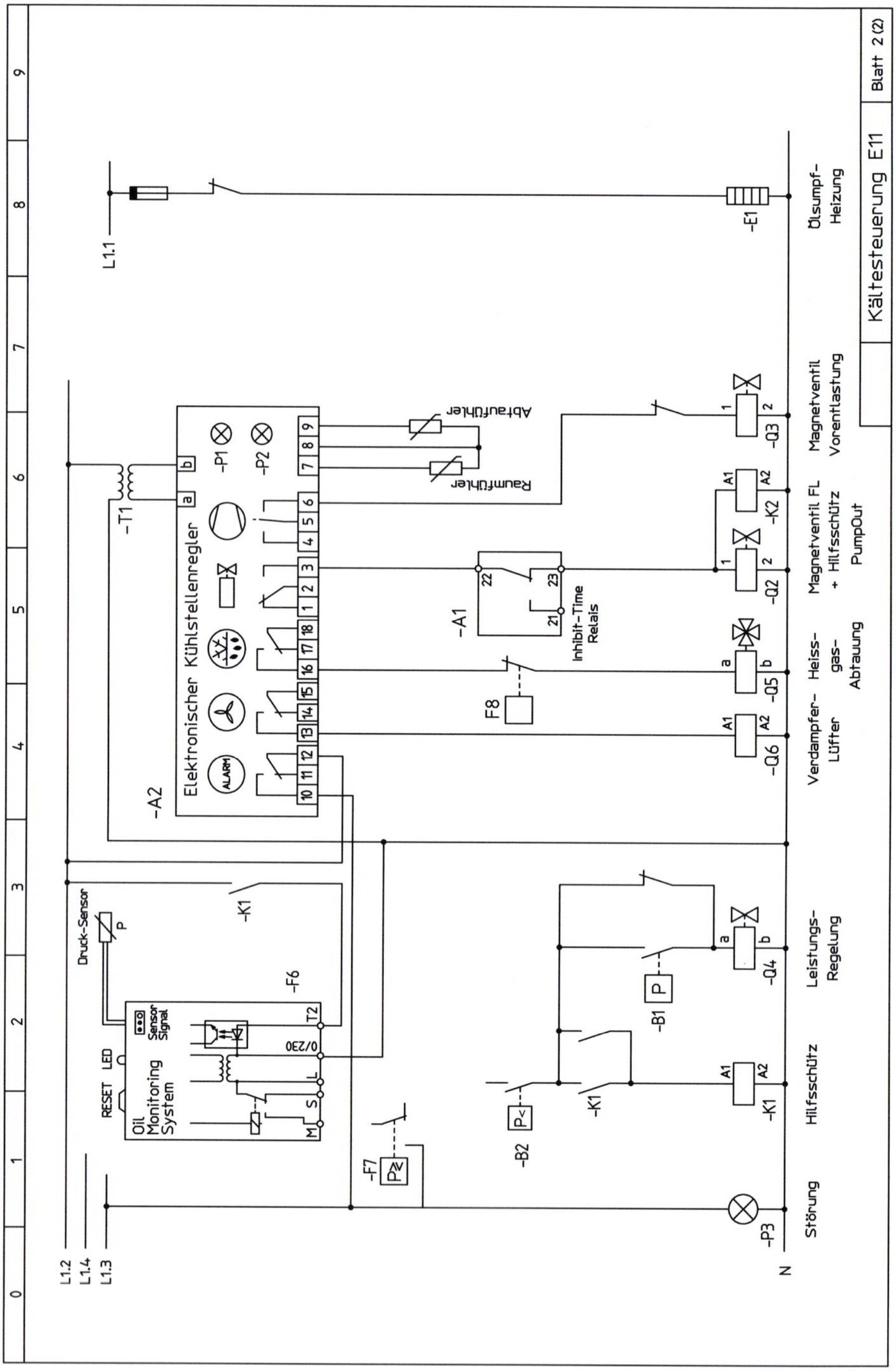

Abb. 10.8

4. Welche Bauteile bzw. Komponenten werden durch den Einsatz eines elektronischen Kühlstellenreglers eingespart?

Technische Mathematik

1. Bestimmen/berechnen Sie mithilfe der Tabelle A.3 im Anhang (Halbhermetischer Motorverdichter *4G-20.2*)
   a) die Nennstromstärke für die Verdichtersicherungen,
   b) die Polpaarzahl des Verdichtermotors und
   c) den Schlupf des Verdichtermotors in %
2. Berechnen Sie die max. Scheinleistung dieses Motors (in kW_{Schein}).
3. Berechnen Sie den Leistungsfaktor cos φ bei maximaler Wirkleistungsaufnahme und erläutern Sie den Begriff „Leistungsfaktor".
4. Aus dem Typenblatt in Abbildung 10.9 des Verdichters sollen für den in Abbildung 10.1 (t_0/t_c) angegebenen Einsatzbereich
   a) die Strom- und
   b) die Wirkleistungsaufnahme ermittelt und daraus
   c) der Leistungsfaktor cos φ berechnet werden.
   d) Ermitteln Sie mithilfe des Diagramms die Kälteleistung (Q_0 in kW) für diesen Betriebspunkt.

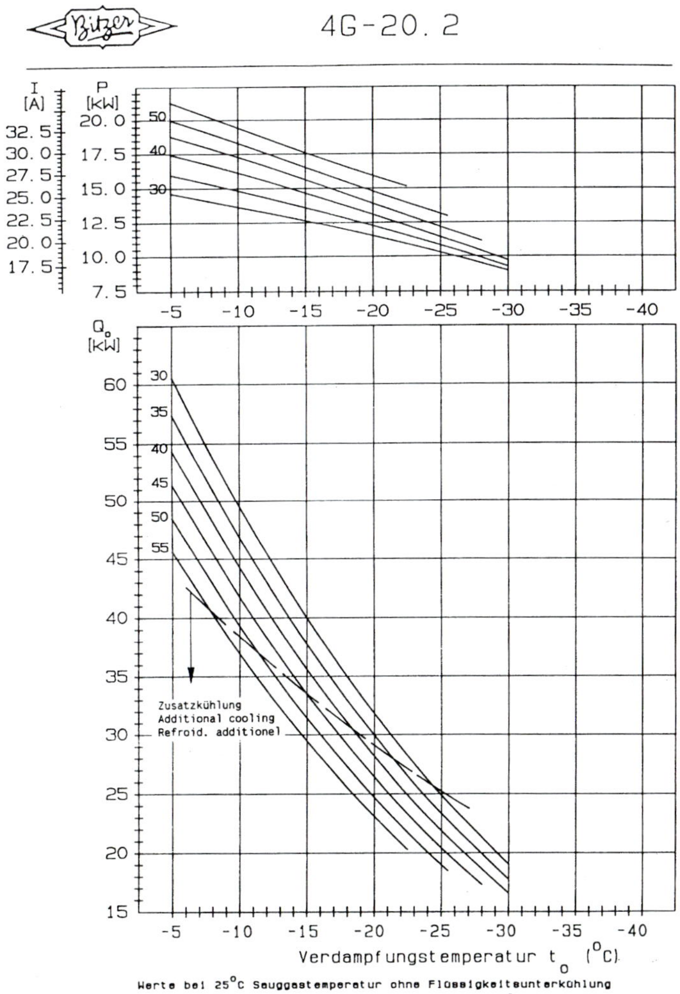

Abb. 10.9 Typenblatt

5. Wenn aufgrund eines technischen Defekts das Schütz für die zweite Teilwicklung nicht zugeschaltet wird, wieviel Prozent seiner Betriebsstromstärke (in Aufg. 4a ermittelt) nimmt der Motor dann noch auf?
6. Beschreiben Sie, was der in Aufg. 5 angenommene Fehler in dieser Kältesteuerung auslösen wird?
7. Berechnen Sie die max. Blindleistungsaufnahme (in kW_{Blind}).
8. Was versteht man unter Blindleistung?

10.2 Lösungen zu Kältesteuerung 11: Sanftanlaufschaltungen

Technologie

1. Legende zu Abb. 10.2

B1	Thermostat	F6	Niederdruckschalter	Q0	Hauptschalter
F1	Hauptsicherung	F7	Hochdruckschalter	E1	Ölsumpfheizung
F2	Verdichtersicherung	Q1.1	Schütz erste Wicklung	R3	Druckgasüberhitzungsschutz
F3	Steuersicherung	Q1.2	Schütz zweite Wicklung	S1	Steuerschalter
F4	Motorschutzgerät INT 390	K1	Zeitrelais „Part-Winding“ 1s	S2	Überbrückung Einschaltverz.
F5	Öldrucksicherheitsschalter	M1	Motorverdichter	Q2	Magnetventil Flüssigkeitsleitung

2. Das Schutzgerät INT 390 überwacht Phasenausfall und Phasenasymmetrie, schließt Pendelbetrieb aus und bietet darüber hinaus noch die Möglichkeit zur Überwachung der Druckgas- und Öltemperatur. Bei Anschluss eines Druckgas-Temperaturfühlers darf die Wiedereinschaltsperre nicht außer Funktion gesetzt werden (Brücke B1-B2 darf nicht entfernt werden). Vgl. Bitzer, Technische Information KT-121-1.
3. Um die Funktion des Auslösegeräts bei allen Steuerungsarten zu gewährleisten, ist es als erstes Glied in die Sicherheitskette einzubauen.
4. Weicht die Spannung einzelner Phasen um mehr als 15 % von der Nennspannung ab, spricht man von einer „Phasenasymmetrie“.
5. Durch kurzzeitiges Betätigen des Rückstelltasters S2 kann die Zeitverzögerung, die normalerweise ca. 5 min beträgt, auf ca. 1 s reduziert werden.
6. Das Prinzipschaltbild (Abb. 10.3) zeigt die Steuerung einer Leistungsregulierung, die gleichzeitig die Funktion der Anlaufentlastung übernimmt.

   Für die Vorentlastung werden 3 Zusatzelemente benötigt: Rückschlagventil; Bypass-Magnetventil (Y1) und Zeitrelais (K1T).

   Funktionsablauf:

   S1 ↑ ⇒ Q2 ↑ ⇒ Druck- und Saugseite des Verdichters werden „kurzgeschlossen“

   ⇒ K1 ↑ – nach Ablauf der eingestellten Zeit (ca. 15 s)

   Q1.1 ↑ ⇒ K2 ↑ - nach Ablauf der eingestellten Zeit (max. 1 s)

   Q1.2 ↑ ⇒ Q2 ↓=>Druck im Verdichter wird aufgebaut und Strompfad für Leistungsregler (B1-Q3) „scharf“ geschaltet und

   Q4 ↑ => Flüssigkeitsleitung wird geöffnet.
7. Anlaufentlastung: Bei diesem Verdichtertyp übernimmt der Leistungsregler die Funktion der Anlaufentlastung. Dabei ist zu beachten, dass der Leistungsregler während der Stillstandsperioden nicht mit Spannung beaufschlagt werden darf, da sonst die Gefahr einer Kältemittelverlagerung besteht.

   Vorentlastung: Bei Verdichtern mit Leistungsregulierung mittels Zylinderabschaltung wird häufig ein zusätzliches Magnetventil als Bypass-Ventil zwischen Druck- und Saugseite eingebaut.

Während einer Startverzögerung von ca. 15 s wird dieses Magnetventil geöffnet. Der Druck kann sich ausgleichen und der Verdichter kann bei eingeschaltetem Leistungsregler hochlaufen.

8. Elektromechanische Differenzdruckwächter sind über Kapillarrohre mit dem Verdichter verbunden. Derartige Rohrverbindungen sind bruchgefährdet.

   Elektronische Ölüberwachungssysteme benötigen nur elektrische Anschlüsse. Das Messsignal wird direkt zum Steuermodul des OMS übertragen.

   Ein weiterer Vorteil: Zur Messung des effektiven Öldrucks braucht nicht in den Kältemittelkreislauf eingegriffen zu werden ⇒ keine Kältemittelemission.
9. „Heißgasabtauung", siehe Kapitel 1.2, Lösung zu Aufgabe 37.
10. Einstellen der Abtauzeit bei Heißgasabtauung ca. 10 min, bei elektr. Abtauung ca. 30 min.

Schaltungstechnik und Funktionsanalyse

1. S. Abbildung 10.10
2. Funktionsablauf der Kältesteuerung (s. auch Abb. 10.8)

   Raumtemperaturfühler fordert „Kühlen"

   Kontakt 2/3 (KSR) schaltet das Magnetventil Q4 (FL) und das Hilfsschütz K2 ein – der „Inhibit-Time-Relais"-Kontakt des Sanftanlaufgeräts muss durchgeschaltet haben.

   Ist der Kontakt des Niederdruckwächters (B2) geschlossen, zieht Hilfsschütz K1 an und hält sich selbst.

   Das Sanftanlaufgerät (A1) wird durch den Schließer K1 eingeschaltet und startet den Teilwicklungsmotor M1 (Verdichter).

   Während des Anlaufs ist die Spule des Magnetventils Q3 (Leistungsregulierung / Anlaufentlastung) erregt, so dass die Kolben dieser Zylinderreihe ohne Gasdruck leer mitlaufen (Anlaufentlastung).

   Wird die zweite Teilwicklung des Verdichtermotors dazu geschaltet, öffnet Kontakt Q1.2 (Strompfad 3) und das Magnetventil Q3 kann die Leistungsregelung in Abhängigkeit vom Saugdruck (B1) übernehmen.

   Der Verdampferlüfter (Q2) kann zeitverzögert (Verdampferlüfterverzögerung) eingeschaltet werden.

   Anlage im Betriebszustand „Kühlen" – Abtaufühler fordert „Abtauen".

   Der Kühlstellenregler muss auf Heißgasabtauung programmiert sein. Der Kontakt 2/3 muss während der Abtauperiode geöffnet bleiben, so dass das Magnetventil Q4 die Flüssigkeitsleitung schließt.

   Mikroprozessorgesteuerte Kühlstellenregler sind in der Lage, die Anzahl der Abtauzyklen während eines bestimmten Zeitraums zu speichern und entsprechend auszuwerten.

   Nur wenn die Anlage sich nicht im Abtaubetrieb befindet, darf der Abpumpprozess eingeleitet werden können.

   In dieser Steuerung ist noch zusätzlich eine konventionelle ‚Pumpout-Schaltung' integriert. So ist auch bei Nicht- oder Falschprogrammierung gewährleistet, dass trotz geschlossenem

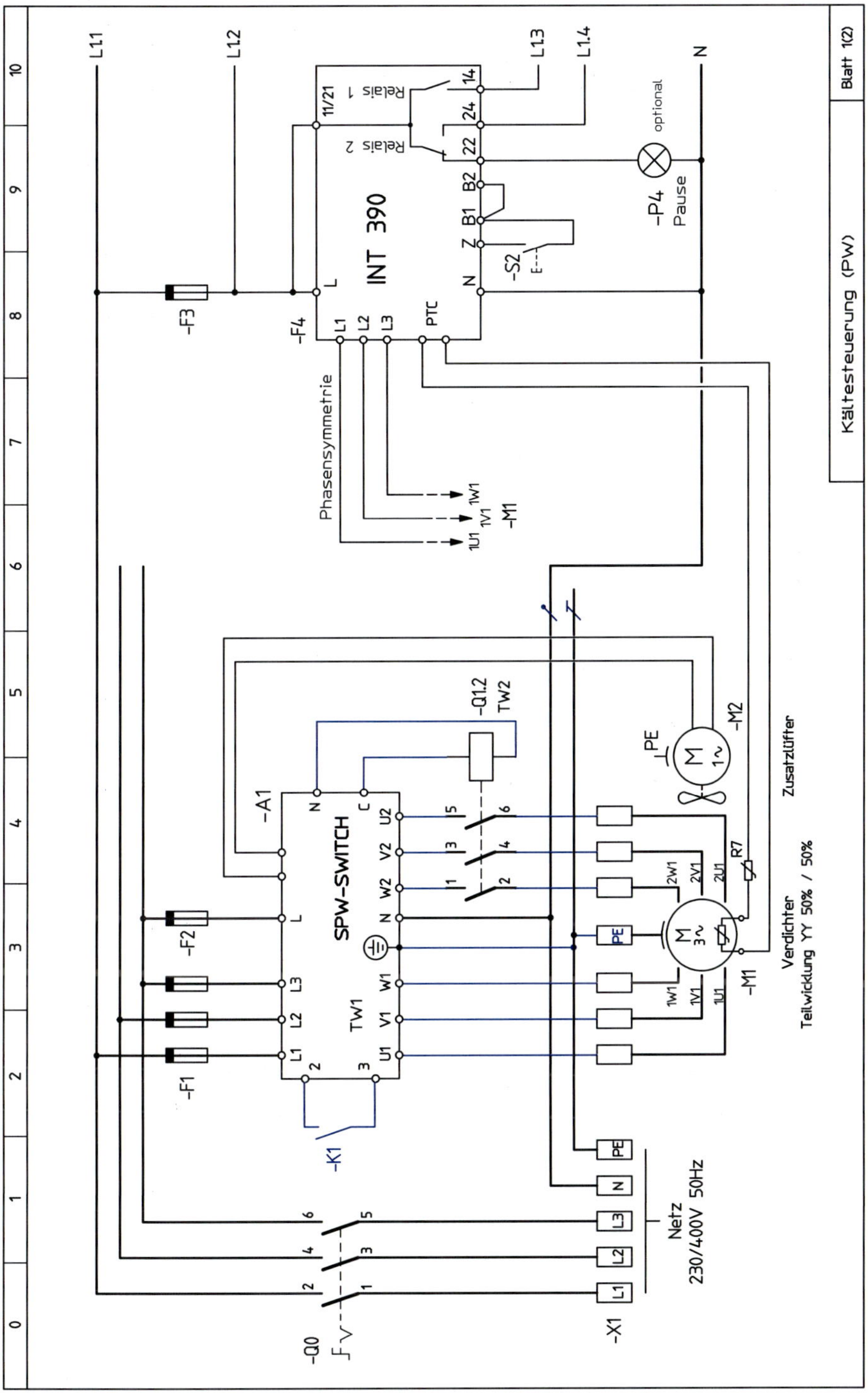

Abb. 10.10 Stromlaufplan des Lastkreises

Niederdruckwächter (B2) der Verdichter nur starten kann, wenn der Kühlstellenregler das Magnetventil Q4 und das dazu parallel geschaltete Hilfsschütz K2 einschaltet.

3.

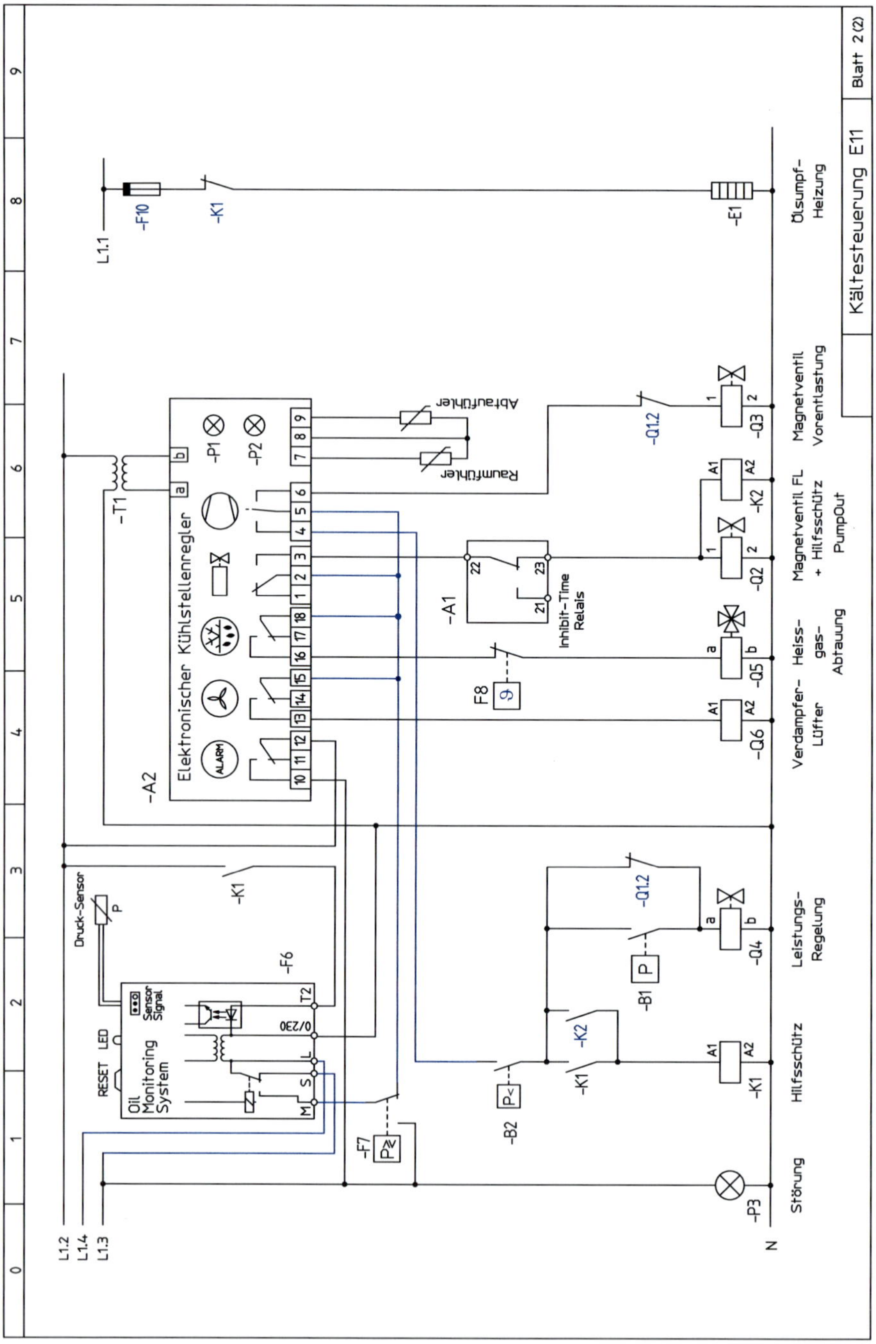

Abb. 10.11 Stromlaufplan der Steuerung

4. Folgende Bauteile/Betriebsmittel werden bei Einsatz eines mikroprozessorgesteuerten Kühlstellenreglers nicht mehr benötigt:
   - Abtauuhr
   - Raumthermostat
   - Hilfsschütz für Vierwege-Umschaltventil
   - Verdampferlüfter-Nachlaufthermostat
   - Startverzögerungsrelais
   - ggf. Abtaubegrenzungsthermostat

Technische Mathematik

1. Aus der Tabelle A.1 im Anhang

   a) $I_B = 37\ \text{A} \Rightarrow$ Sicherungsnennstrom 50 A *(Leiterquerschnitt 10 mm²)*

   b) $n_s = \frac{f}{p} \Rightarrow p = \frac{f}{n_s} = \frac{50\frac{1}{s} \cdot 60\frac{s}{\text{min}}}{1500\frac{1}{\text{min}}} = \underline{\underline{2\ \text{Polpaare}}} = \underline{\underline{4\ \text{Pole}}}$

   c) $s = \left(1 - \frac{n}{n_s}\right) \cdot 100\,\% = \left(1 - \frac{1450}{1500}\right) \cdot 100\,\% = \underline{\underline{3{,}33\,\%}}$

2. Scheinleistung $S = \sqrt{3} \cdot U \cdot I = \sqrt{3} \cdot 400\ \text{V} \cdot 37\ \text{A} = \underline{\underline{25{,}63\ \text{kW}_{\text{Schein}}}}$

3. Leistungsfaktor $\cos\varphi = \frac{P}{S} = \frac{P}{\sqrt{3} \cdot U \cdot I} = \frac{21\,500\ \text{W}}{\sqrt{3} \cdot 400\ \text{V} \cdot 37\ \text{A}} = \underline{\underline{0{,}84}}$

   Der Leistungsfaktor ist ein Maß für die Ausnutzung der elektrischen Einrichtungen. Er stellt das Verhältnis von Wirk- zu Scheingröße dar.

   Je kleiner dieser Faktor ist, desto schlechter werden Stromerzeuger und Energieverteilungsanlagen ausgenutzt.

4. Aus dem Typenblatt: ($t_0 = -27\ °\text{C}$; $t_c = 40\ °\text{C}$)

   a) $I = 19{,}8\ \text{A}$;

   b) $P_{zu} = 11\ \text{kW}$;

   c)
   $$\cos\varphi = \frac{P_{zu}}{\sqrt{3} \cdot U \cdot I}$$
   $$\cos\varphi = \frac{11\,000\ \text{W}}{\sqrt{3} \cdot 400\ \text{V} \cdot 19{,}8\ \text{A}}$$
   $$\underline{\underline{\cos\varphi = 0{,}8}}$$

d) s. unteres Diagramm in Abbildung 10.12: ca. 19,8 kW

5. Eine Motorwicklung nimmt ca. 60 % der Gesamtstromstärke auf. Das ergibt für diesen Betriebspunkt eine Stromstärke von ca. 12 A.

6. In diesem Fehlerfall wäre der Motor überlastet. Seine Wicklungen erwärmen sich unzulässig und die Motorvollschutzeinrichtung spricht an.

7. max. Blindleistung

   $Q = \sqrt{3} \cdot U \cdot I \cdot \sin\varphi$

   $Q = \sqrt{3} \cdot 400\ V \cdot 37\ A \cdot 0{,}6$

   $\underline{\underline{Q = 15{,}38\ kW_{Blind}}}$

8. Blindleistung: Wechselstromverbraucher, die nach dem Induktionsprinzip arbeiten, entnehmen aus dem Versorgungsnetz mehr Leistung, als sie zur Deckung ihrer Nutzleistung benötigen. Außer dieser Nutz- bzw. Wirkleistung bezieht der Motor z. B. noch Blindleistung aus dem Netz. Diese Blindleistung belastet Leitungen wie Schutzorgane und entsteht durch das Ummagnetisieren der Motorwicklungen.

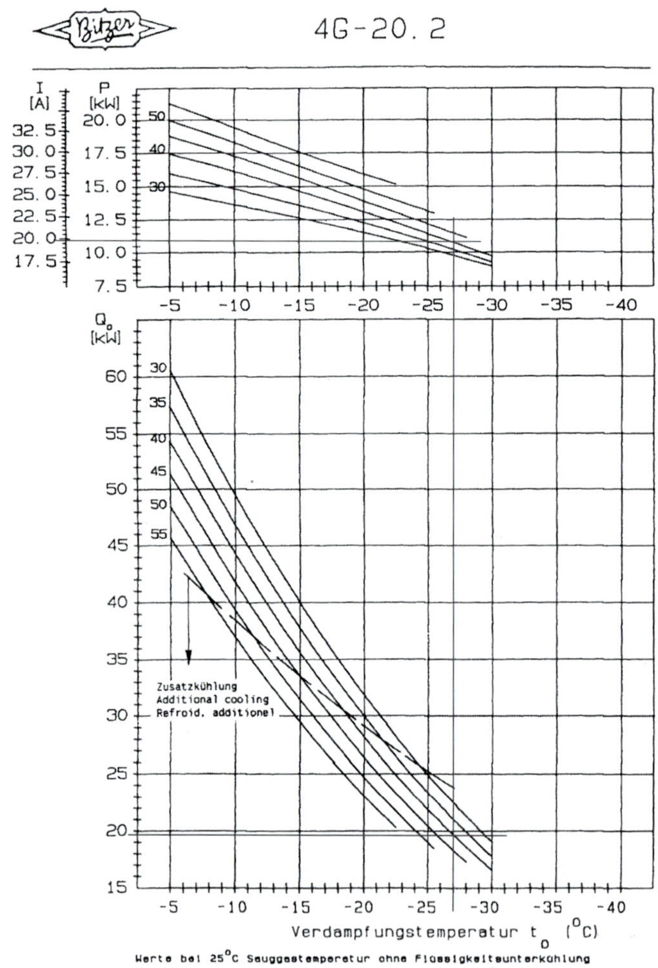

Abb. 10.12

11 Kältesteuerung 12

Die Projekte in diesem Kapitel decken folgende Lernfelder ab:

Lernfeld 3: Untersuchen und Prüfen der Funktion von elektrischen Anlagenteilen in Kälte- und Klimaanlagen

Lernfeld 9: Herstellen und Prüfen von elektromechanischen und elektronischen Steuerungen

Lernfeld 13: Auswählen und Anschließen von elektrischen Betriebsmitteln an das Dreiphasenwechselstromnetz

Lernfeld 14: Installieren, Einstellen und Prüfen von elektronischen Steuerungen und Regelungen

11.1 Leistungsregelung mittels Frequenzumrichter

Aus den hier dargestellten Technischen Mitteilungen und Informationen soll in einem Kältelabor zu Testzwecken eine Kältesteuerung entworfen werden, die die folgenden Komponenten enthält:

- Drehzahlgeregelter halbhermetischer Schraubenverdichter mit Teilwicklungsmotor
- Frequenzumformer zur Leistungsregelung (20 bis 87 Hz)
- Elektronischer Kühlstellenregler
- Elektronisches Expansionsventil

Auf die Darstellung des Verdampferlüfters und der elektrischen Abtauheizung im Lastkreis soll verzichtet werden. Im Steuerstromkreis sind die Schützspulen dieser Komponenten einzuzeichnen.

Technische Informationen zur Ansteuerung von Schraubenverdichtern s.
https://www.vde-verlag.de/buecher/download/495178.zip

Technologie

1. Ergänzen Sie die Legende des in Abbildung 11.1 dargestellten Stromlaufplans.

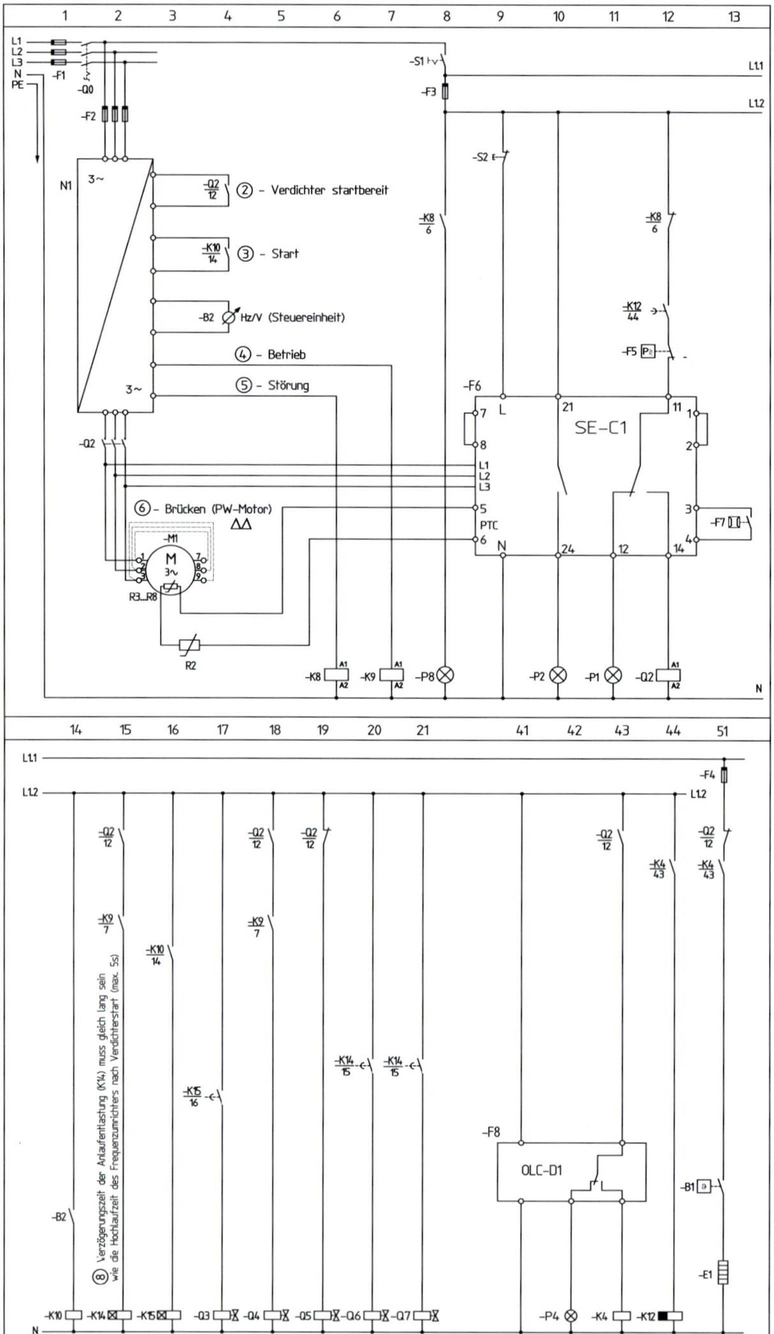

Abb. 11.1 Ansteuerung von halbhermetischen Schraubenverdichtern

Legende zu Abbildung 11.1:

B1	Ölthermostat	M1	
B2	Steuereinheit (FU)	N1	
E1	Ölheizung	P1	
F1		P2	Leuchte ‚Pausenzeit'
F2		P4	Leuchte ‚Ölniveau'
F3		P8	Leuchte ‚FU-Störung'
F4	Sicherung Ölheizung	Q0	
F5		Q2	
F6	Ölversorgungsüberwachung	Q3	MV ‚Öleinspritzung'
F7	Öldurchflusswächter	Q4	
F8	Ölniveauwächter	Q5	MV ‚Stillstands-Bypass
K4	Hilfsrelais Ölniveau	Q6	MV ‚LR 1'
K8		Q7	MV ‚LR 2'
K9		R2	'Druckgasüberhitzung'
K10	Hilfrel. Verdichter-Start	R3-8	
K12	Zeitrelais ‚Ölniveauwächter'	S1	
K14	Zeitrel. Anlaufentlastung (FU)	S2	Reset ‚Öl u. Motor'
K15	Zeitrel. Öleinspritzung		

2. Warum ist bei Schraubenverdichtern eine Bypass-Anlaufentlastung nicht zulässig?
3. Wozu dient der „Stillstands-Bypass" bei Schraubenverdichtern und an welcher Stelle wird er eingebaut?
4. Beschreiben Sie die Funktion des SE-C1 in dieser Steuerung.
5. Von welchen Größen wird die Drehzahl eines Asynchronmotors beeinflusst?

6. Welche Vorteile bietet ein modular aufgebautes System zur Kühlstellenregelung (Abb. 11.2)?

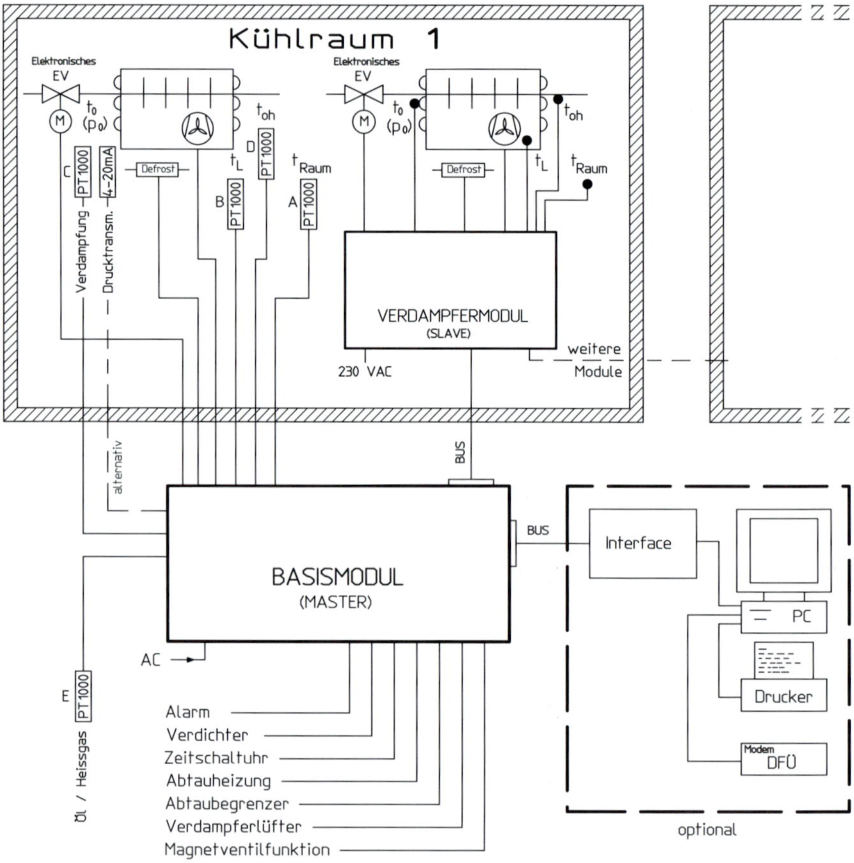

Abb. 11.2 Mikroprozessorgesteuerte Kühlstellenregelung mit elektronischem Expansionsventilsystem

7. Welche Funktionen bietet ein moderner Kühlstellenregler?
8. Welche Aufgabe haben die einzelnen Fühler - was verbirgt sich hinter der Bezeichnung „PT 1000"?
9. Wo sollten die in Abb. 11.2 dargestellten Fühler / Sensoren angebracht werden?
10. Was bedeuten Begriffe wie MC, CPU, E / A-Schaltungen und BUS-Leitungen?
11. Erklären Sie die prinzipielle Funktionsweise eines elektronischen Expansionsventils.
12. Nennen Sie Anwendungsmöglichkeiten von Frequenzumrichtern.
13. Welche Anforderungen werden an einen Frequenzumrichter gestellt?
14. Bei welchen Bauteilen der Kälteanlage ist bei Einsatz eines Frequenzumrichters Vorsicht geboten?
15. Obwohl das Drehfeld des Schraubenverdichters durch das Schutzgerät INT389R überwacht wird, empfiehlt der Hersteller einen Drehrichtungstest.

    Beschreiben Sie, wie bei einem Schraubenverdichter die vorgeschriebene Drehrichtung überprüft werden kann.

Schaltungstechnik und Funktionsanalyse

1. Überprüfen und vervollständigen Sie den Stromlaufplan der Steuerung in Abbildung 11.3. Dazu benötigen Sie den Stromlaufplan des Lastkreises in Abbildung 11.4.

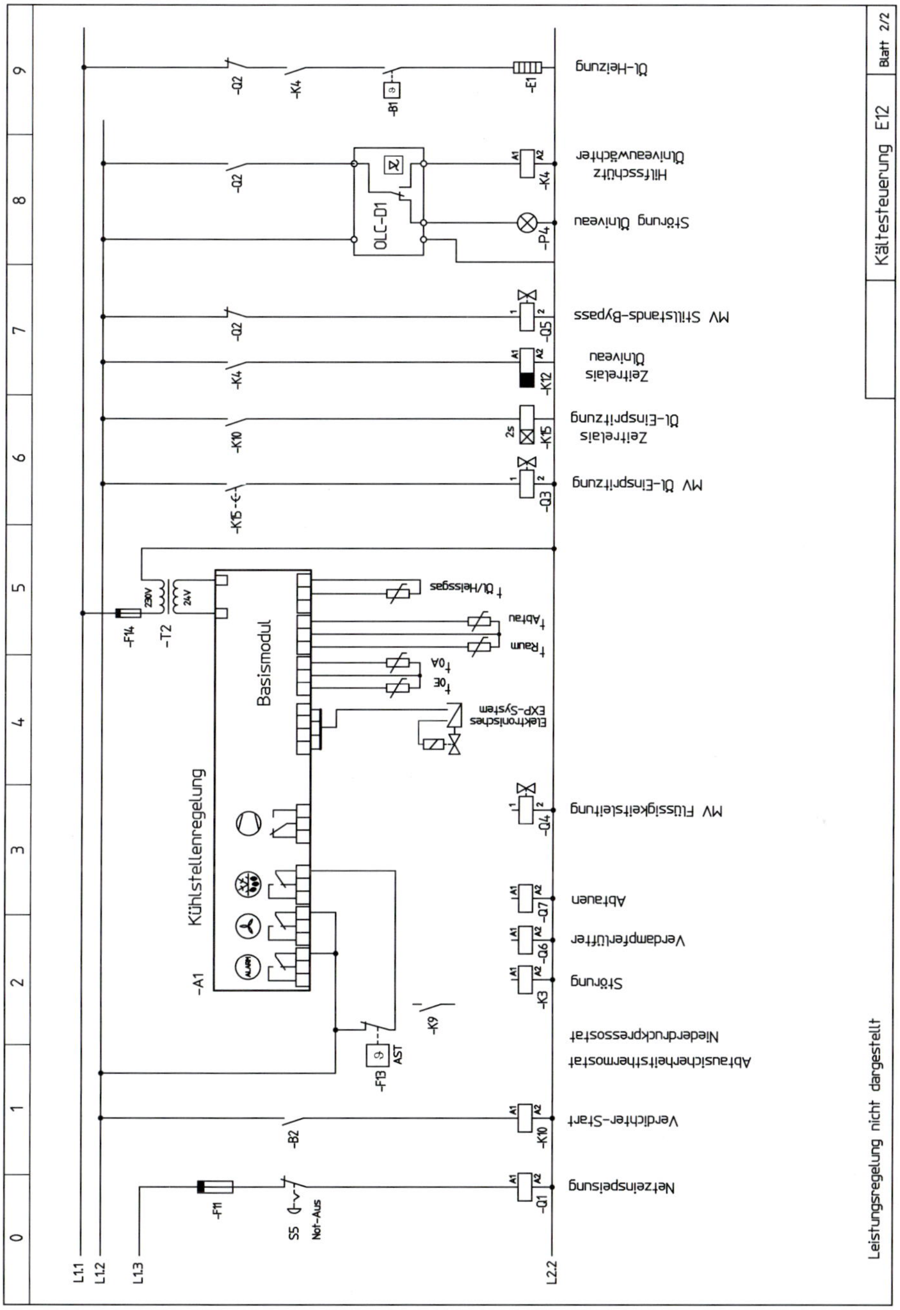

Abb. 11.3 Stromlaufplan der Steuerung

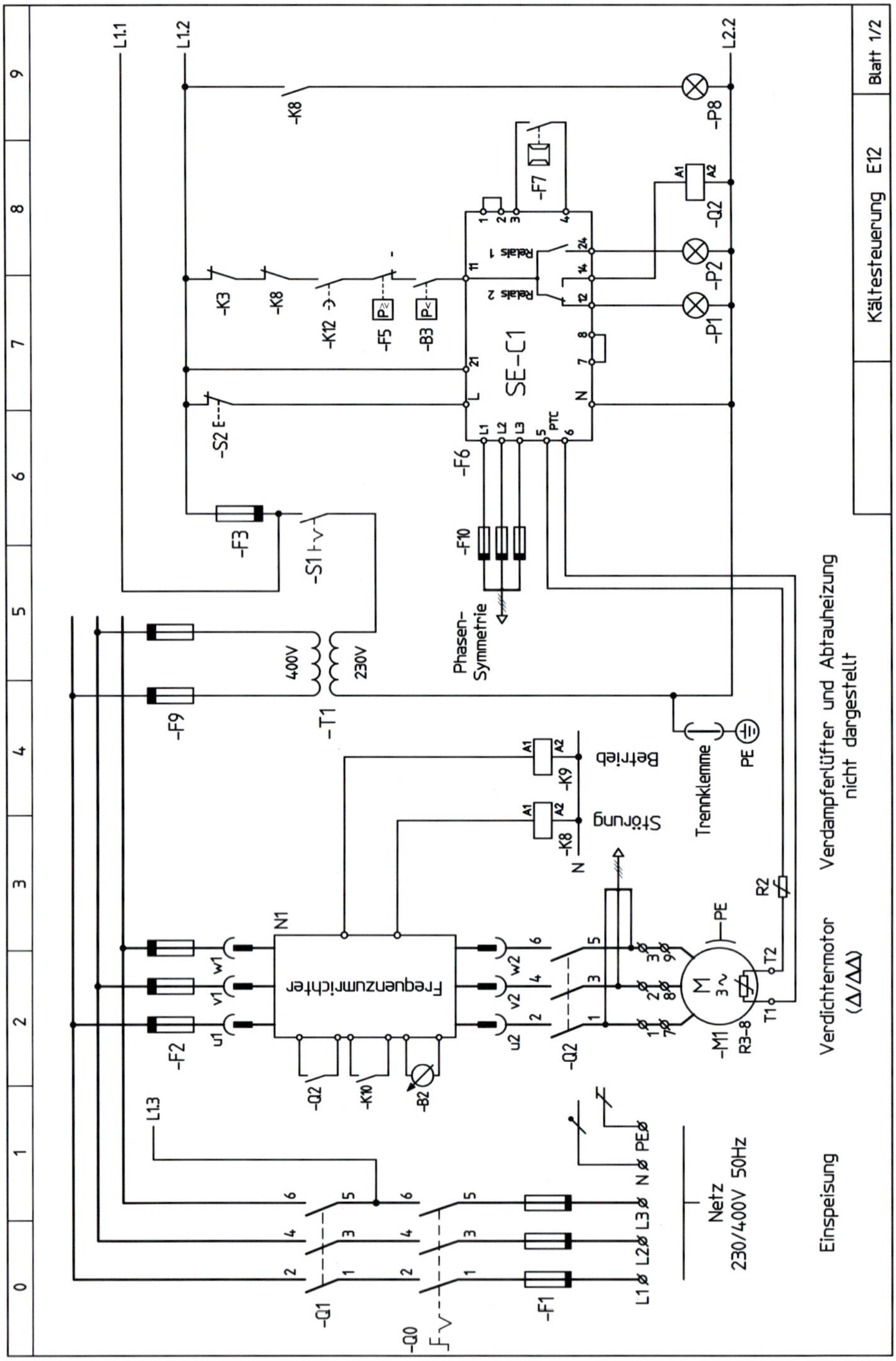

Abb. 11.4 Stromlaufplan des Lastkreises

2. Fertigen Sie eine Legende der gesamten Kältesteuerung an.
3. Wie müssen die Brücken im Motoranschlusskasten des 400-V-Δ-/ΔΔ-DASM angebracht sein (Abb. 11.5 und siehe auch Tabelle A.1.2 im Anhang)?
4. Welche Vor- und Nachteile bringt der Einsatz von Frequenzumformern?
5. Warum sollte der Störmeldeausgang des Frequenzumformers (Q6) mit in die Sicherheitskette eingebunden werden?

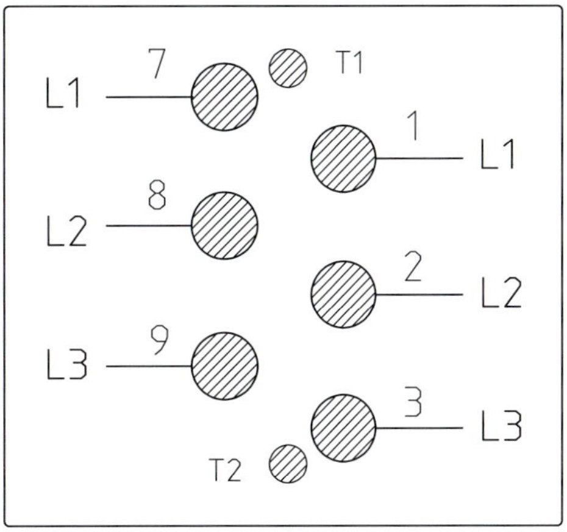

Abb. 11.5 Anschlusskasten des PW-Motors

Technische Mathematik

Bei dem in dieser Kältesteuerung eingesetzten Schraubenverdichter soll das Motordrehmoment (M in Nm) voll über den gesamten Drehzahlbereich (Sonderbereich 20-87 Hz, der eine individuelle Prüfung erforderlich macht) ausgenutzt werden können.

1. Wieviel Umdrehungen macht das Drehfeld (n_s in 1/min) eines 2-poligen Drehstrom-Asynchronmotors (1 Polpaar)
   a) bei 20 Hz und
   b) bei 87 Hz?
   c) Für welche nominelle Spannung müssen die Motorwicklungen ausgelegt sein, wenn der Motor über das gesamte Frequenzband sein volles Drehmoment haben soll – welcher Kennlinie entspricht das in Abb. 11.6?

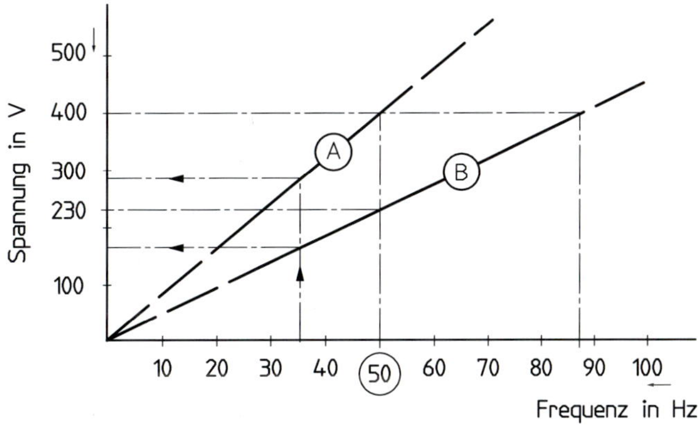

Abb. 11.6 Spannungs- und Frequenzverlauf bei konstantem Drehmoment

2. Dem Datenblatt für den Verdichter-Typ (HSN 6451-40) kann man u. a. die folgenden Angaben entnehmen:

   $n = 2900\ min^{-1}$; $P_{nominal} = 30\ kW$; $U = 400\ V$ (Δ/ΔΔ/3~/50 Hz); $I_{Bmax} = 65\ A$;
   Anlaufstromstärke $I_{blockRot} = 187/313\ A$

a) Wieviel Prozent seines max. Drehmoments (M_{max}) würde dieser Motortyp bei voller Drehzahl (87 Hz) an seiner Welle abgeben (Abb. 11.7)?

b) Welche max. Wirkleistung ($P_{e\,max}$ in kW) entnimmt dieser Motor-Typ dem Drehstromnetz während des Betriebs, wenn sein Leistungsfaktor (cos φ) 0,89 beträgt?

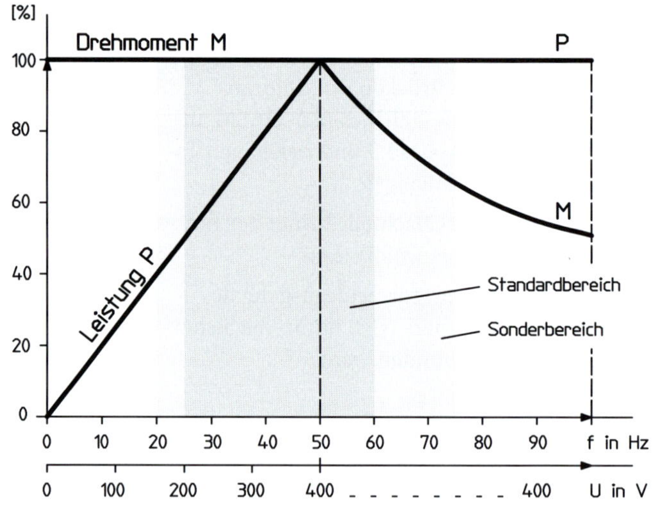

Abb. 11.7 Verlauf von Motordrehmoment (M) und Leistung (P) bei 400-V-Wicklung

3. Bei Verdichtern, deren Motorleistung im gesamten Drehzahlbereich voll genutzt werden soll, müssen die Motorwicklungen am 400 V/3~/50 Hz-Netz für eine Spannung von 230 V ausgelegt werden.

   a) Welche max. Wirkleistung ($P_{e\,max}$ in kW) entnimmt dieser Motor (230 V Δ/ΔΔ/3~/50 Hz) dem 400-V-Drehstromnetz bei einer Frequenz von 87 Hz, wenn sein Leistungsfaktor (cos Δ) 0,89 beträgt (Abb. 11.8)?

   b) Welches max. Drehmoment (M in Nm) gibt dieser Motor an seiner Welle ab, wenn sein Wirkungsgrad (η) 85 % beträgt?

4. Berechnen Sie die aufgenommene max. Blindleistung des 230-V-Motors in kW_{Blind}.

5. Was versteht man unter Blindleistungskompensation – welche Bauteile setzt man zur Kompensation ein?

6. Ist es ratsam, einen über einen Frequenzumrichter geregelten Motor zu kompensieren?

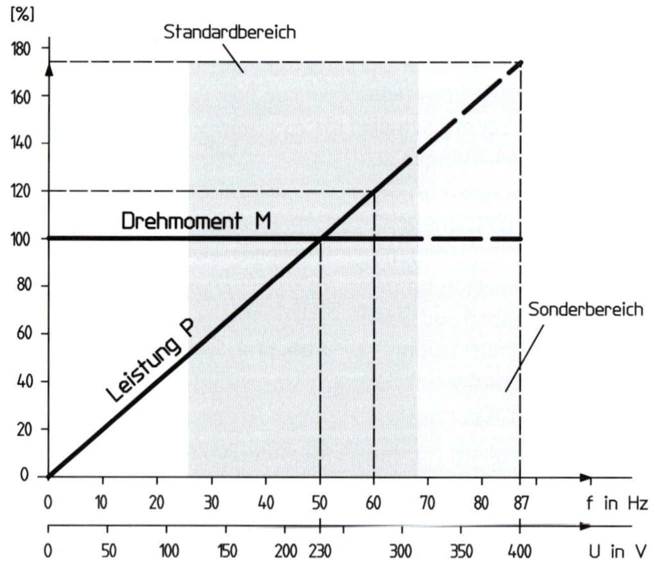

Abb. 11.8 Verlauf von Motordrehmoment (M) und Leistung bei 230 V-Wicklung

11.2 Lösungen zu: Leistungsregelung mittels Frequenzumrichter

Technologie

1. Legende zu Abbildung 11.1

B1	Ölthermostat	M1	**Verdichtermotor**
B2	Steuereinheit (FU)	N1	**Frequenzumformer**
E1	Ölheizung	P1	**Störungsleuchte**
F1	**Hauptsicherungen**	P2	Leuchte ‚Pausenzeit‘
F2	**Verdichtersicherungen**	P4	Leuchte ‚Ölniveau‘
F3	**Steuersicherung**	P8	Leuchte ‚FU-Störung‘
F4	Sicherung Ölheizung	Q0	**Hauptschalter**
F5	Duo-Pressostat	Q2	**Verdichter-Schütz**
F6	Ölversorgungsüberwachung	Q3	MV ‚Öleinspritzung‘
F7	Öldurchflusswächter	Q4	**MV Flüssigkeitsleitung**
F8	Ölniveauwächter	Q5	MV ‚Stillstands-Bypass
K4	Hilfsrelais Ölniveau	Q6	MV ‚LR 1‘
K8	**Hilfsrelais FU-Störung**	Q7	MV ‚LR 2‘
K9	**Hilfsrelais FU-Betrieb**	R2	Druckgasüberhitzung
K10	Hilfrel. Verdichter-Start	R3-8	**PTC-Fühler Motor**
K12	Zeitrelais ‚Ölniveauwächter‘	S1	**Steuerschalter**
K14	Zeitrelais Anlaufentlastung (FU)	S2	Reset ‚Öl u. Motor‘
K15	Zeitrelais Öleinspritzung		

2. Bei Schraubenverdichtern ist eine Bypass-Anlaufentlastung wegen der Gefahr von Lagerschäden nicht zulässig.

3. Ein „Stillstands-Bypass“ soll während der Stillstandsperioden für Druckausgleich sorgen und eine Kältemittelkonzentration im Ölvorrat des Ölabscheiders verhindern.

   Zwischen Ölabscheider und Saugleitung wird ein el. Magnetventil eingebaut.

4. Das optionale Schutzgerät SE-C1 überwacht die Motor- und Druckgastemperatur sowie Drehrichtung und Phasenausfall. Darüber hinaus überwacht es noch Phasensymmetrie, Schalthäufigkeit und Ölversorgung. Dieses Schutzgerät verriegelt sofort, wenn die maximal zulässigen Temperaturen überschritten werden. Nach Abkühlung muss es manuell entriegelt werden.

   Zudem überwacht es den PTC-Messkreis auf Kurzschluss und Leiter- bzw. Fühlerbruch. Bei Kurzschluss oder Spannungsunterbrechung verriegelt es sofort.

   Dieses Schutzgerät wird insbesondere zur Überwachung von Verdichtern im Frequenzumrichter-Betrieb eingesetzt.

5. Einfluss auf die Drehzahl eines DASM haben die Polpaarzahl, die Frequenz, die Spannung und der Schlupf.
6. Ein modular aufgebautes System lässt sich schnell den jeweiligen Anforderungen anpassen, kann je nach Anbieter bis zu 20 Kühlstellen regeln und ist zudem reparaturfreundlich.
7. In dieser Kältesteuerung wurde exemplarisch ein elektronisches Expansionsventilsystem mit integrierter Kühlraumsteuerung der Firma Flica (Flitronic FT 2000) gewählt.

   Ein solcher Kühlstellenregler bietet die folgenden Funktionen:

   Steuerung des Verdichters (Startverzögerung, Pumpdown etc.), des Verdampferlüfters (Verzögerung, Nachlauf), des Magnetventils in der Flüssigkeitsleitung und der Abtauung (Elektro- bzw. Heißgas).

   Überwachung der Öl- oder Druckgastemperatur des Verdichters.

   Regelung der Überhitzung mittels elektronischem EV.

   Echtzeituhr mit freiem Wechselkontakt, Alarmgeber, Türkontaktschalter-Eingang, Test-, Diagnose- und Notprogramme.
8. Die einzelnen PTC-Fühler haben die Aufgabe, die entsprechenden Temperaturen zu erfassen. Der Drucktransmitter wandelt den Druck direkt in eine elektrische Größe um (Stromstärke 4 – 20 mA).

   PT 1000 bedeutet: Dieser PTC-Fühler hat bei einer Temperatur von 0 °C einen Widerstandswert von 1000 Ohm.
9. Raumtemperaturfühler (A) sollte an einer Stelle installiert werden, wo Temperaturänderungen der Umluft genau und schnell gemessen werden können. Verdampfertemperaturfühler (B) muss am Verdampferaustritt in Kontakt mit der Lamelle angebracht werden. Fühler (C) ist am Verdampfereingang, Fühler (D) am Verdampferausgang anzubringen.
10. Das Kernstück eines Mikrocomputers (MC) ist die Zentraleinheit CPU (central processing unit), die auch als Mikroprozessor bezeichnet wird. Ein-/Ausgabe (E/A)-Schaltungen sind elektronische Bausteine, deren Funktionsumfang vielfach größer ist als der der CPU. Hier werden u. a. Interface für PC, Anzeigeeinrichtungen oder die zu steuernden Prozesselemente (z. B. Verdampfermodul, s. Abb. 11.2) angeschlossen. Verbunden sind die einzelnen Elemente über sogenannte 2-adrige BUS-Leitungen.
11. Ein Mikroprozessor erfasst die Fühlertemperaturen am Verdampferein und -ausgang, bildet die Differenz und vergleicht diese mit dem eingestellten Sollwert der Überhitzung. Weichen Differenz- und Sollwert voneinander ab, gibt der Mikroprozessor Impulse an den linearen Schrittmotor des Expansionsventils. Der Schrittmotor betätigt ein Ventil, das den Kältemittelmassenstrom reguliert (vgl. Schmidt, D., Lexikon Kältetechnik).
12. Anwendungsmöglichkeiten von Frequenzumrichtern:

    Bei Kälteanlagen mit schwankender Kühllast; bei begrenzter Aufstellungsmöglichkeit von Einzelaggregaten oder Verbundanlagen; bei Klimaanlagen mit HG-Bypassregelung; Langzeitlagerung von Obst; Lagerung von Frischfleisch.
13. Anforderungen an Frequenzumrichter:

    Frequenzfeineinstellung; Minimalfrequenz; Maximalfrequenz; Hochlaufzeit; Runterlaufzeit; Strombegrenzung; einstellbare U/f-Kennlinie; programmierbare Sprungfrequenzen.

14. Achtung bei folgenden Bauteilen u. a. wegen der „kritischen Frequenz“:

    Rohrleitungen; Magnetventilen ($p_1 > p_2$, Δp_{min} 0,05 bar); Rückschlagventilen; Thermo-Expansionsventilen. Schwingungsdämpfer entfernen, Ölabscheider besonders befestigen etc.

15. Manometer an Saug-Absperrventil anschließen - Ventilspindel schließen und wieder eine Umdrehung öffnen – Anschlussstecker vom Magnetventil der Öleinspritzleitung abziehen – Verdichter kurz starten (0,5 – 1 s).

    Bei richtiger Drehrichtung sinkt der Saugdruck sofort ab, bei falscher Drehrichtung steigt der Druck und das Schutzgerät schaltet ab.

LÖSUNGEN

Schaltungstechnik und Funktionsanalyse

1.

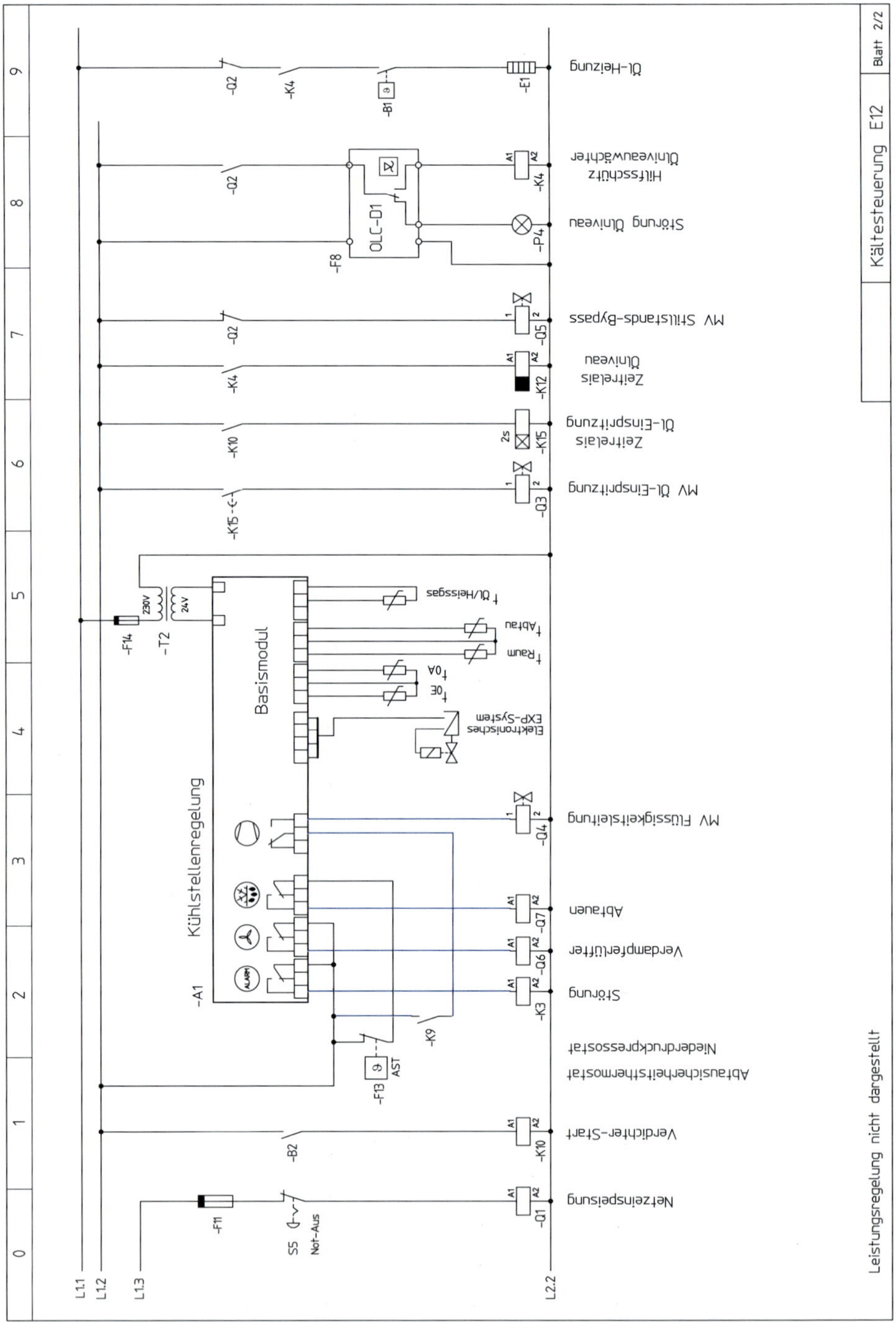

Abb. 11.9 Stromlaufplan der Steuerung

Beachte: Die Leiter L1, L2 und L3 zur Überprüfung der Phasenfolge (Schraubenverdichter sind drehrichtungsabhängig) müssen direkt an den Motoranschlussklemmen angeschlossen werden (vgl. Abb. 11.4).

2. Legende (Last- und Steuerstromkreis)

A1	Kühlstellenregler	K12	Zeitrelais ‚Ölniveauwächter'
B1	Thermostat Ölheizung	K15	Zeitrelais ‚Öleinspritzung'
B2	Steuereinheit (FU)	M1	Verdichtermotor
B3	Niederdruckwächter (Pumpdown)	N1	Frequenzumrichter
E1	Ölheizung	P1	Störungsleuchte
F1	Hauptsicherungen	P2	Leuchte ‚Pausenzeit'
F2	Verdichtersicherungen	P4	Leuchte ‚Ölniveau'
F3	Steuersicherung	P8	FU-Störung
F4	Sicherung Ölheizung	Q0	Hauptschalter
F5	Hoch-/Niederdruckbegrenzer	Q1	Netzschütz Einspeisung
F6	Überwachung Ölversorgung	Q2	Verdichterschütz
F7	Öldurchflusswächter	Q3	Magnetventil ‚Öleinspritzung'
F8	Ölniveauwächter	Q4	Magnetventil ‚Flüssigkeitsleitung'
F9	Sicherungen Steuertransformator	Q5	Magnetventil ‚Stillstands-Bypass'
F10	Sicherungen Phasenfolge	Q6	Verdampferlüfterschütz
F11	Sicherung Netzschütz	Q7	Heizungsschütz
F13	Abtausicherheitsthermostat	R2	Druckgasüberhitzungsschutz
F14	Feinsicherung Trafomodul KSR	R3-8	PTC-Fühler f. Motorwicklungen
K3	Hilfsschütz Temperaturstörung KSR	S1	Steuerschalter
K4	Hilfsschütz Ölniveauwächter	S2	Reset ‚Sammelstörung'
K8	Hilfsrelais FU-Störung	S5	Not-Aus-Schalter
K9	Hilfsrelais FU-Betrieb	T1	Steuertransformator
K10	Hilfsrelais Verdichterstart	T2	Trafomodul KSR

3. Direktanlauf mit Frequenzumrichter in ΔΔ siehe Abbildungen 11.10 bis 11.12 (vgl. Anhang, Tab. A.1.2).

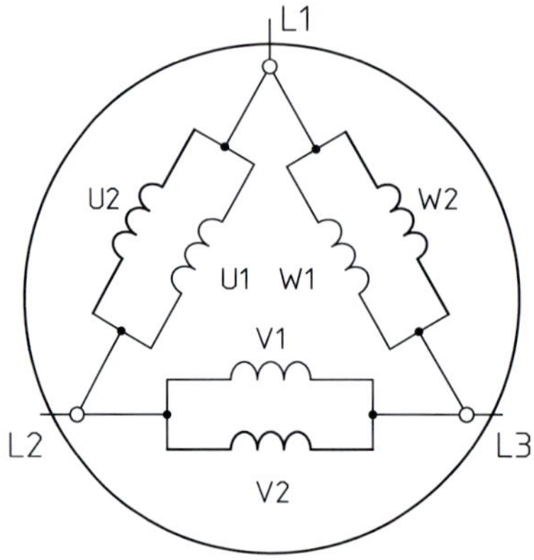

Abb. 11.10 ΔΔ i. a. D.

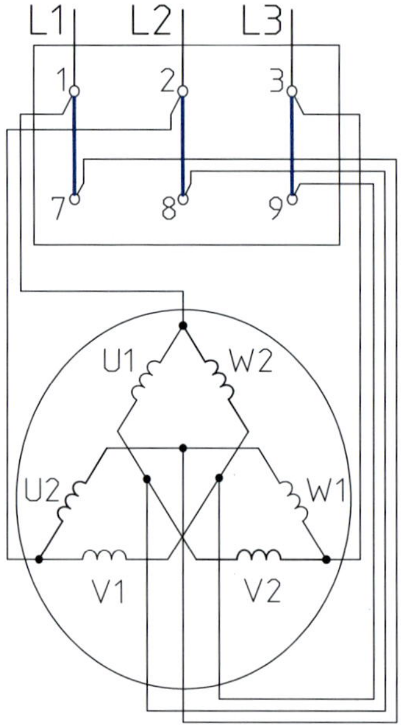

Abb. 11.11 ΔΔ i. z. D.

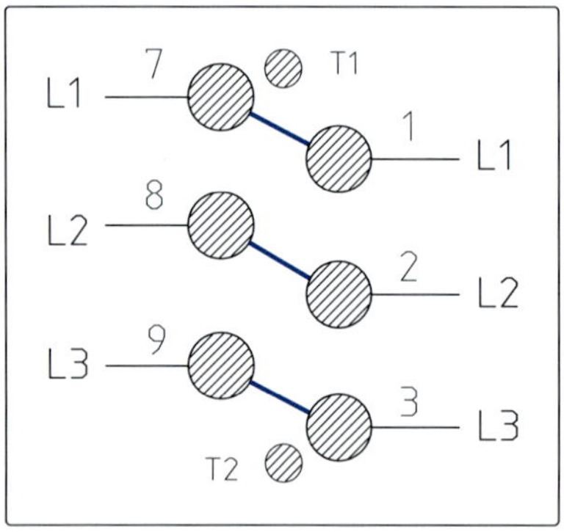

Abb. 11.12 Klemmbrett

4. **Vorteile** des Frequenzumrichters:

   Möglichkeit zur stufenlosen Drehzahlregulierung von Drehstrom-Asynchronmotoren

   stufenlose Leistungsregulierung

   Leistungserhöhung durch Betrieb oberhalb der Synchrondrehzahl (übersynchroner Betrieb)

   Sanftanlauf

   Reduzierung des Anlaufstroms bei vollem Drehmoment

   reduzierte mechanische Belastung des Verdichters

   verminderte Gefahr von Öl- und Flüssigkeitsschlägen beim Startvorgang

   Nachteile des Frequenzumrichters:

   Kritische Frequenz-/Drehzahlbereiche.

Je nach Anwendungsbedingungen können in bestimmten Frequenzbereichen Resonanzschwingungen auftreten, die zur Zerstörung des Verdichters und der Rohrleitungen führen können.

Abhilfe: kritische Frequenzbereiche „überfahren" durch entsprechende Programmierung des Umrichters.

5. Der Störmeldeausgang des Umrichters sollte in die Sicherheitskette einbezogen werden. Nur so ist gewährleistet, dass das Magnetventil „Öl-Einspritzung" geschlossen wird, wenn der Verdichter wegen einer Störabschaltung des Umrichters stillsteht. Ohne diese Schaltung wird in derartigen Fällen der stillstehende Verdichter mit Öl aufgefüllt, was beim nächsten Start zu Flüssigkeitskompression im Verdichter führt. Unter diesen Umständen ist eine Beschädigung des Verdichters sehr wahrscheinlich.

Technische Mathematik

1. a) $n_s = \frac{f}{p} = \frac{20 \cdot 60s}{1\,s \cdot min} = \underline{\underline{1200\ min^{-1}}}$

   b) $n_s = \frac{f}{p} = \frac{87 \cdot 60s}{1\,s \cdot min} = \underline{\underline{5220\ min^{-1}}}$

   c) Für 230 V – Kennlinie B

2. a) aus dem Diagramm Abb. 11.7:

   ca. 55 % des maximalen Drehmoments

   $P_{e\ max} = \sqrt{3} \cdot U \cdot I \cdot \cos\ \varphi$

   b) $P_{e\ max} = \sqrt{3} \cdot 400\ V \cdot 65\ A \cdot 0{,}89$

   $\underline{\underline{P_{e\,max} = 40\ kW}}$

3. a) aus dem Diagramm Abb. 11.8:

   $P_{e\,max} \approx 1{,}7\ x\ P_e\ (170\ \% = 1{,}7)$

   $P_e = \sqrt{3} \cdot U \cdot I \cdot \cos\ \varphi$

   $P_e = \sqrt{3} \cdot 230\ V \cdot 65\ A \cdot 0{,}89 = 23\ kW$

   $P_{e\ max} \approx 1{,}7 \cdot 40{,}5\ kW \approx \underline{\underline{40\ kW}}$

   $\eta = \frac{P_{mech}}{P_e} \Rightarrow P_{mech} = \eta \cdot P_e = 0{,}85 \cdot 40\ kW = 33{,}3\ kW$

   b) $P_{mech} = \frac{M \cdot n}{9549} \Rightarrow$

   $M = \frac{9549 \cdot P_{mech}}{n} = \frac{9549 \cdot 33{,}3\ kW}{2900\ min^{-1}} = \underline{\underline{110\ Nm}}$

4. $Q_{e\ max} = \sqrt{3} \cdot U \cdot I_{Bmax} \cdot \sin\ \varphi =$

   $Q_{e\ max} = \sqrt{3} \cdot 230\ V \cdot 65\ A \cdot 0{,}456 = \underline{\underline{11{,}8\ kW_{Blind}}}$

5. Zur Magnetisierung wird Blindleistung benötigt, die die Stromerzeuger und Energieverteilungsanlagen belastet. Durch die „Blindleistungskompensation" kann mithilfe von Kondensatoren der Anteil der Blindleistung verringert werden.

6. Generell ist es möglich. In der Praxis hat es sich aber nicht bewährt, weil Kompensationskondensatoren für die schnellen Ansteuer- und Laständerungen eines Frequenzumrichters viel zu träge reagieren. In der Leistungselektronik gibt es inzwischen blindleistungssparende Schaltungen.

12 Kältesteuerung 13

Die Projekte in diesem Kapitel decken folgende Lernfelder ab:

Lernfeld 3: Untersuchen und Prüfen der Funktion von elektrischen Anlagenteilen in Kälte- und Klimaanlagen

Lernfeld 9: Herstellen und Prüfen von elektromechanischen und elektronischen Steuerungen

Lernfeld 13: Auswählen und Anschließen von elektrischen Betriebsmitteln an das Dreiphasenwechselstromnetz

12.1 Verdrahtungsarbeit 2 – Schulungsanlage

In der Ausbildungswerkstatt eines KälteKlima-Betriebs bekommen die Auszubildenden ‚Mechatroniker/in für Kältetechnik' den Auftrag, selbständig Verdrahtungsarbeiten nach teilweise selbst erstellten Schaltplänen auszuführen.

Außer den elektr. Verbrauchern wie Teilwicklungsmotor, Verdampfer- und Verflüssigerlüfter sowie der Abtau- und Ölsumpfheizung, die durch Leuchtmelder ersetzt werden, handelt es sich um reale Betriebsmittel.

An einer fertig verdrahteten Referenzanlage (s. Abb. 12.1) sollen die Azubis, bevor sie selbst eine adäquate Schulungsanlage verdrahten, die folgenden Aufgaben bearbeiten:

1. Fertigen Sie eine Stückliste der sichtbaren Betriebsmittel an.
2. In welchem Netz-System müsste ein 4-poliger Hauptschalter eingesetzt werden und welcher Leiter müsste zusätzlich zu den drei Außenleitern schaltbar sein?
3. Bei Verwendung eines Hand-Null-Automatikschalters in einer Kältesteuerung sollte dieser 2-polig sein. Begründen Sie, warum.
4. Erläutern Sie die prinzipielle Funktionsweise eines thermischen Überlastrelais (Motorschutzrelais) und wo liegt der wesentliche Unterschied zu einem Motorschutzschalter.
5. Was versteht man unter einem „eigenfesten" Motorschutzschalter?
6. Abbildung 12.2 zeigt ein anzugsverzögertes Zeitrelais. Wozu dienen die zusätzlichen Anschlüsse +B1 und (N)?

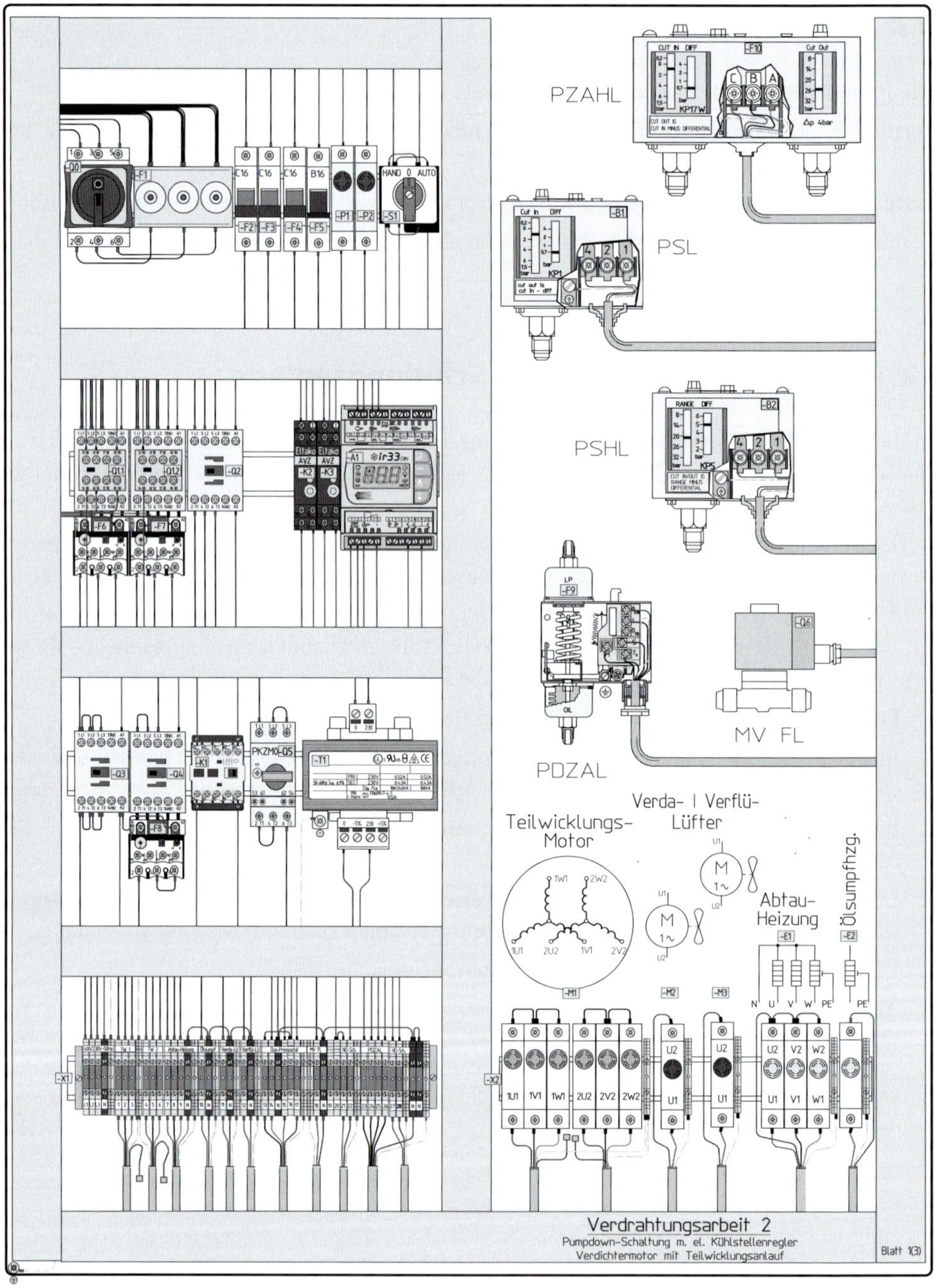

Abb. 12.1 Referenzanlage

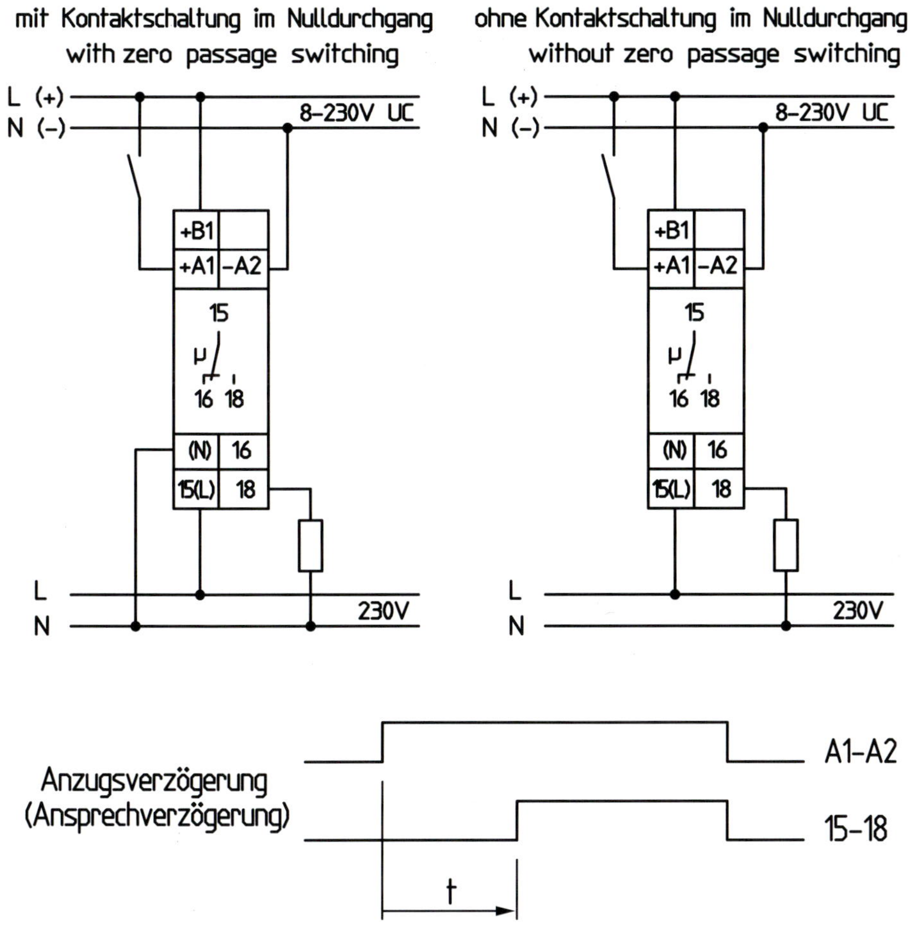

Abb. 12.2 Zeitrelais mit Zeitablaufdiagramm

7. Beschreiben Sie anhand des Zeitablauf-Diagramms die Funktionsweise.
8. In der Betriebsanleitung des Kühlstellenreglers (KSR) steht unter anderem: „HACCP – diese Funktion ist in den Modellen mit Echtzeituhr integriert“ und „Watchdog-Funktion“.

   Erläutern Sie, was sich hinter diesen beiden Begriffen verbirgt.
9. Berechnen Sie, welche Masse Eis (in kg) diese Abtauheizung (P=3,12 kW) in der Zeit von 20 min. auftauen könnte, wenn das Eis eine Temperatur von −20 °C hat. (spez. Wärmekapazität c_{Eis}=2,1 kJ/kg · K; spez. Schmelzenthalpie q_{Eis}=337 kJ/kg)
10. Welches ist der entscheidende Vorteil eines Teilwicklungsmotors gegenüber dem Stern-Dreieck-Motor?
11. Welchen entscheidenden Vorteil bietet eine Ölsumpfheizung?

12. a) Erläutern Sie die Funktion des Öldifferenzdruckschalters anhand des Prinzipschaltplans in Abbildung 12.3.

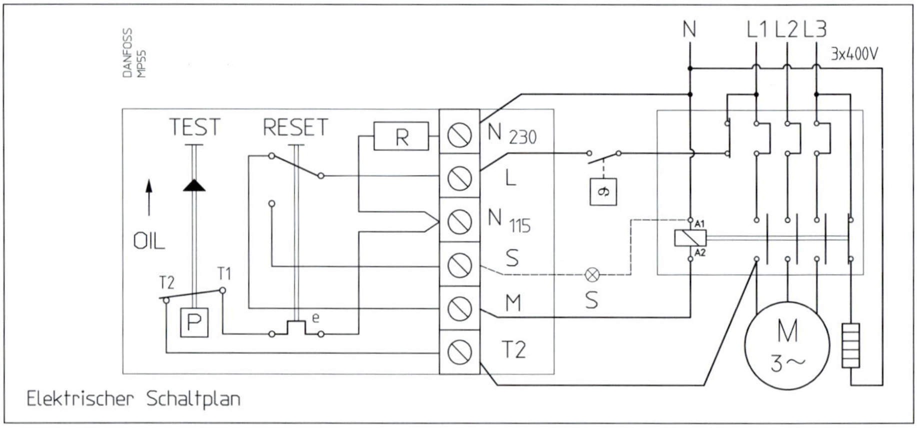

Abb. 12.3 Original Prinzipschaltplan des Öldifferenzdruckschalters

b) Welchen Widerstandswert (in Ω) muss der Vorwiderstand R mindestens haben, wenn durch das Bimetall (e) eine maximale Stromstärke von 500 mA fließen darf?

c) Für welche Verlustleistung (in W) muss der Widerstand R ausgelegt sein?

13. Welches zusätzliche Betriebsmittel wäre erforderlich, um die Pumpdown- in eine Pumpout-Schaltung umzufunktionieren und an welcher Stelle müsste dieses Bauteil eingebunden werden?

14. Um sich mit den Druckwächtern näher vertraut zu machen, gibt Ihnen Ihr Ausbilder das Arbeitsblatt „Pressostate“ (Tab. 12.1). Bitte füllen Sie es fachgerecht aus.

Tab. 12.1 Arbeitsblatt „Pressostate"

<table>
<tr><td colspan="4">Pressostate (Druckwächter)
Untersuchen Sie die folgenden Pressostate und bestimmen Sie dabei:
Art des Druckschalters, Regelbereich, Differenz, Klemmenbezeichnung. Erstellen Sie rechts daneben das Schaltsymbol mit dem entsprechenden Kontaktsystem – bitte mit Schablone.
(Annahme: Befüllte TK-Anlage mit dem Kältemittel R449A).</td></tr>
<tr><td colspan="4">Niederdruckpressostat KP1</td></tr>
<tr><td>Regelbereich:</td><td>–0,2 – 7,5 bar</td><td colspan="2"></td></tr>
<tr><td>Differenz:</td><td>0,7 – 4 bar</td><td colspan="2">Kann die Differenz verändert werden?</td></tr>
<tr><td colspan="2">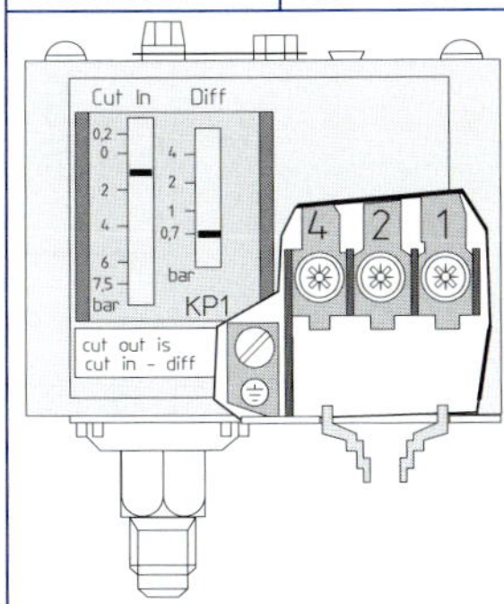
</td><td>Symbol
KP1</td><td>Übersetzen Sie die Bedeutung:
cut out is cut in minus difference
___
___
Bestimmen Sie für diesen KP1:
Ausschaltpunkt: ___ Einschaltpunkt: ___
Wo sollte der Niederdruck-Ausschaltpunkt immer liegen? ___</td></tr>
<tr><td colspan="4">Hochdruckwächter KP5</td></tr>
<tr><td>Regelbereich:</td><td>8 – 32 bar</td><td colspan="2"></td></tr>
<tr><td>Differenz:</td><td>1,8 – 6 bar</td><td colspan="2">Kann die Differenz verändert werden?</td></tr>
<tr><td colspan="2">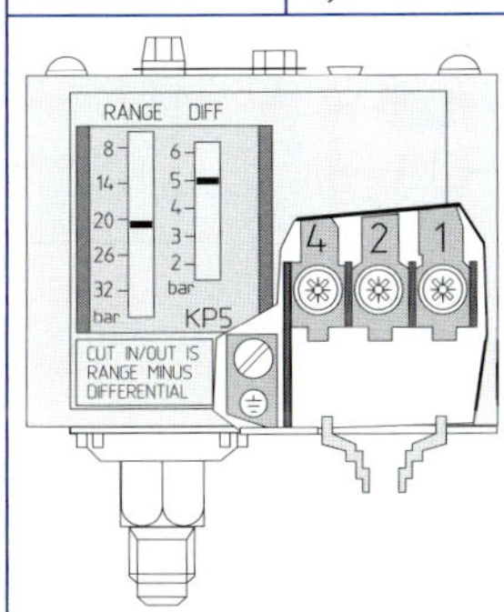
</td><td>Symbol
KP5</td><td>Übersetzen Sie die Bedeutung:
cut in is cut out minus difference
___
Bestimmen Sie für diesen KP5:
Ausschaltpunkt: ___ Einschaltpunkt: ___</td></tr>
<tr><td colspan="4">Duo-Pressostat KP17W</td></tr>
<tr><td>Regelbereich:</td><td>–0,2 – 7,5 bar</td><td>Regelbereich HD:</td><td>8 – 32 bar</td></tr>
<tr><td>Differenz:</td><td>0,7 – 4 bar</td><td>Differenz HD:</td><td>fest 4 bar</td></tr>
<tr><td colspan="2">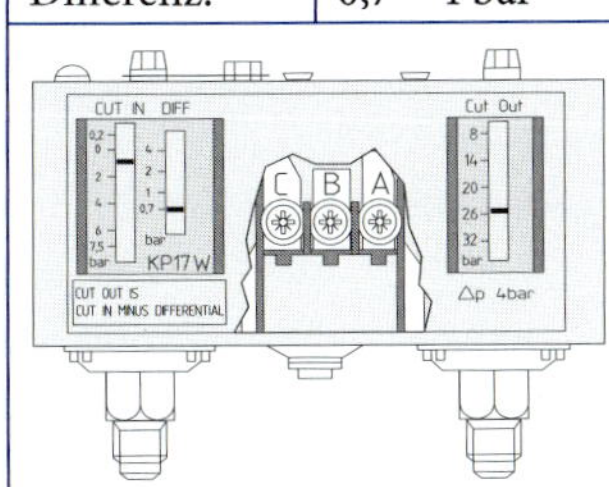
</td><td>Symbol
KP17W</td><td>Bestimmen Sie für diesen KP17W:
ND
Einschaltpunkt: ___ Ausschaltpunkt: ___
HD
Ausschaltpunkt: ___ Einschaltpunkt: ___</td></tr>
</table>

15. Vervollständigen Sie den Stromlaufplan des Lastkreises (Abb. 12.4)

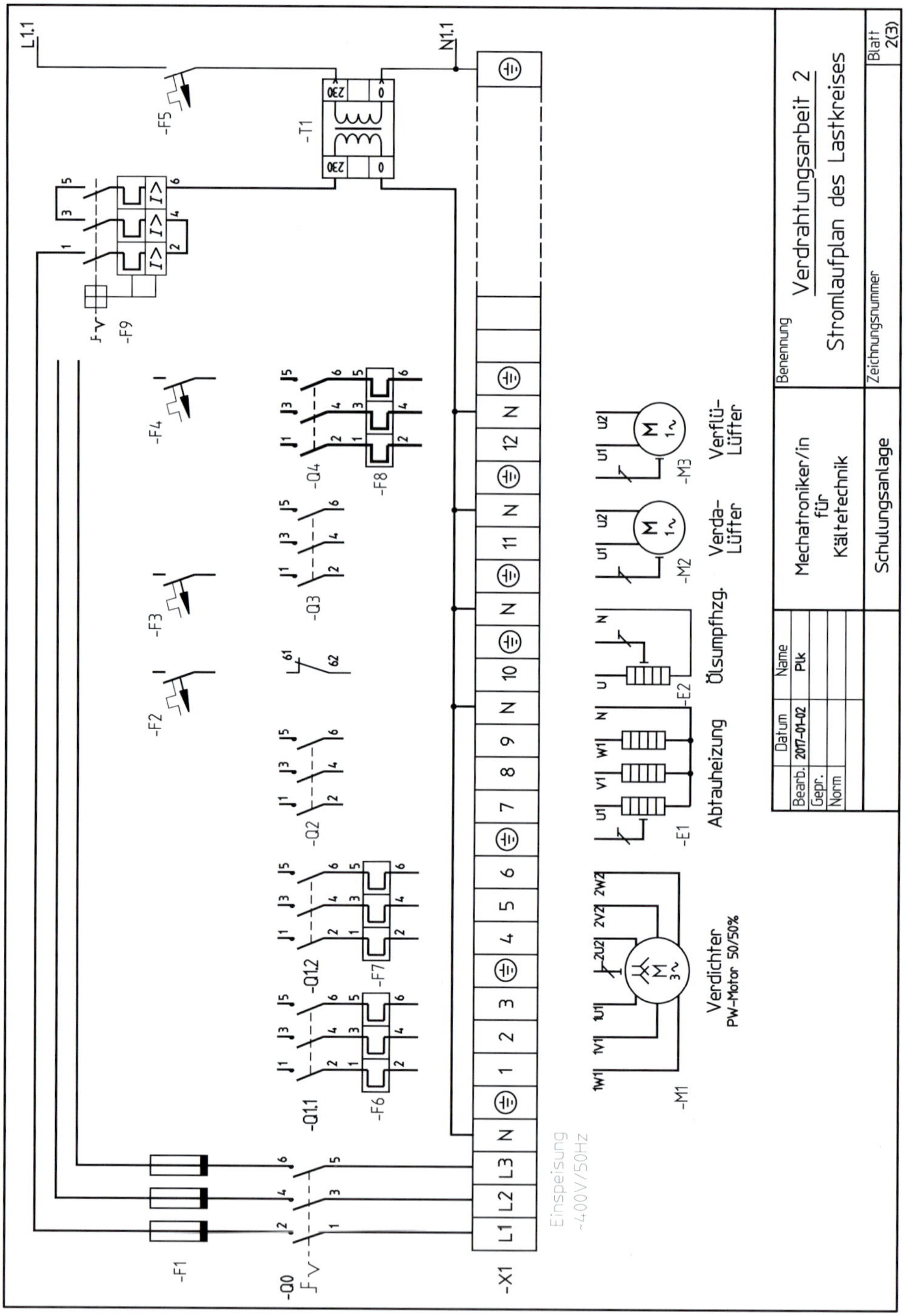

Abb. 12.4 Stromlaufplan des Lastkreises

16. Vervollständigen Sie den Stromlaufplan der Steuerung (Abb. 12.5).

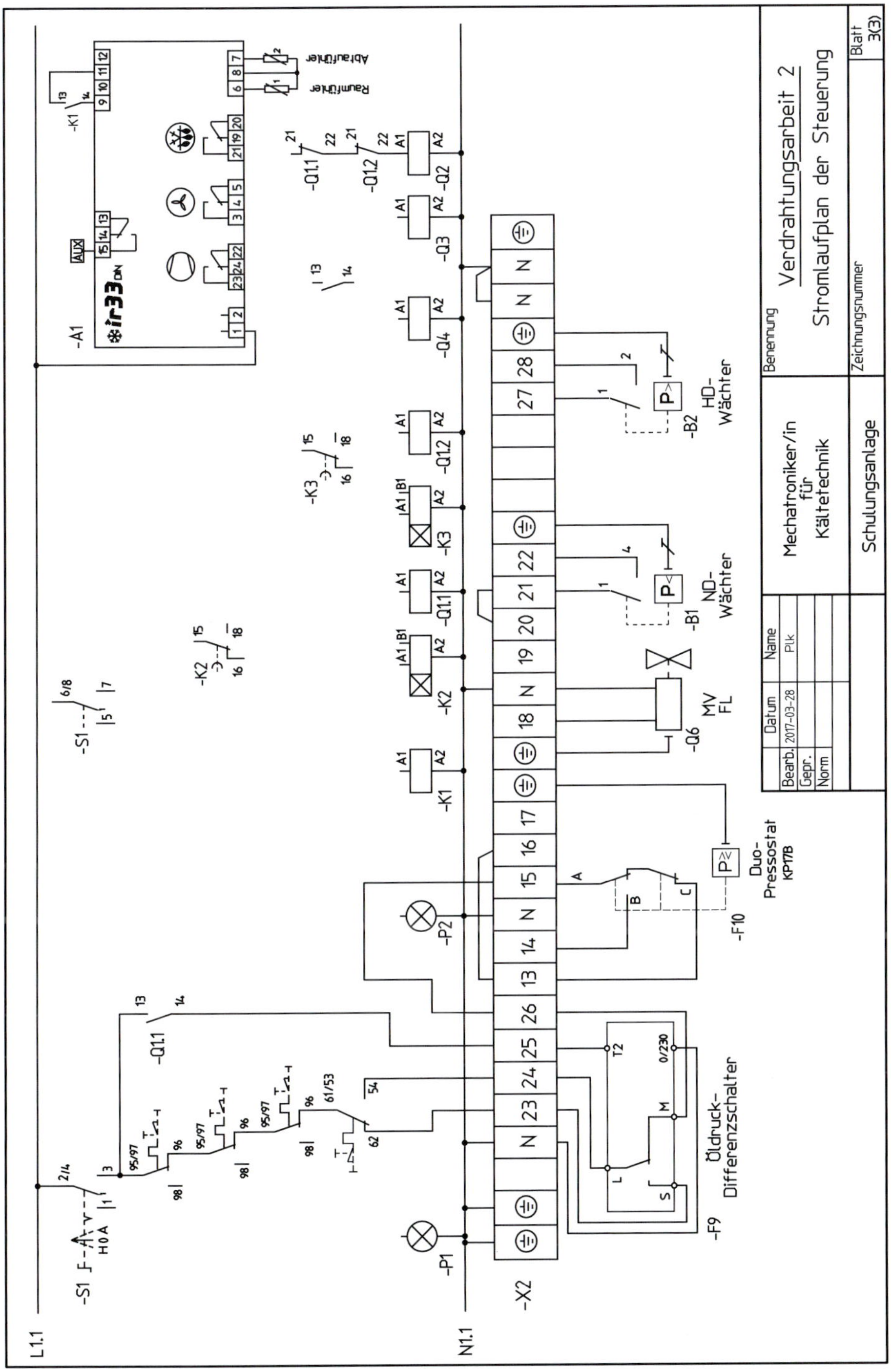

Abb. 12.5 Stromlaufplan der Steuerung

12.2 Lösungen zu: Schulungsanlage

1. **Tab. 12.2** Stückliste

Pos.	Anz.	Betriebsmittel/Artikel	Pos.	Anz.	Betriebsmittel
1	1	Hauptschalter 3-pol. - 16A	14	1	Kühlstellenregler
2	1	Sicherungselement NEOZED - 63A	15	1	Motorschutzschalter
3	3	Schmelzsicherungen - 16A träge	16	1	Steuertransformator
4	3	Schraubkappen	17	1	Klemmleiste
5	3	Passeinsätze - 16A	18	2	Leuchtmelder rot
6	3	Leitungsschutzschalter - C 16A	19	6	Leuchtmelder grün
7	1	Leitungsschutzschalter - B 16A	20	2	Leuchtmelder blau
8	1	Hand-Null-Automatikschalter 2-pol.	21	4	Leuchtmelder gelb
9	5	Lastschütze	22	1	Duo-Pressostat
10	2	Hilfsschalter 2S+2Ö	23	1	Niederdruckschalter
11	1	Hilfsschütz	24	1	Hochdruckwächter
12	3	Motorschutzrelais	25	1	Öldifferenz-Druckschalter
13	2	Zeitrelais, anzugsverzögert	26	1	Magnetventil

2. In TT-Netzen muss der Neutralleiter zusätzlich zu den drei Außenleitern vom Netz getrennt werden, insbesondere wenn keine Fehlerstrom-Schutzeinrichtung (RCD) vorhanden ist (VDE 0100-460).
3. Wenn nur der Steuerstromkreis - z. B. im Service-Fall - spannungsfrei geschaltet werden soll, ist ein 2-poliger H-0-A-Schalter erforderlich, weil mit einem 1-poligen H-0-A-Schalter in „Hand-Stellung" die Sicherheitskette umgangen würde – und das ist nach VDE verboten.
4. Das Motorschutzrelais besteht aus drei Bimetallstreifen und zwei Hilfskontakten (Öffner 95-96 und Schließer 97-98). Bei Überlastung des Motors verbiegen sich die Bimetalle und über einen Schieber werden die Hilfskontakte betätigt. Dadurch wird das Motorschütz abgeschaltet.

   Im Gegensatz zum Motorschutzrelais schaltet ein Motorschutzschalter den Verbraucher im Störungsfall allpolig ab.
5. Eigenfeste Motorschutzschalter haben elektromagnetische Auslöser. Da diese auch im Kurzschlussfall auslösen, dürfen sie ohne Vorsicherung betrieben werden.
6. Handelsübliche Zeitrelais haben eine Verzögerungszeit von bis zu 40 Stunden. Da der impulsgebende Kontakt nur für kurze Zeit geschlossen sein kann, aber der Wechsler des Zeitrelais über diese lange Zeitdauer gehalten werden muss, benötigt die Elektronik eine Dauerspannung.

Ist ein Wechselspannungsverbraucher an dem Wechslerkontakt (15-16-18) des Zeitrelais angeschlossen, kommt es vor allem beim Ausschalten dann zu einer starken Kontaktbelastung durch „Kontaktbrand", wenn sich der sinusförmige Wechselstrom während des Ausschaltaugenblicks im Maximum befindet. Wird der (N)-Anschluss mit dem Neutralleiter verbunden, arbeitet das Zeitrelais wie ein „Nullspannungsschalter". Dann schaltet der Wechslerkontakt in dem Augenblick, wo die Sinuslinie ihren Nulldurchgang hat.

7. Sobald Spannung an die Spule (A1-A2) gelegt wird, bleibt der Wechslerkontakt (15-16-18) noch solange in seiner Ausgangsposition, bis nach Ablauf der eingesellten Zeit der Wechlser umschaltet.

8. Verfügt ein Kühlstellenregler mit Echtzeituhr über die Option „HACCP", so ist dieser in der Lage, Übertemperaturen und eventuelle Spannungsausfälle aufzuzeichnen.

   Die „Watchdog-Funktion besagt, dass das ordnungsgemäße Funktionieren der Reglersoftware ständig überwacht wird. Sollte der Kühlstellenregler durch äußere Einflüsse, wie z. B. starke elektromagnetische Felder ausfallen, wird der Regler wieder in einen definierten Ausgangszustand versetzt und kann sich wieder stabilisieren.

9. Berechnung der Eismasse (in kg), die die 3,12-kW-Abtauheizung in 20 min auftauen kann:

   $Q = m_{Eis} * (c_{Eis} \cdot \Delta T + q)$ mit $Q = P \cdot t \Rightarrow P \cdot t = m_{Eis} \cdot (c_{Eis} \cdot \Delta T + q)$

   $\Rightarrow m_{Eis} = P \cdot t/(c_{Eis} \cdot \Delta T + q)$

   $m_{Eis} = 3{,}12\ \text{kW} \cdot 1200\ \text{s} / (2{,}1\ \text{kWs/kg} \cdot \text{K} \cdot 20\ \text{K} + 337\ \text{kWs/kg}) = \underline{9{,}88\ \text{kg}}$

10. Beim Umschalten von Stern auf Dreieck gibt es beim Y/Δ-Motor eine kurze Spannungsunterbrechung. Dadurch entsteht eine zusätzliche Stromspitze, wenn das Dreieckschütz anzieht.

    Der Y/Δ-Anlauf benötigt darüber hinaus ein zusätzliches Lastschütz mit höherer Leistung.

11. Die Ölsumpfheizung (Kurbelwannenheizung) hat den Vorteil, dass die Öltemperatur im Kurbelgehäuse während der Stillstandzeit des Verdichters auf einem Temperaturlevel gehalten wird, der verhindert, dass Kältemittel in das Schmieröl diffundiert. Beim Anlaufen des Verdichters können dadurch Flüssigkeitsschläge vermieden werden.

12. a) Beim Anlauf des Verdichters wird über einen Schließerkontakt des Verdichterschützes Spannung an die Klemme T2 gelegt. Baut sich innerhalb von ca. 90 s kein Öldruck auf, so bleibt der Öffnerkontakt des Differenzdruckschalters (P) geschlossen und das Bimetall T1-N erhitzt sich so stark, dass es den Wechslerkontakt des Auslösestromkreises von Betrieb (M) auf Störung (S) umschaltet.

    Wird Öldruck aufgebaut, öffnet der Differenzdruckschalter den Bimetall-Stromkreis und der Wechslerkontakt des Auslösestromkreises bleibt in M-Stellung.

    b) $R = U_R/I = 115\ \text{V}/0{,}5\ \text{A} = 230\ \Omega$

    c) $P_v = U_R \cdot I = 115\ \text{V} \cdot 0{,}5\ \text{A} = 57{,}5\ \text{W}$

13. Die Pumpout-Schaltung benötigt ein Hilfsschütz parallel zum Magnetventil.

14. **Tab. 12.3**

Pressostate (Druckwächter) Untersuchen Sie die folgenden Pressostate und bestimmen Sie dabei: Art des Druckschalters, Regelbereich, Differenz, Klemmenbezeichnung. Erstellen Sie rechts daneben das Schaltsymbol mit dem entsprechenden Kontaktsystem – bitte mit Schablone. (Annahme: Befüllte TK-Anlage mit dem Kältemittel R-449A).			
Niederdruckpressostat KP1			
Regelbereich:	-0,2 – 7,5 bar		
Differenz:	0,7 – 4 bar	Kann die Differenz verändert werden? Ja	
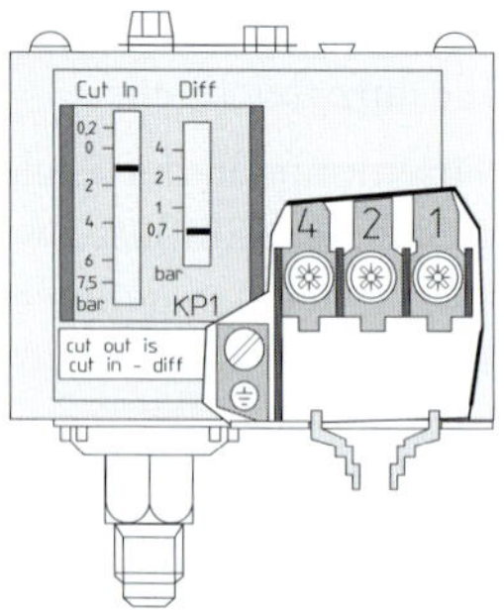		Symbol KP1 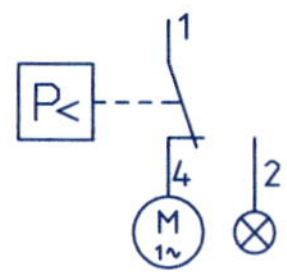	Übersetzen Sie die Bedeutung: *cut out is cut in minus difference* Ausschaltpunkt = Einschaltpunkt - Differenz Bestimmen Sie für diesen KP1: Ausschaltpunkt: 0,5 bar Einschaltpunkt: **1,2 bar** Wo sollte der Niederdruck-Ausschaltpunkt immer liegen? Immer oberhalb von 0 bar (wg. Vakuum)
Hochdruckwächter KP5			
Regelbereich:	8 – 32 bar		
Differenz:	1,8 – 6 bar	Kann die Differenz verändert werden? Ja	
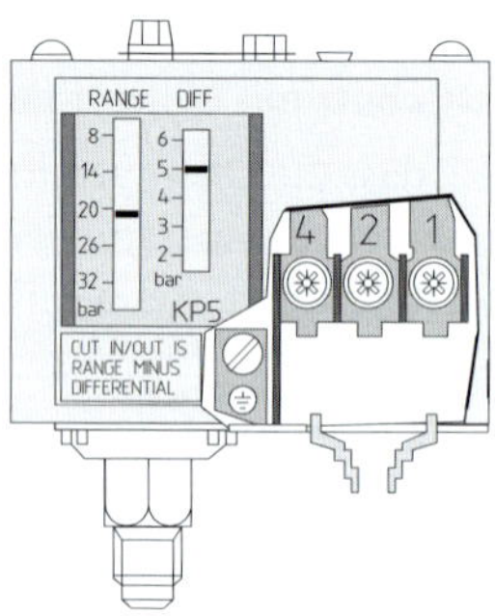		Symbol KP5 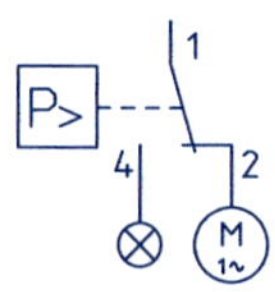	Übersetzen Sie die Bedeutung: *cut in is cut out minus difference* Einschaltpunkt = Ausschaltpunkt – Differenz Bestimmen Sie für diesen KP5: Ausschaltpunkt: 21 bar Einschaltpunkt: 16 bar
Duo-Pressostat KP17W			
Regelbereich:	-0,2 – 7,5 bar	Regelbereich HD:	8 – 32 bar
Differenz:	0,7 – 4 bar	Differenz HD:	fest 4 bar
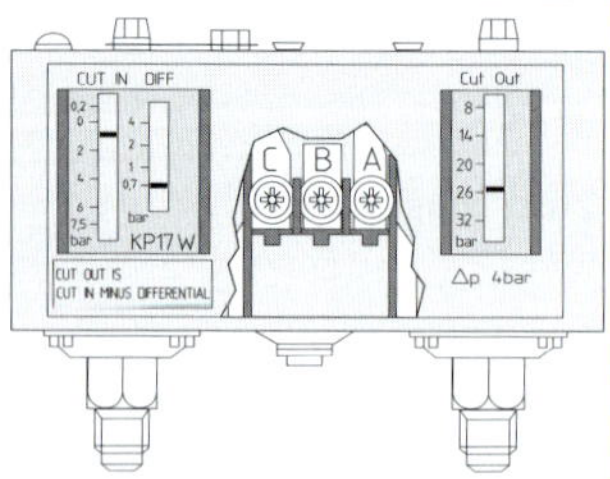		Symbol KP17W 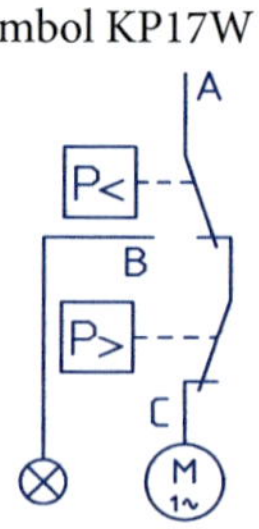	Bestimmen Sie für diesen KP17W: ND Einschaltpunkt: 0,8 bar Ausschaltpunkt: 0,1 bar HD Ausschaltpunkt: 25 bar Einschaltpunkt: 21 bar

15.

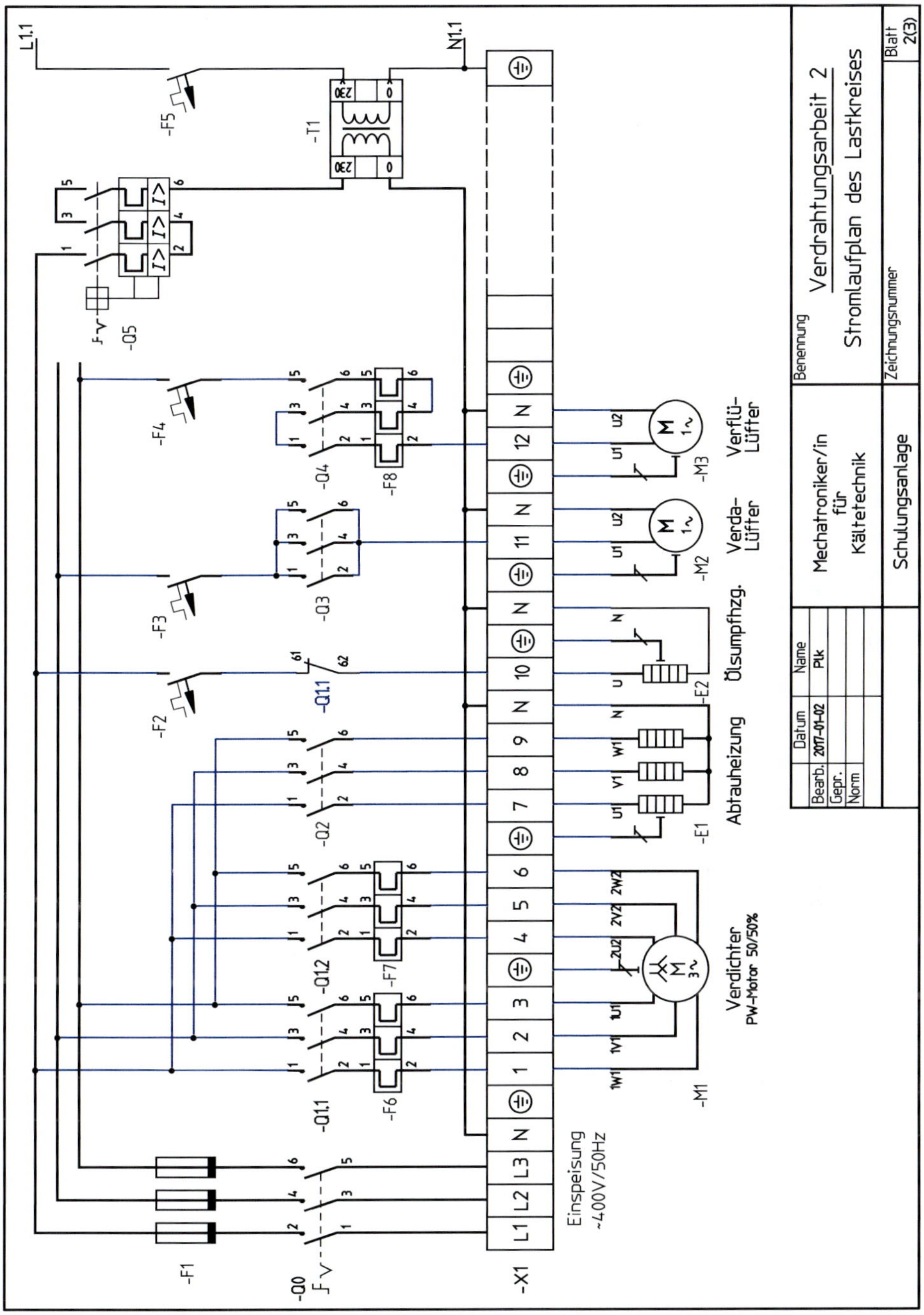

Abb. 12.6 Stromlaufplan des Lastkreises

16.

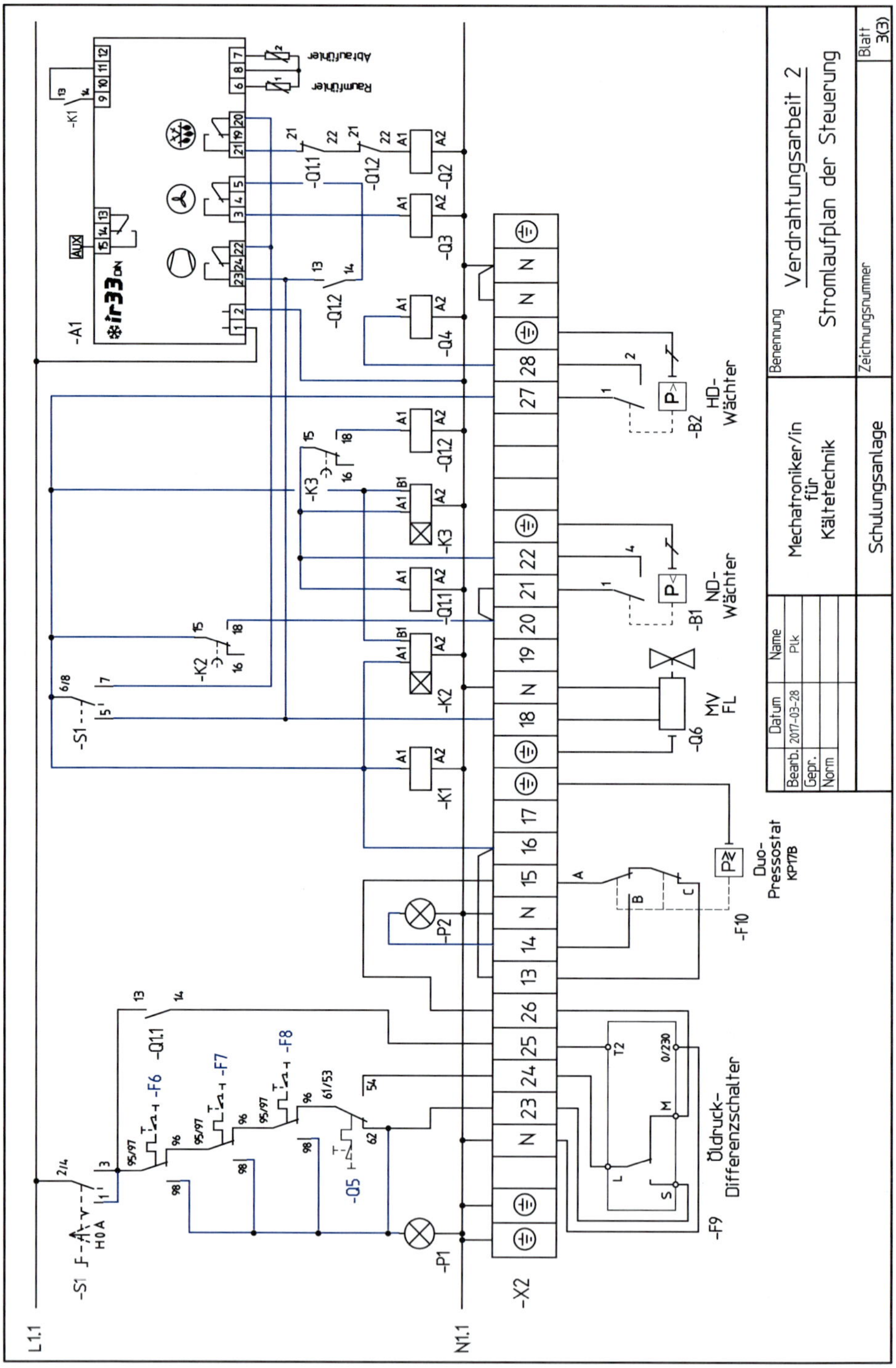

Abb. 12.7 Stromlaufplan der Steuerung

13 Normgerechte Schaltpläne

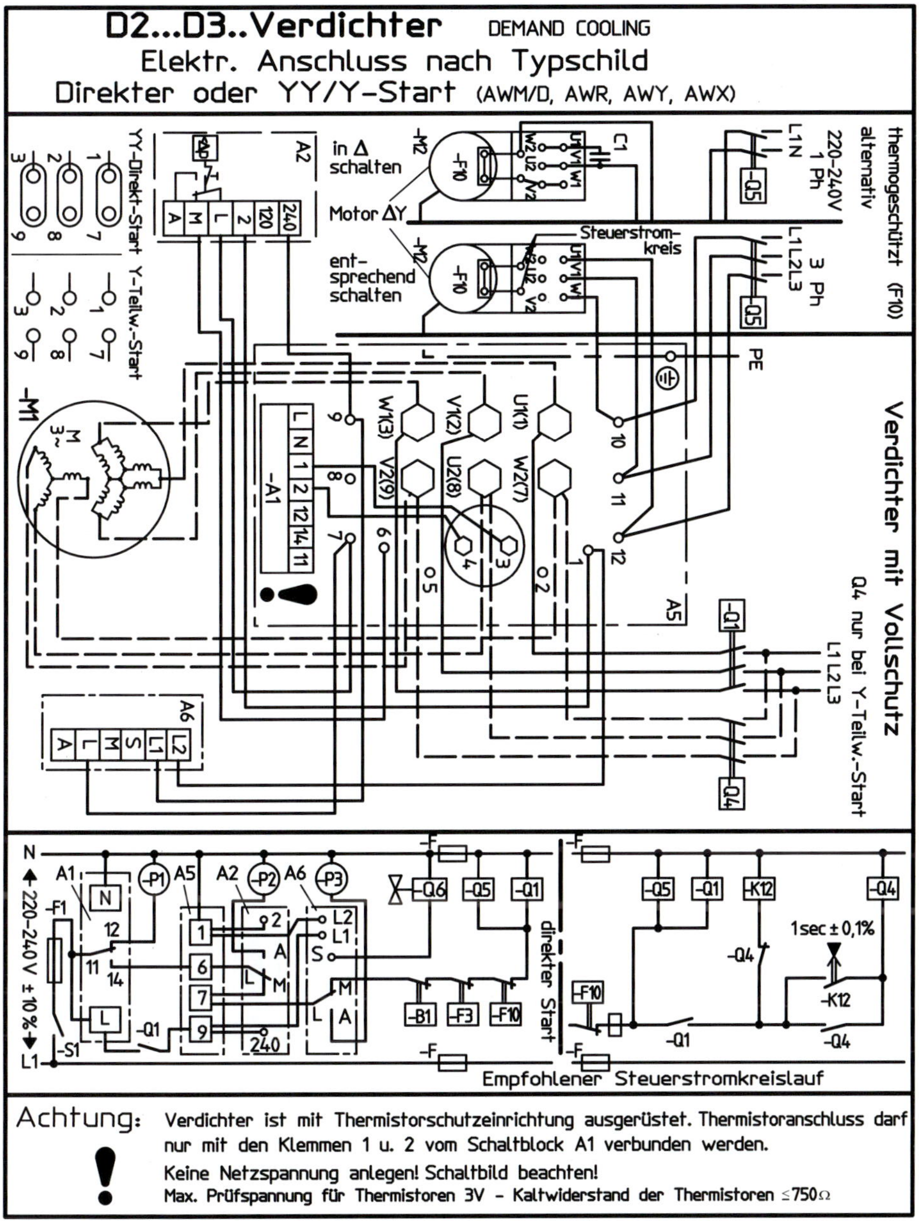

Abb. 13.1 Original-Schaltschema von Copeland (Demand Cooling) mit den folgenden Schaltungsvarianten: Direktanlauf des Verdichtermotors – Teilwicklungsanlauf des Verdichtermotors – Zusatzlüfter als Drehstrom-Asynchronmotor – Zusatzlüfter als Drehstrom-Asynchronmotor in Steinmetzschaltung

13.1 Normgerechte Schaltpläne – Aufgaben

1. a) Vervollständigen Sie den Stromlaufplan des Lastkreises (Abb. 13.2) für Verdichtermotor-Direktstart und Zusatzlüfter als Drehstrommotor. Beide Motoren haben die Spannungsangabe 380-420 V Y – 3 Ph – 50 Hz.

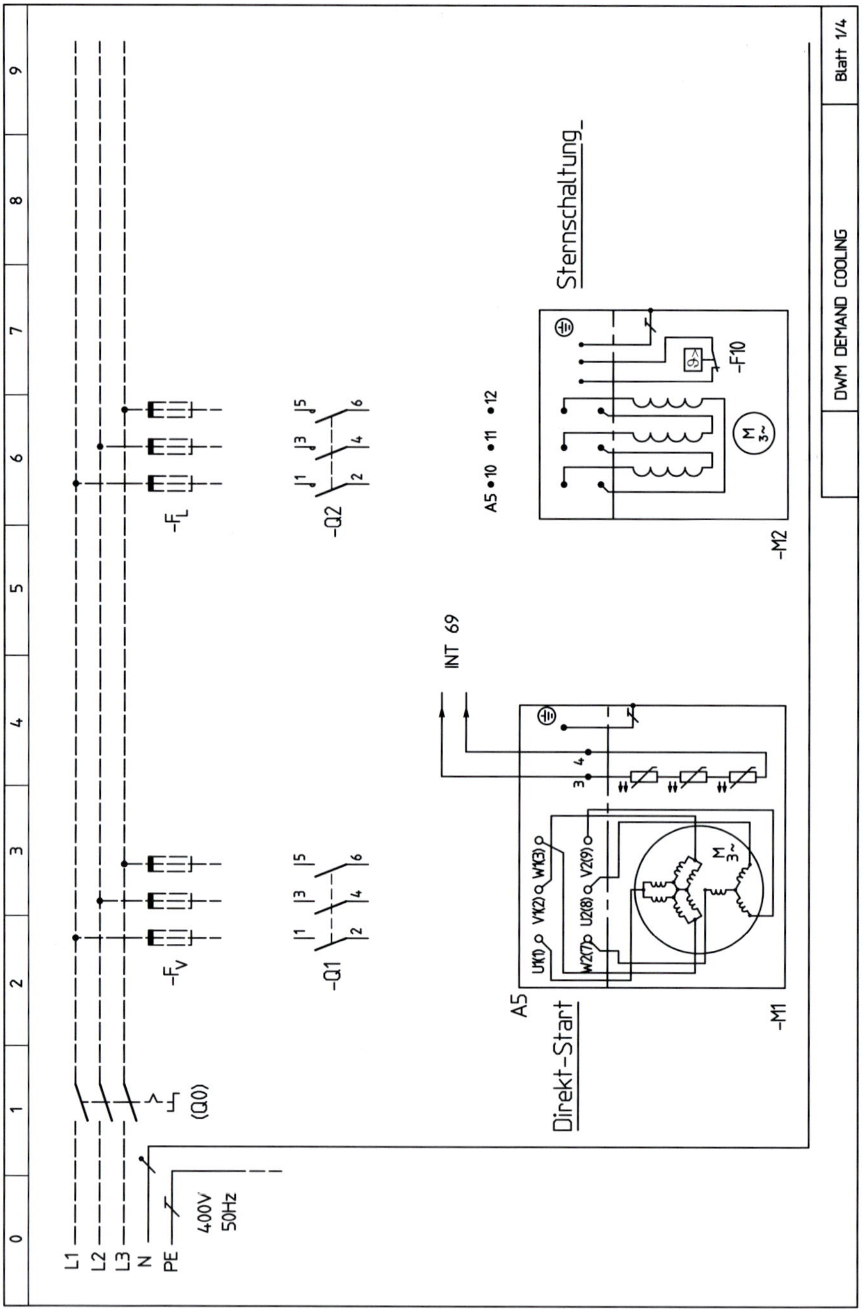

Abb. 13.2 Stromlaufplan des Lastkreises

b) Vervollständigen Sie den zugehörigen Stromlaufplan der Steuerung (Abb. 13.3).

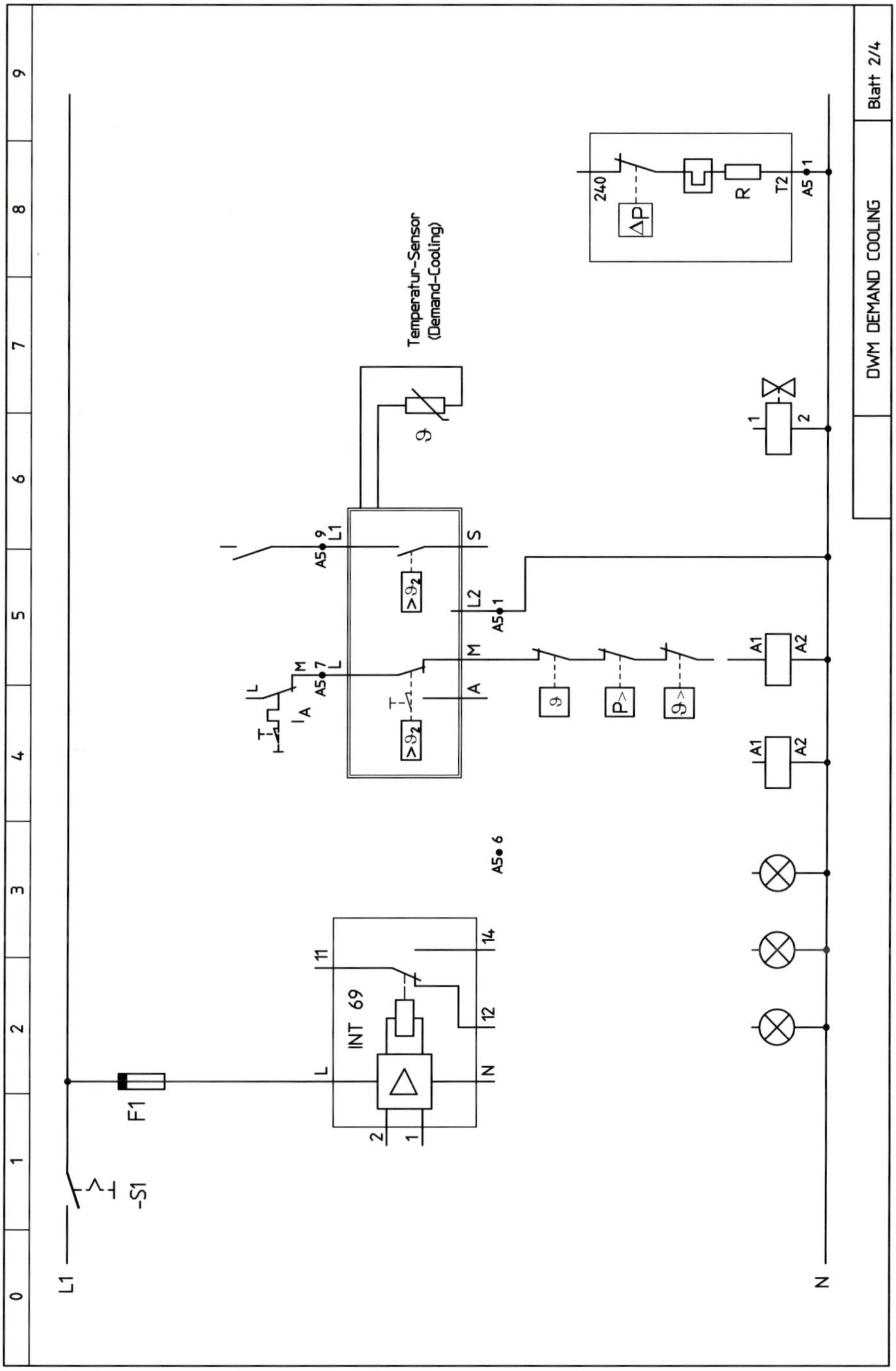

Abb. 13.3 Stromlaufplan der Steuerung

2. a) Vervollständigen Sie den Stromlaufplan des Lastkreises (Abb. 13.4) für Verdichtermotor-Teilwicklungsstart und Zusatzlüfter als Drehstrommotor in Steinmetzschaltung. Der Verdichtermotor hat die Spannungsangabe 380-420 V Y – 3 Ph – 50 Hz – der Zusatzlüftermotor 220-240 V – 1 Ph – 50 Hz.

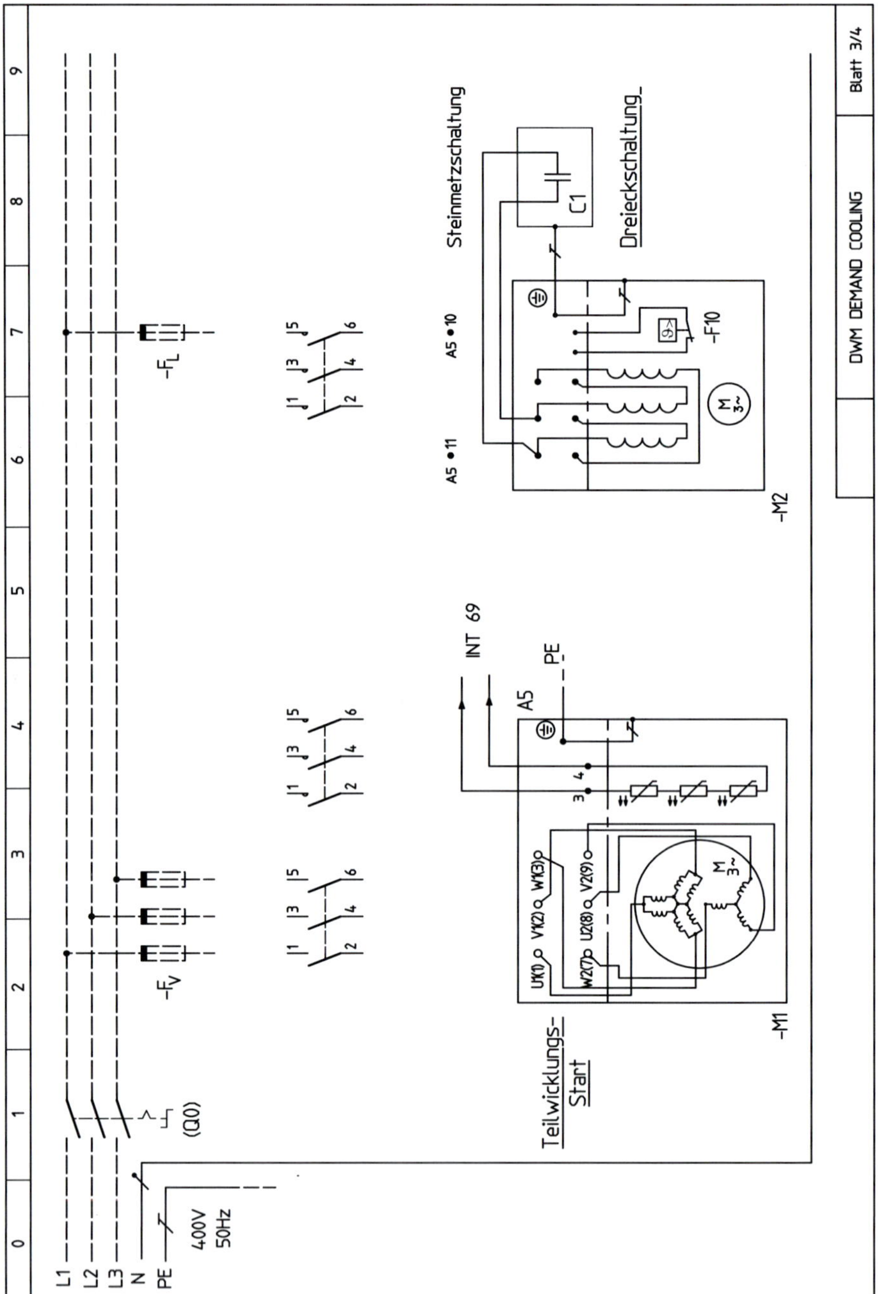

Abb. 13.4 Stromlaufplan des Lastkreises

b) Vervollständigen Sie den zugehörigen Stromlaufplan der Steuerung (Abb. 13.5).

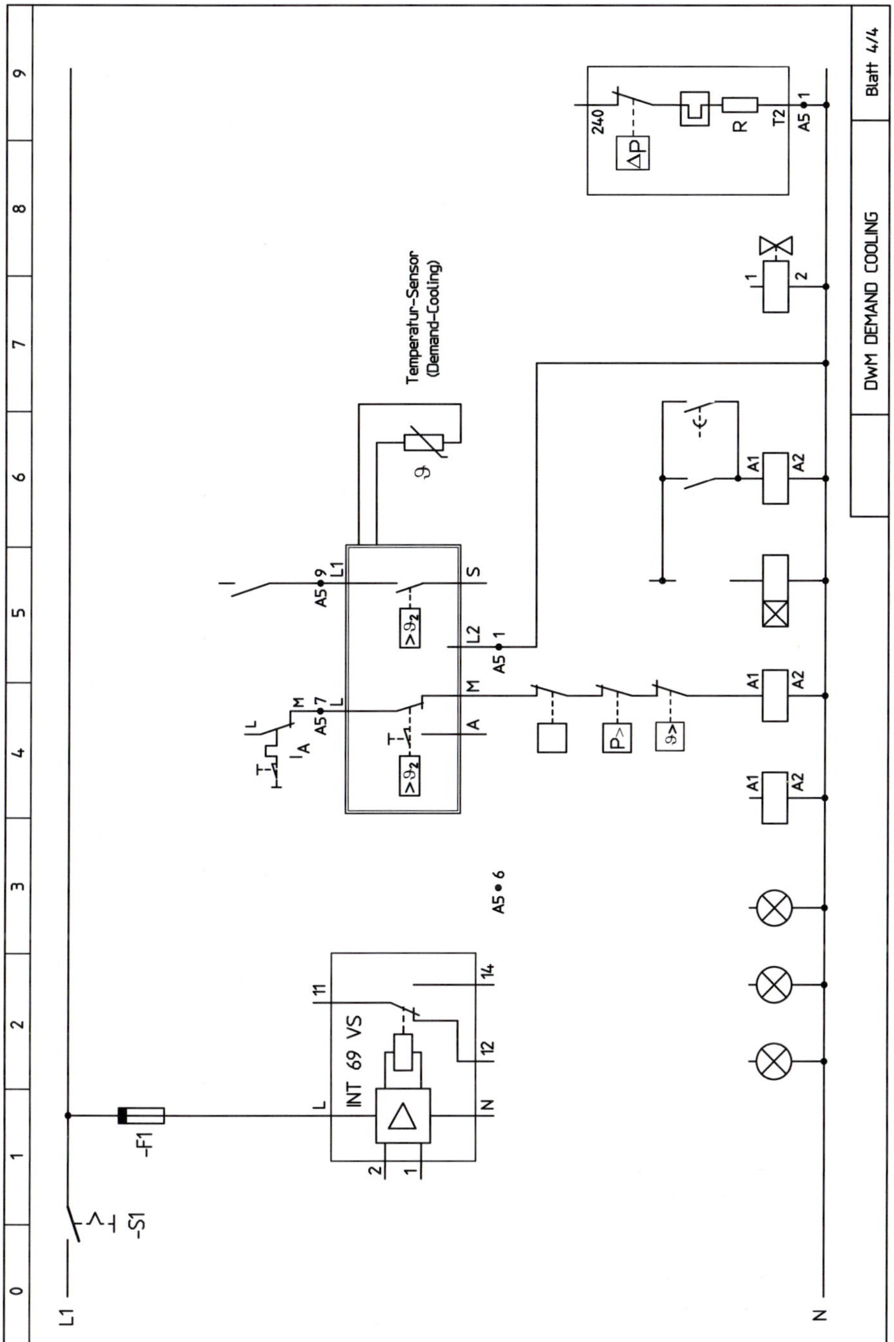

Abb. 13.5 Stromlaufplan der Steuerung

13.2 Lösungen zu: Normgerechte Schaltpläne

1. a)

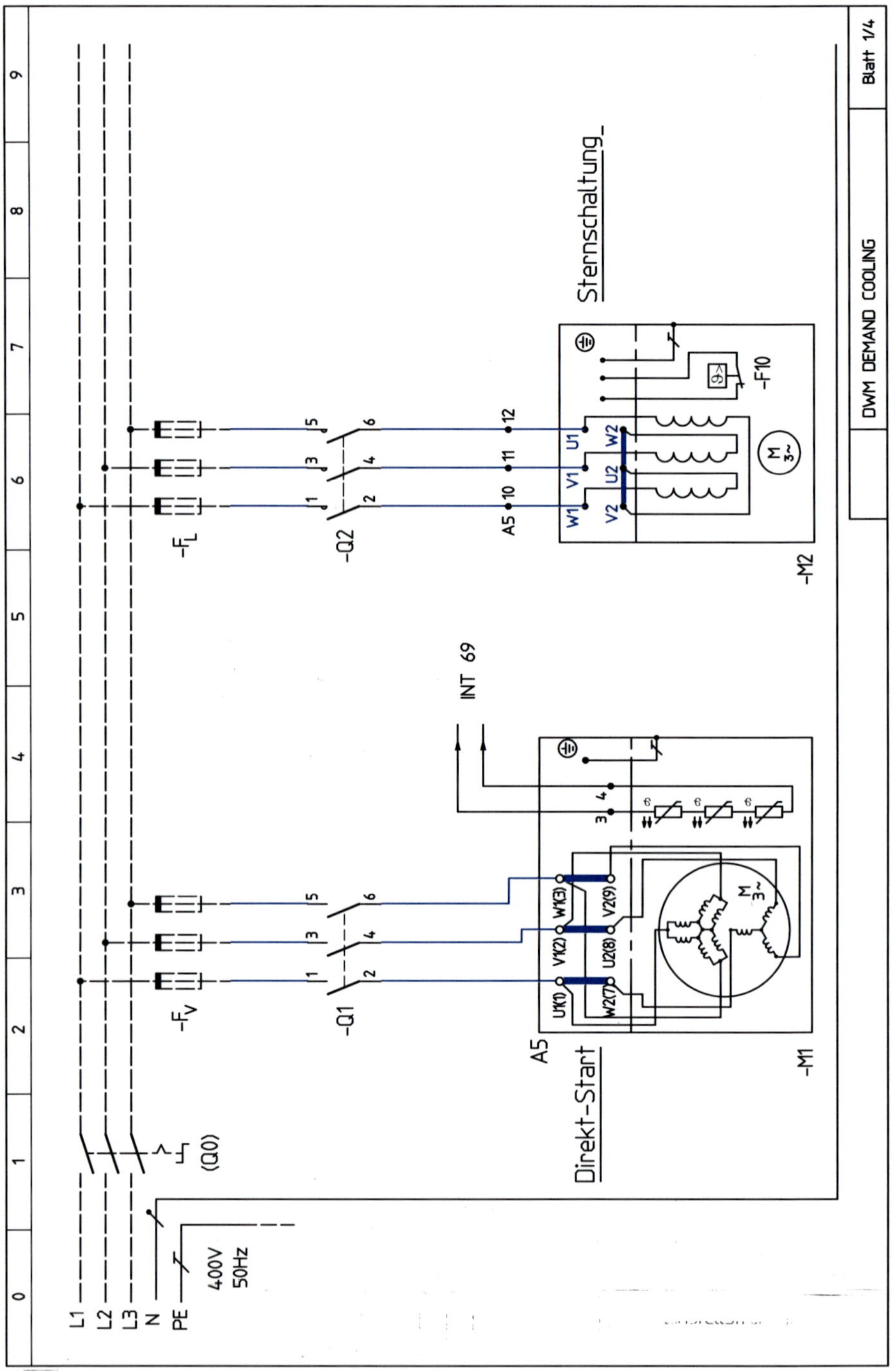

Abb. 13.6 Original-Schaltschema von Copeland – normgerechte Darstellung

b)

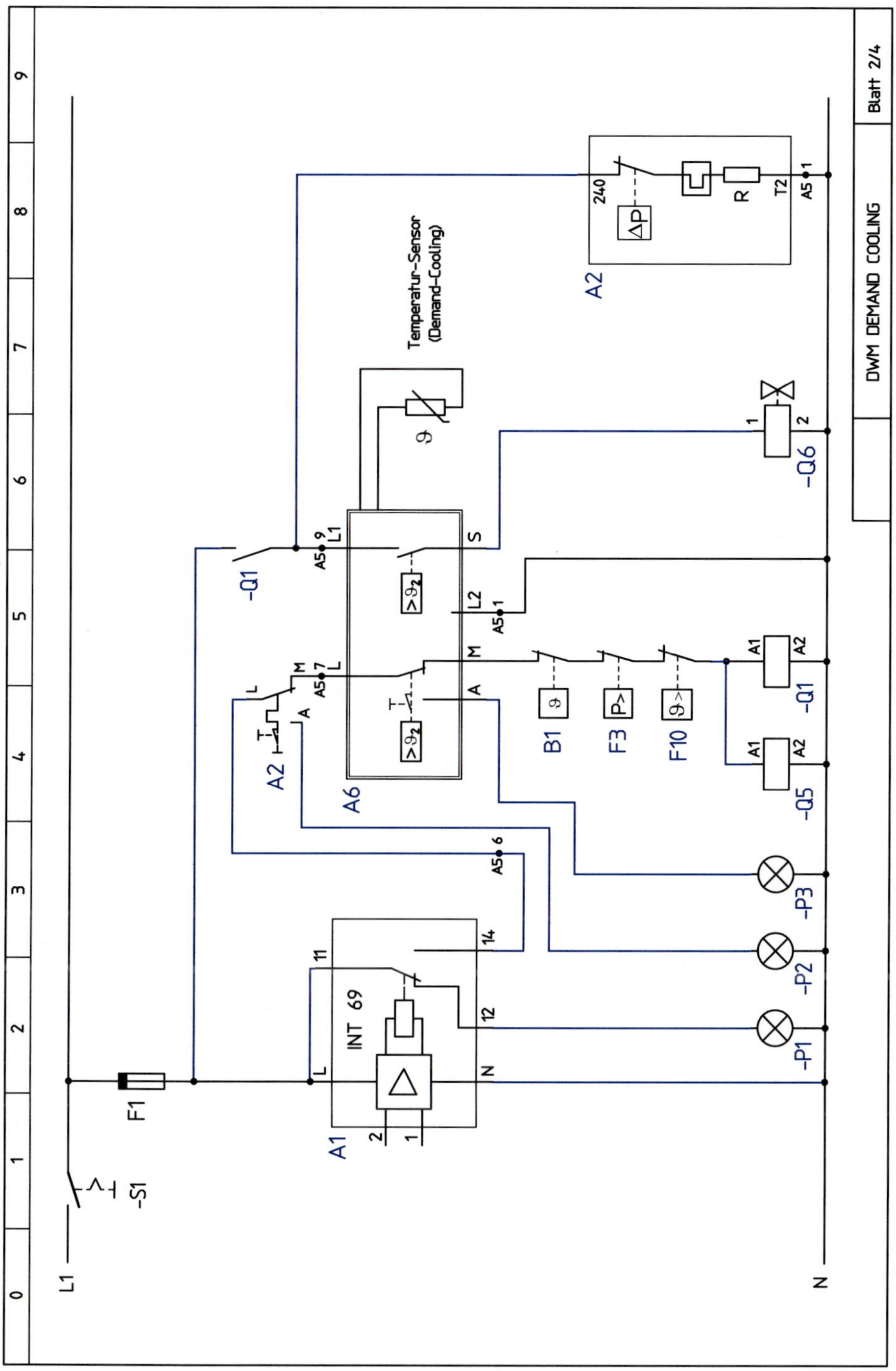

Abb. 13.7 Stromlaufplan der Steuerung

LÖSUNGEN

2. a)

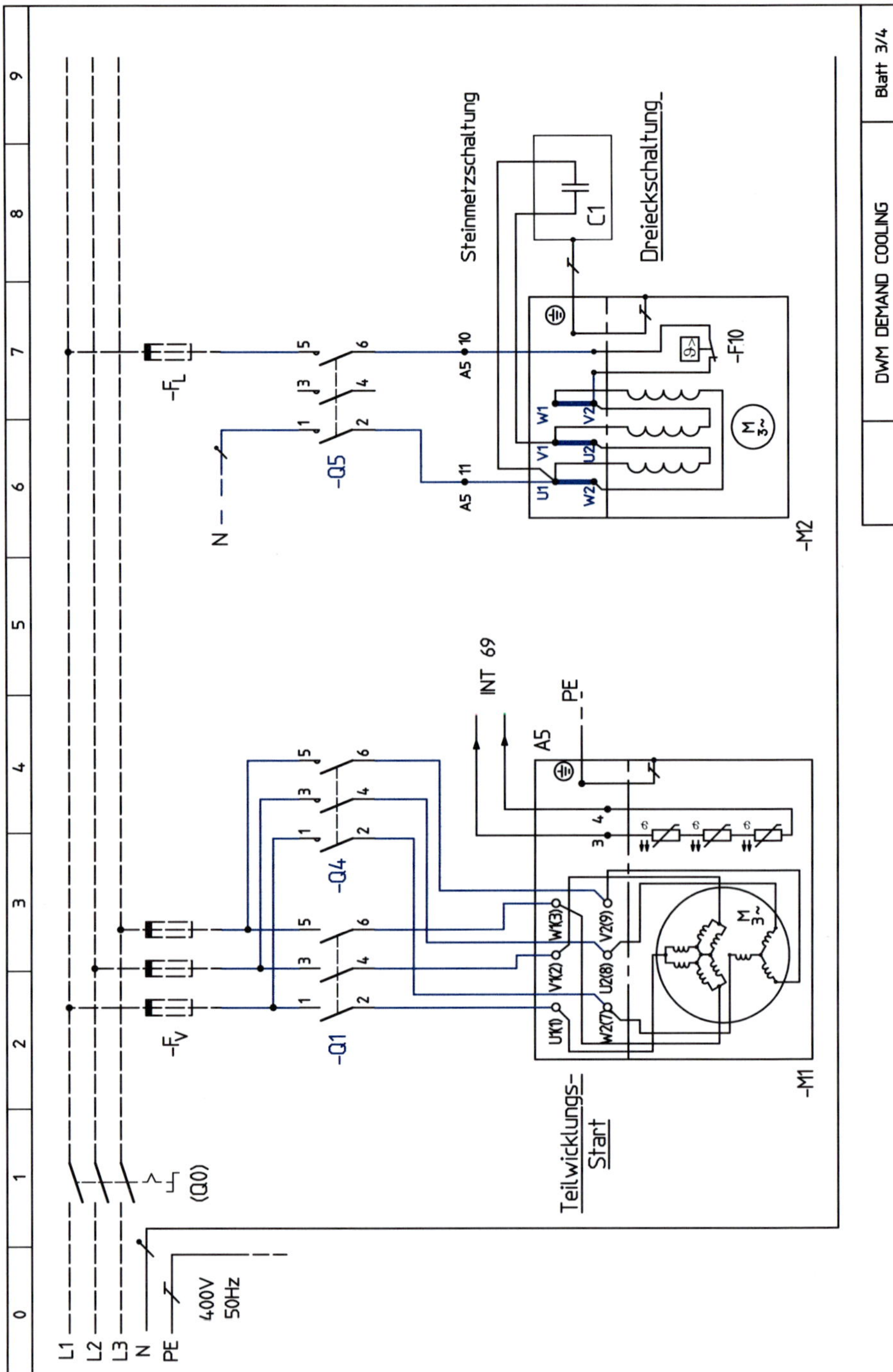

Abb. 13.8 Stromlaufplan des Lastkreises

b)

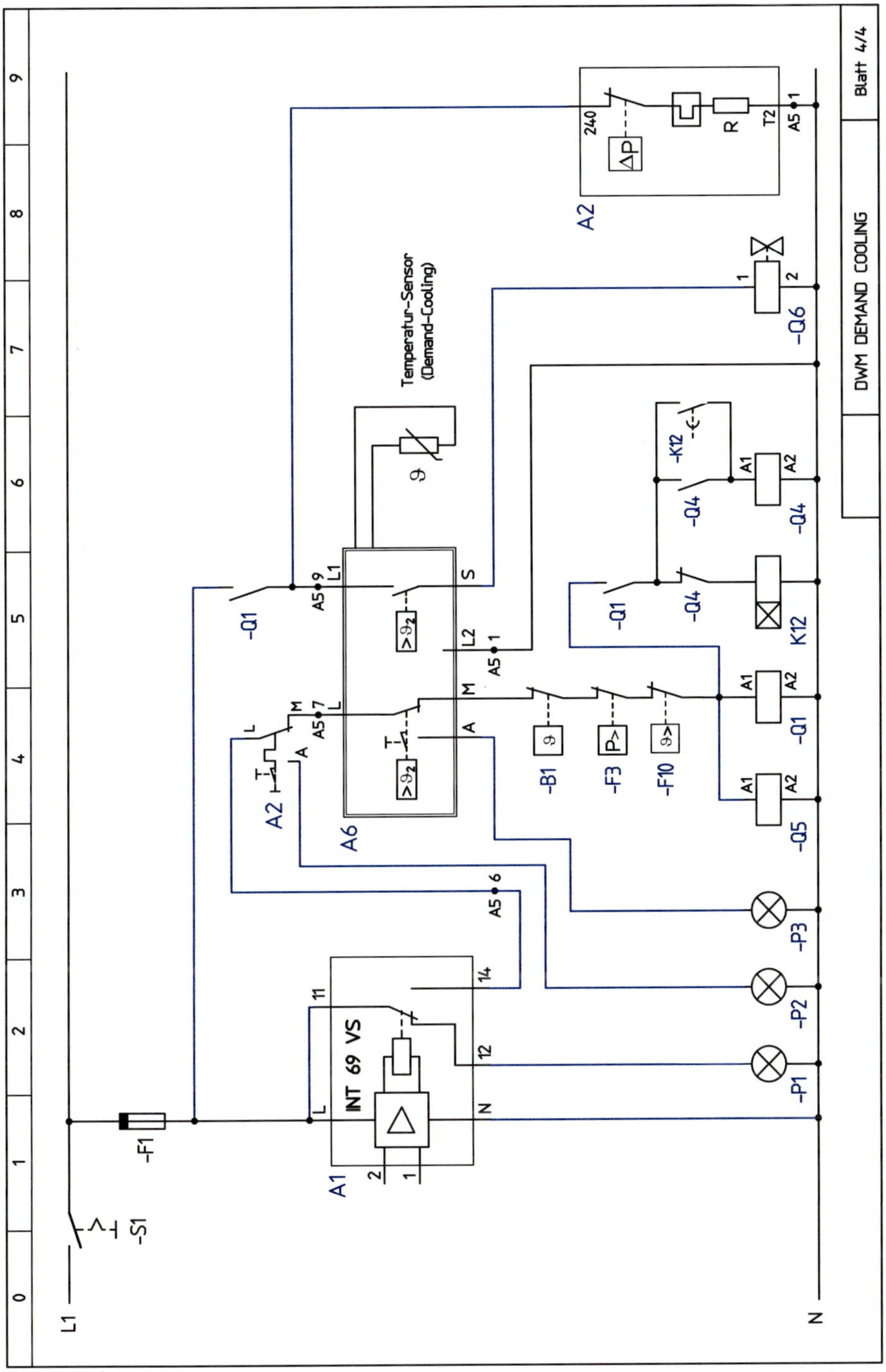

Abb. 13.9 Stromlaufplan der Steuerung

14 Lernfeld 8: Anschließen und Prüfen von Einphasenwechselstromantrieben für Kälte- und Klimaanlagen

14.1 Aufgaben

Abbildung 14.1 zeigt das Original-Anschluss-Schaltbild eines Twin-Verdichters. Dieses Schaltbild soll der besseren Übersichtlichkeit halber als Stromlaufplan **in** **a**ufgelöster **D**arstellung normgerecht gezeichnet werden.

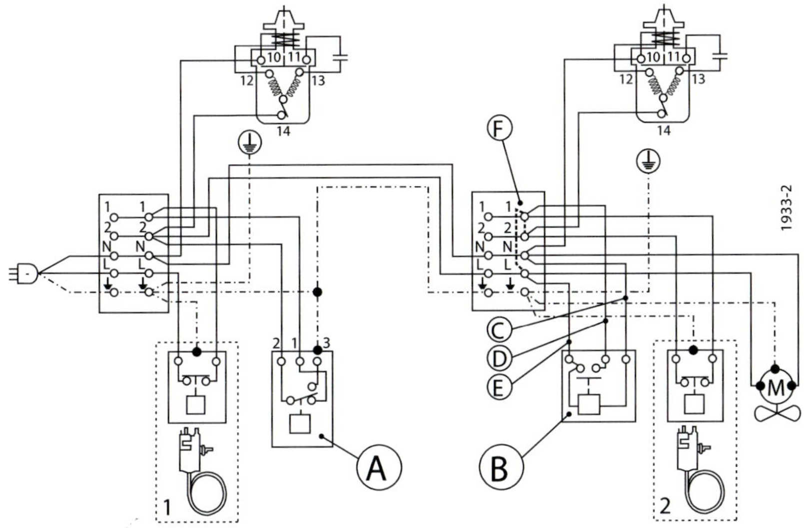

Abb. 14.1 A – Hochdruckwächter; B – Zeitrelais; F – Brücken; 1 u. 2 – Raumthermostat

1. Ergänzen Sie dazu den unvollständigen Stromlaufplan i. a. D. in Abbildung 14.2.

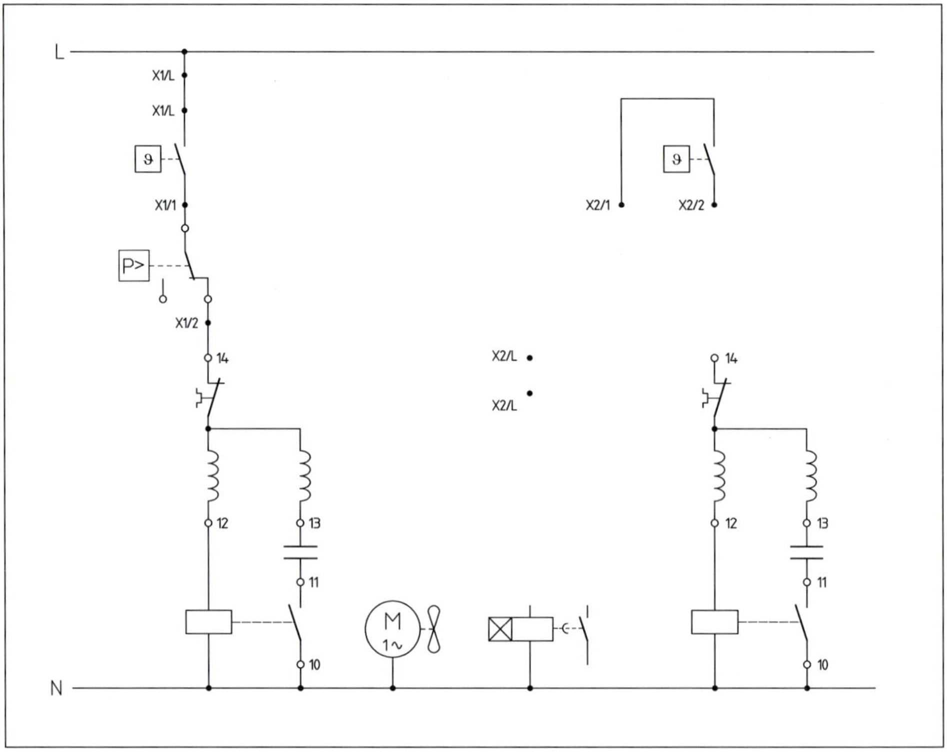

Abb. 14.2

Bei den folgenden Aufgaben ist stets genau eine Auswahlantwort richtig.

2. Was zeigt das Anschluss-Schaltbild (Abb. 14.1)?
   a) Zwei Kompressoren mit Einphasen-Induktionsmotor (Kapsel) mit Anlaufkondensator für zwei Drehrichtungen.
   b) Einen Kompressor mit Einphasen-Induktionsmotor mit zwei Anlaufkondensatoren für zwei Drehzahlen.
   c) Zwei Kompressoren (Twin) mit Einphasen-Induktionsmotor für zwei Nennspannungen
   d) Zwei Kompressoren (Twin) mit Einphasen-Induktionsmotor mit Startrelais und Anlaufkondensator.
   e) Zwei Kompressoren (Twin) mit Einphasen-Induktionsmotor mit Startrelais und Betriebskondensator.
3. Welche Aussage über die dargestellte Starteinrichtung trifft zu?
   a) Während des Startvorgangs überbrückt der Kontakt des Startrelais (starting relay) die Klemmen 12 bis 13.
   b) Während des Startvorgangs wechselt der Kontakt des Startrelais von Klemme 10 nach Klemme 12.

c) Während des Startvorgangs überbrückt der Kontakt des Startrelais die Klemmen 10 bis 11.

d) Im Betriebszustand sind Hauptwicklung (Main Winding) und Hilfswicklung (Start Winding) parallel geschaltet.

e) Im Betriebszustand sind die Klemmen 10 bis 11 kurzgeschlossen.

4. Welche Aussage zu dem Anschlussplan (Abb. 14.1) trifft nicht zu?

a) Wird die Brücke 1-2 entfernt, sind Thermostat und Thermostat 2 in Reihe geschaltet.

b) Bei dem Zeitrelais (Time delay relay) handelt es sich um ein rückfallverzögertes Relais.

c) Die Brücke L-1 schließt den Schließer-Kontakt des Zeitrelais kurz.

d) Das Zeitrelais verhindert den gleichzeitigen Start beider Kompressoren nur, wenn die Brücke L-1 entfernt wurde.

e) Bei „Druckstörung“ schaltet der Sicherheitsdruckschalter (Safety pressure control) beide Kompressoren spannungsfrei.

5. Der Gesamt-Wirkungsgrad des Twin-Verdichters (CECOMAF) berechnet sich nach der Formel (vgl. Tab. 14.1)

a) $\eta = \frac{710\ \mathrm{W}}{220\ \mathrm{V} \cdot 4{,}4\ \mathrm{A}}$

b) $\eta = \frac{P_{ab}}{\sqrt{2} \cdot U \cdot I \cdot \cos\varphi}$

c) $\eta = \frac{2 \cdot 315\ \mathrm{W}}{220\ \mathrm{V} \cdot 4{,}4\ \mathrm{A}}$

d) $\eta = \frac{475\ \mathrm{W}}{710\ \mathrm{W}}$

e) $\eta = \frac{630\ \mathrm{W}}{710\ \mathrm{W}}$

Tab. 14.1

Anwendung		**Motor**		**Twin (CECOMAF)**	
Anwendung:	LBP	Motorgröße:	315 W	Kälteleistung:	475 W
Verdampfungstemp.:	–35 bis –5 °C	Anlaufstrom LST:	12,4 A	Antriebsleistung:	710 W
Motor Typ:	CSIR	Anlaufstrom HST:	12,6 A	COP:	0,67 W/W
Spannungsbereich:	198-254/50	R Hauptwicklung:	6,7 Ω	Stromaufnahme:	4,4 A
Kühlung:	Fan 3 m/s	R Hilfswicklung:	11,8 Ω	Massenstrom:	14,91 kg/h

6. Der Twin-Verdichter soll nach CECOMAF Norm in LBP-Anwendung betrieben werden. Welche Aussage ist falsch (s. Abb. 14.1 und Tab. 14.1)?

a) LBP-Anwendung steht für „Low Back Pressure“ und ist ein Synonym (andere Bezeichnung) für den Betrieb bei niedrigen Verdampfungstemperaturen (bei CECOMAF ca. –25 °C ±10 K).

b) CSIR bedeutet „Capacitor Start Induction Run“. Die Hilfswicklung wird über einen Anlaufkondensator gespeist. Nach dem Start werden Hilfswicklung und Anlaufkondensator spannungsfrei geschaltet.

c) Diese Verdichter sind nicht nur für den LST-Anlauf (niedriges Anlaufmoment) ausgelegt.

d) Dieser Verdichtertyp ist für einen Spannungsbereich von 198 bis 254 V/50 Hz ausgelegt.

e) Die aufgenommene elektrische Leistung eines einzelnen Kompressormotors beträgt 710 W.

7. Der Motor eines Kompressors wird längere Zeit überlastet. Was geschieht?
   a) Der Windungsschutzschalter (Winding Protector) schaltet beide Verdichter aus.
   b) Der Windungsschutzschalter schaltet nur den überlasteten Verdichter aus.
   c) Die Verdichtersicherung schmilzt durch.
   d) Das Startrelais (Starting relay) spricht an und der Windungsschutzschalter schaltet den entsprechenden Verdichter aus.
   e) Der entsprechende Thermostat schaltet den Verdichter aus.
8. Welche Behauptung über das Schaltbild in Abbildung 14.3 ist falsch?
   a) Es zeigt das elektronische Startrelais eines Asynchronmotors mit Betriebskondensator.
   b) Bauteil 1 schützt die Leitungen vor Kurzschluss.
   c) Bauteil 2 ist ein druckgesteuerter Drehzahlregler für Asynchronmotoren am Einphasennetz.
   d) Diese Schaltung könnte zur Drehzahlsteuerung eines Verflüssigerlüfters eingesetzt werden.
   e) Durch den Kondensator C_B kann der Drehstrommotor am Einphasennetz betrieben werden (Steinmetzschaltung)

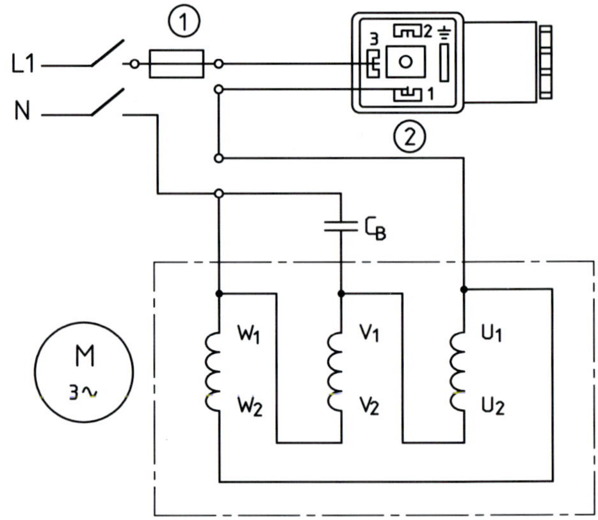

Abb. 14.3

9. Welche Aussage zu der Schaltung in Abbildung 14.4 ist falsch?
   a) Im Betrieb fließt durch R_{PTC} ein geringer Strom.
   b) R_{PTC} verursacht eine Phasenverschiebung zwischen den Strömen I_{Ha} und I_{Hi}.
   c) Bei dieser Starteinrichtung kann kein Kontaktprellen auftreten.
   d) Diese Starthilfe wird nur bei HST-Motoren (hohes Anlaufmoment) eingebaut.
   e) Zwischen dem Aus- und Wiedereinschalten muss der PTC-Widerstand abkühlen können.

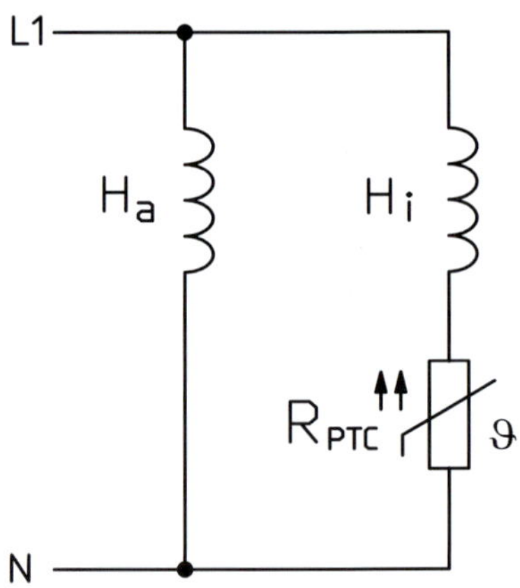

Abb. 14.4

10. An den Anschlussklemmen eines hermetisch gekapselten Kühlkompressormotors (Kapsel, Abb. 14.5) werden ohne PTC-Anlassvorrichtung mit dem Ohmmeter die folgenden Widerstandswerte gemessen: Zwischen Hi und G 11,8 Ω, zwischen Ha und G 6,7 Ω.

    Danach wird die PTC-Anlassvorrichtung (R_{25}=60 Ω) aufgesteckt.

    Welcher rechnerische Widerstandswert ergibt sich zwischen Ha und Hi?

    a) 78,5 Ω
    b) 23,6 Ω
    c) 14,14 Ω
    d) ca. 9,9 Ω
    e) 60 Ω

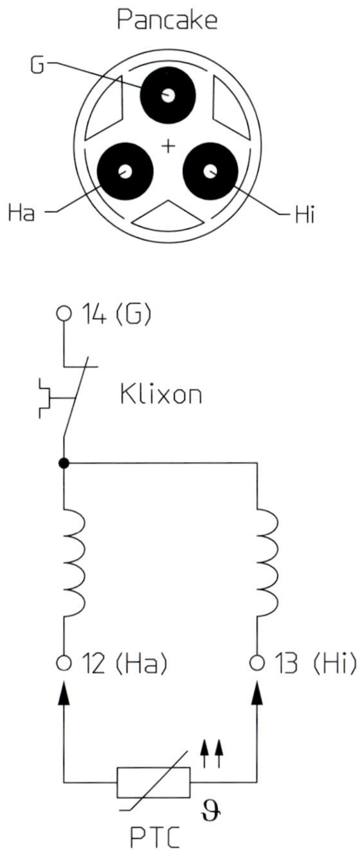

Abb. 14.5

11. Kapsel mit spannungsabhängigem Startrelais: Das Startrelais zieht an. Nach welcher Zeit hat sich der Anlaufkondensator (C_A = 80 µF) über den Entladewiderstand (R_E = 220 kΩ) vollständig entladen?

    a) nach ca. 2 Sekunden
    b) nach ca. 1,5 Minuten
    c) nach exakt 17,6 Sekunden
    d) nach ca. 12 Sekunden
    e) nach ca. 60 Sekunden

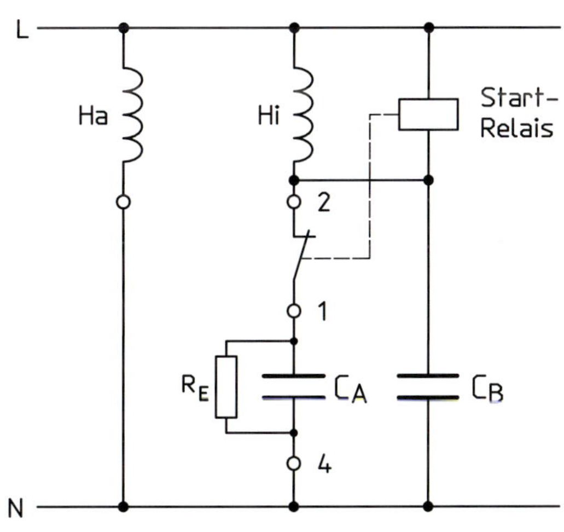

Abb. 14.6

14.2 Lösungen zu Lernfeld 8

1. **Tab. 14.2** Bedeutung der Ziffern und Buchstaben im Original-Schaltbild (Abb. 14.1):

1 und 2	Raumthermostate
A	Hochdruckwächter
B	Zeitrelais, anzugsverzögert
C, D, E	Leiterfarben (blau, schwarz, braun)
F	bei Einsatz des Zeitrelais Brücke L-1 entfernen/ bei Benutzung von Thermostat 2 Brücke 1-2 entfernen

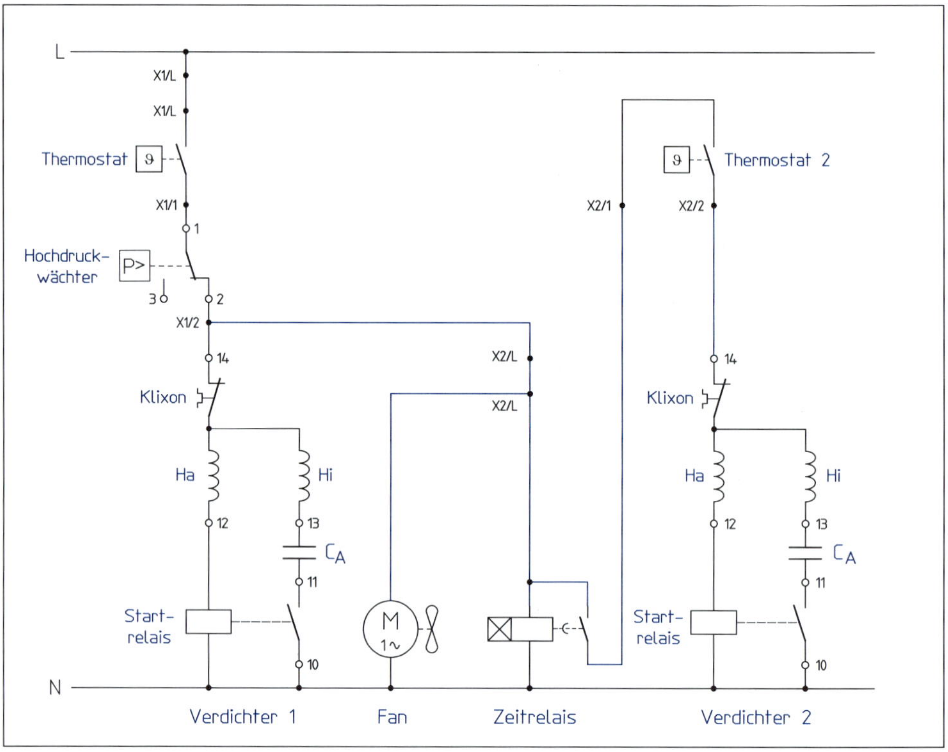

Abb. 14.7

2d **3**c **4**b **5**e **6**e **7**b **8**a **9**d **10**c **11**b

15 Lernfeld 13: Auswählen und Anschließen von elektrischen Betriebsmitteln an das Dreiphasenwechselstromnetz

15.1 Aufgaben

1. Welche Aussage zu dem Schaltschema in Abbildung 15.1 ist falsch?
   a) Das Drehzahlverhältnis dieses Motors beträgt 2 : 1.
   b) Bei niedriger Drehzahl (Rechtslauf) sind die Außenleiter wie folgt angeschlossen: L1-1U; L2-1V; L3-1W. Die Anschlüsse 2U-2V-2W ohne Brücke.
   c) Bei hoher Drehzahl (Rechtslauf) sind die Außenleiter wie folgt angeschlossen: L1-2U; L2-2V; L3-2W. Die Anschlüsse 1U-1V-1W sind gebrückt.
   d) In der Kältetechnik wird dieser Motor häufig als Verflüssigerlüftermotor für zwei Drehfrequenzen eingesetzt.
   e) In der hohen Drehzahlstufe nimmt dieser Motor das Dreifache an Leistung auf als in der niedrigen Stufe.

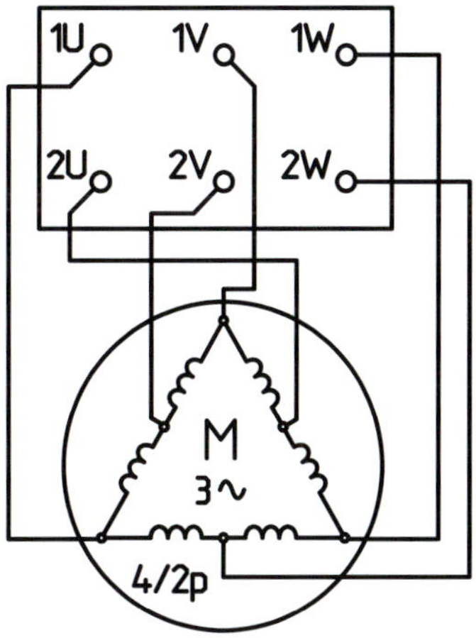

Abb. 15.1

2. Der gezeichnete Laststromkreis in Abbildung 15.2 zeigt eine Schaltung, mit der die drei Heizstäbe einer Abtauheizung sowohl in Stern als auch in Dreieck betrieben werden können. Wie müssen die Anschlüsse im farblich gekennzeichneten Bereich ergänzt werden?
   a) A-1; B-5; C-9
   b) A-4; B-8; C-3
   c) A-7; B-5; C-3
   d) A-1; B-8; C-3
   e) A-1; B-2; C-6

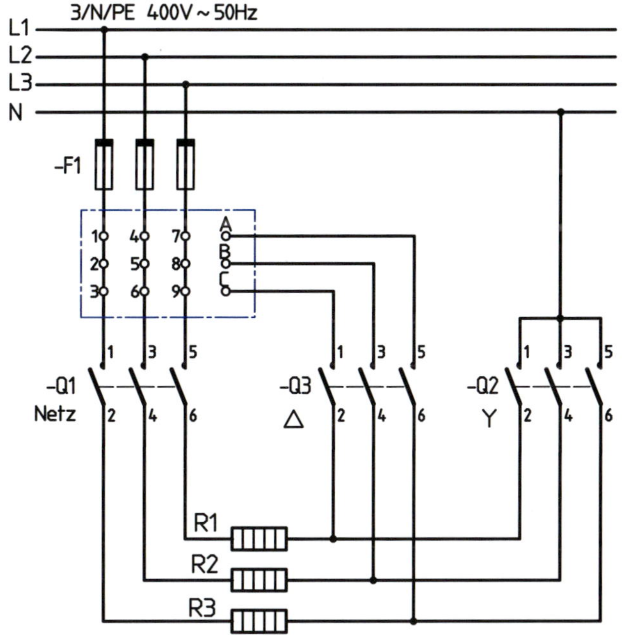

Abb. 15.2

3. Mit der Steuerung in Abbildung 15.3 kann die Abtauheizung (s. auch Ab. 15.2) in Stern- oder in Dreieckschaltung betrieben werden. Welche der fünf Zeilen in Abbildung 15.4 enthält die richtigen Ergänzungen der mit A bis E gekennzeichneten Stellen?

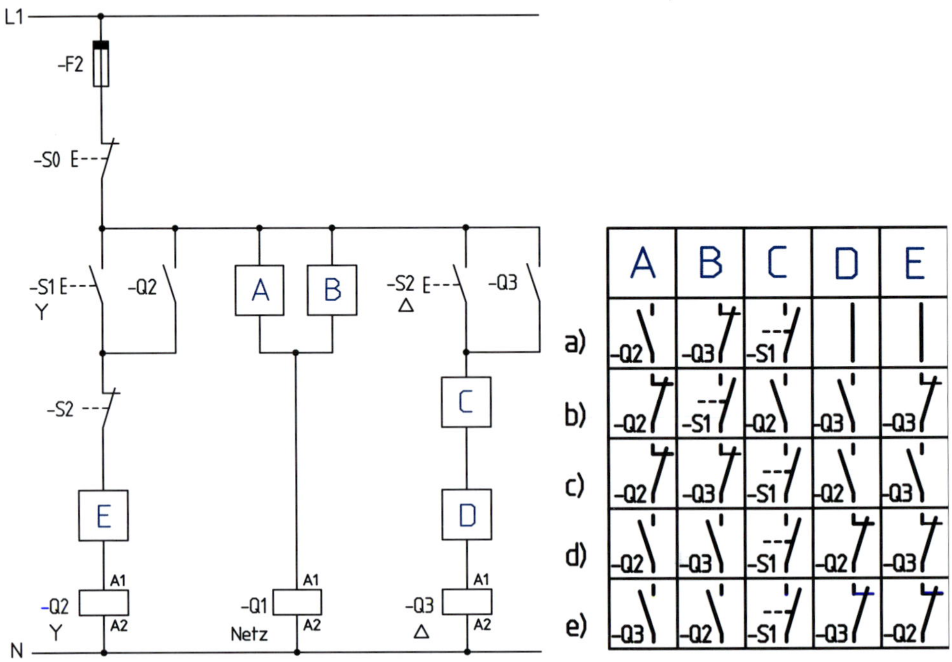

Abb. 15.3

4. Welche Aussage zu dem Schaltschema in Abbildung 15.4 (inkl. Anschlussplan) ist falsch?

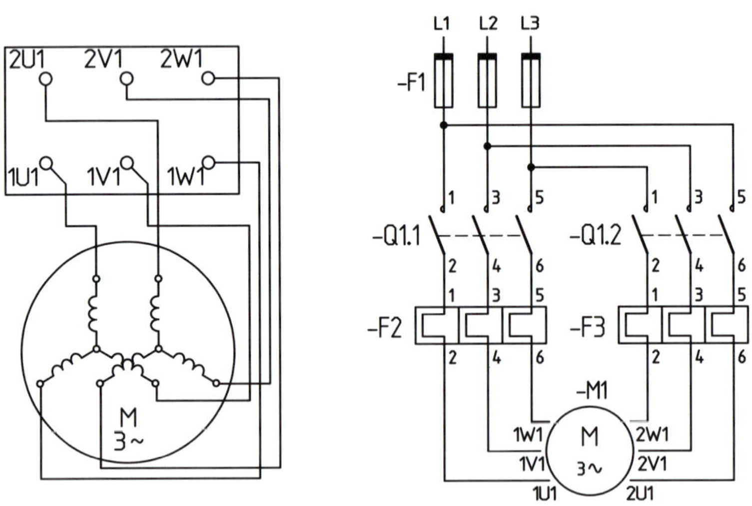

Abb. 15.4

a) Abbildung 15.4 zeigt einen Drehstrom-Asynchronmotor für zwei Drehzahlen – Stern/Doppelstern.

b) Abbildung 15.4 zeigt einen Teilwicklungsmotor mit zwei in Stern verketteten Wicklungen.

c) Der Teilwicklungsmotor wird auch Part-Winding-Motor genannt.

d) Beim Teilwicklungsmotor dürfen beide Teilwicklungen nur über eine Sicherungsgruppe abgesichert werden.

e) Die thermischen Überlastrelais werden auf 60 % des max. Motorbemessungsstroms eingestellt.

5. Welche Aussage zu der Abbildung 15.5 ist falsch?

   a) Bei dieser Darstellung handelt es sich um das Prinzipschaltbild eines Sanftanlaufgeräts inkl. Diagramm der Spannungsrampe.

   b) Durch die Spannungsrampe wird das Drehmoment „sanft“ von Null auf seinen max. Wert gesteigert.

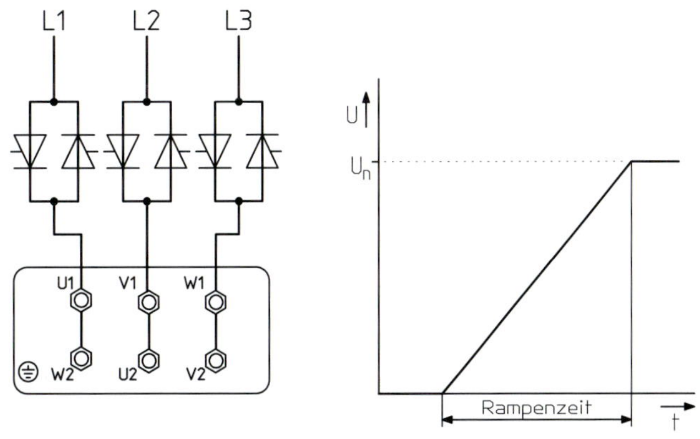

Abb. 15.5

   c) Moderne Sanftanlaufgeräte verfügen über eine interne Regelung, bei der Rampenzeiten und Grenzwerte für Stromstärke, Spannung und Leistung eingestellt werden können.

   d) Weil in den leitenden Thyristoren Verluste entstehen, werden diese nach dem Hochlauf durch ein „Bypassschütz“ überbrückt.

   e) Sanftanlaufgeräte benötigen auch bei größeren Hubkolbenverdichtern grundsätzlich keine kältetechnische Anlaufentlastung (Bypassventil).

6. Abbildung 15.6 zeigt den Betrieb eines Drehstrom-Asynchronmotors (DASM) mit Frequenzumrichter (FU). Welche der folgenden Aussagen trifft nicht zu?

   a) Ein DASM kann mittels FU ausschließlich an einem Drehstromnetz betrieben werden.

   b) Mit einem FU kann die Drehzahl eines DASM stufenlos gesteuert werden.

   c) Der Vorteil des FU gegenüber dem Sanftanlaufgerät (Softstarter) besteht darin, dass zusätzlich zur Spannungshöhe auch die Frequenz der Motorspannung verändert werden kann.

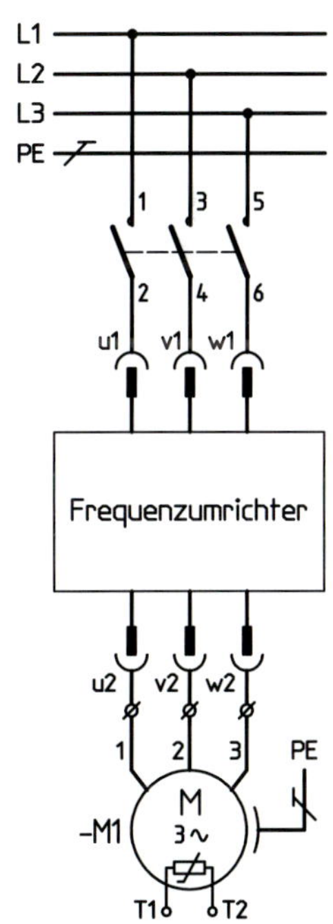

Abb. 15.6

d) Der Betrieb eines Kältemittelverdichters mit einem FU hat den Vorteil, dass durch optimales Anpassen an die jeweiligen Erfordernisse Energiekosten eingespart werden können.

e) Mittels FU kann der Anlaufstrom bei vollem Drehmoment reduziert werden.

7. Welche Bauteil-Zuordnung in dem Prinzipschaltbild in Abbildung 15.7 ist richtig?

a) A – Netzschütz
B – Überstromrelais
C – Hochfrequenzfilter
D – Netzdrossel
E – Abschirmung
F – Frequenzumrichter
G – Verdichtermotor

b) A – Netzschütz
B – Überstromrelais
C – Netzdrossel
D - Hochfrequenzfilter
E - Abschirmung
F – Frequenzumrichter
G – Verdichtermotor

c) A – Netzschütz
B – Überstromrelais
C – Netzdrossel
D – Frequenzumrichter
E - Abschirmung
F - Hochfrequenzfilter
G – Verdichtermotor

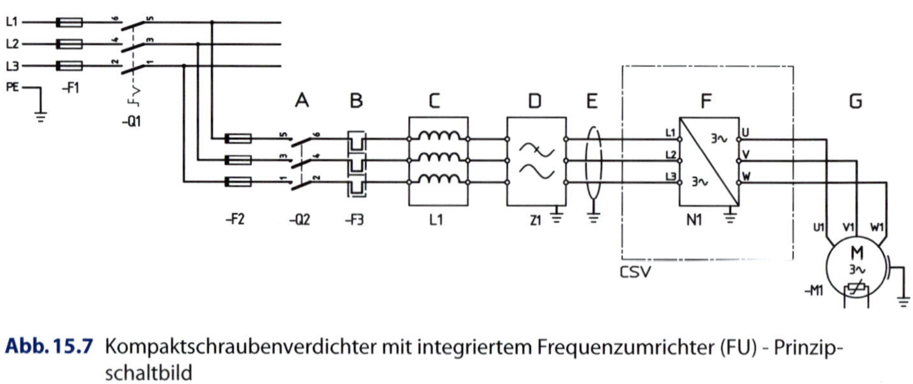

Abb. 15.7 Kompaktschraubenverdichter mit integriertem Frequenzumrichter (FU) - Prinzipschaltbild

8. Welche der folgenden Aussagen trifft nicht auf das Prinzipschaltbild in Abbildung 15.7 zu?
   a) Bauteil B ist nicht zwingend erforderlich, wird aber empfohlen.
   b) Bauteil C ist zwingend erforderlich, da es Oberwellen reduziert, die der FU zurück ins Netz speist.
   c) Bauteil D ist nicht erforderlich, wenn der Verdichter an einem Stromnetz betrieben wird, das durch einen Transformator vom öffentlichen Stromnetz galvanisch getrennt ist.
   d) Die Zuleitung zwischen den Bauteilen D und F muss in jedem Fall geschirmt sein, egal ob Bauteil D vorhanden ist oder nicht,
   e) Eine Blindstromkompensation ist nicht erforderlich, da Frequenzumrichter nur eine geringe Verschiebungs-Blindleistung erzeugen.
9. Welche der folgenden Behauptungen trifft auf gar keinen Fall auf Abbildung 15.8 zu?
   a) Da bei einem Kompaktschraubenverdichter der neueren Generation die Drehrichtung beliebig ist, braucht beim Anschließen der Zuleitung auf die Phasenfolge nicht mehr geachtet zu werden.
   b) Nach dem Abschalten läuft der Verdichter max. 5 s in entgegengesetzte Drehrichtung, damit ein Druckausgleich im Ölabscheider stattfinden kann.
   c) Bei dem mit B bezeichneten Bauteil handelt es sich um die Ölsumpfheizung.
   d) Der integrierte FU (F) begrenzt die Zeit zwischen zwei Verdichteranläufen auf mindestens 5 Minuten.
   e) Vor dem Öffnen des FU-Gehäuses Hauptschalter ausschalten und mind. 5 min warten, bis alle Kondensatoren entladen sind. Ansonsten Lebensgefahr wegen hoher Spannungen.

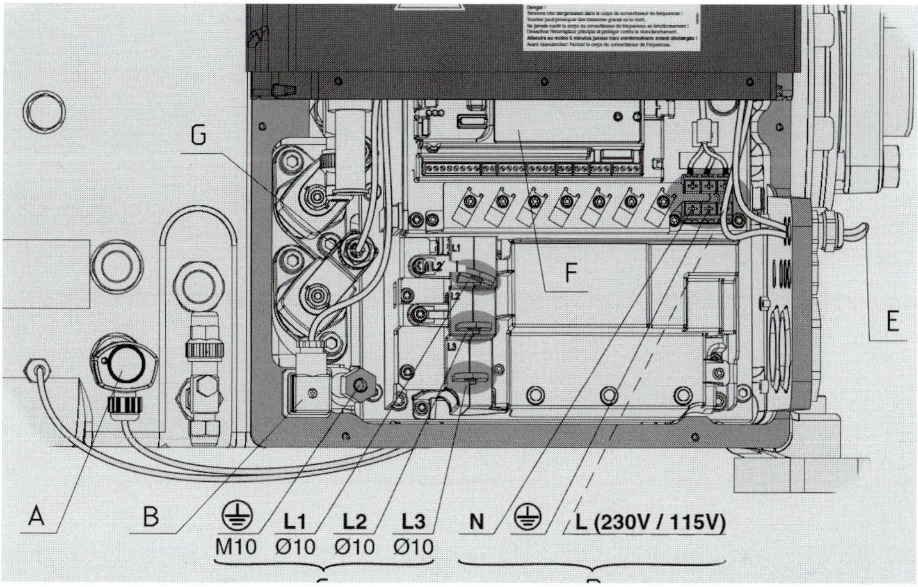

Abb. 15.8

15.2 Lösungen zu Lernfeld 13

1e **2**b **3**d **4**a **5**e **6**a **7**b **8**d **9**a

Anhang

Tabelle A.1.1

Interne Schaltungen der Motoren	Einbaupositionen von Sicherungen und Überstromrelais	Sicherungs-Nennstrom / Einstellstrom I_E des Überstromrelais
ASM 1~ Wechselstrom-motor 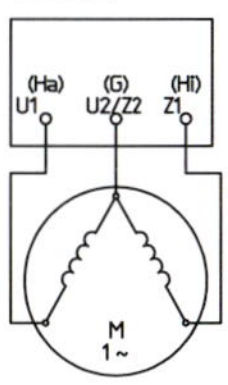 	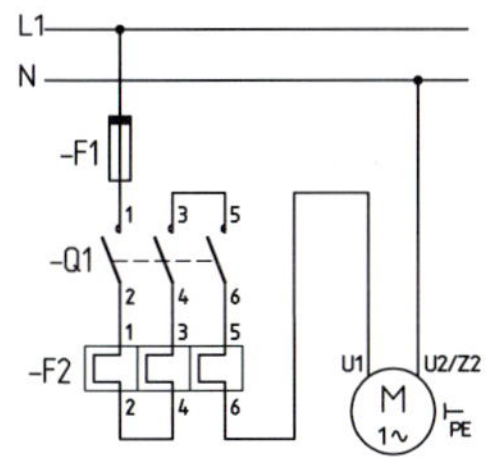 	max. Bemessungsstrom I_{Bmax} — Sicherungs-Nennstrom (empfohlen) bis 10A : (2,4 bis 3,4)·I_{Bmax} maximal 16A Einstellstrom I_E F2: $I_E \leq I_{Bmax}$
DASM Drehstrommotor Sternschaltung 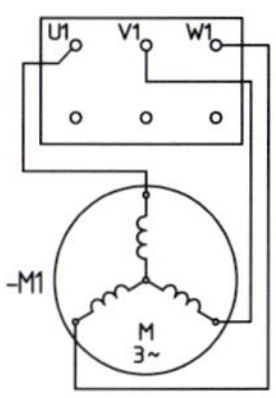 	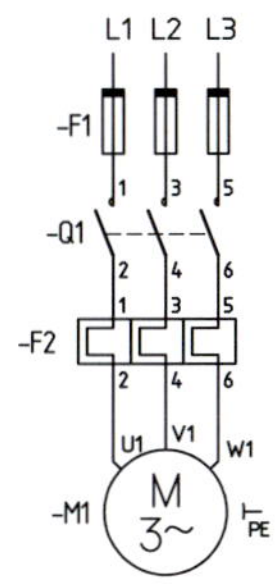 	max. Bemessungsstrom I_{Bmax} — Sicherungs-Nennstrom (empfohlen) bis 16A : (2,4 bis 3,4)·I_{Bmax} >16 – 50A : (1,5 bis 2,5)·I_{Bmax} >50 – 195A : (1,3 bis 2,5)·I_{Bmax} Einstellstrom I_E F2: $I_E \leq I_{Bmax}$
DASM Drehstrommotor Dreieckschaltung 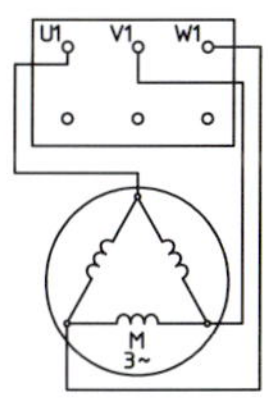 	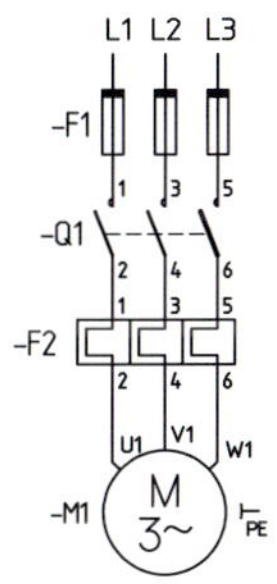 	max. Bemessungsstrom I_{Bmax} — Sicherungs-Nennstrom (empfohlen) bis 16A : (2,4 bis 3,4)·I_{Bmax} >16 – 50A : (1,5 bis 2,5)·I_{Bmax} >50 – 195A : (1,3 bis 2,5)·I_{Bmax} Einstellstrom I_E F2: $I_E \leq I_{Bmax}$
DASM Drehstrommotor Stern/Dreieckschaltung 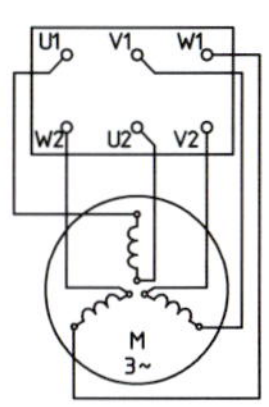 	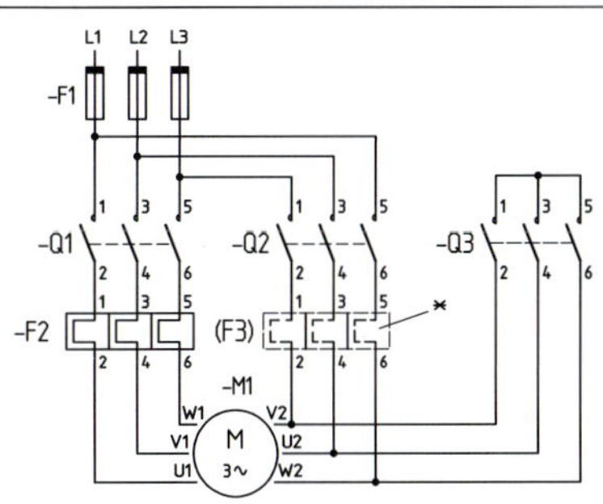 	max. Bemessungsstrom I_{Bmax} — Sicherungs-Nennstrom (empfohlen) bis 16A : (1,5 bis 2)·I_{Bmax} >16 – 50A : (1,1 bis 1,4)·I_{Bmax} >50 – 195A : (1,1 bis 1,4)·I_{Bmax} Einstellstrom I_E F2(F3): $I_E \leq 0{,}58 \cdot I_{Bmax}$ * optional

Tabelle A.1.2

Interne Schaltungen der Motoren	Einbaupositionen von Sicherungen und Überstromrelais	Sicherungs-Nennstrom / Einstellstrom I_E des Überstromrelais
DASM **Teilwicklungsmotor** YY (Stern/Stern) Wicklungsteilung 50:50% 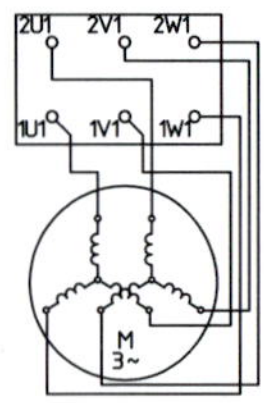	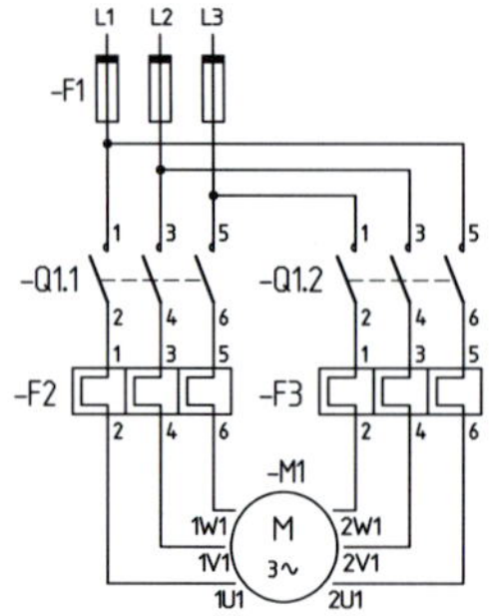	max. Bemessungsstrom I_{Bmax} / Sicherungs-Nennstrom (empfohlen) bis 16A : >16 – 50A : (1,1 bis 1,4)·I_{Bmax} >50 – 195A : (1,1 bis 1,4)·I_{Bmax} Einstellstrom I_E F2: $I_E \leq 0{,}6 \cdot I_{Bmax}$ F3: $I_E \leq 0{,}6 \cdot I_{Bmax}$
DASM **Teilwicklungsmotor** Y/YY (Stern/Doppelstern) Wicklungsteilung 68:32% 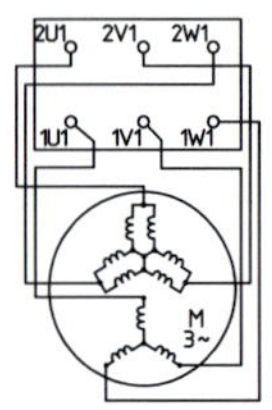	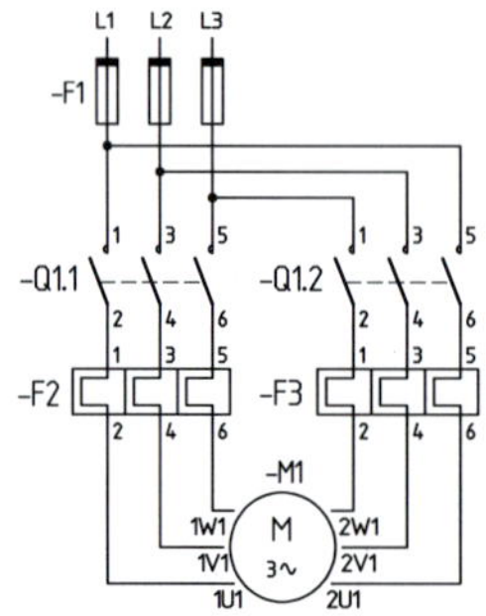	max. Bemessungsstrom I_{Bmax} / Sicherungs-Nennstrom (empfohlen) bis 16A : (1,5 bis 2)·I_{Bmax} >16 – 50A : (1,3 bis 1,5)·I_{Bmax} >50 – 195A : (1,1 bis 1,4)·I_{Bmax} Einstellstrom I_E F2: $I_E \leq 0{,}4 \cdot I_{Bmax}$ F3: $I_E \leq 0{,}6 \cdot I_{Bmax}$
DASM **Teilwicklungsmotor** Δ/ΔΔ (Dreieck/Doppeldreieck) 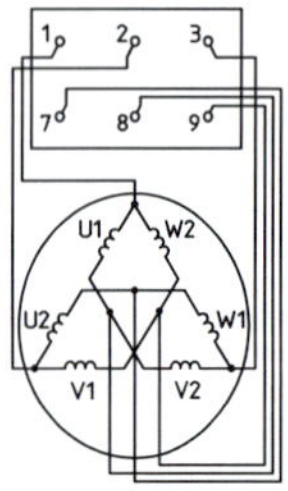	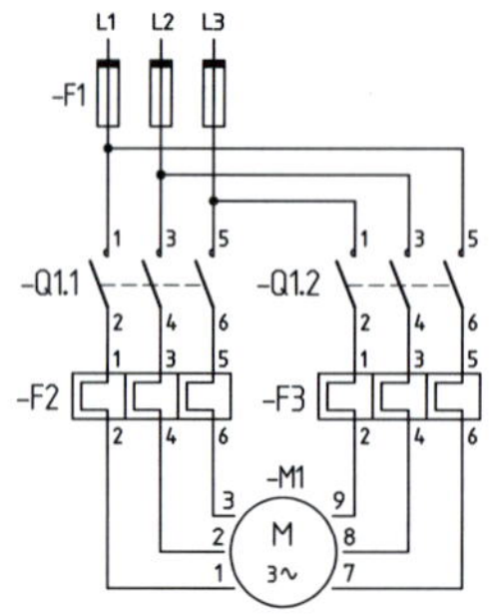	max. Bemessungsstrom I_{Bmax} / Sicherungs-Nennstrom (empfohlen) 50 – 195A : (1,1 bis 1,4)·I_{Bmax} Einstellstrom I_E F2: $I_E \leq 0{,}6 \cdot I_{Bmax}$ F3: $I_E \leq 0{,}6 \cdot I_{Bmax}$
DASM **Polumschaltbarer Motor** (Dahlander) Δ/YY (Dreieck/Doppelstern) 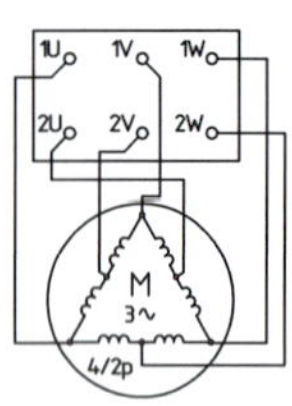	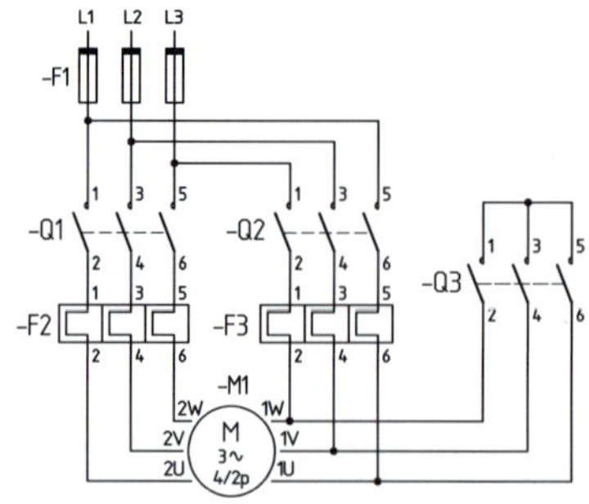	max. Bemessungsstrom I_{Bmax} / Sicherungs-Nennstrom (empfohlen) bis 16A : (2,5 bis 4)·I_{Bmax} >16 – 50A : (1,5 bis 2,5)·I_{Bmax} >50 – 195A : (1,3 bis 2)·I_{Bmax} Einstellstrom I_E F2: $I_E \leq I_{Bmax}$ F3: $I_E \leq 0{,}85 \cdot I_{Bmax}$

Tabelle A.2 Anschluss von Drehstrommotoren

Wie muss ein Drehstrommotor an den unten aufgeführten Drehstromnetzen angeschlossen werden?			
Angabe auf dem Leistungsschild des Drehstrommotors	**Drehstromnetze**		
	133/230 V (z. B. USA)	**230/400 V** (z. B. Europa)	**400/690 V** (z. B. Industrie)
Y 230V oder 230V **Y** oder **YU** = 230V	in **Y**	†	†
Δ 230V oder 230V **Δ** oder **ΔU** = 230V	in **Δ**	in **Y**	†
Y 400V oder 400V **Y** oder **YU** = 400V	in **Δ**	in **Y**	†
Δ 400V oder 400V **Δ** oder **ΔU** = 400V	†	in **Δ**	in **Y**
Y 690V oder 690V **Y** oder **YU** = 690V	†	in **Δ**	in **Y**
Δ 690V oder 690V **Δ** **ΔU** = 690 V	†	†	in **Δ**
133V **Δ** / 230V **Y**	in **Y**	†	†
230V **Δ** / 400V **Y**	in **Δ**	in **Y**	†
400V **Δ** / 690V **Y**	†	in **Δ**	in **Y**
133 / 230V	in **Y**	†	†
230 / 400 V	in **Δ**	in **Y**	†
400 / 690 V	†	in **Δ**	in **Y**
690 / 1200 V	†	†	in **Δ**
Y – Stern /Δ – Dreieck /† - sicherer Motortod			

Tabelle A.3 Blitzer – Technische Daten

Verdichter Typ	Motor PS/KW Nominal	Hubvolumen bei 1450 min^{-1}	Ölfüllung	Elektrische Daten ①			
	④	Schrauben bei 2900 min^{-1}		Spannungsart ③	max. Bemessungsstrom $I_{B\,max}$	max. Leistungsaufnahme $P_{e\,max}$	Anlaufstrom (Rotor blockiert)
		m^3 /h	dm^3	Volt ±10%/Ph/Hz	Amp. ④	kW ④	Amp. ③
4G-30.2	30/22	84,5	4,5	PW ② 380..420YY/3/50 440..480YY/3/60	53	30,1	135/220
4G-20.2	20/15	84,5	4,5		37	21,5	97/158
4Z-8.2Y	9,5/7	28,11	3,0	380..420Δ/3/50	17	9,7	27/81
HSN6451-40	41/30	140	5,5	PW ① 400V**Δ**/**ΔΔ**-3/50 460V**Δ**/**ΔΔ**-3/60	65	40	187/313
HSN5343-20	35/26	84	5		48	29	129/201

① Andere Spannungen und Stromarten auf Anfrage

② Motor für Teilwicklungsanlauf (Part Winding), Ausführung für Y/**Δ** auf Anfrage

③ Daten für Verdichter mit Spannungsbereich 380..420 V (220..240 V) basieren auf Mittelwert 400 V (230 V).

④ **Nominalleistung ist nicht identisch mit max. Motorleistung**. Für die Auslegung von Schützen, Zuleitungen und Sicherungen sind max. Betriebsstrom/max. Leistungsaufnahme („Elektr. Daten") zu berücksichtigen.

Tabelle A.4

COPELAND - Datenblatt							
D2DB* - 50X					R-134a		
Einstufiger halbhermetischer Motorverdichter mit Diskusventilen							
max. zulässige Betriebsüberdrücke Hoch- / Niederdruck (Stillstand)					ISO 5149 25,0 / 20,5		bar
Zylinderzahl					2		
Nenndrehzahl (50 Hz / 60 Hz)					1450 / 1750		min^{-1}
Bohrung ∅ / Hub					66,7 / 46,1		mm
Volumenstrom, theor. (50 Hz / 60 Hz)					28,0 / 33,8		m^3 /h
Motorkühlung mit Sauggas							
Äußere Kühlung					28,5 m^3 /min		vert.
Schmierung durch Ölpumpe							
Ölmenge					2,3 l		
Ölsorte (Ester)					Arctic 22 CC oder ICI RL32 CF		
Öldruckschalter erforderlich							
Schutzart					IP 54 (IEC 34)		
Gewicht (netto / brutto)					131 / 140		kg
Volt (±10%)	~	Hz	Schaltung*	Blockierter Rotorstrom in A	max. Bemessungs-strom $I_{B\,max}$ in A	Faktor	Motorcode
220 – 240	3	50	Δ	87 – 95	19,9	≈ 1,73	EWL
380 – 420	3	50	Y	50 – 55	11,5	1	EWL
380 – 420	3	50	Δ/Y-Start	50 – 55	11,5	1	EWM
220 – 240	3	50	Y/YY	87 – 95	19,9	≈ 1,73	WAR
380 – 420	3	50	Y/YY	50 – 55	11,5	1	AWM

*Y/YY = Teilwicklungsstart

Tabelle A.5 Gebrauchskategorien für Schütze nach IEC 947-4-1, EN 60 947, DIN VDE 0660 Teil 102

Stromart	Gebrauchskategorie	Typische Anwendungsfälle I = Einschaltstrom; I_C = Ausschaltstrom I_e = Bemessungsbetriebsstrom [6]; U = Spannung U_e = Bemessungsbetriebsspannung [6] U_r = wiederkehrende Spannung	Nachweis der elektrischen Lebensdauer Einschalten				Ausschalten			Nachweis des Schaltvermögens Einschalten				Ausschalten		
			I_e in A	I / I_e	U / U_e	cos φ	I_C / I_e	U_r / U_e	cos φ	I_e in A	I / I_e	U / U_e	cos φ	I_C / I_e	U_r / U_e	cos φ
Wechselstrom	**AC-1**	Nicht induktive oder schwach induktive Last, Widerstandsöfen, Abtauwiderstände	alle Werte	1	1	0,95	1	1	0,95	alle Werte	1,5	1,05	0,8	1,5	1,05	0,8
	AC-2	Schleifringläufermotoren: Anlassen, Ausschalten	alle Werte	2,5	1	0,65	2,5	1	0,65	alle Werte	4	1,05	0,65	4	1,05	0,65
	AC-3	Käfigläufermotoren: Anlassen, Ausschalten während des Laufes [4]	$I_e \leq 17$ $I_e > 17$	6 6	1 1	0,65 0,35	1 1	0,17 0,17	0,65 0,35	$I_e \leq 100$ $I_e > 100$	10 8	1,05 1,05	0,45 0,35	8 6	1,05 1,05	0,45 0,35
	AC-4	Käfigläufermotoren: Anlassen, Gegenstrombremsen,	$I_e \leq 17$	6	1	0,65	6	1	0,65	$I_e \leq 100$	12	1,05	0,45	10	1,05	0,45
		Reversieren (Drehrichtungsumkehr), Tippen	$I_e > 17$	6	1	0,35	6	1	0,35	$I_e > 100$	10	1,05	0,35	8	1,05	0,35
	AC-8A	Schalten von hermetisch gekapselten Kühlkompressormotoren mit manueller Rückstellung der Überlastauslöser [5]	gemäß Angaben des Herstellers								6	1,05	[1]	6	1,05	[1]
	AC-8B	Schalten von hermetisch gekapselten Kühlkompressormotoren mit automatischer Rückstellung der Überlastauslöser [5]									6	1,05	[1]	6	1,05	[1]

[1] cos φ = 0,45 für $I_e \leq 100$ A; cos φ = 0,35 für $I_e > 100$ A

[4] Geräte für Gebrauchskategorie AC-3 dürfen für gelegentliches Tippen oder Gegenstrombremsen während einer begrenzten Dauer wie zum Einrichten einer Maschine verwendet werden; die Anzahl der Betätigungen darf dabei nicht über fünf pro Minute und zehn pro zehn Minuten hinausgehen.

[5] Beim hermetisch gekapselten Kühlkompressor sind Kompressor und Motor im gleichen Gehäuse ohne äussere Welle oder Wellendichtung gekapselt und der Motor wird im Kühlmittel betrieben.

[6] Bemessungsbetriebsstrom = Nennstrom des Schützes Bemessungsbetriebsspannung = Nennspannung

Literaturverzeichnis - Kältetechnik

Alco Controls: Technische Informationen

Bargel/Schulze: Werkstoffkunde, VDI-Verlag, 6. Auflage, Düsseldorf 1994

Bitzer Kühlmaschinenbau: Kältemittel-Report 13, Sindelfingen 2004

Bitzer Kühlmaschinenbau: Technische Informationen

Bock Kältemaschinen: Technische Informationen

Breidenbach, K.: Der Kälteanlagenbauer, 6. Auflage, VDE Verlag Offenbach Berlin, 2012

Cube, H. L. von, (Hrsg.): Lehrbuch der Kältetechnik, 3. Auflage, C. F. Müller Verlag, Karlsruhe 1981

Cube/Steimle/Lotz/Kunis (Hrsg.) Lehrbuch der Kältetechnik, 4. Auflage, C. F. Müller Verlag, Hüthig GmbH, Heidelberg 1997

Danfoss: Technische Informationen

Danfoss: Tips für den Monteur, 1992

Ders.: Klimatechnik, COOL, Silvia Schröder, München 1999

Dölz, H./Otto, D.: Ammoniak-Verdichter-Kälteanlagen, Band 2, C. F. Müller Verlag, Karlsruhe 1993

Drees, H.: Kühlanlagen, 14. Auflage, VEB Verlag Technik, Berlin 1987

Dubbel: Taschenbuch für den Maschinenbau, 20. Auflage, Springer Verlag, Berlin, Heidelberg, New York 2000

Egelhof: Technische Informationen

Ganter, Egon: Der Eisturm - maximale Kapazität auf kleinster Fläche, Ki Luft- und Kältetechnik 4/1995

GEA Küba: Technische Informationen

GEA polacel: Kühltürme, Bulletin 204d

Henne, Erich: Luftbefeuchtung, 4. Auflage, R. Oldenbourg Verlag München Wien 1995

Hörner, B., Casties, M. (Hrsg): Handbuch der Klimatechnik, Band 1: Grundlagen, 6. Auflage, VDE Verlag Offenbach Berlin, 2016

Hörner, B., Casties, M. (Hrsg): Handbuch der Klimatechnik, Band 2 und 3, VDE Verlag Offenbach Berlin, 2017 bzw. 2012

Iselt/Arndt: Die Andere Klimatechnik, 2. Auflage, C. F. Müller Verlag, Heidelberg 2002

Iselt/Arndt: Grundlagen der Luftbefeuchtung, C. F. Müller Verlag, Heidelberg 1996

Kältemaschinenregeln, 7. Auflage, C. F. Müller Verlag, Karlsruhe1981

Maake, W./Eckert, H. - J. (Hrsg.): Pohlmann, Taschenbuch der Kältetechnik, 17. Auflage, C. F. Müller Verlag, Karlsruhe 1988

Noack/Seidel: Der Kältemonteur, C. F. Müller Verlag, Karlsruhe 1990

Paul, Joachim: ... Kälteanlagen mit Binäreis (FLO-ICE) als Kühlmittel, Ki Luft und Kältetechnik 2/1996

Plank, R.: Handbuch der Kältetechnik, Zehnter Band, Die Anwendung der Kälte in der Lebensmittelindustrie, Springer Verlag, Berlin, Göttingen, Heidelberg, 1970

Schmidt, Dieter: Lexikon Kältetechnik, 2. Auflage, VDE Verlag Offenbach Berlin, 2014

Ullrich, H.-J.: Kältetechnik, Band I und II, COOL, Silvia Schröder, München 1991, 1993

Viessmann: Wärmerückgewinnung in Verbindung mit Kälteanlagen, Manuskript 1991

Literaturverzeichnis – Elektro- und Steuerungstechnik

ALCO CONTROLS: Komponenten für Kälte- und Klimatechnik, 10/94

BIENECK/KIEFFER: Prüfungsbuch Elektroberufe GS1, 1. Auflage, Holland + Josenhans Verlag, Stuttgart 2010

BITZER KÜHLMASCHINENBAU GMBH: Betriebsanleitung ‚Halbhermetische Schraubenverdichter', SB-100-5, Sindelfingen 11.2012

BITZER KÜHLMASCHINENBAU GMBH: Projektierungshandbuch ‚Halbhermetische Schraubenverdichter', SH-100-4, Sindelfingen 02.2011

BITZER KÜHLMASCHINENBAU GMBH: Technische Information, Schutzgeräte SE-C1 und SE-C2 für Schraubenverdichter, ST-121-3, Sindelfingen 11.2010

BITZER KÜHLMASCHINENBAU GMBH: Betriebsanleitung 'Halbhermetische Kompaktschrauben mit integriertem Frequenzumrichter (FU)', SB-160-2, Sindelfingen 04.2015

BITZER KÜHLMASCHINENBAU GMBH: Technische Information ‚Steuerung der Kompaktschraubenverdichter mit integriertem Frequenzumrichter (FU)', ST-160-1, Sindelfingen 12.2014

BODE, L., U.A.: Christiani – advanced Elektrotechnik, 1. Auflage, Dr.-Ing. Paul Christiani GmbH & Co. KG, Konstanz 2016

BREIDERT/SCHITTENHELM: Formeln, Tabellen und Diagramme für die Kälteanlagentechnik, 6. Auflage, VDE Verlag GmbH, Berlin und Offenbach 2016

DANFOSS: All in one 2013 (DVD), Danfoss GmbH < kaelte-info@danfoss.com >, Offenbach 12-2012

DANFOSS: Funktionsfehler in hermetischen Kompressoren und Kältesätzen, Produktlinie: Kompressoren und Thermostate, o. J.

DANFOSS: Tipps für den Monteur, 2013

DANFOSS: Wissenswertes über Frequenzumrichter, Handbuch VLT Frequenzumrichter, Copyright Danfoss, Produced by PE-MSMBM, ColorSigns, 11.2015

DWM COPELAND: Katalog Technische Dokumentation', Berlin 1997

ERNST FLITSCH GMBH & CO., Flitronic FT 2000, Fellbach 1997

FACHKUNDE ELEKTROTECHNIK, 30. überarbeitete und erweiterte Auflage, Verlag Europa Lehrmittel, Haan 2016

FORMELN FÜR ELEKTROTECHNIKER, 16., überarbeitete Auflage, Verlag Europa Lehrmittel, Haan 2015

FRIGOTECHNIK: Artikelkatalog Kälte + Klima, Band 3 Regel- und Steuergeräte, 1992

HÖRNEMANN, E., U. A.: Elektrotechnik Fachbildung Schaltungstechnik Energieelektronik, Nachdruck, Westermann Schulbuchverlag GmbH, Braunschweig 1997

JOHNSON CONTROLS: Katalog für Kälte- und Klima-Regelgeräte, o. J.

KLÖCKNER-MOELLER: Automatisieren und Energie verteilen - Schaltungsbuch, Bonn 1999

KLÖCKNER-MOELLER: Leistungselektronik - Ein Leitfaden für Einsteiger, Bonn 1992

KRIWAN: Schutzgeräte für die Kälte- und Klimatechnik, Kriwan Industrie-Elektronik GmbH, 2009

NESSEL, REIMUND: Druckregelung bei luftgekühlten Verflüssigern, KK 3/97, S. 178

NESSEL, REIMUND: Verflüssigungsdruckregelung mit drehzahlgeregelten Lüftem, KK 5/97, S. 350

REISS KÄLTE-KLIMA, KÄLTE-STEUERUNGEN, OFFENBACH/MAIN 2004

SCHERER, G. A.: Prüfungsaufgaben VDE und BGVR, 2. Auflage, VDE Verlag GmbH, Berlin und Offenbach 2002

SCHITTENHELM, D.: Kälteanlagentechnik, Elektro- und Steuerungstechnik, 6. Auflage, VDE Verlag GmbH, Berlin und Offenbach 2015

SCHMIDT, DIETER: Lexikon Kältetechnik, 3. überarbeitete und erweiterte Auflage, VDE Verlag GmbH, Berlin und Offenbach 2014

TABELLENBUCH WÄRME – KÄLTE – KLIMA: 5. vollständig überarbeitete Auflage, Verlag Europa Lehrmittel, Haan 2011

ULLRICH, H.-J.: Kältetechnik, Band 1, COOL, Silvia Schröder, München 1994

ULLRICH, H.-J.: Kältetechnik, Band 2, COOL, Silvia Schröder, München 1993/97

WEISSENBORN, P.: VSB-Klima-Start, Sanftanlauf für die Kälte- und Klimatechnik, KK 5/94, S. 314 - 324

Sachregister

W

Z

VDE
VERLAG
Technik. Wissen. Weiterwissen.
NEU
Heinz Veith · Dieter Schmidt
Grundkurs Kältetechnik
12., überarbeitete und erweiterte Auflage
Mit Technikwissen sichergehen:
Grundkurs Kältetechnik
▶ Lernhilfe zu den Grundthemen Physik und Thermodynamik
▶ Erklärung der Hauptteile einer Kälteanlage und ihrer Wirkzusammenhänge
▶ Übungsaufgaben und ausführliche Lösungen
▶ Ideal zum Selbststudium
▶ Gut geeignet für Mitarbeiter aus dem Bereich Klimatechnik und für Quereinsteiger aus der Elektrotechnik
12., überarb. und erw. Auflage 2020
364 Seiten
42,– € (Buch/E-Book)
58,80 € (Kombi)
Preisänderungen und Irrtümer vorbehalten. Sowohl das E-Book als auch das Kombiangebot (Buch + E-Book) sind ausschließlich auf www.vde-verlag.de erhältlich. Dieses Buch können Sie auch in Ihrem Onlineportal für DIN-VDE-Normen, der NormenBibliothek, erwerben. Dieses Buch ist für die Ausbildung geeignet.
Bestellen Sie jetzt: (030) 34 80 01-222 oder www.vde-verlag.de/buecher/494827
Werb-Nr. 201245

VDE
VERLAG
Technik. Wissen.
Weiterwissen.
Thermodynamik Flashgas
TEWI Verdichter
Steuerungstechnik
Expansionsventil
COP Lüftung
Leistungszahl
Mollier
Blend
Kältemittel FCKW
Kälte
Glide
Pumpen
ODP Kelvin
Feuchte Luft
NEU
VDE
VERLAG
Dieter Schmidt
Technische Mathematik
Kältetechnik
2., aktualisierte und überarbeitete Auflage